T0292709

CAMBRIDGE LIBRARY COLLECTION

Books of enduring scholarly value

Botany and Horticulture

Until the nineteenth century, the investigation of natural phenomena, plants and animals was considered either the preserve of elite scholars or a pastime for the leisured upper classes. As increasing academic rigour and systematisation was brought to the study of 'natural history', its subdisciplines were adopted into university curricula, and learned societies (such as the Royal Horticultural Society, founded in 1804) were established to support research in these areas. A related development was strong enthusiasm for exotic garden plants, which resulted in plant collecting expeditions to every corner of the globe, sometimes with tragic consequences. This series includes accounts of some of those expeditions, detailed reference works on the flora of different regions, and practical advice for amateur and professional gardeners.

Catalogus bibliothecæ historico-naturalis Josephi Banks

Following his stint as the naturalist aboard the *Endeavour* on James Cook's pioneering voyage, Sir Joseph Banks (1743–1820) became a pre-eminent member of the scientific community in London. President of the Royal Society from 1778, and a friend and adviser to George III, Banks significantly strengthened the bonds between the practitioners and patrons of science. Between 1796 and 1800, the Swedish botanist and librarian Jonas Dryander (1748–1810) published this five-volume work recording the contents of Banks's extensive library. The catalogue was praised by many, including the distinguished botanist Sir James Edward Smith, who wrote that 'a work so ingenious in design and so perfect in execution can scarcely be produced in any science'. Volume 3 (1797) lists Banks's collection of books on botanical subjects, including works on the medical and economic applications of various plants.

Cambridge University Press has long been a pioneer in the reissuing of out-of-print titles from its own backlist, producing digital reprints of books that are still sought after by scholars and students but could not be reprinted economically using traditional technology. The Cambridge Library Collection extends this activity to a wider range of books which are still of importance to researchers and professionals, either for the source material they contain, or as landmarks in the history of their academic discipline.

Drawing from the world-renowned collections in the Cambridge University Library and other partner libraries, and guided by the advice of experts in each subject area, Cambridge University Press is using state-of-the-art scanning machines in its own Printing House to capture the content of each book selected for inclusion. The files are processed to give a consistently clear, crisp image, and the books finished to the high quality standard for which the Press is recognised around the world. The latest print-on-demand technology ensures that the books will remain available indefinitely, and that orders for single or multiple copies can quickly be supplied.

The Cambridge Library Collection brings back to life books of enduring scholarly value (including out-of-copyright works originally issued by other publishers) across a wide range of disciplines in the humanities and social sciences and in science and technology.

Catalogus bibliothecæ historico-naturalis Josephi Banks

Volume 3: Botanici

Jonas Dryander

Cambridge University Press

CAMBRIDGE
UNIVERSITY PRESS

University Printing House, Cambridge, CB2 8BS, United Kingdom

Published in the United States of America by Cambridge University Press, New York

Cambridge University Press is part of the University of Cambridge.
It furthers the University's mission by disseminating knowledge in the pursuit of education, learning and research at the highest international levels of excellence.

www.cambridge.org
Information on this title: www.cambridge.org/9781108069526

This edition first published 1797
This digitally printed version 2014

ISBN 978-1-108-06952-6 Paperback

CATALOGUS
BIBLIOTHECÆ
HISTORICO-NATURALIS
JOSEPHI BANKS

REGI A CONSILIIS INTIMIS,

BARONETI, BALNEI EQUITIS,

REGIÆ SOCIETATIS PRÆSIDIS CÆT.

AUCTORE

JONA DRYANDER, A. M.

REGIÆ SOCIETATIS BIBLIOTHECARIO.

TOMUS III.

BOTANICI.

LONDINI:

TYPIS GUL. BULMER ET SOC.

1797.

ELENCHUS SECTIONUM.

Numerus prior Sectionem, posterior Paginam indicat.

PARS II. PHYSICA.

PARS III. MEDICA.

PARS IV. ŒCONOMICA.

1. *Encomia Botanices.*

Salomon ALBERTI.

De cognitione herbarum, tyroni Medicinæ apprime necessaria, prima inter ejus Orationes tres, sign. A 4—C 2.
Norimbergæ, 1585. 8.

Jacobus COLIUS *Ortelianus.*

Syntagma herbarum encomiasticum, earum utilitatem et dignitatem declarans.
Editio secunda. Pagg. 61. Antverpiæ, 1614. 4.
——— Editio tertia. Pagg. 82. Lugd. Bat. 1628. 8.

Joannes VESLINGIUS.

Parænesis ad rem herbariam, publicis plantarum ostensionibus præmissæ.
impr. cum ejus Opobalsami vindiciis; p. 61—108.
——— Pr. Alpini Hist. Natur. Ægypti, Pars 2. p. 85—146.

Leonhardus URSINUS.

Programma ad demonstrationes botanicas.
Plagula dimidia. (Lipsiæ) 1662. 4.

Christophorus HELVIGIUS.

De studii botanici nobilitate oratio.
Plagg. 2½. ib. 1666. 4.

Olaus BORRICHIUS.

Oratio de experimentis botanicis, habita anno 1675. in ejus Dissertationibus, editis a Lintrupio, Tom. 1. p. 6—62.

Georgius FRANCUS DE FRANCKENAU.

Programmata ad herbationes annorum 1677, 1678.
inter Programmata impr. cum ejus Lexico plantarum; p. 1—4. Argentorati, 1685. 12.
——— in editione anni 1698. p. 3—6.
——— in editione anni 1705. p. 3—6.

Programma ad herbationes anni 1679.
Pagg. 12. Heidelbergæ, 1679. 4.

——— inter Programmata editionis 1685. p. 5—22.
editionis 1698. p. 7—32.
editionis 1705. p. 7—24.

Programma ad herbationes anni 1681.
Pagg. 8. Heidelbergæ, 1681. 4.
——— inter Programmata editionis 1685. p. 63—76.
editionis 1698. p. 81.
editionis 1705. p. 61—74.

Programma ad herbationes anni 1683.
inter Programmata editionis 1685. p. 77—90.
editionis 1705. p. 75—86.

Programma ad herbationes anni 1687.
Pagg. 24. Heidelbergæ, 1687. 4.
——— inter Programmata editionis 1705. p. 87—122.

Wilhelmus TEN RHYNE.
Discursus de chymiæ et botaniæ antiquitate et dignitate, quem anno 1674 in Auditorio Anatomico, quod est apud Jacatrenses Batavos, habuit dum Anatomicas prælectiones publice auspicaretur.
impr. cum ejus Dissertatione de Arthritide; p. 225—269. Londini, 1683. 8.

Fridericus SCHRADER.
Programma quo Medicinæ studiosi ad exercitia botanica excitantur.
Plagg. 2. Helmestadii, 1690. 4.

Wilhelmus Huldericus WALDSCHMIDT.
Programmata ad herbationes annorum 1696, 1701, & 1702.
Singula plagulæ unius. Kiliæ. 4.

Joannes Baptista TRIUMFETTI.
Prælusio ad publicas herbarum ostensiones, habita in horto medico Romanæ sapientiæ anno MDCC. Romæ. 4.
Pagg. 48; præter novarum plantarum historiam, infra dicendam.

Alexander Christophorus GAKENHOLZ.
Progymnasma de vegetabilium præstantia et indole cognoscenda et exploranda.
Plagg. 3. Helmstadii, 1706. 4.

Casparus COMMELIN.
Oratio metrica in laudem rei herbariæ.
Pagg. 12. Amstelædami, 1715. 4.

Adrianus VAN ROYEN.
Oratio, qua Medicinæ cultoribus commendatur doctrina botanica.
Pagg. 26. Lugduni Bat. 1729. 4.

Michaele ALBERTI

Præside, Dissertatio de erroribus in Pharmacopoliis ex neglecto studio botanico obviis. Resp. Joh. Frid. Koronzæy.
Pagg. 24. Halæ, 1733. 4.

Pierre BARRERE.

Question de medicine, dans laquelle on examine, si la theorie de la botanique ou la connoissance des plantes est necessaire à un Medecin?
Pagg. 16. Narbonne, 1740. 4.

Robertus Stephanus HENRICI.

Animadversiones de laude et præstantia vegetabilium. Resp. Chr. Lod. Mossin.
Pagg. 12. Havniæ, 1740. 4

Albertus HALLER.

Oratio de botanices utilitate.
in ejus Opusculis botanicis, p. 153—166.

Johannes STEHELINUS.

Theses miscellaneæ medico-anatomico-botanicæ. Resp. Conr. Schindler. Basileæ, 1751. 4.
Pagg. 8; in quarum ultima Thes. 13—24. de botanices usu medico.

Tiberius LAMBERGEN.

Oratio inauguralis exhibens encomia botanices, ejusque in re medica utilitatem singularem.
Pagg. 72. Groningæ, 1754. 4.

Christianus Gottlob ZIEGER.

De vita inter plantas optimo sanitatis tuendæ præsidio.
Pagg. 12. Lipsiæ, 1757. 4.
" non solummodo de vita inter plantas physica loquor, " sed etiam de erudita." pag. 5.

John HILL.

The usefulness of a knowledge of plants.
Pagg. 18. London, 1759. 8.

Samuel KRETZSCHMAR.

Abhandlung worinnen der nuzen gezeiget wird, den die kräuterlehre der arzneykunst leistet.
gedr. mit sein. Beschreibung der Martyniæ, p. 1—9.
Friedrichstadt (1764.) 4.

Franc icus Josephus HELG.

Dissertatio inaug. de botanices systematicæ in Medicina utilitate.
Pagg. 29. Argentorati, 1770. 4.
Auctor est *Joh.* HERMANN. Gelehrt. Deutchl. 4 Ausgabe, 2 Band, p. 110.

Christen Friis ROTTBÖLL.
Botanikens udstrakte nytte.
Pagg. 63. tab. ænea 1. Kiöbenhavn, 1771. 8.

R. PEIRSON.
On the connection between Botany and Agriculture.
Hunter's Georgical Essays, Vol. 3. p. 7—24.

Johann Christopher Andreas MAYER.
Von dem nutzen der systematischen botanik in der Arzeney-und Haushaltungskunst.
Pagg. 18. Greifswald, 1772. 4.

Claudio Blechert TROZELIO
Præside, Specimen graduale de Sacerdote botanico. Resp. Jac. Ben. Brandström.
Pagg. 15. Lond. Gothor. 1772. 4.

Christian Ehrenfried WEIGEL.
Einladungs-schrift vom nuzen der botanik.
Pagg. 15. Greifswald, 1773. 4.

Nicolaus Dorph GUNNERUS.
De utilitate botanices discursus præliminaris ad ejus de Usu plantarum indigenarum in arte tinctoria librum, p. vii—xxviii. Hafniæ, 1773. 8.

DURANDE.
Discours prononcé le 29 Mai, 1774, pour l'ouverture du cours botanique, dans le sallon du jardin des plantes à Dijon.
Journal de Physique, Tome 4. p. 190—204.

DUVERNIN.
Discours sur la botanique. dans la Seance publique, pour l'ouverture du jardin royal de botanique, tenue le 9 Aout, 1781, par la Societé Royale de Clermont-Ferrand, pag. 7—37. Clermont-Ferrand, 1782. 8.

Albrecht Wilhelm ROTH.
Widerlegung einiger vorurtheile wider das studium der botanik. in seine Beytr. zur Botanik, 2 Theil, p. 1—13.

Ernestus Carolus RODSCHIED.
Dissertatio inaug. de necessitate et utilitate studii botanici.
Pagg. 34. Marburgi, 1790. 8.

Josua BAUMANN.
De utili ac honesto botanices studio, ex monumentis veterum. in ejus Miscellaneis medico-botanicis, p. 1—16.
ib. 1791. 8.

Johann Jakob KOHLHAAS.
Rede am ersten feierlichen sizungstag der Regensburgischen botanischen gesellschaft.
Schr. der Regensb. botan. Ges. 1 Band, p. 1—48.

MARTIUS.
Ueber den werth einer systematischen pflanzenkentniss. ibid. p. 238—253.

Dominicus NOCCA.
In botanices commendationem oratio.
Pagg. 32. Turici, 1793. 8.

Carolo Petro THUNBERG
Præside, Dissertatio de scientia botanica utili atque jucunda. Resp. Joh. Jac. Hedrén.
Pagg. 10. Upsaliæ, 1793. 4.

2. *Historia Botanices.*

Paulus Marquartus SLEGELIUS.
Programma ad hortenses lectiones.
Plag. 1. Jenæ, 1639. 4.

Petrus HOTTON.
Sermo academicus, quo rei herbariæ historia et fata adumbrantur.
Pagg. 65. Lugduni Bat. 1695. 4.
——— Usteri Delect. Opusc. botan. Vol. 1. p. 195—244.

Joseph MONTI.
Dissertatio rei herbariæ historiam complectens, habita anno 1723, ad plantarum demonstrationes auspicandas. impr. cum ejus Variis plantarum indicibus; p. v—xx.
Bononiæ, 1724. 4.

FABREGOU.
Dissertation sur l'origine et le progrès de la botanique. dans sa Description des plantes aux environs de Paris, Tome 6. p. 347—471.

Carolus LINNÆUS.
Dissertatio: Incrementa botanices proxime præterlapsi semiseculi. Resp. Jac. Biuur.
Pagg. 20. Holmiæ, 1753. 4.
——— Amoenitat. Academ. Vol. 3. p. 377—393.
——— Fundament. botan. edit. a Gilibert, Tom. 1. p. 49—64.
Dissertatio: Reformatio botanices. Resp. Jo. Mart. Reftelius.
Pagg. 21. Upsaliæ, 1762. 4.
——— Amoenitat. Academ. Vol. 6. p. 305—323.
——— Fundament. botan. edit. a Gilibert, Tom. 1. p. 65—84.

Erhardus REUSCHIUS.
Programma de Botanicis non Medicis.
Plag. 1. Helmæstadii, 1739. 4.

Andrew Coltee DUCAREL.
A letter upon the early cultivation of botany in *England.*
Philosoph. Transact. Vol. 63. p. 79—88.

Richard PULTENEY,
Historical and biographical sketches of the progress of botany in England, from its origin to the introduction of the Linnæan System. London, 1790. 8.
Vol. 1. pagg. 360. Vol. 2. pagg. 352.

Christen Friis ROTTBÖLL.
Om Urtelærens tilstand i *Dannemark.* Kiöbenh. Selsk. Skrifter, 10 Deel, p. 393—424, & p. 463—468.

Petro KALM
Præside, Dissertatio sistens fata botanices in *Finlandia.*
Resp. Andr. Collin.
Pagg. 20. Aboæ, 1758. 4.

3. *Bibliothecæ Botanicæ.*

Conradus GESNERUS.
De rei herbariæ scriptoribus, præfatio ad Stirpium historiam Tragi, sign. a viij—d j. Argentorati, 1552. 4.

Joannes Antonius BUMALDUS, id est *Ovidius* MONTALBANUS.
Bibliotheca botanica. Bononiæ, 1657. 24.
Pagg. 110; præter species graminum, de quibus infra.
——— impr. cum Seguieri Bibliotheca botanica.
Hagæ Comitum, 1740. 4.
Pagg. 40; præter species graminum.

Joseph GARIDEL.
Catalogue historique des auteurs qui ont ecrit sur les plantes. impr. avec son Histoire des plantes des environ d'Aix.
Pagg. xlvii. Paris, 1719. fol.

Olaus BROMELIUS.
Catalogus librorum botanicorum, ex Bibliotheca Bromeliana. impr. cum ejus Chlori Gothica.
Foll. 10. Gothoburgi, 1694. 8.

Carolus LINNÆUS.
Bibliotheca botanica.
Pagg. 153. Amstelodami, 1736. 8.

——— Pagg. 124. Halæ, 1747. 8.
——— Pagg. 220. Amstelodami, 1751. 8.
Bibliotheca botanica Cliffortiana. impr. cum ejus Horto Cliffortiano.
Plagg. 4½. Amstelædami, 1737. fol.
Dissertatio: Auctores botanici. Resp. Augustin. Loo.
Pagg. 20. Upsaliæ, 1759. 4.
——— Amoenitat. Academ. Vol. 5. p. 273—297.
——— Fundament. botan. edit. a Gilibert, Tom. 1. p. 85—112.

Joannes Franciscus SEGUIER.
Bibliotheca botanica.
Pagg. 450. Hagæ Comitum, 1740. 4.
Bibliothecæ botanicæ Supplementum. impr. cum Vol. 2do Plantarum ejus Veronensium.
Pagg. 79. Veronæ, 1745. 8.

Laurentius Theodorus GRONOVIUS.
Auctuarium in Bibliothecam botanicam antehac a J. F. Seguiero conscriptam.
Pagg. 65. Lugduni Bat. 1760. 4.

Albrecht HALLER.
Vorrede zu Weinmanns Phytanthozaiconographia.
Regenspurg, 1745. fol.
Plagg. 4½. (de iconibus plantarum a Germanis paratis agit.)
Bibliotheca botanica.
Tom. 1. pagg. 654. Tiguri, 1771. 4.
Tom. 2. pagg. 785. 1772.

(*Abrahamus* KALL.)
Programma invitatorium ad promotionem P. Thorstensen.
Pagg. 21. Hafniæ, 1775. 8.
Continet additiones ad Halleri Bibliothecam.

Christophorus Jacobus TREW.
Librorum botanicorum catalogi duo, quorum prior recentiores quosdam, posterior plerosque antiquos ad annum 1550. usque excusos ad ductum propriæ collectionis recenset. Norimbergæ, 1752. fol.
Pagg. 54, sed numeri paginarum auctoris manu adscripti.
Librorum botanicorum catalogus tertius, in quo recentiores quosdam ad ductum propriæ collectionis porro recenset. Pag. 55—80. ib. 1757. fol.
Exemplar Auctoris manu correctum, e Bibliotheca Philippi Miller.

Philippus Conradus FABRICIUS.
Suppellex mea libraria botanica. in ejus Enumeratione plantarum horti Helmstadiensis.
Foll. 12. Helmstadii, 1763. 8.

Ernst Gottfried BALDINGER.
Ueber litterar-geschichte der theoretischen und praktischen botanik.
Pagg. 117. Marburg, 1794. 8.

4. *Lexica Botanica.*

Leodegarius A QUERCU.
In Ruellium de stirpibus epitome.
Plagg. dimidiæ 3. Parisiis, 1544. 8.
————: De stirpibus vel plantis ordine alphabetico digestis epitome, longe quam antehac, per *Joannem* BROHON locupletior emendatiorque edita.
Plagg. 4. Cadomi, 1541. 8.

Remaclus FUSCH.
Plantarum omnium, quarum hodie apud Pharmacopolas usus est magis frequens, nomenclaturæ, juxta Grecorum, Latinorum, Gallo. Italorum, Hispa. et Germa. sententiam.
Plagg. 3½. Parisiis, 1541. 8.

Conradus GESNERUS.
Catalogus plantarum latine, græce, germanice et gallice.
Foll. 145; præter sequentem libellum. Tiguri, 1542. 4.
Herbarum nomenclaturæ variarum gentium Dioscoridi ascriptæ, secundum literarum ordinem expositæ. impr. cum priori libro; fol. 146—158.
———— impr. cum Dioscoride de Materia Medica; p. 541—554. Francoforti, 1549. fol.

David KYBERUS.
Lexicon rei herbariæ trilingue. Argentinæ, 1553. 8.
Pagg. 465; præter tabulas collectionum Gesneri.

Melchior GUILANDINUS.
Synonyma plantarum, sive index botanicus, eruditissimus Patavii oretenus dictatus. impr. cum Horto Patavino, edito a J. G. Schenckio; p. 27—93. Francof. 1608. 8.

Johannes FRANCK, seu FRANCKENIUS.
Speculum botanicum, in quo juxta alphabeti ordinem, præcipuarum herbarum, arborum, fruticum, et suffruticum nomenclaturæ, tam in Suetica quam Latina lingua proponuntur.
Plagg. 6. Upsaliæ, 1638. 4.

——— : Speculum Botanicum renovatum.
Plagg. 5. ib. 1659. 4.

Dionysius JONCQUET.
Stirpium aliquot paulo obscurius officinis, Arabibus aliisque denominatarum per Casparem Bauhinum explicatio. impr. cum ejus Horto.
Pagg. 47. Parisiis, 1659. 4.

Hyacinthus AMBROSINUS.
Phytologiæ, hoc est de Plantis Partis primæ Tomus primus, in quo herbarum nostro seculo descriptarum nomina, æquivoca, synonyma ac etymologiæ investigantur. Bononiæ, 1666. fol.
Pagg. 576; cum figuris ligno incisis.

Stephanus SKINNER.
Etymologicon botanicum, seu explicatio nominum (Anglicorum) omnium vegetabilium; in ejus Etymologico linguæ Anglicanæ, sign. G g g g 2—L l l l 2.
Londini, 1671. fol.

Christianus MENTZELIUS.
Index nominum plantarum universalis.
Pagg. 331. Berolini, 1682. fol.

——— : Lexicon plantarum polyglotton universale.
Pagg. 331. ib. 1715. fol.
Eadem editio, mutato tantum titulo; ad calcem vero additum:
Ad indicem universalem nominum plantarum et Pugillum (vide infra inter Observationes botanicas) Corollarium.
Plagg. 2.

Georgius FRANCUS DE FRANKENAU.
Flora Francica, h. e. Lexicon plantarum hactenus usualium. Argentorati, 1685. 12.
Pagg. 165; præter programmata, pagg. 90, de quibus aliis locis.

——— Editio tertia. Lipsiæ, 1698. 12.
Pagg. 299; præter programmata.

——— Argentorati, 1705. 12.
Pagg. 240; præter programmata, pagg. 122.

——— : Flora Francica rediviva oder Kräuter-Lexicon, ins teutsche übersezet, und vermehret von Joh. Gottfr. Thilo.
Pagg. 640. Leipzig, 1728. 8.

Elias PEINE.
Wörter-büchlein, in welchem diejenigen wörter enthalten, welche sonderlich bey der gärtnerey üblich sind.
Pagg. 96. Leipzig, 1713. 8.

Philip MILLER.

The Gardeners and Florists dictionary.
Vol. 1. Alphab. 1. plagg. 10. Vol. 2. Alph. 1. plagg. 9.
London, 1724. 8.

The Gardeners dictionary. (First edition.)
Alphab. 7. plagg. 4. et Alph. 2. ib. 1731. fol.

——— Second edition. Alphab. 9. plagg. 3.
ib. 1733. fol.

An appendix to the Gardeners dictionary.
Plagg. 5. ib. 1735. fol.

The Gardeners dictionary. Third edition.
Alphab. 9. plagg. 13. ib. 1737. fol.

The second volume of the Gardeners dictionary.
Alphab. 4. plagg. 13. ib. 1739. fol.

The Gardeners dictionary. Seventh edition.
Alphab. 14 plagg. 16. ib. 1759. fol.

——— Eighth edition. ib. 1768. fol.
Alphab. 14. plagg. 12.

——— to which are now added, a complete enumeration and description of all plants hitherto known, the whole corrected and newly arranged by *Thomas* MARTYN.
Part 1—7. (usque ad Fritillariam.) Alphab. 12. plagg. 5. ib. fol.

———: Das englische gartenbuch, oder P. Millers Gärtner-Lexicon, nach der fünften ausgabe in das deutsche ubersezet von Georg Leonh. Huth.
1 Theil. pagg. 548. Nürnberg, 1750. fol.
2 Theil. pagg. 620. tabb. æneæ 3. 1751.

The Gardeners dictionary abridg'd from the folio edition by the Author.
Vol. 1. Alphab. 1. plagg. 8. Vol. 2. Alphab. 1. plagg. 12.
(First edition.) London, 1735. 8.

———: The abridgement of the Gardeners dictionary.
Sixth edition. ib. 1771. 4.
Alphab. 5.

Richard BRADLEY.

Dictionarium botanicum, or a botanical dictionary for the use of the curious in husbandry and gardening.
Vol. 1. plagg. 30. Vol. 2. plagg. 30.
London, 1728. 8.

Johann Ernst PROBST.

Worter-buch, worinnen derer kräuter nahmen, beyworte,

und sonst gewöhnliche redens-arten aus dem lateinischen ins teutsche übertragen sind.
Pagg. 160. Leipzig, 1741. 8.
——— Pagg. 160. ib. 1747. 8.
(Multa habet ex dictionario E. Peine, de quo supra.)

Josephus MONTI.
Plantarum genera a botanicis hactenus instituta, cum universis eorum synonymis. in ejus Indicibus botanicis, p. 1—76. Bononiæ, 1753. 4.

Carolus LINNÆUS.
Dissertatio sistens Nomenclatorem botanicum. Resp. Bened. Berzelius.
Pagg. 19. Holmiæ, 1759. 4.
——— Amoenitat. Academ. Vol. 5. p. 414—441.
——— Fundament. botan. edit. a Gilibert, Tom. 1. p. 113—139.

Georg Christian OEDER.
Nomenclator botanicus enthaltend die namen der in den Dänischen staaten wild wachsenden kräuter in Französischer, Englischer, Deutscher, Schwedischer, und Dänischer sprache, nebst denen auf den Apothecken gebräuchlichen lateinischen namen, und einigen synonymen unsystematischer Schrifsteller.
Pagg. 231. Copenhagen, 1769. 8.

Colin MILNE.
A botanical dictionary.
Plagg. 28. London, 1770. 8.

John DICKS.
The new Gardener's dictionary. ib. 1771. fol.
Alphab. 3 plagg. 14. tabb. æneæ 13.

James WHEELER.
The Botanist's and Gardener's new dictionary.
Pagg. 480. ib. 8.

Jean Bapt. Pierre Ant. de Monet Chevalier DE LAMARCK.
Encyclopedie methodique. Botanique.
Tome 1. A-Cho. pagg. 752. Paris, 1783. 4.
2. Cic-Gor. pagg. 774. 1786.
3. 1 Livraison. Gor-Ket. pagg. 360. 1789.

John GRÆFER.
A descriptive catalogue of upwards of 1100 species and varieties of herbaceous or perennial plants, to which is added a list of hardy ferns, and the most ornamental annuals.
Pagg. 139. London. 8.

Charles BRYANT.
A dictionary of the ornamental trees, shrubs, and plants, most commonly cultivated in Great-Britain.
Plagg. dimidiæ 73. Norwich. 8.

Dominicus NOCCA.
Nomina quarundam plantarum Italica et corrupta Lombardiæ.
Usteri's Annalen der Botanick, 5 Stück, p. 43—53.

5. *Methodus studii Botanici.*

Olavus RUDBECK *filius.*
Disputatio inaug. de fundamentali plantarum notitia rite acquirenda.
Pagg. 25. Trajecti ad Rhen. 1690. 4.
——— Pagg. 57. Augustæ Vindel. 1691. 12.

Albertus HALLER.
De methodico studio botanices absque præceptore.
Pagg. 32. Gottingæ, 1736. 4.
——— in ejus Opusculis botanicis, p. 35—74.

Christianus Gottlieb LUDWIG.
Programma de rei herbariæ studio et usu.
Pagg. xvi. Lipsiæ, 1768. 4.

Ernst Gottfried BALDINGER.
Ueber das studium der botanik und die erlernung derselben.
Pagg. 18. Jena, 1770. 4.

Friedrich Wilhelm WEISS.
Betrachtung über die nuzbare einrichtung Academischer Vorslesungen in der botanik, nebst anzeige seiner vorlesungen im winter 1774.
Pagg. viii. Göttingen. 4.

Georg Adolph SUCKOW.
Ueber das studium der angewandten botanik.
Vorles. der Churpfälz. Phys. Ökonom. Gesellsch. 2 Band, p. 125—156.

Paulus USTERI.
Einige bemerkungen über den vortrag und die lehrmethode der botanik.
Magazin für die Botanik, 6 Stück, p. 3—15.

Franciscus de Paula SCHRANK.
Cogitata de methodo botanicam docendi. ibid. 12 Stück, p. 3—13.

6. *Herbaria viva conficienda.*

Guilielmus LAUREMBERGIUS.

Botanotheca, hoc est modus conficiendi herbarium vivum. Plagg. 4. Rostochii, 1626. 12.

——— impr. cum Viridariis variis Sim. Paulli; p. 731—799. Hafniæ, 1653. 12.

——— impr. cum Sim. Paulli quadripartito botanico; p. 635—660. Argentorati, 1667. 4.

——— Plagg. 3½. Altdorfii, 1693. 4.

——— impr. cum Sim. Paulli quadripartito; p. 668—690. Francof. ad Moen. 1708. 4.

James PETIVER.

Directions for the gathering of Plants.
Fol. 1. in Operum ejus Vol. 2do.

Christophorus Bernhardus VALENTINI.

Tabula excursionibus botanicis et conficiendis herbariis vivis inserviens. impr. cum ejus Tournefortio contracto.
Plag. 1. Francofurti ad Moen. 1715. fol.

Balthazar EHRHARDT.

Botanologiæ juvenilis mantissa, in qua de necessitate herbaria, quæ vocant viva, bono publico tradendi, deque ea conficiendi methodo, dilucide agitur.
Pagg. 86. Ulmæ, 1732. 8.

Albrecht Wilhelm ROTH.

Abhandlung von der einrichtung einer Pflanzensammlung (herbarium vivum.)
in seine Beytr. zur Botanik, 1 Theil, p. 110—119.

Anweisung zur verfertigung einer Pflanzensammlung. ibid. 2 Theil, p. 42—69.

Von dem nuzen einer Pflanzensammlung. ibid. p. 83—86.

HAÜY.

Observations sur la maniere de faire les Herbiers.
Mem. de l'Acad. des Sc. de Paris, 1785. p. 210—212.
Excerpta italice, in Opuscoli scelti, Tomo 11. p. 376.

August Johann Georg Carl BATSCH.

Ueber blumenpräparate.
Magazin für die Botanik, 10 Stück, p. 3—13.

7. *Plantæ in arena siccandæ.*

Ludwig Philipp THÜMMIG.
Von verwahrung der blumen etliche jahr über. in sein. Erläuterung der merkwurdigsten begebenheiten in der natur, 3 Stück, p. 181—188.
Jacob Theodor KLEIN.
Untersuchung des versuchs Herrn L. P. Thümmigs von verwahrung der blumen etliche jahr über. Abhandl. der Naturf. Gesellsch. in Danzig, 1 Theil, p. 76—90.
Josephus MONTI.
De florum pulchritudine conservanda.
Comm. Instit. Bonon. Tom. 2. Pars 2. p. 229—237.
———: Over het bewaren van bloemen in hare schoonheid.
Uitgezogte Verhandelingen, 2 Deel, p. 11—26.
———: Sur l'art de conserver les fleurs.
Journal de Physique, Introd. Tome 2, p. 623—628.
Johann Friedrich HARTMANN.
Versuch, wie die schönheit der blumen und pflanzen im auftrocknen zu erhalten.
Hamburg. Magaz. 24 Band, p. 375—384.
ANON.
Beschreibung der art und weise, die blumen aufzutrocknen, und sie in ihrer natürlichen gestalt zu erhalten. ibid. 26 Band, p. 583—592.

8. *Plantæ in liquoribus servandæ.*

William WITHERING.
A new method of preserving Fungi, &c.
Transact. of the Linnean Soc. Vol. 2. p. 263—266.

9. *Plantarum Ectypa conficienda.*

Franciscus Ernestus BRÜCKMANN.
Send-schreiben an Hrn. J. H. Kniphof die art, die kräuter nach dem leben abzudrucken, und also sehr compendiös herbaria picta zu machen, vorstellend.
Plag. 1. Wolffenbuttel, 1733. 4.
——— Büchner's Miscellan. Phys. Med. 1730. p. 1346—1353.

Johann Hieronymus KNIPHOF.
Antwort auf Hrn. F. E. Brückmanns send-schreiben. ibid. p. 1353—1360.
Johann BECKMANN.
Pflanzen-abdrücke. in seine Beytr. zur Geschichte der Erfindungen, 1 Band, p. 514—523.

10. *Elementa Botanica et de Plantis in genere Scriptores.*

Carolus FIGULUS.
Dialogus qui inscribitur Botanomethodus, sive herbarum methodus.
Plagg. 6. Coloniæ, 1540. 4.
Joannes COSTÆUS.
De universali stirpium natura libb. 2.
Pagg. 496. Augustæ Taurinor. 1578. 4.
Conradus GESNERUS.
De partibus et differentiis plantarum physica synopsis, secundum Theophrastum, Plinium, et Dioscoridem, in tabulas methodice digesta, introductionis vice ad quasvis stirpium historias legendas. impr. cum ejus Tabulis collectionum, editis a Wolphio; fol. 1—40.
Tiguri, 1587. 8.
Johannes JESSENIUS *a Jessen.*
De plantis Disputatio prior. Resp. Mart. Polycarpus.
Plagg. 2½. Witebergæ, 1601. 4.
Adamus ZALUZANIUS *a Zaluzaniis.*
Methodi herbariæ libb. 3.
Alphab. 1. plagg. 6. Francofurti, 1604. 4.
Adrianus SPIGELIUS.
Isagoges in rem herbariam libri duo.
Pagg. 138. Patavii, 1606. 4.
——— Lugduni Bat. 1633. 24.
Pagg. 222; præter Vorstii Catalogum horti Ludgduno-Batavi, de quo infra.
Guy DE LA BROSSE.
De la nature, vertu, et utilité des plantes.
Pagg. 680. Paris, 1628. 8.
Federicus CÆSIUS *Princeps S. Angeli et S. Poli.*
Phytosophicarum tabularum Pars 1. impr. cum Hernandez historia plantarum Mexicanarum; p. 901—950.
Romæ, 1651. fol.

William COLES.
The art of simpling, an introduction to the knowledge and gathering of plants. London, 1656. 12.
Pagg. 123; præter Discovery of the lesser world, non hujus loci.

Michaele GYLLENSTÅLPE
Præside, Disputatio de regno vegetabili in genere. Resp. Jac. Flachsenius.
Plag. 1½. Aboæ, 1656. 4.

Joh. Cunrado BROTBEQUIO
Præside, Dissertatio de Plantis. Resp. El. Rud. Camerarius. Plagg. 3. Tubingæ, 1656. 4.

Joachimus JUNGIUS.
Opuscula botanico-physica viz.
Isagoge phytoscopica et
De plantis doxoscopiæ physicæ minores.
ex recensione Mart. Fogelii et Joh. Vagetii, cum eorundem annotationibus; cura Joh. Seb. Albrecht.
Coburgi, 1747. 4
Pagg. 178; præter J. de Aromatariis epistolam de seminibus, de qua infra.

Guernerus ROLFINCIUS.
De vegetabilibus, plantis, suffruticibus, fruticibus, arboribus in genere libri duo.
Pagg. 216. Jenæ, 1670. 4.

Honoratus FABER.
Tractatus duo, quorum prior est de plantis, et de generatione animalium, posterior de homine.
Norimbergæ, 1677. 4.
Pagg. 582, quarum 145 priores de plantis; librum de generatione recensui Tomo 2. pag. 396; tractatus posterior huc non facit.

Johannes PRÆTORIUS.
Meletematum physicorum disputatio xxIma. de plantis. Resp. Chr. Keller.
Plag. 1. Hallis, 1677. 4.

Johannes Ludovicus HANNEMANN.
Nova et accurata methodus cognoscendi simplicia vegetabilia.
Pagg. 148. Kilonii, 1677. 4.

Emanuel KÖNIG.
Regnum vegetabile.
Pagg. 84. Basileæ, 1680. 4.
——— Pagg. 186; præter selectum remediorum, non hujus loci. ib. 1688. 4.

——— Pagg. 1112. ib. 1708. 4.

Lambertus BIDLOO.

Dissertatio de re herbaria. præmissa Jo. Commelini Catalogo plantarum Hollandiæ

edit. Amstel. 1683. pagg. 82.

edit. Lugd. Bat. 1709. pagg. 80.

Georg-Friderico WAGNERO.

Præside, Dissertatio de natura et virtutibus plantarum in genere. Resp. Frid. Bogisl. Hillius.

Plagg. 2. Regiomonti, 1688. 4.

Conrado Philippo LIMMERO

Præside, Disputatio de plantis in genere. Resp. Melch. Ern. Wagenitz.

Plagg. 4. Servestæ, 1691. 4.

Christianus Ludovicus WELSCHIUS.

Basis botanica, seu brevis ad rem herbariam manuductio.

Pagg. 228. Lipsiæ, 1697. 12.

Josephus Pitton TOURNEFORT.

Isagoge in rem herbariam. in ejus Institutionibus rei herbariæ p. 1—75. Parisiis, 1700. 4.

——— ——— ib. 1719. 4.

———: Isagoge ò introduccion a la materia herbaria.

Quer Flora Española, Tom. 1. p. 65—272.

James PETIVER.

Rudiments of botany. ad calcem Vol. 1mi Operum ejus.

Pag. 1. tabb. æneæ 2.

Lucas WOLLEBIUS.

Dissertatatio de methodo herbas lustrandi. Resp. Joh. Gerh. Hose. Basileæ, 1711. 4.

Pagg. 22; præter corollaria anatomica, non hujus loci.

Alexander CAMERARIUS.

Dissertatio de botanica. Resp. Joh. Frid. Engel.

Pagg. 28. Tubingæ, 1717. 4.

Abrahamus REHFELDT.

Rudimenta botanica. in ejus Hodego botanico, p. 4—17.

Halæ, 1717. 8.

Patrick BLAIR.

Botanick essays.

Pagg. 414. tabb. æneæ 4. London, 1720. 8.

Gulielmus CHAMBERS.

In dissertatione inaug. de Ribes Arabum, pag. 1—24, de structura, usu partium, et methodo plantarum agit.

Lugduni Bat. 1724. 4.

Hermannus Fridericus TEICHMEYER.
Institutiones botanicæ, seu brevis in rem herbariam introductio.
Pagg. 79. Jenæ, 1731. 8.
——— Pagg. 79. Francof. et Lips. 1764. 8.
Joannes Julius HECKER.
Einleitung in die botanic.
Pagg. 547. Halle, 1734. 8.
Carolus LINNÆUS.
Fundamenta botanica.
Pagg. 36. Amstelodami, 1736. 8.
——— Pagg. 51. ib. 1741. 8.
——— impr. cum Alstoni Horto Edinburgensi.
Pagg. 22. Edinburgi, 1740. 8.
——— impr. cum ejus Systemate naturæ.
Pagg. xxvi. Parisiis, 1744. 8.
——— Pagg. 31; præter Gesneri Dissertationes, de quibus infra, Parte 2. Halæ, 1747. 8.
——— in Alstoni Tirocinio botanico, p. 83—109.
Edinburgi, 1753. 8.
——— in ejus Operibus variis, p. 1—61.
Lucæ, 1758. 8.
——— Fundament. botan. edit. a Gilibert, Tom. 1. p. 1—48.
Philosophia botanica. Holmiæ, 1751. 8.
Pag. 362. tabb. æneæ 9, & ligno incisæ 2.
——— Viennæ Austriæ, 1755. 8.
Pagg. 364. tabb. æneæ 9, et ligno incisæ 2.
——— ib. 1770. 8.
Pagg. et tabb. totidem.
——— Fundament. botan. edit. a Gilibert, Tom. 3. p. 1—362.
——— Editio tertia, aucta cura Car. Lud. Willdenow.
Berolini, 1790. 8.
Pagg. 364. tabb. æneæ 11.
———: Philosophie botanique, traduite par Fr. A. Quesné.
Pagg. 456. tabb. æneæ 9. Paris, 1788. 8.
Elementa botanica. (edidit Dan. Solander.)
Pagg. 4. Upsaliæ, 1756. 8.
——— in præfatione Systematis vegetabilium, in editionibus postea impressis.
Förelasningar öfver Fundamenta botanica, håldne år 1748; uppteknade af Lars Montin.
Manuscr. Autogr. Pagg. 381. 4.

Föreläsningar öfver Växt-riket, håldne åren 1746, 1747, och 1748; uppteknade af Lars Montin.
Manuscr. Autogr. Pagg. 297. 4.

Termini botanici; Classium methodi sexualis generumque plantarum characteres compendiosi; recudi curavit, primos cum suis definitionibus interpretatione germanica donatos, Paul. Dieter. Giseke.
Pagg. 219. Hamburgi, 1781. 8.

——— editioni huic alteri accesserunt fragmenta ordinum naturalium Linnæi, nomina germanica Planeri generum, gallica et anglica terminorum, et indices.
Pagg. 396. ib. 1787. 8.

Theophilus Emanuel VON HALLER.
Dubia ex Linnæi fundamentis botanicis hausta tradere pergit.
Pagg. 24. Goettingæ, 1751. 4.

Petrus LOEFLING.
Literæ ad Hallerum filium circa dubia quædam ab eo proposita. in priori libello p. 9—17.

Theophilus Emanuel VON HALLER.
Nuper proposita dubia contra C. Linnæum illustrata.
Pagg. 15. ib. 1752. 4.
Dubiorum contra sectionem 7mam fundamentorum botanicorum Linnæi Manipulus 1. Pagg. 19.
Manipulus 2. pagg. 15. ib. 1753. 4.

Christianus Gottlieb LUDWIG.
Aphorismi botanici. Pagg. 80. Lipsiæ, 1738. 8.
Institutiones historico-physicæ regni vegetabilis.
Pagg. 224. ib. 1742. 8.
——— Editio altera aucta.
Pagg. 264. ib. 1757. 8.

Arthur Conrad ERNSTING.
Prima principia botanica: Anfangs-gründe der kräuterwissenschaft. Wolfenbüttel, 1748. 8.
Pagg. 482. tabb. æneæ 6.

David DE GORTER.
Elementa botanica, methodo Linnæi accommodata.
Pagg. 90. tabb. æneæ 11. Harderovici, 1749. 8.
Leer der plantkunde. 1 Deel.
Pagg. 362. tab. ænea 1. Amsterdam, 1782. 8.

Carolus Augustus DE BERGEN.
De studio botanices methodice ac proprio marte addiscendæ, præcognita ad ejus Floram Francofurtanam, pag. 1—38.

HELIE.

Sisteme de M. Linnæus, sur la generation des plantes, et leur fructification.

Pagg. 53, xviii & 45. Montpellier, 1750. 12.

Carolus ALSTON.

Dissertatio de re herbaria. in ejus Tirocinio botanico Edinburgensi, p. 1—82. Edinburgi, 1753. 8.

———: A dissertation on botany, translated by a physician. Pagg. 136. London, 1754. 8.

ANON.

Introduction à la botanique. impr. avec le Catalogue des plantes usuelles. Pagg. 34. Amiens, 1754. 12.

Jacobus Christianus SCHÆFFER.

Epistola de studii botanici faciliori ac tutiori methodo.

Pagg. 14. tab. ænea 1. Ratisbonæ, (1758.) 4.

———: Lettre contenant la maniere de rendre l'etude de la botanique plus facile et plus sure.

Journal de Physique, Tome 15. p. 268—284.

Isagoge in botanicam expeditiorem.

Pagg. 96. tabb. æneæ color. 4. Ratisbonæ, 1759. 8.

James LEE.

An introduction to botany, containing an explanation of the theory of that science, and an interpretation of its technical terms, extracted from the works of Linnæus.

Pagg. 320. tabb. æneæ 12. London, 1760. 8.

——— Third edition. ib. 1776. 8.

Pagg. 432. tabb. æneæ 12.

Michel ADANSON.

Familles des plantes. 1 Partie. Paris, 1763. 8.

Pagg. cccxxv et 189. tab. ænea 1. Partem 2. vide infra pag. 32.

Georgius Christianus OEDER.

Elementa botanicæ.

Pars prior. pagg. 141. Hafniæ, 1764. 8.

Pars posterior. pag. 143—382. tabb. æneæ 14. 1766.

LATOURRETTE et ROZIER (Halleri Bibl. bot. 2. p. 564.)

Demonstrations elementaires de botanique, à l'usage de l'Ecole Royale Veterinaire.

Tome 1. Introduction à la botanique. Lyon, 1766. 8.

Pagg. 272. tabb. æneæ 8. Tomum 2. vide infra inter Materiæ Medicæ Scriptores.

——— Troisieme edition, augmentée (par M. Gilibert.) Lyon, 1787. 8.

Tome 1. pagg. lij, 176, xxiv & 482. tabb. æneæ 11. Tome 2. pagg. lxxxviij et 580. Tome 3. pagg. 720. tabb. 2.

Dominicus CYRILLUS.

Ad botanicas institutiones introductio.
Pagg. xxviii. tabb. æneæ 2. Neapoli, 1766. 4.

Institutiones botanicæ juxta methodum Tournefortianam.
Manuscr. Pagg. 119. fol.

Don Miguel BARNADES.

Principios de botanica. Parte primera.
Pagg. 220. tabb. æneæ 13. Madrid, 1767. 4.

Barbeu DUBOURG.

Nouvelle methode de botanique. dans son Botaniste Francois, Tome 1. p. 1—154. Paris, 1767. 12.

Franciscus Xaverius HARTMANN.

Primæ lineæ institutionum botanicarum Cranzii.
Lipsiæ, 1767. 8.
Pagg. 74; præter additamenta institutionum, de quibus infra sect. 14.

Job BASTER.

Verhandeling over de voortteeling der dieren en planten, dienende tot verklaaring van het kruidkundige samenstel van den Ridder Linnæus.
Pagg. 107. Haarlem, 1768. 8.

Rudolph BUCHHAVE.

Grunden til plantelæren.
Pagg 64. Soröe, 1768. 8.

Carl Fredric HOFFBERG.

Anvisning til naturens kännedom. 1 Delen om växt-riket.
Pagg. 81. tabb. æneæ 10. Stockholm, 1768. 8.

———: Anvisning til växt-rikets kännedom.
Andra uplagan. ib. 1784. 8.
Pagg. 267. tabb. æneæ 10.

Philip MILLER.

A short introduction to the science of botany. printed with his Gardeners kalendar; p. xvii—lxvi. cum tabb. æneis 5. London, 1769. 8.

Christianus Fridericus REUSS.

Compendium botanices, systematis Linnæani conspectum, ejusdemque applicationem ad selectiora plantarum Germaniæ indigenarum usu medico et œconomico insignium genera eorumque species continens.
Pagg. 445. tabb. æneæ 10. Ulmæ, 1774. 8.

——— Editio secunda.
Pagg. 589. tabb. æneæ 10. ib. 1785. 8.

Hugh Rose.

The Elements of botany, being a translation of the Philosophia botanica and other treatises of Linnæus.

Pagg. 472. tabb. æneæ 14. London, 1775. 8.

Carl Friedrich Dieterich.

Anfangsgründe zu der pflanzenkenntniss.

Pagg. 362. tabb. æneæ 12. Leipzig, 1775. 8.

Salomon Schinz.

Primæ lineæ botanicæ, ex tabulis phytographicis Jo. Gesneri ductæ. latine et germanice.

Pagg. 19. tabb. æneæ color. 2. Zürich, 1775. fol.

Anleitung zu der pflanzenkenntniss, und derselben nüzlichsten anwendung.

Zurich 1774. (1777. conf. p. 119.) fol.

Pagg. 129. tabb. æneæ color. 2, eædem ac prioris libri. Tabb. ligno incisæ color. 100, Fuchsii majores.

Bulliard.

Introduction à la Flore des environs de Paris.

Pagg. 32. tabb. æneæ color. 2. Paris, 1776. 8.

Johannes Miller.

Illustratio systematis sexualis Linnæi. latine et anglice.

Londini, 1777. fol.

Tabb. æneæ 104, eædemque coloribus fucatæ, cum textu in totidem foliis versa pagina impresso; præter tabb. æneas color. 4, foliorum plantarum figuras exhibentes, cum explicatione, pagg. 5.

An illustration of the sexual system of Linnæus.

Vol. 1. London, 1779. 8.

Pagg. 106. tabb. æneæ 104. (ultima numerum præfert 106, sed nulla tabula 101, nec 104 adest); præter tabulam æneam introductioni præfixam. Vol. 2dum vide infra pag. 27.

William Curtis.

Linnæus's system of botany, so far as relates to his classes and orders of plants, illustrated by figures entirely new, with explanatory descriptions. London, 1777. 4.

Pagg. 15. tabb. æneæ 2, eædemque coloribus fucatæ.

Samuel Augustin.

Prolegomena in systema sexuale botanicorum.

Pagg. 84. tabb. æneæ 6. Viennæ, 1777. 8.

Stephen Robson.

The principles of botany, prefixed to his British Flora, p. 1—53. York, 1777. 8.

Catharina Helena Dörrien.

Uebersetzung und erklärung der vornehmsten kunstwörter, so in dem Linneischen system vorkommen, nebst einer kurzen beschreibung des Linneischen systems selbst. gedr. mit sein. Verzeichniss der Nassauischen gewächse; p. 459—496. Lübeck, 1779. 8.

DURANDE.

Notions elementaires de botanique.

Pagg. 368 et xcii. Dijon, 1781. 8.

Johann Friedrich LORENZ.

Grundriss der theoretischen und praktischen botanik, für schulen, zur bildung junger landwirthe und kameralisten. Pagg. 128. Leipzig, 1781. 8.

Joannes Antonius SCOPOLI.

Fundamenta botanica.

Pagg. 174. tabb. æneæ 10. Papiæ, 1783. 8.

ANON.

Botanische unterhaltungen mit jungen freunden der kräuterkunde auf spaziergängen. 1 Monatstück für den Brachmonat 1784—12 stück für den May 1785.

Pagg. 392. München. 8.

Vincentius PETAGNA.

Institutiones botanicæ. Tomus 1. de philosophia botanica. Neapoli, 1785. 8.

Pagg. 286. tabb. æneæ 10. Reliquos tomos vide infra sect. 14.

Casimiro Gomez ORTEGA & *Antonio* PALAU Y VERDERA.

Curso elemental de botanica. Madrid, 1785. 8.

Parte teorica. pagg. 226. Parte practica. pagg. 184. Posterior hæc pars continet characteres essentiales generum Linnæi hispanice versas.

J. J. ROUSSEAU and *Thomas* MARTYN.

Letters on the elements of botany by J. J. Rousseau, translated into english; with notes, and 24 additional letters, by Th. Martyn.

Pagg. 503. London, 1785. 8.

38 Plates with explanations, intended to illustrate Linnæus's system of vegetables, and particularly adapted to the letters on the elements of botany, by Th. Martyn.

Pagg. 72. tabb. æneæ 38. London, 1788. 8.

Paulus CZENPINSKI.

Botanika dlá Szkól Narodowych.

Pagg. 238. tabb. æneæ 6. Warszawie, 1785. 8.

Nikolaus Joseph Edler VON JACQUIN.

Anleitung zur pflanzenkentniss nach Linné's methode.

Pagg. 171. tabb. æneæ 11. Wien, 1785. 8.

Johann Jakob VON WELL.
Kurz vertassete gründe zur pflanzenlehre.
Pagg. 236. Wien, 1785. 8.

Georg Adolph SUCKOW.
Anfangsgründe der theoretischen und angewandten botanik. Leipzig, 1786. 8.
1 Theil. pagg. 190. tabb. æneæ 16.
2 Theils 1 Band. pagg. 432.
2 Band. pag. 435—938.

R. W. D.
Principia botanica, or a concise and easy introduction to the sexual botany of Linnæus.
Pagg. 280. Newark, 1787. 8.

Richard RELHAN.
Heads of a course of lectures on botany, read in the University of Cambridge.
Pagg. 8. Cambridge, 1787. 8.

F. LEBRETON.
Manuel de botanique.
Pagg. 388. tabb. æneæ 8. Paris, 1787. 8.

Antoine GOUAN.
Explication du systeme botanique du Chevalier von Linné.
Pagg. 72. tab. ænea 1. Montpellier, 1787. 8.

J. C. C. LÖWE.
Handbuch der theoretischen und praktischen kräuterkunde.
Pagg. 509. Breslau, 1787. 8.

Aug. Jcb. Georg Carl BATSCH.
Versuch einer anleitung zur kenntniss und geschichte der pflanzen.
1 Theil. pagg. 381. tabb. æneæ 6. Halle, 1787. 8.
2 Theil. pagg. 676. tab. 7—11. 1788.

ALYON.
Cours de botanique pour servir à l'education des enfans de S. A. S. Mgr. le Duc d' Orl ans. Paris, fol.
Pagg. 36. tabb. æn. color. adsunt 89.

James SOWERBY.
An easy introduction to drawing flowers according to nature. London, 4. obl.
Tabb. æneæ 6. foll. textus totidem.

William CURTIS.
A companion to the Botanical Magazin, or a familiar introduction to botany. London, 1788. 8.
Pag. 1—33. tab. æn. color. 1—8.

Didericus Leonardus OSKAMP.
Specimen inaug. exhibens nonnulla, plantarum fabricam et oeconomiam spectantia.
Pagg. 70. Trajecti ad Rhen. 1789. 4.
Paulus Dietericus GISEKE.
Theses botanicæ.
Pagg. 51. Hamburgi, 1790. 8.
Samuel SAUNDERS.
A short and easy introduction to scientific and philosophic botany.
Pagg. 107. London, 1792. 8.
James Edward SMITH.
Syllabus of a course of lectures on botany.
Pagg. 72. London, 1795. 8.
Rene Louicbe DESFONTAINES.
Cours de botanique elementaire et de physique vegetale.
Usteri's Annalen der Botanick, 16 Stück, p. 27—87.

11. *Termini Botanici.*

John MARTYN.
The first lecture of a course of botany, being an introduction to the rest.
Pagg. 23. tabb. æneæ 14. London, 1729. 8.
John WILSON.
A botanical dictionary. printed with his Synopsis of British plants. Newcastle upon Tyne, 1744. 8.
Pagg. 14. tabb. ligno incisæ 2.
Joannes Andreas MURRAY.
Enumeratio vocabulorum quorundam, quibus antiqui linguæ latinæ auctores in re herbaria usi sunt.
Pagg. 11. Holmiæ, 1756. 4.
Carolus LINNÆUS.
Delineatio plantæ. Pagg. 8. Upsaliæ, 1758. 8.
——— in editionibus Systematis Vegetabilium postea impressis.
——— Lippii Enchirid. Botanic. p. 58—67.
——— Reuss Compend. Botanic. edit. 1. p. 27—37.
edit. 2. p. 35—45.
——— latine et belgice. in Gorters Leer der plantkunde, p. 33—76.
———: Delineation of a plant.
System of Vegetables, translated by a botanical Society at Lichfield, Vol. 1. p. 13—21.

Dissertatio: Termini botanici. Resp. Joh. Elmgren.
Pagg. 32. Upsaliæ, 1762. 4.
——— Amoenitat. Academ. Vol. 6. p. 217—246.
——— Pagg. 39. Lipsiæ, 1767. 8.
——— Fundament. Botan. edit. a Gilibert, Tom. 1. p. 141—168.
——— definitionibus pluribus aucti a J. Rotheram.
Pagg. 47. Novi Castri, 1779. 8.
——— impr. cum Hudsoni Floræ Anglicæ ed. 2. p. v —xxix.
———: An explanation of botanic terms according to the sexual system of Linnæus. Lee's Introduction to botany, p. 377—401. London, 1776. 8.
———: Botanic terms and definitions.
System of Vegetables, translated by a botanical Society at Lichfield, Vol. 1. p. xiij—xl.

Joseph QUER.
Diccionario en que se explican los terminos y voces mas usuales de la botanica. in ejus Flora Española, Tom. 2. p. 1—64.

John BERKENHOUT.
Clavis Anglica linguæ botanicæ, or a botanical Lexicon, in which the terms of botany are applied, derived, explained, contrasted, and exemplified.
Plagg. dimidiæ 28. London, 1764. 8.

Franciscus Josephus LIPP.
Enchiridium botanicum sistens delineationem plantæ C. v. Linné definitam, exemplis et figuris illustratam.
Pagg. 74. tabb. æneæ 11. Vindobonæ, 1765. 8.

ANON.
Termini botanici, in usum juventutis Academicæ Edinensis.
Pagg. 40. tabb. æneæ 5. Edinburgi, 1770. 8.

Engelbertus JÖRLIN.
Dissertatio: Partes fructificationis, seu Principia botanices illustrata. Resp. Er. Rumberg.
Londini Goth. 1771. 4.
Pagg. 26. tabb. æneæ, quæ 6, desunt in nostro exemplo.
——— Editio altera emendata.
Pagg. 32. tabb. æneæ 6. Lundæ, 1786. 8.

Olaus OLAVIUS.
Termini botanici, som grunden til plantelæren.
Pagg. 72. Kiobenhavn, 1772. 8.

Joannes Daniel LEERS.
Nomenclator Linnæanus. in ejus Flora Herbornensi.
Pagg. lix. Herborniæ, 1775. 8.
Casimir Gomez ORTEGA.
Explicatio quarumdam vocum, quibus rei herbariæ scriptores uti solent. latine et hispanice. impr. cum ejus Tabulis botanicis.
Plagg. 3. Matriti, 1783. 8.
BULLIARD.
Dictionnaire elementaire de botanique.
Pagg. 242. tabb. æneæ color. 10. Paris, 1783. fol.
VILLARS.
Dictionnaire des termes de botanique. dans son Histoire des plantes de Dauphiné, Tome 1. p. 1—111.
Nicolaus Ewoud PEREBOOM.
Materia vegetabilis, systemati plantarum, præsertim philosophiæ botanicæ, inserviens : characteribus, quoscunque Ill. Linnæus indicavit, delineatis.
Decadum 1. Caudices. pagg. 32. tabb. æneæ 10.
Lugduni Bat. 1787. 4.
John MILLER.
An illustration of the termini botanici of Linnæus.
Vol. 2. London, 1789. 8.
Pagg. 86. tabb. æneæ 86.
Volumen 1. vide supra pag. 22.
Natalis Joseph DE NECKER.
Corollarium ad Philos. botanicam Linnæi spectans.
Pagg. 29. Neowedæ, 1790. 8.
Friedrich EHRHART.
Erklärung der vornehmsten kunstwörter, welche in Wachendorfs pflanzensystem vorkommen. in seine Beiträge, 6 Band, p. 1—13.
Thomas MARTYN.
Observations on the language of botany.
Transact. of the Linnean Soc. Vol. 1. p. 147—154.
The language of botany, being a Dictionary of the terms made use of in that science, principally by Linnæus.
Plagg. 22. London, 1793. 8.

12. *Systemata Plantarum ad Genera (nec Species) extensa.*

Joannes RAJUS.
Methodus plantarum nova.
Pagg. 166. Londini, 1682. 8.

———: Methodus plantarum emendata et aucta.
Pagg. 202. Londini, 1703. 8.
——— Pagg. 196. Londini (Tubingæ) 1733. 8.

Petrus MAGNOL.
Prodromus historiæ generalis plantarum in quo familiæ plantarum per tabulas disponuntur.
Pagg. 79. Monspelii, 1689. 8.
Novus caracter plantarum, opus posthumum ab authoris filio in lucem editum.
Pagg. 340. ib. 1720. 4.

M. D. JOHRENIUS.
Vade mecum botanicum, seu hodegus botanicus, secundum methodum Tournefortianam.
Pagg. 248. Colbergæ (1710. Segu. bibl. 91.) 8.

Christophorus Bernhardus VALENTINI.
Tournefortius contractus, sub forma tabularum sistens institutiones rei herbariæ juxta methodum modernorum.
Francofurti ad Moen. 1715. fol.
Pagg. 22. tabb. æneæ 2; præter Hermanni characterismum Materiæ Medicæ, de quo infra; et Laboratorium Parisiense.

Christianus KNAUT.
Methodus plantarum genuina, qua notæ characteristicæ seu differentiæ genericæ tam summæ, quam subalternæ ordine digeruntur et per tabulas, quas vocant, synopticas delineantur. Lipsiæ et Halæ, 1716. 8.
Pagg. 267; præter tabulas.

Franciscus Ernestus BRÜCKMANN.
Notæ et animadversiones in Chr. Knaut compendium botanicum, sive methodum plantarum genuinam.
Epistola itineraria 80. Cent. 2. p. 1026—1044.

Josephus MONTI.
Plantarum genera a botanicis instituta, juxta Tournefortii methodum ad proprias classes relata. in ejus Variis plantarum indicibus, p. 1—31. Bononiæ, 1724. 4.
——— Quer Flora Española, Tomo 2. p. 83—104.
Sola nomina.

ÆLVEEEMES (*Laurentius* ROBERG.)
Grundvahl til plantekjænningn. Upsaliæ, 1730 12.
Pagg. 20; cum figuris ligno incisis, maxime e Tournefortio.

Johannes Ernestus HEBENSTREIT.
Dissertatio: Definitiones plantarum. Resp. Chr. Aug. Ebersbach.
Pagg. 44. Lipsiæ, 1731. 4.

Henricus Bernhardus Ruppius.
Fragmentum Collegii botanici.
Brückmanni Epistola itinerar. 56. Cent. 3. p. 743—775.
(Fragmentum Generum plantarum, methodo Rivini.)

Carolus Linnæus.
Genera plantarum, eorumque characteres naturales.
Pagg 384. tab. ænea 1. Lugduni Bat. 1737. 8.
Corollarium generum plantarum, exhibens genera plantarum 60, addenda prioribus characteribus.
Pagg. 25. ib. 1737. 8.
Methodus sexualis, sistens genera plantarum secundum mares et feminas in classes et ordines redacta. impr. cum libello antecedenti.
Pagg. 23. (Sola nomina.)
Genera plantarum. Editio secunda.
Pagg. 527. ib. 1742. 8.
——— Editio secunda (tertia) nominibus plantarum Gallicis locupletata.
Pagg 413. tabb. æneæ 2. Parisiis, 1743. 8.
Additamenta ad generum plantarum editionem secundam.
Act. Societ. Upsal. 1741. p. 83, 84.
Nova genera plantarum Zeylanicarum. impr. cum ejus Flora zeylanica.
Pagg. 14. Holmiæ, 1747. 8.
Genera plantarum, quæ novis 70 auctoris generibus sparsim editis locupletata, recudenda curavit Chph. Car. Strumpff.
Editio quarta. Halæ, 1752. 8.
Pagg. 441. tab. ænea 1.
——— Editio quinta ab Auctore reformata.
Pagg. 500. Holmiæ, 1754. 8.
Genera plantarum nova addenda.
in Editione 10ma Systematis naturæ, Tom. 2. p. 1357—1384. ib. 1759. 8.
Genera plantarum. Editio sexta ab Auctore reformata.
Pagg. 580. ib. 1764. 8.
Mantissa plantarum, generum editionis 6.
ib. 1767. 8.
Pagg. 23; præter mantissam specierum, de qua infra.
Expolitiones generum plantarum editionis 6.
cum priori libello p. 139—142.

Mantissa plantarum altera, generum editionis 6.
Holmiæ, 1771. 8.
Pag. 143—169, et p. 553—556; præter species, de quibus infra.

Genera Plantarum, curante Jo. Jac. Reichard.
Pagg. 571. Francof. ad Moen. 1778. 8.

Supplementum plantarum, generum plantarum editionis sextæ, editum a Car. a Linné filio.
Brunsvigæ, 1781. 8.
Pagg. 70; præter species de quibus infra.

Genera plantarum, editio octava, prioribus longe auctior atque emendatior, curante Jo. Chr. Dan. Schreber.
Vol. 1. pagg. 379. Francofurti ad Moen. 1789. 8.
Vol. 2. pag. 381—872. 1791.

The Families of plants, translated from the last edition of the Genera plantarum, and of the Mantissæ of the elder Linneus, and from the Supplementum plantarum of the younger Linneus, with all the new families of plants from Thunberg and L'Heritier; by a botanical Society at Lichfield.
Vol. 1. pagg. 386. Vol. 2. pag. 387—840.
Lichfield, 1787. 8.

Genera plantarum Europæ. est Tomus 2dus Systematis plantarum Europæ, curante Jo. Emman. Gilibert.
Pagg. 183 et 221. Coloniæ Allobrogum, 1785. 8.

Regnum vegetabile, e postremis ejus operibus summatim redactum, curante Xaverio Manetti.
Pagg. 123. tabb. æneæ 2. Florentiæ, 1756. 8.

Genera plantarum ex editione 12ma Systematis naturæ. (Characteres essentiales.)
Pagg. 88. Edinburgi, 1771. 8.

Generum characteres compendiosi, e Systemate vegetabilium; recudi curavit P. D. Giseke. vide supra pag. 19.

Characteres essentiales generum Hispanice versos vide supra pag. 23.

Genera compendiosa plantarum Fennicarum. Dissertatio Præside Petro Kalm. Resp. Joh. Hellenius.
Pagg. 32. Aboæ, 1771. 8.
(Characteres essentiales, ex editione 10ma Systematis naturæ.)

Prælectiones in ordines naturales plantarum, e proprio et J. C. Fabricii Msto edidit Paul. Diet. Giseke.
Pagg. 662. tabb. æneæ 8. Hamburgi, 1792. 8.

Christianus Gottlieb LUDWIG.
Definitiones plantarum.
Pagg. 144. Lipsiæ, 1737. 8.
——— : Definitiones generum plantarum, nunc auctæ et emendatæ.
Pagg. 316. ib. 1747. 8.
——— Auctas et emendatas edidit Ge. Rud. Boehmer.
Pagg. 516. ib. 1760. 8.

Joannes MITCHELL.
Plantarum quædam genera recens condita.
Act. Acad. Nat. Cur. Vol. 8. Append. p. 203—224.
——— impr. cum ejus Dissertatione de principiis botanicorum et zoologorum; p. 21—46.
Norimbergæ, 1769. 4.
Libellus, anno 1741 scriptus, continet additiones ad Linnæi generum plantarum editionem primam.

Johannes Wolffgangus WEDELIUS.
Tentamen botanicum flores plantarum in classes, genera superiora et inferiora, per characteres ex ipsis floribus desumtos dividendo, cognitioni nominis generi infimo ad quod planta pertinet competentis inserviens.
Jenæ, 1747. 4.
Pagg. 90; præter præfationem Hambergeri, de qua infra sect. 15.
——— Editio 2. aucta. Jenæ, 1749. 4.
Pagg. 116; præter præfationem Hambergeri.
Sendschreiben an Hrn. Hofr. Haller wegen der in denen Göttingischen gelehrten zeitungen befindlichen beurtheilung seines Tentaminis botanici.
Pagg. 16. Jena, 1748. 4.

Laurentius HEISTERUS.
Systema plantarum generale ex fructificatione.
Helmstadii, 1748. 8.
Pagg. 22; præter regulas de nominibus plantarum, de quibus infra sect. 18.

ANON.
Abregé des elemens de botanique, ou methode pour connoitre les plantes, par M. de Tournefourt.
Pagg. 319. Avignon, 1749. 12.

Jean Gottlieb GLEDITSCH.
Systeme des plantes, fondé sur la situation et la liaison des etamines.
Hist. de l'Acad. de Berlin, 1749. p. 109—136.
Systema plantarum a staminum situ.
Pagg. civ & 323. Berolini, 1764. 8.

Joannes Antonius SCOPOLI.
Methodus plantarum enumerandis stirpibus ab eo hucusque repertis destinata.
Pagg. 26. Viennæ Austriæ, 1754. 4.

Jacobus Christianus SCHÆFFER.
Botanica expeditior, genera plantarum in tabulis sexualibus et universalibus exhibens. Ratisbonæ, 1760. 8.
Pagg. 338, quarum 189 priores æri incisæ.

Arthur Conrad ERNSTING.
C. Linnæi methodus sexualis. in illius Beschreibung der geschlechter der pflanzen, 2 Theil, p. 663—748.
Lemgo, 1762. 4.

David MEESE.
Plantarum rudimenta, sive illarum methodus, ducta ex differentia earum seminum, cotyledonum, aliarumque partium, quæ brevi post earum propullulationem in iis conspiciuntur. latine et belgice. Prima pars No. 1 & 2.
Pagg. 82. tabb. æneæ color. 7. Leovardiæ, 1763. 4.

Michel ADANSON.
Familles des Plantes. 2 Partie. Paris, 1763. 8.
Pagg. 24 & 640. Partem 1. vide supra pag. 20.

Jacobus WERNISCHECK.
Genera plantarum secundum numerum laciniarum corollæ disposita.
Pagg. 430. Vindobonæ, 1764. 8.

Colin MILNE.
Institutes of botany, containing descriptions of all the known genera of plants, translated from the Latin of C. von Linné. London, 1771. Part. 2d. 1772. 4.
Opus incompletum, cujus pagg. 302. tantum prodierunt, quarum priores 227. infra sect. 15. recensendæ; reliquæ caracteres continent compendiosos et secundarios generum trium priorum classium et partis quartæ.

Petrus HERNQUIST.
Dissertatio. Genera Tournefortii stilo reformato et botanico sistens. Pars 1. Resp. Andr. Christophersson.
Pagg. 24. Londini Goth. 1771. 4.
Desinit in Classis 3tiæ sectione 4ta, genere Euphrasiæ.

Casimir Gomez ORTEGA.
Tabulæ botanicæ, in quibus classes, sectiones, et genera plantarum in Institutionibus Tournefortianis tradita, synoptice exhibentur.
Pagg. 39. Matriti, 1773. 4.
——— latine et hispanice. ib. 1783. 8.
Pagg. 167; præter explicationem vocum de qua supra pag. 27.

Joannes Philippus RÜLING.
Specimen inaug. de Ordinibus naturalibus plantarum. Goettingæ (1774.) 4.
Pagg. 36; præter tabulam phytographicam universalem.
———: Ordines naturales plantarum.
Pagg. 112; præter tabulam. Goettingæ, 1774. 8.
Confer Erxleben Physik. Biblioth. 1 Band, p. 442—460.

Christianus Friis ROTTBOELL.
Observationes ad genera quædam rariora exoticarum plantarum.
Collectan. Soc. Med. Havniens. Vol. 2. p. 245—258.

Nathanael Matthæus DE WOLF.
Genera plantarum vocabulis characteristicis definita. 1776. (in calce: Dantisci, 1780.) 8.
Pagg. 177; præter concordantiam botanicam plagg. dimidiarum 19.

Christianus Fridericus SCHRADER.
Genera plantarum selecta, methodo tabellari.
Pagg. 54. Halæ, 1780. 8.

Augustus Joannes Georgius Carolus BATSCH.
Dissertatio inaug. sistens dispositionem generum plantarum Jenensium secundum Linnæum et familias naturales.
Pagg. 65. Jenæ, 1786. 4.

Antonius Laurentius DE JUSSIEU.
Genera plantarum secundum ordines naturales disposita.
Pagg. 498. Parisiis, 1789. 8.

Natalis Josephus DE NECKER.
Elementa botanica secundum systema omologicum seu naturale. Neowedæ, 1790. 8.
Tom. 1. pagg. 389. Tom. 2. pagg. 460. Tom. 3. pagg. 456. tabb. æneæ 54.

Christianus Andreas COTHENIUS.
Dispositio vegetabilium methodica a staminum numero desumta.
Pagg. 34. Berolini, 1790. 8.

Joseph GÆRTNER.

Fragmentum systematicæ dispositionis plantarum, e schedis ejus manuscriptis.

Römer's Neu. Magaz. für die Botanik, 1 Band, p. 35—56.

13. *Nova Plantarum Genera, ubi Species ad ea referendæ etiam recensentur.*

Carolus PLUMIER.

Nova plantarum Americanarum genera.

Parisiis, 1703. 4.

Pagg. 52. tabb. æneæ 40; præter Catalogum plantarum Americanarum, de quo infra.

Josephus Pitton TOURNEFORT.

Etablissement de quelques nouveaux genres de Plantes.

Mem. de l'Acad. des Sc. de Paris, 1705. p. 236—241.
1706. p. 83— 87.

NISSOLLE.

Etablissement de quelques nouveaux genres de Plantes.

ibid. 1711. p. 319—323.

Sebastien VAILLANT.

A new genus of plants called Araliastrum.

Philosoph. Transact. Vol. 30. n. 354. p. 705—707.

———: Etablissement d'un nouveau genre de plante, nommé Araliastrum.

Ephem. Acad. Nat. Cur. Cent. 7. et 8. App. p. 189—192.

——— ——— et

Autre etablissement de deux nouveaux genres de plantes. gallice et latine. impr. avec son Discours sur la structure des fleurs; p. 40—55.

Charactere de 14 genres de plantes, avec le denombrement de leurs especes.

Mem. de l'Acad. des Sc. de Paris, 1719. p. 9—47.

Johannes Jacobus DILLENIUS.

Nova plantarum Hassiacarum genera, in appendice ad ejus Catalogum plantarum sponte circa Gissam nascentium, p. 71—160.

Johannes Christianus BUXBAUM.

Nova plantarum genera.

Comment. Acad. Petropol. Tom. 1. p. 241—245.

Petrus Antonius MICHELI.
Nova plantarum genera, juxta Tournefortii methodum disposita.
Pagg. 234. tabb. æneæ 108. Florentiæ, 1729. fol.
Joannes AMMAN.
Quinque nova plantarum genera.
Comment. Acad. Petropol. Tom. 8. p. 211—219.
Carolus LINNÆUS.
Decem plantarum genera.
Act. Societ. Upsal. 1741. p. 77—83.
Nova plantarum genera. Resp. Car. Magn. Dassow.
Pagg. 32. Holmiæ, 1747. 4.
——— Amoenit. Academ. Vol. 1.
Edit. Holm. p. 381—417.
Edit. Lugdb. p. 110—143.
Edit. Erlang. p. 381—417.
Nova plantarum genera. Resp. Leonh. Joh. Chenon.
Pagg. 47. Upsaliæ, 1751. 4.
——— Amoenit. Academ. Vol. 3. p. 1—27. (exclusis characteribus generum.)
Fridericus ALLAMAND.
Plantarum genera nova aut accuratius observata, earumque species.
Nov. Act. Acad. Nat. Cur. Tom. 4. p. 93—95.
Joannes DE LOUREYRO.
Nova genera plantarum in Cochinchina sponte nascentia, descripta juxta methodum Linnæi. An. 1773.
Mscr. Autogr. Foll. 34. 8.
Joannes Reinoldus FORSTER et *Georgius* FORSTER.
Characteres generum plantarum, quas in itinere ad Insulas maris Australis collegerunt, descripserunt, delinearunt.
Londini, 1776. fol.
Pagg. 75, totidemque tabb. æneæ.
Carolus Petrus THUNBERG.
Dissertatio: Nova plantarum genera.
Pars 1. Resp. Claud. Fr. Hornstedt.
Pagg. 28. tab. ænea 1. Upsaliæ, 1781. 4.
Pars 2. Resp. Car. Henr. Salberg.
Pag. 29—54. tab. ænea 1. 1782.
Pars 3. Resp. Joh. Gust. Lodin.
Pag. 55—70. tab. ænea 1. 1783.
Pars 4. Resp. Petr. Ulr. Berg.
Pag. 71—82. tab. ænea 1. 1784.
Pars 5. Resp. Car. Fr. Blumenberg.
Pag. 83—96. tab. ænea 1. 1784.

Pars 6. Resp. Gabr. Tob. Ström.
Pag. 97—104. 1792.
Pars 7. Resp. Er. Car. Trafvenfeldt.
Pag. 105—114.

Josephus Franciscus DE JACQUIN.
Tria genera plantarum nova, ex horto botanico Viennensi.
Nov. Act. Helvet. Vol. 1. p. 34—41.

Julius VON ROHR.
Planteslægter beskrevne, med tilföiede anmærkninger af M. Vahl.
Naturhist. Selsk. Skrivt. 2 Bind, 1 Heft. p. 205—221.

14. *Pinaces et Systemata Plantarum ad Species extensa.*

Casparus BAUHINUS.
Φυτοπιναξ, seu enumeratio plantarum ab herbariis nostro seculo descriptarum, additis aliquot hactenus non sculptarum plantarum vivis iconibus. Basileæ, 1596. 4.
Pagg. 669; præter icones ligno incisas 8.
Πιναξ theatri botanici, sive index in Theophrasti, Dioscoridis, Plinii et Botanicorum, qui a seculo scripserunt, opera.
Pagg. 522. Basileæ, 1623. 4.
——— Pagg. 518. ib. 1671. 4.

Robertus MORISON.
Hallucinationes Casp. Bauhini in Pinace, tam in digerendis, quam denominandis plantis.
in ejus Præludiis botanicis, p. 349—425.

Johannes JONSTON.
Notitia regni vegetabilis.
Pagg. 331. Lipsiæ, 1661. 12.

Robertus MORISON.
Plantarum historiæ universalis Oxoniensis Pars 2.
Oxonii, 1680. fol.
Pagg. 617. tabb. æneæ 8, 25, 25, 31, & 29.
Pars 3. quam explevit et absolvit Jacobus Bobartius.
ib. 1699. fol.
Pagg. 657. tabb. æneæ 15, 37, 18, 22, 3, 31, 18, 7, 5, & 10.

Paulus AMMANN.
Character plantarum naturalis.
Pagg. 458. Francofurti et Lipsiæ, 1685. 12.
——— auctus notisque illustratus a Dan. Nebelio.
Pagg. 636. Francofurti ad Moen. 1701. 12.

Joannes RAJUS.

Historia plantarum, species hactenus editas aliasque noviter inventas et descriptas complectens.

Tomus 1. pagg. 983. Londini, 1686. fol.

Tomus 2. pag. 985—1944. 1688.

Tomus 3. qui est supplementum duorum præcedentium.

Pagg. 666, 135, & 255. 1704.

Gulielmus SHERARD.

Observationes in Raji historiæ plantarum Tomos 1 & 2. manu Raji inscriptæ: " Dr. Sherards observations of plants sent me from Badmington."

Mscr. Autogr. Foll. 69. 4.

Pars harum observationum inserta Tomo 3tio historiæ Raji.

James NEWTON.

Enchiridion universale plantarum, or an universal and compleat history of plants, with their icons, in a manual, comprehending all hitherto extant, with additions. 8.

Opus incompletum, cujus tantum initium impressum, viz. Lib. 1mus de arboribus pomiferis, pagg. 38, præter tabulam auctorum foll. 2. cum tabb. æneis 15. Nullus adest titulus, sed circa annum 1689. impressum videtur, cum Historiæ plantarum Raji 1688. impressæ mentio fiat, nec synopsis stirpium 1690 editæ.

Augustus Quirinus RIVINUS.

Ordo plantarum, quæ sunt flore irregulari monopetalo.

Pagg. 22. tabb. æneæ 125. Lipsiæ, 1690. fol.

Ordo plantarum, quæ sunt flore irregulari tetrapetalo. ib. 1691. fol.

Pagg. 20. tabb. æneæ 121, quarum 36ta Pisi Offic. desideratur in nostro exemplari.

Ordo plantarum, quæ sunt flore irregulari pentapetalo. ib. 1699. fol.

Pagg. 28. tabb. 139, quarum tab. 137. in nostro examplari caret figura Pyrolæ folio rotundo minoris, cujus in indice iconum mentio facta est.

De opere hoc confer Hebenstretii Dissertationem de continuanda Rivinorum industria in eruendo plantarum charactere (vide infra pag. 44.) Figurarum, quas tabulis his post primam editionem additas esse p. 21. refert, sequentes in nostro exemplari adsunt: Irreg. monop. tab. 2. Valeriana flore exiguo, 6. Locusta minor, 37.

Horminum flore variegato, 42. Serpillum montanum hirsutum, 67. Hedera terrestris minor, 99. Veronica minima repens, 100. Beccabunga minor; et Pentap. tab. 121. Viola flore cæruleo longifolia. Reliquæ desiderantur.

Josephus Pitton TOURNEFORT.

Elemens de botanique.

Tome 1. pagg. 562. Tome 2. tab. æn. 1—235. Tome 3. tab. 236—451. Paris, 1694. 8.

———: Institutiones rei herbariæ; editio altera, gallica longe auctior.

Tomus 1. pagg. 697. Tomus 2. tab. æn. 1—250. Tomus 3. tab. 251—476. ib. 1700. 4.

———: editio tertia appendicibus aucta ab Ant. de Jussieu.

Tomus 1. pagg. 695. Tomus 2. tab. æn. 1—252. Tomus 3. tab. 253—489.

Lugduni juxta exemplar Parisiis, 1719. 4.

Corollarium institutionum rei herbariæ.

Pagg 54. tab. æn. 477—489. Parisiis, 1703. 4.

——— cum editione tertia Institutionum. pagg. 58.

——— in alphabeticum ordinem digestum, adest in Raji Historia plantarum, Tomo 3. append. p. 97—112.

Michael Bernhard VALENTINI.

Viridarium reformatum, seu regnum vegetabile, das ist neu- eingerichtetes und vollständiges kräuter-buch.

Franckturth am Mayn, 1719. fol.

Pagg. 584. tabb. æneæ 383; præter duas præfationi annexas, easdem ac in filii ejus Tournefortio contracto (vide supra pag. 28.)

Joannes Georgius Henricus KRAMER.

Tentamen botanicum, sive methodus Rivino-Tournefortiana herbas, frutices, arbores omnes facillime cognoscendi.

Pagg. 31, et 151. Dresdæ, 1728. 8.

———: Tentamen botanicum, emendatum et auctum, sive methodus Rivino-Tournefortiana emendata et aucta, cognoscendi omnes plantas facillime.

Pagg. 60, et 149. tabb æneæ 3. Viennæ, 1744. fol.

Carolus LINNÆUS.

Species plantarum. (Editio prima.)

Tomus 1. pagg. 560. Tomus 2. pag. 561—1200.

Holmiæ, 1753. 8.

——— Editio secunda aucta.
Tomus 1. Pagg. 784. ib. 1762. 8.
Tomus 2. Pagg. 785—1684. 1763.
——— Editio tertia.
Pagg. totidem. Vindobonæ, 1764. 8.

Mantissa plantarum Specierum editionis 2.
Holmiæ, 1767. 8.
Pag. 1—23 genera (vide supra pag. 29.) pag. 24—138 species.

Mantissa plantarum altera specierum editionis 2.
ib. 1771. 8.
Pag. 170—314 novæ species; 315—510 observationes in species plantarum; 511—520 additamenta mantissæ prioris; 557—575 novæ species.

Systema vegetabilium. Editio 13. accessionibus et emendationibus novissimis manu auctoris scriptis adornata a Jo. Andr. Murray.
Pagg. 844. Gottingæ et Gothæ, 1774. 8.
(Editiones priores vide Tomo 1. inter Systemata trium naturæ regnorum.)

Systema plantarum, editio novissima, novis plantis ac emendationibus ab auctore sparsim evulgatis adaucta, curante Jo. Jac. Reichard.
Pars 1. pagg. 778. Francof. ad Moen. 1779. 8.
2. pagg. 674.
3. pagg. 972. 1780.
4. pagg. 662.
(Systema vegetabilium et Species plantarum cum utraque Mantissa in unum redactæ.)

Supplementum plantarum systematis vegetabilium editionis 13, et specierum plantarum editionis 2, editum a Car. a Linné filio. Brunsvigæ, 1781. 8.
Pag. 1—70. genera (vide supra p. 30.) pag. 71—456. species.

A system of vegetables, translated from the 13th edition (as published by Dr. Murray) of the systema vegetabilium of the late Professor Linneus, and from the supplementum plantarum of the present Professor Linneus, by a Botanical Society at Lichfield.
Lichfield, 1783. 8.
Vol. 1. pagg. 424. tabb. æneæ 11. vol. 2. pag. 425—897.

Systema vegetabilium, editio 14, curante Jo. Andr. Murray.
Pagg. 987. Gottingæ, 1784. 8.

Species plantarum Europæ. Tomus 3tius et 4tus systematis plantarum Europæ; curante Jo. Emman. Gilibert. Coloniæ Allobrogum, 1785. 8.
Tom. 3. pagg. 616. Toin. 4. pagg. 752, 15 & 38.

* * *

Index plantarum in Linnæi systematis naturæ editione decima recensitarum. (a G. C. Oedero editus, vide Brünnich lit. Dan. p. 165.) Hafniæ, 1761. 12.
Pagg. 54. Sola nomina generica secundum ordinem alphabeti, cum numeris et literis majusculis quibus insigniuntur species in hac editione systematis. (e. g. Oenothera 1. 2. 3. A. B. C.)

Index regni vegetabilis, qui continet plantas omnes quæ habentur in Linnæani systematis editione 12. (edidit N. J. Jacquin in usum horti Vindobonensis.)
Pagg. 128. Viennæ, 1770. 4.
Sola nomina trivialia secundum ordinem alphabeti.

Nomenclator botanicus, enumerans plantas omnes in systematis naturæ edit. 12. specier. plantarum edit. 2. et mantissis binis, a C. von Linné descriptas.
Coll. 280. Lipsiæ, 1772. 8.
Nomina trivialia secundum ordinem systematis.

Catalogus plantarum omnium juxta systematis vegetabilium C. a Linné editionem 13, in usum horti Botanici Pragensis (edidit Jos. Mikan.)
Pagg. 403. Pragæ, 1776. 8.
Nomina trivialia secundum ordinem systematis, additis novis quibusdam speciebus Jacquini.

Index plantarum, quæ continentur in Linnæani systematis editione novissima 14ta.
Pagg. 167. Viennæ Austriæ, 1785. 4.
Nomina trivialia secundum ordinem Alphabeti.

A botanical nomenclator, containing a systematical arrangement of the classes, orders, genera and species of plants, as described in the new edition of Linnæus's systema naturæ, by Dr. Gmelin. By William Forsyth, jun.
Coll. 550. London, 1794. 8.

Friedrich EHRHART.

Meine beiträge zum Linnéischen supplemento plantarum.
in seine Beiträge, 1 Band, p. 174—192.

Andreas DAHL.

Observationes botanicæ circa systema vegetabilium divi a Linné, Gottingæ 1784 editum, quibus accedit justæ in

manes Linneanos pietatis specimen (recensioni supplementi plantarum in Commentariis Lipsiensibus oppositum.)
Pagg. 44. Havniæ, 1787. 8.
——— Magazin für die Botanik, 4 Stück, p. 20—46.

Henricus Johannes Nepomucenus CRANTZ.
Institutiones rei herbariæ.
Tomus 1. pagg. 592. Tomus 2. pagg. 550.
Viennæ, 1766. 8.
Additamentum generum novorum, cum eorundem speciebus cognitis, et specierum novarum. impr. cum Hartmanni primis lineis institutionum botanicarum, p. 75—94. (vide supra pag. 21.)

Josephus AGOSTI.
De re botanica tractatus, in quo præter generalem methodum et historiam plantarum, stirpes recensentur, quæ in agro Bellunensi et Fidentino vel sponte crescunt, vel arte excoluntur.
Pagg. 400. Belluni, 1770. fol.

Richard WESTON.
Botanicus universalis et hortulanus (The universal Botanist and Nurseryman) exhibens descriptiones specierum et varietatum arborum, fruticum, herbarum, florum, et fructuum, indigenorum et exoticorum, per totum orbem, seu cultivorum in hortis et viridariis Europæis, sive descriptorum botanicis hodiernis, secundum systema sexuale digestorum, cum nominibus anglice redditis.
Tomus 1. Catalogus arborum et fruticum (secundum ordinem Alphabeti.)
Pagg. 360. Londini, 1770. 8.
Tomus 2. pagg. 384. 1771.
Tomus 3. pag. 385—748. 1772.
Herbæ secundum ordinem Alphabeti.
Tomus 4. 1777.
Cryptogamian pagg. 95. Catalogue of flowers and their prices pag. 51—128. Catalogue of the most esteemed fruits pag. 129—212. Catalogue of the principal botanical authors pagg. xvii—lxxx. Chronological table of botanical authors (ex Adansonio) pagg. xxx. a set of (17) copperplates necessary to explain the Linnæan system.

John HILL.
The vegetable system.
Vol. 1. pagg. 150. tabb. æneæ 21.
London, 1773. fol.

Vol. 2. pagg. 121. tabb. 87. 1775. fol.
3. pag. 121—172. tab. 87—137. 1772.
4. pagg. 49. tabb. 46. 1772.
5. pagg. 68. tabb. 53. 1772.
6. pagg. 64. tabb. 62. 1772.
7. pagg. 63. tabb. 60. 1772.
8. pagg. 60. tabb. 60. 1773.
9. pagg. 60. tabb. 60. 1773.
10. pagg. 59. tabb. 59. 1772.
11. pagg. 60. tabb. 60. 1773.
12. pagg. 64. tabb. 70. 1773.
13. pagg. 64. tabb. 61 & 11—20. 1773.
14. pagg. 60. tabb. 60. 1773.
15. pagg. 61. tabb. 61. 1773.
16. pagg. 57. tabb. 61. 1773.
17. pagg. 60. tabb. 60. 1773.
18. pagg. 60. tabb. 60. 1773.
19. pagg. 60. tabb. 60. 1773.
20. pagg. 60. tabb. 60. 1773.
21. pagg. 60. tabb. 60. 1775.
22. pagg. 61. tabb. 61. 1773.
23. pagg. 60. tabb. 60. 1773.
24. pagg. 60. tabb. 60. 1774.
25. pagg. 60. tabb. 60. 1774.
26. pagg. 60. tabb. 60. General index pagg. xxix. 1775.

The vegetable system.
Pagg. 381. tabb. æneæ 21. ib. 1762. 8.
Idem liber ac Tomus 1. præcedentis libri, continens institutiones botanicas.

(*Nathanael Matthæus* DE WOLF.)
Genera et species plantarum vocabulis characteristicis definita.
Pagg. 454. Regiomonti, 1782. 8.

J. J. DE ST. GERMAIN.
Manuel des vegetaux, ou catalogue latin et francois de toutes les plantes, arbres, et arbrisseaux connus sur le globe de la terre jusqu'à ce jour, rangés selon le systeme de Linné.
Pagg. 378. Paris, 1784. 8.

Vincentius PETAGNA.
Institutiones botanicæ. Neapoli, 1787. 8.
Tomus 2. pagg. 576. Tom. 3. pag. 577—1194.
Tom. 4. pagg. 1193—1766. Tom. 5. pag. 1767—2142. Tomum 1. vide supra pag. 23.

Fulgentius VITMAN.
Summa plantarum, quæ hactenus innotuerunt.
Tomus 1. pagg. 497. Tom. 2. pagg. 459. Tom. 3. pagg. 557. Mediolani, 1789. 8.
Tomus 4. pagg. 487. 1790.
Tom. 5. pagg. 458. 1791.
Tom. 6. pagg. 397 et xliij. 1792.

15. *De Methodis Plantarum Scriptores Critici.*

Robertus MORISON.
Dialogus inter socium collegii regii Londinensis Gresham dicti et Botanographum Regium. in ejus Præludiis botanicis, p. 460—499.
Augustus Quirinus RIVINUS.
Introductio generalis in rem herbariam.
Pagg. 39. Lipsiæ, 1690. fol.
——— Pagg. 114. ib. 1696. 12.
——— ib. 1720. 12.
Pagg. 106; præter Dillenii objectiones et Rivini responsionem, de quibus mox infra.
De methodo plantarum epistola ad J. Rajum. impr. cum hujus Synopsi stirpium Britannicarum.
Londini, 1696. 8.
Pagg. 27; præter Raji reponsoriam.
Güntherus Christophorus SCHELHAMER.
De nova plantas in classes digerendi ratione, ad J. Rajum et A. Q. Rivinum, epistolica dissertatio.
Pagg. 32. Hamburgi, 1695. 4.
Johannes RAJUS.
Responsoria ad A. Q. Rivinum. impressa cum ejus Synopsi stirpium Britannicarum; append. p. 29—55.
De variis plantarum methodis dissertatio.
Pagg. 48. Londini, 1696. 8.
Josephus Pitton TOURNEFORT.
De optima methodo instituenda in re herbaria, ad Gul. Sherardum epistola, in qua respondetur dissertationi Raji de variis plantarum methodis.
Pagg. 27. (Parisiis, 1697.) 8.
Jean Baptiste CHOMEL.
Reponse à deux lettres ecrites par Mr. P. C. sur la botanique.
Pagg. 48. (Paris, 1697.) 8.
Johannes Henricus BURCKHARD.
Epistola ad G. G. Leibnitium, qua characterem plantarum

naturalem nec a radicibus, nec ab aliis plantarum partibus minus essentialibus, peti posse ostendit, simulque in comparationem plantarum, quam partes earum genitales suppeditant, inquirit. Helmstadii, 1750. 4.
Pag. 1—98. præfatio Heisteri, de qua mox infra. Pag. 99—159. epistola Burckhardi.

Christianus KNAUT.
Dissertatio præliminaris, qua de variis doctrinam plantarum tradendi variorum methodis disseritur, veraque ac genuinä methodus indigitatur.
Plag. 1. Halæ, 1705. 4.

Augustus Johannes HUGO.
Dissertatio inaug. de variis plantarum methodis.
Pagg. 24. Lugduni Bat. 1711. 4.

Antoine DE JUSSIEU.
Introductio ad rem herbariam. latine et gallice. impr. cum ejus: Discours sur le progrès de la botanique au jardin royal de Paris; p. 17—24. Paris, 1718. 4.

Johannes Jacobus DILLENIUS.
De methodis plantarum, Rajana, Riviniana, Tournefortiana, Knautiana, judicium. in ejus Catalogo plantarum circa Gissam, p. 1—31.
——— Pars prima hujus libelli, de Methodo Rivini, (p. 1—12. in priori editione) impr. cum Rivini introductione generali in rem herbariam; p. 107—125.
Lipsiæ, 1720. 12.

Augustus Quirinus RIVINUS.
Responsio ad J. J. Dillenii objectiones. ibid. p. 125—157.

Julius PONTEDERA.
Dissertatio botanica 3tia ex iis quas habuit in horto Patavino anno 1719. inter Dissertationes impr. cum ejus Anthologia; p. 40—58.

Rudolphus Jacobus CAMERARIUS.
Character plantarum internus.
Ephem. Acad. Nat. Cur. Cent. 9 & 10. p. 259—261.

Sebastien VAILLANT.
Remarques sur la methode de M. Tournefort.
Mem. de l'Acad. des Sc. de Paris, 1722. p. 243—264.

Johanne Christophoro LISCHWIZIO
Præside, Dissertatio de continuanda Rivinorum industria in eruendo plantarum charactere. Resp. Joh. Ern. Hebenstreit.
Pagg. 25. Lipsiæ, 1726. 4.

Laurentius HEISTERUS.
Programma de studio rei herbariæ emendando.
Pagg. 16. Helmstadii, 1730. 4.
Johannes Jacobus HUBER.
Positiones anatomico-botanicæ.
Pagg. 8. Basileæ, 1733. 4.
Thes. 12, 13, 14, huc faciunt, reliquæ anatomici argumenti.
Joannes Georgius SIEGESBECK.
Botanosophiæ verioris sciagraphia. Pag. 1—39.
Epicrisis in Linnæi systema plantarum sexuale, et huic superstructam methodum botanicam. Pag. 40—64.
Petropoli, 1737. 4.
Johannes BROWALLIUS.
Examen epicriseos in systema plantarum sexuale Cl. Linnæi, anno 1737 Petropoli evulgatæ, auctore Jo. Ge. Siegesbeck.
Pagg. 52. Aboæ, (1739.) 4.
——— impr. cum Linnæi Oratione de necessitate peregrinationum intra patriam; append. p. 1—53.
Lugduni Bat. 1743. 8.
Johannes Gottlieb GLEDITSCH.
Consideratio epicriseos Siegesbeckianæ in Linnæi systema plantarum sexuale, et methodum botanicam huic superstructam.
Pagg. ccxx. Berolini, 1740. 8.
Joannes Georgius SIEGESBECK.
Vaniloquentiæ botanicæ specimen, a J. G. Gleditsch, in consideratione epicriseos Siegesbeckianæ in scripta botanica Linnæi, nuper evulgatum.
Pagg. 54. Petropoli, 1741. 4.
Carolus LINNÆUS.
Classes plantarum, seu systemata plantarum omnia a fructificatione desumta.
Pagg. 656. Lugduni Bat. 1738. 8.
——— Pagg. totidem. Hallæ, 1747. 8.
ANON.
Nachträge und fortsezungen der Linneischen sammlung botanischer systeme.
Magazin für die Botanik, 1 Stück, p. 15—48.
Christianus Gottlieb LUDWIG.
Programma: Observationes in methodum plantarum sexualem Linnæi.
Pagg. xvi. Lipsiæ, 1739. 4.

——— Reichardi Sylloge Opusculorum botanic. p. 31—39.

Johannes Ernestus HEBENSTREIT.

Programma de methodo plantarum ex fructu optima. Pagg. xvi. Lipsiæ, 1740. 4.

Laurentius HEISTERUS.

Meditationes et animadversiones in novum systema botanicum sexuale Linnæi. Dissertatio Resp. Phil. Casp. Goeckelio. Pagg. 60. Helmstadii, 1741. 4.

Ad Burckhardi epistolam (vide supra pag. 43.) præfatio, qua de origine methodi plantarum hujusque inventoribus, de methodis ipsis earumque veris auctoribus agit, &c. ib. 1750. 4. Pag. 1—98. cum tabb. æneis color. 2.

Carolus Augustus A BERGEN.

Programma: Utri systematum an Tournefortiano an Linnæano potiores partes deferendæ sint? Plagg. 2. Francofurti ad Viadr. 1742. 4.

——— Pagg. xvi. (Editio secunda. Lipsiæ, 1742.) 4.

Philippus Conradus FABRICIUS.

Observationes methodos plantarum Tournefortianam, Rivinianam, Rajanam, Knautianam, et Linnæanam concernentes. impr. cum ejus Flora Butisbacensi; p. 34—64. Wetzlariæ, 1743. 8.

Michael Matthias LUDOLFF.

Synopsis dissertationum duarum perfectiones methodi botanicæ concernentium. impr. cum ejus Catalogo plantarum Berolini demonstratarum; p. 225—232. Berolini, 1746. 8.

Georgius Erhardus HAMBERGER.

Præfatio ad J. W. Wedelii tentamen botanicum, qua difficultates in methodo plantarum occurrentes, una cum mediis quibus eædem removeri possunt, exposuit. Pagg. xxviii. Jenæ, 1747. 4.

——— Pagg. xxviii. ib. 1749. 4.

Sendschreiben an Hrn. Hofr. Haller wegen einer in denen Göttingischen gelehrten zeitungen befindlichen recension der Hambergerischen vorrede zu dem Wedelischen tentamine botanico. Pagg. 8. ib. 1748. 4.

Abraham GAGNEBIN.

Observations sur le systeme des autheurs de botanique. Act. Helvet. Vol. 2. p. 56—70.

Henry Louis DU HAMEL DU MONCEAU.
Dissertation sur les methodes de botanique. dans sa Physique des arbres, 1 Partie, Preface, p. xxix—lxv.
Joseph QUER.
Discurso analytico sobre los methodos botanicos. in ejus Flora Española, Tomo 1. p. 273—379.
Paulus Dietericus GISEKE.
Dissertatio inaug. sistens systemata plantarum recentiora. Pagg. 54. Gottingæ, 1767. 4.
Joannes Daniel TITIUS.
Systema plantarum sexuale ad naturam compositum. Dissertatio Resp. Car. Frid. Pfotenhauer.
Pagg. 19. Wittebergæ, 1767. 4.
————: Anmerkungen über die eintheilung der pflanzen, besonders in absicht auf das geschlecht derselben. in seine Gemeinnüzige Abhandl. 1 Theil, p. 110—142.
——— ——— Neu. Hamburg. Magaz. 90 Stück, p. 483—517.
Uberior est editio germanica.
Johannes Antonius SCOPOLI.
Dubia botanica. in ejus Anno 4to historico-naturali, p. 48—114.
Emendatio. in Anno 5to, p. 14.
Colin MILNE.
A view of the ancient and present state of botany, including a particular illustration of every plan of arrangement, which has appeared since the origin of the science. in his Institutes of botany, p. 1—227. London, 1771. 4.
Antoine Laurent DE JUSSIEU.
Exposition d'un nouvel ordre de plantes adopté dans les demonstrations du Jardin Royal.
Mem. de l'Acad. des Sc. de Paris, 1774. p. 175—197.
J. B. BUISSON.
Introduction sur les divers systemes et methodes reçus jusqu'à ce jour. impr. avec ses Classes et noms des plantes.
Pagg. xliii. Paris, 1779. 12.
Pieter BODDAERT.
Verhandeling over de kruidkundige samenstellen dezer eeuw.
Geneeskund. Jaarboek. 3 Deel, p. 123—139, & p. 159—187.
Albrecht Wilhelm ROTH.
Verzeichniss derjenigen pflanzen, welche nach der anzahl und der beschaffenheit ihrer geschlechtstheile

nicht in den gehörigen klassen und ordnungen des Linneischen systems stehen, nebst einer einleitung in dieses system. Pagg. 216. Altenburg, 1781. 8.

Anhang. in seine Beytr. zur Botanik, 2 Theil, p. 101—124.

Friedrich Kasimir MEDIKUS.

Theodora speciosa, ein neues pflanzengeschlecht, nebst einem entwurfe, die künstliche und natürliche methode in ordnung des pflanzenreiches zugleich anzuwenden, als der sichersten, ein pflanzenkenner zu werden.

Pagg. 116. tabb. æneæ 4. Mannheim, 1786. 8.

Versuch einer neuen lehrart die pflanzen nach zwei methoden zugleich, nehmlich nach der künstlichen und natürlichen, zu ordnen, durch ein beispiel einer natürlichen familie erörtert. Vorles. der Kurpfalz. Phys. Ökon. gesellsch. 2 Band, p. 327—460.

Geschichte der botanik unserer zeiten.

Pagg. 96. Mannheim, 1793. 8.

Jean Baptiste DE LA MARCK.

Sur les classes les plus convenables à etablir parmi les vegetaux.

Mem. de l'Acad. des Sc. de Paris, 1785. pag. 437—453.

Philosophie botanique. Histoire des caracteres.

Journal d'Hist. Nat. Tome 1. p. 9—15.

Valeur des caracteres. ib. p. 81—87.

Sur les travaux de Linnæus. ib. p. 136—144.

Sur le systemes et les methodes de botanique, et sur l'analyse. ib. p. 300—307.

Sur l'etude des rapports naturels. ib. p. 361—371.

Noel Joseph DE NECKER.

Phytozoologie philosophique.

Pagg. 78. Neuwied, 1790. 8.

Josua BAUMANN.

De systemate Gleditschii a situ staminum exarato.

in ejus Miscellaneis medico-botanicis, p. 33—54. Marpurgi, 1791. 8.

Stephanus Joannes VAN GEUNS.

Immutationum, quas recentiores botanici in systema Linnæanum tentaverunt modesta dijudicatio.

Usteri's Annalen der Botanick, 3 Stück, p. 20—36.

Franciscus de Paula SCHRANK.

De plantarum methodis. ibid. 4 Stück, p. 8—24.

16. *De Generibus Plantarum Scriptores Critici.*

Laurentio HEISTERO
Præside, Dissertatio de foliorum utilitate in constituendis plantarum generibus, iisdemque facile cognoscendis. Resp. El. Frid. Heisterus.
Pagg. 56. Helmstadii, 1732. 4.
Christianus Gottlieb LUDWIG.
Programma de minuendis plantarum generibus.
Pagg. xvi. Lipsiæ, 1737. 4.
Laurentio HEISTERO
Præside, Dissertatio de genrribus plantarum Medicinæ caussa potius augendis, quam minuendis. Resp. Jo. Ge. Mag. Woellnerus.
Pagg. 47. Helmstadii, 1751. 4.
Adolphus Julianus BOSE.
Dissertatio de disquirendo charactere plantarum essentiali singulari. Resp. Chr. Stanisl. Grümbke.
Pagg. 40. Lipsiæ, 1765. 4.
Carolus Ludovicus WILLDENOW.
Zufällige gedanken über pflanzengattungen.
Magazin für die Botanik, 9 Stück, p. 13—32.
Johann HEDWIG.
Gegenerinnerung auf die zufälligen gedanken über pflanzengattungen des Herrn D. Willdenow.
Usteri's Annalen der Botanick, 3 Stück, p. 43—52.

17. *De Speciebus Plantarum Scriptores Critici.*

John RAY.
A discourse on the specific differences of plants. (read at the Royal Society in 1674.)
Birch's History of the Royal Society, Vol. 3. p. 169—173.
Christianus Gottlieb LUDWIG.
Programma de minuendis plantarum speciebus.
Pagg. xvi. Lipsiæ, 1740. 4.
Programma de colore plantarum species distinguente.
Pagg. xii. ib. 1759. 4.
Jean Etienne GUETTARD.
Sur le caractere specifique des plantes.
Mem. de l'Acad. des Sc. de Paris, 1759. p. 121—153.

Benedictus BJÖRNLUND.
Dissertatio sistens fundamentum differentiæ specificæ plantarum verum et falsum. Resp. Chr. Stanisl. Grümbke.
Pagg. 18. Gryphiswaldiæ, 1761. 4.

Albrecht Wilhelm ROTH.
Von dem unterschiede der spielarten von wahren pflanzarten.
in seine Beytr. zur Botanik, 1 Theil, p. 45—60.

18. *De Nominibus Plantarum.*

Julius Bernhard VON ROHR.
Auf was für art in dem reich der gewächse die schweren, undeutlichen und ungewissen benennungen nach und nach abzuschaffen, und solche deutlicher und vernunftmässiger einzurichten.
gedr. mit sein. Tractat von dem nuzen der gewächse; p. 157—342. Coburg, 1736. 8.

Carolus LINNÆUS.
Critica botanica, in qua nomina plantarum generica, specifica, et variantia examini subjiciuntur.
Pagg. 270. Lugduni Bat. 1737. 8.
——— Fundament. botan. edit. a Gilibert, Tom. 3. p. 363—594.

Laurentius HEISTERUS.
Dissertatio de nominum plantarum mutatione utili ac noxia. Resp. Jodoc. Edm. Sandhagen.
Helmæstadii, 1741. 4.
Pagg. 60; præter appendicem de floribus Piperodendri (Schini mollis), de qua infra.
Regulæ botanicæ de nominibus plantarum. impr. cum ejus Systemate plantarum; p. 23—48.

Georgio Rudolpho BOEHMERO
Præside, Dissertatio de plantis in cultorum memoriam nominatis. Resp. Joh. Frid. Bened. Breuel.
Pagg. 60. Wittenbergæ, 1770. 4.
——— Ludwig Delect. Opuscul. Vol. 1. p. 191—271.

Joannes Andreas MURRAY.
Programmata: Vindiciæ nominum trivialium stirpibus a Linneo Equ. impertitorum.
Sectio prior. pagg. 28. Sectio posterior. pagg. 23.
Gottingæ, 1782. 4.
——— in ejus Opusculis, Vol. 2. p. 293—332.

——— Linnæi Fundament. botan. edit. a Gilibert, Tom. 1. p. xlvii—lxxv.

19. *Historiæ Plantarum.*

ARISTOTELI falso inscripti,

De plantis libb. 2. græce, in Operibus Theophrasti, p. 197—214. Basileæ, (1541.) fol.

——— græce et latine, in Operibus Aristotelis, ex bibliotheca Is. Casauboni, Tom. 2. p. 582—595. Lugduni, 1590. fol.

——— latine, in Operum ejus Tomo 4. p. 801—842. ib. 1579. 12.

Julius Cæsar SCALIGER.

In libros duos, qui inscribuntur de plantis, Aristotele auctore, libri duo.

Foll. 226. Lutetiæ, 1556. 4.

——— Pagg. 498. Marpurgi, 1598. 8.

———: In libros de plantis Aristoteli inscriptos, commentarii.

Pagg. 143. Genevæ, 1566. fol.

Duo hujus editionis adsunt exempla, quorum alterum ad calcem tituli habet: Genevæ apud Jo. Crispinum, alterum: apud Joannem Crispinum (absque mentione Genevæ.)

Guillelmus DU VAL.

Commentarius ad libros duos περι φυτων inter Aristotelis opera vulgo quidem, sed falso. in ejus Phytologia, p. 34—52. Parisiis, 1647. 8.

THEOPHRASTUS *Eresius.*

Περὶ φυτῶν ἱϛορία και περὶ φυτῶν αἰτιῶν. (græce.) in Operibus ejus, p. 1—196. Basileæ, (1541.) fol.

——— in Operibus ejus, p. 1—462. Venetiis, 1552. 8.

———: De historia plantarum et de causis plantarum, græce et latine; in Operibus ejus, editis a Dan. Heinsio, p. 1—388. Lugduni Bat. 1613. fol.

——— latine. in Aristotelis et Theophrasti historiis, editis per Andr. Cratander.

Pagg. 264. Basileæ, 1534. fol.

——— ——— Pagg. 399. Lugduni, 1552. 8.

De Historia plantarum libri x. græce et latine, Theod. Gaza interprete; commentariis et rariorum plantarum conibus illustravit Jo. Bodæus a Stapel; accesserunt

Jul. Cæs. Scaligeri in eosdem libros animadversiones et Rob. Constantini annotationes.

Amstelodami, 1644. fol.

Pagg. 1187; præter indicem; cum figuris ligno incisis.

——— latine Theod. Gaza interprete.

Pagg. 343. Parisiis, 1529. 8.

Dell' historia delle piante libri tre, tradutti in lingua Italiana da Michel Angelo Biondo.

Foll. 72. Vinegia, 1549. 8.

Cæsar ODONUS.

Theophrasti sparsæ de plantis sententiæ in continuatam seriem ad propria capita revocatæ. Bononiæ, 1561. 4.

Foll. 142; præter quæstiones duas medicas, non nostri scopi.

Julius Cæsar SCALIGER.

Commentarii et animadversiones in sex libros de causis plantarum Theophrasti.

Pagg. 396. Genevæ, 1566. fol.

Animadversiones in historias Theophrasti.

Lugduni, 1584. 8.

Pagg. 343; præter libellum sequentem.

(*Robertus* CONSTANTINUS.)

Annotationes in historias Theophrasti. impr. cum priori libro; p. 345—424.

Dominicus VIGNA.

Animadversiones sive observationes in libros de historia, et de causis plantarum Theophrasti.

Pagg. 117. Pisis, 1625. 4.

Joannes Jacobus Paulus MOLDENHAWER.

Tentamen in historiam plantarum Theophrasti.

Pagg. 151. Hamburgi, 1791. 8.

Otho BRUNFELSIUS.

Herbarum vivæ eicones, una cum effectibus earundem, quibus adjecta appendix isagogica de usu et administratione simplicium. Argentorati, 1532. fol.

Pagg. 266; præter appendicem Duernionum 7. Figuræ ligno incisæ, bonæ.

Novi herbarii Tomus 2.

ib. 1531. (in calce 1532.) fol.

Pagg. 90; præter appendicem, pagg. 199, diversorum libellorum, qui suis locis recensentur.

——— Herbarium Tomis tribus. ib. 1537. fol.

Tomi 1. eadem est editio anni 1532, ut ex calce apparet. Tomi 2, anno 1536 impressi, pagg. 95. et appendix a pag. 97 ad 313. Tomi 3, eodem anno impressi, pagg. 240; cum figg. ligno incisis.

Joannes RUELLIUS.

De natura stirpium libb. 3.

Pagg. 884. Parisiis, 1536. fol.

Hieronymus BOCK, sive TRAGUS.

Kreüterbuch. Strassburg, 1560. fol.

Foll. ccccxiii; cum figg. ligno incisis.

——— ib. 1572. fol.

Foll. 369; cum figg. ligno incisis.

——— gebessert und gemehret durch Melch. Sebizium. ib. 1577. fol.

Foll. 396; cum figg. ligno incisis; præter partem quartam medicam, de qua Tomo 1.

———: De stirpium, maxime earum quæ in Germania nascuntur nomenclaturis, propriisque differentiis, nec non temperaturis ac facultatibus, commentariorum libb. 3. in latinum conversi a Dav. Kybero.

Argentorati, 1552. 4.

Cum figuris ligno incisis. Pagg. 1127; præter B. Textoris stirpium differentias, de quibus alio loco, et præfationem C. Gesneri, de qua supra pag. 6.

Leonhartus FUCHSIUS.

De historia stirpium commentarii, adjectis earundem imaginibus. Basileæ, 1542. fol.

Pagg. 896; cum figuris majoribus, ligno incisis, pro tempore optimis.

———: De historia stirpium commentarii, scholiis a viro quodam medicinæ doctissimo adjectis, et plantarum voces gallicas passim exprimentibus.

Foll. 492; absque figuris. Parisiis, 1546. 12.

——— ——— ib. 1547. 12.

Eadem editio, diverso titulo.

———: De historia stirpium commentarii, adjectis earundem imaginibus. Lugduni, 1551. 8.

Pagg. 852; cum figuris minoribus, ligno incisis.

———: De historia stirpium commentarii.

Pagg. 976; absque figuris. Lugduni, 1555. 12.

———: New kreüterbuch, in welchem nit allein die gantz histori der kreüter beschriben, sonder auch die gantze gestalt abgebildet und contrafayt ist.

Basel, 1543. fol.

Alphab. 2. & Trierniones 2; cum figuris majoribus, in nostro exemplari coloribus fucatis, nec male.

———: Den nieuwen herbarius, dat is, dboeck van

den cruyden, int welcke bescreven is niet alleen die gantse historie van de cruyden, maer oock gefigureert ende geconterfeyt. Basel. fol.
Alphab. 1. et Trierniones 20; cum figuris minoribus.
———: L'histoire des plantes mis en commentaires.
Pagg. 607; cum figuris minimis. Lion, 1558. 4.

William TURNER.
A new herball. London, 1551. fol.
Trierniones 15; cum figuris ligno incisis.
The seconde parte. Foll. 171. Collen, 1562. fol.
———: The first and seconde partes of the herbal, lately oversene, corrected, and enlarged with the thirde parte. Collen, 1568. fol.
1 Part. pagg, 223. 2 Part. foll. 171. (est eadem editio, novo titulo.) 3 Part. pagg. 81.

Rembert DODOENS, sive DODONÆUS.
Cruydeboeck. Antwerpen, 1563. fol.
Pagg. vclxxxij; cum figuris ligno incisis.
———: Histoire des plantes, traduite par Charles de l'Escluse. Anvers, 1557. fol.
Pagg. 584; cum figuris ligno incisis.
———: A niewe herball, or historie of plantes, translated out of french by Henry Lyte.
London (imprinted at Antwerpe) 1578. fol.
Pagg. 779; cum figuris ligno incisis.
——— ——— London, 1586. 4.
Pagg. 916; absque figuris.
——— ——— ib. 1595. 4.
Pagg. 916; absque figuris.
——— ——— ib. 1619. fol.
Pagg. 564; absque figuris.
Florum et coronariarum odoratarumque nonnullarum herbarum historia. Antverpiæ, 1568. 8.
Pagg. 308; cum figuris ligno incisis.
——— ib. 1569. 8.
Pagg. 309; cum figuris ligno incisis.
Historia frumentorum, leguminum, palustrium, et aquatilium herbarum, ac eorum, quæ eo pertinent.
Pagg. 293; cum figuris ligno incisis. ib. 1569. 8.
Purgantium aliarumque eo facientium, tum et radicum, convolvulorum ac deleteriarum historiæ libb. 4. accessit
Appendix nonnullarum stirpium, ac florum quorundam peregrinorum.
Pagg. 505; cum figuris ligno incisis. ib. 1574. 8.

Stirpium aliquot historiæ jam recens conscriptæ. impr. cum ejus Historia Vitis; p. 47—96.
Coloniæ, 1580. 8.
Stirpium historiæ pemptades sex, sive libb. 30.
Antverpiæ, 1583. fol.
Pagg. 860; cum figg. ligno incisis.
——— Antverpiæ, 1616. fol.
Pagg. 872; cum figuris ligno incisis.
———: Cruydt-boeck, met biivoeghsels achter elck capitel, uyt verscheyden cruydt-beschrijvers, item, een beschrijvinghe vande Indiaensche ghewassen, meest ghetrocken uyt de schriften van Car. Clusius.
Leyden, 1618. fol.
Pagg. 1495; cum figuris ligno incisis.
—— ——— Antwerpen, 1644. fol.
Pagg. 1492; cum figuris ligno incisis.

Valerius Cordus.
Historiæ plantarum libb. 4. in Operibus ejus, editis a Conr. Gesnero, fol. 85—216. Argentorati, 1561. fol.
Liber 5tus, in Operibus Conr. Gesneri, editis a Cas. Christ. Schmiedel, Part. 1. p. 1—14.
Additiones et emendationes. ibid. p. 20—39.

Petrus Andreas Matthiolus.
Herbarz. (Herbarium, Bohemice per Thaddæum Hagka z Hagku. Prag, 1562. fol.
Foll. cccxcii; (præter artem distillandi;) cum figuris ligno incisis, majoribus, quarum hæc prima editio est.
———: Neu kreüterbuch, erstlich in Latein gestellt, folgendts durch Georgium Handsch verdeutscht.
ib. 1563. fol.
Foll. 570; (præter artem distillandi;) cum figuris ligno incisis majoribus, in nostro exemplari coloribus fucatis.
Est hæc editio secunda iconum majorum Matthioli.
——— ——— zum dritten mahl gemehret durch Joachimum Camerarium.
Franckfurt am Mayn, 1600. fol.
Foll. 455; (præter artem distillandi;) cum figuris ligno incisis minoribus, in nostro exemplari coloribus fucatis.
De editione hujus libri fuse agit Heisterus in præfatione ad Burckhardi epistolam (vide supra pag. 46.) pag. 12. seqq. et Camerarium auctorem laudat, qui editor tantum fuit.
Compendium de plantis omnibus, una cum earum

iconibus, de quibus scripsit suis in commentariis in Dioscoridem. Venetiis, 1571. 4.
Pagg. 921; cum figuris ligno incisis.

———: De plantis epitome, novis iconibus (Gesnerianis) descriptionibusque pluribus et accuratioribus locupletata a Joach. Camerario.
Francofurti ad Moen. 1586. 4.
Pagg. 1003; cum figuris ligno incisis.
Utrique editioni additum Calceolarii iter Baldi montis, de quo infra.

Antonius PINÆUS.

Historia plantarum. Lugduni, 1561. 12.
Pagg. 640; cum figuris ligno incisis; præter Simplicium medicamentorum facultates, pagg. 229.

——— Secunda editio. Pagg. totidem. ib. 1567. 12.
(Est compendium Matthioli.)

Geofroy LINOCIER.

L'histoire des plantes, traduicte de latin.

L'histoire des plantes aromatiques, qui croissent en l'Inde, tant Occidentale qu'Orientale. Paris, 1584. 12.
Pagg. 704; cum figuris ligno incisis; præter Historiam animalium de qua Tomo 2. p. 10, et artem distillandi. Historia plantarum est versio libri antecedentis.

——— Seconde edition. Paris, 1619. 12.
Pagg. 704; cum figuris ligno incisis; præter historiam plantarum rariorum in horto Robini (de qua infra), historiamque animalium, et artem distillandi.

Casparus WOLPHIUS.

Ὑποσχεσις sive de Conr. Gesneri stirpium historia pollicilatio. impr. cum J. Simleri vita Gesneri fol. 42—48; cum figuris ligno incisis 7, fol. 49—52.
Tiguri, 1566. 4.

Conradus GESNERUS.

De aconito primo Dioscoridis asseveratio, edidit Casp. Wolphius. impr. cum Gesneri Epistolis. ib. 1577. 4.
Foll. 20; præter libellum de Oxymelit elleborato, non hujus loci. Ceu specimen promissæ historiæ Stirpium Gesneri edidit Wolphius.

Historiæ plantarum fasciculus, quem ex bibliotheca Chr. Jac. Trew edidit et illustravit Cas. Chph. Schmidel.
Pagg. 43. tabb. æneæ color. 14.
Norimbergæ, 1759. fol.

Fasciculus secundus. Pagg. 65. tab. 15—31. 1770.
Fasciculi hi duo constituunt partem 2dam Operum botanicorum C. Gesneri, editorum a C. C. Schmidel.

Casparus WOLPHIUS.

Fragmentum historiæ stirpium, ad C. Gesneri institutum compositæ. in Operibus botanicis Conr. Gesneri, Parte 1. p. 40—54.

Petrus PENA et *Matthias* DE LOBEL.

Stirpium adversaria nova.
Londini, 1570. (in calce 1571.) fol.
Pagg. 455; præter 3 ad calcem, numeris non notatas; cum figuris ligno incisis.

——— cum Lobelii stirpium historia.
Antverpiæ, 1576. fol.
Pagg. 456; præter appendicem mox dicendam.

——— cum Lobelii in Rondeletii officinam pharmaceuticam animadversionibus.
Londini, 1605. fol.
Pagg. 456; præter alteram partem mox dicendam.
Tres esse diversas editiones non crediderim, sed usque ad paginam 456. vere eandem, mutato titulo, et diversis ad calcem additionibus; conferatur Trewii Catalogus 1. librorum botanicorum, pag. 4.

Matthias DE LOBEL.

Plantarum seu stirpium historia. (Stirpium observationes).
Antverpiæ, 1576.
Pagg. 655; cum figuris ligno incisis; præter libellum de Succedaneis, de quo Tomo 1.

———: Kruydtboeck. ib. 1581. fol.
1 Deel. pagg. 994. 2 Deel. pagg. 312; præter libellum de succedaneis, cum figg. ligno incisis.

Appendix nonnullarum stirpium in Observationibus prætermissarum. impr. cum Stirpium adversariis; p. 457—471. Post indices rursus occurrunt pagg. 3. figurarum. ib. 1576. fol.

Adversariorum altera pars, cum prioris illustrationibus, castigationibus et auctariis. impr. cum parte priore Adversariorum; p. 458—515. Londini, 1605. fol.

Stirpium illustrationes, accurante Guil. How.
Pagg. 170. ib. 1655. 4.

Leonhard THURNEISSER *zum Thurn.*

Historia sive descriptio plantarum omnium (Lib. 1mus.)
Berlini, 1578. fol.
Pagg. clvi; cum figuris ligno incisis.

Andreas CÆSALPINUS.

De plantis libb. 16.
Pagg. 621. Florentiæ, 1583. 4.

Appendix ad libros de plantis. Romæ, 1603. 4.
Pagg. 419; præter appendicem ad peripateticas quæstiones.

——— Museo di piante rare di Boccone, p. 125—132.

Castore DURANTE.

Herbario nuovo. Roma, 1585. fol.
Pagg. 492; cum figuris ligno incisis, in nostro exemplo coloribus fucatis. Post indicem adsunt folia 5 figurarum absque textu.

——— Venetia, 1602. fol.
Pagg. 492; cum figuris ligno incisis. Post indicem adsunt plagulæ 5 figurarum absque textu.

——— ib. 1636. 4.
Pagg. 515; præter pagg. 19, figurarum absque textu.

——— con aggionta de i discorsi à quelle figure, che erano nell'appendice, fatti da Gio. Maria Ferro, et hora in questa novissima impressione, vi si è posto in fine l'herbe Thè, Caffè, Ribes de gli Arabi, e Cioccolata.
Pagg. 480; cum figg. ligno incisis. ib. 1684. fol.

———: Hortulus sanitatis, das ist, ein heylsam und nüzliches gährtlin der gesundtheit, ins teutsche versezt durch Pet. Uffenbachium.
Franckf. am Mäyn, 1609. 4.
Pagg. 1081; cum figg. ligno incisis.

Jacobus DALECHAMPIUS.

Historia generalis Plantarum.
Lugduni, 1586. fol.
Pars 1. pagg. 1095. Pars 2. pag. 1097 — 1922, et appendix pagg. 36; cum figuris ligno incisis.
Duo adsunt tituli Tomi 1, quorum alter annum habet impressionis 1586, alter 1587.

———: Histoire generale des plantes, sortie latine de la Bibliotheque de M. Jaques Dalechamps, puis faite Francoise par M. Jean des Moulins.
Tome 1. pagg. 960. Tome 2. pagg. 758.
ib. 1615. fol.

Casparus BAUHINUS.

Animadversiones in historiam generalem plantarum Lugduni editam. Pagg. 95. Francoforti, 1601. 4.

Jacobus Antonius CLAVENNA.

Clavis Clavennæ aperiens naturæ thesaurum, ejusque gemmas depromens, vires scilicet plantarum in Historia Lugdunensi descriptas, nunc collectas, ac singulis morbis ordine alphabetico attributas.
Pagg. 1062. Tarvisii, 1648. fol.

Jacobus Theodorus TABERNÆMONTANUS.
Kreuterbuch.
Pagg. 818. Franckfurt am Mayn, 1588. fol.
——— 3 Theile: Das ander und dritter theyl durch Nicolaum Braun, alle gemehret durch Casp. Bauhinum. ib. 1613. fol.
1 Theil. pagg. 686. 2 nnd 3 Theil. pagg. 844.
——— ——— ib. 1625. fol.
1 Theil. pagg. 642. 2 Theil. pagg. 598. 3 Theil. pagg. 202.
——— widerumb vermehret durch Hieron. Bauhinum. Basel, 1664. fol.
1 Theil. pagg. 663. 2 und 3 Theil. pag. 665—1529.
——— ——— Pagg. totidem. ib. 1731. fol.
Omnes cum figuris ligno incisis.

John GERARDE.
The herball, or generall historie of plantes.
Pagg. 1392; cum figg. ligno incisis. London, 1597. fol.
——— enlarged by Thomas Johnson.
Pagg. 1630; cum figuris ligno incisis. ib. 1633. fol.

Carolus CLUSIUS.
Rariorum plantarum historia. Antverpiæ, 1601. fol.
Pagg. 364, et cclii, et appendix p. ccliii—cclx; cum figuris ligno incisis; præter Fungorum historiam, epistolas Belli et Roelsii, et Ponæ plantas Baldi, de quibus aliis locis.
Altera appendix ad rariorum plantarum historiam.
Appendicis alterius auctarium.
impr. cum ejus Exoticorum libris. Duerniones 3.
Rariorum plantarum historiæ addenda vel immutanda. in ejus Curis posterioribus, editionis in folio, p. 1—40.
in quarto, p. 1—76.

Claude DURET.
Histoire admirable des plantes et herbes esmerveillables et miraculeuses en nature. Paris, 1605. 8.
Pagg. 341; cum figg. ligno incisis.

Johannes BAUHINUS et *Joh. Henr.* CHERLERUS.
Historiæ plantarum generalis prodromus.
Pagg. 124. Ebroduni, 1619. 4.
Historia plantarum universalis, recensuit et auxit Domin. Chabræus, juris publici fecit Franc. Lud. a Graffrenried.
Tom. 1. pagg. 601, et 440. ib. 1650. fol.
Tom. 2. pagg. 1074. Tom. 3. pagg. 212, et 882.
Cum figuris ligno incisis. 1651.

Robertus MORISON.

Animadversiones in tres tomos historiæ plantarum Joh. Bauhini. in ejus Præludiis botanicis, p. 427—459.

Dominicus CHABRÆUS.

Omnium stirpium sciagraphia et icones.
Genevæ, 1677. fol.
Pagg. 661 ; cum figuris ligno incisis. (Compendium J. Bauhini.)

Franciscus Ernestus BRÜCKMANN.

Notæ et animadversiones in D. Chabræi stirpium icones et sciagraphiam.
Epistola itineraria 52. Cent. 3. p. 628—677.

John PARKINSON.

Theatrum botanicum, the theater of plants, or an herball of a large extent. London, 1640. fol.
Pagg. 1755 ; cum figuris ligno incisis.

Guilielmus HOW.

Theatri botanici J. Parkinsoni αμαϱτηματα.
impr. cum Lobelii stirpium illustrationibus.
Pagg. 5. Londini, 1655. 4.

Joannes MEURSIUS *filius.*

Arboretum sacrum, sive de arborum, fruticum, et herbarum consecratione, proprietate, usu ac qualitate libb. 3. Pagg. 140. Lugduni Bat. 1642. 8.
——— impr. cum Rapini hortorum libris.
Pagg. 127. Ultrajecti, 1672. 8.

Guillelmus DU VAL.

Phytologia sive Philosophia plantarum.
Pagg. 472. Parisiis, 1647. 8.

Carolus STENGELIUS.

Hortorum, florum, et arborum historia in 2 Tomos distributa. Editio altera auctior. Augustæ Vindel. 1650. 12.
Tom. 1. pagg. 384. Tom. 2. pagg. 537. In calce impressa dicitur anno 1647 ; adeoque novo tantum titulo, novam forte mentitur editionem.

Thomas PANCOVIUS.

Herbarium portatile, oder behendes kräuter-und gewächsbuch. Berlin, 1654. 4.
Figg. ligno incisæ 1363, quarum quatuor in singulis paginis ; dein textus coll. 172.
——— vermehret durch Bartholomæum Zornn.
Cöln an der Spree, 1673. 4.
Figg. ligno incisæ 1536 ; dein textus pagg. 425.
——— ——— Leipzig, 1679. 4.
Est eadem editio, prima tantum plagula denuo impressa.

William COLES.

Adam in Eden, or natures paradise : the history of plants, fruits, herbs, and flowers.

Pagg. 629. London, 1657. fol.

Caspar BAUHINUS.

Theatri botanici sive Historiæ plantarum liber primus, editus a Jo. Casp. Bauhino. Basileæ, 1658. fol.

Coll. 684 ; cum figuris ligno incisis.

Petrus NYLANDT.

De Nederlandtse herbarius of kruydt-boeck.

Amsterdam, 1670. 4.

Pagg. 342 ; cum figuris ligno incisis, in nostro exemplari coloribus fucatis.

———— : Neues medicinalisches kräuterbuch.

Osnabrück, 1678. 4.

Pagg. 395 ; cum figg. ligno incisis.

Bernhardus VERZASCHA.

Neu-vollkommenes kräuter-buch. Basel, 1678. fol.

Pagg. 792 ; cum figg. ligno incisis.

(In novum ordinem redactum edidit postea Th. Zvinger, de quo mox infra.)

Georgius A TURRE.

Dryadum, Amadryadum, Cloridisque triumphus, ubi plantarum universa natura spectatur, affectiones expenduntur, facultates explicantur.

Pagg. 709. Patavii, 1685. fol.

ANON.

Histoire des plantes de l'Europe et des plus usitées, qui viennent d'Asie, d'Afrique, et d'Amerique.

Lyon, 1689. 12.

Tome 1. pagg. 442. Tome 2. pag. 445—866.

———— Pagg. totidem. ib. 1716 vel 1726. 12.

Tomus 1. annum habet 1726, secundus vero, 1716.

——— ——— ib. 1719. 12.

Est eadem editio, novo titulo.

———— : Historia das plantas da Europa, e das mais uzadas que vem de Asia, de Affrica, et da America, por Joaon Vigier.

Pagg. totidem. ib. 1718. 12.

Cum figuris ligno incisis.

Abraham MUNTING.

Naauwkeurige beschryving der aardgewassen.

Leyden & Utrecht, 1696. fol.

1 Stuk. Coll. 640. tabb. æneæ 180.

2 Stuk. Col. 641—930. tab. 181—243.

Theodorus ZVINGER.

Theatrum botanicum, das ist, neu vollkommenes kräuterbuch, erstens an das tagliecht gegeben von Bernh. Verzascha, in eine ganz neue ordnung gebracht, auch mehr als umb die helffte vermehret und verbessert durch Th. Zvingerum. Basel, 1696. fol.
Pagg. 995; cum figg. ligno incisis.

Steph. BLANKAART.

Den Nederlandschen herbarius. Amsterdam, 1698. 8.
Pagg. 621; cum tabb. æneis.

William SALMON.

Botanologia, the English herbal or history of plants.
Vol. 1. pagg. 680. London, 1710. fol.
Vol. 2. pag. 681—1296. 1711.
Cum figuris ligno incisis.

Valentin KRÄUTERMANN.

Compendieuses blumen-und kräuter-buch.
Pagg. 592. Frankfurt und Leipz. 1733. 8.

Johann Wilhelm WEINMANN.

Phytanthozaiconographia, oder eigentliche vorstellung etlicher tausend, von J. W. Weinmann gesammleter pflanzen, welche in kupfer gestochen, und durch eine neu erfundene art mit lebendigen farben herausgegeben von Bartholomä Senter, Johann Elia Ridinger, und Joh. Jacob Haid, deren benennung, arten, kennzeichen, beschreibungen und gebrauch in lateinisch-und deutscher sprache beschrieben worden von Johann Georg Nicolao Dieterichs.
1 Band. A. B. pagg. 200. tabb. æneæ color. 275. Regenspurg, 1737. fol.
2 Band. C—F. pagg. 516. tab. 276—525. 1739.
3 Band. G—O. pagg. 488. tab. 526—775. 1742.
4 Band. P—Z. pagg. 540. tab. 776—1025; cum præfatione Halleri, plag. 4½, et Indicibus, plagg. 6 et 9½. 1745.
Posterioribus duobus voluminibus textum addidit Ambrosius Carolus Bieler.

Johann GESNER.

J. G. Weinmanni thesaurus rei herbariæ locupletissimus indice systematico illustratus et emendatus, in quo aliquot plantarum millia secundum classes, ordines, genera, species et varietates methodo Linneana recensentur, et passim adnotationibus illustrantur.
Pagg. 184. Augustæ Vindel. 1787. 8.
(Annotatiunculas aliquot addidit Christ. Lud. Becker.)

Balthasar EHRHART.

Unterricht von einer zu verfassenden historie der nüzlichsten kräuter, pflanzen und bäume.

Pagg. 20. Memmingen, 1752. 4.

Oeconomische pflanzenhistorie, nebst dem kern der Landwirthschaft, Garten-und Arzneykunst.

1 Band. pagg. 304. Ulm und Memmingen, 1753. 8.
2 Band. pagg. 268.
3 Band. pagg. 194. 1754.
4 Band. pagg. 184. 1756.
5 Theil. pagg. 227. 1757.
6 Theil. pagg. 369. 1758.
7 Theil. pagg. 400. 1759.
8 Theil. pagg. 220. 1760.
9 Theil. pagg. 204.
10 Theil. pagg. 196. 1761.
11 Theil. pagg. 153.
12 Theil, welcher enthält ein allgemeines register über das ganze werk. Pagg. 202. 1762.

Octo posteriorum partium auctorem esse *Philippum Fridericum* GMELIN, mortuo Ehrharto, refert Beckmann, Gesch. der Erfind. 2 Band, p. 542.

ANON.

Lecons de Botanique, faitas au jardin royal de Montpellier, par M. Imbert, et recueillies par M. Dupuy des Esquiles.

Pagg. 215. Hollande, 1762. 12.

(Est satyra in Imbertum.)

20. *Icones Plantarum.*

Codex chartaceus 124 foliorum, in quibus totidem figuræ plantarum, coloribus fucatæ, maxime rudes. 4.

E Bibliotheca Jacobi Soranzo emtus Patavii, 1781.

Herbarum imagines vivæ.

Foll. 40; cum figg. ligno incisis.

Franckfurt am Meyn, bey Christian Egenolph. 1536. 4.

Imaginum herbarum Pars 2.

Foll. 20; cum figg. ligno incisis.

1536. Im Herbstmon. 4.

Posteriores hujus operis editiones vide inter Icones plantarum & animalium, Tomo 1.

Leonhartus FUCHSIUS.

Primi de stirpium historia commentariorum tomi vivæ ima-

gines, in exiguam angustioremque formam contractæ.
Basileæ, 1545. 8.
Pagg. 516. Figuræ ligno incisæ totidem, eædem ac belgicæ editionis historiæ ejus (vide supra pag. 53.) in nostro vero exemplari coloribus fucatæ, nec male.

——— Pagg. totidem. ib. 1549. 8.

Histoire des plantes, avec les noms Grecs, Latins, et Francoys, augmentees de plusieurs portraictz, avec ung extraict de leurs vertuz, en lieu et temps.
Paris, 1549. 8.
Pagg. 519. Figuræ ligno incisæ 520; plurimæ prioribus similes (non eædem); quædam novæ; quædam priorum omissæ.

———: Herbarum ac stirpium historia, una cum Græcis, Latinis, et Galicis nominibus, additis nonnullis hactenus non impressis.
Pagg. totidem. ib. 1549. 8.
Omnino eadem editio cum priori, diverso titulo. In hoc vero exemplo typi textus marginalis in imprimendo ita tecti fuerunt, ut margo purus sit, manentibus tantum vestigiis e pressione typorum.

———: Historia de yervas y plantas, con los nombres Griegos, Latinos, y Españoles, con sus virtudes y propriedades, y el uso dellas. Anvers, 1557. 8.
Pagg. 521. Figg. ligno incisæ totidem, eædem ac duarum antecedentium, addita una. Textus marginalis hispanicus, e Gallico penultimæ versus.

Stirpium imagines, in enchiridii formam contractæ.
Lyon, 1549. 12.
Pagg. 516. Figuræ ligno incisæ, minimæ.

———: Plantarum effigies, ac quinque diversis linguis redditæ. ib. 1551. 12.
Pagg. 516. Hæc editio differt a priori additis nominibus italicis.

Hieronymus BOCK.

Imagines omnium herbarum, fruticum, et arborum, quarum nomenclaturam et descriptiones Hier. Bockius in suo herbario comprehendit. Strassburg, 1553. 4.
Pagg. cccxxxiii. Figuræ ligno incisæ.

Rembertus DODONÆUS.

Trium priorum de stirpium historia commentariorum imagines. Pagg. 439. Antverpiæ, 1553. 8.

Posteriorum trium de stirpium historia commentariorum imagines.
Pagg. 302. ib. 1554. 8.

————: De stirpium historia commentariorum imagines' in duos tomos digestæ, supra priorem æditionem (editionem) multarum novarum figurarum accessione locupletatæ. Antverpiæ, 1559. 8.
Tom. 1. pagg. 439. eadem editio cum priori, prima tantum plagula denuo impressa.
Tom. 2. pagg. 445; quarum pagg. 272. priores ejusdem omnino editionis sunt, reliquæ vero vel diversæ, vel de novo additæ, indicesque cum titulo denuo impressæ.
Figuræ ligno incisæ.

Matthias LOBELIUS.
Plantarum seu stirpium icones. ib. 1581. 4. obl.
Tomus 1. pagg. 816. Tom. 2. pagg. 280. Figuræ ligno incisæ plerumque duæ in unaquaque pagina.
———— ib. 1591. 4. obl.
Pagg. totidem, sed accessit in hac editione index multilinguis plagg. 7. Trew in Cat. libr. botan. pag. 4. hanc esse eandem editionem cum priori, novo titulo et addito indice, asserit; sed vel e minima comparatione utriusque eas vere diversas esse apparet.

(*Jacobus Theodorus* TABERNÆMONTANUS.)
Eicones plantarum seu stirpium, curante Nic. Bassæo. Francofurti ad Moen. 1590. 4. obl.
Pagg. 1128. Figuræ ligno incisæ, duæ in quavis pagina.

Pierre VALLET.
Le jardin du Roi Henry IV. Paris, 1608. fol.
Tabulæ æneæ 75; cum descriptionibus rariorum per J. Robin, fol. 1.

Emanuel SWEERTIUS.
Florilegium, tractans de variis floribus, et aliis Indicis plantis. Francofurti, 1612. fol.
Dedicatio, præfatio et catalogi iconum foll. 18. Tabb. æneæ partis primæ 67, et secundæ 43.

Johannes Theodorus DE BRY.
Florilegium novum, hoc est: variorum maximeque rariorum florum ac plantarum singularium una cum suis radicibus et cepis eicones. 1612. fol.
Tabb. æneæ, in nostro exemplari coloribus fucatæ, 78, præter tres numeris non notatas, quæ in sequenti editione 137, 79, & 80 audiunt. Post præfationem in folio uno adsunt descriptiones quædam, omnino exscriptæ ex Petri Vallet horto regis Henrici IVti, unde etiam figuræ plurimæ hujus operis petitæ.
————: Florilegium renovatum et auctum. Francof. apud Matth. Merianum, 1641. fol.

Post dedicationem et præfationem pagg. 14, sequitur icnographia horti Joh. Swindii, et tabb. æneæ 32, ex Ferrario de florum cultura, dein tabb. 80, prioris editionis. Tab. 81ma inscribitur: Augmentatio uberior Florilegii antehac coepti, jam iterum locupletati, floribus nonnullis exoticis, visu jucundis per Joh. Theodor. de Bry anno 1614. Tab. 115ta inscribitur: Sequentes plantæ partim hoc 1618 partim superioribus annis floruerunt, una cum plurimis aliis, quarum icones hoc in libro sunt expressæ, in horto M. Laurentii Thomæ Walliseri, Professoris philosophiæ practicæ in Argentoratensi Academia. Sequuntur tabulæ ad 142dam usque, quæ Yuccam gloriosam repræsentat, florentem Basileæ 1644 in hortulo Remigii Feschii J. C. Ad calcem adjecta est tabula, exhibens ramum Rosæ, annum habens 1647.

ANON.

Theatrum floræ, in quo ex toto orbe selecti mirabiles venustiores ac præcipui flores tanquam ab ipsius Deæ sinu proferuntur. Lutetiæ apud Petr. Firens, 1628. fol.
Tabb æneæ 69.

——— Lutetiæ apud Petr. Firens, 1633. fol.
Nil nisi anno differt a priori.

Pietro DE NOBILI.

Erbario che in 32 Tavole contiene la figura di 128 piante con la dichiarazione delle virtù e proprietà di ciascuna. (Titulus hic manuscriptus est.) 4.
Tabb. æneæ 32, long. 6 unc. lat. 4 unc. Libellus e Bibliotheca Jacobi Soranzo emtus Patavii, 1781.

* * *

Icones plantarum tabb. æneis 319, long. 16 unc. lat. 12 unc. a *Nicolao* ROBERT, A. Bosse, et Lud. de Chastillon sculptæ.
In exemplari Bibliothecæ Sherardianæ, Oxonii asservatæ, tituli adsunt: Estampes pour servir à l'histoire des Plantes. Premiere partie. à Paris de l'Imprimerie Royale 1701. Estampes—— Plantes. Seconde Partie. à Paris——1701.

Leonard PLUKENETT.

Opera omnia botanica, in 6 Tomos divisa, viz. 1. 2. 3. Phytographia. 4. Almagestum botanicum. 5. Almagesti botanici mantissa. 6. Amaltheum botanicum.
Londini, 1720. 4.

Pars 1 et 2. tabb. æneæ 1—120. 1691.
3. tab. 121—250. 1692.
4. tab. 251—328. 1696.

Almagestum botanicum sive Phytographiæ Pluc'netianæ Onomasticon. Pagg. 402. 1696.

Almagesti botanici mantissa. Pagg. 191; præter indicem. tab. 329—350. 1700.

Amaltheum botanicum. Pagg. 214. tab. 351—454. 1705.

Murk VAN PHELSUM.

Explicatio partis 4. Phytographiæ Leonardi Pluc'neti. Pagg. xii et 35. Harlingæ, 1769. 4.

Paulus Dietericus GISEKE.

Index Linnæanus in Plukenetii opera botanica. Hamburgi, 1779. 4.

Pagg. 30; præter Indicem in Dillenii Historiam Muscorum, de quo infra.

Olaus RUDBECKIUS *Pater* et *filius*.

Reliquiæ Rudbeckianæ, sive Camporum Elysiorum libri primi, quæ supersunt, adjectis nominibus Linnæanis: accedunt aliæ quædam icones hactenus ineditæ, cura Jac. Edv. Smith. Londini, 1789. fol.

Pagg. 35. figuræ ligno incisæ.

Campii Elysii Liber secundus. Upsalæ, 1701. fol.

Pagg. 239. figuræ ligno incisæ.

In Bibliotheca Sherardiana, in Horto botanico Oxoniensi, adest exemplar libri primi pagg. 224, sed cujus pagg. 41—48. impressæ desunt, calamo scriptorio restitutæ. Desideratur etiam titulus. In vita Rudbeckii filii, in Actis Societatis Upsaliensis, 1740. p. 127. vix duo triave superesse exempla duorum voluminum affirmatur, sed hoc de primo tantum intelligendum, confer Acta Literaria Sveciæ, 1720. p. 96.

Abrahamus MUNTING.

Phytographia curiosa, exhibens arborum, fruticum, herbarum et florum icones; varias earum denominationes Latinas, Gallicas, Italicas, Germanicas, Belgicas, aliasque adjecit Franc. Kiggelaer. Lugduni Bat. et Amstelæd. 1702. fol.

Pars 1. pagg. 24. tabb. æneæ 119.

Pars 2. pag. 25—47. tab. 120—245.

——— Amstelædami, 1727. fol.

Omnino eadem editio, novo tantum titulo.

Figuræ sunt operis supra pag. 61 recensiti.

Georgius Dionysius EHRET.

Plantæ et Papiliones rariores, depictæ et æri incisæ a G. D. Ehret. (London) 1748—1759. fol.

Tabb. æneæ color. 15, long. 17 unc. lat. 11 unc.

Volumen continens icones plantarum 65, ab Ehretio pictas, emtas e collectione iconum Roberti More Armigeri. fol.

Conradus GESNER.

Opera botanica quorum Pars 1. prodromi loco continet figuras ultra cccc, ex Bibliotheca Chph. Jac. Trew edidit Cas. Chph. Schmiedel. Norimbergæ, 1751. fol.

Tabb. 22 ligno incisæ, tabb. 19 æneæ, et index figurarum pag. 119—128. Speciminis loco addita tabula coloribus picta, cum explicatione p. 129, 130.

James NEWTON.

A compleat herbal. London, 1752. 8.

Tabb. æneæ 176. Figuræ minimæ.

Johann Gottbilf MÜLLER.

Species plantarum secundum vegetationis et fructificationis partes ad vivum delineatæ. Decas 1.

Berlin, 1757. fol.

Tabb. æneæ 10, eædemque coloribus fucatæ.

Joannes Hieronymus KNIPHOF.

Botanica in originali, seu herbarium vivum, in quo plantarum peculiari quadam enchiresi atramento impressorio obductarum ectypa exhibentur, studio Jo. Godofr. Trampe. Centuriæ 12. Halæ, 1757—1764. fol.

Index universalis in omnes 12 centurias Botanicæ in originali Jo. Hieron. Kniphofii.

Pagg. 14. ib. 1767. fol.

Nicolaas MEERBURGH.

Afbeeldingen van zeldzaame gewassen.

Leyden, 1775. fol.

Tabb. æneæ color. 50. Textus plagg. 7.

* * *

Iconum plantarum a P. D. Giseke, J. D. Schulze, A. A. Abendroth et J. N. Buek editarum, adest fasciculus 1mus, ectypa continens 25, absque titulo.

(Hamburgi, 1777.) fol.

Pierre Joseph BUCHOZ.

Collection des fleurs les plus belles et les plus curieuses, qui se cultivent tant dans les jardins de la Chine, que dans ceux de l'Europe.

Partie 1. Plantes de la Chine peintes dans le pays. tabb. æneæ color. 100.

Partie 2. Plantes les plus belles qui se cultivent dans les jardins de l'Europe. Tabb. totidem. Paris. fol.

Nicolaus Josephus JACQUIN.

Iconesplantarum rariorum.

Vol. 1. pagg. 20. tabb. æneæ color. 200.
Vindobonæ, 1781—1786. fol.
Vol. 2. pagg. 22. tab. 201—454. Vol. 3. pagg. 24. tab. 455—648. 1786—1793.

Margaret MEEN.
Exotic plants from the Royal Gardens at Kew. No. 1. Tabb. æneæ color. 4, long. 19 unc. lat. 15 unc. 1790.

Georgius FORSTER.
Icones plantarum, quas in Cookii secundo itinere delineavit; quædam plumbagine delineatæ, quædam pictæ: harum plurimæ nondum absolutæ.
Voll. 2. foll. 301. fol.

21. *Iconum edendarum regulæ.*

Friedrich EHRHART.
Erinnerungen, wünsche und bitten an die herausgeber der pflanzen-abbildungen. in seine Beiträge, 6 Band, p. 14—22.

22. *Catalogi Iconum Plantarum.*

Casimir Christophorus SCHMIEDEL.
Index figurarum, tam earum, quæ cura Conr. Gesneri ex ligno excisæ, et partim ab autore partim ab aliis publicatæ sunt, quam illarum, quas secundum Gesnerianarum normam Joach. Camerarius instruxit. in Operibus botanicis C. Gesneri, editis a Schmiedelio, Parte 1. p. 55—118.

Ovidius MONTALBANUS.
Hortus botanographicus herbarum ideas et facies supra bis mille αυτοτατας, in parvo trium tomorum octavi folii concludens spatio, quem sibi, genioque suo construxit Ov. Montalbanus, cui singularum plantarum sequens præcessit index. Bononiæ, 1660. 8.
Pagg. 99; præter appendicem infra dicendam.

(*Mrs.* DELANY.)
A catalogue of plants copyed from nature in paper mosaick, finished in the year 1778.
Foll. 47. 8.

23. *Descriptiones Plantarum miscellæ et Observationes Botanicæ.*

Joannes MAINARDUS.
De quibusdam simplicibus censuræ. in Brunfelsii Herbarii Tomo 2. edit. 1531. Append. p. 32—43.
edit. 1536. p. 128—139.

Heremannus Comes A NEVENARE.
Annotationes aliquot herbarum.
ibidem edit. 1531. Append. p. 116—128.
edit. 1536. p. 232—244.

Hieronymus TRAGUS.
Herbarum aliquot dissertationes et censuræ.
ibidem edit. 1531. Append. p. 156—165.
edit. 1536 p. 272—281.

Joannes Jacobus DE MANLIIS.
Difficiliorum herbarum explanatio, de quibus hodie est controversia.
ibidem edit. 1531. Append. p. 167—182.
edit. 1536. p. 283—298.
(Excerpta ex ejus Luminari majori. *Hall. bibl. bot.* 1. *p.* 239.)

Euricius CORDUS.
Botanologicon. Pagg. 183. Coloniæ, 1534. 8.
Index hujus libri impressus est cum Dioscoride per Rivium, Francofurti 1549; p. 534—541. sequenti titulo: Judicium de herbis et simplicibus medicinæ, ac eorum, quæ apud medicos controvertuntur, decisio et explicatio.

Conradus GESNERUS.
De raris et admirandis herbis, quæ sive quod noctu luceant, sive alias ob causas, Lunariæ nominantur, commentariolus. Tiguri, (1555.) 4.
Pagg. 42; præter descriptionem Montis Fracti, et Pilati montis, de quibus Tomo 1.

Melchior GUILANDINUS et *Conr.* GESNERUS.
De stirpibus aliquot epistolæ 5, Melchioris Guilandini 4, Conradi Gesneri 1. Patavii, 1558. 4.
Foll. 44; præter Manuco Diattæ descriptionem, vide Tom. 2. p. 127.
——— Epistola Guilandini 4ta cum responsoria Gesneri, adsunt in Epistolis Matthioli, p. 143—158.
Pragæ, 1561. fol.

Carolus CLUSIUS.

Descriptiones peregrinarum nonnullarum stirpium, et aliarum exoticarum rerum. impr. cum ejus notis in Garciæ Aromatum historiam; p. 24—43.
Antverpiæ, 1582. 8.

——— Redeunt in Clusii exoticis.

Joachimus CAMERARIUS.

Hortus medicus et philosophicus, in quo plurimarum stirpium breves descriptiones, novæ icones, indicationes locorum natalium, nec non philologica quædam continentur. Francofurti ad Moen. 1588. 4.
Pagg. 184; præter Thalii Hercyniam, de qua infra.

Icones accurate nunc primum delineatæ præcipuarum stirpium, quarum descriptiones in horto habentur.
ib. 1588. 4.
Pagg. 47; præter Icones Stirpium Hercyniarum. Figuræ ligno incisæ.

Johannes BAUHINUS.

De plantis a divis sanctisve nomen habentibus.
Basileæ, 1591. 8.
Pagg. 89; præter C. Gesneri epistolas, de quibus Tomo 1.

Fabius COLUMNA.

Φυτοβασανος, sive plantarum aliquot historia.
Neapoli, 1592. 4.
Pagg. 120 et 32; cum figuris æri incisis.

——— cum annotationibus Jani Planci.
Pagg. 134. tabb. æneæ 38. Mediolani, 1744. 4.

Annotationes et additiones reponendæ in Phytobasano, impr. cum ejus Minus cognitarum stirpium Parte altera; p. 91—93.

Minus cognitarum rariorumque nostro coelo orientium stirpium εκφρασις. Romæ, 1616. 4.
Pagg. 340; cum figuris æri incisis; præter Animalium observationes, de quibus Tom. 2. p. 17.

Minus cognitarum stirpium pars altera.
Pagg. 99; cum figg. æri incisis. 1616.

Honorius BELLUS.

Aliquot epistolæ de rarioribus quibusdam plantis. in Clusii Historia plantarum, p. ccxcvii—cccxiv.

Tobias ROELSIUS.

Epistola ad C. Clusium. ibid. cccxv—cccxx.

Paulus RENEALMUS.

Specimen historiæ plantarum.
Pagg. 150; cum figg. æri incisis. Parisiis, 1611. 4.

Crispinus PASSÆUS *junior.*

Hortus floridus, in quo rariorum florum icones delineatæ, et secundum quatuor anni tempora divisæ exhibentur. Arnhemii, 1614. fol. obl.

Ver. tabb. æneæ 41. Æstas. tabb. 19. Autumnus. tabb. 25; præter duas numeris non notatas. Hyems. tabb. 12. Textus latinus in aversa pagina tabularum impressus est. Pars altera. figg. 120, in tabulis 61, absque textu. Pars harum tabularum redit in Iconibus A. B. de Boot, mox dicendis. Tabularum Partis Vernalis duæ adsunt editiones, quarum altera figuras varias insectorum habet, altera vero non. Tabularum etiam partis Autumnalis et Hyemalis duæ adsunt editiones, quarum altera, numerum tabularum sculptum non habet, nec ullum textum, altera prioribus assimilatur.

———: A garden of Flowers, wherein is contained a discription of al the flowers contained in these foure followinge bookes, as also the perfect true manner of colouringe the same with their naturall coloures. Utrecht, 1615. fol. obl.

1 Booke. textus foll. 5. tabb. æneæ 41, ut in priori editione, et præterea tabb. 43—54, Tuliparum, quarum vero nulla in textu mentio. 2 Booke. textus foll. 2. tabb. 20. 3 Booke. textus foll. 3. tabb. 25. 4 Booke. textus foll. 2. tabb. 12. Pars altera. figg. 120. Tabulæ omnes in nostro exemplari coloribus fucatæ. Textus omnino diversus a latino prioris editionis, et in hac nil nisi descriptio colorum.

Casparus BAUHINUS.

Προδρομος theatri botanici, in quo plantæ supra DC proponuntur. Francofurti ad Moen. 1620. 4.

Pagg. 160; cum figuris ligno incisis.

——— Editio altera. Basileæ, 1671. 4.

Pagg. 160; cum figuris iisdem.

Franciscus Ernestus BRÜCKMANN.

Notæ et animadversiones in C. Bauhini Prodromum theatri botanici.

Epistola itineraria 62. Cent. 1.

Pagg. 12. Wolffenb. 1737. 4.

Prosper ALPINUS.

De plantis exoticis libb. 2. edidit Alpinus Alpinus.

Pagg. 344; cum figuris æri incisis. Venetiis, 1629. 4.

Jacobus CORNUTI.

Canadensium plantarum, aliarumque nondum editarum historia. Parisiis, 1635. 4

Pagg. 214; cum figuris æri incisis; præter Enchiridium botanicum Parisiense, de quo infra.

Anselmus Boëtius DE BOOT.

Florum, herbarum ac fructuum selectiorum icones, et vires pleræque hactenus ignotæ; e bibliotheca Olivarii Vredii. Brugis, 1640. 4. obl.

Pagg. 119. figuræ 60, in tabb. æneis 30; præter 27 & 28 omnino e Passæi horti floridi parte altera, mutato ordine, vide pag. anteced.

Hyacinthus AMBROSINUS.

Novarum plantarum hactenus non sculptarum historia. impr. cum ejus Horto Bononiensi; p. 69—101.
Cum figg. ligno incisis. Bononiæ, 1657. 4.

Olaus BORRICHIUS.

(Observationes variæ botanicæ.)
Bartholini Act. Hafniens. 1671. p. 118—128.

Thomas BARTHOLINUS.

Plantæ noctu odoratæ. ibid. 1673. p. 59—61.

Jacobus BREYNIUS.

(Observationes variæ botanicæ)
Ephem. Acad. Nat. Cur. Dec. 1. Ann. 3. p. 439—445.
Ann. 4. p. 138—146, et p. 192—195.

Exoticarum aliarumque minus cognitarum plantarum centuria prima. Gedani, 1678. fol.

Pagg. 195; cum tabb. æneis; et Appendix p. i—vi; præter libellos Wilhelmi ten Rhyne, de quibus infra.

Prodromus fasciculi rariorum plantarum anno 1679 in hortis Hollandiæ observatarum. ib. 1680. 4.

Pagg. 527. tabb. æneæ 5, quarum 2da desideratur in nostro exemplo.

——— notulis illustratus a Jo. Phil. Breynio.
Pagg. 32. ib. 1739. 4.

Prodromus fasciculi rariorum plantarum secundus, exhibens catalogum plantarum rariorum anno 1688 in hortis Hollandiæ observatarum. ib. 1689. 4.

Pagg. 108; cum fig. æri incisa 1.

——— conjunctim cum priori, notulis illustratum edidit Jo. Ph. Breynius, pag. 33—108. ib. 1739. 4.

Icones rariorum plantarum, fasciculo promisso quondam destinatæ, cum annexis descriptionibus et illustrationibus, cura Jo. Phil. Breynii, auctoris filii.
Conjunctim cum prodromo utroque. ib. 1739. 4.

Pagg. 34. tabb. æneæ 30; præter Dissertationem de Gin-sem, de qua infra, Parte 3.

Giacomo ZANONI.

Istoria botanica.

Pagg. 211. tabb. æneæ 80. Bologna, 1675. fol.

———: Rariorum stirpium historia, ex parte olim edita, nunc C. plus tabulis ex commentariis auctoris ab ejusdem nepotibus ampliata; opus universum digessit, latine reddidit, supplevitque Cajetanus Montius.

Pagg. 247. tabb. æneæ 185. Bononiæ, 1742. fol.

Vicenzo MENEGOTI (i. e. *Giambattista* SCARELLA. Segu. biblioth. botan. suppl. p. 27.)

Postille ad alcuni capi della storia botanica del Sig. Giac. Zanoni.

Pagg. 63. Padova, 1676. 12.

Dionysius DODART.

Memoires pour servir à l'histoire des plantes.

Paris, 1676. fol.

Pagg. 131; cum figuris æri incisis, quæ icones sunt inter Robertianas supra pag. 66 recensitas.

——— Mem. de l'Acad. des Sc. de Paris, 1666—1699. Tome 4. p. 121—323.

——— Paris, 1679. 12.

Pagg. 329. In hac editione solus discursus præliminaris adest.

Christianus MENTZELIUS.

Pugillus rariorum plantarum. impr. cum ejus Indice nominum plantarum.

Plagg. 4. tabb. æneæ 11. Berolini, 1682. fol.

——— cum ejus Lexico plantarum polyglotto.

ib. 1715. fol.

Est omnino eadem editio, vide supra pag. 9. sed heic additum est:

Ad indicem universalem nominum plantarum et Pugillum Corollarium.

Plagg. 2. tab. ænea 12, 13.

Joannes Baptista TRIUMFETTI.

Novarum stirpium historia. impr. cum ejus De ortu ac vegetatione plantarum; p. 63—106; cum tabb. æneis 17. Romæ, 1685. 4.

Novarum plantarum icones et historia. impr. cum ejus Prælusione ad publicas herbarum ostensiones; p. 49—64; cum tabb. æneis 6. ib. (1700.) 4.

Nicolaus EGLINGERUS.

Positionum botanico-anatomicarum centuria. Resp. Joh. Casp. Bauhinus. (Basileæ,) 1685. 4.

Plagg. 2. Thes. 1—50. botanici argumenti.

Andreas CLEYERUS.
(Observationes botanicæ variæ.)
Ephem. Acad. Nat. Cur. Dec. 2. Ann. 4. p. 1—10.
Rudolphus Jacobus CAMERARIUS.
Thesium botanicarum decas, de plantis vernis. Resp. El. Camerarius.
Pagg. 22. Tubingæ, 1688. 4.
Paulus HERMANNUS.
Paradisus Batavus, continens plus C. plantas ære incisas et descriptionibus illustratas, cui accessit catalogus plantarum, quas pro tomis nondum editis, delineandas curaverat. Opus posthumum edidit Guil. Sherard.
Lugduni Bat. 1698. 4.
Pagg. 247 et 15; cum tabb. æneis.
——— ib. 1705. 4.
Eadem editio, novo tantum titulo.
James PETIVER.
Plantæ rariores Chinenses, Madraspatanæ et Africanæ.
Catalogus plantarum in hortis siccis Petiverianis, quæ vel ineditæ, aut hactenus obscure descriptæ sunt.
in Tomo 3. Historiæ plantarum Raji, Append. p. 233 —249.
An addition to my hortus siccus in the Appendix to Mr. Ray's 3d volume of plants; printed with his Classical and topical catalogue of the Gazophylacium naturæ et artis; p. 95, 96.
(Vol. 3tio Operum ejus.) London, 1706. 8.
(*Francois* PETIT.)
Lettres d'un medecin des hôpitaux du Roy, à un autre medecin de ses amis, dont la 3me (pag. 39—50.) contient une critique sur les trois especes de Chrysosplenium des Instituts de Mr. Tournefort, trois nouveaux genres de plantes, et quelques nouvelles especes.
Pagg. 50. tabb. æneæ 8. Namur, 1710. 4.
Johannes Jacobus DILLENIUS.
Plantæ dubiæ.
Ephem. Acad. Nat. Cur. Cent. 5 & 6. p. 270—276.
Icones et descriptiones herbarum aliquot novarum. ibid. Append. p. 45—95.
Ludovicus A RIPA.
Historiæ universalis plantarum scribendæ propositum, addito specimine. Pagg. 195. Patavii, 1718. 4.
Julius PONTEDERA.
Epistola ad Guil. Sherardum. impr. cum ejus Tabulis botanicis. Pagg. xxiv. Patavii, 1718. 4.

Epistola ad M. A. Tillium. impr. cum hujus Horto Pisano; p. 177—184. Florentiæ, 1723. fol.

Michael Fridericus LOCHNER.

De Conyza majore flore pleno, et Orobanche hypopyti flore puniceo.
Ephem. Acad. Nat. Cur. Cent. 7 & 8. p. 254, 255.

Petrus MARTIN.

Catalogus plantarum novarum Joach. Burseri, quarum exempla reperiuntur in horto ejusdem sicco, Upsaliæ in Bibliotheca publica servato.
Act. Liter. Sveciæ, 1724. p. 495—508, & p. 530—535.

Carolus LINNÆUS.

Dissertatio, qua plantæ Martino-Burserianæ explicantur. Resp. Rol. Martin.
Pagg. 31. Upsaliæ, 1745. 4.
——— Amoenit Academ. Vol. 1.
Edit. Holm. p. 141—171.
Edit. Lugd. Bat. p. 299—332.
Edit. Erlang. p. 141—171.

Joannes MARTYN.

Historia plantarum rariorum. Centuriæ 1. Decas 1—5. Londini, 1728. fol.
Pagg. 52. tabb. æneæ color. 50.

Johannes Christianus BUXBAUM.

Plantæ dubiæ ad sua genera relatæ.
Comment. Acad. Petropol. Tom. 2. p. 369—371.
Plantarum minus cognitarum Centuria 1.
Pagg. 48. tabb. æneæ 65. Petropoli, 1728. 4.
Centuria 2. pagg. 46. tabb. 50. 1728.
Centuria 3. pagg. 42. tabb. 74. 1729.
Centuria 4. pagg. 40. tabb. 66. 1733.
Centuria 5. pagg. 48. tabb. 71, et appendicis figg. 44. 1740.
Animadversiones quædam botanicæ. edidit Gottlieb Car. Springsfeld, cum Scholio C. J. Trew.
Nov. Act. Acad. Nat. Cur. Tom. 1. p. 28—60.

Christophorus Jacobus TREW.

Observationes botanicæ. Commerc. litterar. Norimberg. 1731. p. 60—62, & p. 164—166.
1736. p. 409—412.

Benedictus STEHELINUS.

Observationes anatomico-botanicæ. Resp. Joh. Henr. Rippelius. Basileæ, 1731. 4.

Pagg. 8. Theses 9 priores, pag. 2—6, botanici argumenti.

Fridericus ZVINGERUS.

Positiones anatomico-botanicæ. Basileæ, 1731. 4.

Pagg. 11, quarum 2 ultimæ huc faciunt.

Theses anatomico-botanicæ. Resp. Joh. Henr. Rippelius. ib. 1733. 4.

Pagg. 8, in quarum ultima Thes. 14. & 15. botanici argumenti.

Paulus Henricus Gerardus MOEHRING.

Observationes botanicæ.

Philosoph. Transact. Vol. 41. n. 454. p. 211—221.

Commerc. litterar. Norimberg. 1743. p. 28, 29; p. 93—95, et p. 117—120.

George EDWARDS.

In ejus Natural history of Birds, and Gleanings of natural history, (vide Tom. 2. p. 17.) paucæ etiam plantæ exhibentur.

Johannes Godofredus BÜCHNER.

Dissertationes epistolicæ de Memorabilibus Voigtlandiæ ex regno vegetabili.

Pagg. 48. (1743.) 4.

——— Act. Acad. Nat. Curios. Vol. 4. p. 271—279, & p. 503, 504. Vol. 2. p. 390—395. Vol. 5. p. 97, 98. Vol. 7. p. 425—429.

Josephus MONTI.

De variis exoticis plantis.

Comm. Instit. Bonon. Tom. 2. Pars 2. p. 357—368.

Christianus Ludovicus WILLICH.

Observationes botanicæ. in ejus Observationibus botanicis et medicis, p. 2—13. §. 4—27. Gottingæ, 1747. 4.

De plantis quibusdam observationes.

Pagg. 76. ib. 1762. 8.

Illustrationes quædam botanicæ.

Pagg. 55. ib. 1766. 8.

Circa plantas quasdam singularia aliqua notata.

Nov. Act. Acad. Nat. Cur. Tom. 4. p. 104—118.

——— Quatuor hi libelli adsunt in Reichardi Sylloge opusculorum botanicorum, p. 82—182.

Stephanus KRASCHENINNIKOW.

Descriptiones rariorum plantarum.

Nov. Comm. Acad. Petropol. Tom. 1. p. 375—384.

* * *

Plantæ selectæ, quarum imagines pinxit *Georgius Diony-*

sius EHRET; collegit et a tabula 1ma ad 72dam nominibus propriis notisque illustravit *Christophorus Jacobus* TREW, hinc ad 100mam usque, addendo itidem nomina ac notas, produxit *Benedictus Christianus* VOGEL; in æs incidit et vivis coloribus repræsentavit, primum *Joannes Jacobus* HAID, inde *Joannes Elias* HAID.

Per Decades editæ 1750—1773. fol.

Pagg. 56. tabb. æneæ color. 100.

Hortus nitidissimis omnem per annum superbiens floribus, sive amoenissimorum florum imagines, quas collegit *Chr. Jac.* TREW, in æs incisas vivisque coloribus pictas edidit *Johannes Michael* SELIGMANN.

Norimbergæ, 1750. fol.

Textus latino-germanicus plagg. 22. Tabb. æneæ color. 59. Adest etiam alius titulus anno 1768 impressus.

Volumen 2. edidit *Adamus Ludovicus* WIRSING.

1772.

Textus latino-germanicus pagg. 51. tab. 60 & 61—120.

Voluminis 3. adsunt tab. 121—150. 1775—1781.

Plantæ rariores, quas examinavit et breviter explicavit, nec non depingendas ærique incidendas curavit *Chr. Jac.* TREW; edente *Joanne Christophoro* KELLER.

Pagg. 14. tabb. æneæ color. 10. ib. 1763. fol.

Plantæ rariores, quarum primam decadem accuravit *C. J.* TREW, posteriorum curam et illustrationem suscepit *Benedictus Christianus* VOGEL, auxiliante arte sua *Adamo Lud.* WIRSING.

Decas 2. pagg. 22. tab. 11—20. 1779.

David Siegismund August BÜTTNER.

Enumeratio methodica plantarum, carmine clarissimi Joannis Christiani Cuno recensitarum. impr. cum Cuno's Ode über seinen garten; p. 209—230.

Amsterdam, 1750. 8.

J. Rudolphus STUPANUS.

Specimen miscellaneum anatomico-botanicum. Resp. Ach. Mieg. Basileæ, 1751. 4.

Pagg. 8; quarum 2 ultimæ botanici argumenti.

Johannes Rodolphus STEHELINUS.

Specimen observationum anatomicarum et botanicarum.

ibid. 1751. 4.

Pagg. 8; quarum 2 ultimæ huc faciunt.

Specimen observationum Medicarum. Resp. Joh. Rud. Buxtorfius.
Pagg. 8; quarum 5—8. hujus loci. ib. 1753. 4.

Jacobus Christophorus RAMSPECK.
Selectarum observationum anatomico-physiologicarum atque botanicarum specimen agonisticum. Resp. Conr. Schindler. ib. 1751. 4.
Pagg. 28. Thes. 77—100. pag. 24—28. botanici argumenti.
Specimen agonisticum secundum, vereque tumultuarium. ib. 1752. 4.
Pagg. 17, quæ inde a 7ma botanici argumenti.

Johannes Jacobus THURNEYSEN.
Theses medicæ. ib. 1751. 4.
Pagg. 8; quarum 3 ultimæ botanici argumenti.

Abel SOCINUS.
Theses anatomico-botanicæ.
Pagg. 8; quarum 6 & 7. hujus loci. ib. 1751. 4.

Albertus VON HALLER.
Observationes botanicæ ex horto et agro Gottingensi.
Commentar. Societ. Gotting. Tom. 1. p. 201—226.
2. p. 337—353.

Johannes HOFER.
Observata quædam botanica.
Act. Helvet. Vol. 1. p. 70—72.
Observationes botanicæ. ibid. Vol. 2. p. 14—20.

Tobias Conrad HOPPE.
Merkwürdigkeiten des pflanzenreichs. Physikal. Belustigungen, 2 Band, p. 67—100, & p. 324—345.

Johann Gottfried ZINN.
Observationes quædam botanicæ et anatomicæ. Gottingæ, 1753. 4.
Pagg. 41; quarum 1—14. huc faciunt.
Observationes botanicæ.
Commentar. Societ. Gotting. Tom. 3. p. 425—440.

Achilles MIEG.
Specimen observationum anatomicarum atque botanicarum. Basileæ, 1753. 4.
Plag. 1. Thes. 11—17. hujus loci.

Johannes Rudolphus HESS.
Observationes medicæ. Resp. Joh. Lud. Buxtorfius. ib. 1753. 4.
Pagg. 8; quarum 2 ultimæ botanici argumenti.

Carolus LINNÆUS.
Dissertatio: Centuria 1. plantarum. Resp. Abr. Juslenius. Pagg. 34. Upsaliæ, 1755. 4.
——— Amoenitat. Academ. Vol. 4. p. 261—296.
Dissertatio: Centuria 2. plantarum. Resp. Er. Torner. Pagg. 33. Upsaliæ, 1756. 4.
——— Amoenitat. Academ. Vol. 4. p. 297—332.

Josephus Theoph. KOELREUTER.
Descriptio plantarum quarundam rariorum. impr. cum Dissertatione de Insectis Coleopteris (vide Tom. 2. p. 229.); p. 44—48.

Constantinus SCEPIN.
Annotationes botanicæ. impr. cum ejus Schediasmate inaug. de Acido vegetabili; p. 21—44.
Lugduni Bat. 1758. 4.

Petrus ARDUINI.
Animadversionum botanicarum specimen.
Pagg. xxvii. tabb. æneæ 12. Patavii, 1759. 4.
Specimen alterum.
Pagg. xlii. tabb. æneæ 20. Venetiis, 1764. 4.

Philip MILLER.
Figures of the most beautiful, useful, and uncommon plants described in the gardeners Dictionary, to which are added their descriptions. London, 1760. fol.
Vol. 1. pagg. 100. tabb. æneæ color. 150.
Vol. 2. pag. 101—200. tab. 151—300.

Friedrich EHRHART.
Nomina trivialia zu P. Miller's figures of the most beautiful — — — — Dictionary.
in seine Beiträge, 6 Band, p. 158—173.

Wernerus DE LA CHENAL.
Observationes nonnullæ botanicæ.
Act. Helvet. Vol. 4. p. 288—300.
7. p. 331—337.
8. p. 132—147.
——— in ejus Observationibus botanico-medicis. Resp. Dan. Wolleb. Basileæ, 1776. 4.
Priores 27 §i; pag. 3—13, eædem sunt ac Observationes in 8vo volumine Actorum Helveticorum.
——— redeunt eædem 27 §i in Usteri Delectu Opusc. botan. Vol. 1. p. 59—80.

Carolus ALLIONI.
Stirpium aliquot descriptiones, cum duorum novorum generum constitutione.
Miscellan. Taurin. Tom. 3. p. 176—184.

Carolus Augustus A BERGEN.
(Observationes quædam botanicæ.)
Nov. Act. Acad. Nat. Cur. Tom. 2. p. 51—58.
Casimirus Christophorus SCHMIDEL.
Icones plantarum et analyses partium, adjectis indicibus nominum, figurarum explicationibus et brevibus animadversionibus, edente Jo. Chph. Keller.
(Norimbergæ,) 1762. fol.
Pagg. 197. tabb. æneæ color 50; sed desunt in nostro exemplo pag. 95—166 et tab. 26—42.
Johannes Christianus HEBENSTREIT.
Plantarum rariorum descriptiones completæ.
Nov. Comm. Acad. Petropol. Tom. 8. p. 315—338.
Nicolaus Josephus JACQUIN.
Observationum botanicarum, iconibus ab auctore delineatis illustratarum, Pars 1. Vindobonæ, 1764. fol.
Pagg. 48. tabb. æneæ 25.
Pars 2. pagg. 32. tab. 26—50. 1767.
3. pagg. 22. tab. 51—75. 1768.
4. pagg. 14. tab. 76—100. 1771.
Illustrationes quædam botanicæ.
Act. Helvet. Vol. 8. p. 58—60.
Observationes botanicæ.
in ejus Miscellaneis Austriacis, Vol. 2. p. 292—379.
in ejus Collectaneis, Vol. 1. p. 33—170.
2. p. 260—372.
3. p. 167—276.
4. p. 93—226.
Plantarum rariorum descriptiones ad specimina sicca factæ.
in ejus Collectaneis, Vol. 2. p. 101—111.
3. p. 277—290.
Antonius TURRA.
Farsetia, novum genus; accedunt animadversiones quædam botanicæ.
Pagg. 14. tab. ænea 1. Venetiis, 1765. 4.
Johannes Christianus Daniel SCHREBER.
Stirpium obscurarum aut novarum illustratarum Decuria 1.
Nov. Act. Acad. Nat. Cur. Tom. 3. p. 473—480.
Decuria 2. ibid. Tom. 4. p. 132—146.
Epistola ad Carolum von Linné.
Nov. Act. Societ. Upsal. Vol. 1. p. 85—94.
Samuel Gottlieb GMELIN.
Observationes et descriptiones botanicæ.
Nov. Comm. Acad. Petropol. Tom. 12. p. 508—521.

Jean Etienne GUETTARD.
Variations dans les feuilles des plantes, &c.
dans ses Memoires, Tome 1. p. xcvij—xcix.

John EDWARDS.
The British herbal, containing 100 plates of the most beautiful and scarce flowers and useful medicinal plants, which blow in the open air of Great Britain, with their botanical characters, and a short account of their cultivation. London, 1770. fol.
Pagg. 50. tabb. æneæ color. 100.

ANON.
Thesaurus rei herbariæ hortensisque universalis. Apud Georgii Wolfgangi Knorrii hæredes.
Pars 1. pagg. 30, 26, 236, 24, 54 & 34. tabb. æneæ color. 200. 1770. fol.
Pars 2. pagg. 130. tabb. 101. 1772.

Joannes Philippus DU ROI.
Dissertatio inaug. Observationes botanicas sistens.
Pagg. lxii. Helmstadii, 1771. 4.

Dominicus VANDELLI.
Fasciculus plantarum, cum novis generibus, et speciebus. Olisipone, 1771. 4.
Pagg. 20. tabb. æneæ 4, in nostro exemplo coloribus fucatæ.

John HILL.
Exotic botany illustrated, in 35 figures of Chinese and American shrubs and plants.
Pagg. 35. tabb. æneæ totidem. London, 1772. fol.

Christian Ehrenfried WEIGEL.
Observationes botanicæ. Gryphiæ, 1772. 4.
Pagg. 51. tabb. 2. Adest etiam titulus Dissertationis academicæ, Respondente Maur. Ulr. Willich.
Botaniske observationer.
Physiogr. Sälskap. Handling. 1 Del, p. 42—55.

Antonius GOUAN.
Illustrationes et observationes botanicæ, ad specierum historiam facientes.
Pagg. 83. tabb. æneæ 26. Tiguri, 1773. fol.

Anders Jahan RETZIUS.
Dissertatio: Fasciculus observationum botanicarum. Resp. Magn. Gust. Sahlstedt.
Pagg. 28. Lundini, 1774. 4.
————: Fasciculus observationum botanicarum primus. Lipsiæ, 1779. fol.
Pagg. 38. tabb. æneæ 2, in nostro exemplo color.

Fasciculus 2. Pagg. 28. tabb. 5. 1781.
Fasciculus 3. 1783.
Pagg. 44. tabb. 3; præter Koenigii descriptiones monandrarum, de quibus infra.
Fasciculus 4. pagg. 30. tabb. 3. 1786.
5. pagg. 32. tabb. 3. 1789.
6. pagg. 67. tabb. 3. 1791.

Christianus Friis ROTTBÖLL.
Observationes ad genera quædam rariora exoticarum plantarum, cum genere novo Rolandræ.
Collectan. Soc. Med. Havniens. Vol. 2. p. 245—258.

John ELLIS.
A description of the Mangostan and the Bread-fruit, with directions to voyagers, for bringing over these and other vegetable productions.
Pagg. 47. tabb. æneæ 4. London, 1775. 4.

Fridericus Casimirus MEDICUS.
Observationes botanicæ.
Comment. Acad. Palat. Vol. 3. phys. p. 193—274.
Botanische beobachtungen. ibid. Vol. 4. phys. p. 180—208.
Botanische beobachtungen des jahres 1782.
Pagg. 419. tab. ænea 1. Mannheim, 1783. 8.
Des jahres 1783. Pagg. 312. 1784.
Lettre sur divers objets relatifs à la botanique.
Journal de Physique, Tome 33. p. 343—350.

Franz von Paula SCHRANK.
Genauere untersuchung einiger sich ahnlichen pflanzen.
in seine Beytr. zur Naturgeschichte, p. 129—137.
Eine centurie botanischer anmerkungen zu des Ritters von Linné species plantarum. Pagg. 64.
Act. Acad. Mogunt. 1780 et 1781.
Botanische bemerkungen.
Naturforscher, 16 Stuck, p. 174—202.
Botanische rhapsodien. ibid. 19 Stuck, p. 116—128.
Observationes botanicæ.
Magazin fur die Botanik, 8 Stück, p. 3—16.
Animadversiones in quædam loca Promptuarii Turicensis. ibid. 12 Stück, p. 21—33.
Usteri's Annalen der Botanick, 1 Stück, p. 12—24.
4 Stück, p. 5—24.
Anmerkungen zu den an die botanische Gesellschaft gesandten pflanzen.
Schr. der Regensb. botan. Ges. 1 Band, p. 292—323.

Botanische beobachtungen.
Abhandl. einer Privatgesellsch. in Oberdeutschland, 1 Band, p. 117—135.

Godefridus Guilielmus SCHILLING.
Descriptio trium plantarum in curatione lepræ adhiberi solitarum. impr. cum ejus Commentationibus de Lepra; p. 196—203; cum tabb. æneis 3.
Lugduni Bat. 1778. 8.

Johannes Jacobus REICHARD.
Animadversiones quædam botanicæ.
Nov. Act. Acad. Nat. Cur. Tom. 6. p. 170—175.
Botanische bemerkungen.
Schr. der Berlin. Ges. Naturf. Fr. 1 Band, p. 310—319.

Friedrich EHRHART.
Botanische zurechtweisungen.
in seine Beiträge, 1 Band, p. 68, 69.
Hannover. Magaz. 1780. p. 379—382.
——— in seine Beitr. 1 Band, p. 121, 122.
Hannover. Magaz. 1780. p. 1329—1332.
——— in seine Beitr. 1 Band, p. 135—137.
Hannover. Magaz. 1781. p. 417—426.
——— in seine Beitr. 1 Band, p. 138—145.
Baldinger's Neu. Magaz. fur ärzte, 4 Band, p. 317—329.
——— in seine Beitr. 2 Band, p. 42—54.
in seine Beitr. 2 Band, p. 167—177.
3 Band, p. 109—124, & p. 154—166.
4 Band, p. 47—58, & p. 153—178.
5 Band, p. 42—77.
6 Band, p. 22—48.
7 Band, p. 180—183.
Bestimmung einiger Baume und Sträuche aus unsern lustgebuschen. ibid. 2 Band, p. 67—72.
3 Band, p. 19—24.
4 Band, p. 15—26.
6 Band, p. 85—103.
7 Band, p. 126—138.
Botanische bemerkungen.
Hannover. Magaz. 1784. p. 113—144, & p. 161—176.
——— in seine Beitr. 3 Band, p. 58—95.
in seine Beitr. 7 Band, p. 183, 184.
Kennzeichen seltener und unbestimmter pflanzen. ibid. 4 Band, p. 42—47.

Bestimmung einiger kräuter und gräser.
in seine Beitr. 6 Band, p. 131—147.
Bestimmungen einiger pflanzen meines gärtchens. ib. 7. Band, p. 139—168.

Andreas SPARRMAN.
Tres novæ plantæ descriptæ.
Nov. Act. Societ. Upsal. Vol. 3. p. 190—195.

Georgius Wolfgangus Franciscus PANZER.
Observationum botanicarum specimen.
Pagg. 56. Norimbergæ, 1781. 8.

Albrecht Wilhelm ROTH.
Observationes quædam plantarum. in seine Beytr. zur Botanik, 1 Theil, p. 40—44, & p. 127—132.
2 Theil, p. 14—41, p. 87—96, & p. 144—148.
Beschreibung einiger neuen pflanzen, die im Linneischen system noch nicht befindlich sind.
ibidem. 1 Theil, p. 120—126.
2 Theil, p. 97—101.
Observationes botanicæ. Abhandl. der Hallischen Naturf. Ges. 1 Band. p. 347—350.
Observationes plantarum quarundam.
Magaz. für die Botanik, 2 Stück, p. 11—26.
4 Stück, p. 3—6.
10 Stück, p. 14—23.
Observationes botanicæ.
Usteri's Annalen der Botanick, 4 Stück, p. 38—43.
8 Stück, p. 1—10
10 Stück, p. 34—57.
14 Stück, p. 18—33.

Ferdinandus BASSI.
Novæ plantarum species.
Comment. Institut. Bonon. Tom. 6. p. 13—20.

Joannes Fridericus ESCHENBACH.
Disputatio Observationum botanicarum specimen continens. Resp. Joh. Guil. Linckius.
Pagg. 40. Lipsiæ, 1784. 4.

Georgio Henrico WEBER
Præside, Dissertatio: Plantarum minus cognitarum decuria. Resp. Sebast. Grauer.
Pagg. 20. Kiloniæ, 1784. 4.

Dominicus CYRILLUS.
De essentialibus nonnullarum plantarum characteribus commentarius.
Pagg. lxxv. tabb. æneæ 4. Neapoli, 1784. 8.

Plantarum rariorum Regni Neapolitani Fasciculus 1. Pagg. xxxix. tabb. æneæ 12. Neapoli, 1788. fol.
Fasciculus 2. pagg. xxxv. tabb. 12. 1792.
(Plantas etiam hortenses continet.)
Textus fasciculi 2. adest in Usteri's Annalen der Botanick, 13 Stück, p. 44—65.

Carolus Ludovicus L'HERITIER.

Stirpes novæ aut minus cognitæ.
Fasciculus 1. pagg. 20. tabb. æneæ 11. Parisiis, 1784. fol.
2. pag. 21—40. tab. 11—20. 1784.
3. pag. 41—62. tab. 21—30. 1785.
4. pag. 63—102. tab. 31—48. 1785.
5. pag. 103—134. tab. 49—64. 1785.
6. pag. 135—184. tab. 65—84. 1785.

Lettre sur la Monetia, la Verbena globiflora et l'Urtica arborea.
Journal de Physique, Tome 33. p. 53—56.

Sertum Anglicum, seu plantæ rariores, quæ in hortis juxta Londinum, imprimis in horto Regio Kewensi excoluntur, ab anno 1786 ad annum 1787 observatæ.
Pag. 1—36. tab. æn. 1—12. Parisiis, 1788. fol.

Jean Baptiste DE LA MARCK.

Sur un nouveau genre de plante nommé Brucea, et sur le faux Bresillet d'Amerique.
Mem. de l'Acad. des Sc. de Paris, 1784. p. 342—347.

Sur les ouvrages generaux en histoire naturelle; et particulierement sur l'edition du Systema Naturæ de Linneus, que M. J. F. Gmelin vient de publier. Actes de la Soc. d'Hist. Nat. de Paris, Tome 1. p. 81—85.

Benjamin Petrus GLOXIN.

Observationes botanicæ. Dissertatio inaug.
Pagg. 26. tabb. æneæ 3. Argentorati, 1785. 4.

Andreas DAHL.

Observationes botanicæ, vide supra pag. 40.

William CURTIS.

The botanical Magazine.
Vol. 1. tabb. æneæ color. 36. folia textus totidem. London, 1787. 8.
2. tab. et fol. 37—72. 1788.
3. tab. et fol. 73—108. 1790.
4. tab. et fol. 109—144. 1791.
5. tab. et fol. 145—180. 1792.
6. tab. et fol. 181—216. 1793.

Vol. 7. tab. et fol. 217—252. 1794.
8. tab. et fol. 253—288.
9. tab. et fol. 289—324. 1795.

Georgius Franciscus Hoffmann.
Observationes botanicæ.
Pagg. 19. Erlangæ, 1787. 4.
Descriptiones et icones plantarum.
Commentat. Soc. Gotting. Vol. 12. p. 22—37.

Anon.
Observationum botanicarum sylloge prima.
Magazin für die Botanik, 1 Stück, p. 49—54.

Johann Gerhard König.
Botanische bemerkungen, aus briefen an J. C.D. Schreber.
Naturforscher, 23 Stück, p. 201—212.
——— Magazin für die Botanik, 5 Stück, p. 23—31.

Don Angiolo Fasano.
Osservazioni sul Cytinus, sulla Stellera passerina e sulla Ceratonia.
Atti dell' Accad. di Napoli, 1787. p. 235—250.

Carolus Ludovicus Willdenow.
Observationes botanicæ.
Magazin für die Botanik, 4 Stück, p. 7—19.
11 Stuck, p. 15—41.
Phytographia seu descriptio rariorum minus cognitarum plantarum.
Fascic. 1. Pagg. 15. tabb. æn. 10. Erlangæ, 1794. fol.

Jacobus Edwardus Smith.
Plantarum icones hactenus ineditæ, plerumque ad plantas in Herbario Linnæano conservatas delineatæ.
Fasciculus 1. tabb. æneæ 25. Textus foll. totidem.
Londini, 1789. fol.
Fasciculus 2. tab. et fol. 26—50. 1790.
Fasciculus 3. tab. et fol. 51—75. 1791.
Textus fasciculi 1mi, cum tab. 21ma, adsunt in Magazin für die Botanik, 9 Stuck, p. 33—62.
Textus fasciculi 2di, in Usteri's Annalen der Botanick, 3 Stück, p. 73—112.
Textus fasciculi 3tii ibid. 12 Stück, p. 26—57.
Icones pictæ plantarum rariorum, descriptionibus et observationibus illustratæ.
Fasc. 1—3. tab. æn. color. 1—18. folia textus latini totidem, itemque textus anglici. ib. 1790—1793. fol.
Spicilegium botanicum.
Fasc. 1. et 2. Pag. 1—22, tab. æn. color. 1—24.
ib. 1791, 1792. fol.

E. O. DONOVAN.

The botanical Review, or the beauties of Flora.

No. 1—7. pag. 1—27. tab. æn. color. 1—15.

London (1790.) 8.

ANON.

Observationes quædam botanicæ.

Magazin für die Botanik, 12 Stück, p. 14—20.

NEUENHAHN, der jüngere.

Botanische beobachtungen. Ehrhart's Beiträge zur Naturkunde, 5 Band, p. 181—183.

Martinus VAHL.

Symbolæ botanicæ, sive plantarum, tam earum, quas in itinere, inprimis orientali, collegit Petrus Forskål, quam aliarum, recentius detectarum, exactiores descriptiones, nec non observationes circa quasdam plantas dudum cognitas.

Pars 1. pagg. 85. tabb. æneæ 25. Havniæ, 1790. fol.
2. pagg. 105. tab. 26—50. 1791.
3. pagg. 104. tab. 51—75. 1794.

Beskrivelse over to nye planter, en Tradescantia og en Rudbeckia.

Naturhist. Selsk. Skrivt. 2 Bind, 2 Heft. p. 25—30.

Ricardus Antonius SALISBURY.

Icones stirpium rariorum descriptionibus illustratæ.

Pag. 1—10. tab. æn. color. 1—5. Londini, 1791. fol.

Olavus SWARTZ.

Observationes botanicæ, quibus plantæ Indiæ Occidentalis aliæque Systematis vegetabilium ed. 14. illustrantur.

Pagg. 424. tabb. æneæ 11. Erlangæ, 1791. 8.

Antonius Josephus CAVANILLES.

Icones et descriptiones plantarum, quæ aut sponte in Hispania crescunt, aut in hortis hospitantur.

Vol. 1. pagg. 67. tabb. æneæ 100.

Matriti, 1791. fol.

Antoine François FOURCROY.

Nouvelles especes de Plantes.

dans son Journal, Tome 1. p. 74—79.

Heinrich Friedrich LINK.

Botanische bemerkungen. in seine Annalen der Naturgesch. 1 Stuck, p. 27—38.

Franz Willibald SCHMIDT.

Botanische beobachtungen.

Mayer's Samml. physikal. Aufsaze, 1 Band, p. 181—200.

Anon.
Plantes et arbustes d'agrement, gravés et enluminés d'après nature, avec la maniere de les cultiver.
1—4 Cahier. pag. 1—90 tab. æn color. 1—20.
Winterthour, 1791—1794. 8.

Christian Schkuhr.
Enige botanische anzeigen.
Usteri's Annalen der Botanick, 2 Stück, p. 20—26.
Einige botanische bemerkungen.
ibid. 4 Stück, p. 47—59.
12 Stück, p. 1—25.

Märcklin *der jüngere.*
Einige botanische bemerkungen.
Schr. der Regensb. botan. Ges. 1 Band, p. 324—336.

G. Voorhelm Schneevoogt.
Icones plantarum rariorum; scriptionem inspexit S. J. van Geuns. latine, belgice, gallice et germanice.
Tom. 1. foll. 36. tabb. æneæ color. totidem.
Haerlem, 1793. fol.
Tomi 2. adsunt foll. et tabb. 37—39.

Andrea Comparetti.
Riscontri fisico-botanici.
Pagg. 128. Padova, 1793. 8.

Dominicus Nocca.
Observationes botanicæ.
Usteri's Annalen der Botanick, 5 Stück, p. 1—23.
Epistola ad J. J. Römer. in hujus Neu. Magaz. für die Botanik, 1 Band, p. 152—156.

Carl Gottfried Erdmann.
Einige botanische beobachtungen.
Usteri's Annalen der Botanick, 5 Stück, p. 23—42.
9 Stück, p. 32—56.
16 Stuck, p. 1—20.

Jonas Dryander.
On genera and species of plants which occur twice or three times, under different names, in Professor Gmelin's edition of Linnæus's Systema naturæ.
Transact. of the Linnean Soc. Vol. 2. p. 212—235.

W. Meyrick.
Miscellaneous botany.
No. 1. pag. 1—6. tabb. æneæ color. 3.
Birmingham, 1794. fol.

Moriz Balthasar Borkhausen.
Beobachtungen einiger seltener pflanzen.
Römer's Neu. Magaz. für die Botan. 1 Band, p. 1—34.

Josephus GÆRTNER.
Adumbrationes plantarum, e schedis ejus manuscriptis.
Römer's Neu. Mag. für die Botan. 1 B. p. 138—151.
C. H. PERSOON.
Nähere bestimmung und beschreibungen einiger sich nahe verwandter pflanzen.
Usteri's Annalen der Botanick, 11 Stück, p. 1—32.
Botanische beobachtungen. ib. 14 Stück, p. 33—39.
Philippus CAULINUS.
Phucagrostidum Theophrasti ανθησις (cum observationibus de aliis plantis aquaticis.) ib. 11 Stuck, p. 33—62.

24. *Collectiones Opusculorum Botanicorum.*

Conradi GESNERI
Opera botanica, ex bibliotheca Chph. Jac. Trew, edidit et præfatus est Casim. Chph. Schmiedel.
Pars 1. Norimbergæ, 1751. fol.
Pagg. lvi et 130. tabb. ligno incisæ 22, æneæ 21; quarum ultima coloribus fucata.
Pars 2. Pagg. 43 et 65. tabb. æneæ color. 31. 1771.
Pierre Richer DE BELLEVAL.
Opuscules, publiés par P. M. A. Broussonet.
Paris, 1785. 8.
Pagg. 8, 38, 4 et 8. tabb. æneæ 5; præter opusculum Olivii de Serres, de quo infra Parte 4.
Robertus MORISON.
Præludia botanica.
Pagg. 499. Londini, 1669. 8.
Patrick BLAIR.
Miscellaneous observations in the practise of Physick, Anatomy, and Surgery, with remarks in Botany.
Pagg. 149. tabb. æneæ 2. London, 1718. 8.
Julius PONTEDERA.
Dissertationes botanicæ XI, ex iis, quas habuit in horto publico Patavino anno 1719. impr. cum ejus Anthologia. Pagg. 296. Patavii, 1720. 4.
Josephus MONTI.
Plantarum varii indices.
Pagg. xx & 78. tab. ænea 1. Bononiæ, 1724. 4.
————: Indices Botanici et Materiæ Medicæ.
ib. 1753. 4.
Pagg. xx & 128. tabb. æneæ 2; præter rariorum simplicium medicamentorum nomina; de quibus Tomo 1.

Albertus HALLERUS.
Opuscula sua botanica prius edita recensuit, retractavit, auxit, conjuncta edidit.
Pagg. 396. tabb. æneæ 5. Gottingæ, 1749. 8.

Carolus ALSTON.
Tirocinium botanicum Edinburgense.
Pagg. 116 et 120. Edinburgi, 1753. 12.

John HILL.
Botanical tracts viz. usefulness of a knowledge of plants, outlines of a system of vegetable generation, &c. published at various times, now first collected together.
London, 1762. 8.
Titulus præfixus opusculis quibusdam, diversis temporibus impressis.

Barbeu DUBOURG.
Le Botaniste François, contenant toutes les plantes communes et usuelles, disposées suivant une nouvelle methode. Paris, 1767. 12.
Tome 1. pagg. 244 et 182. Tome 2. pagg. 508.

Albrecht Wilhelm ROTH.
Beyträge zur botanik.
1 Theil. pagg. 132. Bremen, 1782. 8.
2 Theil. pagg. 190. 1783.

Joannes Jacobus REICHARD.
Sylloge opusculorum botanicorum, cum adjectis annotationibus.
Pagg. 182. Francofurti ad Moen. 1782. 8.

Casimirus Christophorus SCHMIDEL.
Dissertationes botanici argumenti revisæ er recusæ.
Pagg. 130. tabb. æneæ 4. Erlangæ, 1783. 4.

Carolus LINNÆUS.
Systema plantarum Europæ; curante Jo. Emman. Gilibert. Coloniæ Allobrogum, 1785. 8.
Tom. 1. pagg. lxxxviij, 47, 86, 127 & 43.
Tom. 2. pagg. xxiv, 183 & 221.
Tom. 3. pagg. xxxij & 616.
Tom. 4. pagg. 752, 15 & 38.
Systematis plantarum Europæ pars philosophica. Fundamentorum botanicorum Pars 1.
Tom. 1. pagg. lxxv, lxxvj & 604. 1786.
Tom. 2. pagg. 732 & 52.
Pars 2. Tom. 3. pagg. xxxij & 594. 1787.

DE SECONDAT.
Memoires sur l'histoire naturelle.
Pagg. 91. tabb. æneæ 14. Paris, 1785. fol.

* * *

Magazin für die botanik, herausgegeben von Joh. Jac. Römer und Paul. Usteri.
1 Stück. pagg. 167. tabb. æneæ 2. Zürich, 1787. 8.
2 Stück. pagg. 164. tabb. 3.
3 Stück. pagg. 158. 1788.
4 Stück. pagg. 189. tabb. color. 4.
5 Stück. pagg. 184. 1789.
6 Stück. pagg. 191. tabb. 3. quarum 2 color.
7 Stück. pagg. 178. tabb. color. 4. 1790.
8 Stück. pagg. 184.
9 Stück. pagg. 147. tabb. 2.
10 Stück. pagg. 200.
11 Stück. pagg. 192. tabb. color. 2.
12 Stück. pagg. 205. tabb. color. 2.

BERNARD.
Memoires pour servir a l'histoire naturelle de la Provence.
Tom. 1. pagg. 362. tabb. æneæ 2. Paris, 1787. 12.
2. pagg. 559 et 7. tabb. 3. 1788.

Victorius PICUS.
Melethemata inauguralia.
Augustæ Taurinorum, 1788. 8.
Pagg. 283. tabb. æneæ color. 2.

David Heinrich HOPPE.
Botanisches taschenbuch auf das jahr 1790.
Pagg. 182. ectypa plantarum 2. Regensburg. 8.
Auf das jahr 1791. pagg. 208. ectypa 2.

Paulus USTERI.
Delectus opusculorum botanicorum.
Vol. 1. pagg. 336. tabb. æn. 5. Argentorati, 1790. 8.
Annalen der botanick.
1 Stück. pagg. 203. tab. æn. 1. Zürich, 1791. 8.
2 Stück. pagg. 226. tabb. 5.
3 Stück. pagg. 282. tab. 1. 1792.
4 Stück. pagg. 205. tab. 1. 1793.
5 Stück. pagg. 170. tabb. 7.
6 Stück. pagg. 193. tab. 1.
7 Stück. pagg. 158. tabb. 3. 1794.
8 Stück. pagg. 153.
9 Stück. pagg. 121. tabb. 4.
10 Stück. pagg. 129. tab. 1.
11 Stück. pagg. 136. tabb. 4.
12 Stück. pagg. 154. tabb. 2.
13 Stück. pagg. 129. 1795.
14 Stück. pagg. 121. tab. 1.

15 Stück. pagg. 137. tabb. 3.
16 Stück. pagg. 153. tab. 1.
17 Stück. pagg. 169. 1796.
18 Stück. pagg. 137.

Josua BAUMANN.
Miscellanea medico-botanica. Diss. inaug.
Pagg. 58. Marpurgi, 1791. 8.

* * *

Schriften der Regensburgischen botanischen Gesellschaft.
1 Band.
Pagg. 340. Regensburg, 1792. 8.

Johann HEDWIG.
Sammlung seiner zerstreuten abhandlungen und beobachtungen über botanisch-ökonomische gegenstände.
1 Bändchen.
Pagg. 208. tabb. æn. color. 5. Leipzig, 1793. 8.

Johann Jakob RÖMER.
Neues magazin für die botanik in ihrem ganzen umfange.
1 Band. pagg. 336. tabb. æneæ 4. Zürich, 1794. 8.

25. *Horti Botanici.*

Encomia Hortorum Botanicorum.

Elias Fridericus HEISTERUS.
Oratio de hortorum academicorum utilitate.
Pagg. 32. Helmstadii, 1739. 4.

David VAN ROYEN.
Oratio de hortis publicis præstantissimis scientiæ botanicæ adminiculis.
Pagg. 23. Lugduni Bat. 1754. 4.

Christian Friedrich SCHULZE.
Von dem nuzen, den ein botanischer garten, in betrachtung verschiedener wirthschaftlichen gewerbe verschaffen könnte. gedr. mit Kretzschmar's beschreibung der Martyniæ annuæ villosæ; p. 27—40.
Friedrichstadt (1764.) 4.

Dominicus VANDELLI.
Memoria sobre a utilidade dos jardins botanicos a respeito da Agricultura, e principalmente da cultivacao des Charnecas.
Pagg. 23. Lisboa, 1770. 8.
———— impr. cum ejus Diccionario dos termos technicos de historia natural; p. 293—301. Coimbra, 1788. 4.

DELARBRE.
Discours sur l'utilité et la necessité d'un jardin botanique à Clermont-Ferrand. dans la Seance publique pour l'ouverture du jardin royal de botanique, tenue le 9 Aout 1781, par la Societé Royale de Clermont-Ferrand, p. 39—66. Clermont-Ferrand, 1782. 8.

26. *Horti varii.*

Simon PAULLI.
Viridaria varia regia et academica publica.
Pagg. 799. Hafniæ, 1653. 12.

Zacharias GOTTSCHALCK.
Flora hortensis, oder verzeigniss der garten-gewächse, so in den berühmsten gärten, zu Pariss, Londen, Leyden, Amsterdam, Cöthen, Leipzig, Gottorff und andern örtern iziger zeit sich befinden. Latine et germanice.
Pagg. 329. Cöthen, 1703. 8.

27. *Magnæ Britanniæ et Hiberniæ.*

Hortus Regius Kewensis.

John HILL.

Hortus Kewensis.

Pagg. 458. tabb. æneæ 20. Londini, 1768. 8.

William AITON.

Hortus Kewensis, or a catalogue of the plants cultivated in the Royal botanic garden at Kew.

Vol. 1. pagg. 496. tabb. æneæ 6.
2. pagg. 460. tab. 7—10.
3. pagg. 547. tab. 11—13. ib. 1789. 8.

* * *

Delineations of exotick plants, cultivated in the Royal garden at Kew, drawn and coloured, and the botanical characters displayed according to the Linnean system, by *Francis* BAUER; published by *W. T.* AITON.

No. 1. Tabb. æneæ color. 10. London, 1796. fol.

28. *Hortus Episcopi Londinensis, in Fulham.*

Johannes RAJUS.

Arbores et frutices rari et exotici in horto D. Henrici Compton Episcopi Londinensis.

in ejus Historia plantarum, Tom. 2. p. 1798, 1799.

William WATSON.

An account of the Bishop of London's garden at Fulham.

Philosoph. Transact. Vol. 47. p. 241—247.

29. *Hortus Chelseanus,*

Societatis Pharmacopæorum Londinensis.

James PETIVER.

Botanicum hortense: An account of divers rare plants, lately observed in several gardens about London, and particularly in the Company of Apothecaries physick garden at Chelsey.

Philosoph. Transact. Vol. 27. n. 332. p. 375—394.
333. p. 416—426.
28. n. 337. p. 33—64, & 177—221.
29. n. 343. p. 229—244.
344. p. 269—284.
346. p. 353bis—364.

* * *

A catalogue of fifty plants presented to the Royal Society, by the Company of Apothecaries of London, pursuant to the direction of Sir Hans Sloane. For the year 1722. Philosoph. Transact. Vol. 32. n. 376. p. 279—284.

For the year 1723.	ib.	Vol. 33.	n. 383.	p. 93—95.
1724.	ib.		n. 388.	p. 305—307.
1725.	ib.	Vol. 34.	n. 395.	p. 125—127.
1726.	ib.	Vol. 35.	n. 399.	p. 293—296.
1727.	ib.	Vol. 36.	n. 407.	p. 1—3.
1728.	ib.		n. 412.	p. 219—222.
1729.	ib.	Vol. 37.	n. 417.	p. 1—4.
1730.	ib.		n. 422.	p. 223—226.
1731.	ib.	Vol. 38.	n. 427.	p. 1—4.
1732.	ib.		n. 431.	p. 199—202.
1733.	ib.	Vol. 39.	n. 436.	p. 1—4.
1734.	ib.		n. 440.	p. 173—176.
1735.	ib.	Vol. 40.	n. 445.	p. 1—4.
1736.	ib.		n. 447.	p. 143—146.
1737.	ib.	Vol. 41.	n. 452.	p. 1—4.
1738.	ib.		n. 456.	p. 291—294.
1739.	ib.		n. 457.	p. 406—409.
1740.	ib.	Vol. 42.	n. 471.	p. 620—622.
1741.	ib.	Vol. 43.	n. 472.	p. 75—77.
1742.	ib.		n. 474.	p. 189—191.
1743.	ib.		n. 476.	p. 421—423.
1744.	ib.	Vol. 44.	n. 480.	p. 213—215.
1745.	ib.		n. 484.	p. 597—599.
1746.	ib.	Vol. 46.	n. 491.	p. 43—45.
1747.	ib.		n. 494.	p. 331—333.
1748.	ib.			p. 359—361.
1749.	ib.		n. 495.	p. 403—405.
1750.	ib.	Vol. 47.		p. 166—169.
1751.	ib.			p. 396—398.
1752.	ib.	Vol. 48.		p. 110—114.
1753.	ib.			p. 528—532.
1754.	ib.	Vol. 49.		p. 78—82.
1755.	ib.			p. 607—612.
1756.	ib.	Vol. 50.		p. 236—240.
1757.	ib.			p. 648—651.
1758.	ib.	Vol. 51.		p. 96—100.
1759.	ib.			p. 644—648.
1760.	ib.	Vol. 52.		p. 85—89.
1761.	ib.			p. 491—494.
1762.	ib.	Vol. 53.		p. 32—36.

For the year 1763. Philosoph. Transact.
Vol. 54. p. 137—140.
1764. ib. Vol. 55. p. 91—95.
1765. ib. Vol. 56. p. 250—258.
1766. ib. Vol. 57. p. 470—478.
1767. ib. Vol. 58. p. 227—234.
1768. ib. Vol. 59. p. 384—391.
1769. ib. Vol. 60. p. 541—548.
1770. ib. Vol. 61. p. 390—396.
1771. ib. Vol. 63. p. 30—37.
1773. ib. Vol. 64. p. 302—309.

Philippus MILLER.
Catalogus plantarum officinalium, quæ in horto botanico Chelseyano aluntur.
Pagg. 152. Londini, 1730. 8.

Isaacus RAND.
Index plantarum officinalium, quas in horto Chelseiano ali ac demonstrari curavit Societas Pharmaceutica Londinensis.
Pagg. 96. ib. 1730. 12.
Horti medici Chelseiani index compendiarius.
Pagg. 214. ib. 1739. 8.

30. *Hortus Johannis Gerardi, Londini.*

Catalogus arborum, fruticum ac plantarum, tam indigenarum, quam exoticarum, in horto Johannis Gerardi Civis et Chirurgi Londinensis nascentium.
Mscr. Pagg. 27. 4.
Rarissimi hujus libelli exemplar, impressum Londini 1596, adest in Bibliotheca Musei Britannici, nec aliud mihi innotuit.

31. *Hortus Johannis Tradescant, in Lambeth.*

John TRADESCANT.
Catalogus plantarum in horto Johannis Tradescanti nascentium. in Musæo Tradesçantiano, p. 73—178.
London, 1656. 8.

William WATSON.
Some account of the remains of John Tradescant's garden at Lambeth.
Philosoph. Transact. Vol. 46. n. 492. p. 160, 161.

32. *Hortus Guilielmi Curtis, in Lambeth Marsh, et postea in Brompton.*

William CURTIS.

A catalogue of the British, Medicinal, Culinary, and Agricultural plants, cultivated in the London botanical garden.
Pagg. 149. London, 1783. 8.

The subscription catalogue of the Brompton botanic garden, for the year 1790. Pagg. 38. 8.
1791. Pagg. 43. 8.
1792. Pagg. 46. 8.
1793. Pagg. 34. 8.
1795. Pagg. 36. 8.

33. *Hortus Jacobi Sherard M. D. Elthami.*

Johannes Jacobus DILLENIUS.

Hortus Elthamensis, seu plantarum rariorum, quas in horto suo Elthami in Cantio coluit Jacobus Sherard Guilielmi p. m. frater, delineationes et descriptiones.
Londini, 1732. fol.
Tom. 1. pagg. 206. tabb. æneæ 167 et 1.
Tom. 2. pag. 207—437. tab. 168—324.

34. *Hortus Johannis Fothergill M. D. in Upton.*

Catalogue for sale of the hot-house and green-house plants in Dr. Fothergill's garden at Upton.
Pagg. 50. (London,) 1781. 8.

John Coakley LETTSOM.

Hortus Uptonensis, or a catalogue of stove and green-house plants, in Dr. Fothergill's garden at Upton, at the time of his decease.
Pagg. 44. tab. ænea 1. (London, 1783.) 8.

35. *Hortus Oxoniensis.*

Catalogus plantarum horti medici Oxoniensis, latino-anglicus.
Pagg. 54. Oxonii, 1648. 8.

——— omissis synonymis anglicis, adest in Sim. Paulli Viridariis variis, p. 325—394.

An english catalogue of the trees and plants in the Physicke garden of the Universitie of Oxford, with the latine names added thereunto.
Pagg. 51. Oxford, 1648. 8.
Catalogus horti botanici Oxoniensis, cura Philippi Stephani et Gulielmi Brounei.
Pagg. 214. Oxonii, 1658. 8.

36. *Hortus Cantabrigiensis.*

A short account of the late donation of a botanic garden to the University of Cambridge by the Rev. Dr. Walker, with rules and orders for the government of it.
Pagg. 6. Cambridge, 1763. 4.

Thomas MARTYN.
Catalogus horti botanici Cantabrigiensis.
Cantabrigiæ, 1771. 8.
Pagg. 193; cum icnographia horti æri incisa.
Mantissa plantarum horti botanici Cantabrigiensis.
Pagg. 31. ib. 1772. 8.
Horti botanici Cantabrigiensis catalogus. 1794.
Pagg. 66. ib. 8.

James DONN.
Hortus Cantabrigiensis, or a catalogue of plants, indigenous and foreign, cultivated in the Walkerian botanic garden, Cambridge.
Pagg. 117. ib. 1796. 8.

37. *Hortus Philippi Brown M. D. prope Mancestriam.*

A catalogue of very curious plants, collected by the late Philip Brown, M. D. lately deceased, to be sold at his garden, near Manchester.
Pagg. 30. Manchester, 1779. 8.

38. *Hortus Johannis Blackburne Armig. Orfordiæ.*

Adam NEAL.
A catalogue of the plants in the garden of John Blackburne, Esq. at Orford, Lancashire.
Pagg. 72. Warrington, 1779. 8.

39. *Catalogi Hortulanorum.*

A catalogue of trees, shrubs, plants, and flowers, which are propagated for sale in the gardens near London.
Pagg. 90. tabb. æneæ color. 21. London, 1730. fol.

Richard WESTON,
The English Flora, or a catalogue of trees, shrubs, plants, and fruits, natives as well as exotics, cultivated in the English nurseries, greenhouses, and stoves.
Pagg. 259. London, 1775. 8.
The Supplement to the English Flora.
Pagg. 120. ib. 1780. 8.

---

* * *

A catalogue of trees, shrubs, plants, and flowers, which are propagated for sale by Christopher *Gray,* Nurseryman at Fulham in Middlesex.
Pagg. 56. London, 1755. 8.

A catalogue of seeds and hardy plants, with instructions for sowing and planting, by John *Webb,* Seedsman, at the Acorn, near Westminster bridge, London.
Pagg. 28. 1760. 8.

A catalogue of hot-house and green-house plants, fruit and forest trees, flowering shrubs, herbaceous plants, tree and kitchen garden seeds, perennial and annual flower seeds, by William *Malcolm,* Nurseryman near Kennington turnpike, Surry.
Pagg. 71. London, 1771. 8.

Catalogue of plants and seeds, sold by *Kennedy* and *Lee,* Nurserymen at the Vineyard, Hammersmith.
Pagg. 76. London, 1774. 8.

A catalogue of plants, botanically arranged according to the system of Linnæus, most of which are cultivated and sold by John *Brunton* and Co. at their nursery, Perryhill.
Pagg. 85 Birmingham, 1777. 8.

A catalogue of plants and seeds, which are sold by Conrad *Loddiges,* Nurseryman at Hackney. in english and german.
Pagg. 54. London, 1777. 8.

Catalogue of hardy trees and shrubs, greenhouse and stove plants, herbaceous plants, and fruit-trees, seeds

and bulbous roots, sold by *Lker* and *Smith*, in the City-Road, and at their nursery at Dalston.
Pagg. 73. London, 1783. 8.

40. *Hortus Edinburgensis.*

James SUTHERLAND.
Hortus medicus Edinburgensis.
Pagg. 367. Edinburgh, 1683. 8.

Georgius PRESTON.
Catalogus omnium plantarum, quas in seminario Medicinæ dicato transtulit. Editio secunda.
Pagg. 59. ib. 1716. 12.

Carolus ALSTON.
Index plantarum, præcipue officinalium, quæ in horto medico Edinburgensi dèmonstrantur. ib. 1740. 8.
Pagg. xxv et 66; præter Linnæi fundamenta botanica, de quibus supra pag. 18.
——— in ejus Tirocinio botanico.
Pagg. 120. ib. 1753. 8.

41. *Hortus Dublinensis.*

Henricus NICHOLSON.
Methodus plantarum, in horto medico Collegii Dublinensis, jam jam disponendarum.
Pagg. 35. Dublini, 1712. 4.

ANON.
Catalogus plantarum in horto Dubliniensi. (circa annum 1770 ad Ph. Miller missus.)
Mscr. Pagg. 64. 8.

42. *Belgii Foederati,*

Paulus HERMANUS.
Paradisi Batavi prodromus, sive plantarum exoticarum in Batavorum hortis observatarum index. edidit Sim. Warton in ejus Schola Botanica, p. 301—386.
Amstelædami, 1689. 12.

43. *Hortus Simonis Beaumont, Hagæ Comitum.*

(*Franciscus* KIGGELAER.)
Horti Beaumontiani exoticarum plantarum catalogus.
Pagg. 42. Hagæ Comitis, 1690. 8.

44. *Hortus M. W. Schwencke, Hagæ Comitum.*

Martin Wilhelm SCHWENCKE.
Officinalium plantarum catalogus, quæ in horto medico, qui Hagæ Comitum est, aluntur.
Pagg. 86. Hagæ Comitum, 1752. 8.

45. *Hortus Academicus Lugduno-Batavus.*

Petrus PAAW.
Hortus publicus Academiæ Lugduno-Batavæ.
Lugduni Bat. 1601. 8.
Pagg. 176, inscribendis nominibus plantarum inservituræ, cum præter lineas transversas, et numeros in margine notatos, nil contineant. Sequitur Index horti Academiæ Lugduno-Batavæ, exhibens eas, quibus is instructus fuit, stirpes anno 1601. plag. 1, et icnographia horti, æri incisa.

* * * *

Catalogus plantarum horti Academici Lugduno-Batavi, quibus is instructus erat anno 1633, præfecto ejusdem horti Adolfo Vorstio. impr. cum Spigelii Isagoge in rem herbariam; p. 223—262.
Lugduni Bat. 1633. 24.

———: Catalogus plantarum horti Academici 1635, præfecto ejusdem horti Ad. Vorstio.
ib. 1636. 24.
Pagg. 53; præter Indicem plantarum indigenarum, de quo infra.

———: Catalogus plantarum horti Academici 1649, præfecto Ad. Vorstio. ib. 1649. 24.
Pagg. 60; præter Indicem plantarum indigenarum.

———: Catalogus plantarum horti Academici Lugduno-Batavi, quibus is instructus erat annis 1642 & 1649. in Sim. Paulli Viridariis variis, p. 473—560, & 579—591.

———: Catalogus plantarum horti Academici 1657, præfecto Ad. Vorstio. Lugduni Bat. 1658. 24.
Pagg. 60; præter Indicem plantarum indigenarum.

———: Catalogus plantarum horti Academici 1668, Florentio Schuyl præfecto ejusdem horti.
ib. 1668. 8.
Pagg. 71; præter Indicem plantarum indigenarum.

——— : Catalogus plantarum horti Academici Lugduno-Batavi. latine et germanice.
Aychstätt. 12.
Pagg. 187; præter Indicem plantarum indigenarum. Catalogus latinus est idem ac præcedens, anni 1668.

——— ——— durch Johannes Haucken.
Darmbstadt, 1679. 12.
Pagg. 117; præter Indicem plantarum indigenarum.

——— ——— verbessert durch Jacob Gottschalken.
Plöen, 1697. 8.
Pagg. 151; præter Indicem plantarum indigenarum.

——— ——— zum zweyten mahl verbessert durch Jacob Gottschalken. ib. 1704. 8.
Pagg. 179; præter Indicem plantarum indigenarum.

Paulus HERMANNUS.

Horti Academici Lugduno-Batavi catalogus.
Lugduni Bat. 1687. 8.
Pagg. 699; cum figg. æri incisis.

Floræ Lugduno-Batavæ flores, s. enumeratio stirpium horti Lugduno-Batavi. edidit Lotharius Zumbach condictus Coesfeld.
Pagg. 267. ib. 1690. 8.

Hermanus BOERHAAVE.

Index plantarum, quæ in horto Academico Lugduno Batavo reperiuntur.
Pagg. 278. Lugduni Bat. 1710. 8.

Index alter plantarum, quæ in horto Academico Lugduno-Batavo aluntur. ib. 1720. 4.
Pars 1. pagg. 320. Pars 2. pagg. 270; cum tabb. æneis.

Historia plantarum, quæ in horto Academico Lugduni-Batavorum crescunt; ex ore H. Boerhaave. Partes 2.
Pagg. 698. Romæ (Lugduni Bat.) 1727. 12.

——— Pagg. 698. Londini, 1731. 12.

——— Pagg. 696. ib. 1738. 12.

Adrianus VAN ROYEN.

Floræ Leydensis prodromus, exhibens plantas quæ in horto Academico Lugduno-Batavo aluntur.
Pagg. 538. Lugduni Bat. 1740. 8.

Philippus Fridericus GMELIN.

Otia botanica, quibus definitionibus et observationibus illustratum reddidit prodromum Floræ Leydensis Adriani van Royen.
Pagg. 200. Tubingæ, 1760. 4.

46. *Hortus Georgii Clifford, Hartecampi.*

Carolus LINNÆUS.

Hortus Cliffortianus, plantas exhibens, quas in hortis, tam vivis, quam siccis, Hartecampi coluit Georgius Clifford. Amstelædami, 1737. fol.
Pagg. 1—231 et 301—501. tabb. æneæ 36, nitidissimæ.

Viridarium Cliffortianum, in quo exhibentur plantæ, quas vivas aluit hortus Hartecampensis annis 1735, 6, 7. indicatæ nominibus ex horto Cliffortiano depromtis.
Pagg. 104. Amstelædami, 1737. 8.

47. *Hortus Medicus Harlemensis.*

Ægidius DE KOKER.

Plantarum usualium horti medici Harlemensis catalogus.
Pagg. 154. Harlemi, 1702. 8.

48. *Hortus Medicus Amstelodamensis.*

Joannes COMMELIN.

Catalogus plantarum horti medici Amstelodamensis. P.Pr.
Pagg. 371. Amstelodami, 1689. 8.
——— Eadem editio, novo titulo. ib. 1702. 8.

Horti medici Amstelodamensis rariorum plantarum descriptio et icones; latine et belgice; latinitate donarunt et observationibus illustrarunt Fred. Ruysch et Franc. Kiggelaer.
Pagg. 220. tabb. æneæ 112. ib. 1697. fol.

Casparus COMMELIN.

Plantarum usualium horti medici Amstelodamensis catalogus.
Pagg. 83. ib. (1698.) 8.
——— Editio tertia.
Pagg. 107. ib. (1724.) 8.

Horti medici Amstelædamensis rariorum plantarum descriptio et icones. latine et belgice. Pars altera
Pagg. 224. tabb. æneæ 112. ib. 1701. fol.

Præludia botanica ad publicas plantarum demonstrationes; his accedunt plantarum rariorum, in præludiis botanicis recensitarum, icones et descriptiones.
Pagg. 85. tabb. æneæ 33. Lugduni Bat. 1703. 4.

Horti medici Amstelædamensis plantæ rariores et exoticæ.
Pagg. 48. tabb. æneæ 48. ib. 1706. 4.

49. *Hortus Academicus Ultrajectinus.*

Henricus Regius.
Hortus Academicus Ultrajectinus.
Plagg. 7. Ultrajecti, 1650. 8.

Everardus Jacobus van Wachendorff.
Horti Ultrajectini index.
Pagg. 394. Trajecti ad Rhen. 1747. 8.

50. *Hortus Academicus Harderovicensis.*

Ernestus Wilhelmus Westenbergius.
Viridarii Academiæ Ducat. Gelriæ et Comit. Zutphaniæ, quod est Harderovici, herbarum ac usualium plantarum catalogus.
Pagg. 65. Harderovici, 1709. 12.

51. *Hortus Henr. Munting, Groningæ.*

Henricus Munting.
Hortus. Groningæ, 1646. 12.
Plagg. $3\frac{1}{2}$; præter Gazophylacium materiæ medicæ, de quo Tomo 1.
———: Catalogus plantarum horti Gröningensis anno 1646.
in Sim. Paulli Viridariis variis, p. 593—706.

52. *Hortus Scholæ Auriacæ, Bredæ.*

Johannes Brosterhusius.
Catalogus plantarum horti medici Scholæ Auriacæ, quæ est Bredæ, quibus in ipsa origine instructus est.
Pagg. 58. Bredæ, 1647. 12.

53. *Catalogi Hortulanorum.*

Catalogue tant des arbres et plantes etrangeres, que des racines et oignons à fleurs, qu'on vend chez W. *van Hazen*, H. *Valkenburgh* et Comp. Fleuristes à Leyden. Seconde edition. Pagg. 109 et 30. tabb. æneæ 4 8.

Nieuwe vermeerde catalogus van boomen, heesters en plantagie-gewassen, te bekomen by Jacobus *Gans*, Bloemist en Boomqueeker te Hillegom by Haarlem.
Pagg. 56. 1780. 8.

The large catalogue of Dutch flowers, from *Voorhelm* & *Schneevoogt* Flowrists at Haerlem.
Pagg. 48. 1783. 8.

Grand catalogue des oignons et plantes de fleurs, et arbrisseaux, de *Voorhelm* et *Schneevoogt*.
Pagg. 55. Harlem, 1788. 8.

Catalogus of Dutch flower-roots and plants, from *Voorhelm* et *Schneevoogt*.
Pagg. 56. Harlem, 1792. 8.

54. *Galliæ.*

Hortus Regius Parisinus.

Guy DE LA BROSSE.

Description du jardin royal des plantes medecinales, contenant le catalogue des plantes qui y sont de present cultivées, ensemble le plan du jardin.
Pagg. 107. Paris, 1636. 4.

——— Catalogus plantarum, omissa descriptione horti, adest in Sim. Paulli Viridariis variis, p. 81—201.

L'ouverture du jardin royal de Paris, pour la demonstration des plantes medecinales.
Pagg. 38. ib. 1640. 8.

Catalogue des plantes cultivées à present au jardin royal des plantes medecinales.
Pagg. 101. ib. 1641. 4.
Icnographia horti deest in nostro exemplo, sed adest in sequenti libro.

Tabulæ æneæ 50, continentes Icnographiam horti regii Parisini, et icones bonas plantarum in eo rariorum; nunquam editæ, et quædam ultimam cælatoris manum adhuc desiderant. fol.

Dionysius JONCQUET.

Hortus regius.
Pagg. 188; præter appendicem 2 foll. ib. 1665. fol.
——— ib. 1666. fol.
Est eadem editio, novo titulo.

S. W. (*Simon* WARTON.)

Schola botanica, s. Catalogus plantarum, quas ab aliquot annis in horto regio Parisiensi studiosis indigitavit J. P. Tournefort. Amstelædami, 1689. 12.
Pagg. 300; præter Paradisi Batavi prodromum de quo supra pag. 101.

Antoine DE JUISSIEU.
Discours sur le progrès de la botanique au jardin royal de Paris. Paris, 1718. 4.
Pagg. 16; præter Introductionem in rem herbariam, de qua supra pag. 44.

55. *Hortus Joannis Robini, Parisiis.*

Histoire des plantes nouvellement trouvées en l'isle Virgine, et autres lieux, lesquelles ont esté prises et cultivées au jardin de Mr. Robin, Arboriste du Roy. ib. 1620. 12.
Pagg. 16; cum figuris ligno incisis. Edita cum secunda editione Historiæ plantarum Linocerii, vide supra pag. 56.

56. *Hortus Dionysii Joncquet, Parisiis.*

Dionysii JONCQUET
Hortus, sive index onomasticus plantarum quas excolebat Parisiis annis 1658 & 1659. ib. 1659. 4.
Pagg. 140; præter stirpium obscurius denominatarum explicationem, de qua supra pag. 9.

57. *Hortus Pharmacopæorum Parisiensium.*

Catalogue des plantes du jardin de Mrs. les Apoticaires de Paris.
Pagg. 100. ib. 1741. 8.
——— Pagg. 136. ib. 1759. 8.

J. P. BUISSON.
Classes et noms des plantes, pour suppleer aux etiquetes pendant le cours de botanique, qu'il fera au College de Pharmacie. ib. 1779. 12.
Pagg. 110; præter introductionem, de qua supra pag. 47.

58. *Hortus Royer, Parisiis.*

Catalogue des plantes du jardin du Sieur ROYER, Marchand Epicier, rue du Fauxbourg St. Martin, à Paris.
Pagg. 111. ib. 1760. 8.

59. *Hortus Barbeu Dubourg.*

Barbeu DUBOURG.
Catalogue d'un jardin de plantes usuelles.
dans son Botaniste François, Tome 1. p. 1—72.

60. *Catalogi Hortulanorum.*

Catalogue raisonné des plantes, arbres, et arbustes dont on trouve des graines, des bulbes et du plant chez le Sr. *Andrieux.*
Pagg. 64 et 64. Paris, 1771. 8.
Catalogue des arbres, arbrisseaux, arbustes, plantes, oignons de fleurs, graines de fleurs et potageres, qui se trouvent dans les jardins et pepinieres du Sieur *Descemet.*
Pagg. 28. ib. 1782. 12.

61. *Hortus Insulanus.*

Pierre COINTREL.
Catalogue des plantes du jardin botanique, etabli à Lille, par les soins de Messieurs du Magistrat.
Pagg. 118. Lille, 1751. 8.

62. *Hortus Academiæ Rothomagensis.*

Catalogue des plantes du jardin de l'Academie de Rouen.
Pagg. 116. 12.

63. *Hortus Blesensis, Ducis Aurelianensium.*

Abel BRUNYER.
Hortus regius Blesensis.
Pagg. 67. Parisiis, 1653. fol.
——— Pagg. 106. ib. 1655. fol.
Robertus MORISON.
Hortus regius Blesensis auctus.
Pars prior Præludiorum ejus botanicorum.
Pagg. 347. Londini, 1669. 8.

64. *Hortus Academiæ Scientiarum Tolosanæ.*

Catalogue des plantes usuelles, qui se trouvent dans les jardins de botanique, de l'Academie Royale des Sciences.
Pagg. 28. Toulouse, 1782. 8.

65. *Hortus Monspeliensis.*

Pierre Richer DE BELLEVAL.
Ονοματολογια, seu nomenclatura stirpium, quæ in horto regio Monspeliensi recens constructo coluntur. dans ses Opuscules, publiés par P. M. A. Broussonet.
Pagg. 38. Paris, 1785. 8.

Petrus MAGNOL.
Hortus regius Monspeliensis.
Pagg. 209; cum tabb. æneis. Monspelii, 1697. 8.

Antonius GOUAN.
Hortus regius Monspeliensis, sistens plantas tum indigenas, tum exoticas, secundum sexualem methodum digestas.
Pagg. 548. Lugduni, 1762. 8.

66. *Hortus Academicus Argentoratensis.*

Marcus MAPPUS.
Catalogus plantarum horti academici Argentinensis.
Pagg. 150. Argentorati, 1691. 12.

ANON.
Hortus Argentoratensis, 1781. Pagg. 30. 8.
—— —— 1782. Pagg. 8. 8.

67. *Italiæ.*

Hortus Taurinensis.

Carolus ALLIONI.
Synopsis methodica stirpium horti Taurinensis.
Miscellan. Taurin. Tom. 2. p. 48—76.

68. *Hortus Ticinensis.*

Catalogus plantarum horti regii botanici Ticinensis, an. 1793.
Pagg. 43. Papiæ. 8.

69. *Hortus Mantuanus.*

Catalogus plantarum H. R. B. M. anno 1785.
Pagg. 16. Mantova, 1785. 8.

Dominicus NOCCA.

Horti botanici Mantuani historia, descriptio, typus.
Usteri's Annalen der Botanick, 6 Stück, p. 1—29.
Illustrationes nonnullarum plantarum horti botanici Mantuani. ibid. p. 60—64.
Scenographia horti botanici Mantuani. ib. 18 Stück, p. 67—83.

70. *Hortus Gymnasii Patavini.*

L'Horto de i semplici di Padova. Venetia, 1591. 8.
Post dedicationem, versus gratulatorios et tabb. æneas icnographicas horti 5, sequuntur plagulæ 4, inscribendis plantarum nominibus inservituræ, cum præter lineas transversas et numeros in margine notatos nil contineant. Has excipit: Indice di tutte le piante, che si ritrovano il presente anno 1591. nell' horto de i semplici di Padova. Plagg. 3.

————: Hortus Patavinus, publicante Jo. Georg. Schenckio a Grafenberg. Francofurti, 1608. 8.
Pag. 1—22. Catalogus plantarum et stirpium horti Patavini, cultarum sub A. C. 1591. (omnino idem cum præcedenti.) Pag. 23—26. In horto Patavino sub Guilandini præfectura cæpurica anni 1581. Sequuntur synonyma plantarum Guilandini, de quibus supra pag. 8. Addita est icnographia horti æri incisa.

Catalogus plantarum horti Gymnasii Patavini, quibus auctior erat anno 1642.
in Sim. Paulli Viridariis variis, p. 395—471.

Georgius A TURRE.

Catalogus plantarum horti Patavini.
Pagg. 132. Patavii, 1662. 24.

Julius PONTEDERA.

Epistolæ duæ de horto Patavino. in N. C. Papadopoli Historia Gymnasii Patavini, p. 14—23.
Venetiis, 1726. fol.

71. *Hortus J. F. Mauroceni, Patavii.*

Antonius TITA.

Catalogus plantarum, quibus consitus est Patavii hortus Jo. Francisci Mauroceni Veneti Senatoris.
Patavii, 1713. 8.
Pagg. 183; præter ejus iter per Alpes Tridentinas, de quo infra.

72. *Hortus Bononiensis.*

Hyacinthus AMBROSINUS.

Hortus studiosorum, sive catalogus arborum, fruticum, suffruticum, stirpium et plantarum omnium, quæ hoc anno 1657. in studiosorum horto publico Bonon. coluntur. Bononiæ, 1657. 4.

Pagg. 67; præter novarum plantarum historiam, de qua supra pag. 73.

Josephus MONTI.

Dissertatio rei herbariæ nec non horti publici Bononiensis historiam præcipue complectens. impr. cum ejus Variis plantarum Indicibus; p. v—xx; cum icnographia horti. Bononiæ, 1724. 4.

Horti publici Bononiensis brevis historia. impr. cum ejus Indicibus botanicis. ib. 1753. 4.

Pagg. xx; cum tabulis icnographicis 2.

73. *Hortus Pisanus.*

Pierius Dionysius VELLIA.

Catalogo di piante che si coltivavano nel giardino de' semplici di Pisa l'A. 1635.

Targioni Tozzetti dei progressi delle scienze in Toscana, Tomo 3. p. 243—250.

Michael Angelus TILLI.

Catalogus plantarum horti Pisani. Florentiæ, 1723. fol.

Pagg. 187. tabb. æneæ 50; præter tabulas icnographicas 2.

Johannes CALVIUS.

Commentarium inserviturum historiæ Pisani vireti botanici academici. Pisis, 1777. 4.

Pagg. 193; cum icnographia horti, eadem ac in antecedenti libro.

74. *Hortus Florentinus.*

Petrus Antonius MICHELI.

Catalogus plantarum horti Cæsarei Florentini, edidit et continuavit, et ipsius horti historia locupletavit Jo. Targioni Tozzetti. Florentiæ, 1748. fol.

Pagg. 102; præter Tozzettii appendicem, p. 103—185,

ejusque historiam horti, pagg. lxxxv. Tabb. æneæ 7; præter icnographiam horti.

Xavertus MANETTI.

Viridarium Florentinum, s. conspectus plantarum quæ floruerunt, et semina dederunt anno 1750, in horto Cæsareo Florentino.

Pagg. 109. Florentiæ, 1751. 8.

Spicilegium plantas continens 325 Viridario Florentino addendas, pro æstivis demonstrationibus hujus anni 1751, descriptas et dispositas. Pagg. 32. 8.

ANON.

Synopsis plantarum horti botanici musei regii Florentini anno 1782. fol. 1. fol.

anno 1783. pagg. 26. 8.

anno 1784. pagg. 29. 8.

anno 1793. pagg. 28. 4.

Auctarium ad synopsim plantarum horti botanici musei regii Florentini, ab anno 1793, ad annum 1795. Pagg. 7. 4.

75. *Hortus Marchionis Panciatichi, prope Florentiam.*

Giuseppe PICCIVOLI.

Hortus Panciaticus, o sia catalogo delle piante esotiche e dei fiori esistenti nel giardino della villa detta la Loggia presso a Firenze, di proprieta del Marchese Niccolò Panciatichi.

Pagg. 32. tab. ænea color. 1. Firenze, 1783. 4.

76. *Hortus Romanus.*

Joannes Baptista TRIUMFETTI.

Syllabus plantarum horto medico Romanæ sapientiæ anno 1688 additarum.

Pagg. 8. Romæ, 1688. 4.

* * *

Hortus Romanus juxta Systema Tournefortianum paulo strictius distributus a *Georgio* BONELLI; specierum nomina suppeditante, præstantiorum, quas ipse selegit, adumbrationem dirigente *Liberato* SABBATI.

Tom. 1. Romæ, 1772. fol.

Pagg. 30. tabb. æneæ color. 100, minime elegantes.

Hortus Romanus secundum systema Tournefortii a *Nicolao* MARTELLIO Linnæanis characteribus expositus.

adjectis singularum plantarum analysi ac viribus; species suppeditabat ac describebat *Liberatus* SABBATI.
Tom. 2. pagg. 22. tabb. 100. 1774.
Tom. 3. pagg. 18. tabb. 100. 1775.
Tom. 4. pagg. 22. tabb. 100. 1776.
Tom. 5. pagg. 20. tabb. 100. 1778.
Hortus Romanus a Nicolao Martellio, species suppeditabat ac describebat *Constantinus* SABBATI.
Tom. 6. pagg. 18. tabb. 100. 1780.
Tom. 7. pagg. 18. tabb. 100. 1784.

77. *Hortus Cardinalis Odoardi Farnesii, Romæ.*

Tobias ALDINUS.
Exactissima descriptio rariorum quarundam plantarum quæ continentur Romæ in horto Farnesiano.
Pagg. 101; cum figg. æri incisis. Romæ, 1625. fol.

78. *Hortus Messanensis.*

Petrus CASTELLUS.
Hortus Messanensis.
Pagg. 51. tabb. æneæ 14. Messanæ, 1640. 4.

79. *Hortus Josephi Principis Catholicæ, Panormi.*

Franciscus CUPANI.
Hortus Catholicus, seu Principis Catholicæ.
Neapoli, 1696. 4.
Pagg. 237; Supplementum pag. 238—262.
Supplementum alterum ad hortum Catholicum.
Pagg. 95. Panormi, 1697. 4.

80. *Helvetiæ.*

Hortus Societatis Physicæ Turicensis.

Catalogus horti botanici Societatis Physicæ Turicensis. Anni 1784.
Plagg. dimidiæ $4\frac{1}{2}$. 8.
Secundum ordines naturales Linnæi.
Catalogus horti botanici Societatis Physicæ Turicensis. Anni 1788. Pagg. 24. 8.
Secundum ordinem alphabeti.

81. *Germaniæ.*

Conradus GESNERUS.
Horti Germaniæ, hoc est stirpium hortensium, quæ in hortis quibusdam Germaniæ reperiuntur, enumeratio. impr cum Val. Cordi operibus; fol. 236—300.
Argentorati, 1561. fol.
Additiones et Emendationes. in Gesneri Operibus editis a C. C. Schmiedel, Parte 1. p. 32—39.

Johannes Jacobus BAJER.
De hortis Germaniæ botanico-medicis celebrioribus prolusio. impr. cum ejus Historia horti Altorfini; p. 1—10.

82. *Circuli Austriaci.*

Hortus Vindobonensis.

Nicolaus Josephus JACQUIN.
Hortus botanicus Vindobonensis, seu plantarum rariorum, quæ in horto botanico Vindobonensi coluntur, icones coloratæ et succinctæ descriptiones.
Vol. 1. pagg. 44. tabb. æneæ color. 100.
Exemplar 21. Vindobonæ, 1770. fol.
Vol. 2. pag. 45—95. tab. 101—200. 1772.
Vol. 3. pagg. 52. tabb. 100. 1776.

83. *Circuli Bavarici.*

Hortus Universitatis Salisburgensis.

Catalogus horti botanici in universitate Salisburgensi pro anno 178- a Francisco Antonio Ranfftl erectus.
Pagg. 28. 8.
Supplementum horti botanici Salisburgensis pro anno 1786.
Pagg. 16. 8.

84. *Circuli Svevici.*

Hortus Carolsruhanus, Marchionis Badensis.

Josua RISLER.
Hortus Carolsruhanus.
Pagg. 224 et 14. Loeraci, 1747. 8.

ANON.
Catalogus plantarum horti botanici Carolsruhani.
Pagg. 60. Carolsruhæ, 1791. 8.

85. *Circuli Franconici.*

Hortus Johannis Conradi Episcopi Eystettensis.

Basilius BESLERUS.
Hortus Eystettensis, sive omnium plantarum, florum, stirpium, quæ in viridariis, arcem episcopalem ibidem cingentibus, hoc tempore conspiciuntur, delineatio.
1613. fol.
Classis verna. foll. 14, 18, 17, 17, 13, 14, 15, 8, 9, 9,
Classis autumnalis. foll. 13, 13, 9, 7.
Classis æstiva. foll. 14, 16, 16, 10, 12, 12, 10, 12, 12, 12, 12, 10, 10, 11, 14.
Classis hyberna. foll. 7.
Tabb. æneæ totidem, aversa pagina textus impressæ.

86. *Horti Norimbergenses.*

Johannes Georgius VOLCKAMER.
Flora Noribergensis, sive Catalogus plantarum in agro Noribergensi tam sponte nascentium, quam exoticarum, et in φιλοβοτάνων viridariis, ac medico præcipue horto aliquot abhinc annis enutritarum.
Pagg. 407; cum tabb. æneis. Noribergæ, 1700. 4.
Franciscus Ernestus BRÜCKMANN.
Notæ et animadversiones in J. G. Volckameri Floram Noribergensem.
Epistola itineraria 53. Cent. 3. p. 678—705.
Johann Christoph VOLKAMER.
Nurnbergische flora. impr. cum ejus Nürnbergische Hesperides; p. 209—243. tabb. æneæ 19.
Nürnberg, 1708. fol.
————: Flora Norimbergensis, sive florum plantarumque exoticarum rariorum, quæ hodie in agro Norico coluntur, descriptio. impr. cum ejus Hesperid. Norimberg. p. 209—243. tabb. æneæ 19. ib. (1713.) fol.
Beschreibung etlicher fremden gewächse. impr. cum ejus Continuation der Nürnbergischen Hesperidum; p. 209—236. tabb. æneæ 11. ib. 1714. fol.

87. *Hortus Academiæ Altorfinæ.*

Ludovicus JUNGERMAN.

Catalogus plantarum, quæ in horto medico Altdorphino reperiuntur, auctus et denuo recensitus.
Altdorphii, 1646. 8.
Plagg. $3\frac{3}{8}$; præter catalogum plantarum sponte crescentium, de quo infra, sect. 139.

Mauritius HOFFMANN.

Floræ Altdorffinæ deliciæ hortenses, sive catalogus plantarum horti medici, quibus auctior erat A. C. 1660.
ib. 4.
Plagg. 7; cum tab. ænea, sistente icnographiam horti.

———: Floræ Altdorffinæ deliciæ hortenses, sive Catalogus plantarum horti medici, quibus ab A. C. 1650. usque ad annum 1677. auctior est factus. ib. 4.
Pagg. 64; cum icnographia eadem.

Appendix plantarum quæ horto medico Altdorffino post catalogi editionem accessere.
Plag. 1. ib. 1691. 4.

Johannes Mauricius HOFFMANN.

Floræ Altdorfinæ deliciæ hortenses locupletiores factæ, sive appendix catalogi horti medici Altdorfini plantarum novarum accessione aucta.
Pagg. 19. ib. 1703. 4.

Johannes Jacobus BAJER.

Horti medici Academiæ Altorfinæ historia. ib. 1727. 4.
Pagg. 56; cum tab. ænea, icnographia sc. horti.

88. *Circuli Rhenani Inferioris s. Electoralis.*

Hortus Heidelbergensis.

G. M. GATTENHOF.

Stirpes agri et horti Heidelbergensis.
Pagg. 352. Heidelbergæ, 1782. 8.

89. *Circuli Burgundici.*

Hortus Johannis Hermanni, Bruxellis.

Recensio plantarum in horto Joannis Hermanni, Pharmacopoei Bruxell. excultarum.
Pagg. 64. Bruxellæ, 1652. 4.

Appendix plantarum anni 1653. Pagg. 8. 4.

90. *Circuli Rhenani Superioris.*

Hortus Senkenbergianus, Francofurti ad Moenum.

Joannes Jacobus REICHARD.
Enumeratio stirpium horti botanici Senkenbergiani, qui Francofurti ad Moenum est.
Pagg. 68. Francofurti ad Moen. 1782. 8.

91. *Hortus Meyeri, Hanoviæ.*

Semina. 1794. Pagg. 26. Hanoviæ, 1795. 8.
Doctor Meyer in Hanau bietet die hierinnen verzeichneten saamen gegen andere im freyen ausdauernde von bäumen, sträuchern und perennirenden gewächsen, an.

92. *Hortus Medicus Gissensis.*

Michaël HEILAND.
Catalogus plantarum horti medici Gissensis. in Valentini Prodromo historiæ naturalis Hassiæ, p. 27—33.

93. *Circuli Saxonici Inferioris.*

Hortus G. C. Schelhammeri, Helmstadii.

Guntherus Christophorus SCHELHAMMERUS.
Catalogus plantarum, maximam partem rariorum, quas per hoc biennium in hortulo domestico aluit, et, paucis exceptis, etiam his vernis æstivisque mensibus poterit exhibere.
Plagg. 5. Helmestadii, 1683. 4.

94. *Hortus J. A. Stisser, Helmstadii.*

Johannes Andreas STISSER.
Horti medici Helmstadiensis catalogus, plantas enumerans quarum culturam ab anno 1692 ad 1699 in horto suo instituit.
Pagg. 42. ib. 1699. 8.

95. *Hortus Academiæ Helmstadiensis.*

Laurentius HEISTERUS.

Index plantarum rariorum, quas anno 1730 in hortum academiæ Juliæ intulit. Pagg. 40. 8.

N. ii. Designatio plantarum, quibus anno 1731 hortum academiæ Juliæ auxit. Pagg. 32. 8.

N. iii. Catalogus plantarum, quibus anno 1732 hortum academiæ Juliæ auxit. Pagg. 24. 8.

N. iv. Enumeratio plantarum, quibus anno 1733 hortum academiæ Juliæ auxit. Pagg. 16. 8.

Joannes Sigismundus LEINCKER.

Horti medici Helmstadiensis præstantia e plantis rarioribus, superiori anno ibidem florentibus.
Pagg. xxiii. Helmstadii, 1746. 4.

Philippus Conradus FABRICIUS.

Enumeratio methodica plantarum horti medici Helmstadiensis. Pagg. 239. ib. 1759. 8.

——— Ed. 2da. Pagg. 448. ib. 1763. 8.

96. *Hortus Hessensis.*

Johann ROYER.

Beschreibung des ganzen fürstlichen Braunschweigischen gartens zu Hessem.
Pagg. 128. tabb. æneæ 14. Halberstadt, 1648. 4.
Pag. 1—10. Descriptio horti. Pag. 11—43. Catalogus aller derer simplicium oder gewächse, so in dem F. B. garten zu Hessen, von anno 1607 an, biss auff das 1630 jahr, gezeuget worden. Reliqua de horticultura, et de plantis viciniæ, de quibus infra.

97. *Hortus Academicus Gottingensis.*

Albertus HALLER.

Brevis enumeratio stirpium horti Gottingensis.
Pagg. 90. tab. ænea 1. Gottingæ, 1743. 8.

Enumeratio plantarum horti regii et agri Gottingensis.
Pagg. 424. ib. 1753. 8.

Johann Gottfried ZINN.

Catalogus plantarum horti academici et agri Gottingensis.
Pagg. 441. tab. ænea 1. ib. 1757. 8.

Joannes Andreas MURRAY.

Prodromus designationis stirpium Gottingensium.
ib. 1770. 8.

Pag. 83—134. Horti historia. pag. 135—231. Plantæ hortenses 1769. Initium libri infra, sect. 143. recensendum; sectio vero 4. pag. 232—252, de aëre Gottingæ non hujus loci. tab. ænea 1.

Observationes super stirpibus quibusdam recens inventis et rarioribus in horto academico institutæ.

Nov. Comment. Soc. Gotting. Tom. 3. p. 60—84.
5. p. 24—55.
6. p. 23—40.
7. p. 17—40.
8. p. 34—49.

Commentat. Soc. Gotting. Vol. 1. p. 81—99.
2. p. 3—24.
3. p. 3—24.
4. p. 26—45.
5. p. 3—19.
6. p. 3—40.
7. p. 79—94.
9. p. 186—192.

Georgius Franciscus HOFFMANN.

Hortus Gottingensis. Programma.
Pagg. 14. tab. ænea color. 1. Gottingæ, 1793. fol.

98. *Horti Regii Hannouerani.*

Verzeichniss der glas-und treibhauspflanzen, welche sich auf dem Königl. Berggarten zu Herrenhausen bei Hannover befinden.
Pagg. 31. 1787. 8.

Verzeichniss der bäume und sträuche, welche sich auf der Königl. plantage zu Herrenhausen bei Hannover befinden.
Pagg. 30. 1787. 8.

Henricus Adolphus SCHRADER.

Sertum Hannoveranum, seu plantæ rariores, quæ in hortis Regiis Hannoveræ vicinis coluntur.
Vol. 1. Fascic. 1. pagg. 12. tabb. æneæ color. 6. Goettingæ, 1795. fol.
Fascic. 2. pag. 15—20. tab. 7—12. 1796.

99. *Hortus Consulis von Bostel, Hornæ prope Hamburgum.*

Johann David SCHWERIN.
Nahm-register derjenigen bäume, pflanzen, bluhmen &c. welche dieses jahr auff einem wohlbekandten im Horn vor der Stadt Hamburg belegenen garten sich befinden.
Plagulæ dimidiæ 10. Hamburg, 1710. 8.
Erster anhang, anno 1711. Plag. dimidia. 8.
Zweyter anhang, anno 1712. Plagula 1. 8.

100. *Circuli Saxonici Superioris.*

Hortus Jenensis.

Johannes Theodorus SCHENCKIUS.
Catalogus plantarum horti medici Jenensis.
Plagg. 4. Jenæ, 1659. 12.
Ernestus Godofredus BALDINGER.
Index plantarum horti et agri Jenensis.
Pagg. 75. Gottingæ et Gothæ, 1773. 8.

101. *Hortus Academiæ Lipsiensis.*

Paulus AMMANN.
Suppellex botanica, h. e. enumeratio plantarum, quæ non solum in horto medico academiæ Lipsiensis, sed etiam in aliis circa urbem viridariis, pratis ac sylvis, &c. progerminare solent. Lipsiæ, 1675. 8.
Pagg. 137; præter manuductionem ad materiam medicam, de qua Tomo 1.

102. *Hortus Casparis Bosii, Lipsiæ.*

Paulus AMMANN.
Hortus Bosianus quoad exotica solum descriptus.
Pagg. 38. Lipsiæ, 1686. 4.
Elias PEINE.
Hortus Bosianus, oder verzeichnüss aller bäume, stauden, kräuter und anderer gewächse, welche in dem Caspar Bosischen garten sich anjezo befinden.
Pagg 111. ib. 1705. 8.
——— Pagg. 115. ib. 1713. 8.

Johann Ernst PROBST.
Verzeichniss derer bäume, stauden und sommer-gewächse des Caspar Bosischen gartens.
Pagg. 140. Leipzig, 1747. 8.

103. *Hortus A. F. Waltheri, Lipsiæ.*

Augustus Fridericus WALTHER.
Designatio plantarum quas hortus A. F. Waltheri complectitur.
Pagg. 171. tabb. æneæ 24. Lipsiæ, 1735. 8.

104. *Hortus Academicus Wittebergensis.*

Joannes Henricus HEUCHERUS.
Index plantarum horti medici academiæ Vitembergensis.
Pagg. 54. Vitembergæ, 1711. 4.
Novi proventus horti medici acad. Vitembergensis.
Pagg. 87. tab. ænea 1. ib. 1711. 4.
Novi proventus horti medici acad. Vitembergensis.
Pagg. 60. tab. ænea 1. ib. 1713. 4.
Franciscus Ernestus BRUCKMANN.
Notæ et observationes in J. H. de Heucher scripta botanica.
Epistola itineraria 51. Cent. 3. p. 583—627.
Abrahamus VATER.
Catalogus plantarum inprimis exoticarum horti academici Wittenbergensis.
Pagg. 28. tab. ænea 1. Wittenbergæ, 1721. 4.
Supplementum catalogi plantarum sistens accessiones novas, quibus hortus academicus Wittembergensis hucusque auctus est.
Pag. 20. tab. ænea 1. ib. 1724. 4.
Syllabus plantarum, potissimum exoticarum, quæ in horto academiæ Wittenbergensis aluntur.
Pagg. 72. ib. 1738. 8.

105. *Hortus Halensis.*

Philippus Casparus JUNGHANSS.
Index plantarum horti botanici Halensis.
Plagg. 2. Halæ, 1771. 8.

106. *Hortus Pædagogii Glauchensis (prope Halam.)*

Christianus Fridericus SCHRADER.
Index plantarum horti botanici Pædagogii Regii Glauchensis.
Pagg. 52. Halæ, 1772. 16.

107. *Hortus Regius Berolinensis.*

Michael Matthias LUDOLFF.
Catalogus plantarum, favente, quam lectiones, quæ in collegio medico-chirurgico publice habentur, suppeditant, occasione Berolini demonstratarum.
Pagg. 232. Berolini, 1746. 8.

108. *Hortus C. L. Krause (Hortulani,) Berolini.*

Christianus Ludovicus ROLOFF.
Index plantarum quæ aluntur Berolini in horto Krausiano.
Pagg. 176. tabb. æneæ 4. Berolini, (1746.) 8.

109. *Hortus Academiæ, quæ Francofurti ad Viadrum est.*

Carolus Augustus A BERGEN.
Catalogus stirpium quas hortus academiæ Viadrinæ complectitur. Pagg. 120. Francofurti ad Viadr. 1744. 8.

110. *Hortus Dom. de Zieten, Trebnizii, in Circulo Marchiæ Lebusano.*

Johannes Gottlieb GLEDITSCH.
Catalogus plantarum, quæ tum in horto Domini de Zieten Trebnizii coluntur, tum et in vicinis locis sponte nascuntur. Pagg. 152. Lipsiæ, 1737. 8.

111. *Hortus Academiæ Gryphicæ.*

Samuel Gustavus WILCKE.
Hortus Gryphicus, exhibens plantas, prima ejus constitutione illatas et altas, una cum horti historia.
Pagg. 104. Gryphiæ, 1765. 8.

Christian Ehrenfried WEIGEL.
Index seminum et plantarum horti Gryphici systematicus.
Pagg. 20. Gryphiæ, 1773. 8.
Dissertatio sistens Hortum Gryphicum. Resp. Laur. Timon Grönberg. Pagg. 36. Gryphiæ, 1782. 4.

112. *Catalogi Hortulanorum.*

Verzeichniss von in-und ausländischen bäumen, sträuchern, pflanzen und saamen, so zu bekommen bey Johann Nicolaus *Buek*, Kauf-und Handels-gärtner in Hamburg ; nebst anmerkungen über wachsthum, wartung und warme nach ihrem vaterlande und unserm himmelstrich.
Pagg. 200. Bremen, 1779. 8.

113. *Imperii Danici.*

Hortus Hafniensis.

Otho SPERLING.
Hortus Christianæus, seu Catalogus plantarum, quibus Christiani IV. Daniæ Regis viridarium Hafniense anno 1642. et superiore adornatum erat.
Plagg. 2½. Hafniæ, 1642. 12.
——— in Sim. Paulli Viridariis variis, p. 1—80.
Christianus Friis ROTTBÖLL.
Plantas horti universitatis rariores programmate describit.
Pagg. 32. ib. 1773. 8.
N. BACHE.
Et par ord til publicum i anledning af den usandfærdige beretning om den Kongelige botaniske hauge og dens gartner, som Hr. Riegels i sit skrift de fatis Chirurgiæ har indfört.
Pagg. 7. ib. 1787. 4.
Kammerraad Lunds angreb paa den Botaniske haves forfatning besvaret.
Pagg. 52. ib. 1788. 4.

114. *Horti Nidrosienses.*

Peter Daniel BAADE.
Tronhiemske have-planter.
Norske Vidensk. Selsk. Skrifter, 4 Deel, p. 372—416.

115. *Sveciæ.*

Hortus Academiæ Upsaliensis.

Olaus RUDBECK, *pater.*

Catalogus plantarum, quibus hortum academicum Ubsaliensem primum instruxit anno 1657.
Pagg. 43. Ubsaliæ, 1658. 12.

Hortus Upsaliensis academiæ, primum instructus anno 1657; accedit ejusdem auctarium novissimum.
ib. 1666. 12.

Eadem editio, novo titulo et addita appendice, pagg. 22.

Hortus botanicus. latine et svethice.
Pagg. 120. ib. 1685. 8.

Carolus LINNÆUS, *pater.*

Dissertatio: Hortus Upsaliensis. Resp. Sam. Nauclér.
ib. 1745. 4.
Pagg. 45. tabb. æneæ 2, lignoque incisæ 2.

——— Amoenitat. Academ. Vol. 1.
Edit. Holm. p. 172—210.
Edit. Lugdb. p. 20—60.
Edit. Erlang. p. 172—210.

Hortus Upsaliensis, exhibens plantas exoticas horto Upsaliensis academiæ a sese illatas ab a. 1742 in a. 1748.
Pagg. 306. tabb. æneæ 3. Holmiæ, 1748. 8.

Dissertatio: Demonstrationes plantarum in horto Upsaliensi 1753. Resp. Joh. Chr. Höjer.
Pagg. 27. Upsaliæ, 1753. 4.

——— Amoenitat. Academ. Vol. 3. p. 394—424.

Carolus LINNÆUS, *filius.*

Decas 1. plantarum rariorum horti Upsaliensis.
Pagg. 20. tabb. æneæ 10. Stockholmiæ, 1762. fol.

Decas 2. pag. 21—40. tab. 11—20. 1763.

Plantarum rariorum horti Upsaliensis Fasciculus 1.
Pagg. 20. tabb. æneæ 10. Lipsiæ, 1767. fol.

116. *Hortus Comitis M. G. De la Gardie, in Jacobsdal (hodie Ulricsdal.)*

Olaus RUDBECK, *pater.*

Deliciæ Vallis Jacobææ, sive Jacobsdaal Comitis Magni

Gabrielis De la Gardie prædii et hortorum prope Stockholmiam descriptio.
Pagg. 36. Upsaliæ, 1666. 12.

117. *Hortus J. E. Ferber in Agerum, (prope Carlscrona.)*

Johannes Eberhardus FERBER.
Hortus Agerumensis, exhibens plantas saltem rariores, quas horto proprio intulit, secundum methodum Linnæi sexualem digestus. Holmiæ, 1739. 8.
Pagg. 71; præter rariora musei Ferberiani, de quibus Tomo 1.

118. *Hortus Academiæ Aboënsis.*

Carolus Nicolaus HELLENIUS.
Dissertatio sistens Hortum academiæ Aboënsis. Resp. Jos. Mollin. Pagg. 30. Aboæ, 1779. 4.

119. *Borussiæ.*

Carolus Godofredus HAGEN.
Programma 1. de plantis in Prussia cultis. (Monandria-Triandria.)
Pagg. 30. Regiomonti, 1791. 8.

120. *Horti Regii Warsavienses.*

Catalogus plantarum tam exoticarum quam indigenarum, quæ anno 1651. in hortis regiis Warsaviæ, nasci observatæ sunt.
in Sim. Paulli Viridariis variis, p. 203—287.

121. *Hungariæ.*

Hortus Universitatis, Pestini.

J. J. WINTERL.
Index horti botanici universitatis Hungaricæ, quæ Pestini est. 1788. 8.
Plagg. 7. tabb. æneæ 10; sed desinit nostrum exemplar in Tordylio Anthrisco; reliqua desunt.

122. *Imperii Russici.*

Hortus Petropolitanus.

Joannes Georgius SIEGESBECK.

Primitiæ floræ Petropolitanæ, s. catalogus plantarum, quibus instructus fuit hortus medicus Petriburgensis per annum 1736.
Pagg. 111. Rigæ. 4.

123. *Hortus P. a Demidof, Moscuæ.*

Petrus Simon PALLAS.

Enumeratio plantarum, quæ in horto Procopii a Demidof Moscuæ vigent. Petropoli, 1781. 8.
Pagg. 163. tabb. æneæ color. 2; præter icnographiam horti æri incisam.

Procopius A DEMIDOW.

Enumeratio plantarum quæ in horto P. a Demidow Mosquæ vigent. Russice et latine.
Pagg. 469. Moscuæ, 1786. 8.

124. *Hortus Demidovianus, Solkamskiæ.*

Iwan LEPECHIN.

Catalogus horti Demidoviani.
in ejus Dnevnyia zapisky, 1771. p. 136—189.
——— in ejus Tagebuch der reise durch verschiedene provinzen des Russischen Reiches, 3 Theil, p. 83—117.

125. *Jamaicæ.*

Thomas DANCER.

Catalogue of plants, exotic and indigenous, in the botanical garden, Jamaica, 1792.
Pagg. 16. St. Jago de la Vega. 4.
——— Pagg. 10 priores, de plantis exoticis, redeunt in Bryan Edwards's History of the British colonies in the West Indies, Vol. 1. p. 198—211.

Arthur BROUGHTON.

Hortus Eastensis, or a Catalogue of exotic plants in the garden of Hinton East, Esq. in the mountains of Liguanea, at the time of his decease.
Pagg. 32. Kingston, 1792. 4.

——— in Bryan Edwards's History of the British colonies in the West Indies, Vol. 1. p. 475—494.

Hortus Eastensis, or a catalogue of exotic plants cultivated in the botanic garden, in the mountains of Liguanea; published by order of the Hon. House of Assembly.
Pagg. 35. St. Jago de la Vega, 1794. 4.

A catalogue of the more valuable and rare plants growing in the public botanic garden, in the mountains of Liguanea, in the Island of Jamaica: also of medicinal and other plants, growing in South and North America, the East Indies, &c. the introduction of which would be a great acquisition to the botanic gardens here.
Pagg. 6. 1794. 4.

126. *Botanici Topographici.*

Friedrich Christian LESSER.
Nachricht von einer von D. Menzeln angegebenen botanischen geographie.
Physikal. Belustigung. 1 Band, p. 321—327.

Petro KALM
Præside, Dissertatio: Adumbratio Floræ. Resp. Gust. Orræus. Pagg. 28. Aboæ, 1754. 4.

Ulrich Jasper SEETZEN.
Ueber die pflanzenverzeichnisse gewisser gegenden (Floræ.)
Usteri's Annalen der Botanick, 16 Stück, p. 20—26.

127. *Variarum Regionum Europæ.*

Johannes RAJUS.
Catalogus stirpium in exteris regionibus a nobis observatarum, quæ vel non omnino vel parce admodum in Anglia sponte proveniunt.
impr. cum ejus Journey through the Low-Countries, &c.
Pagg. 115. London, 1673. 8.
——— cum ejusdem libri secunda editione.
Pagg. 119. ib. 1738. 8.
Stirpium Europæarum extra Britannias nascentium sylloge. Londini, 1694. 8.
Pagg. 400; præter stirpium orientalium catalogos, de quibus infra.

Paulus BOCCONE.
Icones et descriptiones rariorum plantarum *Siciliæ, Melitæ, Galliæ*, et *Italiæ*.
Pagg. 96; cum figg. æri incisis. Oxonii, 1674. 4.
Museo di piante rare della *Sicilia, Malta, Corsica, Italia, Piemonte* e *Germania*.
Pagg. 196. tabb. æneæ 131. Venetia, 1697. 4.

Jacobus BARRELIER.
Plantæ per *Galliam, Hispaniam*, et *Italiam* observatæ. Opus posthumum, cura Ant. de Jussieu.
Parisiis, 1714. fol.
Pagg. 140 et xxvi. tabb. æneæ numerantur 1324, quarum quatuor impressæ sunt in singulis foliis, additæ sunt icones Testaceorum, in 3 tabb. æneis.

Carolus CLUSIUS.

Rariorum aliquot stirpium per *Pannoniam*, *Austriam*, et vicinas quasdam provincias observatarum historia.

Antverpiæ, 1583. 8.

Pagg. 766; cum figg. ligno incisis.

Thaddæus HÆNKE.

Observationes botanicæ in *Bohemia*, *Austria*; *Styria*, *Carinthia*, *Tyroli*, *Hungaria* factæ.

Jacquini Collectanea, Vol. 2. p. 1—96.

Andreas Johannes RETZIUS.

Floræ Scandinaviæ prodromus, enumerans plantas *Sveciæ*, *Lapponiæ*, *Finlandiæ*, et *Pomeraniæ*, ac *Daniæ*, *Norvegiæ*, *Holsatiæ*, *Islandiæ Groenlandiæque*.

Pagg. 257. Holmiæ, 1779. 8.

——— Editio altera. Pagg. 382. Lipsiæ, 1795. 8.

Carolus LINNÆUS.

Dissertatio: Flora Alpina. Resp. Nic. Åmann.

Pagg. 27. Upsaliæ, 1756. 4.

——— Amoenitat. Academ. Vol. 4. p. 415—442.

——— Continuat. select. ex Am. Ac. Dissertat. p. 172—207.

——— Fundam. botan. edit. a Gilibert, Tom. 2. p. 601—629.

Johannes Jacobus DILLENIUS.

De plantis novi orbis, veteris spontaneis et inquilinis factis.

Ephem. Acad. Nat. Cur. Cent. 3 & 4. p. 281, 282.

Carolus a LINNE.

Dissertatio de Coloniis plantarum. Resp. Jo. Flygare.

Pagg. 13. Upsaliæ, 1768. 4.

——— Amoenitat. Academ. Vol. 8. p. 1—12.

——— Fundam. botan. edit. a Gilibert, Tom. 2. Supplem. p. 1—12.

Hans SLOANE.

An account of four sorts of strange Beans, frequently cast on shoar on the Orkney Isles, with some conjectures about the way of their being brought thither from Jamaica.

Philosoph. Transact. Vol. 19. n. 222. p. 298—300.

Johan Ernst GUNNERUS.

Efterretning om de saa kaldede Lösning-stene, eller Vette-

nyrer, om Orme-stene og nogle andre udenlandske frugter, som findes hist og her ved stranden i Norge.
Norske Vidensk. Selsk. Skrift. 3 Deel, p. 15—32.

Hans STRÖM.
Tillæg. Köbenh. Selsk. Skrift. 12 Deel, p. 314—316.

128. *Magnæ Britanniæ et Hiberniæ.*

Guilielmus HOW.
Phytologia Britannica, natales exhibens indigenarum stirpium sponte emergentium.
Pagg. 133. Londini, 1650. 12.

Johannes RAJUS.
Catalogus plantarum Angliæ, et insularum adjacentium.
Pagg. 358. ib. 1670. 8.
——— Editio secunda.
Pagg. 311. tabb. æneæ 2. ib. 1677. 8.
Fasciculus stirpium Britannicarum, post editum plantarum Angliæ catalogum observatarum.
Pagg. 27. ib. 1688. 8.
Synopsis methodica stirpium Britannicarum.
Pagg. 317. tabb. æneæ 2. ib. 1690. 8.
——— Editio secunda. ib. 1696. 8.
Pagg. 346; præter Rivini et Raji epistolas, de quibus supra pag. 43.
——— Editio tertia. ib. 1724. 8.
Pagg. 482. tabb. æneæ 24.

James PETIVER.
Mr. John Ray his method of English plants illustrated.
Memoirs for the Curious 1708, p. 159—166, & p. 191—196.
Herbarii Britannici Raji Catalogus cum iconibus. A catalogue of Mr. Ray's English herbal illustrated with figures.
Tabb. æneæ 50 iconum, 4 catalogi latini, et 4 catalogi anglici. fol.
——— in Operibus ejus Vol. 2do. Tabb. æneæ 72 iconum, 6 catalogi latini, et 4 catalogi anglici.
(Desiderantur Cryptogamæ, Gramina, Arbores, et Frutices.)

John MARTYN.
Tournefort's history of plants growing about Paris, translated into English, with many additions, and accommodated to the plants growing in Great-Britain.
London, 1732. 8.
Vol. 1. pagg. 311. Vol. 2. pagg. 362.

John WILSON.

A synopsis of British plants, in Mr. Ray's method.

Pagg. 272. Newcastle, 1744. 8.

Carolus LINNÆUS.

Dissertatio: Flora Anglica. Resp. Is. Grufberg.

Pagg. 29. Upsaliæ, 1754. 4.

——— Amoenit. Academ. Vol. 4. p. 88—111.

John HILL.

The British herbal: an history of plants and trees, natives of Britain, cultivated for use, or raised for beauty. London, 1756. fol.

Pagg. 533. tabb. æneæ color. 75.

Flora Britannica. ib. 1760. 8.

Pagg. 672; cum tabb. æneis.

(Est synopsis Raji ad methodum Linnæanam redacta.)

Herbarium Britannicum exhibens plantas Britanniæ indigenas, secundum methodum floralem novam digestas.

Vol. 1. pagg. 136. tabb. æneæ 92. ib. 1769. 8.

Vol. 2. pag. 137—296. tab. 93—195. 1770.

(Methodo propria, eadem ac in systemate ejus, sed adsunt tantum in his voluminibus 10 priores classes, et tribus prima undecimæ.)

Gulielmus HUDSON.

Flora Anglica. Pagg. 506. ib. 1762. 8.

——— Editio altera. ib. 1778. 8.

Tom. 1. pagg. 334. Tom. 2. pag. 335—690.

Sir Thomas Gery CULLUM, *Bart.*

Floræ Anglicæ specimen, imperfectum et ineditum, anno 1774 inchoatum.

Pagg. 104. (Desinit in Dauco.) 8.

James JENKINSON.

A generic and specific description of British plants, translated from the Genera et species plantarum of Linnæus.

Pagg. 258; tabb. æneæ 5. Kendal, 1775. 8.

William WITHERING.

A botanical arrangement of all the vegetables naturally growing in Great Britain. Birmingham, 1776. 8.

Vol. 1. pagg. xcvi et 383. Vol. 2. pag. 385—838.

Tabb. æneæ 12.

———: A botanical arrangement of British plants; the second edition, including a new set of references to figures by Jonathan Stokes.

Vol. 1. pagg. 484. tabb. æneæ 2. Vol. 2. p. 485—1151. ib. 1787. 8.

Vol. 3. pagg. clvii et 503. tab. 3—19. 1792.

———— : An arrangement of British plants, according to the latest improvements of the Linnæan system; the third edition. Birmingham, 1796. 8.

Vol. 1. pagg. 402. tabb. æneæ 19. Vol. 2. pagg. 512. tab. 20—28. Vol. 3. pag. 513—920. tab. 29, 30. Vol. 4. pagg. 418. tab. 17, 18, 31.

Stephen ROBSON.

The British flora.

Pagg. 330. tabb. æneæ 5. York, 1777. 8.

John WALCOTT.

Flora Britannica indigena, or plates of the indigenous plants of Great Britain. Bath, 1778. 8.

Tabulæ tantum æneæ 168 prodierunt, cum textus paginis 8.

Arthurus BROUGHTON.

Enchiridion botanicum, complectens characteres genericos et specificos plantarum per insulas Britannicas sponte nascentium, ex Linnæo aliisque desumptos.

Pagg. 226. Londini, 1782. 8.

William CURTIS.

Catalogue of British plants, arranged according to their periods of flowering.

in his Catalogue of the London botanic garden, p. 75—14 London, 1783. 8.

John Earl of BUTE.

Botanical tables, containing the different familys of British plants, distinguished by a few obvious parts of fructification rang'd in a synoptical method. 4.

Vol. 1. Post titulum et dedicationem æri incisas sequitur: General plan of the tables, (seu conspectus classium, et generum Britannicorum sub singulis classibus militantium, paginis 27 æri incisis; unicuique classi opponitur tabula ænea colorata, exhibens plantam unam alteramve ex hac classe.) Has excipit: Introduction, pag. 1—39. Observations on the generical characters of British plants, and an account of the parts on which they are composed, pag. 41—51. Characters of the (British) genera, pag. 53—229. Appendix (tyronem docens quomodo plantam sibi obviam, in hac methodo inveniat) pagg. 3 et xxvii, cum tabb. æneis color. 26. Index pag. 231—253.

Introduction to the general tables of plants, with a further explanation of the tabular arrangement, pagg. 51.

Vol. 2. Figures of the Genera. Table i—vii. pagg. 98. tabb. æneæ color. totidem.
Vol. 3. Figures of the Genera. Table ix—xiv. pag. 99—192. tabb. totidem; præter tabulas duas, nescio cur, repetitas e priori volumine, pag. 49 & 50.
Vol. 4. Figures of the Genera. Table xv—xviii. pag. 193—290. tabb. totidem.
Vol. 5. Figures of the Genera. Table xix—xxii. pag. 291—387. tabb. totidem.
Vol. 6. Figures of the Genera. Table xxiii—xxvii. pag. 388—510. tabb. totidem.
In tabulis his, a Johanne Miller delineatis et sculptis, exhibentur partes fructificationis unius speciei ex quoque genere plantarum Britannicarum, absque descriptionibus; textus enim solam explicationem figurarum, eamque sat inopem continet.
Vol. 7. The characters of the species of British plants. Vol. 1. pagg. 294.
Vol. 8. The characters of the species of British plants. Vol. 2. pag. 295—569. Index pagg. 28.
Vol. 9. Some observations on the terms employed in Botany, and particularly on those borrowed from the anatomical descriptions of animals. Pagg. 11. Figures of the different parts of plants. Tabb. æneæ color. 90. cum pagg. totidem impressis, ubi definitiones terminorum frustra quæras, sed qualescunque invenias in sequenti: A Glossary containing an explanation of botanical terms, with latin translations, and references to the figures. Pagg. 58.
Figuræ hæ, terminos botanicos explicantes, omnes redeunt in J. Milleri Illustration of the termini botanici of Linnæus, de quo supra pag. 27.
Operis hujus, splendidi magis quam utilis, duodecim tantum exemplaria impressa sunt.

James Edward SMITH.

English Botany, or coloured figures of British plants, with their essential characters, synonyms, and places of growth, with occasional remarks. The figures by James Sowerby.
(Vol. 1.) Pagg. 72. tabb. æneæ color. 72.
London, 1790. 8.
Vol. 2. pag. et tab. 73—144. 1793.
3. pag. et tab. 145—216. 1794.
4. pag et tab 217—288. 1795.

Colin MILNE and *Alexander* GORDON.

Indigenous botany, or habitations of English plants, containing the result of several botanical excursions, chiefly in Kent, Middlesex and the adjacent counties in 1790, 1791, and 1792.

Vol. 1. pagg. 476. London, 1793. 8.

Thomas JOHNSON.

Iter plantarum investigationis ergo susceptum in agrum *Cantianum* anno 1629. Julii 13.

Ericetum *Hamstedianum*, s. plantarum ibi crescentium observatio habita anno eodem, 1 Augusti. Mscr. 8.

(In Museo Britannico adest exemplar impressum, 2 plagularum, in 4to.)

Descriptio itineris plantarum investigationis ergo suscepti in agrum *Cantianum* anno Dom. 1632, et enumeratio plantarum in Ericeto *Hampstediano* locisque vicinis crescentium. (Londini,) 1632. 8.

Pagg. 39; cum figuris ligno incisis 5, quarum 3 priores redeunt in ejus editione herbarii Gerardi, pag. 1570, et 2 posteriores ibidem pag. 614.

Mercurius botanicus, sive plantarum gratia suscepti itineris, anno 1634. descriptio. ib. 1634. 8.

Pagg. 78; præter Thermas Bathonicas, non hujus loci.

Mercurii botanici pars altera, sive plantarum gratia suscepti itineris in *Cambriam* descriptio, exhibens reliquarum stirpium nostratium (quæ in priore parte non enumerabantur) catalogum.

Pagg. 37. ib. 1641. 8.

ANON.

Catalogue of plants sent from Mr. Bobart Feb. 24. 1689.

Mscr. Pagg. 8. 8.

Jacobus PETIVER.

Graminum, Muscorum, Fungorum, Submarinorum, &c. Britannicorum concordia.

Pagg. 12. fol.

Vol. 2do Operum ejus.

Patrick BLAIR.

A more exact description of several indigenous plants. in his Miscellaneous observations, p. 96—112.

London, 1718. 8.

A catalogue of the several botanical discoverys and improvements made by Dr. P. Blair, and dispersed among his writings which have been published.

Mscr. forte Autogr. pagg. 28. fol.

In calce legitur: " Thus far have I thought fit, to col-
" lect such plants into one body as were dispersed
" among my writings making improvements on such I
" have formerly treated more superficially, and adding
" others I have not yet mentioned."

J. BLACKSTONE.

Specimen botanicum, quo plantarum plurium rariorum Angliæ indigenarum loci natales illustrantur.
Pagg. 106. tab. ænea 1. Londini, 1746. 12.

William WATSON.

An account of Aphyllon and Dentaria heptaphyllos of Clusius, omitted by Mr. Ray.
Philosoph. Transact. Vol. 47. p. 428, 429.

Thomas MARTYN.

List of the more rare plants, growing in many parts of England and Wales. printed with his Plantæ Cantabrigienses; p. 44—114.

Daines BARRINGTON.

A letter on the trees which are supposed to be indigenous in Great Britain.
Philosoph. Transact. Vol. 59. p. 23—38.

Andrew Coltee DUCAREL, *J.* THORPE, & *Edward* HASTED.

Letters concerning Chesnut Trees. ibidem, Vol. 61. p. 136—166.

Daines BARRINGTON.

A letter occasioned by the three preceding letters. ibid. p. 167—169.

Richard Hill WARING.

On some plants found in several parts of England. ibid. p. 359—389.

(*William* CURTIS.)

A catalogue of the plants growing wild in the environs of *London*.
Pagg. 40. London, 1774. 8.

Flora Londinensis, or plates and descriptions of such plants as grow wild in the environs of London.
Vol. 1. tabb. æneæ color. 218. textus folia totidem. ib. 1777. fol.
Vol. 2. fascic. 37—70. Singulis tabb. et foll. 6.

J. BLACKSTONE.

Fasciculus plantarum circa *Harefield* (in Com. Middlesex) sponte nascentium.
Pagg. 118. ib. 1737. 12.

Edward JACOB.

Plantæ Favershamienses; a catalogue of the more perfect plants growing spontaneously about *Faversham*, in the county of Kent. London, 1777. 8.

Pagg. 127; præter catalogum fossilium, de quo Tomo 4.

Richard WARNER.

Plantæ Woodfordienses, a catalogue of the more perfect plants growing spontaneously about *Woodford* in the county of Essex.

Pagg. 238. ib. 1771. 8.

(Index latinus, pag. 223—238, post librum editum impressus, in paucis tantum exemplis adest.)

(*Thomas Farleigh* FORSTER.)

Additions to Warner's plantæ Woodfordienses.

Pag. 243—255. 1784. 8.

Hugh ROSE.

Descriptions of some plants lately discovered in *Norfolk* and *Suffolk*, never found before in England. printed with his Elements of Botany; p. 441—455; cum tabb. æneis 3.

Johannes RAJUS.

Catalogus plantarum circa *Cantabrigiam* nascentium.

Pagg. 182 et 103. Cantabrigiæ, 1660. 8.

Joannes MARTYN.

Methodus plantarum circa Cantabrigiam nascentium.

Pagg. 132. Londini, 1727. 8.

——— Novæ editionis emendatæ paginæ tantum 24 impressæ sunt. 8.

Thomas MARTYN.

Plantæ Cantabrigienses, or a catalogue of the plants which grow wild in the county of Cambridge, disposed according to the system of Linnæus.

Herbationes Cantabrigienses, or directions to the places, where they may be found, comprehended in 13 botanical excursions. ib. 1763. 8.

Pagg. 43; præter catal. plantarum rariorum, de quo pag. antecedenti.

Israel LYONS.

Fasciculus plantarum circa Cantabrigiam nascentium, quæ post Rajum observatæ fuere.

Pagg. 56. ib. 1763. 8.

Richardus RELHAN.

Flora Cantabrigiensis, exhibens plantas agro Cantabri-

giensi indigenas secundum systema sexuale digestas.
Pagg. 490. tabb. æneæ 7. Cantabrigiæ, 1785. 8.
Floræ Cantabrigiensi supplementum.
Pagg. 39. ib. 1786. 8.
Floræ Cantabrigiensi supplementum alterum.
Pagg. 36. ib. 1788. 8.
Floræ Cantabrigiensi supplementum tertium.
Pagg. 44. ib. 1793. 8.

Joannes SIBTHORP.
Flora *Oxoniensis*, exhibens plantas in agro Oxoniensi sponte crescentes, secundum systema sexuale distributas.
Pagg. 422. Oxonii, 1794. 8.

ANON.
Catalogue of the plants, which grow on *St. Vincent's Rocks* and neighbourhood. in E. Shiercliff's Bristol and Hotwell guide, p. 82—86, cum tab. ænea, Arabim strictam exhibente. Bristol, 1793. 8.

Richard PULTNEY.
A catalogue of plants spontaneously growing about *Loughborough* and the adjacent villages.
Mscr. Autogr. e bibliotheca Guil. Watson, Equitis.
Pagg. 51. 8.
Stirpium rariorum in agro *Leicestrensi* sponte nascentium sylloge.
Philosoph. Transact. Vol. 49. p. 805—866.
A catalogue of some of the more rare plants found in the neighbourhood of *Leicester*, *Loughborough*, and in *Charley forest*.
Pagg. 16. fol.
(From J. Nichols's history of Leicestershire.)

Charles DEERING.
A catalogue of plants naturally growing and commonly cultivated in divers parts of England, especially about *Nottingham*.
Pagg. 231 et 24. Nottingham, 1738. 8.
Scarce plants which are met with hereabout, more frequently than elsewhere. in his historical account of the town of Nottingham, p. 89, 90. ib. 1751. 4.

(*James* BOLTON.)
A catalogue of plants growing in the parish of *Halifax*. in Watson's History of the parish of Ha fax, p. 729—764. London, 1775. 4.

Robert TEESDALE.
Plantæ Eboracenses, or a catalogue of the more rare plants which grow wild in the neighbourhood of *Castle Howard,* in the North Riding of Yorkshire.
Transact. of the Linnean Soc. Vol. 2. p. 103—125.

William CURTIS.
A catalogue of certain plants, growing wild, chiefly in the environs of *Settle,* in Yorkshire, observed in a six weeks botanical excursion in 1782.
Plag. 1½. fol.

Thomas LAWSON.
A list of several rare plants, (not observed by Mr. Ray,) found in the mountainous parts of the counties of *Westmorland* and *Cumberland*; printed with Robinson's Natural history of these counties; p. 89—95.
London, 1709. 8.

Tancred ROBINSON.
A catalogue of plants observed in several parts of *Wales,* in 1689.
Mscr. ex Autographo in Bibliotheca Guil. Watson Equ.
Pagg. 10. 8.

Samuel BREWER.
Botanical journey through Wales in the years 1726 and 1727. Mscr. Pagg. 114. 8.

John LIGHTFOOT.
Journal of a botanical excursion in Wales in the year 1775.
Mscr. Pagg. 30. 4.

John LIGHTFOOT.
Flora Scotica, or a systematic arrangement of the native plants of *Scotland* and the *Hebrides.*
London, 1777. 8.
Vol. 1. pagg. 530. tabb. æneæ 23.
Vol. 2. pagg. 531—1151. tab. 24—35.

James DICKSON.
Noviciæ floræ Scoticæ, in itineribus Scoticis duobus præteritis annis a nobis observatæ. in ejus Fasciculo 2do plantarum cryptogamicarum Britanniæ, p. 29.
An account of some plants newly discovered in Scotland.
Transact. of the Linnean Soc. Vol. 2. p. 286—291.

Caleb THRELKELD.
Synopsis stirpium *Hibernicarum,* being a short treatise of

native plants, especially such as grow spontaneously in the vicinity of Dublin.
Plagg. 11 et pagg. 60. Dublin, 1727. 8.

129. *Belgii Foederati.*

Johannes COMMELIN.
Catalogus plantarum indigenarum Hollandiæ.
Amstelodami, 1683. 12.
Pagg. 115; præter L. Bidloo de re herbaria, de quo supra pag. 17.
——— Editio secunda.
Pagg. 117; præter L. Bidloo. Lugduni Bat. 1709. 12.

Carolus LINNÆUS.
Dissertatio; Flora Belgica. Resp. Chr. Fred. Rosenthal.
Pagg. 23. Upsaliæ, 1760. 4.
——— Amoenitat. Academ. Vol. 6. p. 44—62.

David DE GORTER.
Flora Belgica. Pagg. 418. Trajecti, 1767. 8.
Floræ Belgicæ supplementum 1.
Pagg. 12. (1768. v. Præf. ad libr. sequ.) 8.
Floræ Belgicæ supplementum 2.
Pag. 13—20. (1777. v. Præf. ad libr. sequ.) 8.
Flora vii provinciarum Belgii Foederati indigena.
Pagg. 378. Harlemi, 1781. 8.

Stephanus Joannes VAN GEUNS.
Plantarum Belgii Confoederati indigenarum spicilegium, quo D. Gorteri flora vii provinciarum locupletatur.
Pagg. 77. Hardervici, 1788. 8.

Friedrich EHRHART.
Meine reise nach der Grafschaft Bentheim, und von da nach Holland.
Hannover. Magaz. 1783, p. 177—304.
——— in seine Beitrage, 2 Band, p. 73—166.
———: Botanische reizen.
Niewe Geneeskund. Jaarboeken, 3 Deel, p. 97—104.
4 Deel, p. 53—69.
Algem. Geneeskund. Jaarboeken, 1 Deel, p. 151—163.
2 Deel, p. 1—14.

Casparus PILLETERIUS.
Plantarum, tum patriarum, tum exoticarum, in *Walachria* Zeelandiæ insula, nascentium synonymia.
Pagg. 398. Middelburgi, 1610. 8.

ANON.
Index plantarum indigenarum, quæ prope *Lugdunum* in Batavis nascuntur.
impr. cum Spigelii Isagoge in rem herbariam; p. 263 —272. Lugduni Bat. 1633. 24.
——— impr. cum Catalogo horti Lugd. Bat. p. 54—66. ibid. 1636. 24.
——— cum eodem, p. 61—72. ibid. 1649. 24.
——— in Sim. Paulli Viridariis variis, p. 561—578.
——— cum Catalogo horti Lugd. Bat. p. 61—72. Lugd. bat. 1658. 24.
——— cum eodem, p. 72—74bis. ib. 1668. 8.
——— latine et germanice, cum eodem, p. 188—216. Aychstatt, 12.
——— ——— cum eodem, p. 118—139. Darmstadt, 1679. 12.
——— ——— cum eodem, p. 152—173. Plöen, 1697. 8.
——— ——— cum eodem.
Pagg. 21. Plöen, 1704. 8.

Adriaan LOOSJES.
Flora *Harlemica*, of lyst der planten rondom Haarlem in het wild groeijende. Pagg. 53. Haarlem, 1779. 8.

David DE GORTER.
Flora *Gelro-Zutphanica*.
Pagg. 204. Harderovici, 1745. 8.
Floræ Gelro-Zutphanicæ appendix.
Pagg. 205—254. ib. 1757. 8.

David MEESE.
Flora *Frisica*, of lyst der planten welke in de provintie Friesland in het wilde gevonden worden.
Pagg. 87. tabb. æneæ 2. Franeker, 1760. 8.

130. *Galliæ*.

Pierre Joseph BUC'HOZ.
Dictionnaire raisonné universel des plantes, arbres et arbustes de la France.
Tome 1. pagg. 650. Tome 2. pagg. 651. Tom 3. pagg. 643. Paris, 1770. 8.
Tome 4. pagg. 352 et ccxliv. 1771.

Jean Baptiste DE LAMARCK.
Flore Françoise, ou description succincte de toutes les plantes qui croissent naturellement en France.
ib. 1778. 8.

Tome 1. pagg. cxix, 223, 132 & xxix. tabb. æneæ 8.
Tome 2. pagg. 660. Tome 3. pagg. 654 et xx.

BULLIARD.

Herbier de la France, ou collection complette des plantes indigenes de ce royaume, avec leurs details anatomiques, leurs proprietés, et leurs usages en Medecine.
Paris. fol.
Tabb. æneæ adsunt 504. Textus hactenus prodiit:
1 Division. Histoire des plantes veneneuses et suspectes de la France. Pagg. 177. 1784.
2. Division. Histoire des Champignons de la France. Tome 1. Pagg. 368. tabb. æneæ 4. 1791.

Jean Etienne GUETTARD.

Observations sur les plantes. Paris, 1747. 12.
Tome 1. pagg. xliij et 302. tabb. æneæ 4.
Tome 2. pagg. 464.
(Plantas continet circa *Estampes* et *Orleans*, nec non in aliis Galliæ locis crescentes.)

Jacobus CORNUTI.

Enchiridium botanicum *Parisiense*, continens indicem plantarum, quæ juxta Parisios nascuntur.
impr. cum ejus Historia plantarum Canadensium; p. 215—238.

Joseph Pitton TOURNEFORT.

Histoire des plantes qui naissent aux environs de Paris.
Pagg. 543. Paris, 1698. 12.
——— Seconde edition, revue et augmentée par Bernard de Jussieu.
Tome 1. pagg. 407. Tome 2. pagg. 528.
ib. 1725. 12.
———: History of plants growing about Paris, translated into English, vide supra pag. 130.

Sebastianus VAILLANT.

Botanicon Parisiense, operis majoris prodituri prodromus.
Pagg. 131. Lugduni Bat. 1723. 8.
Botanicon Parisiense, ou denombrement par ordre alphabetique des plantes, qui se trouvent aux environs de Paris. Leide et Amsterdam, 1726. fol.
Pagg. 205; præter tabularum indicem et explicationem. Tabb. æneæ 33.

Matthieu FABREGOU.

Description des plantes, qui naissent aux environs de Paris. Paris, 1740. 12.

Tome 1. pagg. 354. Tome 2. pagg. 358. Tome 3. pagg. 248. Tome 4. pagg. 312. Tome 5. pagg. 304. Tome 6. pagg. 471.

Thomas François DALIBARD.

Floræ Parisiensis prodromus.
Pagg. 403. tabb. æneæ 4. Paris, 1749. 12.

Barbeu DUBOURG.

Index alphabeticus plantarum agro Parisiensi sponte innascentium, qualiter fere habetur in Botanici Parisiensis prodromo (Vaillantii). in ejus Botaniste François, Tome 1. p. 73—182.

Plantes qui se trouvent aux environs de Paris.
Tome 2. de son Botaniste François.
Pagg. 508. ib. 1767. 12.

BULLIARD.

Flora Parisiensis, ou descriptions et figures des plantes qui croissent aux environs de Paris.
Tomes 5. ib. 1776—1780. 8.
Tabb æneæ color. 640; cum foliis textus totidem, altera tantum pagina impressis. Indices pagg. 52 et 16.

THUILLIER.

Flore des environs de Paris. Pagg. 359. ib. 1790. 12.

Franciscus BONAMY.

Floræ *Nannetensis* prodromus.
Pagg. 126. Nannetis, 1782. 12.

GATERAU.

Description des plantes qui croissent aux environs de *Montauban*, ou qu'on cultive dans les jardins.
Pagg. 216. Montauban, 1789. 8.

PALASSO.

Plantes observées sur les *Monts-Pyrenées*. impr. avec son Essay sur la mineralogie des monts-Pyrenées; p. 297—328. Paris, 1781. 4.

DE LA PEIROUSE.

Description de quelques plantes des Pyrenées.
Mem. de l'Acad. de Toulouse, Tome 1. p, 208—223.

Jean Florimond SAINT AMANS.

Le bouquet des Pyrenées, ou catalogue des plantes observées dans ces montagnes, pendant le mois de Juillet et Aout de l'année 1788. impr. avec son Voyage dans les Pyrenées; p. 189—259. Metz, 1789. 8.

Pierre Richer DE BELLEVAL.

Remonstrance et supplication au Roy touchant la continuation de la recherche des plantes de *Languedoc* et peuplement de son jardin de Montpellier.

Dessein touchant la recherche des plantes du pays de Languedoc, desdié a Messieurs les gens des trois estatz du dit pays.
dans ses Opuscules, publiés par P. M. A. Broussonet.
Pagg. 4 et 8. tabb. æneæ 5. Paris, 1785. 8.

POURRET.

Extrait de la Chloris *Narbonensis*.
Mem. de l'Acad. de Toulouse, Tome 3. p. 297—334.

Petrus MAGNOL.

Botanicum *Monspeliense*, sive plantarum circa Monspelium nascentium πρωτογνωμον. Lugduni, 1676. 8.
Pagg. 287; cum figg. æri incisis, et tabb. æneis.
——— Monspelii, 1688. 8.
Est eadem editio, novo titulo, et addita Appendice, pag. 289—308.

Franciscus Boissier DE SAUVAGES.

Methodus foliorum, s. plantæ Monspelienses juxta foliorum ordinem digestæ.
Pagg. 343. tab. ænea 1. La Haye, 1751. 8.
(Plantas etiam hortenses continet.)

Carolus LINNÆUS.

Dissertatio: Flora Monspeliensis. Resp. Theoph. Erdm. Nathhorst. Pagg. 30. Upsaliæ, 1756. 4.
——— Amoenitat. Academ. Vol. 4. p. 468—495.

Antonius GOUAN.

Hortus Regius Monspeliensis, sistens plantas tum indigenas tum exoticas. vide supra pag. 109.
Flora Monspeliaca.
Pagg. 543. tabb. æneæ 3. Lugduni, 1765. 8.

J. L. Victor BROUSSONET.

Corona floræ Monspeliensis. Dissertatio inauguralis.
Pagg. xvi et 48. Monspelii, 1790. 8.

Joseph GARIDEL.

Histoire des plantes qui naissent en *Provence*, et principalement aux environs d'*Aix*.
Pagg. 522. tabb. æneæ 100. Paris, 1719. fol.

Ludovicus GERARD.

Flora Gallo-Provincialis.
Pagg. 585. tabb. æneæ 19. ib. 1761. 8.

Petrus FORSKÅL.

Florul litoris Galliæ ad *Estac* prope Massiliam.
in ejus Flora Ægyptiaco-Arabica; p. 1—xii.

VILLARS.

Flora Delphinalis, in Linnæi Systemate plantarum Europæ, edito a Gilibert, Tomo 1. pagg. 127.

Histoire des plantes de *Dauphiné*.

Tome 1. pagg. lxxx et 467. tab. ænea 1.

Grenoble, 1786. 8.

Tome 2. pagg. xxv et 690. tabb. æneæ 18. 1787.

Tome 3. pagg. xxxij et 1091. tab. 19—55. 1789.

Antoine Louis DE LATOURRETTE.

Botanicon *Pilatense*, ou Catalogue des plantes qui croissent au Mont-Pilat. impr. avec son Voyage au Mont-Pilat; p. 109—223. Avignon, 1770. 8.

Chloris *Lugdunensis*. in Linnæi Systemate plantarum Europæ, edito a Gilibert, Tomo 1. pagg. 43.

DURANDE.

Flore de *Bourgogne*.

1 Partie. pagg. 520 et lxxviij. 2 Partie. pagg. 290 et lxxx.

Dijon, 1782. 8.

Franciscus Balthasar VON LINDERN.

Tournefortius *Alsaticus* cis et trans Rhenanus.

Pagg. 160. tabb. æneæ 5. Argentorati, 1728. 8.

————: Hortus Alsaticus, plantas in Alsatia, inpri mis circa Argentinam sponte provenientes, menstruo, quo singulæ florent, ordine, designans.

Pagg. 302. tabb. æneæ 12. ib. 1747. 8.

Marcus MAPPUS.

Historia plantarum *Alsaticarum* posthuma, studio J. C. Ehrmann.

Pagg. 335; cum tabb. æneis. ib. 1742. 4.

(*Jacobus Reinboldus* SPIELMANN. vide Crell's Chem. Annal. 1784. 1 B. p. 579.)

Prodromus Floræ *Argentoratensis*.

Pagg. 154. ib. 1766. 8.

Pierre Joseph BUC'HOZ.

Tournefortius *Lotharingiæ*, ou catalogue des plantes qui croissent dans la Lorraine et les trois Evechés.

Pagg. 288. Nancy, (1764.) 8.

Traité historique des plantes qui croissent dans la Lorraine et les trois Evechés. Paris, 1770. 12.

Tome 1. pagg. 287. Tome 2. pagg. 359. tabb. æneæ 31. Tome 3. pagg. 403. tabb. 18. Tome 4. pagg. 161. tabb. 14. Tome 5. pagg. 243. tabb. 24. Tome 6. pagg. 426. tabb. 18. Tome 7. pagg. 249. tabb. 16. Tome 8. pagg. 165. tabb. 18. Tome 9. pagg. 304; cum tabb. æneis. Tome 10. pagg. 511; cum tabb. æneis.

Natalis Josephus DE NECKER.
Deliciæ *Gallo-Belgicæ* silvestres, seu tractatus generalis plantarum Gallo-Belgicarum. Argentorati, 1768. 8.
Tomus 1. pagg. 288. Tomus 2. pag. 289—568.

131. *Hispaniæ.*

Joseph QUER.
Flora Española, ò historia de las plantas que se crian en España.
Tomo 1. Madrid, 1762. 4.
Pagg. 402. tabb. æneæ 11. Continet hic tomus versionem Isagoges in rem herbariam Tournefortii, et discursum de methodis botanicis, vide supra pag. 17 et 47.
Tomo 2. pagg. 303. tab. 12—43. 1762.
Post dictionarium botanicum, Monti plantarum genera, et Catalogum Hispanorum historiæ naturalis autorum (de quibus supra pag. 26 et 28, et Tomo 1.) incipit Flora ipsa p. 129.
Tomo 3. pagg. 436. tabb. 79. 1762.
Tomo 4. pagg. 471. tabb. 66. 1764.
Continuacion de la Flora Española, ordenada, suplida, y publicada por Casimiro Gomez de Ortega.
Tomo 5. pagg. 538. tabb. 10. Tomo 6. pagg. 667. tab. 10—23. 1784.

Carolus CLUSIUS.
Rariorum aliquot stirpium per Hispanias observatarum historia. Antverpiæ, 1576. 8.
Pagg. 508; cum figg ligno incisis.
Joseph Pitton DE TOUNEFORT.
Catalogue des plantes que M. Pitton de Tournefort trouva dans ses voyages d'Espagne et de Portugal, copié sur l'original de M. Tournefort.
Mscr. Pagg. 181. 4.
Joannes Philippus BREYNIUS.
De plantis rarioribus in Hispania observatis,
Philosoph. Transact. Vol. 24. n. 301. p. 2045—2050.
——— Ephem. Ac. Nat. Cur. Cent. 5 & 6. Append. p. 95—100.
Petrus LÖFLING.
Plantæ Hispanicæ rariores. in ejus Itinere Hispanico, p. 111—175, et p. 284—295.
Stockholm, 1758. 8.

——— in versione itineris ejus germanica, p. 160—236, et p. 365—379. Berlin, 1766. 8.

——— impr. cum Travels of Bossu, translated by Forster; Vol. 2. p. 87—224. London, 1771. 8

List of vegetables, growing upon Mount Calpe, or Hill of *Gibraltar.*
Dillons travels through Spain, p. 443—448.

Casimiro ORTEGA.

Catalogo de las plantas, que se crian en el sitio de los Baños (de *Trillo*) y su inmediacion.
in ejus Tratado de las Aguas termales de Trillo, p. 37—47. Madrid, 1778. 8.

———: A list of such plants as he found in the environs of Trillo.
Dillons travels through Spain, p.97—107.

Ignatius D'ASSO.

Synopsis stirpium indigenarum *Aragoniæ.*
Pagg. 160. tabb. æneæ 9. Massiliæ, 1779. 4.

Mantissa stirpium indigenarum Aragoniæ.
Pag. 159—184. tab. 10, 11. (sine loco,) 1781. 4.

Enumeratio stirpium in Aragonia noviter detectarum.
impr cum ejus Oryctographia Aragoniæ; p. 157—183. 1784. 8.

132. *Lusitaniæ.*

Gabriel GRISLEY.

Viridarium Lusitanum.
Plagg. 5. Ulyssipone, 1661. 8.

——— Pagg. 76. sine loco et anno. 8.

——— Linnæanis nominibus illustratum a Dom. Vandelli.
Pagg. 134. Olisipone, 1789. 8.

Dominicus VANDELLI.

Floræ Lusitanicæ et Brasiliensis specimen.
Conimbricæ, 1788. 4.
Pagg. 69; præter litteras Linnæi et de Haen; tabb. æneæ 5, quarum quarta et quinta eædem ac in Fasciculo ejus plantarum, de quo supra p. 82.

Joseph Pitton DE TOURNEFORT vide pag. anteced.

133. *Italiæ.*

Antonius TURRA.
Floræ Italicæ prodromus.
Pagg. 68. Vicetiæ, 1780. 8.

Julius PONTEDERA.
Compendium tabularum botanicarum, in quo plantæ 272 ab eo in Italia nuper detectæ recensentur.
Patavii, 1718. 4.
Pagg. 168; præter Epistolam ad Sherardum, de qua supra pag. 75.

Carolus ALLIONI.
Rariorum *Pedemontii* stirpium Specimen 1.
Pagg. 55. tabb. æneæ 12. Taurini, 1755. 4.
Flora *Pedemontana*, sive enumeratio methodica stirpium indigenarum Pedemontii.
Augustæ Taurin. 1785. fol.
Tom. 1. pagg. 344. Tom. 2. pagg. 366. Tom. 3. pagg. xiv. tabb. æneæ 92.
Auctarium ad Floram Pedemontanam.
Pagg. 53. tabb. æneæ 2. ib. 1789. 4.

Ludovico BELLARDI.
Appendice alla flora Pedemontana, (ex ejus libello: Osservazzioni botaniche, Torino 1788. 8.) germanice versa, adest in Magazin für die Botanik, 9 Stück, p. 69—78.
Appendix ad floram Pedemontanam.
Mem. de l'Acad. de Turin, Vol. 5. p. 209—286.
——— (omissis tabulis æneis.) Usteri's Annalen der Botanik, 15 Stück, p. 44—108.

Joannes Franciscus SEGUIER.
Catalogus plantarum quæ in agro *Veronensi* reperiuntur.
Pagg. 111. Veronæ, 1745. 8.
Plantæ Veronenses, seu stirpium, quæ in agro Veronensi reperiuntur, methodica synopsis.
Vol. 1. pagg. 516. tabb. æneæ 12. Vol. 2. pagg. 442. tab. 13—17; præter Calceolarii iter in Baldum, de quo mox infra, et Supplementum bibliothecæ botanicæ, de quo supra pag. 7. ib. 1745. 8.

Plantarum quæ in agro Veronensi reperiuntur
Vol. 3. seu Supplementum.
Pagg. 312. tabb. æneæ 8. Veronæ, 1754. 8.

Franciscus CALCEOLARIUS.
Iter *Baldi* montis.
impr. cum Epitome Matthioli.
Foll. 7. Venetiis, 1571. 4.
——— cum eodem.
Foll. 9. Francofurti, 1586. 4.
——— Volumine 2. Plantarum Veronensium Seguieri, p. 443—477.
Hanc editionem etiam seorsim impressam haberi apparet e Deliciis Cobresianis, p. 92.

Joannes PONA.
Plantæ, quæ in Baldo monte, et in via ab Verona ad Baldum reperiuntur. impr. cum Historia Plantarum Clusii ; p. cccxxj—cccxlviij.
——— Secunda editio. Basileæ, 1608. 4.
Pagg. 112 ; cum figuris ligno incisis ; præter Maroneam de Amomo, de quo infra.
——— : Monte Baldo descritto, per Franc. Pona dal latino tradotto. Venetia, 1617. 4.
Pagg 248 ; cum figg. ligno incisis ; præter Maroneam.

Josephus AGOSTI.
De re botanica tractatus, in quo stirpes recensentur, quæ in agro *Bellunensi* et *Fidentino* vel sponte crescunt, vel arte excoluntur. vide supra pag. 41.

Antonius TITA.
Iter per Alpes *Tridentinas* in Feltrensi ditione, per *Vallem Sambucæ* inter Bassani montes, ac per *Marcesinæ* alpestria. impr. cum ejus Catalogo plantarum horti Mauroceni.
Foll. 13. Patavii, 1713. 8.

Joannes Hieronymus ZANICHELLI.
Opuscula botanica posthuma viz.
Iter 1. per *Istriam* et insulas adjacentes.
2. *Montis Caballi.*
3. stirpium in *Monte Vettarum* agri Feltrini sponte nascentium descriptio.
4. plantarum *Montis Summani* agri Vicentini descriptio.
5. per *Montes Euganeos.*
edita a Jo. Jac. filio.
Pagg. 87. Venetiis, 1730. 4.

Istoria delle piante che nascono né lidi intorno a *Venezia*, accresciuta e publicata da J. J. Zanichelli.
Venezia, 1735. fol.
Pagg. 290. figg. 311, quarum quatuor in singula tabula ænea.

Fulgenzio VITMAN.
Saggio dell' istoria erbaria delle Alpi di *Pistoja*, *Modena* e *Lucca*.
Pagg. 51. Bologna, 1773. 8.

Biagio BARTALINI.
Catalogo delle piante che nascono spontaneamente intorno alla città di *Siena*. Siena, 1776. 4.
Pagg. 122; præter catalogum fossilium, de quo Tomo 4.

Liberatus SABBATI.
Synopsis plantarum, quæ in solo *Romano* luxuriantur.
Ferrariæ, 1745. 4.
Pagg. 50. tabb. æneæ 2; præter figuras 2 æri incisas.
——————: Collectio plantarum quæ in solo Romano luxuriantur. Romæ, 1754. 4.
(Est eadem editio, mutato solum titulo et prima plagula.)

Vincentius PETAGNA.
In ejus Institutionibus botanicis, vide supra pag. 42, plantæ in Regno *Neapolitano* sponte crescentes recensentur.

Felix VALLE.
Florula *Corsicæ*, edita a C. Alliono.
Miscellan. Taurin. Tom. 2. p. 204—218.
—————— aucta ex scriptis Dn. Jaussin, a Nic. Laur. Burmanno.
Nov. Act. Ac. Nat. Cur. Tom. 4. Append. p. 205—254.

Carolus ALLIONI.
Fasciculus stirpium *Sardiniæ* in dioecesi Calaris lectarum a Mich. Ant. Plazza.
Miscellan. Taurin. Tom. 1. p. 88—103.

Paolo BOCCONE.
Programma botanico. Targioni Tozzetti dei progressi delle scienze in Toscana, Tomo 3. p. 250—256.
(Catalogus seminum plantarum *Siciliæ* venalium, 1668.)

Franciscus CUPANI.
Panphyton Siculum s. historia plantarum Siciliæ. fol.
Libri hujus inediti, hinc rarissimi, 168 priores tantum tabulæ æneæ adsunt.

Domenico CIRILLO.
Rariorum Siciliæ stirpium Catalogus.
Manuscr. Autogr. Pagg. 8. 4.
Additus literis ad Comitem Exoniæ, quibus rationem itineris per Siciliam reddit, vide Tom. 1.

Fridericus Philippus CAVALLINI.
Pugillus *Meliteus*, seu herbarum omnium in insula Melita ejusque districtis enascentium.
Brückmann Epistola itineraria 62. Cent. 2. p. 674—691.

Petrus FORSKÅL.
Florula Melitensis.
in ejus Flora Ægyptiaco-Arabica, p. xiii, xiv.

134. *Helvetiæ.*

Johann VON MURALT.
Eydgnössischer lust-garte, das ist grundliche beschreibung aller in den Eydgnössischen landen und gebirgen frey auswachsender, und in dero gärten gepflanzter krauteren und gewachsen; vordem in latin, nun aber in der muttersprache. Zurich, 1715. 8.
Pagg. 448; cum figg. ligno incisis.

Albertus HALLER.
Enumeratio methodica stirpium Helvetiæ indigenarum.
Tomus 1. pagg. 424. tabb. æneæ 9. Tomus 2. p. 425—794. tab. 10—24. Gottingæ, 1742. fol.
Ad enumerationem stirpium Helveticarum emendationes et auctaria.
(Pars 1.) pagg. 48. (Bernæ 1759. *Hall. bibl. bot.* 2. *p.* 240.) 4.
——— Act. Helvet. Vol. 6 p. 23—78.
Pars 2. Miscellan. Taurin. Tom 2. p. 3—47.
——— Act. Helvet. Vol. 6. p. 79—123.
Pars 3. ibid. Vol. 5. p. 3—96.
(Pars 4.) pagg. 23. (1761.) 4.
——— Act. Helvet. Vol. 6 p. 124—149.
Pars 5. ibid. Vol. 5. p. 305—318.
Pars 6. ibid. Vol. 6. p. 1—22.
Enumeratio stirpium, quæ in Helvetia rariores proveniunt.
Pagg. 56. 1760. 8.
Historia stirpium indigenarum Helvetiæ inchoata.
Tomus 1. pagg. 444. tabb. æneæ 20. Tomus 2. pagg.

323. tab. 21—44. Tomus 3. pagg. 204. tab. 45—48. Bernæ, 1768. fol.

Nomenclator ex historia plantarum indigenarum Helvetiæ excerptus. Pagg. 216. Bernæ, 1769. 8.

Wernerus DE LACHENAL.

Emendationum et auctariorum ad Halleri historiam stirpium Helveticarum specimen 1.
Nov. Act. Helvet. Vol. 1. p. 270—307.

———— : Corrections et augmentations à faire, à la premiere famille de l'histoire des plantes de la Suisse, du Bar. de Haller, avec des notes par M. Reynier. Mem. pour l'Hist. Nat. de la Suisse, Tome 1. p. 64—118.

REYNIER.

Liste des plantes qui ont été decouvertes en Suisse, depuis l'impression des ouvrages de Haller, avec la notice des lieux où elles croissent. ibid. p. 212—226.

———— : Verzeichniss derjenigen pflanzen, welche seit dem druck der historia stirpium des Herrn von Haller in der Schweiz gefunden worden sind, nebst der anzeige des orts, wo sie wachsen. Hopfner's Magaz. fur die Naturk. Helvet. 4 Band, p. 23—40.

Albertus HALLER.

Descriptio itineris alpini suscepti M. Junio 1731.
in ejus Opusculis botanicis, p. 1—34.

Iter Helveticum anni 1739.
Pagg. 120. tabb. æneæ 2. Gottingæ, 1740. 4.
———— in Opusculis Botanicis, p. 167—320.

Casparus BAUHINUS.

Catalogus plantarum circa *Basileam* sponte nascentium.
Pagg. 113. Basileæ, 1622. 8.
Duo adsunt exempla, quæ in indice differunt; horum alterum indicem plantarum præmittit catalogo auctorum, alterum vice versa; hujusque index tot nomina plantarum non continet, quot illius.

REYNIER.

Relation d'un voyage botanique fait dans le *Haut Vallais*, et dans la partie voisine du gouvernement d'*Aigle*.
Mem. pour l'Hist. Nat. de la Suisse, Tome 1. p. 172—219.

Benedictus ARETIUS.

Stocc hornii et *Nessi* Helvetiæ montium, et nascentium in eis stirpium descriptio.
impr. cum Operibus Val. Cordi; fol. 232—235.

Joannes FABRICIUS.

Galandæ montis, qui ditionis est Rhetorum inter Helvetios, stirpium enumeratio.

impr. cum Operibus Val. Cordi; fol. 235 verso.

Johannes SCHEUCHZER.

Plantæ raræ in alpibus *Rhæticis* anno 1709 repertæ. (recognovit et synonyma adjecit Alb. Haller.)

in Appendice ejus Agrostographiæ, p. 68—92.

Tiguri, 1775. 4.

135. *Germaniæ.*

Georgius Christianus OEDER.

Schreiben betreffend einen vorschlag zu einer Flora Germanica.

Roth's Beytr. zur Botanik, 1 Theil, p. 93—103.

Gerhardus Augustus HONCKENY.

Systematisches verzeichniss aller gewächse Teutschlandes.

1 Band. pagg. 716. Leipzig, 1782. 8.

Synopsis plantarum Germaniæ.

Tomus 1. pagg. 632. Berolini, 1792. 8.

2. pagg. 370. 1793.

Albertus Guilielmus ROTH.

Tentamen floræ Germanicæ.

Tom. 1. pagg. 560. Lipsiæ, 1788. 8.

Tom. 2. Pars prior. pagg 624. 1789.

Pars 2. pagg. 593. 1793.

Georg Franz HOFFMANN.

Deutschlands Flora, oder botanisches taschenbuch für das jahr 1791. Erlangen. 8.

Foll. et tabb. æneæ color. 12. pagg. 360. Adest etiam titulus Gallicus: La flore de l'Allemagne, ou Etrennes botaniques pour l'an 1791.

Christian SCHKUHR.

Anzeige von einigen zur zeit in den pflanzenverzeichnissen sehr wenig, oder wohl gar nicht, bemerkten pflanzen in Deutschland.

Magazin fur die Botanik, 5 Stück, p. 51—58.

Henricus Adolphus SCHRADER.

Spicilegium floræ Germanicæ.

Pars prior. Pagg. 194. tabb. æneæ color. 4.

Hannoveræ, 1794. 8.

Moriz Balthasar BORKHAUSEN.

Beytrage zur Deutschen flora.

Römer's Neu. Magaz. für die Botan. 1 Band, p. 1—34

136. *Circuli Austriaci.*

Henricus Joannes Nepomucenus CRANTZ.

Stirpium *Austriacarum* Pars 1. editio altera.
Fascicul. 1. 2. 3. pagg. 229. tabb. æneæ 15.
Pars 2. (editio prima.) Fascicul. 4. 5. 6. pag. 233—508. tabb. 3. Viennæ, 1769. 4.

Nicolaus Josephus JACQUIN.

Animadversiones quædam in H. J. N. Crantz fasciculos stirpium Austriacarum.
in ejus Collectaneis, Vol. 1. p. 365—386.

Floræ *Austriacæ*, sive plantarum selectarum in Austriæ Archiducatu sponte crescentium icones ad vivum coloratæ, et descriptionibus ac synonymis illustratæ.
Vol. 1. pagg. 62. tabb. 100. Viennæ Austriæ, 1773. fol.
2. pagg. 60. tab. 101—200. 1774.
3. pagg. 55. tab. 201—300. 1775.
4. pagg 53. tab. 301—400. 1776.
5. cum appendice stirpium ex aliis provinciis Austriæ adjacentibus. pagg. 56. tab. 401—450.
Appendicis tabb. 50. 1778.

ANON.

Oestreichs Flora. Wien, 1794. 8.
1 Bändchen. pagg. 215. 2 Bändchen. pagg. 244.

Guilielmus Henricus KRAMER.

Elenchus Vegetabilium et Animalium per *Austriam Inferiorem* observatorum. Viennæ, 1756. 8.
Pag. 1—307 de plantis, reliqua de animalibus, de quibus Tomo 2. pag. 27.

Nicolaus Josephus JACQUIN.

Enumeratio stirpium plerarumque, quæ sponte crescunt in Agro *Vindobonensi*, montibusque confinibus.
Pagg. 315. tabb. æneæ 9. ib. 1762. 8.

Plantæ addendæ in enumeratione mea vegetabilium agri Vindobonensis.
in ejus Observat. botan. Part. 1. p. 41—47.

Plantæ in eodem opusculo corrigendæ. ib. p. 47, 48.

Franciscus Xaverius WULFEN.

Plantæ rariores *Carinthiacæ*.
Jacquin. Miscellan. Austriac. Vol. 1. p. 147—163.
2. p. 25—138.
Jacquin. Collectanea, Vol. 1. p. 186—364.
2. p 112—232.
3. p. 3—166.
4. p. 227—347.

James Edward SMITH.
Remarks on the Abbé Wulfen's dèscriptions of Lichens, published among his rare plants of Carniola (Carinthia), in Prof. Jacquin's Collectanea Vol. 2.
Transact. of the Linnean Soc. Vol 2. p. 10—14.

Joseph REINER et *Sigmund* VON HOHENWARTH.
Botanische reisen nach einigen Oberkärntnerischen und benachbarten alpen. 1 Reise, im jahr 1791.
Klagenfurt, 1792. 8.
Pagg. 270. tabb. æneæ color. 6.

Joannes Antonius SCOPOLI.
Flora *Carniolica*, exhibens plantas Carniolæ indigenas.
Pagg. 607. Viennæ, 1760. 8.
——— Editio secunda. ib. 1772. 8.
Tomus 1. pagg. 448. tabb. æneæ 32.
Tomus 2. pagg. 496. tab. 33—65.

Balthasar HACQUET.
Plantæ alpinæ Carniolicæ. Viennæ, 1782. 4.
Pagg. 16. tabb. æneæ 5, maximæ.

Siegmund Freyherr VON HOCHENWARTH.
Nachricht von einer im jahr 1777 nach den hinter Linz in *Tyrol* belegenen alpen unternommenen kurzen botanischen reise.
Schr. der Berlin. Ges. Naturf. Fr. 6 Band, p. 394—400.

137. *Circuli Bavarici.*

Franz von Paula SCHRANK.
Primitiæ floræ *Salisburgensis*.
Pagg. 240. tabb. æneæ 2. Francof. ad Moen. 1792. 8.
Flora *Berchtesgadensis*. Schrank's und von Moll's Naturhist. briefe uber Osterreich, &c. 2 Band, p. 155—323.
Baiersche Flora. München, 1789. 8.
1 Band. pagg. 753. . 2 Band. pagg. 670.

Albertus MENTZEL.
Synonyma plantarum circa *Ingolstadium* sponte nascentium.
Pagg. 141. Ingolstadii, 1618. 8.
——— ib. 1654. 8.
Eadem editio, solo titulo novo.

HOPPE, MARTIUS, FUNCK et DUVAL.
Botanische excursionsbeschreibungen (um *Regensburg*.)
Schr. der Regensb. botan. Ges. 1 Band, p. 118—237.

138. *Circuli Svevici.*

Johann Dietrich Leopold.
Deliciæ sylvestres floræ *Ulmensis,* oder verzeichnuss deren gewächsen, welche um des H. R. Reichs freye stadt Ulm ungepflanzt zu wachsen pflegen.
Pagg. 180. Ulm, 1728. 8.

Anon.
Flora *Stuttgardiensis,* oder verzeichnis der um Stuttgardt wildwachsenden pflanzen.
Pagg. 402. Stuttgart, 1786. 8.

Johannes Georgius Duvernoy.
Designatio plantarum circa *Tubingensem* arcem florentium.
Pagg. 154. Tubingæ, 1722. 8.

Joannes Fridericus Gmelin.
Enumeratio stirpium agro Tubingensi indigenarum.
Pagg. 334. ib. (1772.) 8.

Philippo Friderico Gmelin
Præside, Dissertatio sistens fasciculum plantarum patriæ urbi (*Reutlingæ*) vicinarum, sponte crescentium, cultarumque, cum usu omni earundem plebejo. Resp. Jo. Ge. Weinmann.
Pagg. 32. ib. 1764. 4.

139. *Circuli Franconici.*

Johannes Georgius Volckamer.
Flora *Noribergensis.* vide supra pag. 115.

Franciscus Ernestus Brückmann. vide supra pag. 115.

Ludovicus Jungermannus.
Catalogus plantarum, quæ circa *Altorfium* Noricum, et vicinis quibusdam locis; recensitus a Casp. Hofmanno.
Plagg. 8. Altorfii, 1615. 4.
Catalogus plantarum circa Altdorphium Noricum sponte crescentium.
impr. cum ejus Catalogo horti Altdorphini; sign. D 3—E 8. ib. 1646. 8.

Mauritius Hoffmann.
Floræ Altdorffinæ deliciæ sylvestres, sive catalogus plantarum in agro Altdorffino locisque vicinis sponte nascentium.
Plagg. 12. Altdorfii, 1662. 4.

——— Altorfii, 1677. 4.
Est eadem editio, novo tantum titulo et dedicatione.

Addenda ad catalogum plantarum spontanearum.
Fol. 1. 4.

Florilegium Altdorffinum, s. tabulæ loca et menses exhibentes, quibus plantæ sub coelo Norico florere solent.
Pagg. 16. Altdorffii, 1676. 4.

Montis Mauriciani ejusque viciniæ descriptio medico-botanica, sive catalogus plantarum in excursionibus herbilegis se offerentium.
Pagg. 24. Altdorffii, 1694. 4.

Joannes Casparus Philippus ELWERT.
Fasciculus plantarum e flora Marggraviatus *Baruthini*. Dissertatio inauguralis.
Pagg. 28. Erlangæ, 1786. 4.

140. *Circuli Rhenani Inférioris s. Electoralis.*

Natalis Josephus DE NECKER.
Enumeratio stirpium *Palatinarum* annis 1768, 1769 collectarum.
Comment. Acad. Palat. Vol. 2. p. 446—496.

Johannes Adamus POLLICH.
Historia plantarum in Palatinatu Electorali sponte nascentium incepta.
Tomus 1. pagg. 454. Mannhemii, 1776. 8.
Tomus 2. pagg. 664. tab. ænea 1. 1777.
Tomus 3. pagg. 320. tab. 1.

G. M. GATTENHOF.
Stirpes agri et horti *Heidelbergensis*. vide supra pag. 116.

141. *Circuli Rhenani Superioris.*

Moriz Balthasar BORKHAUSÈN.
Flora der oberen grafschaft *Catzenelnbogen*.
Rheinisch. Magaz. 1 Band, p. 393—607.

Joannes Jacobus REICHARD.
Flora *Moeno-Francofurtana*.
Pars prior. pagg. 112. Francofurti, 1772. 8.
Pars posterior. pagg. 196. tab. ænea 1. 1778.

GÄRTNER *der jüngere*.
Centurie von pflanzen welche un *Hanau* wachsen.
Ehrhart's Beiträge zur Naturkunde, 5 Band, p. 163—167.

Franz Kaspar LIEBLEIN.
Flora *Fuldensis*, oder verzeichniss der in dem fürstenthume Fuld wildwachsenden bäume, sträuche und pflanzen.
Pagg. 482. Frankfurt am Main, 1784. 8.

Johannes Jacobus DILLENIUS.
Catalogus plantarum sponte circa *Gissam* nascentium, cum appendice, qua plantæ post editum catalogum observatæ recensentur. Francofurti ad Moen. 1719. 8.
Pagg. 240, et appendicis pagg. 160.

Philippus Conradus FABRICIUS.
Primitiæ floræ *Butisbacensis*, sive sex decades plantarum rariorum inter alias circa Butisbacum sponte nascentium. Wetzlariæ, 1743. 8.
Pagg. 64, quarum posteriores supra pag. 46 recensitæ.

Conradus MOENCH.
Enumeratio plantarum indigenarum *Hassiæ*, præsertim inferioris. Pars prior.
Pagg. 268. Cassellis, 1777. 8.
(Desinit in Icosandria.)

142. *Circuli Westphalici.*

Catharina Helena DÖRRIEN.
Verzeichniss und beschreibung der in den Oranien-*Nassauischen* landen wildwachsenden gewächse.
Lübeck, 1779. 8.
Pagg. 458; præter terminos botanicos, de quibus supra pag. 22.

Joannes Daniel LEERS.
Flora *Herbornensis*. Herbornæ, 1775. 8.
Pagg. 287; præter nomenclatorem Linnæanum (de quo supra pag. 27.) tabb. æneæ 16.
In præfatione auctor se enumerationem stirpium Herbornensium Rosenbachii, cujus C. Bauhinus mentionem facit, reperire non potuisse queritur; sed ejusmodi librum editum fuisse vix credo. Erroris, ni fallor, hæc est origo: In C. Bauhini Pinacis editione altera, post Præfationem hæc leguntur: "Zach. Rosenbachius Co-"rollario de methodo plantarum, in Indice Plantar. Her-"borniæ Nassoviorum 1626 edito. Rerum Naturalium, "&c." Corollarium vero hoc exscriptum est ex Indice botanico Rosenbachii, altero e quatuor ejus indicibus physicis corporum naturalium perfecte mixtorum, qui in Joh. Henr. Alstedii compendio Lexici philoso-

phici, Herbornæ 1626. impresso, continentur, ubi hoc corollarium pag. 2048 & 2049 invenire licet.

Gottlieb BARCKHAUSEN.

Specimen inaug. sistens Fasciculum plantarum ex flora Comitatus *Lippiaci*.

Pagg. 28. Goettingæ, 1775. 4.

Albrecht Wilhelm ROTH.

Verzeichniss verschiedener pflanzen, welche im herzogthum *Oldenburg* wild wachsen.

in seine Beytr. zur Botanik, 1 Theil, p. 1—39, p. 76—93, et p. 103—110. 2 Theil, p. 125—134.

Friedrich EHRHART.

Meine reise nach der Grafschaft *Bentheim*, vide supra pag. 139.

143. *Circuli Saxonici Inferioris.*

August Ludolph Wilhelm HAGEMANN.

Specimen floræ *Bremensis*.

Roth's Beytr. zur Botanik, 2 Theil, p. 149—190.

Friedrich EHRHART.

Versuch eines verzeichnisses der um *Hannover* wild wachsenden pflanzen.

Hannover. Magaz. 1780. p. 209—240.

——— in seine Beiträge, 1 Band, p. 84—121.

Fortsezung. Hannover. Magaz. 1782. p. 361—364.

——— in seine Beitrage, 1 Band, p. 151—155.

Zweyte fortsezung. Hannover. Magaz. 1782. p. 475—480.

——— in seine Beiträge, 2 Band, p. 32—37.

Dritte fortsezung. ibid. 4 Band, p. 126—132.

Eine excursion nach dem *Süntel*. ib. 7 Band, p. 1—20.

Johannes CHEMNITIUS.

Index plantarum circa *Brunsvigam* nascentium, cum appendice iconum. Brunsvigæ, 1652. 4.

Pagg. 55. tabb. æneæ 7, in quibus icones exhibentur plantarum 8.

Johann Friedrich Ludwig CAPPEL.

Verzeichniss der um *Helmstedt* wildwachsenden pflanzen.

Pagg. 196. Dessau, 1784. 8.

Johann ROYER.

Von denen kräutern, blumen und gewächsen, so die benachbarte wälder, berge, gründe, brüche, und der Gaterschlebische see-berg uns von sich selber geben.

impr. cum ejus Beschreibung des gartens zu *Hessem*, p. 112—128.

Henricus Julius MEYENBERG.

Flora *Embeccensis*, sive enumeratio plantarum circa Einbeccam undique ad duo milliaria sponte nascentium.
Pagg. 103. Gottingæ, 1712. 8.

Albertus HALLER.

Brevis enumeratio stirpium horti *Gottingensis*, vide supra pag. 118.
Plantæ quæ intra primum a Gottinga milliare sponte proveniunt, a reliquis heic distinguuntur, absentia notæ H.

Enumeratio plantarum horti regii et agri Gottingensis, vide supra pag. 118.

Johann Gottfried ZINN.

Catalogus plantarum horti academici et agri Gottingensis, vide supra pag. 118.

Johannes Andreas MURRAY.

Prodromus designationis stirpium Gottingensium.
Gottingæ, 1770. 8.
Sectio 1 & 2. pag. 1—82. auctores de stirpibus agri Gottingensis, et stirpes sponte crescentes sistunt; reliqua ad hortum, vide supra pag. 118.

Georgius Henricus WEBER.

Spicilegium floræ Goettingensis.
Pagg. 288. tabb. æneæ color. 5. Gothæ, 1778. 8.

Henricus Fridericus LINK.

Floræ Goettingensis specimen, sistens vegetabilia saxo calcareo propria. Diss. inaug.
Pagg. 43. Goettingæ, 1789. 8.
——— Usteri Delect. Opusc. botan. Vol. 1. p. 299—336.

Joannes THALIUS.

Sylva *Hercynia*, s. catalogus plantarum sponte nascentium in montibus, et locis vicinis Hercyniæ. impr. cum Joach. Camerarii horto. Francofurti, 1588. 4.
Pagg. 133; cum iconibus 9 ligno incisis.

Franciscus Ernestus BRÜCKMANN.

Plantæ quædam Hercynicæ sylvæ.
Epistola itineraria 85. Cent. 1.
Pagg. 15. tab. ænea 1. Wolffenbuttelæ, 1740. 4.

Albertus HALLER.

Ex itinere in sylvam Hercyniam Observationes botanicæ. Resp. Frid. Lud. Chr. Cropp.
Pagg. 70. tab. ænea 1. Gottingæ, 1738. 4.
——— in ejus Opusculis botanicis, p. 75—152.

Johann Gottlieb GLEDITSCH.
Alphabetisches verzeichniss der vornehmsten gewächse, welche um, an und auf dem *Brocken*, oder dessen allernächsten vorgebirgen gefunden worden sind.
Beschaft. der Berlin. Gesellsch. Naturf. Fr. 4 Band, p. 350—380.

Joachim Christian TIMM.
Floræ *Megapolitanæ* prodromus, exhibens plantas ducatus Megapolitano-Sverinensis spontaneas.
Pagg. 284. Lipsiæ, 1788. 8.

144. *Circuli Saxonici Superioris.*

Christophorus Fridericus KÜHN.
Potiorum circa *Isenacum* occurrentium plantarum enumeratio.
Nov. Act. Acad. Nat. Cur. Tom. 2. p. 264—268.

Johannes Fridericus Carolus GRIMM.
Synopsis methodica stirpium agri *Isenacensis*.
Nov. Act. Acad. Nat. Curios.
Tom. 3. Append. p. 249—364. Class. 1—18.
4. Append. p. 79—158. Class. 19—24.
5. Append. p. 117—160. Emendationes et supplementa.

Joannes Philippus NONNE.
Flora in territorio *Erfordensi* indigena.
Pagg. 336. Erfordiæ, 1763. 8.

Johannes Jacobus PLANER.
Index plantarum, quas in agro Erfurtensi sponte provenientes olim J. P. Nonne, dein J. J. Planer collegerunt.
Pagg. 284. Gothæ, 1788. 8.
Indici plantarum Erfurtensium Fungos et plantas quasdam nuper collectas addit. Programma.
Pagg. 44. Erfordiæ, 1788. 8.

Joanne Friderico WEISSENBORN
Præside, Dissertatio inaug. sistens delineationes Veronicæ chamædryos, Dianthi Carthusianorum, Lamii maculati et purpurei, Arabis alpinæ, Violæ grandifloræ, Zannichelliæ palustris ac Polymorphi tremelloidis. (Supplementum indicis plantarum Erfurtensis agri.) Resp. Joh. Sam. Naumburg.
Pagg. 35. Erfordiæ, 1792. 8.

Henricus Bernhardus RUPPIUS.
Flora *Jenensis*, sive enumeratio plantarum, tam sponte

circa Jenam, et in locis vicinis nascentium, quam in hortis obviarum, edita a Jo. Henr. Schutteo.
Pagg. 376. tabb. æneæ 3.
Francofurti et Lipsiæ, 1718. 8.
——— Pagg. 311. tabb. æneæ 3. ib. 1726. 8.
——— auxit et emendavit Alb. Haller.
Pagg. 416. tabb. æneæ 6. Jenæ, 1745. 8.

Franciscus Ernestus BRUCKMANN.
Notæ et observationes in H. B. Ruppii Floram Jenensem.
Epistola itineraria 85. Cent. 2. p. 1105—1112.
58. Cent. 3. p. 780— 789.

Ernestus Godofredus BALDINGER.
Index plantarum horti et agri Jenensis, vide supra pag. 120.

Joannes Henricus RUDOLPH.
Dissertatio inaug. sistens Floræ Jenensis plantas ad Polyandriam Monogyniam Linnæi pertinentes.
Pagg. 26. Jenæ, 1781. 4.

Tobias Conrad HOPPE.
Geraische flora. Pagg. 224. ib. 1774. 8.

SCHULZE.
Nachricht von verschiedenen in der *Dresdnischen* gegend befindlichen kräutergewächsen.
Titius gemeinnüzige Abhandl. 1 Theil, p. 396—413.
——— Neu. Hamburg. Magaz. 78 Stück, p. 496—513.

Paulus AMMANN.
Suppellex botanica, vide supra pag. 120.

Georgius Rudolphus BOEHMER.
Flora *Lipsiæ* indigena.
Pagg. 340. Lipsiæ, 1750. 8.

Johann Christian Daniel SCHREBER.
Spicilegium floræ Lipsicæ. Pagg. 148. ib. 1771. 8.

Augustus Fridericus Guilielmus Ernestus JAHN.
Plantas circa Lipsiam nuper inventas describit.
Pagg. xii. ib. 1774. 4.

Joannes Christianus Gottlob BAUMGARTEN.
Flora Lipsiensis. Pagg. 741. tabb. æneæ 4. ib. 1790. 8.

Ulrich KÄHNLEIN.
Verzeichnis einiger um *Wittenberg* befindlichen kräuter.
Plag. 1. Wittenberg, 1763. 8.

Carolus SCHÆFFER.
Deliciæ botanicæ Hallenses, seu catalogus plantarum indigenarum, quæ circa *Hallam* Saxonum procrescunt.
Plagg. 3. Hallæ, 1662. 12.

Christophorus KNAUTH.
Enumeratio plantarum circa Halam Saxonum et in ejus vicinia, ad trium fere milliarum spatium, sponte provenientium.
Pagg. 187. Lipsiæ, 1688. 8.

Abrahamus REHFELDT.
Hodegus botanicus menstruus, plantas quæ circa Halam Saxonum, vel sponte proveniunt, vel studiose nutriuntur, enumerans.
Pagg. 95. Halæ, 1717. 8.

Johannes Christianus BUXBAUM.
Enumeratio plantarum in agro Hallensi locisque vicinis crescentium. Halæ, 1721. 8.
Pagg. 342. tabb. æneæ 2; præter præfationem F. Hoffmanni infra, Parte 3. dicendam.

Fridericus Wilhelmus A LEYSSER.
Flora Halensis, exhibens plantas circa Halam Salicam crescentes, secundum systema sexuale Linnæanum distributas.
Pagg. 224. ib. 1761. 8.
——— Editio altera, aucta et reformata.
Pagg 305. ib. 1783. 8.
Pflanzen der Hallischen flora, in dem Linneischen pflanzensystem nicht vorkommen. Abhandl. der Hallischen Naturf. Ges. 1 Band, p. 362—372.

Albrecht Wilhelm ROTH.
Beyträge zu des Herrn von Leyser flora Halensis. in seine Beytr. zur Botanik, 2 Theil, p. 135—143.
———: Additamenta ad floram Halensem.
Nov. Act. Acad. Nat. Cur. Tom. 7. p. 198—203.

Fridericus Adamus SCHOLLER.
Flora *Barbiensis*. Pagg. 310. Lipsiæ, 1775. 8.
Supplementum floræ Barbiensis.
Pag. 311—366. tab. ænea 1. Barbii, 1787. 8.

Joannes Sigismundus ELSHOLTIUS.
Flora *Marchica*, sive catalogus plantarum, quæ partim in hortis Electoralibus Marchiæ Brandenburgicæ primariis excoluntur, partim sua sponte passim proveniunt.
Pagg. 223. Berolini, 1663. 8.

Frid. Wilh. Ant. LÜDERS.
Nomenclator botanicus stirpium Marchiæ Brandenburgicæ, secundum systema Gleditschianum.
Pagg. 107. ib. 1786. 8.

ANON.
Flora *Berolinensis*, das ist abdruck der kräuter und blu-

men nach der besten abzeichnung der natur, veranstaltet von der Real-Schule in Berlin. Centuria 1. 2. 3.
Berolini, 1757, 1758. fol.
Ectypa 300, in nostro certe exemplo, pessima.
(Plantas etiam hortenses continet.)

Carolus Ludovicus WILLDENOW.
Floræ Berolinensis prodromus.
Pagg. 439. tabb. æneæ 7. ib. 1787. 8.
Nachrichten die Berliner flor betreffend.
Magazin für die Botanik, 5 Stück, p. 12, 13.

Johannes Christophorus BECMANUS.
Catalogus plantarum in tractu *Francofurtano* sponte nascentium.
in ejus Memorandis Francofurtanis, p. 72—80.
Francofurti ad Oderam, 1676. 4.

M. D. JOHRENIUS.
Vade mecum botanicum, seu hodegus botanicus.
Pagg. 248. Colbergæ (1710. Segu. p. 91.) 8.
Floram continet Francofurtanam, præter Tournefortii genera in universum, vide supra pag. 28.

Carolus Augustus DE BERGEN.
Flora Francofurtana.
Pagg. 375. Francofurti ad Viadr. 1750. 8.

Johannes Gottlieb GLEDITSCH.
Catalogus plantarum, quæ tum in horto *Trebnizii* coluntur, tum et in vicinis locis sponte nascuntur. vide supra pag. 122.

Christian Ehrenfried WEIGEL.
Flora *Pomerano-Rugica*, exhibens plantas per Pomeraniam anteriorem Svecicam et Rugiam sponte nascentes.
Pagg. 222. Berolini, 1769. 8.

Samuel Gustav WILCKE.
Flora *Gryphica*, exhibens plantas circa Gryphiam intra milliare sponte nascentes.
Pagg. 144. Gryphiæ, 1765. 8.

Alexander Bernhard KÖLPIN.
Floræ Gryphicæ supplementum.
Pagg. 128. ib. 1769. 8.

145. *Bohemiæ et Moraviæ.*

Franciscus Wilibaldus SCHMIDT.
Flora Boëmica. Tomus 1.
Cent. 1. pagg. 86. Pragæ, 1793. fol.
2. pagg. 97.

Cent. 3. pagg. 112. 1794. fol.
4. pagg. 96.

Verzeichniss von hundert seltenen in Böhmen wildwachsenden pflanzen.
Mayer's Samml. physikal. Aufsäze, 1 Band, p. 201—209.

Johann MAYER.
Botanische beobachtungen.
Abhandl. der Bohm. Gesellsch. 1785. p. 46—57.
1787. p. 314—321.

Beschreibung und abbildung einiger neuer noch unbekannter Bohmischer pflanzen.
in sein. Samml. physikal. Aufsäze, 2 Band, p. 289—291.

Christianus Henricus ERNDELIUS.
De plantis, circa Thermas *Teplicenses* crescentibus.
Act. Acad. Nat. Curios. Vol. 3. Append. p. 135—144.

Thaddæus HENKE.
Tagebuch einer botanischen reise, in einigen bezirken des *Rakonitzer* und *Berauner* kreises in Böhmen.
Abhandl. der Böhm. Gesellsch. 1786. p. 31—59.

Franz Willibald SCHMIDT.
Chloris Moravica, Circuli *Znaimensis*.
Mayer's Samml. physikal. Aufsäze, 1 Band, p. 209—214.

146. *Silesiæ.*

Casparus SCHWENCKFELT.
Stirpium Silesiæ catalogus. Lipsiæ, 1600. 4.
Pagg. 348; præter fossilium catalogum, de quo Tomo 4.

Heinrich Gottfried Graf VON MATTUSCHKA.
Flora Silesiaca, oder verzeichniss der in Schlesien wildwachsenden pflanzen.
1 Theil. pagg. 538. Leipzig, 1776. 8.
2 Theil. pagg. 468. 1777.

Enumeratio stirpium in Silesia sponte crescentium.
Pagg. 348. Vratislaviæ, 1779. 8.

Antonius Joannes KROCKER.
Flora Silesiaca renovata, emendata, continens plantas Silesiæ indigenas, de novo descriptas. ib. 1787. 8.
(Vol. 1.) pagg. 639. tabb. æneæ color. 52.
Vol. 2. pagg. 406 et 522. tabb. 44. 1790.

147. *Lusatiæ.*

Joannes FRANCUS.

Hortus Lusatiæ, das ist : lateinische, deutsche und etzliche wendische nahmen derer gewechse, welche in Ober- und Nider-Lausitz, entweder in gerten werden gezeuget oder sonsten in wälden, auff den bergen, eckern, wiesen, und in wassern von sich selber wachsen.

Plagg. 12. Budissinæ, 1594. 4.

Johann Caspar GEMEINHARDT.

Catalogus plantarum circa *Laubam* nascentium, tam indigenarum, quam exoticarum.

Pagg. 198. Laubæ, 1724. 8.

148. *Imperii Danici.*

Simon PAULLI.

Flora Danica, det er : Dansk urtebog.

Kiöbenhafn, 1648. 4.

Foll. 395. Iconum ligno incisarum pagg. 393. (Plantas etiam hortenses continet.)

Petrus KYLLING.

Viridarium Danicum, sive catalogus latino-danico-germanicus plantarum indigenarum in Dania observatarum.

Pagg. 174. Hafniæ, 1688. 4.

Carolus LINNÆUS.

Dissertatio : Prodromus floræ Danicæ. Resp. Geo. Tycho Holm.

Pagg. 26. Upsaliæ, 1757. 4.

——— Amoenitat. Academ. Vol. 5. p. 30—49.

* * * *

Icones plantarum sponte nascentium in regnis Daniæ et Norvegiæ, in ducatibus Slesvici et Holsatiæ, et in comitatibus Oldenburgi et Delmenhorstiæ, ad illustrandum opus de iisdem plantis, Regio jussu exarandum, Floræ Danicæ nomine inscriptum ; editæ a *Georgio Christiano* OEDE...

Vol. 1. Fasc. 1. tabb. æneæ color. 60.

Hafniæ, 1761. fol.

Fasc. 2. tab. 61—120. 1763.

Fasc. 3. tab. 121—180. 1764.

Vol. 2. Fasc. 4. tab. 181—240. 1765.

Fasc. 5. tab. 241—300. 1766.

Fasc. 6. tab. 301—360. 1767.

Vol. 3. Fasc. 7. tab. 361—420. 1768.

Fasc. 8. tab. 421—480. 1769. fol.
Fasc. 9. tab. 481—540. 1770.
Vol. 4. edit. ab *Othone Friderico* MÜLLER.
Fasc. 10. tab. 541—600. 1771.
Fasc. 11. tab. 601—660. 1775.
Fasc. 12. tab. 661—720. 1777.
Vol. 5. Fasc. 13. tab. 721—780. 1778.
Fasc. 14. tab. 781—840. 1780.
Fasc. 15. tab. 841—900. 1782.
Vol. 6. edit. a. *Martino* VAHL.
Fasc. 16. tab. 901—960. 1787.
Fasc. 17. tab. 961—1020. 1790.
Fasc. 18. tab. 1021—1080. 1792.
Vol. 7. Fasc. 19. tab. 1081—1140. 1794.

Otho SPERLING.
Catalogus plantarum indigenarum, in Regiæ Majestatis Viridarium Hafniæ translatarum 1645.
Bartholini Cista medica, p. 462—473.
Petrus KYLLINGIUS.
Plantæ quædam domesticæ raræ.
Bartholini Act. Hafniens. 1673. p. 345, 346. (Plantæ etiam hortenses.)
Joh. Val. WILLIUS.
Rara quædam in plantis observata. ibid. 1674. p. 143 —147.

Otto Fridericus MÜLLER.
Flora *Fridrichsdalina*, sive methodica descriptio plantarum in agro Fridrichsdalensi simulque per regnum Daniæ crescentium.
Pagg. 238. tabb. æneæ 2. Argentorati, 1767. 8.
N———G.
Schreiben an den Herrn H * * * die beurtheilung der Flora Fridrichsdalina in dem Dänischen journal betreffend, nebst einer vermehrung der Danischen floren.
Pagg. 19. 1769. 8.
Johanne Christiano KERSTENS
Præside, Dissertatio: Primitiæ floræ *Holsaticæ*. Resp. Frid. Henr. Wiggers.
Pagg. 112. Kiliæ, 1780.. 8.
(Auctorem hujus floræ se profitetur G. H. Weber.)
Johannes Ernestus GUNNERUS.
Flora *Norvegica*.
Pars prior. pagg. 96. tabb. æneæ 3. Nidrosiæ, 1766.

Pars posterior. pagg. 148. tabb. 9.
Hafniæ, 1772. fol.
Om nogle Norske planter.
Norske Vidensk. Selsk. Skrift. 4 Deel, p. 81—86.
Hans STRÖM.
Fortegnelse over endeel Norske væxter, som et tillæg til Gunneri flora Norvegica. Danske Vidensk. Selsk. Skrift. nye Saml. 3 Deel, p. 348—382.
4 Deel, p. 369—397.
Henrik TONNING.
Norsk Medicinsk og Oeconomisk flora, indeholdende adskillige planter, som fornemmelig ere samlede i *Tronhiems* stift.
Pagg. 185. Kiöbenhavn, 1773. 4.
(Desinit in Tetradynamia.)
Georgius FUIREN.
Plantarum quæ circa *Nidrosiam* reperiuntur, nomina.
Bartholini Cista Medica, p. 278—284.
Otho Fridericus MÜLLER.
Enumeratio stirpium in *Islandia* sponte crescentium.
Nov. Act. Acad. Nat. Cur. Tom. 4. p. 203—215.
(Plantæ in Islandia a Joh. Gerh. Koenig lectæ.)
Johan ZOEGA.
Flora Islandica.
impr. cum Eggert Olafsens Reise igiennem Island.
Pagg. 20. Soröe, 1772. 4.
——— cum eodem libro germanice verso, 2 Theil, p. 233—244. Kopenhagen und Leipzig, 1775. 4.
——— (omissis descriptionibus et synonymis) in Troils Bref om Island, p. 113—123.
Christen Friis ROTTBÖLL.
Afhandling om en deel rare planter, som i Island og *Grönland* ere fundne.
Kiobenk. Selskab. Skrifter, 10 Deel, p. 424—462.
Johann Christian Daniel SCHREBER.
Flora Groenlandica. Crantz fortsetzung der Historie von Grönland, p. 280—287. Barby, 1770. 8.

149. *Sveciæ.*

Carolus LINNÆUS.
Flora Svecica.
Pagg. 419. tab. ænea 1. Stockholmiæ, 1745. 8.
——— Pagg. 464. tab. 1. ib. 1755. 8.

Chloris Svecica (p. xv—xxxii alteræ editionis) adest in Fundam. botan. edit. a Gilibert, Tom. 2. p. 631—669.

Floræ Svecicæ novitiæ. in ejus Fauna Svecica p. 557, 558.

Samuel LILJEBLAD.

Utkast til en Svensk flora.

Pagg. 358. tabb. æneæ 2. Upsala, 1792. 8.

Jöns FLYGARE.

En ny Svensk ört, Hyacinthus botryoides. Götheb. Wet. Samh. Handl. Wetensk. Afdeln. 1 Styck. p. 53, 54.

Adamus AFZELIUS.

De vegetabilibus Svecanis observationes et experimenta. Sectionis prioris pars 1. Resp. Andr. Magn. Wadsberg.

Pagg. 36. Upsaliæ, 1785. 4.

Anmärkningar vid Svenska växternas kännedom.

Vetensk. Acad. Handling. 1787. p. 241—275.

1788. p. 137—156, & p. 172—180.

Olof SWARTZ.

Botaniske anmärkningar öfver några Svenska växter. ibid. 1789. p. 39—51.

Stellaria humifusa, ny Svensk växt, samt botaniske erindringar. ibid. p. 125—130.

Olaus CELSIUS.

Plantarum circa Upsaliam sponte nascentium catalogus.

Act. Lit. et Scient. Sveciæ, 1732. p. 9—44.

Tilökning på några örter, fundna i *Upland*, sedan catalogus plantarum Uplandicarum utgafs år 1732.

Vetensk. Acad. Handling. 1740. p. 299—303.

————: Appendix catalogi plantarum Uplandicarum 1732 in lucem editi.

Analect. Transalpin. Tom. 1. p. 65—68.

Carolus LINNÆUS.

Dissertatio: Herbationes *Upsalienses*. Resp. And. Fornander.

Pagg. 20. Upsaliæ, 1753. 4.

———— Amoenitat. Academ. Vol. 3. p. 425—445.

Friedrich EHRHART.

Versuch eines verzeichnisses der um Upsal wild wachsenden pflanzen.

in seine Beiträge, 5 Band, p. 1—40.

Carolus A LINNE'.
Dissertatio: Pandora et flora *Rybyensis.* vide Tom. 2. pag. 228.
Flora pag. 16—23.
——— Amoenitat. Academ. Vol. 8. p. 93—106.
Dissertatio: Flora *Åkeröensis.* Resp. Car. Joh. Luut.
Pagg. 20. Upsaliæ, 1769. 4.
——— Amoenitat. Academ. Vol. 8. p. 29—45.
Carolo Petro THUNBERG
Præside, Dissertatio: Flora *Strengnesensis.* Resp. Car. Axel. Carlson.
Pagg. 62. Upsaliæ, 1791. 4.
Johan LINDER.
Flora *Wiksbergensis.*
Pagg. 42. Stockholm, 1716. 8.
——— Pagg. 42. ib. 1728. 8.
A. S. H. (*Abraham* ZAMZELIUS. Flor. Strengnes. p. 2.)
Blomsterkrants af de allmannaste och märkvärdigaste uti *Neriket* befintliga wäxter hopflatader.
Pagg. 84. Orebro, 1760. 12.
Carl LINNÆUS.
Samling af 100 wäxter upfundne på *Gothland, Oland* och *Småland.*
Vetensk. Acad. Handling. 1741. p. 179—210.
———: C. Plantæ in Gothia, Oelandia et Smolandia detectæ.
Analect. Transalpin. Tom. 1. p. 146—166.
Georgius FUIREN.
Plantæ itineris *Blekingensis,* Gothici (*Gothlandici*), *Scanici.*
Bartholini Cista medica, p. 284—293.
Johan LECHE.
Fortekning öfver de raraste vaxter i *Skåne.*
Vetensk. Acad. Handling. 1744. p. 261—285.
———: Rariora Scaniæ vegetabilia.
Analect. Transalpin. Tom. 1. p. 331—346.
Disputatio exhibens Primitias Floræ Scanicæ. Resp. Car. Joh. Ennes.
Pagg. 54. Lund. 1744. 4.
Eberhardus ROSEN.
Observationes botanicæ, circa plantas quasdam Scaniæ non ubivis obvias, et partim quidem in Svecia hucusque non detectas. Londini Gothorum, 1749. 4.
Pagg. 90; sed a pag. 65 ad 82 disquitio de strage bovilla, non hujus loci.

Anders Johan RETZIUS.
Anmärkningar vid Skånes ört-historie.
Vetensk. Acad. Handling. 1769. p. 243—255.

Lars MONTIN.
Förtekning på de i *Halland* vildt växande örter, som äro sällsynte i Sverige, eller ock dar ej tilförene blifvit fundne. ibid. 1766. p. 234—247.

Olaus BROMELIUS.
Chloris Gothica, seu catalogus stirpium circa *Gothoburgum* nascentium.
Pagg. 124. Gothoburgi, 1694. 8.

Pehr KALM.
Förtekning på några örter fundna i *Bobus-Län*, 1742.
Vetensk. Acad. Handl. 1743. p. 105—112.
———— : Plantæ rariores Bohusiæ.
Analect. Transalpin. Tom. 1. p. 251—254.

Olaus RUDBECK *filius*.
Index plantarum præcipuarum, quas in itinere *Laponico* anno 1695 observavit.
Act. Liter. Sveciæ, 1720. p. 91—100.

Carolus LINNÆUS.
Florula *Lapponica*.
Act. Liter. et Scient. Sveciæ, 1732. p. 46—58.
1735. p. 12—23.

Flora *Lapponica*.
Pagg. 372. tabb. æneæ 12. Amstelædami, 1737. 8.
———— Editio altera, studio Jac. Ed. Smith.
Pagg. 390. tabb. æneæ 12. Londini, 1792. 8.

Petro KALM
Præside, Dissertatio: Floræ *Fennicæ* pars prior. Resp. Wilh. Granlund.
Pagg. 10. Aboæ, 1765. 4.

Johan Gustaf JUSTANDER.
Observationes historiam plantarum Fennicarum illustrantes. Diss. Resp. Zach. Tamlander.
Pagg. 16. ib. 1791. 4.

Elias TIL-LANDS.
Catalogus plantarum, quæ prope *Aboam* tam in excultis, quam incultis locis huc usque inventæ sunt.
Plagg. 4½. ib. 1683. 8.

Icones novæ catalogo plantarum promiscue appensæ.
ib. 1683. 8.
Pagg. 160, in quibus figuræ 158 ligno incisæ.

150. *Borussiæ.*

Joannes WIGAND.

Catalogus herbarum in Borussia nascentium. impr. cum ejus Historia Succini Borussici, fol. 48—88.
Jenæ, 1590. 8.

Johannes LOESELIUS.

Flora Prussica; auxit et edidit Johannes Gottsched.
Pagg. 294. tabb. æneæ 85. Regiomonti, 1703. 4.

Johannes Philippus BREYNIUS.

Errores Loeselii et Gottschedii in Flora Prussica. in illius Præfatione ad librum sequentem, p. 11—16.

Georgius Andreas HELWING.

Flora quasimodogenita, sive enumeratio aliquot plantarum indigenarum in Prussia.
Pagg. 74. Gedani, 1712. 4.

Supplementum Floræ Prussicæ, seu enumeratio plantarum indigenarum post editam floram quasimodogenitam.
Pagg. 66. ib. (1726.) 4.

Johannes Christophorus WULFF.

Specimen inaugurale plantas xxiii in Borussia repertas et nondum descriptas comprehendens.
Pagg. 20. Regiomonti, 1744. 4.

Flora Borussica.
Pagg. 267. tab. ænea 1. Regiom. et Lips. 1765. 8.

Nicolaus OLHAFIUS.

Elenchus plantarum circa *Dantiscum* sua sponte nascentium.
Coll. 80. Dantisci, 1643. 4.

——— locupletatus a Laur. Eichstadio.
Pagg. 256. tabb. æneæ 2. 1656. 8.

Christianus MENZELIUS.

Centuria plantarum circa Gedanum sponte nascentium, adjecta appendicis loco ad elenchum plantarum Gedanensium Oelhafii. impr. cum libro sequenti, Tom. 2. p. 201—224.

Gottfried REYGER.

Tentamen floræ Gedanensis.
Pagg. 293. Dantisci, 1764. 8.
Tomus 2. ib. 1766. 8.
Pagg. 200; præter Menzelii centuriam.

ANON.

Catalogus plantarum indigenarum, quæ circa *Warsaviam* nascuntur.
in Sim. Paulli Viridariis variis, p. 288—324.

Christianus Henricus Erndtelius.
Viridarium Warsaviense, sive catalogus plantarum circa Warsaviam crescentium. impr. cum ejus Warsavia physice illustrata. Pagg. 132. Dresdæ, 1730. 4.

151. *Hungariæ.*

Carolus Fridericus Loew.
Epistola de Flora Pannonica conscribenda.
Act. Acad. Nat. Cur. Vol. 5. Append. p. 145—154.

Janos Földi.
Rövid kritika és rajzolat a' Magyar füvésztudományról. (i. e. brevis critica, et delineatio Hungaricæ botanicæ,)
Pagg. 60. Bétsben (Viennæ,) 1793. 8.

Stephanus Lumnitzer.
Flora *Posoniensis*, exhibens plantas circa Posonium sponte crescentes.
Pagg. 557. tab. ænea 1. Lipsiæ, 1791. 8.

152. *Imperii Russici.*

Petrus Simon Pallas.
Flora Rossica, seu stirpium Imperii Rossici per Europam et Asiam indigenarum descriptiones et icones.
Tomi 1. Pars 1. pagg. 80. tabb. æneæ color. 50. Petropoli, 1784. fol.
Pars 2. pagg. 114. tab. 51—100. 1788.

Pierre Deschisaux.
Memoire pour servir à l'instruction de l'histoire naturelle des plantes de Russie, et à l'etablissement d'un jardin de botanique à St. Petersbourg.
Pagg. 53. 1725. 8.

Joannes Amman.
Stirpium rariorum in Imperio Rutheno sponte provenientium icones et descriptiones.
Pagg. 210. tabb. æneæ 35. Petropoli, 1739. 4.

Böber.
Schreiben aus Ekatrinoslaw, vom 25 Oct. 1792.
Pallas neue Nord. Beyträge, 6 Band, p. 256—264.
(Plantæ ibi, et in itinere a Petropoli, observatæ.)

Joannes Emmanuel Gilibert.
Flora *Lituanica* inchoata, seu enumeratio plantarum, quas circa *Grodnam* collegit et determinavit.

Chloris Grodnensis, seu conspectus plantarum agri Grodnensis ordine Linneano. plagg. 2½.
Collectio 1. Monopetalæ non figuratæ. pagg. 66.
2. Labiatæ & Ringentes. pag. 70—164.
3. Monopetalæ compositæ. pag. 165—243.
Grodnæ, 1781. 8.
4. Umbelliferæ, Cruciatæ, Papilionaceæ. pagg. 117.
5. Polypetalæ pauci-et multi-stamineæ. pag. 121—294.
Supplementum 1 & 2 Collectionis. pag: 245—308.
Vilnæ, 1782. 8.
Chloris Grodnensis redit in ejus editione Systematis plantarum Europæ Linnæi, Tomo 1. Pagg. 47.
Plantæ rariores et communes Lithuaniæ observationibus aut descriptionibus illustratæ. ibidem. pagg. 86.
(Observationes eædem videntur esse ac in præcedenti Flora Lithuanica, mutato tamen ordine.)
Johannes Christianus BUXBAUM.
Observationes circa quasdam plantas *Ingricas*.
Comment. Acad. Petropol. Tom. 3. p. 270—273.
David DE GORTER.
Flora Ingrica, ex schedis Steph. Kraschéninnikow.
Pagg. 190. Petropoli, 1761. 8.
Appendix ad floram Ingricam.
Pag. 191—204. (1764.) 8.
Joannes Georgius GMELIN.
Flora *Sibirica*.
Tom. 1. pagg. cxxx et 221. tabb. æneæ 50.
Petropoli, 1747. 4.
2. pagg. 240. tabb. 98. 1749.
3. editore Samuel Gottlieb Gmelin. pagg. 276. tabb. 84. 1768.
4. pagg. 214. tabb. 73. 1769.
(Methodo Royeni, in cujus classe 18. Polyantherarum desinit, sola Cryptantherarum classe deficiente.)
Philip MILLER.
A letter to W. Watson concerning a mistake of Prof. Gmelin.
Philosoph. Transact. Vol. 48. p. 153, 154.
Carolus VON LINNE.
Flora Sibirica; cum Dissertatione de Necessitate promovendæ historiæ naturalis in Rossia, p. 27—34.
Upsaliæ, 1766. 4.
——— Amoenitat. Academ. Vol. 7. p. 460—465.

Josephus GÆRTNER.
Observationes et descriptiones botanicæ. Nov. Comm. Acad. Petropol. Tom. 14. Pars 1. p. 531—547. (Plantæ Sibiricæ.)
Ericus LAXMANN.
Novæ plantarum species. ibid. Tom. 15. p. 553—562.
Descriptionum plantarum Sibiricarum continuatio. ibid. Tom. 18. p. 526—534.
Petrus Simon PALLAS.
Descriptiones plantarum Sibiriæ peculiarium. Act. Acad. Petropol. 1779. Pars post. p. 247—272.
Johann MAYER.
Beschreibung einiger seltenen pflanzen. (e Sibiria.) Abhandl. der Böhm. Gesellsch. 1786. p. 235—241.
Johannes Jacobus LERCHE.
Descriptio plantarum quarundam *Astrachanensium* et Persiæ provinciarum Caspio mari adjacentium.
Nov. Act. Ac. Nat. Cur. Tom. 5. App. p. 161—206.
Johann Gottlieb GEORGI.
Die *Baikalische* Flor. in sein. Reise im Russischen Reich, 1 Band, p. 194—242.
Carolus LINNÆUS.
Dissertatio: Plantæ rariores *Camschatcenses*. Resp. Jon. Halenius.
Pagg. 30. tab. ænea 1. Upsaliæ, 1750. 4.
——— Amoenit. Acad. Vol. 2. edit. 1. p. 332—364.
edit. 2. p. 306—334.
edit. 3. p. 332—364.

153. *Orientis.*

Johannes RAJUS.
Stirpium Orientalium rariorum catalogi tres. impr. cum A collection of curious travels.
Pagg. 45. London, 1693. 8.
——— cum eodem libro.
Pagg. 44. ib. 1738. 8.
——— cum ejus Sylloge stirpium Europæarum extra Britannias nascentium.
Pagg. 45. ib. 1694. 8.
Johannes Fridericus GRONOVIUS.
Flora Orientalis, sive recensio plantarum, quas Leon. Rauwolffus, annis 1573, 1574, & 1575 in Syria, Ara-

bia, Mesopotamia, Babylonia, Assyria, Armenia et Judæa collegit.
Pagg. 150. Lugduni Bat. 1755. 8.

Johannes Christianus Daniel SCHREBER.
Icones et descriptiones plantarum minus cognitarum. Decas 1.
Pagg. 20. tabb. æneæ 10. Halæ, 1766. fol.
(Plantæ ab. Andr. de Gundelsheimer, Tournefortii in itinere orientali comite, lectæ.)

Petrus FORSKÅL.
Flora Ægyptiaco-Arabica, sive descriptiones plantarum, quas per Ægyptum inferiorem et Arabiam felicem detexit; edidit Carsten Niebuhr. Havniæ, 1775. 4.
Pagg. 32, cxxvi et 219; cum mappa Arabiæ felicis æri incisa.
Icones rerum naturalium, quas in itinere Orientali depingi curavit; vide Tom. 2. pag. 30.

Petrus FORSKÅL.
Flora *Constantinopolitana,* littoris ad Dardanellos et Insularum Tenedos, Imros, Rhodi.
in ejus Flora Ægyptiaco-Arabica, p. xv—xxxvi.

Dominicus SESTINI.
Floræ *Olympicæ* idea. in ejus Viaggio per la penisola di Cizico, Tom. 2. p. 93—138.
——— dans son Voyage dans la Grece asiatique, p. 238—252.

Jacobus Julianus LA BILLARDIERE.
Icones plantarum *Syriæ* rariorum, descriptionibus et observationibus illustratæ.
Decas 1. pagg. 22. tabb. æneæ 10.
Lutet. Paris. 1791. 4.
Decas 2. pagg. 18. tabb. æneæ 10. 1791.
——— omissis tabulis, in Usteri's Annalen der Botanick, 2 Stück, p. 27—41.
4 Stück, p. 60—71.

Carolus LINNÆUS.
Dissertatio: Flora *Palæstina.* Resp. Ben. Joh. Strand.
Pagg. 32. Upsaliæ, 1756. 4.
——— Amoenitat. Academ. Vol. 4. p. 443—467.

Petrus FORSKÅL.
Flora *Arabico-Yemen.*
in ejus Flora Ægyptiaco-Arabica, p. lxxix—cxxvi.

154. *Africæ Septentrionalis.*

Prosper ALPINUS.
De Plantis *Ægypti* liber. Venetiis, 1592. 4.
Foll. 57; præter Dialogum de Balsamo, (de quo infra, Parte 3.) cum figg. ligno incisis.
——— Editio altera. Patavii, 1640. 4.
Pagg. 144; cum figg. ligno incisis; adjunguntur Veslingii Observationes, & Dialogus de Balsamo.
——— in ejus Historiæ Naturalis Ægypti, Parte 2. p. 1—70. Lugduni Bat. 1735. 4.

Joannes VESLINGIUS.
De plantis Ægyptiis observationes et notæ ad Prosp. Alpinum, cum additamento aliarum ejusdem regionis. Patavii, 1638. 4.
Pagg. 80; cum figg. ligno incisis; adjunctæ sunt editioni alteræ Pr. Alpini.
——— in Pr. Alpini Historia Nat. Ægypti, Parte 2. p. 149—216.

Franciscus Ernestus BRÜCKMANN.
Notæ et animadversiones in Pr. Alpini de plantis Ægypti librum.
Epistola itineraria 54. Cent. 3. p. 706—716.

Jacobus PETIVER.
Plantarum Ægyptiacarum icones, et aliarum minus vulgarium catalogus. (in Operum ejus Vol. 2do.)
Pag. 1. tabb. æneæ 2. Londini, 1717. fol.

Petrus FORSKÅL.
Flora Ægyptiaca, sive catalogus plantarum systematicus Ægypti inferioris: Alexandriæ, Rosettæ, Kahiræ, Sues. in ejus Flora Ægyptiaco-Arabica, p. xxxvii—lxxviii.

René Louiche DESFONTAINES.
Decade des plantes nouvelles, dont les graines ont été apportees des côtes de *Barbarie*.
Journal de Fourcroy, Tome 3. p. 161—163.
——— Usteri's Annalen der Botanick, 16 Stück, p. 100—103.

SPOTTSWOOD.
Phytologia *Tingitana*, vel catalogus plantarum Tingitanarum. 1673.
Philosoph. Transact. Vol. 19. n. 220. p. 239—249.

155. *Africæ Australis.*

Thomas Bartholinus.

Plantæ novæ Africanæ. in ejus Act. Hafniens. 1673. p. 57, 58; cum tabb. æneis 4; & p. 347.

Wilhelmus ten Rhyne.

Fasciculus rariorum plantarum in Promontorio bonæ spe collectarum.

impr. cum J. Breynii Exoticarum plantarum centuria; Append. p. xviii—xxv.

Christianus Mentzelius.

In ejus Pugilli Corollario (vide supra pag. 74.) plantæ in Promontorio bonæ spei a Joh. Frid. Ruckero collectæ recensentur, cum figuris quarundam.

Joannes Burmannus.

Catalogi duo plantarum Africanarum, quorum prior complectitur plantas ab Hermanno observatas, posterior vero quas Oldenlandus et Hartogius indagarunt.

impr. cum Burmanni Thesauro Zeylanico.

Pagg. 33. Amstelædami, 1737. 4.

(Catalogus posterior maximam partem desumtus est e P. Kolbe Beschryving van de Kaap de goede Hoop, 1 Deel, p. 285—304.)

Rariorum Africanarum plantarum Decades x.

Pagg. 268. tabb. æneæ 100. ib. 1738, 1739. 4.

Carolus Linnæus.

Dissertatio: Flora Capensis. Resp. Car. Henr. Wännman.

Pagg. 19. Upsaliæ, 1759. 4.

——— Amoenitat. Academ. Vol. 5. p. 353—370.

Dissertatio: Plantæ rariores Africanæ. Resp. Jac. Printz.

Pagg. 28. Holmiæ, 1760. 4.

——— Amoenitat. Academ. Vol. 6. p. 77—115.

Petrus Jonas Bergius.

Descriptiones plantarum ex Capite bonæ spei.

Pagg. 361. tabb. æneæ 5. Stockholmiæ, 1767. 8.

Nicolaus Laurentius Burmannus.

Floræ Capensis prodromus. impr. cum ejus Flora Indica.

Pagg. 28. Lugduni Bat. 1768. 4.

Albrecht Wilhelm Roth.

Observationes plantarum e Capite bonæ spei. in seine Botanische abhandlungen und beobachtungen, p. 53—65.

Carolus Petrus THUNBERG.
Prodromus plantarum Capensium, quas in Promontorio bonæ spei Africes, annis 1772—1775 collegit. Pars prior.
Pagg. 83. tabb æneæ 3. Upsaliæ, 1794. 8.

* * *

Volumen continens icones pictas, satis rudes, 72 plantarum Capensium, archetypa figurarum plurimarum in Nona decade Gazophylacii naturæ et artis Petiveri. 4.

156. *Insularum Africæ adjacentium.*

Georgius FORSTER.
Plantæ Atlanticæ, ex insulis *Madeira, S:ti Jacobi, Adscensionis, S:tæ Helenæ,* et *Fayal* reportatæ.
Commentat. Societ. Gotting. Vol. 9. p. 46—74.
——— Seorsim etiam adest, cum ejus Commentatione de plantis Magellanicis impressa, pag. 36—64.
Pierre Remi François WILLEMET.
Herbarium *Mauritianum.*
Usteri's Annalen der Botanick, 18 Stück, p. 1—66.

157. *Indiæ Orientalis.*

Nicolaus Laurentius BURMANNUS.
Flora Indica. Lugduni Bat. 1768. 4.
Pagg. 241. tabb. æneæ 67; præter Seriem zoophytorum Indicorum, de qua Tomo 2. p. 346, et Prodromum floræ Capensis, de quo pag. antecedenti.
(*Colin* MILNE.)
A descriptive catalogue of rare and curious plants, the seeds of which were lately received from the East-Indies.
Pagg. 66. London, 1773. 4.
Christen Friis ROTTBÖLL.
Beskrivelse over nogle planter fra de Malabariske kyster. (e diversis Indiæ locis, nulla e Malabaria.)
Danske Vidensk. Selsk. Skrift. nye Samling, 2 Deel, p. 525—546, & p. 593, 594.
Sir William JONES.
The design of a treatise on the plants of India.
Transact. of the Soc. of Bengal, Vol. 2. p. 345—352.

---

* * * *

Hortus Indicus *Malabaricus,* continens regni Malabarici

omnis generis plantas rariores, adornatus per *Henricum* VAN RHEEDE *tot Draakestein* et Johannem Casearium, commentariis illustravit Arnoldus Syen.

Pagg. 110. tabb. æneæ 57. Amstelodami, 1678. fol.

Pars 2. adornata per H. van Rheede et J. Casearium, commentariis illustravit Jo. Commelinus.

Pagg. 110. tabb. æneæ 56. 1679.

Pars 3. adornata per H. van Rheede et Johannem Munnicks, commentariis illustravit Jo. Commelinus.

Pagg. 87. tabb. 64. 1682.

Pars 4. pagg. 125. tabb. 61. 1673. (1683.)

Pars 5. pagg. 120. tabb. 60. 1685.

Pars 6. adornata per H. van Rheede et Theodorum Janson. ab Almeloveen, commentariis illustravit Jo. Commelinus.

Pagg. 109. tabb. 61. 1686.

Pars 7. adornata per H. van Rheede, commentariis illustravit Jo. Commelinus, in ordinem redegit, et latinitate donavit Abrah. à Poot.

Pagg. 111 tabb. 59. 1688.

Pars 8. pagg. 97. tabb. 51. 1688.

Pars 9. pagg. 170. tabb. 87. 1689.

Pars 10. pagg. 187. tabb. 94. 1690.

Pars 11. pagg. 133. tabb. 65. 1692.

Pars 12. pagg. 151. tabb. 79. 1703.

(Duæ adsunt editiones Tomi 1mi, quarum utraque in titulo impresso habet annum 1678, sed in titulo sculpto, altera 1678, altera 1686.

——— classium, generum et specierum characteres Linnæanas, synonyma authorum, atque observationes addidit Joh. Hill.

Pars 1. pagg. 110. tabb. æneæ 57. Londini, 1774. 4.

(Hujus editionis plures non prodierunt partes.)

———: Malabaarse kruidhof, vertaalt door Abr. van Poot.

1 Deel. pagg. 39. tabb. æneæ 57.

2 Deel. pagg. 29. tabb. 56. Amsteldam, 1689. fol.

Casparus COMMELIN.

Flora Malabarica, sive Horti Malabarici catalogus.

Pagg. 71. Lugduni Bat. 1696. fol.

——— Pagg. 284. ibid. 1696. 8.

Joannes BURMANNUS.

Flora Malabarica, sive Index in omnes tomos Horti Malabarici. Amstelædami, 1769. fol.

Pagg. 10; præter indicem Herbarii Rumphii, de quo mox infra.

Ricardus PULTENEY.

Flora Malabarica, sistens plantas H. van Rheede, additis synonymis Linnæi, Raji et Rumphii.

Mscr. foll. 52. fol.

Oligerus JACOBÆUS.

Semina plantarum ex insula *Ceylon* mense Octobri 1674 allata.

Bartholini Act. Hafniens. Vol. 3. p. 37, 38.

Paulus HERMANNUS.

Musæum Zeylanicum, s catalogus plantarum in Zeylana sponte nascentium. Editio 2da.

Pagg. 71. Lugduni Bat. 1726. 8.

Hortus Siccus, cujus catalogum hic liber exhibet, et quo postea usus est Linnæus in adornanda Flora ejus Zeylanica, mox dicenda, nunc in Bibliotheca hæc locum invenit, post mortem Comitis Adami Gottl. Moltke, cui, defuncto Gunthero, cesserat.

Joannes BURMANNUS.

Thesaurus Zeylanicus, exhibens plantas in Insula Zeylana nascentes. Amstelædami, 1737. 4.

Pagg. 235. tabb. æneæ 110; præter catalogos plantarum africanarum, de quibus supra pag. 177.

Carolus LINNÆUS.

Flora Zeylanica.

Amstelædami, 1748. (Holmiæ, 1747.) 8.

Pagg. 240. tabb. æneæ 4.

William ROXBURGH.

Plants of the coast of *Coromandel*, selected from drawings and descriptions presented to the Hon. Court of Directors of the East India Company, published by their order, under the direction of Sir Joseph Banks, Bart.

Vol. 1. No. 1—3. Col. 1—56. tab. æn. color. 1—75. London, 1795. fol.

James PETIVER.

An account of some Indian plants, with their names, descriptions, and vertues.

Philosoph. Transact. Vol. 20. n. 244. p. 313—335.

(Plantæ collectæ a Sam. Brown prope *Madras*.)

Samuel BROWN.

East India plants, with their names, vertues, description, &c. with additional remarks by James Petiver.

ibid. Vol. 22. n. 264. p. 579—594.
267. p. 699—721.
271. p. 843bis—858.
274. p. 933—946.

Philosoph. Transact. Vol. 22. n. 276. p. 1007—1022.
23. 277. p. 1055—1065.
282. p. 1251—1265.
287. p. 1450—1460.
(Plantæ circa Madras lectæ.)

le Pere DE BEZE.

Descriptions de quelques arbres et de quelques plantes de *Malaque*.
Observations physiques et mathematiques, envoyées des Indes à l'Academie Royale des Sciences, par les Peres Jesuites; p. 96—101. Paris, 1692. 4.
———— Mem. de l'Acad. des Sc. de Paris, 1666—1699. Tome 4. p. 325—333.

J. C. M. RADERMACHER.

Naamlyst der planten, die gevonden worden op het eiland *Java*.
1 Stuk. pagg. 60. Batavia, 1780. 4.
2 Stuk. pagg. 67, 88 et 40. 1781.
3 Stuk. pagg. 102, 42 et 70. 1782.

F. NORONA.

Altingia excelsa. pagg. 20.
Descriptio arboris Ranghas. pagg. 9.
Relatio plantarum Javanensium iterfactione usque in Bandom recognitarum. pagg. 28.
Verhandel. van het Bataviaasch Genootsch. 5 Deel.

Georgius Everhardus RUMPHIUS.

Herbarium *Amboinense*, plurimas complectens arbores, frutices, herbas, plantas terrestres et aquaticas, quæ in Amboina et adjacentibus reperiuntur insulis. Belgice, cum versione latina et observationibus, edidit Jo. Burmannus.
Pars 1. pagg. 200. tabb. æneæ 82. Pars 2. pagg. 270. tabb. 87. Pars 3. pagg. 218. tabb. 141. Pars 4. pagg. 154. tabb. 82. Pars 5. pagg. 492. tabb. 184. Pars 6. pagg. 256. tabb. 90.
Amstelædami, 1750. fol.
Auctuarium. pagg. 74. tabb. 30. 1755.

Joannes BURMANNUS.

Index universalis in sex tomos et Auctuarium Herbarii Amboinensis Rumphii. impr. cum Auctuario. Plagg. 5.
———— in Radermacher's Naamlyst der planten die gevonden worden op het eiland Java, 2 Stuk, p. 73—88.
————: Index alter in omnes tomos Herbarii Amboinensis Rumphii, quem de novo recensuit, auxit, et emendavit.

impr. cum ejus Flora Malabarica, vide supra pag. 179.
Plagg. 5.

Carolus LINNÆUS.
Dissertatio: Herbarium Amboinense. Resp. Ol. Stickman.
Pagg. 28. Upsaliæ, 1754. 4.
——— Amoenitat. Academ. Vol. 4. p. 112—143.

Georgius Josephus KAMEL.
Herbarum aliarumque stirpium in insula *Luzone* Philippinarum primaria nascentium, syllabus.
Lib. 1. de plantis humilibus. in Raji Historia plantarum Tom. 3. Append. p. 1—42.
Lib. 2. de plantis scandentibus.
Philosoph. Transact. Vol. 24. n. 293. p. 1707—1722.
n. 294. p. 1763—1773.
n. 295. p. 1809—1809 bis.
n. 296. p. 1816—1842.
Lib. 3 de arboribus et fruticibus. in Raji historia, p. 43—96.
Plures descriptiones Kameli, nondum editæ, inveniuntur in Museo Britannico, Manuscr. Sloan. 4078 et 4081.

158. *Cochinchinæ et Chinæ.*

Joannes DE LOUREIRO.
Flora Cochinchinensis, sistens plantas in regno Cochinchina nascentes, quibus accedunt aliæ observatæ in Sinensi imperio, Africa orientali, Indiæque locis variis.
Ulyssipone, 1790. 4.
Tom. 1. pagg. 353. Tom. 2. pag. 357—744.
——— cum notis Car. Lud. Willdenow.
Berolini, 1793. 8.
Tom. 1. pagg. 432. Tom. 2. pagg. 433—882.

Michael BOYM.
Flora Sinensis. Viennæ Austriæ, 1656. fol.
Plagg. 19; cum figg. æri incisis color.
———: Flora Sinensis, ou traité des fleurs, des fruits, des plantes, particuliers à la Chine. impr. avec sa relation de la Chine; p. 15—30, dans la 2de partie de la Relation de divers voyages, par Thevenot.

John Reinbold FORSTER.
Flora Sinensis, or an essay towards a catalogue of Chinese plants, printed with Osbeck's Voyage to China; Vol. 2. p. 339—367.

ANON.

Codex foliorum 96, quorum singula continent iconem plantæ, coloribus fucatam a pictore quodam sinensi. 4.

Volumen continens icones plantarum 62, Cantoni eleganter pictas, cum anatome partium fructificationis. fol.

Hic est codex, cujus mentionem feci in Transact. of the Linnean Soc. Vol. 1. p. 172.

James PETIVER.

An account of some plants from *Chusan*, collected by J. Cuninghame.

Philosoph. Transact. Vol. 23. n. 286. p. 1422—1429.

Johannes Fridericus HENCKEL.

De plantis Sinensium, ad confinia Siberiæ australis nuper observatis.

Act. Acad. Nat. Cur. Vol. 3. p. 354—356.

159. *Japoniæ.*

Andreas CLEYERUS.

(De variis plantis Japanensibus.)

Ephem. Ac. Nat. Cur. Dec. 2. Ann. 4. p. 186.
5. p. 79—82.
6. p. 130—132.
7. p. 132—136.
8. p. 489—491.
9. p. 126—128.
10. p. 78—80.
Dec. 3. Ann. 2. p. 283—286.
3. p. 208—210.
5 & 6. p. 1—3.

Engelbertus KÆMPFERUS.

Plantarum Japonicarum nomina et characteres Sinici, intermixtis quarundam plenis descriptionibus, una cum iconibus.

Fasciculus 5tus Amoenitatum ejus exoticarum; p. 765—912.

Icones selectæ plantarum, quas in Japonia collegit et delineavit; ex archetypis in Museo Britannico asservatis (edidit J. Banks.)

Pagg. 3. tabb. æneæ 59. Londini, 1791. fol.

Franciscus Ernestus BRÜCKMANN.

Notæ et animadversiones in E. Kæmpferi Amoenitatum exoticarum fasciculos 5.

Epistola itineraria 75. Cent. 2. p. 925—936.

Carolus Petrus THUNBERG.

Kæmpferus illustratus, seu explicatio illarum plantarum, quas Kæmpferus in Japonia collegit, et in fasciculo 5to Amoenitat. Exotic. adnotavit, secundum systema sexuale ad classes, ordines, genera, et species jam redactarum.
Nov. Act. Societ. Upsal. Vol. 3. p. 196—209.
4. p. 31—40.
——— in sequenti libro, p. 371—391.

Flora Japonica.
Pagg. 418. tabb. æneæ 39. Lipsiæ, 1784. 8.

Botanical observations on the flora Japonica.
Transact. of the Linnean Soc. Vol. 2. p. 326—342.
——— Usteri's Annalen der Botanick, 18 Stück, p. 89—105.

Icones plantarum Japonicarum, quas in insulis Japonicis annis 1775 et 1776 collegit et descripsit.
Decas 1. tabb. æneæ 10. Upsaliæ, 1794. fol.

160. *Novæ Cambriæ.*

James Edward SMITH.

An account of two new genera of plants from New South Wales.
Transact. of the Linnean Soc. Vol. 2. p. 346—352.

A specimen of the Botany of New Holland.
Vol. 1. pag. 1—54. tab. æn. color. 1—16.
London, 1793. 4.

161. *Insularum Oceani Pacifici.*

Georgius FORSTER.

Decas plantarum novarum ex Insulis Maris Australis.
Nov. Act. Acad. Upsal. Vol. 3. p. 171—186.

De plantis esculentis Insularum Oceani Australis commentatio. Pagg. 80. Berolini, 1786. 8.
Adest etiam titulus Dissertationis inauguralis, in Academia Halensi.

Florulæ Insularum Australium prodromus.
Pagg. 103. Gottingæ, 1786. 8.

William ANDERSON.

Descriptiones plantarum in itinere visarum annis 1776, 1777. Mscr. Autogr. Pagg. 38. 4.

Sydney PARKINSON.
Plants of use for food, medicine &c. in *Otaheite*. in his Journal of a voyage to the South Seas, p. 37—50.
———— : Die Pflanzen der Insel Outahitee, mit anmerkungen erläutert.
Naturforscher, 4 Stück, p. 220—258.

162. *Americæ Septentrionalis.*

John Reinbold FORSTER.
Flora Americæ Septentrionalis, or a catalogue of the plants of North America.
Pagg. 51. London, 1771. 8.
———— printed with his translation of the Travels of Bossu; Vol. 2. p. 17—67. ib. 1771. 8.
Jean Baptiste LAMARCK.
Notice de quelques plantes rares ou nouvelles, observées dans l'Amerique Septentrionale par M. A. Michaux.
Journal d'Hist. Nat. Tome 1. p. 409—419.

M. HARRIS.
In Gentleman's Magazine Feb. 1750 est tabula ænea inscripta: Drawn from the life at *Halifax* in Nova Scotia July 15, 1749 by M. Harris, exhibens 6 plantarum species, cum explicatione qualicunque in pag. 73.
Manasseh CUTLER.
An account of some of the vegetable productions, naturally growing in this part of America (*New England*), botanically arranged.
Mem. of the Amer. Academy, Vol. 1. p. 396—493.
Conwallader COLDEN.
Plantæ *Coldenghamiæ* in provincia Noveboracensi Americes sponte crescentes.
Act. Societ. Upsal. 1743. p. 81—136.
1744—1750. p. 47—82.
Henricus MUHLENBERG.
Index floræ *Lancastriensis.*
Transact. of the Amer. Society, Vol. 3. p. 157—184.
(*James* PETIVER.)
Herbarium *Virginianum*, or an account of such Virginia plants, as J. Banister sent the designs of to the Bishop of London.
Memoirs for the Curious, 1707. p. 227—232.

Johannes Fredericus GRONOVIUS.

Flora Virginica exhibens plantas, quas J. Clayton in Virginia collegit.

Pars 1. pagg. 128. Pars 2. pag. 129—206.
Lugduni Bat. 1743. 8.

——— Pagg. 176. ib. 1762. 4.

Adsunt etiam specimina sicca Claytoniana (ex herbario J. F. Gronovii) quæ adornandæ huic floræ inservierunt.

William YOUNG.

A natural history of plants, containing the production of *North* and *South Carolina*, of upwards of 300 different species, which have been carefully collected, drawn and coloured from life, in the year 1767.

Icones pictæ, rudes, plantarum 302, in foliis 96. fol.

Volumen continens specimina sicca earundem plantarum, chartæ adglutinata.

E Bibliotheca Johannis Comitis de Bute emta volumina 1794.

Thomas WALTER.

Flora Caroliniana.

Pagg. 263. tab. ænea 1. Londini, 1788. 8.

ANON.

Nachrichten und anmerkungen aus dem pflanzenreiche in *Georgien*, von einem prediger der colonie Ebenezer 1752. Hamburg. Magaz. 17 Band, p. 468—518.

163. *Americæ Meridionalis, et adjacentium Insularum.*

William HUGHES.

The American physician, or a treatise of the roots, plants, trees, shrubs, fruit, herbs &c. growing in the English Plantations in America.

Pagg. 159. London, 1672. 12.

Carolus PLUMIER.

Description des plantes de l'Amerique. Paris, 1693. fol.

Pagg. 94. tabb. æneæ 108, quarum 50 priores redeunt in ejus Traité de Fougeres.

Nova plantarum Americanarum genera.

Catalogus plantarum Americanarum, quarum genera in Institutionibus rei herbariæ jam nota sunt, quasque descripsit et delineavit in Insulis Americanis.

Pagg. 52 et 21. tabb. æneæ 40. ib. 1703. 4.

Plantarum Americanarum fasciculi 10, continentes plantas

quas olim C. Plumierus detexit, atque in Insulis Antillis ipse depinxit; edidit, descriptionibus et observationibus illustravit J. Burmannus.
Amstelædami, 1755—1760. fol.
Pagg. 262. tabb. æneæ 262.
Volumina quinque, emta e Bibliotheca Johannis Comitis de Bute, quibus continentur 312 icones Plumerianæ, quædam ex editis in diversis operibus ejus, sed plurimæ ineditæ; aliæ coloribus fucatæ, aliæ partim coloratæ, aliæ absque coloribus. Paucæ alienæ immixtæ. fol.

(*James* PETIVER.)
An account of some American plants, flowers, ferns, &c.
Memoirs for the Curious, 1707. p. 345—352.

William HOUSTOUN.
Catalogus plantarum in America observatarum.
Mscr. Autogr. Pagg. 229. 4.
Plantæ observatæ circa Kingston in insula Jamaica, et Havanam in insula Cuba. Pag. 1—57.
Nova plantarum Americanarum genera, circa Veram Crucem Novæ Hispaniæ urbem, et in insulis Jamaica et Cuba observata. Pag. 71—91 et 118—127.
Mscr. Autogr. 8.
Plantæ circa Veram Crucem observatæ. Pagg. 164; cum iconibus plumbagine delineatis.
Nova plantarum genera. Pagg. 19; cum iconibus partium fructificationis, plumbagine delineatis.
Mscr. Autogr. 8.
E Bibliotheca Philippi Miller, emti codices.
Reliquiæ Houstounianæ, s. plantarum in America Meridionali a G. Houstoun collectarum Icones manu propria æri incisæ, cum descriptionibus (ex his manuscriptis.)
Pagg. 12. tabb. æneæ 26. Londini, 1781. 4.

Petrus LÖFLING.
Plantæ Americanæ.
Species plantarum observatæ in itinere a Cumana ad fluvium Orinoco.
in ejus Itinere Hispanico, p. 176—283, & p. 305—316.
——— in versione itineris ejus germanica, p. 236—364, & p. 392—406.
——— impr. cum Travels of Bossu, translated by Forster; Vol. 2. p 225—422.

Nicolaus Josephus JACQUIN.
Enumeratio systematica plantarum, quas in Insulis Cari-

bæis vicinaque Americes continente detexit novas, aut jam cognitas emendavit.
Species Americanæ novæ ex herbario Franc. a Mygind.
Pagg. 41. Lugduni Bat. 1760. 8.
——— ——— Pagg. 41. Norimbergæ, 1762. 8.
Selectarum stirpium Americanarum historia.
Pagg. 284. tabb. æneæ 183. Vindobonæ, 1763. fol.
——— (Editio altera.) fol.
Pagg. 137. tabulæ pictæ (non æri incisæ) 264.

Patrick BROWNE.
A catalogue of the plants of the English Sugar colonies.
Mscr. Autogr. Pagg. 90. 4.

Olof SWARTZ.
Nova genera et species plantarum, seu Prodromus descriptionum vegetabilium, maximam partem incognitorum, quæ sub itinere in Indiam Occidentalem annis 1783—87 digessit. Pagg. 152. Holmiæ, 1788. 8.
Observationes botanicæ. vide supra pag. 88.
Icones plantarum incognitarum, quas in India Occidentali detexit atque delineavit.
Fasciculus 1. tab. æn color. 1—6.
Erlangæ, 1794. fol.

Henry BARHAM.
Hortus Americanus, containing an account of the trees, shrubs, and other vegetable productions of South-America, and the West-India islands, and particularly of the Island of Jamaica.
Pagg. 212. Kingston, Jamaica, 1794. 8.

Hans SLOANE.
Catalogus plantarum, quæ in insula *Jamaica* sponte proveniunt, vel vulgo coluntur.
Pagg. 232. Londini, 1696. 8.

Carolus LINNÆUS.
Dissertatio: Plantarum Jamaicensium pugillus. Resp. Gabr. Elmgren.
Pagg. 31. Upsaliæ, 1759. 4.
——— Amoenit. Academ. Vol. 5. p. 389—413.
Dissertatio: Flora Jamaicensis. Resp. Car. Gust. Sandmark. Pagg. 27. Upsaliæ, 1759. 4.
——— Amoenit. Academ. Vol. 5. p. 371—388.

CHEVALIER.
Lettres sur les plantes de *St. Domingue.*
impr. avec sa lettre sur les maladies de St. Domingue p. 105—229. Paris, 1752. 8

Jean-Baptiste René Pouppé DESPORTES.
Catalogue des plantes de S. Domingue.
dans le Tome 3me de son Histoire des maladies de S. Domingue, p. 181—309. Paris, 1770. 12.

Maria Sibilla MERIAN.
In ejus libro de Metamorphosibus Insectorum *Surinamensium* (vide Tom. 2. p. 33.) plantæ, quibus vescuntur, et in quibus inventæ fuerunt, exhibentur.

Carolus LINNE.
Dissertatio: Plantæ *Surinamenses*. Resp. Jac. Alm. Pagg. 18. tab. ænea color. 1. Upsaliæ, 1775. 4.
——— Amoenit. Academ. Vol. 8. p. 249—267.

Christianus Friis ROTTBÖLL.
Dissertatio: Descriptiones rariorum plantarum, nec non materiæ medicæ atque oeconomicæ e terra Surinamensi fragmentum. Resp. Arn. Nic. Aasheim.
Pagg. 34. tabb. æneæ 5. Havniæ, 1776. 4.
——— Act. Literar. Universitatis Hafniensis, 1778. p. 267—304.

DE PREFONTAINE.
Plantes, herbes, arbrisseaux et arbres qui naissent à *Cayenne*, et dont on y fait usage relativement à divers objets.
dans sa Maison rustique à l'usage des habitans de Cayenne, p. 135—211. Paris, 1763. 8.

Fusée AUBLET.
Histoire des plantes de la *Guiane* Francoise.
Paris, 1775. 4.
Tome 1. pagg. 621. Tome 2. pag. 622—976, et 52, et 160. Tome 3. tabb. æneæ 193. Tome 4. tab. 194—392.

Les Desseins originaux des plantes de la Guiane, publiés dans le livre precedent. Voll. 3. 4.
Desiderantur archetypa tabularum 1—4, 6, 11—14, 18—22, 26—30, 36, 52—54, 58, 83, 84, 86, 87, 98, 100, 103, 105, 107, 108, 110, 116, 118—124, 129, 154—172, 176, 177, 181, 189—203, 213, 215—217, 225, 231, 252, 254, 255, 257—261, 263—268, 270, 272—274, 277—292, 311—313, 319—327, 331, 332, 341, 346, 360, 364—367, 392.

Desseins de plantes non publiés. Foll. 60. 4.

Descriptiones variarum plantarum Guianensium, aliæ impressæ in historia ejus, aliæ ineditæ.
Mscr. Autogr. Foll. 132. fol.

Louis Claude RICHARD.
Catalogus plantarum e Cayenna missarum a D. le Blond. Actes de la Soc. d'Hist. Nat. de Paris, Tome 1. p. 105 —114.
——— Usteri's Annalen der Botanick, 10 Stück, p. 80—97.

Dominicus VANDELLI.
Floræ Lusitanicæ et *Brasiliensis* specimen, vide supra pag. 146.

Louis FEUILLÉE.
Histoire des plantes medecinales du *Perou*, et du *Chily*. dans le Journal des ses Observations, Tome 2. p. 703—767. Tome 3. Append. p. 1—71.

Don Hipolito RUIZ.
Respuesta para desengaño del publico a la impugnacion, que ha divulgado prematuramente el Presbitero Don Josef Antonio Cavanilles, contra el prodromo de la flora del Peru.
Pagg. 100. Madrid, 1796. 4.

Georgius FORSTER.
Fasciculus plantarum *Magellanicarum*.
Commentat. Societ. Gotting. Vol. 9. p. 13—45.
——— Seorsim etiam adest. Pagg. 35; præter Plantas Atlanticas, de quibus supra pag. 178. 4.

164. *Poëmata de Plantis.*

Walafridus STRABO.
Hortulus. impr. cum Macro de herbarum virtutibus; fol. 48—57. Basileæ, 1527. 8.
——— cum eodem; fol. 99—108. Friburgi, 1530. 8.

Joannes ATROCIANUS.
Scholia in Strabi Galli Hortulum. impr. cum priori; fol. 71—73. Basileæ, 1527. 8.

Jacobus Augustus THUANUS.
Crambe. Viola. Lilium. Phlogis. Terpsinoe. impr. cum Renealmi specimine historiæ plantarum.
Pagg. 47. Parisiis, 1611. 4.

Paul CONTANT.
Le second Eden. impr. dans les divers exercices de J. & P. Contant.
Pagg. 79. Poictiers, 1628. fol.

Renatus RAPINUS.
Hortorum libb. 4. Ultrajecti, 1672. 8.
Pagg. 116; præter ejus libellum de cultura hortensi, et Meursii arboretum sacrum, de quibus infra.
——— Lib. 2. Nemus translated in English verses by Evelyn junior, printed with J. Evelyns sylva; p. 313—318. London, 1729. fol.

Abraham COWLEY.
Plantarum libri 6. inter ejus Poëmata Latina, p. 1—296. Londini, 1678. 12.

Virgilius FALUGIUS.
Prosopopoeiæ botanicæ, sive nomenclator botanicus.
Pagg. 130. Florentiæ, 1697. 12.
Pars secunda de plantis umbelliferis.
Pagg. 120. ib. 1699. 12.
Prosopopoeiæ botanicæ Tournefortiana methodo dispositæ.
Pagg. 341. ib. 1705. 12.

Franciscus Eulalius SAVASTANUS.
Botanicorum, seu institutionum rei herbariæ libb. 4.
Pagg. 147. Neapoli, 1712. 8.

DE LA CROIX.
Connubia florum latino carmine demonstrata, cum interpretatione gallica D * * * * * * * *
Pagg. 39. Parisiis, 1728. 8.
——— notas et observationes adjecit Rich. Clayton.
Pagg. 138. tab. ænea 1. Bathoniæ, 1791. 8.

————: Die vermählung der pflanzen.
Physikal. Belustigung. 3 Band, p. 1331—1358.

Adrianus VAN ROYEN.
Carmen elegiacum de amoribus et connubiis plantarum, quum medicinæ et botanices professionem, in Batava, quæ est Leidæ, academia auspicaretur, dictum.
Pagg. 34. Lugduni Bat. 1732. 4.

Joan Christian CUNO.
Ode über seinen garten: Nachmahls besser.
Amsterdam, 1750. 8.
Pagg. 134; præter libellum Bielkii non hujus loci; Denso, vide mox infra; et Büttneri enumerationem plantarum, supra pag. 78 dictam.

Erasmus DARWIN.
The botanic garden. Part 1. containing the economy of vegetation.
Pagg. 214 et 126. tabb. æneæ 9. London, 1791. 4.
Part 2. containing the loves of plants.
Pagg. 184. tabb. æneæ 8. Lichfield, 1789. 4.

165. *Phyto-theologi.*

Julius Bernhard VON ROHR.
Phyto-theologia, oder versuch wie aus dem reiche der gewächse die allmacht und weisheit des Schöpfers von den menschen erkannt werden möge.
Pagg. 590. Frankfurt u. Leipzig, 1740. 8.
———— 2te auflage. Pagg. 540. ib. 1745. 8.

Everardus Jacobus VAN WACHENDORFF.
Oratio de plantis inmensitatis intellectus divini testibus locupletissimis.
Pagg. 55. Trajecti ad Rhenum, 1743. 4.

Johann Daniel DENSO.
Beweis der Gottheit aus dem grase.
impr. cum Cuno's Ode uber seinen garten; p. 173—208. Amsterdam, 1750. 8.

Friedrich Christian LESSER.
Die glaubigen als bäume betrachtet. in seine kleine Schriften, p. 139—178.
Betrachtung der Christen als Öhl-bäume. ib. p. 179—197.

Nicolaus HESSLE'N.
Dissertatio de usu botanices morali. Resp. Car. Engeström.
Pagg. 52. Londini Gothor. 1755. 4.

Johannes GESNERUS.
Dissertationes: Phytographia sacra generalis.
Pagg. 28. Tiguri, 1759. 4.
Phytographiæ Sacræ generalis pars practica prior.
Pagg. 56. 1760.
Pars practica altera. pagg. 54. 1762.
tertia. pagg. 30. 1763.
quarta. pagg. 31. 1764.
quinta. pagg. 35. 1765.
sexta. pagg. 34. 1766.
septima. pagg. 33. 1767.
Phytographiæ Sacræ specialis Pars prima.
pagg. 27. 1768.
Pars altera. pagg. 25. 1769.
tertia. pagg. 32. 1773.

Johann August UNZER.
Betrachtungen über einige besonderheiten aus dem gewächsreiche.
in seine physical. Schriften, 1 Samml. p. 54—64.

Alexand. Pet. NAHUYS.
Oratio de religiosa plantarum contemplatione, acerrimo ad divini numinis amorem et cultum stimulo.
Pagg. 56. Trajecti ad Rhenum, 1775. 4.

William JONES.
The religious use of botanical philosophy. A sermon.
Pagg. 18. London, 1784. 4.

166. *Plantæ Biblicæ.*

Levinus LEMNIUS.
Similitudinum ac parabolarum, quæ in Bibliis ex herbis atque arboribus desumuntur, explicatio.
Foll. 137. Erphordiæ, 1581. 8.
——— impr. cum F. Vallesio de sacra philosophia; append. p. 1—119. Lugduni, 1652. 8.
———: An herbal for the Bible, drawen into english (with alterations) by Thomas Newton.
Pagg. 287. London, 1587. 8.

Clemens ANOMOEUS.
Sacrarum arborum, fruticum et herbarum Decas 1. et 2.
Creutzgarten der Heiligen Schrift. 1 und 2 theil.
Nürmberg, 1609. 8.
1 Theil. foll. 79. 2 Theil. foll. 144; cum figg. ligno incisis.

Adrianus COCQUIUS.
Historia ac contemplatio sacra plantarum, arborum, et herbarum, quarum fit mentio in Sacra Scriptura.
Pagg. 263. Vlissingæ, 1664. 4.
Johannes Henricus URSINUS.
Arboretum biblicum, in quo arbores et frutices passim in S. Literis occurrentes illustrantur.
Editio secunda. Norimbergæ, 1672. 8.
Pagg. 621; cum tabb. æneis.
——— ib. 1685. 8.
Pagg. 621. cum tabb. æneis.
Continuatio historiæ plantarum biblicæ. ib. 1685. 8.
Pagg. 276; præter Theologiam symbolicam, et alia non hujus loci.
W. WESTMACOT.
Historia vegetabilium sacra, or a Scripture herbal.
Pagg. 232. London, 1695. 8.
Olaus CELSIUS.
Botanici Sacri exercitatio 1. qua חרק ex Arabum scriptis illustratur. Resp. Sveno Gestrinius.
Upsaliæ, 1702. 8.
Pagg. 29; cum figura ligno incisa.
———, in Hierobotanico, P. Post. p. 35—46.
Exercitationis de Palma Caput 1. Resp. Jon. Berggren.
Pagg. 30. Upsaliæ, 1711. 8.
——— in Hierobotanico, P. Post. p. 445—459
Dissertatio de arbore scientiæ boni et mali. Resp. Ol. Bergrot.
Pagg. 22. Upsaliæ, 1715. 8.
Quid sit אבוב רועה apud Talmudicos.
Act. Literar. Sveciæ, 1725. p. 6—11.
Commentatiuncula de פקעה & פקעים, qua disquiritur annon rectius per Cucumeres agrestes, quam per Colocynthides, exponantur. ib. 1726. p. 159—171.
——— in Hierobotanico, P. Pr. p. 393—407.
אבטחים sive Melones Ægyptii, ab Israëlitis desiderati, Num. xi. 5, quinam et quales fuerint.
Pagg. 28. Lugduni Bat. 1726. 8.
——— in Hierobotanico, P. Pr. p. 356—383.
De plantis biblicis observationum triga: אביונה, אגוז & אגמון.
Act. Literar. Sveciæ, 1731. p. 60—83.
——— in Hierobotanico, P. Pr. p. 209—215, p. 28—34, & p. 465—477.
ארן Es. 44 : 14. Act. Lit. Sveciæ, 1732. p. 101—109.

——— in Hierobotanico, P. Pr. p. 185—193.
ארן Pinus. Act. Lit. Sveciæ, 1733. p. 50—78.
——— in Hierobotanico, P. Pr. p. 106—134.
De sacra herba אזוב.
Act. Literar. Sveciæ, 1734. p. 1—45.
——— in Hierobotanico, P. Pr. p. 407—448.
אלון Quercus. Act. Lit. Svec. 1735. p. 75—86.
——— in Hierobotanico, P. Pr. p. 58—73.
ברוש, ברות. Act. Lit. Svec. 1736. p. 139—165.
——— in Hierobotanico, P. Pr. p. 74—105.
אהלים, אהלות. Act. Lit. Svec. 1737. p. 280—311.
——— in Hierobotanico, P. Pr. p. 135—171.
איל, אילים, אילון, אלה.
Act. Literar. Sveciæ, 1738. p. 389—409.
——— in Hierobotanico, P. Pr. p. 34—58.
אזרח. Act. Lit. Sveciæ, 1739. p. 514—518.
——— in Hierobotanico, P. Pr. p. 194—198.
אחו, Αχι, Αχει. Act. Societ. Upsal. 1741. p. 9—22.
——— in Hierobotanico, P. Pr. p. 340—356.
Hierobotanicon, sive de plantis Sacræ Scripturæ Dissertationes breves.
Amstelædami, 1748. (Upsaliæ, 1745 et 1747.) 8.
Pars Prior. pagg. 572. Pars posterior. pagg. 600.

Blasius CARYOPHILUS.
Dissertationes de אזוב, דודאים, קיקיון & שושנים.
in Parte 1. Dissertationum Miscellanearum, p. 177—330. Romæ, 1718. 4.

Joh. Joach. SCHRÖDER
Præside, Dissertatio de hortis veterum Hebræorum. Resp. Joh. Dan. Schrammius.
Pagg 16. Marburgi, 1722. 4.

Matthæus HILLERUS.
Hierophyticon, sive commentarius in loca Scripturæ Sacræ, quæ plantarum faciunt mentionem.
Pagg. 488 et 278. Trajecti ad Rhen. 1725. 4.

Christophoro CLEWBERG
Præside, Dissertatio de variis Frumentorum et Leguminum speciebus in Sac. Cod. Vet. Test. memoratis. Resp. Nic. Swartz.
Pagg. 42. tab. ænea 1. Upsaliæ, 1760. 4.

Christianus Fridericus BANG.
Dissertatio de Plantis quibusdam Sacræ botanicæ. Partic. 1. Resp. Casp. Abr. Borch.
Pagg. 26. Hafniæ, 1767. 8.

167. *Plantarum Biblicarum Monographiæ.*

Antonius DEUSINGIUS.
Dissertatio de Mandragoræ pomis pro *Doudaim* Genes. 30. habitis. Groningæ, 1659. 12.
Pagg. 21; præter alios libellos, de quibus suis locis.
——— in ejus Dissertation. selectis, p. 565—585.

Michael LIEBENTANTZ.
Exercitatio de Rachelis deliciis Dudaim, ad Gen. xxx: 14. Resp. Joh. Liebentantz. (1660.)
Editio 4ta. Plagg. 3. Wittebergæ, 1678. 4.

Daniel LUDOVICI.
Dudaim esse tubera.
Ephem. Ac. Nat. Cur. Dec. 1. Ann. 4 & 5. p. 269—272.

Georgius Christianus FLEISCHER.
Lilia Rubenis, sive Dissertatio philologico-critica de דודאים. Resp. Baggæo Frisio.
Pagg. 18. Hafniæ, 1703. 4.

Olaus RUDBECK, *filius*.
Dudaim Rubenis, quos neutiquam Mandragoræ fructus fuisse, aut flores amabiles, Lilia, &c. sed Fraga vel mora Rubi Idæi spinosi, allatæ hic rationes satis videntur evincere. Pagg. 18. Upsalis, 1733. 4.

Michael BECK.
Uva magna Cananæa. Disp. Resp. Sim. Gross.
Pagg. 26. Jenæ, 1679. 4.

Janus MUNDELSTRUP.
De *Pomis Sodomiticis* Dissertatio. Resp. Jan. Schröder.
Plagg. 2. Hafniæ, 1683. 4.

Johannes Mauritius STOHRIUS.
Dissertatio: Poma Sodomitica. Resp. Adam. Frid. Oeler.
Plagg. 2. Lipsiæ, 1695. 4.

Hilarius Christophorus KAASBÖL.
Dissertatio de arboribus Sodomæis. Resp. Joh. Ovenides Schreuder. Pagg. 12. (Hafniæ,) 1705. 4.

Georgius Wolffgangus WEDEL.
Programma de *Hyperico* mystico.
Pagg. 8. Jenæ, 1686. 4.
Programma de *Sinapi* Scripturæ.
Pagg. 8. ib. 1690. 4.

Gottlob Andrea MEYERO
Præside, Dissertatio de *Sycomoro*, quem Zacchæus publicanorum Magister ascenderat, ex Luc. xix. 1. 2. 3. 4. Resp. Gottfr. Kresse.
Plagg. 2½. Lipsiæ, 1694. 4.

Georgius Wolffgangus WEDEL.
Programma de *Corona* Christi *spinea* 1.
Pagg. 8. Jenæ, 1696. 4.

Daniel HALLMAN.
Dissertatio inaug. de Στεφανω εξ Ακανθων, Corona de Spinis.
Pagg. 88. tab. ænea 1. Rostochii, 1757. 4.

David LUND
Præside, Exercitium Acad. de vocis Κερατιων significatu. Luc. xv: 16. Resp. Nic. Gezelius.
Pagg. 44. Aboæ, 1697. 8.

Johannes BEEN.
Dissertatio evincere contendens, quod *Spinæ* et *Tribuli* ante lapsum producti exstiterint. Resp. Joh. Dan. Ramus.
Plag. 1. Hafniæ, 1702. 4.

Johannes Michael LANGIUS.
Dissertatio botanico-theologica de herba *Borith*. Resp. Joh. Fried. Schwarzius.
Pagg. 40. tab. ænea 1. Altdorfii, 1705. 4.
Adest etiam aliud exemplum, cui (junctis duabus dissertationibus, non hujus loci) præfixus titulus:
בורית h. e. Dissertationes botanico-theologicæ tres de herba Borith, auctore J. Mich. Langio.

Olaus RUDBECK, *filius*.
Ichthyologiæ Biblicæ pars secunda, de Borith fullonum, quod non herbam aliquam, multo minus smegma vel saponem, fuisse sed Purpuram, perplurimis evincitur argumentis. Pagg. 162. Upsalis, 1722. 4.
Responsum ad Cl. Chr. Bened. Michaelis objectiones, quo Borith fullonum, non saponem vel smegma, ut ipse contendit, sed Purpuram et fucum fuisse, pluribus adhuc probatur argumentis. Pagg. 38. ib. 1733. 4.

Georgius Wolffgangus WEDEL.
Programma de *Purpura* et *Bysso*.
Pagg. 8. Jenæ, 1706. 4.
Programma de *Lignis Thyinis* Apocalypseos in genere.
Pagg. 8. ib. 1707. 4.
Programma de *Sabina* Scripturæ. Pagg. 8. ib. 1707. 4.
Programma de *Lilio convallium* Salomonis.
Pagg. 12. ib. 1710. 4.

Daniel ROSENFELD.

Dissertatio de חבצלת השרון sive *Rosa Saronitica.* Resp. Chr. Alb. Reineccius. Pagg. 24. Wittebergæ, 1715. 4.

Conradus IKENIUS.

Dissertatio de Lilio Saronitico, emblemate Sponsæ, ad illustrationem loci Cant. ii. 1. Resp. Henr. Lampe. Pagg. 38. Bremæ, 1728. 4.

Georgius Wolffgangus WEDEL.

Programma de *Zytho* Scripturæ. Pagg. 12. Jenæ, 1713. 4.

Hermannus VON DER HARDT.

פקעות πικριδια *Intybum* sylvestre in Elisæ mensa, mors in olla; nec non באשים αγριοσταφυλιες *Bryonia* in Esaiæ vinea. Pagg. 16. Helmstadii, 1719. 4.

Alberto SCHULTENS

Præside, Dissertatio de *Palma ardente.* Resp. Ge. Verestoi. Franequeræ, 1725. 4. Pars prior. pagg. 190. Pars posterior. pagg. 28.

Theodorus HASÆUS.

Dissertatio de *Rubo* Mosis הסנה dicto. in ejus Dissertationum philologicarum sylloge, p. 253—313.

Dissertatio de Ligno *Sittim.* ib. p. 170—252.

Johann Adam GOERITZ.

Hyssopus Ratisponensis crescens e maceria. Act. Acad. Nat. Cur. Vol. 1. p. 120—122.

Gio. Serafino VOLTA.

Lettera sul Isopo. Opuscoli Scelti, Tomo 5. p. 397—408.

Joannes Godofredus UNGERUS.

Dissertatio de ערות, hoc est de *Papyro* frutice, ad Es. xix. 7. Resp. Imm. Ern. Hahn. Pagg. 42. Lipsiæ, 1731. 4.

Johanne Rodolpho CRAMER

Præside, Dissertatio de *Myrto.* Resp. Joh. Rod. Rhanius. Pagg. 32. Tiguri, 1731. 4.

Joannes Christianus BIEL.

Exercitatio de *Lignis ex Libano* ad templum Hierosolymitanum ædificandum petitis. Brunsvigæ, 1740. 4. Pagg. 61; præter specimina thesauri philologici, non hujus loci.

Welleejus HÖYBERG.

Dissertatiunculæ de coelesti illo cibo, *Man* dicto, e Exod. 16. Particula 1. Resp. Frid. Rossingius. Pagg. 16. Hafniæ, 1743. 4.

Hieronymus DE WILHEM.
Dissertatio inaug. de Manna κεκρυμμένῳ.
Pagg. 43. Lugduni Bat. 1744. 4.

Johannes PONTOPPIDAN.
Dissertatio de Manna Israëlitarum. Pars Pr. Resp. Erasm. Lindegaard.
Plag. 1. Havniæ, 1756. 4.

Christophoro CLEWBERG
Præside, Dissertatio de רתם arbore, sub qua Elias profugus recubuisse legitur 1 Reg. xix. v. 4. 5. Resp. Henr. Wilh. Pose.
Pagg. 19. Upsaliæ, 1758. 4.

HADELICH.
De שקמים seu de optimis arborum speciebus apud Ebræos, et de officio curatorum, quos illis plantandis ac tuendis Davides præfecit.
Act. Acad. Mogunt. Tom. 2. p. 631—648.

Georgius Castanæus BLOCH.
Tentamen Φοινικολογιας sacræ, sive Dissertatio emblematico-theologica de *Palma.*
Pagg. 178. Hafniæ, 1767. 8.

P. B. (BODDAERT.)
Verhandeling over den Palmboom.
Nieuwe geneeskund. Jaarboeken, 5 Deel, p. 157—168.

David DE GORTER.
Kruidkundige verhandeling over Jerem. xvii. 6. Verhandel. van de Maatsch. te Haarlem, 15 Deel, p. 126 — 146.
Bericht betreffende den *Tamarisch-boom,* in het 15 Deel deezer verhandelingen beschreeven in eene kruidkundige verhandeling over Jerem. xvii. 6. ibid. 16 Deels 2 Stuk, p. 381, 382.

P. B. (BODDAERT.)
Verhandeling over den Cederboom.
Nieuwe geneeskund. Jaarboeken, 5 Deel, p. 151—156.

Petrus HOFSTEDE.
De ware kleur van den edelen of bybelschen *Sorek-wyn* aangetoond. Verhand. van het Genootsch. te Vlissing. 11 Deel, p. 257—322.

168. *De Plantis veterum Auctorum Scriptores Critici.*

Claudius SALMASIUS.
Præfatio in librum de Homonymis hyles iatricæ.
Divione, 1668. fol.
Pagg. 69; præter judicium de Plinio, de quo alio loco.
Exercitationes de Homonymis hyles iatricæ. impr. cum Tomo 2do ejus Exercitationum in Solinum.
Trajecti ad Rhenum, 1689. fol.
Pagg. 244; præter libellos de Manna et Sacchaıo.

Joannes Hadrianus SLEVOGT.
Prolusio de *Ægilope* herba.
Pagg. 8. Jenæ, 1695. 4.
Johann Gottlieb GLEDITSCH.
Eclaircissements sur diverses plantes qui ont été prises pour le veritable *Ægolethron* de Pline.
Hist. de l'Acad. de Berlin, 1759. p. 48—86.
————: Untersuchung des Ægolethri des Plinius. in sein. Physic. Botan. Oeconom. Abhandl. 3 Theil, p. 144—199.
Georgius Wolffgangus WEDEL.
Programma de *Amello* Virgilii.
Pagg. 8. Jenæ, 1686. 4.
Nicolò MAROGNA.
Commentarius in tractatus Dioscoridis et Plinii de *Amomo.* impr. cum Ponæ descriptione Baldi.
Pagg. 75. Basileæ, 1608. 4.
————: Commentario ne' trattati di Dioscoride, e di Plinio dell' Amomo. impr. cum Descrittione di monte Baldo, da Pona.
Pagg. 132. Venezia, 1617. 4.
Georgius KAMEL.
De Tugus, seu Amomo legitimo.
Philosoph. Transact. Vol. 21. n 248. p. 2—4.
———— In Raji Historia Plantarum, Vol. 3. Dendrol. p. 89, 90.
Georgius Wolffgangus WEDEL.
Programma de *Bulbo* veterum.
Plag. 1. Jenæ, 1701. 4.
Joannes Reinoldus FORSTER.
Liber singularis de *Bysso* antiquorum.
Pagg. 133. Londini, 1776. 8.

Joannes Georgius WEINMANN.
Tractatus de *Chara* Cæsaris, cujus lib. 3. de Bell. Civ. c. 48. meminit. Pagg. 76. Carolsruhæ, 1769. 8.

Alexander PECCANA.
De *Chondro* et Alica libb. 2.
Pagg. 50. Veronæ, 1627. 4.

Georgius Wolffgangus WEDEL.
Programma de mensis *Citreis*.
Pagg. 8. Jenæ, 1707. 4.
Programma de *Corchoro* Theophrasti in genere.
Pagg. 8. ib. 1695. 4.
Programma de Corchoro Theophrasti in specie.
Pagg. 8. ib. 1695. 4.

AMOREUX.
Sur le *Cytise* des anciens, reconnu pour être la Luzerne arborescente des modernes. Mem de la Soc. R. d'Agricult. de Paris, 1787. Trim. d'Eté, p. 68—86.

Georgius Wolffgangus WEDEL.
Programma de *Fæcula Coa*.
Plag. 1. Jenæ, 1693. 4.
Programma de *Herbis Germanis* Ovidii.
Pagg. 8. ib. 1689. 4.
Programma de morbo et *Herba solstitiali*.
Pagg. 8. ib. 1690. 4.
Programma de *Holoconitide* Hippocratis 1.
Pagg. 8. ib. 1715. 4.

Augustus Fridericus WALTHERUS.
Programma de *Loto* Ægyptia in nummis antiquis.
Plagg. 2. Lipsiæ, 1746. fol.

Benjamin RAY.
Von dem Ægyptischen *Lotus*.
Hamburg. Magaz. 23 Band, p. 201—209.
(ex anglico in Gentleman's magazine.)

René Louiche DESFONTAINES.
Recherches sur un arbrisseau connu des anciens sous le nom de Lotos de Lybie.
Mem. de l'Acad. des Sc. de Paris, 1788. p. 443—453.
——— Journal de Physique, Tome 33. p. 287—292.

Joannes Hadrianus SLEVOGT.
Prolusio, qua ostenditur nucem *Methel* Avicennæ esse Daturam modernorum.
Plag. 1. Jenæ, 1695. 4.

Georgius Wolffgangus WEDEL.
Programma de *Moly* Homeri in genere.
Pagg. 8. ib. 1713. 4.

Programma de Moly Homeri in specie.
Pagg. 8. Jenæ, 1713. 4.
Programma de mythologia Moly Homeri.
Pagg. 8. ib. 1713. 4.

Joannes FABER.
De *Nardo* et Epithymo adversus Josephum Scaligerum disputatio. Pagg. 34. Romæ, 1607. 4.

Gilbert BLANE.
Account of the Nardus Indica, or Spikenard.
Philosoph. Transact. Vol. 80. p. 284—292.

Sir William JONES.
On the Spikenard of the Ancients.
Transact. of the Soc. of Bengal, Vol. 2. p. 405—417.

Georgius Wolffgangus WEDEL.
Programma de *Nepenthe* Homeri.
Pagg. 8. Jenæ, 1692. 4.

AMOREUX, *fils*.
Eclaircissemens sur l'espéce de fourrage, que les anciens nommaient *Ocymum*. Mem. de la Soc. R. d'Agricult. de Paris, 1789. Trim de Printemps, p. 62—70.

Georgius Wolffgangus WEDEL.
Programma de *Oenanthe* Theophrasti.
Pagg. 8. Jenæ, 1710. 4.

Johannes Christianus Daniel SCHREBER.
Programma de *Persea* Ægyptiorum. Commentatio 1.
Magazin fur die Botanik, 4 Stuck, p. 46—52.
Commentatio 2. 3. ibid. 5 Stuck, p. 14—23.
4. Usteri's Annalen der Botanick, 4 Stück, p. 71—76.

Johannes Reinholdus FORSTER.
Literæ ad Schreberum de Persea.
Magazin für die Botanik, 5 Stück. p. 23 a, 23 b.

Jo. Hadrianus SLEVOGT.
Prolusio de *Pyrethro*. Pagg. 8. Jenæ, 1709. 4.

Georgius Wolffgangus WEDEL.
Programma de *Radice amara* Homeri.
Pagg. 8. ib. 1692. 4.
Programma de *Resina Ægyptia* Plauti.
Pagg. 8. ib. 1700. 4.

Claudius SALMASIUS.
De *Saccharo*. impr. cum ejus Exercitationibus de homonymis; p. 255—257.

Joh. Ludov. HANNEMANN & *Jo. Jac.* STOLTERFOHT.
De Saccharo Salmasiano.
Nov. Literar. Mar. Balth. 1701. p. 209—213.

Augustus Fridericus WALTHER.
De *Silphio* in veterum nummis ac diversis plantæ speciebus Programma.
Pagg. xxiv. Lipsiæ, 1746. 4.
Georgius Wolffgangus WEDEL.
Programma de *Tetragono* Hippocratis.
Pagg. 8. Jenæ, 1688. 4.
Joannes Georgius SIEGESBECK.
Programma de Tetragono Hippocratis.
Pagg. 12. Petropoli, 1737. 4.
Georgius Wolffgangus WEDEL.
Programma de *Theseo* Theophrasti.
Pagg. 12. Jenæ, 1708. 4.
Auguste Denis FOUGEROUX.
Sur le *Thuya* de Theophraste.
Journal de Physique, Tome 18. p. 354—356.
———— ; Over den Thuya van Theophrastus.
Nieuwe geneeskund. Jaarboek. 1 Deel, p. 216—219.
Georgius Wolffgangus WEDEL.
Programma de *Thyo* Homeri.
Pagg. 8. Jenæ, 1707. 4.

169. *Plantarum Historia superstitiosa et fabularis.*

Georgius Augustus LANGGUTH.
Antiquitates plantarum feralium apud Græcos et Romanos. Pagg. 92. Lipsiæ, 1738. 4.
J. H. SCHMINCKIO
Præside, Dissertatio de cultu religioso arboris Jovis, præsertim in Hassia. Resp. Joh. Wilh. Schönfeldt.
Pagg. 28. Marburgi, 1714. 4.
Fr. PARSKIUS.
Rosa aurea omnique ævo sacra.
Pagg. 86. 1728. 4.

Joanne Henrico HEUCHERO
Præside, Dissertatio de vegetabilibus magicis. Resp. Jo. Fabricius.
Plagg. 2¼. Wittebergæ, 1700. 4.
Dissertatio: Plantarum historia fabularis. Resp. Valentin. Herm. Thryllitius. Pagg. 62. ib. 1713. 4.
Fridericus MENTZ.
De plantis, quas ad rem magicam facere crediderunt veteres, disputatio prior. Plagg. 4. Lipsiæ, 1705. 4.

Ernestus Godofredus BALDINGER.
Alexiteria et alexipharmaca contra Diabolum. Programma, Pagg. 15. Gottingæ, 1778. 4.

170. *Plantæ fabulosæ.*

Antonius DEUSINGIUS.
De Mandragoræ mangoniis. impr. cum ejus Dissertatione de Mandragoræ pomis; p. 22—34.
Groningæ, 1659. 12.
——— in ejus Dissertationibus selectis, p. 586—598.

Rosinus LENTILIUS.
De radice effractoria, vel apertoria, Sprengwurzel.
Ephem. Ac. Nat. Cur. Dec. 3. Ann. 7 & 8. p. 144—152.

Christophorus Jacobus TREW.
De Serpentaria mirabili montana Muntingii.
Commerc. Litterar. Norimberg. 1738. p. 377—379.

N. P. FOERSCH.
Natürliche geschichte des Bohon-Upas oder giftbaumes auf der insel Java. (ex anglico in Universal Magazine.)
Leipzig. Magaz. 1784. p. 375—391.

ANON.
Ueber den giftbaum, oder Pohoon Upas, der auf der Insel Java wachsen sol. (e Nieuwe Algem. Vaderl. Letteroefeningen.)
Sammlungen zur Physik, 4 Band, p. 439—453.
——— Usteri's Annalen der Botanick, 3 Stück, p. 262—275.

171. *Familiæ Plantarum.*

Dendrologi.

Benedictus CURTIUS.
Hortorum libb. 30, in quibus continetur arborum historia.
Pagg. 683. Lugduni, 1560. fol.

Johannes JONSTONUS.
Dendrographias sive historiæ naturalis de arboribus et fruticibus, tam nostri, quam peregrini orbis, libb. x.
Francofurti ad Moen. 1662. fol.
Pagg. 477. tabb. æneæ 137.

Ulysses ALDROVANDUS.
Dendrologiæ, naturalis scilicet arborum historiæ libb. 2. sylva glandaria, acinosumque pomarium; Ovidius Montalbanus collegit, digessit, concinnavit.
Bononiæ, 1667. fol.
Pagg. 660; cum figuris ligno insisis.

Petro HAHN
Præside, Δενδρολογια. Resp. Andr. Hasselqwist.
Pagg. 40. Aboæ, 1698. 4.

ANON.
Von der langen dauer der bäume, und von den proben, die uns das alterthum hiervon an die hand giebt. (e gallico, in Journal Helvetique.)
Hamburg. Magaz. 5 Band, p. 337—360.

Johann Hermann KNOOP.
Dendrologia, of beschryving der plantagie-gewassen, die men in den tuinen cultiveert.
Pagg. 168. Leeuwarden, 1763. fol.

Carl Christoph OELHAFEN *von Schöllenbach.*
Abbildung der wilden bäume, stauden und buschgewächse. Nurnberg, 1767. 4.
1 Theil, welcher die Tangel-oder immergrünen bäume enthält.
Pagg. 82. tabb. æneæ color. 34. 1773.
2 Theil, welcher die Laub-oder Blätterbäume enthält.
Pag. 1—48. tab. 1—28.

Joannes Antonius SCOPOLI.
Tabula ostendens usum œconomicum, physicum, chymicum, lignorum quorumdam indigenorum, ex tempore gemmationis, foliationis, florescentiæ, fructificationis et analysi chymica.
in ejus Anno 4to historico-naturali, p. 124.

Clas Blechert TROZELIUS.
Disp. om trän och buskar i allmänhet. Resp. Magn. Laur. Lödman.
Pagg. 48. Lund, 1781. 4.

Nicolaas MEERBURGH.
Naamlyst der boom en heestergewassen, dienstig tot het aanleggen van lustboschjes of zogenaamde hermitagien.
Pagg. 41. Leyden, 1782. 8.

Christian Friedrich LUDWIG.
Die neuere wilde baumzucht in einem alphabetischen und systematischen verzeichnisse aufgestellt.
Pagg. 70. Leipzig, 1783. 8.

Carl SCHILDBACH.
Beschreibung einer holz-bibliothek.
Pagg. 16. Cassel, 1788. 8.
Anhang. fol. 1.

172. *Dendrologi Topographici.*

Magnæ Britanniæ.

A catalogue of such trees and shrubs, both exotick and domestick, as will prosper in our climate, in the open ground, as hath been several years experienced by Mr. *Robert* FURBER, Gardener, over-against Hide Park gate, at Kensington, where any gentlemen may be furnished with any of the following trees and shrubs, at reasonable rates.
Miller's gardeners and florists dictionary, Vol. 2. sign. H h 3—H h 8. London, 1724. 8.

A catalogue of trees and shrubs growing in the botanic garden at Edinburgh.
Pagg. 17. Edinburgh, 1775. 8.

173. *Galliæ.*

Henry Louis DU HAMEL *du Monceau.*
Traité des arbres et arbustes, qui se cultivent en France en pleine terre. Paris, 1755. 4.
Tome 1. pagg. 368. tabb. ligno incisæ 139.
Tome 2. pagg. 387. tabb. 111.

Additions pour le traité des arbres et arbustes. impr. avec son Traité des semis et plantations des arbres.
Pagg. 27. tab. ænea 1. ib. 1760. 4.

de Secondat.

Observations sur quelques arbres forestiers de la *Guienne.* dans ses Memoires sur l'histoire naturelle, p. 32—36.
Paris, 1785. fol.

André Thouin.

Liste des arbres qui croissent naturellement en France.

Liste d'arbres etrangers acclimatés en France.
Mem. de la Soc. R. d'Agricult. de Paris, 1786. Trim. d'Hiver p. 60—95.

174. *Germaniæ.*

Franz Joseph Märter.

Verzeichniss der *Östreichischen* bäume, stauden und buschgewächse, mit anmerkungen aus der natur-und ökonomischen geschichte derselben.
Pagg. 212. Wien, 1781. 8.

Franz Schmidt.

Österreichs allgemeine baumzucht, oder abbildungen in- und ausländischer bäume und sträuche, deren anpflanzung in Österreich möglich und nüzlich ist.
1 Band. pagg. 57. tabb. æneæ color. 60.
Wien, 1792. fol.
2 Band. pag. 1—32. tab. 61—120. 1794.

Johann Simon Kerner.

Beschreibung und abbildung der bäume und gesträuche, welche in dem herzogthum *Wirtemberg* wild wachsen.
1 Heft. pagg. 30. tabb. æneæ color 7.
Stuttgart, 1783. 4.
2 Heft. pag. 31—52. tab. 8—15. 1784.
3 Heft. pag. 53—67. tab. 16—23. 1785.
4 Heft. pag. 69—82. tab. 24—31. 1786.

Friedrich Kasimir Medicus.

Von einigen ausländischen bäumen, die in dem Kurfürstl. botanischen garten zu *Mannheim* im freien ausgedauert.
Bemerkung. der Kuhrpfalz. Phys. Okonom. Gesellsch. 1774. p. 123—298.

Fortgesezte beobachtungen von naturalisirten bäumen, die in dem Kurfürstl. botanischen garten im freien ausdauren. ibid. 1777. p. 3—80.

Moriz Balthasar Borkhausen.

Versuch einer forstbotanischen beschreibung der in den *Hessen-Darmstädtschen* landen, besonders in der Obergrafschaft Cazenellenbogen im freien wachsenden holzarten. Pagg. 397. Frankfurt am Main, 1790. 8.

Christoph Henrich BÖTTGER.

Verzeichniss derjenigen fremden und einheimischen baume und stauden, welche in den angelegten englischen parks und garten des furstl. lustschlosses *Weissenstein* dermalen befindlich sind.

Pagg. 44. Cassel, 1777. 4.

Fortsetzung des verzeichnisses etc.

Pagg. 56. ib. 1777. 4.

Conrad MÖNCH.

Verzeichniss ausländischer bäume und stauden des lustschlosses Weissenstein bey Cassel.

Frankfurt und Leipzig, 1785. 8.

Pagg. 144. tabb. æneæ 8.

Johann Philipp DU ROI.

Die *Harbkesche* wilde baumzucht, theils Nordamerikanischer und anderer fremder, theils einheimischer bäume, straucher und strauchartigen pflanzen, nach den kennzeichen, der anzucht, den eigenschaften und der benuzung beschrieben.

1 Band. pagg. 447. tabb. æneæ 3.

Braunschweig, 1771. 8.

2 Band. pagg. 512. tab. 4—6. 1772.

Johann Peter BUEK.

Catalogus von bäumen und sträuchen, welche um billige preise zu haben sind bey dem blumen-saamen-und baumhändler Johann Peter Buek in *Hamburg*.

Pagg. 152. Hildesheim, 1790. 8.

Hermann Friederich BECKER.

Beschreibung der bäume und sträucher, welche in *Mecklenburg* wild wachsen.

Pagg. 87. Rostock, 1791. 8.

Friedrich August Ludwig VON BURGSDORF.

Ueber die in den waldungen der *Kurmark-Brandenburg* befindlichen einheimischen und in etlichen gegenden eingebrachten fremden holzarten.

Beob. der Berlin. Ges. Naturf. Fr. 1 Band, p. 236—266.

Carl Ludwig WILLDENOW.

Berlinische baumzucht, oder beschreibung, der in den gärten um *Berlin*, im freien ausdauernden bäume und sträucher.

Pagg. 452. tabb. æneæ 7. Berlin, 1796. 8.

175. *Sveciæ.*

Carolus LINNÆUS.

Dissertatio: Arboretum Svecicum. Resp. Dav. Pontin.
Pagg. 30. Upsaliæ, 1759. 4.
——— Amoenitat. Academ. Vol. 5. p. 174—203.
——— Continuat. alt. select. ex Am. Acad. Dissert. p. 38—72.
——— Fundam. botan. edit. a Gilibert, Tom. 1. p. 545—575.

Dissertatio: Frutetum Svecicum. Resp. Dav. Magn. Virgander.
Pagg. 26. ib. 1758. 4.
——— Amoenitat. Academ. Vol. 5. p. 204—231.
——— Continuat. alt. select. ex Am. Ac. Dissert. p. 73—104.
——— Fundam. botan. edit. a Gilibert, Tom. 1. p. 577—604.

176. *Americæ.*

(*James* PETIVER.)

Dendrologia Americana: Or a short account of the trees, and shrubs which grow in most of the *Charibby Islands*, but most particularly in *Jamaica* and *Barbadoes*.
Memoirs for the Curious, 1708. p. 50—56.

Samuel FAHLBERG.

Anmärkningar vid åtskilliga *Westindiska* trädarter.
Vetensk. Acad. Handling. 1793. p. 153—161, et p. 184—198.

Mark CATESBY.

Hortus Europæ Americanus, or a collection of 85 trees and shrubs, the produce of *North America*, adapted to the climates and soils of Great-Britain.
Pagg. 41. tabb. æneæ color. 17. London, 1767. fol.

Friederich Adam Julius von WANGENHEIM.

Beschreibung einiger Nordamericanischen holz-und busch-arten, mit anwendung auf Teutsche forsten.
Pagg. 151. Göttingen, 1781. 8.

Beytrag zur teutschen holzgerechten forstwissenschaft, die anpflanzung Nordamericanischer holzarten, mit anwendung auf teutsche forste betreffend.
Pagg. 124. tabb. æneæ 31. ib. 1787. fol.

Humphry MARSHALL.

Arbustrum Americanum, the American grove, or an al-

phabetical catalogue of forest trees and shrubs, natives of the American united States.
Pagg. 174. Philadelphia, 1785. 8.
———: Catalogue alphabetique des arbres et abrisseaux, qui croissent naturellement dans les Etats-unis de l'Amerique Septentrionale, traduit, avec des observations sur la culture, par M. Lezermes.
Pagg. 278. Paris, 1788. 8.

177. *Arbores vulgo Fructiferæ dictæ.*

12 plates of Fruit, one for each month, with their names, from the collection of Rob. Furber, Gardiner at Kensington. Designed by P. Casteels. Engraved by several hands.
Tabb. æneæ, long. 17 unc. lat. 13 unc.

ANON.
Von dem ursprunge der Früchte.
Hamburg. Magaz. 6 Band, p. 500—523.
Von dem ursprunge der vornehmsten bäume, und von ihrer einpflanzung in Italien. ibid. 5 Band, p. 582—606, & p. 483—505.
(Uterque commentarius e gallico, in Journal Helvetique, versus.)

Johann Hermann KNOOP.
Pomologia, dat is beschryvingen en afbeeldingen van de beste soorten van Appels en Peeren.
Leeuwarden, 1758. fol.
Pagg. 86. tabb. æneæ color. 12 et 8.
———: Pomologie, ou description des meilleures sortes de Pommes et de Poires. Amsterdam, 1771. fol.
Pagg. 139. tabb. æneæ color. 12 et 8.
Fructologia, of beschryving der vrugtbomen, die men in de hoven plant en onderhoud. Leeuwarden, 1763. fol.
Pagg. 132. tabb. æneæ color. 19.
———: Fructologie, ou description des arbres fruitiers, ainsi que des fruits, qu'on cultive ordinairement dans les jardins. Amsterdam, 1771. fol.
Pagg. 205. tabb. æneæ color. 19.

Henry Louis DU HAMEL *du Monceau.*
Traité des arbres fruitiers. Paris, 1768. 4.
Tome 1. pagg. 337. tabb. æneæ 62.
Tome 2. pagg. 280. tabb. æneæ 118.

MANGER.
Anleitung zu einer systematischen Pomologie.

1 Theil, von den Æpfeln. Pagg. 112. tab. ænea 1.
Leipzig, 1780. fol.
2 Theil, von den Birnen. Pagg. 192. tab. ænea 1.
1783.

Peter Jonas BERGIUS.
Tal om frukt-trägårdar.
Pagg. 118. Stockholm, 1780. 8.

DE SAINT GERMAIN.
Suite du Manuel des vegetaux, ou les presens de Pomone.
Pagg. 191. Paris, 1786. 12.

ANON.
The Pomona Britannica, or fruit-garden displayed; by several hands, revised by A. and W. Driver.
London, 1788. 4.
Pag. 1—8. tab. æn. color. 1—8. cum totidem foliis textus, et 4 foll. dictionarii botanici. Plura non prodierunt.

178. *Palmæ.*

A discourse of Palm-trees. printed with a short relation of the river Nile; p. 57—104. London, 1673. 12.
———: Discours des Palmiers. dans le Recueil de divers voyages faits en Afrique et en l'Amerique, p. 233—252. Paris, 1684. 4.

Andrea RYDELIO
Præside, Dissertatio de Palma. Resp. Sim. Palmegreen.
Pagg. 32. Lond. Gothor. 1720. 8.

Abrahamus STECK.
In Dissertatione inaug. de Sagu, pag. 6. ad 22 de Palmis agit. Argentorati, 1757. 4.

Fredrik Baron VAN WURMB.
Orde der Palmboomen. Verhandel. van het Bataviaasch Genootsch. 1 Deel, p. 336—357.

Carl Peter THUNBERG.
Anmarkningar om Palmträden.
Vetensk. Acad. Handling. 1782. p. 284—286.

Paulus Dietericus GISEKE.
In ejus editione Prælectionum Linnæi in Ordines naturales plantarum, pag. 33—122, de Palmis agit.

179. *Gramina.*

Joannes Antonius Bumaldus, id est *Ovidius* Montalbanus.

Individualis Graminum omnium ab auctoribus hucusque observatorum nomenclatura.
impr. cum ejus Bibliotheca botanica; p. 111—188.
Bononiæ, 1657. 24.
——— cum eodem libro; p. 41—62.
Hagæ Comitum, 1740. 4.

Joannes Rajus.

Methodus Graminum, Juncorum et Cyperorum specialis.
impr. cum ejus Methodo plantarum,
edit. 1703. p. 167—187.
edit. 1733. p. 171—190.

Johannes Scheuchzer.

Operis Agrostographici idea, seu Graminum, Juncorum, Cyperorum, Cyperoidum, iisque affinium methodus.
Pagg. 93. Tiguri, 1719. 8.
Agrostographia, sive Graminum, Juncorum, Cyperorum, Cyperoidum, iisque affinium historia. ib. 1719. 4.
Pagg. 512. tabb. æneæ 11; præter 8 prodromi, vide infra pag. 214.
——— accesserunt Alb. von Haller synonyma nuperiora, graminum 70 species, et de generibus graminum epicrisis. ib. 1775. 4.
Eadem editio, novo titulo, cui additæ sunt appendices Halleri pagg. 67; præter plantas Rhæticas, vide supra pag. 152.

Carolus a Linne.

Dissertatio: Fundamenta Agrostographiæ. Resp. Henr. Gahn.
Pagg. 38. tabb. æneæ 2. Upsaliæ, 1767. 4.
——— Amoenitat. Academ. Vol. 7. p. 160—196.
——— Fundam. botan. edit. a Gilibert, Tom. 1. p. 509—544.

Johann Christian Daniel Schreber.

Beschreibung der Gräser, nebst ihren abildungen.
1 Theil. pagg. 154. tabb. æneæ color. 20.
Leipzig, 1769. fol.
2 Theil. pag. 1—88. tab. 21—40. 1774—79.

Petrus Jonas Bergius.

Ternio graminum ex America novorum, descripta et iconibus illustrata. Act. Helvet. Vol. 7. p. 127—131.

Christianus Friis ROTTBÖLL.

Descriptiones plantarum rariorum iconibus lustrandas programmate indicit.

Pagg. 32. Havniæ, 1772. 8.

Est prodromus sequentis Operis.

Descriptionum et iconum rariores et pro maxima parte novas plantas illustrantium liber primus.

Pagg. 71. tabb. æneæ 21. Hafniæ, 1773. fol.

Joannes Philippus VOGLER.

Schediasma botanicum de duabus graminum speciebus nondum satis extricatis.

Pagg. 22. Giessæ, 1776. 8.

(Bromus scaber Linn. suppl. et Avena, quam strigosam dicit.)

Carolus A LINNÉ, *filius.*

Dissertatio illustrans nova Graminum genera. Resp. Dan. Er. Næzén.

Pagg. 37. tab. ænea 1. Upsaliæ, 1779. 4.

——— Amoenit. Academ. Vol. 10. Append. p. 1—40.

ANON.

Botanische beschreibung der Gräser, nach ihren mancherley, einzelnen bestandtheilen.

Frankfurt am Mayn, 1788. 8.

Pagg. 57. tabb. æneæ 4.

180. *De Graminibus Scriptores Topographici.*

Magnæ Britanniæ.

Benjamin STILLINGFLEET.

Observations on Grasses,

in his Miscellaneous tracts, 1st edition, p. 202—218. 2d edit. p. 363—390. tabb. æneæ 11.

William CURTIS.

An enumeration of the British grasses.

Pag. 1. London, 1787. fol.

——— in his Practical observations on British grasses. p. 42—52.

G. SWAYNE.

Gramina pascua, or a collection of specimens of the common pasture grasses, with their Linnæan and English names, descriptions, and remarks.

Bristol, 1790. fol.

Foll. 11; præter specimina sicca chartæ adglutinata.

181. *Italiæ.*

Josephus MONTI.
Catalogi stirpium agri *Bononiensis* prodromus, Gramina ac hujusmodi affinia complectens.
Pagg. 66. tabb. æneæ 3. Bononiæ, 1719. 4.

182. *Helvetiæ.*

Johannes SCHEUCHZER.
Agrostographiæ Helveticæ prodromus, sistens binas graminum alpinorum decades.
Pagg. 28. tabb. æneæ 8. Tiguri, 1708. fol.

Johannes HOFER.
Tentamen catalogi Graminum in *Helvetia* sponte crescentium.
Act. Helvet. Vol. 2. p. 131—156.

183. *Cerealia.*

Albertus de HALLER.
Genera, species. et varietates Cerealium.
Sermo 1. Triticum.
Nov. Comment. Soc. Gotting. Tom. 5. p. 1—23.
Sermo 2. Hordeum, Secale, Avena. ibid. Tom. 6. p. 1—22.

Franz Xaver SCHNYDER.
Ueber die geschlechter, arten und spielarten des getreides, welche im Kanton Luzern gemeiniglich angepflanzt werden. Höpfners Magaz. für die Naturk. Helvet. 1 Band, p. 35—71.

184. *Ensatæ.*

Daniel DE LA ROCHE.
Specimen inaug. sistens descriptiones plantarum aliquot novarum. Lugduni Bat. 1766. 4.
Pagg. 35. tabb. æneæ 5.

185. *Orchideæ.*

Martinus Bernhardus A BERNIZ.
Orchidum seu Satyriorum species singulares.
Ephem. Ac. Nat. Cur. Dec. 1. Ann. 2. p. 73—79.

Jacobus PETIVER.
Orchides Etruriæ a Bruno Tozzi Ab. Val. pictæ.
Tab. ænea, figuris 12; in Vol. 2do. operum ejus.
——— eadem est tabula 128 Gazophylacii Naturæ et Artis, in Vol. 1mo.

Carolus LINNÆUS.
Species Orchidum et affinium plantarum.
Act. Societ. Upsal. 1740. p. 1—37.

Albertus v. HALLER.
Orchidum classis constituta.
Act. Helvet. Vol. 4. p. 82—166.

Carl Peter THUNBERG.
Anmärkningar vid de växter, som kallas Orchides.
Vetensk. Acad. Handling. 1786. p. 254—262.

Franz von Paula SCHRANK.
Ueber die pflanzen mit Orchisblüthen.
Abhandl. einer Privatgesellsch. in Oberdeutschland, 1 Band, p. 103—117.

186. *Scitamineæ.*

Johannes Gerhardus KOENIG.
Descriptiones Monandrarum, pro annis 1778 & 1779. impr. cum Fasciculo 3tio Observationum botanicarum Retzii; p. 45—76.

Paulus Dietericus GISEKE.
In ejus editione Prælectionum Linnæi in Ordines naturales plantarum, p. 197—273, de Scitamineis agit.

187. *Succulentæ.*

Richard BRADLEY.
Historia plantarum succulentarum. latine et anglice.
Decas 1. Pagg. 11. tabb. æneæ 10. Londini, 1716. 4.
2. Pagg. 11. tab. 11—20. 1717.
3. Pagg. 12. tab. 21—30. 1725.
4. Pagg. 18. tab. 31—40. 1727.
5. Pagg. 18. tab. 41—50. 1727.

188. *Caryophyllei.*

Franz von Paula SCHRANK.
Observationes de hoc Ordine, in Naturforscher 23 Stück, p. 128—136.

189. *Multisiliquæ.*

Antoine Laurent DE JUSSIEU.
Examen de la famille des Renoncules.
Mem. de l'Acad. des Sc. de Paris, 1773. p. 214—240.

190. *Luridæ.*

Johannes Matthæus FABER.
In ejus Strychnomania, p. 26—34. de Solanaceis plantis agit. Augustæ Vindel. 1677. 4.
Joannes Fridericus STROMEYER.
Dissertatio inaug. sistens plantarum Solanacearum ordinem.
Pagg. 36. Goettingæ, 1772. 4.

191. *Contortæ.*

Christen Friis ROTTBÖLL.
Botanikens udstrakte nytte. Kiöbenhavn, 1771. 8.
Pag. 21—63. de Contortis agit.
Joseph Gottlieb KÖLREUTER.
Historisch-physicalische beschreibung der wahren männlichen zeugungstheile, und der eigentlichen befruchtungsart bey der Schwalbenwurz, und den damit verwandten pflanzengeschlechtern.
Commentat. Acad. Palat. Vol. 3. phys. p. 41—56.
Nicolaus Josephus JACQUIN.
Genitalia Asclepiadearum.
in ejus Miscellaneis Austriacis, Vol. 1. p. 1—31.
Friedrich Kasimir MEDIKUS.
Ueber den merkwürdigen bau der zeugungsglieder einiger geschlechter aus der familie der Contorten.
Pagg. 88. Mannheim, 1782. 8.
Est Pars 1ma ejus Botanische beobachtungen des jahres 1782, vide supra pag. 83.

192. *Papilionaceæ.*

Pehr Adrian GADD.
Disputation om Skidfrukts-wäxter och legumer. Resp. Joh. Gjös.
Pagg. 16. Åbo, 1772. 4.

Friedrich Kasimir MEDIKUS.
Versuch einer neuen lehrart, die pflanzen nach zwei methoden zugleich, nehmlich nach der künstlichen und natürlichen, zu ordnen, durch ein beispiel einer natürlichen familie erörtert. Vorles. der Churpfälz. Phys. Okonom. Gesellsch. 2 Band, p. 327—460.

193. *Columniferæ.*

Michel ADANSON.
Sur la famille des Malvacees.
Mem. de l'Acad. des Sc. de Paris, 1761. p. 224—229.

Friedrich Kasimir MEDIKUS.
Ueber einige künstliche geschlechter aus der Malven-familie, denn der klasse der Monadelphien.
Pagg. 158. Mannheim, 1787. 8.

194. *Siliquosæ.*

Henricus Joannes Nepomucenus CRANZ.
Classis Cruciformium emendata.
Pagg. 139. tabb. æneæ 3. Lipsiæ, 1769. 8.

195. *Verticillatæ.*

Johannes Daniel SCHNEKKER.
Dissertatio inaug. Ideam generalem ordinis plantarum Verticillatarum sistens. Pagg. 32. Giessæ, 1777. 4.

196. *Umbellatæ.*

Robertus MORISON.
Plantarum Umbelliferarum distributio nova.
Oxonii, 1672. fol.
Pagg. 91. tabb. æneæ affinitatum 8, cujus explicationes aversis paginis impressæ; tabb. æneæ iconum 12, cum explicatione foll. 3.

Henricus Joannes Nepomucenus CRANTZ.
Classis Umbelliferarum emendata.
Pagg. 125. tabb. æneæ 6. Lipsiæ, 1767. 8.

197. *Stellatæ.*

Remi WILLEMET.
Monographie pour servir à l'histoire naturelle et botanique de la famille des plantes Etoilées.
Pagg. ciij. Strasbourg, 1791. 8.

198. *Aggregatæ.*

Sebastien VAILLANT.
Etablissement de nouveaux characteres de plantes. Classe des Dipsacées.
Mem. de l'Acad. des Sc. de Paris, 1722. p. 172—215.

199. *Compositæ.*

Rudolphus Jacobus CAMERARIUS.
De floribus radiatis discoideis.
Ephem. Ac. Nat. Cur. Dec. 3 Ann. 1. p. 174—176.
Sebastien VAILLANT.
Etablissement de nouveaux caracteres de trois familles ou classes de plantes à fleurs composées; sçavoir, des Cynarocephales.
Mem. de l'Acad. des Sc. de Paris, 1718. p. 143—191.
des Corymbiferes. ibid. 1719. p. 277—318.
1720. p. 277—339.
et des Cichoracées. ibid. 1721. p. 174—224.
Julius PONTEDERA.
Dissertationes botanicæ 5—11, ex iis quas habuit in horto Patavino anno 1719. inter Dissertationes impr. cum ejus Anthologia; p. 79—296.
Joannes le Francq VAN BERKHEY.
Expositio characteristica structuræ florum, qui dicuntur Compositi. Lugduni Bat. 1761. 4.
Pagg. 151. tabb. æneæ 8.
David MEESE.
Het xix Classe van de Genera plantarum van de Heer Carolus Linnæus, Syngenesia genaamt, opgeheldert en vermeerdert. Leeuwarden, 1761. 8.
Pagg. 134. tabb. æneæ 7; præter descriptionem Fuci digitati, de qua infra.
Samuel HEURLIN.
Dissertatio de Syngenesia. Resp. Gust. Ahlgren.
Pagg. 18. Londini Gothor, 1771. 4.

200. *Coniferæ.*

Petrus BELLONIUS.
De arboribus coniferis, resiniferis, aliisque sempiterna fronde virentibus, et iis quæ ex coniferis proficiscuntur.
Foll. 32. Parisiis, 1553. 4.

Johannes Conradus AXTIUS.

Tractatus de arboribus coniferis, et pice conficienda, aliisque ex illis arboribus provenientibus.

Jenæ, 1679. 12.

Pagg. 118. tabb. æneæ 5; præter epistolam de Antimonio, de qua Tomo 4.

201. *Cryptogamæ.*

Tobias Conrad HOPPE.

Einige anmerkungen über den Wasserwatt und die Erdschwämme.

Physikal. Belustigung. 2 Band, p. 569—577.

Joannes Antonius SCOPOLI.

Plantæ subterraneæ. in ejus Dissertationibus ad Scient. Natur. P. 1. p. 84—120. tab. 1—46.

Joannes HEDWIG.

Descriptio et adumbratio microscopico-analytica muscorum frondosorum, nec non aliorum vegetantium e classe Cryptogamica Linnæi, novorum dubiisque vexatorum.

Tom. 1. pagg. 109. tabb. æneæ color. 40.

Lipsiæ, 1787. fol.

Tom. 2. pagg. 112. tabb. 40. 1789.

Tom. 3. pagg. 100. tabb. 40. 1792.

Georgius Franciscus HOFFMANN.

Vegetabilia cryptogama.

(Fasc. 1.) pagg. 42. tabb. æneæ 8. 1787. 4.

(Fasc. 2.) pagg. 34. tabb. 8. 1790.

Albertus Guilielmus ROTH.

Vegetabilia cryptogamica minus hucusque cognita.

Usteri's Annalen der Botanick, 1 Stück, p. 5—12.

202. *De Cryptogamis Scriptores Topographici.*

Magnæ Britanniæ.

Jacobus DICKSON.

Fasciculus plantarum Cryptogamicarum Britanniæ.

Pagg. 26. tabb. æneæ 3. Londini, 1785. 4.

——— ob summam in Germania raritatem recudi curaverunt J. J. Roemer et P. Usteri.

Pagg. et tabb. totidem. (Tiguri.) 8.

——— Magaz. für die Botanik, 2 Stuck, p. 40—68.

Fasciculus 2. pagg. 31. tab. 4—6. Londini, 1790. 4.
——— recudi curavit J. J. Roemer.
Pagg. et tabb. totidem. (Tiguri.) 8.
Fasciculus 3. pagg. 24. tab. 7—9. Londini, 1793. 4.
Archetypa iconum fasciculi 2di et 3tii, a Jacobo Sowerby picta, foll. 60. fol.

203. *Germaniæ.*

Fridericus Guilielmus WEIS.
Plantæ Cryptogamicæ floræ *Gottingensis.*
Pagg. 333. tab. ænea color. 1. Gottingæ, 1770. 8.
Fredericus Alexander AB HUMBOLDT.
Plantas subterraneas (*Fribergenses*) descripsit.
Usteri's Annalen der Botanick, 3 Stuck, p. 53—58.
Floræ Fribergensis specimen, plantas cryptogamicas, præsertim subterraneas exhibens. Berolini, 1793. 4.
Pagg. 132. tabb. æneæ 4; præter Physiologiam chemicam plantarum, de qua infra, Parte 2.

204. *Daniæ.*

Georgius Christianus OEDER.
Enumeratio plantarum floræ Danicæ. Cryptantheræ.
Pagg. 112. Hafniæ, 1770. 8.

205. *Filices.*

Charles PLUMIER.
Traité des Fougeres de l'Amerique. latine et gallice.
Pagg. 146. tabb. æneæ 170 et 2. Paris, 1705. fol.
Joannes AMMAN.
De Filicastro novo plantarum genere, aliisque minus notis Filicum speciebus.
Comment. Acad. Petropol. Tom. 10. p. 278—302.
Carolus Christianus GMELIN.
Dissertatio inaug. Consideratio generalis Filicum.
Pagg. lxiii. Erlangæ, 1784. 4.
James BOLTON.
Filices Britanniæ; an history of the British proper Ferns
Pagg. 59. tabb. æneæ color. 31. Leeds, (1785.) 4.
Part 2. pag. 60—81. tab. 32—46. Huddersfield, 1790. 4.
Georgius Franciscus HOFFMANN.
Tabula in qua συνοπτικῶς Filices explicantur prima.
Magaz. für die Botanik, 9 Stück, p. 3—12.

James Edward Smith.
Tentamen botanicum de Filicum generibus dorsiferarum.
Mem. de l'Acad. de Turin, Vol. 5. p. 401—422.
——— Seorsim etiam adest, pagg. 22. tab. ænea 1. 4.

206. *Musci et Algæ.*

Joannes Jacobus Dillenius.
Historia Muscorum.
Pagg. 576. tabb. æneæ 85. Oxonii, 1741. 4.
Archetypa Iconum historiæ muscorum. fol.
Codex emtus e collectione Iconum Roberti More Armigeri. Tabularum 6 ultimarum nulla adsunt archetypa, sed addita est observatio eas in ære ipso delineatas fuisse.
Paulus Dieterikus Giseke.
Index Linnæanus in Dillenii historiam muscorum. impr. cum ejus Indice Linnæano in Plukenetii opera; p. 31—39.
Georgio Gottlob Richtero
Præside, Dissertatio de Muscorum notis et salubritate. Resp. Jo. Ge. Heinzius.
Pagg. 51. Gottingæ, 1747. 4.
Franciscus Ernestus Brückmann.
De Muscis nondum descriptis.
Epistola itineraria 1. Cent. 2. p. 1—6.
Carolus von Linne.
Dissertatio usum Muscorum delineatura. Resp. Andr. Berlin.
Pagg. 14. Upsaliæ, 1766. 4.
——— Amoenitat. Academ. Vol. 7. p. 370—384.
——— Fundam. botan. edit. a Gilibert, Tom. 1. p. 493—507.
Natalis Josephus de Necker.
Methodus Muscorum.
Pagg. 296. tab. ænea 1. Mannhemii, 1771. 8.
Johann Gottlieb Gleditsch.
Memoire pour servir à l'histoire naturelle de la Mousse.
Mem. de l'Acad. de Berlin, 1771. p. 19—59.
1773. p. 9—22.
———: Beytrag zur natürlichen geschichte der Moosse.
Neu. Hamburg. Magaz. 74 Stück, p. 99—126.
77 Stück, p. 327—361.
76 Stück, p. 281—299.

William CURTIS.

Explanation of the plate containing the fructification &c. of the Mosses.

Pagg. 2. tab ænea long. 8 unc. lat. 5 unc. inscripta: Engraved for W. Curtis's Botanic Lectures 1776.

Friedrich EHRHART.

Andreæa, eine neue pflanzengattung.

Hannover. Magaz. 1778. p. 1601—1604.

——— in seine Beiträge, 1 Band, p. 15, 16.

Webera, eine pflanzengattung.

Hannover. Magaz. 1779. p. 257, 258.

——— in seine Beiträge, 1 Band, p. 17, 18.

Weissia, eine pflanzengattung. ibid. p. 33, 34.

Zwei neue pflanzengattungen.

Hannov. Magaz. 1780. p. 929—936.

——— in seine Beiträge, 1 Band, p. 123—128.

Grimmia und Hedwigia.

Hannov. Magaz. 1781. p. 1089—1098.

——— in seine Beiträge, 1 Band, p. 166—173.

Carolo A LINNE' *filio*

Præside Dissertatio: Methodus Muscorum illustrata. Resp. Ol. Swartz.

Pagg. 38. tabb. æneæ 2. Upsaliæ, 1781. 4.

——— Amoenitat. Academ. Vol. 10. Append. p. 69 —122.

——— Ludwig Delect. Opuscul. Vol. 1. p. 340—381.

Olavus SWARTZ.

Musci in Svecia nunc primum reperti ac descripti.

Nov. Act. Societ. Upsal. Vol. 4. p. 239—251.

Hans STRÖM.

Om nogle rare Mosarter i Norge.

Naturhist. Selsk. Skrivt. 1 Bind, 2 Heft. p. 30—38.

207. *Algæ.*

Hans STRÖM.

Beskrivelse over Norske Söe-Væxter.

Kiöbenh. Selskab. Skrifter, 10 Deel, p. 249—259.

12 Deel, p. 299—314.

Norske Vidensk. Selsk. Skrift. nye Samling, 2 Bind, p. 345—355.

Thomas VELLEY.

Coloured figures of marine plants, found on the Southern coast of England, illustrated with descriptions and observations, to which is prefixed an inquiry into the mode of propagation peculiar to Sea plants. in english and latin.

Plagg. 12. tabb. æneæ color. 5. Bathoniæ, 1795. fol.

John STACKHOUSE.

Nereis Britannica, sive Fuci, Ulvæ et Confervæ in insulis Britannicis crescentes, descriptione latina et anglica, nec non iconibus ad vivum depictis, illustrati.

Fasciculus 1. pagg. 30. tabb. æneæ color. 8. ibid. 1795. fol.

208. *Fungi.*

Franciscus VAN STERBEECK.

Theatrum Fungorum, oft het tooneel der Campernoelien. Antverpen, 1675. 4.

Pagg. 303. tabb. æneæ 31; præter tractatus de plantis tuberosis, et de plantis venenatis, de quibus infra.

Antoine DE JUSSIEU.

De la necessité d'etablir dans la methode nouvelle des plantes, une classe particuliere pour les Fungus.

Mem. de l'Acad. des Sc. de Paris, 1728. p. 377—382.

Joanne Adolpho WEDELIO

Præside, Dissertatio de Fungis. Resp. Erdm. Chr. Seyffert.

Pagg. 34. Jenæ, 1744. 4.

Adest etiam exemplum in folio impressum, cui annexa sunt

Icones Fungorum, quas ad vivum coloribus delineavit Parens noster carissimus Heinricus Christophorus Seyffertus Medecin. Licent. et Physic. Poesneccensis. Poesneccæ, 1744.

Foll. 133. fol.

Johann Gottlieb GLEDITSCH.

Methodus Fungorum.

Pagg. 162. tabb. æneæ 6. Berolini, 1753. 8.

Otto Fridrich MÜLLER.

Efterretning og erfaring om Svampe, i sær Rör-svampens velsmagende Pilse (Boletus bovinus.)

Pagg. 70. tabb. æneæ 2. Kiöbenhavn, 1763. 4.

——— : Von Schwämmen, insonderheit von dem essbaren Bilz.

in seine kleine Schriften, 1 Band, p. 31—98.

Kort efterretning om Svampe i almindelighed.

Naturhist. Selsk. Skrivt. 1 Bind, 2 Heft. p. 176—210.

Johann Gottlieb Gleditsch.
Anzeige eines versuches die Schwämme in Wachs und Metall abzugiessen. in sein. Physic. Botan. Oecon. Abhandl. 1 Theil, p 58—68.
——— Berlin. Sammlung. 1 Band, p. 186—200.

Nicolaus Josephus Jacquin.
Fungi quidam subalpini.
in ejus Miscellaneis Austriacis, Vol. 1. p. 135—146.

Theodor Holm (postea Holmskiöld.)
Om nogle kryptogamer, som deels voxe paa visse deele af andre vexter, deels fremkomme af Dyre-Riget.
Danske Vidensk. Selsk. Skrift. nye Saml. 1 Deel, p. 279—302.

Henrich Julius Tode.
Beschreibung eines neuen Schwammgeschlechtes, Ascidium oder Schlauchschwamm.
Schr. der Berlin. Ges. Naturf. Fr. 3 Band, p. 247—250.
Beschreibung zweener mikroskopischen Schwämme. ibid. 4 Band, p. 161—163.
Beschreibung des Knopfschwammes, (Acrospermum) eines neuen Schwammgeschlechts. ibid. p. 263—265.
Beschreibung des verwustenden Adernschwammes, Merulius vastator; mit bemerkungen von Leysser. Abhandl. der Hallischen Naturf. Ges. 1 Band, p. 351—361.
Beschreibung des Hutwerfers (Pilobolus.)
Schr. der Berlin. Ges. Naturf. Fr. 5 Band, p. 46—52.
Beschreibung des Venusschwammes (Hysterium.) ibid. p. 53—55.

Natalis Joseph de Necker.
Traité sur la Mycitologie, ou discours historique sur les Champignons en general.
Pagg. 133. tab. ænea 1. Mannheim, 1783. 8.

Augustus Joannes Georgius Carolus Batsch.
Elenchus Fungorum; latine et germanice; accedunt icones lvii Fungorum nonnullorum agri Jenensis.
Halæ Magdeburgicæ, 1783. 4.
Coll. 184. tabb. æneæ color. 12.
Elenchi Fungorum Continuatio prima.
Coll. 280. tab. 13—30. 1784.

Reynier.
Description de deux plantes de la famille des Champignons. Journal de Physique, Tome 28. p. 135—137. Conf. Tome 29. p. 338.

Georgius Franciscus HOFFMANN.
Nomenclator Fungorum. germanice. Pars 1. Agarici.
Pagg. 256. tabb. æneæ 6. Berlin, 1789. 8.
Continuatio 1. pagg. 85. 1790.

Joannes Jacobus PAULET.
Tabula plantarum fungosarum.
Pagg. 31. tab. ænea 1. Parisiis, 1791. 4.

C. H. PERSOON.
Neuer versuch einer systematischen eintheilung der Schwämme.
Röm. Neu. Magaz. für die Botan. 1 Band, p. 63—128.
Observationes mycologicæ.
Usteri's Annalen der Botanick, 15 Stück, p. 1—39.
——— in sequenti libro, p. 1—33.
Observationes mycologicæ, seu descriptiones tam novorum, quam notabilium Fungorum.
Pars 1. pagg. 115. tabb. æneæ color. 6.
Lipsiæ, 1796. 8.
Tabula ænea color. long. 9 unc. lat. 7 unc. exhibens 12 species fungorum.

209. *Mycologi Topographici.*

Magnæ Britanniæ.

James SOWERBY.
Coloured figures of English Fungi or Mushrooms.
London, 1796. fol.
No. 1—9. tabb. æn. color. 1—60. textus foll. 12.

James BOLTON.
An history of Fungusses, growing about *Halifax.*
Vol. 1. pagg. 44. tabb. æneæ color. totidem.
Huddersfield, 1788. 4.
Vol. 2. pag. et tab. 45—92. 1788.
Vol. 3. pag. et tab. 93—138. 1789.
Appendix or Supplement. pag. et tab. 139—182.
1791.

210. *Galliæ.*

BULLIARD.
Histoire des Champignons de la France. vide supra pag. 141.

211. *Italiæ.*

Joannes Antonius BATTARRA.
Fungorum agri *Ariminensis* historia.
Pagg. 80. tabb. æneæ 40. Faventiæ, 1759. 4.

212. *Germaniæ.*

Karl VON KRAPF.
Beschreibung der in *Unterösterreich*, sonderlich aber um *Wien* herum wachsenden essbaren Schwämme, sammt den ihnen ähnlichen unessbaren, schädlichen, giftigen, oder auch verdächtigen.
1 Heft. Wien, 1782. 4.
Pagg. 27. tabb. æneæ color. 11.
2 Heft. pagg. 22. tabb. 6.

Jacob Christian SCHÆFFER.
Vorläufige beobachtungen der Schwämme um *Regensburg*. Regensburg, 1759. 4.
Pagg. 59. tabb. æneæ color. 4.
Icones et descriptio Fungorum quorundam singularium, simul Fungorum *Bavariæ* icones editioni jam paratæ propediem evulgandæ denunciantur.
Pagg. 16. tab. ænea color. 1. ib. 1761. 4.
Fungorum qui in Bavaria et Palatinatu circa Ratisbonam nascuntur icones.
Tomus 1. ib. 1762. 4.
Tabb. æneæ color. 100, in quarum aversa pagina explicatio latine et germanice impressa est.
Tomus 2. tab. 101—200. 1763.
Tomus 3. tab. 201—300. 1770.
Tomus 4. tab. 301—330. Index 1. pagg. 136. 2 & 3. plag. 1.

Johann Simon KERNER.
Giftige und essbare Schwämme, welche so wohl im Herzogthum *Wirtemberg*, als auch im übrigen Teutschland wild wachsen.
Pagg. 68. tabb. æneæ color. 16. Stuttgart, 1786. 8.

Henricus Julius TODE.
Fungi *Mecklenburgenses* selecti.
Fasciculus 1. pagg. 47. tabb. æneæ 7.
Luneburgi, 1790. 4.
2. pagg. 64. tab. 8—17. 1791.

213. *Hungariæ.*

Carolus Clusius.
Fungorum in Pannoniis observatorum historia.
impr. cum ejus Historia plantarum rariorum; p. cclxi —ccxcv.
Addenda. in Altera appendice ad rariorum plantarum historiam, pag. ult. et
in Curis posterioribus, editionis in folio, p. 41.
editionis in 4to, p. 77.
Joannes Antonius Scopoli.
Fungi quidam rariores in Hungaria detecti.
in ejus Anno 4to Historico naturali, p. 144—150.

214. *Plantæ volubiles.*

Rudolpho Christiano Wagnero
Præside, Gyros Convolvulorum evolvere tentabit Joh. Ge. Guil. Starcken.
Pagg. 96. tab. ænea 1. Helmstadii, 1705. 4.

215. *Plantæ Parasiticæ.*

Jean Etienne Guettard.
Memoire sur l'adherence de la Cuscute aux autres plantes.
Mem. de l'Acad. des Sc. de Paris, 1744. p. 170—190.
Second Memoire sur les plantes parasites. ibid. 1746. p. 189—208.
Sur les plantes qu'on peut appeler fausses Parasites, ou plantes qui ne tirent point d'aliment de celles sur lesquelles elles sont attachées. ibid. 1756. p. 26—54.
Johann Gottlieb Gleditsch.
Recherches sur l'Hypocistite des anciens.
Hist. de l'Acad. de Berlin, 1764. p. 25—37.
Historisch-botanische abhandlung von der Thyrsine (Cytinus Hypocistis Linn.) in seine Physic. Botan. Oecon. Abhandl. 1 Theil, p. 199—232.
Francesco Bartolozzi.
Su l'origine dell' Orobanche o Succiamele.
Opuscoli scelti, Tomo 6. p. 289—295.

216. *Plantæ Bulbosæ et Tuberosæ.*

Petrus LAUREMBERGIUS.

Apparatus plantarius primus, tributus in duos libros: 1. de plantis Bulbosis. 2. de plantis Tuberosis.

Francofurti ad Moen. (1632) 4.

Pagg. 168; cum figuris æri incisis.

——— ib. 1654. 4.

Pagg. totidem, revera tamen diversa editio.

Franciscus VAN STERBEECK.

Aenwijsingh der Aerd-buylen, soo goede eetbaere, als quaede doodelijcke. impr. cum ejus Theatro fungorum; p. 305—332. tab. 32, 33.

217. *Herbæ flore liliaceo Tournefortii.*

Christophorus Jacobus TREW.

Observationes de charactere plantarum flore liliaceo. Commerc. Litter. Norimb. 1743. p. 285—288.

1744. p. 321—327, p. 345—368, p. 375, 376, et p. 395—399.

218. *Plantæ Staminibus connatis.*

Antonius Josephus CAVANILLES.

Monadelphiæ classis Dissertationes decem.

Matriti, 1790. 4.

Est titulus generalis præfixus dissertationibus sequentibus:

Dissertatio botanica de Sida, et de quibusdam plantis, quæ cum illa affinitatem habent.

Pagg. 47. tabb. æneæ 13. Parisiis, 1785. 4.

Secunda dissertatio botanica de Malva, Serra, Malope, Lavatera, Alcea, Althæa, et Malachra.

Pag. 43—106. tab. 14—35. ib. 1786. 4.

Tertia dissertatio botanica de Ruizia, Assonia, Dombeya, Pentapete, Malvavisco, Pavonia, Hibisco, Laguna, Cienfuegosia, Quararibea, Pachira, Hugonia, et Monsonia.

Pag. 107—185. tab. 36—74. 1787.

Quarta dissertatio botanica de Geranio.

Pag. 189—266. tab. 75—124. 1787.

Quinta dissertatio botanica de Sterculia, Kleinhovia, Aye-

nia, Buttneria, Bombace, Adansonia, Crinodendro, Aytonia, Malachodendro, Stewartia, et Napæa.
Pag. 267—304. tab. 125—159. 1788.
Sexta dissertatio botanica de Camellia, Gordonia, Morisonia, Gossypio, Waltheria, Melochia, Mahernia, Hermannia, Urena, Halesia, Styrace, Galaxia, Ferraria, et Sisyrinchio.
Pag. 305—354. tab. 160—200. 1788.
Septima dissertatio botanica 14 genera monadepha continens.
Pag. 357—396. tab. 201—224. 1789.
Octava dissertatio botanica Erythroxylon et Malpighiam complectens.
Pag. 399—414. tab. 225—242. 1789.
Nona dissertatio botanica de Banisteria, Triopteride, Tetrapteride, Molina, et Flabellaria.
Pag. 417—436. tab. 243—264. Matriti, 1790.
Decima dissertatio botanica de Passiflora.
Pag. 439—463. tab. 265—296. ib. 1790.
Lettre à M. Medicus.
Journal de Physique, Tome 34. p. 119—123.
Lettre aux Auteurs du Journal.
Journal de Paris, 1789. p. 232, 233.
Charles Louis L'HERITIER.
Reponse à la lettre de M. Cavanilles. ibid. p. 291, 292.
Antonius Josephus CAVANILLES.
Lettre aux Auteurs du Journal. (Replique à la reponse de M. L'Heritier.) ibid. p. 335, 336.
Observations sur le cinquieme fascicule de M. L'Heritier.
Journal de Physique, Tome 34. p. 183—193.
——— seorsim etiam adest, pagg. 10. 4.
Charles Louis L'HERITIER.
Lettre à M. de la Metherie sur les Sidas.
Journal de Physique, Tome 34. p. 234, 235.
Antonius Josephus CAVANILLES.
Observationes in quintum fasciculum D. L'Heritier.
impr. cum ejus Dissertatione 7ma; p. 379—396.
——— seorsim etiam adest, pagg. 18. 4.
——— Magazin fur die Botanik, 7 Stück, p. 42—77.
Est versio latina libelli in Journal de Physique editi, additis epistolis duabus L'Heritieri supra dictis, cum responsis Cavanillis, hæc gallice.

219. *Monographiæ Plantarum.*

Monandria.

Monogynia.

Amomum Zingiber.

Joh. Christoph. BAEUMLIN et *Christoph. Jacobus* TREW.
De Zingibere.
Commerc. litterar. Norimberg. 1741. p. 38—40.
BREVET.
Abhandlung von dem Ingwer.
Neu. Hamburg. Magaz. 39. Stück, p. 242—258.
(E gallico, in Journal Oeconomique.)

220. *Amomum Cardamomum.*

Christophorus Jacobus TREW.
De Cardamomis. Commerc. litterar. Norimb. 1737. p. 129—133, & p. 164.

221. *Thaliæ species?*

Thalia? dealbata, discover'd growing in a lake, in North America, in the year 1790. by John Fraser.
J. Sowerby del. Aug. 1. 1794. Published by J. Fraser.
Tab. ænea color. long. 17 unc. lat. 10½ unc.

222. *Usteria guineensis.*

Carl Ludewig WILLDENOW.
Eine neue pflanzengattung Usteria genannt. Beob. der Berlin. Ges. Naturf. Fr. 4 Band, p. 51—56.

223. *Hippuridis genus.*

Carolo Nicolao HELLENIO
Præside, Dissertatio de Hippuride. Resp. Car. Regin. Brander.
Pagg. 21. tab. ænea 1. Aboæ, 1786. 4.
——— Usteri Delect. Opusc. botan. Vol. 1. p. 1—22.

224. *Digynia.*

Lacistema Myricoides.

Petrus Jonas BERGIUS.
Piper aggregatum descriptum.
Act. Helvet. Vol. 7. p. 131, 132.

225. *Corispermum hyssopifolium.*

Antoine DE JUSSIEU.
Description du Coryspermum hyssopifolium.
Mem. de l'Acad. des Sc. de Paris, 1712. p. 187—189.

226. *Diandria.*

Monogynia.

Nyctanthes elongata Linn. suppl.

Petrus Jonas BERGIUS.
Nyctanthes elongata, nova planta indica.
Philosoph. Transact. Vol. 61. p. 289—291.
————: Description du Nyctankes allongé.
Journal de Physique, Tome 3. p. 446, 447.

227. *Olea europæa.*

Johannes Cunradus KLEMM.
Disputatio de Olea.
Pagg. 16. Tubingæ, 1679. 4.
ANON.
Beschreibung des Oehlbaumes; aus dem Englischen.
Physikal. Belustigung. 3 Band, p. 1359—1372.
Georgius Philippus LEHR.
Dissertatio inaug. de Olea europæa.
Pagg. 70. tab. ænea 1. Goettingæ, 1779. 4.

228. *Veronicæ variæ.*

Albertus HALLER.
De Veronicis quibusdam alpinis observationum specimen 1 & 2. (Programmata.)
Pagg. 18. Gottingæ, 1737. 4.

James Edward SMITH.
Remarks on the genus Veronica.
Transact. of the Linnean Soc. Vol. 1. p. 189—195.

229. *Veronica fruticulosa.*

Albertus HALLER.
De Veronica alpina frutescente majori, flore rubello.
Commerc. litterar. Norimberg. 1734. p. 243.

230. *Veronica alpina.*

Albertus HALLER.
De Veronica alpina Bugulæ facie, calice villoso. ibid. 1732. p. 300.

231. *Justiciæ variæ.*

Anders Jahan RETZIUS.
Tvanne nya species af Dianthera, beskrifne.
Vetensk. Acad. Handling. 1775. p. 295—297.

232. *Schwenkia americana.*

Martin Wilhelm SCHWENCKE.
Novæ plantæ, Schwenckia dictæ, descriptio, latine et belgice. impr. cum ejus: Beschr. der Gewassen, welke meest in gebruik zyn. Gravenhage, 1766. 8.
Plag. dimidia. tab. ænea 1.

233. *Calceolaria pinnata.*

Carl VON LINNÉ.
Calceolaria pinnata beskrifven.
Vetensk. Acad. Handling. 1770. p. 286—292.

Martin Wilhelm SCHWENCKE.
Beschryving en afbeelding van een nieuw geslacht van planten, Fagelia genaamd.
Verhandel. van het Genootsch. te Rotterdam, 1 Deel, p. 473—476.

234. *Pinguicula campanulata* Lam.

Jean Baptiste LAMARCK.
Sur une nouvelle espece de Grassette.
Journal d'Hist. Nat. Tome 1. p. 334—338.

235. *Verbena officinalis.*

Sigismund SCHMIEDER.
Anmerkung warum das kraut Verbena, von den Deutschen Eisenkraut genennet werde, aus dem lateinischen (in Miscell. Lips.) übersezt.
Hamburg. Magaz. 5 Band, p. 257—262.

236. *Verbena Aubletia* Linn. suppl.

Description de la Verveine d'Amerique.
Journal de Physique, Introd. Tome 1. p. 367—369.
Anders Jahan RETZIUS.
Verbena Oblætia beskrifven.
Vetensk. Acad. Handling. 1773. p. 143—146.

237. *Amethystea cærulea.*

Albertus HALLER.
Novum plantæ genus Amethystina.
Act. Societ. Upsal. 1742. p. 51—53.

238. *Salviæ genus.*

Andreas Ernestus ETLINGER.
Commentatio de Salvia.
Pagg. lxiii. Erlangæ, 1777. 4.
Aliud etiam exemplum adest, cui præfixus titulus Dissertationis inauguralis. Differt etiam pagina ultima, quæ in hoc theses continet, in illo indicem specierum.

239. *Salvia Scabiosæfolia* Lam.

Jean Baptiste LAMARCK.
Sur une nouvelle espece de Sauge.
Journal d'Hist. Nat. Tome 2. p. 41—47.

240. *Trigynia.*

Piperis species variæ.

Martinus HOUTTUYN.
Het onderscheid der zwarte en witte Peper, en afbeelding van't gewas der Staartpeper.
Verhand. van het Genootsch. te Vlissing. 10 Deel, p. 604—613.

241. *Triandria.*

Monogynia.

Valeriana cornucopiæ.

Paulus Gerardus Henricus MOEHRING.
De Valerianis cornucopioidibus vulgo dictis.
Act. Acad. Nat. Curios. Vol. 6. p. 301—303.

242. *Valeriana officinalis.*

Guilielmus DRESKY.
Dissertatio inaug. de Valeriana officinali Linnei.
Pagg. xxx. Erlangæ, 1776. 4.

243. *Valeriana celtica.*

Nicolaus Josephus JACQUIN.
Valeriana celtica. in ejus Collectaneis, Vol. 1. p. 24—32.

244. *Loeflingia hispanica.*

Carl LINNÆUS.
Loeflingia.
Vetensk. Acad. Handling. 1758. p. 15—17.

245. *Crocus sativus α. officinalis.*

James DOUGLAS.
A botanical description of the flowers and seedvessel of Crocus autumnalis sativus.
Philosoph. Transact. Vol. 32. n. 380. p. 441—445.

Johann BECKMANN.
Safran. in seine Beytr. zur Gesch. der Erfindungen, 2 Band, p. 79—91.

Auguste Denis FOUGEROUX *de* BONDAROY.
Memoires sur le Safran.
Mem. de l'Acad. des Sc. de Paris, 1782. p. 89—112.

246. *Ixiæ genus.*

Carolus Petrus THUNBERG.
Dissertatio: Ixia. Resp. Joh. Dan. Rung.
Pagg. 24. tabb. æneæ 2. Upsaliæ, 1783. 4.

247. *Ixia Bulbocodium (et Allium Chamæmoly.)*

Johannes Franciscus MARATTI.
Plantarum Romuleæ et Saturniæ in agro Romano existentium, specificæ notæ.
Pagg. 22. tabb. æneæ 2. Romæ, 1772. 8.

248. *Ixia chinensis.*

Joannes AMMAN.
Descriptio novæ Bermudianæ speciei.
Comment. Acad. Petropol. Tom. 11. p. 305—308.

249. *Gladioli genus.*

Carolus Petrus THUNBERG.
Dissertatio: Gladiolus. Resp. Christen Æjmelæus.
Pagg. 26. tabb. æneæ 2. Upsaliæ, 1784. 4.

250. *Gladioli varii.*

POURRET.

Description de deux nouveaux genres de la famille des Liliacées, designés sous le nom de Lomenia et Lapeirousia.

Mem. de l'Acad. de Toulouse, Tome 3. p. 73—82.

Memoire servant de suite à une autre intitulé: Description de deux nouveaux genres, &c.

Journal de Physique, Tome 35. p. 425—432.

251. *Iridis genus.*

Carolus Petrus THUNBERG.

Dissertatio: Iris. Resp. Ol. Jac. Ekman.

Pagg. 36. tabb. æneæ 2. Upsaliæ, 1782. 4.

252. *Iris Güldenstædtiana* Lepech.

Joannes LEPECHIN.

Iris Guldenstædtiana descripta.

Act. Acad. Petropol. 1781. Pars pr. p. 292—294.

253. *Moræa genus* (Thunbergii, non Linnæi.)

Carolus Petrus THUNBERG.

Dissertatio de Moræa. Resp. Zach. Colliander.

Pagg. 20. tabb. æneæ 2. Upsaliæ, 1787. 4.

254. *Dilatris genus.*

Carolus Petrus THUNBERG.

Descriptio generis Dilatris dicti. latine et germanice.

Schr. der Berlin. Ges. Naturf. Fr. 4 Band, p. 42—54.

255. *Wachendorfiæ genus.*

Joannes BURMANNUS.

Wachendorfia.

Pagg. 4. tab. ænea 1. Amstelædami, 1757. fol.

——— Nov. Act. Acad. Nat. Cur. Tom. 2. p. 192—198.

256. *Cyperus Papyrus.*

Melchior GUILANDINUS.
Papyrus h. e. commentarius in tria C. Plinii majoris de Papyro capita. Venetiis, 1572. 4.
Pagg. 226; præter Guilandini et Mercurialis Eristica de unguento ægyptio, non hujus loci.
——— recensente Henr. Salmuth.
Pagg. 423. Ambergæ, 1613. 8.

Josephus Justus SCALIGER.
Animadversiones in Melch. Guilandini commentarium in tria C. Plinii de Papyro capita libri xiii. in Scaligeri Opusculis variis, p. 1—52. Francofurti, 1612. 8.

257. *Scirpi varii.*

Petrus THORSTENSEN.
Dissertatio de Scirpis in Dania sponte nascentibus. Resp. Nic. Mohr.
Pagg. 16. Hafniæ, 1770. 4.

258. *Digynia.*

Bobartia indica.

Christen Fredric SCHUMACHER.
Om Bobartia, beskreven af Ridder Linné i hans flora zeylanica.
Naturhist. Selsk. Skrivt. 3 Bind, 1 Heft. p. 8—11.

259. *Leersia oryzoides* Swartz.

Achilles MIEG.
Homalocenchrus, novum graminis genus.
Act. Helvet. Vol. 4. p. 307—314.

260. *Paspalum stoloniferum* Bosc.

Louis BOSC.
Description of Paspalum stoloniferum.
Transact. of the Linnæan Soc. Vol. 2. p. 83—85.

261. *Poa bohemica* Mayer.

Johann MAYER.

Abbildung und beschreibung der Poa bohemica.
Physikal. Arbeit. der eintr. Freunde in Wien, 1 Jahrg. 1 Quart. p. 22—26.

262. *Cynosurus echinatus.*

Dissertazioni sopra una gramigna che nella Lombardia infesta la Segale. viz.

Pietro MOSCATI, Saggio di storia naturale dell' Alopecuro, chiamato communemente fra noi Covetta. pag. 1—66.

Michele ROSA, Ricerche sulla natura della Covetta, ossia Cinosuro echinato. pag. 67—150.

Giovanni VIDEMAR, se la Covetta ch'entra nel pane de forzati possa recar danno allo loro salute. p. 153—170.

Francesco FRANCHETTI sopra la Covetta. p. 171—194.

Giannambrogio SANGIORGIO, sopra la Covetta ed il pane di munizione. p. 195—361.

Cum tabb. æneis. Milano, 1772. 4.

263. *Festuca spadicea.*

James Edward SMITH.

On the Festuca spadicea, and Anthoxanthum paniculatum of Linnæus.
Transact. of the Linnean Soc. Vol. 1. p. 111—117.
Additional observations. ibid. Vol. 2. p. 101, 102.

264. *Festuca fluitans.*

Johann Samuel LEDEL.

Succincta Mannæ excorticatio, oder philologisch, physicalisch, medicinische betrachtung des Schwadens.
Pagg. 74. tab. ænea 1. Sorau, 1733. 8.

Simon Paulus HILSCHER.

Prolusio de gramine dactylo latiore folio, ejusque semine, Germanis Schwaden vel Manna dicto.
Pagg. 8. Jenæ, 1747. 4.

Ladislaus BRUZ.

Dissertatio inaug. de Gramine Mannæ, sive Festuca fluitante.
Pagg. 48. tab. ænea 1. Viennæ, 1775. 8.

265. *Avenæ variæ.*

Pietro ARDUINO.
Memoria intorno il genere delle piante Avenacee, che sono, o esser possono usate per alimento o foraggio.
Saggi dell' Accad. di Padova, Tomo 2. p. 98—120.

266. *Aristida quædam.*

Jean Etienne GUETTARD.
Sur le Tirsa des Cosaques de l'Ukraine.
dans ses Memoires, Tome 1. p. 19—28.

267. *Elymus Hystrix.*

Fridericus Alexander VON HUMBOLDT.
Observatio critica de Elymi Hystricis charactere.
Magaz. für die Botanik, 7 Stück, p. 3—6.
Nachtrag. ibid. 9 Stück, p. 32.

268. *Hordei genus.*

Pietro ARDUINO.
Memoria dei grani compresi da' botanici sotto la generica denominazione di Orzo. Saggi dell' Accad. di Padova, Tomo 3. P. 1. p. 117—143.

269. *Triticum.*

PONCELET.
Histoire naturelle du Froment.
Pagg. 387. tabb. æneæ 9. Paris, 1779. 8.

270. *Triticum compositum.*

S.
Nachrichten von dem Waizen mit der vielfachen æhre.
Tirius gemeinnüz. Abhandl. 1 Theil, p. 15—20.
——— Neu. Hamburg. Magaz. 79 Stück, p. 3—9.
Pehr OSBECK.
Rön angående Sprit-hvete, eller Triticum spica multiplici.
Vetensk. Acad. Handling. 1769. p. 67—71.

* * *

Tab. ænea, long. 5 unc. lat. 4 unc. cui manu Gulielmi Cole inscripta hæc sunt: An ear of Italian wheat,— etched by Mr. Tyson of Bennet College, who gave it to me Sept. 8. 1772.

271. *Trigynia.*

Eriocaulon decangulare.

John Hope.
On a rare plant found in the Isle of Skye.
Philosoph. Transact. Vol 59. p. 241—246.

272. *Minuartiæ genus.*

Carl Linnæus.
Minuartia.
Vetensk. Acad. Handling. 1758. p. 17, 18.

273. *Polypara cochinchinensis* Loureiro.

Carl Peter Thunberg.
Beskrifning på et nytt Japanskt ört-genus kalladt Houttuynia. ibid. 1783. p. 149—152.

274. *Tetrandria.*

Monogynia.

Proteæ genus.

Petrus Jonas Bergius.
Försök till fullständigare uppställning af Leucadendri genus. ibid. 1766. p. 316—328.
Carolus Petrus Thunberg.
Dissertatio de Protea. Resp. Joh. Er. Gevalin.
Pagg. 62. tabb. æneæ 5. Upsaliæ, 1781. 4.

275. *Proteæ duæ.*

Hans SLOANE.
An account of two plants lately brought from the Cape of Good-hope.
Philosoph. Transact. Vol. 17. n. 198. p. 664—667.

276. *Protea argentea.*

Franciscus Ernestus BRÜCKMANN.
Κωνοκαρποδένδρον.
Epistola itineraria 2. Cent. 2. p. 7—10.

277. *Protea Sceptrum* Linn. suppl.

Anders SPARRMAN.
Beskrifning på en ny växt, en species af Protea.
Vetenskap. Acad. Handling. 1777. p. 53—56.
————: Beschreibung eines neuen gewächses, einer art von Protea.
Lichtenberg's Magaz. 2 Band. 1 Stück, p. 96—98.

278. *Globularia Alypum.*

NISSOLLE.
Description de l'Alypum monspelianum.
Mem. de l'Acad. des Sc. de Paris, 1712. p. 341, 342.

279. *Scabiosa tatarica.*

Carolus LINNÆUS.
Scabiosa flosculis quadrifidis, foliis pinnatifidis: laciniis lateralibus, erectiusculis, descripta.
Act. Societ. Upsal. 1744—1750. p. 11, 12.

280. *Spermacoce capitata* Bergii.

Petrus Jonas BERGIUS.
Spermacoce capitata descripta et delineata.
Nov. Act. Acad. Nat. Cur. Tom. 4. p. 146—148.

281. *Galii species duæ.*

Antoine DE JUSSIEU.
Description de deux especes de Caille-lait.
Mem. de l'Acad. des Sc. de Paris, 1714. p. 378—380.

282. *Rubia tinctorum.*

Fridericus Sigismundus WURFFBAIN.
Dissertatio inaug. de Rubea tinctorum.
Plagg. 3½. Basileæ, 1707. 4.
Georgius Fridericus STEINMEYER.
Dissertatio inaug. de Rubia tinctorum.
Pagg. 32. Argentorati, 1762. 4.

283. *Buddlea globosa* Hort. Kew.

John HOPE.
Beschryving van eene Buddleja globosa.
Verhand. van de Maatsch. te Haarlem, 20 Deels 2 Stuk, p. 417, 418.

284. *Corni genus.*

Carolus Ludovicus L'HERITIER.
Cornus, specimen botanicum sistens descriptiones et icones specierum Corni minus cognitarum.
Pagg. 15. tabb. æneæ 6. Parisiis, 1788. fol.

285. *Cornus svecica.*

Johannes Christianus BUXBAUM.
De Periclymeno humili norwegico C. B.
Comment. Acad. Petropol. Tom. 3. p. 268—270.

286. *Chloranthus inconspicuus* Hort. Kew.

Olof SWARTZ.
Chloranthus, a new genus of plants, described.
Philosoph. Transact. Vol. 77. p. 359—362.

287. *Ammannia baccifera.*

Cajetanus MONTI.
De Ammanniæ herbæ palustris nova specie.
Comm. Instit. Bonon. Tom. 5. Pars 1. p. 109—116.

288. *Isnardia palustris.*

Gio. Battista SCARELLA.
Lettera apologetica intorno ad una pianta anonima.
Pagg. 12. tab. ænea 1. Padoua, 1687. 4.
Johannes Christianus BUXBAUM.
De Ocymophyllo novo plantarum genere.
Comment. Acad. Petropol. Tom. 4. p. 277, 278.

289. *Trapa natans.*

Georgio Caspare KIRCHMAJERO
Præside, Dissertatio de Tribulis, potissimum aquaticis.
Resp. Ge. Abr. Pielnhuber.
Plagg. 2½. Wittenbergæ, 1692. 4.

290. *Drapetes muscosus* Lam.

Jean Baptiste LAMARCK.
Exposition d'un nouveau genre de plante nommé Drapetes.
Journal d'Hist. Nat. Tome 1. p. 186—190.

291. *Salvadora persica.*

Laurence GARCIN.
The establishment of a new genus of plants, called Salvadora.
Philosoph. Transact. Vol. 46. n. 491. p. 47—53.

292. *Louichea (Pteranthus* Forsk.)

Carolus Ludovicus L'HERITIER.
Louichea.
Plag. 1. tab. ænea 1. (Paris.) fol.
——— in ejus Stirpibus novis, pag. 135, 136.

293. *Digynia.*

Cuscutæ genus.

Georgio Wolffgango WEDELIO
Præside, Dissertatio de Cuscuta. Resp. Joh. Ad. Bilhard.
Pagg. 120. Jenæ, 1715. 4.

294. *Tetragynia.*

Ilex Aquifolium.

John MARTYN.
A remark concerning the sex of Holly; with an addition by W. Watson.
Philosoph. Transact. Vol. 48. p. 613—616.

295. *Sagina erecta.*

Friedrich EHRHART.
Mönchia, eine pflanzengattung.
in seine Beiträge, 2 Band, p. 177—179.

296. *Sagina cerastoides* Smith.

James Edward SMITH.
Description of Sagina cerastoides, a new British plant.
Transact. of the Linnean Soc. Vol. 2. p. 343—345.

297. *Pentandria.*

Monogynia.

Cerinthes genus.

Rudolphus Jacobus CAMERARIUS.
Cerinthe tetraspermos.
Ephem. Ac. Nat. Cur. Dec. 2. Ann. 9. p. 214—216.
(Semina esse bilocularia.)

298. *Borago indica* et *africana.*

Danty D'ISNARD.
Etablissement d'un nouveau genre de plante, que je nomme Cynoglossoides.
Mem. de l'Acad. des Sc. de Paris, 1718. p. 256—263.

299. *Nolana prostrata.*

Johannes HOFER.
Observatio botanica. Act. Helvet. Vol. 5. p. 267, 268.
George Dionysius EHRET.
An account of a new Peruvian plant, lately introduced into the English gardens.
Philosoph. Transact. Vol. 53. p. 130—132.

300. *Aretia helvetica.*

Albertus HALLER.
De Androsace alpina minima.
Commerc. litterar. Norimberg. 1731. p. 380.

301. *Aretia Vitaliana.*

Lionardo SESLER.
Lettera intorno ad un nuovo genere di piante, o sia della pianta da lui chiamata col nome di Vitaliana.
impr. cum Storia Nat. dell' Adriatico da V. Donati; p. 69—79. Venezia, 1750. 4.
————: Lettre sur un nouveau genre de plante, Vitaliana. impr. avec l'Histoire nat. de la Mer Adriatique par Donati; p. 66—73. la Haye, 1758. 4.

302. *Cortusa Matthioli.*

Carolus ALLIONI.
Descriptio Cortusæ Matthioli.
Act. Helvet. Vol. 4. p. 271—274.

303. *Menyanthes Nymphoides.*

Samuel Gottlieb GMELIN.
Limnanthemum peltatum, novum plantæ genus. Nov. Comm. Acad. Petropol. Tom. 14. Pars 1. p. 527—530.

304. *Hydrophyllum magellanicum* Lam.

Jean Baptiste LAMARCK.
Sur les relations dans leur port ou leur aspect, que les plantes de certaines contrées ont entr'elles, et sur une nouvelle espece d'Hydrophylle.
Journal d'Hist. Nat. Tome 1. p. 371—376.

305. *Ellisia Nyctelea.*

Georgius Dionysius EHRET.
De planta Lithospermo affini; cum scholio C. J. Trew.
Nov. Act. Acad. Nat. Cur. Tom. 2. p. 330—332.
Carolus von LINNÉ.
Ellisia Nyctelea descripta.
Nov. Act. Societat. Upsal. Vol. 1. p. 97, 98.

306. *Fagræa ceylanica* Thunb.

Carl Peter THUNBERG.
Beskrifning på ett nytt örtegenus, Fagræa.
Vetensk. Acad. Handling. 1782. p. 132—134.

307. *Azalea pontica* (*et Rhododendrum ponticum*).

Joseph Pitton TOURNEFORT.
Description de deux especes de Chamærhodendros, observées sur les côtes de la mer noire.
Mem. de l'Acad. des Sc. de Paris, 1704. p. 345—352.

308. *Sprengelia incarnata* Smith.

James Edward SMITH.
Sprengelia, et nytt örteslägte beskrifvet.
Vetensk. Acad. Handling. 1794. p. 260—264.

309. *Weigela japonica* Thunb.

Carl Peter THUNBERG.
Beskrifning på Weigela japonica. ibid. 1780. p. 137—142.

310. *Retzia spicata* Linn. suppl.

Carl Peter THUNBERG.
Retzia capensis, et nytt örtslag.
Physiogr. Sälskap. Handling. 1 Del, p. 55, 56.

311. *Convolvuli* et *Ipomoeæ genera.*

Nicolaus Josephus JACQUIN.
Convolvuli et Ipomoeæ. in ejus Collectaneis, Vol. 3. p. 303—306.

312. *Campanula latifolia.*

Abraham GAGNEBIN.
Description de la grande Campanule à feuilles très larges, et à fleur bleue.
Act. Helvet. Vol. 4. p. 40—46.

313. *Cinchonæ genus.*

Martin VAHL.
Om slægten Cinchona og dens arter.
Naturhist. Selsk. Skrivt. 1 Bind, 1 Heft. p. 1—25.

314. *Cinchona angustifolia* Swartz.

Olof SWARTZ.
Cinchona angustifolia beskrifven.
Vetensk. Acad. Handling. 1787. p. 117—123.

315. *Cinchonæ species.* Koenig Mscr. Vol. 9, p. 265.

Abrahamus COUPERUS.
Berigt aangaande de Gamber, derzelver planting en bewerking op Malacca.
Verhandel. van het Bataviaasch Genootsch. 2 Deel, p. 356—382.

316. *Gardeniæ genus.*

Carolus Petrus THUNBERG.
Dissertatio de Gardenia. Resp. Petr. Djupedius.
Pagg. 22. tabb. æneæ 2. Upsaliæ, 1780. 4.

317. *Gardenia florida.*

Georgius Dionysius EHRET.
De Jasmino? ramo unifloro, pleno, petalis coriaceis; cum Scholio C. J. Trew.
Nov. Act. Acad. Nat. Cur. Tom. 2. p. 333—339.
John ELLIS.
An account of the Gardenia.
Philosoph. Transact. Vol. 51. p. 932—935.
Daniel Charles SOLANDER.
An account of the Gardenia. ibid. Vol. 52. p. 654—661.

318. *Gardenia Thunbergia* Linn. suppl.

Lars MONTIN.
Thunbergia, ett nytt ört-slägte från Cap.
Vetensk. Acad. Handling. 1773. p. 288—292.
SONNERAT.
Description d'une plante du Cap de bonne-esperance.
Journal de Physique, Tome 3. p. 301, 302.

319. *Gardenia Rothmannia* Linn. suppl.

Carl Peter THUNBERG.
Rothmannia, ett nytt örte-genus.
Vetensk. Acad. Handling. 1776. p. 65—68.

320. *Coffea arabica.*

Hans SLOANE.
An account of the Coffee-shrub.
Philosoph. Transact. Vol. 18. n. 208. p. 63, 64.
Luigi Ferdin. Conte MARSIGLI.
Notizie di Costantinopoli sopra la pianta del Caffé.
Foll. 5. tabb. æneæ 5. 1703. fol.
Johannes Christophorus VOLKAMER.
De Gelsemino arabico, fructum Cafe ferente arbore.
Ephem. Acad. Nat. Cur. Cent. 3 & 4. p. 378, 379.
——— Valentini Historia simplicium, p. 575, 576.
Antoine DE JUSSIEU.
Histoire du Café.
Mem. de l'Acad. des Sc. de Paris, 1713. p. 291—299.

James DOUGLAS.
A botanical dissection of the Coffee berry. printed with his Lilium Sarniense.
Pagg. 22. London, 1725. fol.
Arbor Yemensis fructum Cofé ferens, or a description and history of the Coffee tree.
Pagg. 60. ib. 1727. fol

Johannes Henricus LINCKIUS.
Arbor Caffe Lipsiæ florens.
Act. Acad. Nat. Curios. Vol. 1. p. 204—210.

Jacob Theodor KLEIN.
Natürliche historie des Caffebaums und dessen anbau in Danzig, aus eigener erfahrung.
Abhandl. der Naturf. Gesellsch. zu Danzig, 3 Theil, p. 424—442.

321. *Serissa* Juss. gen.

Carolus Ludovicus L'HERITIER.
Buchozia.
Plag. 1. tab. ænea 1. (Paris.) fol.

322. *Solandra grandiflora* Hort. Kew.

Olof SWARTZ.
Solandra, et nytt ört-slägte från Vest-Indien.
Vetensk. Acad. Handling. 1787. p. 300—306.

323. *Mirabilis longiflora.*

Carl LINNÆUS.
Mirabilis longiflora beskrifven. ibid. 1755. p. 176—179.

324. *Mirabilis viscosa* Cavanill.

Antonio TURRA.
Lettera colla descrizione della Vitmania pianta nuova.
Opuscoli scelti, Tomo 17. p. 95—98.

325. *Verbasci genus.*

Jacobus RISLER.
Dissertatio inaug. de Verbasco.
Pagg. 76. tab. ænea 1. Argentorati, 1754. 4.

326. *Verbascum quoddam.*

Paulus Gerardus Henricus MOEHRING.
Verbascum foliis cordatis crenatis, acutis, glabris; floralibus ternis.
Commerc. litterar. Norimb. 1742. p. 76—78.

327. *Nicotianæ genus.*

Theodorus SCHOON.
Waare oeffening en ontleding der planten.
Pagg. 564. tabb. æneæ 12. Gravenhage, 1692. 8.

328. *Nicotiana paniculata* et *glutinosa.*

Carl LINNÆUS.
Två nya species Tobak.
Vetensk. Acad. Handling. 1753. p. 37—43.

329. *Atropa Mandragora.*

Jacobo THOMASIO
Præside, Disputatio de Mandragora. Resp. Joh. Schmidelius (1655.)
Plagg. 3. recusa et aucta, Lipsiæ, 1671. 4.
——— Pagg. 24. Halæ, 1739. 4.
Johann Gottlieb GLEDITSCH.
Sur la Mandragore.
Mem. de l'Acad. de Berlin, 1778. p. 36—61.

330. *Atropa Belladonna.*

Richard PULTNEY.
A botanical and medical history of the Solanum lethale.
Philosoph. Transact. Vol. 50. p. 62—88.
Antonio Guilielmo PLAZ
Præside, Dissertatio de Atropa Belladonna. Resp. Petr. Jo. Andr. Daries.
Pagg. 40. Lipsiæ, 1776. 4.

331. *Atropa physalodes.*

Joannes Christianus HEBENSTREIT.
Alkekengi calyce profunde diviso, fructu sicco.
Nov. Comm. Acad. Petropol. Tom. 5. p. 319—329.

332. *Capsici genus.*

GREGORIUS *de Regio.*
De varietate Capsicorum commentarius, latine per C. Clusium. in hujus Curis posterioribus,
edit. in folio, p. 51—57.
in 4to, p. 96—108.

333. *Sideroxyli genus.*

Nicolaus Josephus JACQUIN.
Sideroxylum. in ejus Collectaneis, Vol. 2. p. 247—254.

334. *Ayenia pusilla.*

Carl LINNÆUS.
Ayenia, en sällsam blomma beskrefven.
Vetensk. Acad. Handling. 1756. p. 23—26.
——— Ayenia, flos rarus, descriptus.
Analect. Transalpin. Tom. 2. p. 475—477.

335. *Celastrus scandens.*

Danty D'ISNARD.
Etablissement d'un nouveau genre de plante, que je nomme Evonymoides.
Mem. de l'Acad. des Sc. de Paris, 1716. p. 290—295.

336. *Evonymi genus.*

Carolo Nicolao HELLENIO
Præside, Dissertatio de Evonymo. Resp. Car. Ascholin.
Pagg. 25. tab. ænea 1. Aboæ, 1786. 4.
——— Usteri Delect. Opusc. botan. Vol. 1. p. 81—104.

337. *Diosmæ species duæ.*

Lars MONTIN.
Beskrifning öfver tvanne nya species Diosmæ.
Physiogr. Sälskap. Handling. 1 Del, p. 104—107.

338. *Calodendrum capense* Thunb.

Jean Baptiste LAMARCK.
Sur le Calodendrum.
Journal d'Hist. Nat. Tome 1. p. 56—62.

339. *Hedera Helix.*

Olao RUDBECK, *filio*
Præside, Dissertatio de Hedera. Resp. Jac. Ludenius.
Pagg. 45. Upsaliæ, 1707. 4.

340. *Claytonia sibirica.*

Carl LINNÆUS.
Limnia beskrefven.
Vetensk. Acad. Handling. 1746. p. 130—134.
———: Limnia descripta.
Analect. Transalpin. Tom. 2. p. 42—45.

341. *Strelizia Reginæ* Hort. Kew.

Christen Friis ROTTBÖLL.
Beskrivelse over Strelitzia Reginæ. impr. cum ejus Anmærkninger til Cato de re rustica.
Pagg. ix. tab. ænea color. 1. Kiöbenhavn, 1790. 4.
——— Danske Vidensk. Selsk. Skrift. nye Samling, 4 Deel, p. 301—309.

342. *Illecebri genus.*

Paulus Henricus Gerardus MOEHRING.
Character genericus emendatus Illecebri.
Commerc. litterar. Norimb. 1742. p. 4.

343. *Policarpea* Lam.

Jean Baptiste LAMARCK.
Sur le nouveau genre Policarpea.
Journal d'Hist. Nat. Tome 2. p. 3—9.

344. *Nerium Oleander.*

Michael Fridericus LOCHNER.
Nerium sive Rhododaphne veterum et recentiorum.
Pagg. 112. tabb. æneæ 8. Norimbergæ, 1716. 4.

345. *Echites semidigyna* Berg.

Petrus Jonas BERGIUS.
Echites semidigyna, nova plantæ species ex America.
Verhandel. van het Genootschap te Vlissingen, 3 Deel, p. 583—591.

346. *Digynia.*

Stapeliæ variæ.

Francis MASSON.
Stapeliæ novæ, or a collection of several new species of that genus, discovered in the interior parts of Africa.
London, 1796. fol.
Pag. 1—12. tab. æn. color. 1—10.

347. *Salsola Kali.*

Jean François DE MARCORELLE.
Memoire sur le Salicor. Mem. etrangers de l'Acad. des Sc. de Paris, Tome 5. p. 531—548.

348. *Bosea yervamora.*

Fridericus Augustus CARTHEUSER.
De charactere generico naturali Boseæ, quæ aliis Yerva mora dicitur.
Act. Acad. Mogunt. Tom. 1. p. 145—148.

349. *Ulmus campestris.*

Andrea RIDDERMARCK
Præside, Dissertatio de Ulmo. Resp. Har. Ulmgrehn.
Plagg. 4. Londini Scan. 1692. 8.
Johanne Andrea FISCHER
Præside, Dissertatio de Dirdar Ibnsinæ Ulmo arbore.
Resp. Heinr. Dan. Enckelmannus.
Pagg. 30. Erfordiæ, 1718. 4.
Franciscus Jacobus SACHS.
Dissertatio inaug. de Ulmo.
Pagg. 36. Argentorati, 1738. 4.

350. *Ulmus lævis* Pallas.

Auguste Denis FOUGEROUX *de Bondaroy.*
Memoire sur une nouvelle espece d'Orme.
Mem. de l'Acad. des Sc. de Paris, 1784. pag. 211—215.

351. *Gentianæ genus.*

Johann Gottlieb GLEDITSCH.
Sur la Pneumonanthe, nouveau genre de plante, dont le charactere differe entierement de celui de la Gentiane; cum tabula Gentianas auctorum potiores indicante, earumque differentias in partibus florum.
Hist. de l'Acad. de Berlin, 1751. p. 158—166.

352. *Gentiana saxosa* Forst.

Georg FORSTER.
Gentiana saxosa beskrifven.
Vetensk. Acad. Handling. 1777. p. 183—185.

353. *Gentiana pulchella* Swartz.

Olof SWARTZ.
Gentiana pulchella, en ny Svensk växt.
Vetensk. Acad. Handling. 1783. p. 85—87.

354. *Cussoniæ genus.*

Carolus Petrus THUNBERG.
Cussonia, novum plantæ genus e Prom. bonæ spei Africes.
Nov. Act. Societ. Upsal. Vol. 3. p. 210—213.
———: Cussonia, nouveau genre de plante, apporté du Cap de Bonne-esperance.
Journal de Physique, Tome 18. p. 304—306.

355. *Astrantia major.*

Jo. Hadrianus SLEVOGT.
Prolusio de Astrantiæ charactere a Tournefortio minus sufficienter delineato, florisque genitalibus.
Pagg. 8. Jenæ, 1721. 4.

356. *Astrantia ciliaris* Linn. suppl.

Petrus Jonas BERGIUS.
Jasione capensis descripta.
Nov. Act. Societ. Upsal. Vol. 3. p. 187—189.
———: Jasion du Cap de Bonne-esperance decrit.
Journal de Physique, Tome 18. p. 302—304.

357. *Caucalis species variæ.*

Louis GERARD.
Observations sur quelques especes de Caucalis. Mem. etrangers de l'Acad. des Sc. de Paris, Tome 6. p. 113—123.

358. *Caucalis mauritanica.*

Paulus Gerardus Henricus MOEHRING.
Caucalis involucro universali monophyllo, partiali triphyllo.
Act. Acad. Nat. Curios. Vol. 6. p. 401, 402.

359. *Athamanta Oreoselinum.*

Casimiro Christophoro SCHMIEDELIO
Præside, Dissertatio de Oreoselino. Resp. Ge. Chr. Troeltzsch.
Pagg. 42. Erlangæ, 1751. 4.
——— Schmidelii Dissertation. botanic. p. 1—28.

360. *Ferula quædam.*

Prosper ALPINUS.
De Laserpitio.
in ejus Historia Nat. Ægypti, Parte 2. p. 73—75.

361. *Sium nodiflorum* et *latifolium.*

Johann Gottlieb GLEDITSCH.
Bemerkung über den Scheibering, und dessen gebrauch bey der grünen fütterung in etlichen gegenden der Neumark. Beschäft. der Berlin. Ges. Naturf. Fr. 2 Band, p. 510—531.

362. *Sium latifolium.*

DORTHES.
Observation sur le Sium latifolium.
Esprit des Journaux, Nov. 1788. p. 359—361.
————: Eine beobachtung über den breitblättrigen Wassermerk.
Voigt's Magaz. 6 Band. 1 Stück, p. 72—75.

363. *Cicuta virosa.*

Pehr Adrian GADD.
Anmärkningar om Cicuta.
Vetensk. Acad. Handling. 1774. p. 231—244.

364. *Scandix odorata.*

Abraham GAGNEBIN.
Du Cerfeuil d'Espagne, ou musqué.
Act. Helvet. Vol. 3. p. 120—127.

365. *Chærophyllum aureum.*

Abraham GAGNEBIN.
Description d'une espece de Myrrhis de montagne vivace.
ibid. p. 109—120.

366. *Trigynia.*

Passifloræ genus.

Carolus LINNÆUS.
Dissertatio: Passiflora. Resp. Joh. Gust. Hallman.
Pagg. 37. tab. ænea 1. Holmiæ, 1745. 4.
——— Amoenit. Academ. Vol. 1.
Edit. Holm. p. 211—242.
Edit. Lugd. Bat. p. 244—279.
Edit. Erlang. p. 211—242.

367. *Passifloræ variæ.*

Donato RASCIOTTI.
Copia del fiore et frutto, che nasce nelle Indie Occidentali, qual di novo è stato presentato alla Santità di N. S. P. Paolo V.
Di Venetia 20. di Agosto 1609.
Pag. 1; cum fig. ligno incisa, coloribus fucata. fol.

ANON.
Coppie de la fleur de la passion qui croist dans les Indes Occidentalles.
Paris, 1643. fol.
Pag. 1; cum fig. ligno incisa, coloribus fucata.

James SOWERBY.
Account of the difference of structure in the flowers of six species of Passiflora.
Transact. of the Linnean Soc. Vol. 2. p. 19—28.

368. *Passiflora quadrangularis.*

(*James* SOWERBY.)
Tab. ænea color. long. 22 unc. lat. 16 unc.

369. *Passiflora incarnata.*

Vera et ad vivum expressa effigies plantæ Maraco, vulgo nominatæ flos passionis, qualis floruit in horto Joannis Robini botanici Regii, mensibus Augusto et Septembri anno 1612 et 1613.
Tab. ænea, long. 11 unc. lat. 8 unc. cum descriptione gallica typis impressa.

DONATO *d'Eremita.*
Vera effigie della Granadiglia, detta fior della passione. All' ill. et ecc. Sigr. Giovan Fabri Linceo — Di Napoli a 20 di Decemb. 1619.
Tab. ænea color. long. 13. unc. lat. 9 unc.
Granadiglia overo Fior della passione. All' ill. Sign. Fabio Colonna Linceo — Di Napoli a 30 di Ottobre 1622.
Tab. ænea, long. 14. unc. lat. 10 unc.
Hæc est tabula, cujus mentionem facit Fab. Columna, in annotationibus ad Hernandez historiam plantarum Mexicanarum, pag. 890, sed primam in Italia editam esse iconem Passifloræ perperam asserit.

Tobia ALDINI.
Vera e natural effigie della pianta indiana chiamata Maraco, Granadilla, et fior della passione D. N. S.
Venetia adi 28 luglio 1620.
Tabula ænea, long. 15 unc. lat. 17 unc.

370. *Pentagynia.*

Aldrovanda vesiculosa.

Cajetanus MONTI.
De Aldrovandia novo herbæ palustris genere.
Comment. Instit. Bonon. Tom. 2. Pars 3. p. 404—412.

371. *Drosera rotundifolia* et *longifolia.*

Adamo BRENDELIO
Præside, Dissertatio de Rorella. Resp. Jo. Ge. Siegesbeck.
Pagg. 39. Vitembergæ, 1716. 4.

372. *Crassulæ variæ.*

Carolus Petrus THUNBERG.
Crassulæ generis 28 novæ species in Capite bonæ spei detectæ et descriptæ.
Nov. Act. Acad. Nat. Cur. Tom. 6. p. 328—341.

373. *Crassula perfoliata.*

Christophorus Jacobus TREW.
Observatio de Aloe africana caulescente perfoliata glauca, et non spinosa Commel.
Commerc. litterar. Norimb. 1731. p. 91, 92.

374. *Hexandria.*

Monogynia.

Bromelia Ananas.

Michael Fridericus LOCHNER.
Commentatio de Ananasa, sive nuce pinea indica, vulgo Pinhas.
Pagg. 76. tabb. æneæ 5. 4.

Johann BECKMANN.
Ananas. in seine Beytr. zur Geschichte der Erfindung.
1 Band, p. 434—446.
4 Band, p. 278—288.

375. *Hæmanthus multiflorus* Linn. fil.

Hæmanthus multiflorus, from Sierra Leone; drawn and engraved by F. P. Nodder, and published May 1. 1795.
Tab. ænea color. long. 20 unc. lat. 14. unc. cum descriptione impressa, pagg. 4, in 8vo (auctore *Th.* MARTYN.)

376. *Pancratia varia.*

Richard Anthony SALISBURY.
Descriptions of several species of Pancratium.
Transact. of the Linnean Soc. Vol. 2. p. 70—75.

377. *Amaryllis formosissima.*

Carl LINNÆUS.
Anmärkningar öfver Amaryllis den sköna.
Vetensk. Acad. Handling. 1742. p. 93—102.
———: Observationes de Amaryllide.
Analect. Transalpin. Tom. 1. p. 206—211.

378. *Amaryllis sarniensis.*

James DOUGLAS.
Lilium sarniense, or a description of the Guernsay-lilly.
London, 1725. fol.

Pagg. 35. tabb. æneæ 2; præter libellum de Coffea, de quo supra pag. 249.
——— Pagg. 76. tabb. æneæ 3. ib. 1737. fol.

379. *Amaryllis orientalis.*

Laurentius HEISTERUS.
Descriptio novi generis plantæ ex bulbosarum classe, cui Brunsvigiæ nomen imposuit. Brunsvigæ, 1753. fol.
Pagg. xxviii. tabb. æneæ color. 3.

380. *Allii genus.*

Albertus HALLER.
De Allii genere naturali libellus.
Pagg. 56. tabb. æneæ 2. Gottingæ, (1745.) 4.
——— in ejus Opusculis botanicis, p. 321—396.

381. *Allium carinatum.*

Joannes PFAUTZ.
De Ampelopraso prolifero. impr. cum ejus Descriptione graminis medici; p. 17—19. Ulmæ, 1656. 4.

382. *Allium Chamæmoly.*

Vide supra pag. 235. sect. 247.

383. *Lilium album.*

Leonhardus URSINUS.
Lilium album plenum. Programma.
Plagula dimidia. Lipsiæ, 1662. 4.
Matthias TILINGIUS.
Lilium curiosum s. accurata Lilii albi descriptio.
Pagg. 576. Francofurti ad Moen. 1683. 8.

384. *Tulipa gesneriana.*

Leonhardus URSINUS
Tulipam de Alepo sistit. Programma.
Plag. dimidia. Lipsiæ, 1661. 4.

(*Johann Christian* BENEMANN.)
Die Tulpe zum ruhm ihres Schöpfers und vergnügung edler gemüther, beschrieben.
Pagg. 176. Dresden und Leipzig, 1741. 8.

ANON.
Ueber eine besondere seltsamkeit von den Tulpen.
Hamburg. Magaz. 17 Band, p. 161—179.
(e gallico, in Journal Helvetique.)

Johann BECKMANN.
Die Tulpe. in seine Beytr. zur Geschichte der Erfind.
1 Band, p. 223—240.
2 Band, p. 548—553.

385. *Albucæ genus.*

Johann Gottlieb GLEDITSCH.
Correction caracteristique du genre de l'Albuca de Linné.
Hist. de l'Acad. de Berlin, 1769. p. 57—64.

Jonas DRYANDER.
Anmärkningar vid örtslägtet Albuca, med beskrifningar på tre nya slag.
Vetensk. Acad. Handling. 1784. p. 289—298.

Carl Peter THUNBERG.
Anmärkningar och beskrifning på Albucæ örteslägte.
ibid. 1786. p. 57—59.

386. *Hypoxis species variæ.*

Carolus Petrus THUNBERG.
Fabricia, novum plantæ genus e Capite bonæ spei.
in Fabricius Reise nach Norvegen, p. 23—32.
Hamburg, 1779. 8.

387. *Ornithogalum bohemicum* Zauschn.

Johann ZAUSCHNER.
Charakter des Ornithogali bohemici. Abhandl. einer Privatgesellsch. in Böhmen, 2 Band, p. 119—123.

388. *Cyanellæ genus.*

Carl Peter THUNBERG.
Beskrifning på örteslägtet Cyanella.
Vetensk. Acad. Handling. 1794. p. 194—197.

389. *Anthericum ossifragum.*

Paulus Gerardus Henricus MOEHRING.
De Narthecio, novo plantarum genere.
Act. Acad. Nat. Curios. Vol. 6. p. 384—400.
Johann Gottlieb GLEDITSCH.
Nouveaux eclaircissemens concernant l'histoire fabuleuse qui se trouve dans Simon Pauli sur la plante de Norwege qu'on nomme Gramen ossifragum norwegicum Simon Pauli.
Mem. de l'Acad. de Berlin, 1781. p. 68—79.
——— Journal de Physique, Tome 26. p. 330—339.

390. *Asparagus officinalis.*

Antonius A CLERICIS.
Dissertatio inaug. de Asparago.
Pagg. 24. Altorfii, 1715. 4.
Johannes Georgius Fridericus FRANZIUS.
Dissertatio inaug. de Asparago ex scriptis Medicorum veterum. Pagg. 42. Lipsiæ, 1778. 4.

391. *Dracæna Draco.*

Dominicus VANDELLI.
Dissertatio de Arbore Draconis s. Dracæna.
Olisipone, 1768. 8.
Pagg. 10. tab. ænea 1; præter Dissertationem de studio historiæ naturalis necessario, de qua Tomo 1.
Henricus Joannes Nepomucenus CRANTZ.
De duabus Draconis arboribus botanicorum.
Pagg. xxxi. tab. ænea 1. Viennæ, 1768. 4.
Reinboldus BERENS.
Dissertatio inaug. de Dracone arbore Clusii.
Pagg. lii. tab. ænea 1. Goettingæ, 1770. 4.
——— Ludwig Delect. Opuscul. Vol. 1. p. 389—432.

392. *Convallaria majalis.*

Joannes Georgius SIEGESBECK.
Propempticum de Majanthemo, Lilium convallium officinis vulgo nuncupato.
Pagg. 15. Petropoli, 1736. 4.

Johanne BROWALLIO
Præside, Dissertatio de Convallariæ specie vulgo Lilium convallium dicta. Resp. Henr. Lilius.
Pars prior. Pagg. 6. Aboæ, 1741. 4.
Pars posterior. pag. 7—38. 1744.

393. *Hyacinthi genus.*

Friedrich Casimir MEDICUS.
Ueber Linnes Hyacinthen gattung.
Usteri's Annàlen der Botanik, 2 Stück, p. 5—20.
Carl Ludwig WILLDENOW.
Ueber die Hyacinthen gattung.
ibid. 4 Stück, p. 24—30.

394. *Hyacinthi varii.*

Johann Gottfried OLEARIUS.
Hyacinth-betrachtung, darinn die Hyacinth-blum nicht nur zu leiblicher ergetzung, sondern auch zu geistlicher erbauung, zu einem exempel der Christlichen garten-lust fürgestellt wird.
Pagg. 100. Leipzig, 1665. 12.

395. *Aletris capensis.*

Johann Gottlieb GLEDITSCH.
Correction caracteristique du genre de l'Alethris de Linné.
Hist. de l'Acad. de Berlin, 1769. p. 64—67.
Johan Anders MURRAY.
Beskrifning på Aletris capensis.
Vetensk. Acad. Handling. 1770. p. 226—235.

396. *Yucca gloriosa.*

Joannes SIRICIUS.
Beschreibung der Yucca gloriosa. in seine Beschreibung dreyer blühenden Aloën, p. 61, 62. (vide pag. sequ.)

397. *Yucca Draconis.*

Christophorus Jacobus TREW.
De Aloë americana Juccæ foliis.
Commerc. litterar. Norimberg. 1732. p. 65—68.

398. *Aloës genus.*

Carolus Petrus THUNBERG.
Dissertatio de Aloe. Resp. And. Hesselius.
Pagg. 14. Upsaliæ, 1785. 4.

399. *Aloes et Agaves species variæ.*

Johanne Arnoldo FRIDERICI
Præside, Dissertatio: Aloe. Resp. Gothofr. Beier.
Plagg. 3½. Jenæ, 1670. 4.
(Agaven americanam et Aloen officinalem confundit.)

Abraham MUNTING.
Aloidarium, sive Aloes mucronato folio americanæ majoris, aliarumque ejusdem speciei historia. impr. cum ejus libro de herba Britannica. Pagg. 33.

Wilhelm Ulrich WALDSCHMIEDT.
Beschreibung derer Aloen insgemein, insonderheit aber derer Americanischen. Kiel, 1705. 4.
Pagg. 36; præter opusculum Majoris, de quo mox infra.
Americanischer zu Gottorff blühender Aloen fernere beschreibung. Pagg. 36. ib. 1706. 4.

Joannes SIRICIUS.
Historische, Physische und Medicinische beschreibung derer im Furstl. Gottorpischen garten, das Neue-Werck genannt, dreyen blühenden Aloen (mit beyfügung einer beschreibung der gleichfals blühenden Yucca gloriosa.)
Pagg. 64. tab. ænea 1. Schleswig, 1705. 4.
Kurze beantwortung derer von Dr. W. V. W. sehr ungereimten, nichtswurdigen und injurieusen imputationen, wider seine herausgegebene beschreibung derer im Hochfl. Gottorpschen garten verwichenes jahr 1705 blühenden Aloen, und dessen persohn, der wahrheit zu steuer und zur rettung seines ehrlichen nahmens, allen verständigen und unpassionirten zum urtheil ubergeben.
Pagg. 68. 1706. 4.

Joannes Adamus GOERITZ.
De Aloë officinali florente.
Act. Acad. Nat. Curios. Vol. 3. p. 58—61.
De differentia inter Aloën veram vulgarem officinalem et Aloën Zoccotorinam. ibid. Vol. 4. p. 220—222.

400. *Agave americana.*

Abr. Achatius HAGER.
Aloe Choræ Salitiana.
Plag. 1¼. Alteburgi, 1663. 4.
Johann Daniel MAJOR.
Americanische bey dem schloss Gottorff im monat August und September 1668 blühende Aloe. impr. cum Waldschmiedts Beschreibung derer Aloen.
Pagg. 36. Kiel, 1705. 4.
Philippus Jacobus SACHS A LEWENHEIMB.
De Aloë Silesiaca florescente.
Ephem. Ac. Nat Cur. Dec. 1. Ann. 1. p. 182—191.
De Aloe Choræ Salitiana. ibid. p. 191—195.
(Hæc excerpta ex A. A. Hageri libello supra dicto.)
Lucas SCHRÖCK.
De Aloë Augustana. ibid. Ann. 6 & 7. p. 340, 341.
Guilielmus ZAPF.
Epistola, Aloes americanæ, prout in Seren. Saxoniæ Ducis Mauritii Guilielmi horto nuper effloruit, historiam complexa.
Act. Eruditor. Lips. 1688. p. 121—123.
Elias PEINE.
Eigentliche abbildung der Americanischen Aloe, so zu Leipzig im Bosischen garten anno 1700 d. 13. Maji den stengel anfangen zu treiben.
Leipzig bey Pet. Schenk.
Tabula ænea, longit. 10 unc. latit. 7 unc.
Sophia Elizabet BRENNER.
Minne öfver den Americanska Aloen, hvilken uppå Noor begynte blomstras i Septembri 1708.
Plagg. 3. Stockholm. fol.
Giambattista SCARELLA.
Breve ragguaglio intorno al fiore dell' Aloe americana.
Pagg. 56. tab. ænea 1. Padova, 1710. 8.
Christophorus Jacobus TREW.
Beschreibung der grosseu americanischen Aloë, wobey das tägliche wachsthum des stengels der in 1726 jahr zu Nürnberg verblüheten Aloë erläutert wird.
Pagg. 36. tab. ænea 1. Nürnberg, 1727. 4. obl.
* * *
The great American Aloe.
(London) E. Kirkall fecit Sept. 23. 1729.
Tabula ænea color. long. 24. unc. lat. 13. unc.

A true account of the Aloe americana or africana, which is now in blossom in Mr. Cowell's garden at Hoxton. London, 1729. 8.

Pagg. 39; præter libellum de Cacto hexagono, de quo infra.

(Bradlæo auctori tribuit Seguier bibl. p. 20; nescio quo jure.)

Tabula ænea color. long. 25. lat. 19 unc. absque inscriptione, Agavem americanam et Cactum hexagonum florentes exhibens.

Hæc forte est tabula, quam Cowell in præfatione libelli sequentis se editurum spondet.

John COWELL.

Of the large common American Aloe.

in his Curious gardner, Part 2. p. 1—32.

Johannes Jacobus BAIER.

De Aloës Americanæ per suum semen felici propagatione.

Act. Acad. Nat. Curios. Vol. 2. p. 408—410.

Antonio VALLISNERI.

Osservazioni intorno al fiore dell' Aloè americana, ed al sugo stillante dalla medesima.

in ejus Opere, Tomo 2. p. 69—74.

* * *

To Sir Rob. Grosvenor—this plate of the great American Aloe that blow'd in his gardens at Eaton Hall in Cheshire is dedicated by John Fossey gardener. Nov. 1. 1737.

T. Badeslade delin. W. H. Toms sculp.

Tabula ænea color. long. 25. unc. lat. 16. unc.

Adest etiam exemplum coloribus non fucatum.

An Aloe now in bloom in the Royal gardens at Hampton Court 26 feet high blown by Geo. Lowe, Esq. (London) Published Sept. 20. 1743.

Tabula ænea color. long. 17 unc. lat. 10 unc.

The two large Africa Aloes as they blossom'd in the royal gardens at Hampton Court in 1743 by Mr. Geo. Lowe, his Majesty's master Gardener. W. R. delin. et sculp.

Tab. ænea, long. 16 unc. lat. 12 unc.

Versuch einer poetischen beschreibung zweyer americanischen Aloen, welche in dem Königl. lust-garten zu Fridrichsberg geblühet haben.

Pagg. 24. tab. ænea 1. Copenhagen, 1745. 4.

Franciscus Ernestus BRÜCKMANN.

in Epistola itineraria 73. Cent. 3. p. 978—980 de Agavibus, quæ Salzdalii floruerunt, agit.

* * *

De Americaansche Aloë van Clusius, hebbende in den zomer van het jaar 1757 gebloeyt by Jac. Schuurmans Stekhooven, Bloemist te Leiden.
J. Augustini ad viv. del. A. Delfos fecit. te bekomen by J. Augustini te Haarlem.
Tabula ænea, long. 25 unc. lat. 17 unc.

Johannes Dominicus SCHULTZE.
Ueber die grosse amerikanische Aloe, richtiger Agave, bey gelegenheit der jezt im Raths-Apotheker-garten blühenden.
Pagg. 64. Hamburg, 1782. 8.

* * *

Aloe americana, Agave americana Linn. zur blüte gebracht 1783 im Hochgräfl. von Schimmelmannschen garten in Wandsbeck durch Claus Trapp Kunstgärtnern daselbst.
L. Kunstmann del. A. Stöttrup sc.
Tab. ænea, long. 14. unc. lat. 9 unc.
Variegated American Aloe in full blossom Sept. 12. 1785 at Sir Ja. Lakes Edmonton Middlesex.
Wm. Darton del. et sc.
Tab. ænea color. long. 19 unc. lat. 10½ unc.

John ADAMS.
A short account of the growth and flowering of a variegated American Aloe, from the first appearance of the spire, or stem. Pag. 1. fol.

401. *Alstroemeriæ genus.*

Carolus LINNÆUS.
Dissertatio: Planta Alströmeria. Resp. Joh. Pet. Falck.
Pagg. 16. tab. ænea 1. Upsaliæ, 1762. 4.
——— Amoenitat. Academ. Vol. 6. p. 247—262.

402. *Gethyllis genus.*

Carl Peter THUNBERG.
Papiria ett nytt örtslag ifrån Goda Hopps Udden.
Physiogr. Salskap. Handling. 1 Del, p. 110—112.

403. *Junci varii.*

REYNIER.
Histoire d'une partie des Joncs qui croissent en Suisse.
Mem. pour l'Hist. Nat. de la Suisse, Tome 1. p. 119 —148.

404. *Juncus bufonius.*

Albrecht Wilhelm ROTH.
Eine botanische beobachtung.
Magaz. für die Botanik, 6 Stück, p. 18—21.

405. *Berberis vulgaris.*

Theodor ANKARCRONA.
Om Berberis trän eller buskar, deras art och nytta.
Vetensk. Acad. Handling. 1749. p. 61—67.
——— Berberis, baccarumque ejus usus.
Analect. Transalpin. Tom. 2. p. 204—207.

406. *Loranthus cucullaris* Lam.

Jean Baptiste LAMARCK.
Sur une nouvelle espece de Loranthe.
Journal d'Hist. Nat. Tome 1. p. 444—448.

407. *Frankenia lævis.*

Jean Etienne GUETTARD.
Observations sur une espece de plante appellée Franca.
Mem. de l'Acad. des Sc. de Paris, 1744. p. 239—248.

408. *Bambos arundinacea* Retz.

DUBUISSON.
Observations sur le Bambou.
Journal de Physique, Introd. Tome 2. p. 409—412.

409. *Ehrharta cartilaginea* Smith.

Carl Peter THUNBERG.
Ett til sit slägte nytt gräs, Ehrharta, beskrifvet.
Vetensk. Acad. Handling. 1779. p. 216—218.

410. *Ehrharta bulbosa* Smith.

L. RICHARD.
Description de la Trocherau.
Journal de Physique, Tome 13. p. 225—227.

411. *Trigynia.*

Rumices varii.

Abraham MUNTING.
De vera antiquorum herba Britannica.
Amstelodami, 1681. 4.
Pagg. 231. cum tabb. æneis; præter Aloidarium, de quo supra pag. 264.
———— ibid. 1698. 4.
Est eadem editio, novo titulo.
Henricus CANNEGIETER.
Dissertatio de Brittenburgo, Matribus Brittis, Britannica herba &c. accedunt notæ atque observationes ad Abr. Muntingii dissertationem de vera herba Britannica.
Pagg. 179. Hagæ-Comitum, 1734. 4.

412. *Triglochin genus.*

Carl LINNÆUS.
Beskrifning på Sältings-gräset.
Vetensk. Acad. Handling. 1742. p. 146—151.
————: Triglochin descriptum.
Analect. Transalpin. Tom. 1. p. 211—214.

413. *Tetragynia.*

Petiveria alliacea.

Carl LINNÆUS.
Petiveria, en Americansk växt.
Vetensk. Acad. Handling. 1744. p. 287—292.
———— Petiveria, planta americana.
Analect. Transalpin. Tom. 1. p. 346—349.

414. *Heptandria.*

Monogynia.

Trientalis europæa.

Joannes AMMAN.
De Alsinanthemo Thalii.
Comment. Acad. Petropol. Tom. 9. p. 310—313.

415. *Æsculus Hippocastanum.*

DE FRANCHEVILLE.
Memoire sur le Marron d'Inde.
Mem. de l'Acad. de Berlin, 1777. p. 3—13.
Johann BECKMANN.
Rosskastanien. in seine Beyträge sur Geschichte der Erfind. 1 Band, p. 497—502.

416. *Æsculus flava* Hort. Kew.

Friedrich Adam Julius VON WANGENHEIM.
Beschreibung der gelbblühenden Rosskastanie.
Beobacht. der Berlin. Gesellsch. Naturf. Fr. 2 Bandes 3 Stück, p. 133—137.

417. *Tetragynia.*

Saururus cernuus.

Christophorus Jacobus TREW.
Saururi nova species.
Commerc. litterar. Norimb. 1742. p. 409—411.

418. *Octandria.*

Monogynia.

Tropæoli genus.

Michael Friedericus LOCHNER.
De Acriviola ejusque novis speciebus flore pleno et peruviana foliis quinquefidis.
Ephem. Ac. Nat. Cur. Cent. 7 & 8. App. p. 161—188.
——— Seorsim etiam adest, pagg. 32, cum tab. ænea 1. 4.

Carolo Nicolao HELLENIO
Præside, Dissertatio de Tropæolo. Resp. Ax. Fred. Laurell. Pagg. 26. tab. ænea 1. Aboæ, 1789. 4.

419. *Tropæolum hybridum.*

Peter Jonas BERGIUS.
Tropæolum quinquelobum, en främmande växt.
Vetensk. Acad. Handling. 1765. p. 32—36.

420. *Gaura biennis.*

Carl LINNÆUS.
Gaura, en växt från Norra America, beskrifven. ibid. 1756. p. 222—225.
———: Gaura biennis, planta americana.
Analect. Transalpin. Tom. 2. p. 452—454.

421. *Xylocarpus.*

Johann Gerhard KÖNIG.
Kurze beschreibung des baumes, welcher die nüsse trägt, in welchen die einwohner der Herkuleskeule sich einnisteln.
Naturforscher, 20 Stück, p. 1—7.

422. *Koelreutera paniculata* Hort. Kew.

Eric LAXMANN.
Koelreuteria novum plantarum genus.
Nov. Comm. Acad. Petropol. Tom. 16. p. 561—564.

423. *Fuchsiæ genus.*

Carl Ludwig WILLDENOW.
Ueber die gattung Fuchsia.
Usteri's Annalen der Botanick, 3 Stück, p. 37—41.

424. *Michauxia campanuloides* Hort. Kew.

(*Carolus Ludovicus* L'HERITIER.)
Michauxia.
Plag. 1. tabb. æneæ 2. (Paris.) fol.

425. *Lawsonia inermis.*

Lawrence GARCIN.
A letter concerning the Cyprus of the ancients.
Philosoph. Transact. Vol. 45. n. 489. p. 564—578.

426. *Ericæ genus.*

Carolus LINNE'.
Dissertatio de Erica. Resp. Joh. Ad. Dahlgren.
Pagg. 15. tab. ænea 1. Upsaliæ, 1770. 4.
——— Amoenit. Academ. Vol. 8. p. 46—62.
Carolus Petrus THUNBERG.
Dissertatio de Erica. Resp. Jac. Bernh. Struve.
Pagg. 62. tabb. æneæ 6. Upsaliæ, 1785. 4.
H. ANDREWS.
Engravings of Heaths, with botanical descriptions, in Latin and English. London. fol.
Number 1—5. Singulis tabb. æneæ color. 3, et foll. textus totidem.

427. *Ericæ variæ.*

Lars MONTIN.
Ericæ tres novæ species descriptæ.
Nov. Act. Societ. Upsal. Vol. 2. p. 289—294.

428. *Erica vulgaris.*

Petro KALM
Præside, Dissertatio de Erica vulgari, et Pteride aquilina.
Resp. Joh. Lagus. Aboæ, 1754. 4.
Pagg. 20. Tractatus de Erica desinit in pag. 15.

429. *Erica Sparrmanni* Linn. suppl.

Carl VON LINNE', *sonen.*
Erica Sparrmanni beskrifven.
Vetensk. Acad. Handling. 1778. p. 21—26.
———: Erica Sparrmanni descripta.
Amoenitat. Academ. Vol. 10. Append. p. 123—131.

430. *Erica retorta* Linn. suppl.

Lars MONTIN.
Erica retorta, ett nytt örte-slag från Caput bonæ spei.
Vetensk. Acad. Handling. 1774. p. 297—300.

431. *Grubbia* Bergii.

Peter Jonas BERGIUS.
Grubbia, ett nytt örte-genus. ibid. 1767. p. 34—36.

432. *Trigynia.*

Polygonum frutescens.

Joannes AMMAN.
De Lapatho orientali, frutice humili flore pulchro Tourn.
Comment. Acad. Petropol. Tom. 13. p. 400—403.

433. *Polygonum orientale.*

Joseph Pitton TOURNEFORT.
Persicaria orientalis, Nicotianæ folio, calyce florum purpureo.
Mem. de l'Acad. des Sc. de Paris, 1703. p. 302—304.

434. *Polygonum tataricum.*

Carl LINNÆUS.
Siberiskt Bokhvete.
Vetensk. Acad. Handling. 1744. p. 117—122.
———: Helxine, seu Fagopyrum Sibericum.
Analect. Transalpin. Tom. 1. p. 293—296.

435. *Enneandria.*

Monogynia.

Lauri genus.

Christophorus Jacobus TREW.
Brevis historia naturalis arboris Sassafras dictæ Lauri speciei, et quædam de Lauri speciebus in genere.
Nov. Act. Ac. Nat. Cur. Tom. 2. App. p. 277—408.

436. *Laurus nobilis.*

Jo. Gerardus WAGNER.
Arboreti sacri perfectioris specimen sistens Laurum ex omni antiquitate erutam.
Pagg. 216. Helmstadii, 1732. 8.
Michael Gottlieb AGNETHLER.
Dissertatio inaug. de Lauro.
Pagg. 60. tab. ænea 1. Halæ, 1751. 4.

437. *Laurus Sassafras.*

Georgius Dionysius EHRET.
De arboribus Sassafras dictis et Londini cultis, earumque floris charactere; cum Scholio C. J. Trew.
Nov. Act. Ac. Nat. Cur. Tom. 2. p. 326—330.
———— : Waarneemingen omtrent den Sassasphrasboom, en de kenmerken van deszelfs bloemen.
Uitgezogte Verhandelingen, 7 Deel, p. 364—372.

438. *Trigynia.*

Rheum Rhaponticum.

Prosper ALPINUS.
De Rhapontico disputatio.
Pagg. 30. Patavii, 1612. 4.
Johann SIEVERS.
Aus einem schreiben an den Hrn. Pallas.
Pallas neue Nord. Beyträge, 5 Band, p. 323—326.
6 Band, p. 255.

439. *Rheum Rhabarbarum.*

Carolus LINNÆUS.
Dissertatio sistens Rhabarbarum. Resp. Sam. Ziervogel. Pagg. 24. tab. ænea 1. Upsaliæ, 1752. 4.
——— Amoenitat. Academ. Vol. 3. p. 211—230.

440. *Rheum palmatum.*

John HOPE.
A letter to Dr. Pringle.
Philosoph. Transact. Vol. 55. p. 290—293.
Cornelius NOZEMAN.
Het Rhabarber van de echste soort. Verhand. van het Genootsch. te Rotterdam, 1 Deel, p. 455—472.

441. *Rheum Ribes.*

Johannes Philippus BREYNIUS.
De Ribas Arabum.
Ephem. Acad. Nat. Cur. Cent. 7 & 8. p. 8—12.

442. *Rheum hybridum* Murræi.

C. G. RIMROD.
Ueber das Rheum hybridum.
Naturforscher, 18 Stück, p. 243—251.

443. *Decandria.*

Monogynia.

Sophora japonica.

L'arbre inconnu des Chinois, fleuri à Saint Germain en-Laye en 1779. Genevieve de Nangis Regnault fecit. Tab. ænea color. long. 16 unc. lat. 10 unc.
Plantes etrangeres dont la fleuraison n'avoit pas encore paru dans nos climats.
Journal de Physique, Tome 14. p. 247—249.

444. *Cassia procumbens*.

Joannes AMMAN.
Descriptio Cassiæ americanæ procumbentis, herbaceæ, Mimosæ foliis, floribus parvis, siliquis angustis, planis. Comment. Acad. Petropol. Tom. 12. p. 288—292.

445. *Poinciana coriaria* Jacqu.

Peter Jonas BERGIUS.
Anmärkningar om Libidibi-bönan från America. Vetensk. Acad. Handling. 1774. p. 57—61.

446. *Schotia speciosa*.

Friedrich Kasimir MEDICUS.
Theodora speciosa, ein neues pflanzengeschlecht. Vide supra pag. 48.

447. *Cadia purpurea* Hort. Kew.

René Louiche DESFONTAINES.
Description d'un nouveau genre de plante. Spaendoncea. Pagg. 7. tab. ænea 1. (Paris, 1795.) 8.

Charles Louis L'HERITIER.
Memoire sur un nouveau genre de plante appelé Cadia. Magasin encyclopedique, Tome 5. p. 20—31.

448. *Hæmatoxylon campechianum*.

Georgius Albertus WEINRICH.
Dissertatio inaug. de Hæmatoxylo Campechiano. Pagg. xxxviii. Erlangæ, 1780. 4.

449. *Ekebergia capensis*.

Anders SPARRMAN.
Et nytt genus i växt-riket, Ekebergia capensis. Vetensk. Acad. Handling. 1779. p. 282—284.

450. *Turraeae variae.*

Carl Niclas HELLENIUS.
Beskrifningar öfver tvänne särskilde växter hörande til ört-slägtet Turræa. ibid. 1788. p. 307—311.

451. *Quassia excelsa* Swartz.

Olof SWARTZ.
Quassia excelsa, ny växt från Vestindien, beskrifven. ibid. p. 302—306.
John LINDSAY.
An account of the Quassia polygama, or Bitter-wood of Jamaica.
Transact. of the R. Soc. of Edinburgh, Vol. 3. p. 205 —210.
——— Seorsim etiam adest pagg. 6. tab. ænea 1; præter descriptionem Cinchonæ brachycarpæ, de qua Parte 3. 4.

452. *Dionaea muscipula.*

John ELLIS.
Dionæa muscipula descripta.
Nov. Act. Societ. Upsal. Vol. 1. p. 98—101.
A botanical description of the Dionæa muscipula. printed with his directions for bringing over seeds and plants; p. 35—41; cum tab. ænea coloribus fucata, eademque absque coloribus. London, 1770. 4.
(Paulo uberior priori.)
———: Lettre sur la Dionée, attrape-mouche.
Journal de Physique, Tome 10. p. 18—21.
———: Beschreibung der Dionæa muscipula, übersezt von Joh. Chr. Dan. Schreber. latine et germanice.
Pagg. xviii. tab. ænea color. 1. Erlangen, 1771. 4.
——— ——— germanice tantum. ib. 1780. 4.
Pagg. xiii. tab. ænea color. 1; præter descriptionem Saxifragæ sarmentosæ, de qua mox infra.

453. *Kalmia glauca* Hort. Kew.

Friedrich Adam Julius VON WANGENHEIM.
Beschreibung der poleyblättrigen Kalmia. Beob. der Berlin. Ges. Naturf. Fr. 2 Band. 3 Stück, p. 129—133.

454. *Ledum palustre.*

Carolus a LINNE'.
Dissertatio de Ledo palustri. Resp. Joh. Pet. Westring.
Pagg. 18. Upsaliæ, 1775. 4.
——— Amoenitat. Academ. Vol. 8. p. 268—288.

455. *Ledum buxifolium* Hort. Kew.

Petrus Jonas BERGIUS.
Ledum buxifolium, nova ex America Septentrionali allata plantæ species.
Act. Acad. Petropol. 1777. Pars pr. p. 213, 214.

456. *Arbutus Andrachne.*

Georgius Dionysius EHRET.
A description of the Andrachne, with its botanical characters.
Philosoph. Transact. Vol. 57. p. 114—117.

457. *Arbutus Uva ursi.*

Carl LINNÆUS.
Anmärkning öfver Jackashapuck.
Vetensk. Acad. Handling. 1743. p. 292—295.
———: Jackashapuck planta.
Analect. Transalpin. Tom. 1. p. 266—268.
Joannes Andreas MURRAY.
Commentatio de Arbuto Uva ursi.
Pagg. 65. Gottingæ, 1765. 4.
——— in ejus Opusculis, Vol. 1. p. 1—101.

458. *Styrax Benzoin.*

Jonas DRYANDER.
Botanical description of the Benjamin tree of Sumatra.
Philosoph Transact. Vol. 77. p. 307—309.
——— London Medical Journal, 1788. p. 80—84.
———: Botanische beschreibung von dem Benzoebaum von Sumatra.
Magaz. für die Botanik, 2 Stück, p. 69—71.

459. *Digynia.*

Chrysosplenii genus.

Johannes Dietericus PALLAS.
Dissertatio inaug. de Chrysosplenio.
Pagg. 20. Argentorati, 1758. 4.

460. *Chrysosplenium oppositifolium.*

CAQUÉ.
Sur une Saxifrage dorée.
Journal de Physique, Tome 22. p. 176, 177.

461. *Saxifraga androsacea.*

Albertus HALLER.
De Saxifragia alpina habitu Androsaces villosæ.
Commerc. litterar. Norimb. 1732. p. 196, 197. Figura ibid. 1736. tab. 1. fig. 3.

462. *Saxifraga sarmentosa.*

Johann Christian Daniel SCHREBER.
Beschreibung einer neuentdeckten pflanze, welche für die Dionæa ausgegeben wollen. impr. cum Ellis's beschreibung der Dionæa muscipula; p. xiv—xxviii. tab. 2, 3.
Erlangen, 1780. 4.

463. *Scleranthus perennis.*

Carolus Augustus A BERGEN.
Epistola de Alchimilla supina, ejusque coccis.
Pagg. 16. Francofurti ad Viadr. (1748.) 4.

464. *Dianthi genus.*

James Edward SMITH.
Remarks on the genus Dianthus.
Transact. of the Linnean Soc. Vol. 2. p. 292—304.

465. *Dianthus caryophyllus γ. imbricatus.*

Johannes Georgius VOLKAMER.
De Caryophyllo spicam frumenti referente.
Ephem. Acad. Nat. Cur. Cent. 3 & 4. p. 368—370.

466. *Dianthus chinensis.*

Joseph Pitton TOURNEFORT.
Description de l'Oeillet de la Chine.
Mem. de l'Acad. des Sc. de Paris, 1705. p. 264—266.

467. *Trigynia.*

Cucubalus bacciferus.

Samuel Gottlieb GMELIN.
Lychnanthos volubilis, novum plantæ genus.
Nov. Comm. Acad. Petropol. Tom. 14. Pars 1. p. 525—527.

468. *Arenaria peploides.*

Friedrich EHRHART.
Honkenya, eine pflanzengattung.
in seine Beiträge, 2 Band, p. 180—182.

469. *Cherleria sedoides.*

Albertus HALLER.
Alchimillæ adfinis alpina muscosa minima.
Commerc. litterar. Norimberg. 1736. p. 101.

470. *Pentagynia.*

Penthorum sedoides.

Carolus LINNÆUS.
Penthorum descriptum.
Act. Societ. Upsal. 1744—1750. p. 12—14.

471. *Oxalidis genus.*

Carolus Petrus THUNBERG.
Dissertatio: Oxalis. Resp. Herm. Rud. Hast.
Pagg. 32. tabb. æneæ 2. Upsaliæ, 1781. 4.

Nicolaus Josephus JACQUIN.
Oxalis. Monographia, iconibus illustrata.
Viennæ, 1794. 4.
Pagg. 119. tabb. æneæ 81; quarum 75 coloribus fucatæ.

472. *Oxalides duæ.*

Richard Anthony SALISBURY.
The characters of two species of Oxalis.
Transact. of the Linnean Soc. Vol. 2. p. 242—244.

473. *Oxalis sensitiva.*

Laurence GARCIN.
Description of a new family of plants called Oxyoides.
Philosoph. Transact. Vol. 36. n. 415. p. 377—384.

474. *Decagynia.*

Phytolacca octandra et *decandra.*

Johann Gottfried ZINN.
Beschreibung der Phytolacca.
Hamburg. Magaz. 22 Band, p. 51—71.

475. *Phytolacca dodecandra* Hort. Kew.

Giovanni MARSILI.
Memoria del genere e d'una nuova spezie di Phytolacca.
Saggi dell' Accad. di Padova, Tomo 3. P. 1. p. 104—116.

476. *Dodecandria.*

Monogynia.

Bassia latifolia Roxb. corom.

Charles Hamilton.
A description of the Mahwah tree.
Transact. of the Soc. of Bengal, Vol. 1. p. 300—308.

477. *Garcinia Mangostana.*

Laurentius Garcin.
The settling of a new genus of plants, called Mangostans.
Philosoph. Transact. Vol. 38. n. 431. p. 232—242.

478. *Halesiæ genus.*

John Ellis.
An account of the Halesia. ibid. Vol. 51. p. 929—932.

479. *Halesia tetraptera.*

Halesia foliis utrinque acuminatis, leviter serratis.
To the rev. Dr. Stephen Hales—this rare Shrub—is humbly dedicated by—John Ellis.
G. D. Ehret delin. C. H. Hemmerich sculp.
Tab. ænea, long. 16. unc. lat. 11 unc. diversa a tabula in Philosoph. Transact. loco supra cit. sed ex eodem archetypo.

480. *Canella alba.*

Olof Swartz.
The botanical history of the Canella alba.
Transact. of the Linnean Soc. Vol. 1. p. 96—102. conf. Vol. 2. p. 356.

481. *Hudsonia ericoides.*

Peter Jonas Bergius.
Beskrifning på Hudsonia ericoides.
Vetensk. Acad. Handling. 1778. p. 19—21.

482. *Nitraria Schoberi.*

Carolus LINNÆUS.
Nitraria, planta obscura explicata.
Nov. Comm. Acad. Petropol. Tom. 7. p. 315—320.

483. *Talini genus* Juss.

Friedrich EHRHART.
Rülingia, eine pflanzengattung.
in seine Beiträge, 3 Band, p. 132—136.

484. *Trigynia.*

Reseda odorata.

DALIBARD.
Observations sur le Reseda à fleur odorante.
Mem. etrangers de l'Acad. des Sc. de Paris, Tome 1. p. 95—100.
———: Waarneemingen over de reuk der bloemen.
Uitgezogte Verhandelingen, 4 Deel, p. 187—196.

485. *Euphorbiæ genus.*

Carolus LINNÆUS.
Dissertatio: Euphorbia. Resp. Joh. Wiman.
Pagg. 33. Upsaliæ, 1752. 4.
——— Amoenitat. Academ. Vol. 3. p. 100—131.

486. *Euphorbiæ fruticosæ.*

Danty D'ISNARD.
Etablissement d'un genre de plante appellé Euphorbe.
Mem. de l'Acad. des Sc. de Paris, 1720. p. 384—399.

487. *Tetragynia.*

Calligoni genus.

Charles Louis L'HERITIER.
On the genus of the Calligonum, comprehending Pterococcus and Pallasia.
Transact. of the Linnean Soc. Vol. 1. p. 177—180.

488. *Icosandria.*

Monogynia.

Cactus mammillaris.

Georgius Rudolphus BOEHMER.
Programma de Melocacto, ejusque in Cereum transformatione.
Pagg. xiv. Wittebergæ, 1757. 4.

489. *Cactus hexagonus.*

E. KIRKALL.
The Torch Thistle. in tabula ænea Agaves americanæ supra pag. 265. memoratæ.

ANON.
Of the Cereus, or great Torch-Thistle, two of which have put out blossoms in the garden of Mr. Cowell. printed with a true account of the Aloe which is now in blossom in Mr. Cowell's garden; p. 40—44.
London, 1729. 8.

John COWELL.
Of the Torch-Thistle.
in his Curious gardener, Part 2. p. 33—43.
An exact and genuine draught of the Torch Thistle, taken by order of Mr. Cowel as it blow'd in his garden at Hoxton. J. Oliphant pinx. J. Mynde sc.
Tab. ænea color. long. 12. unc. lat. 7. unc. Duo adsunt exempla, quorum alterum flores habet luteos, alterum ex albo et incarnato varios.

Christophorus Jacobus TREW.

Descriptio Cerei Peruviani florentis Noribergæ 1730. in Consultatione ulteriori de universali commercio litterario. Norimbergæ, 1730. 4.

———: Description of the Cereus which flowered at Norimberg in the year 1730.
Philosoph. Transact. Vol. 36. n. 416. p. 462—465.

Continuatio observationis de Cereo peruviano.
Commerc. litter. Norimberg. 1731. p. 202—205, & p. 393, 394.

De Cerei plantæ charactere generico, ejusque speciei sirinamensis specifico.
Act. Acad. Nat. Curios. Vol. 3. p. 393—410.

490. *Cactus peruvianus.*

Antoine DE JUSSIEU.

Description du Cierge epineux du jardin du Roy.
Mem. de l'Acad. des Sc. de Paris, 1716. p. 146—151.

DE SECONDAT.

Description de la fleur du Cierge du Peru.
dans ses Memoires sur l'histoire naturelle, p. 90, 91. Paris, 1785. fol.

Johannes Fridericus GMELIN.

De Cacto peruviano.
Commentat. Societ. Gotting. Vol. 11. p. 16—21.

491. *Cactus grandiflorus.*

Johannes Jacobus KIRSTEN.

Delineatio Cerei cujusdam scandentis, haud ita pridem Altorfii in horto medico florentis.
Act. Acad. Nat. Curios. Vol. 6. p. 473—475.

Johannes Philippus BREYNIUS.

Descriptio fructus Cerei americani majoris articulati flore maximo. ibid. Vol. 9. App. p. 173—176.

Christophorus Jacobus TREW.

Brevis historia et fusior descriptio Cerei serpentis vulgo sic dicti. ibid. p. 177—208.

Johann Ernst STIEF.

Botanische beobachtung des Cerei serpentis majoris Rivin. oder Cacti grandiflori Linn.
Neu. Hamburg. Magaz. 86 Stück, p. 142—147.

492. *Cactus triangularis.*

Jacobus Risler.
Descriptio Cacti triangularis Linn.
Act. Helvet. Vol. 5. p. 268—274.

493. *Eugenia caryophyllata* Thunb.

Georgius Everhardus Rumphius.
De Caryophyllis aromaticis; cum scholio Lucæ Schröck.
Ephem. Ac. Nat. Cur. Dec. 2. Ann. 1. p. 50—55.
De Caryophyllis regiis Ambonicis. ibid. Dec. 3. Ann. 5 & 6. p. 308.
Friderico Hoffmann
Præside, Dissertatio de Caryophyllis aromaticis. Resp. Frid. Friedel.
Pagg. 39. Halæ, 1701. 4.
Tessier.
Sur l'importation du Geroflier des Moluques aux Isles de France, de Bourbon, et de Sechelles, et de ces isles à Cayenne.
Journal de Physique, Tome 14. p. 47—54.
Carolo Petro Thunberg
Præside, Dissertatio de Caryophyllis aromaticis. Resp. Herm. Rud. Hast.
Pagg. 8. Upsaliæ, 1788. 4.

494. *Calyptranthis genus.*

Carl Ludwig Willdenow.
Ueber die arten der gattung Calyptranthes.
Usteri's Annalen der Botanick, 17 Stück, p. 19—24.

495. *Myrtus Pimenta.*

Casimiro Gomez Ortega.
Historia natural de la Malagueta, ó Pimienta de Tavasco.
Pagg. 34. tab. ænea 1. Madrid, 1780. fol.

496. *Punica Granatum.*

Johannes Christophorus Weiss.
Disputatio inaug. de Malo Punica.
Pagg. 28. Altdorfii, 1712. 4.
——— Valentini Historia Simplicium, p. 652—660.

Josephus PUTIUS.
De Malo Punico. Comment. Instit. Bonon. Tom. 2. Pars 2. p. 39—51.

497. *Prunus sibirica.*

Auguste Denis FOUGEROUX *de Bondaroy.*
Memoire sur l'Abricotier de Siberie.
Mem. de l'Acad. des Sc. de Paris, 1784. p. 207—210.

498. *Prunus Cerasus* δ. *pumila.*

Franciscus Ernestus BRÜCKMANN.
Chamæcerasus Hungarica. Epistola itineraria 71. Cent. I. p. 1—8. Wolffenbuttelæ, 1738. 4.

499. *Digynia.*

Cratægus Oxyacantha.

John COWELL.
Of the Glastenbury Thorn.
in his Curious gardener, Part 2. p. 44—67.

500. *Pentagynia.*

Pyrus communis.

Henry Louis DU HAMEL *du Monceau.*
Anatomie de la Poire.
Mem. de l'Acad. des Sc. de Paris, 1730. p. 299—327.
1731. p. 168—193.
1732. p. 64—94.

501. *Pyrus Malus.*

Johann Gottlieb GLEDITSCH.
Dissertation sur un Pommier à tige basse, en buisson, d'une espece degenerée, femelle, apetale, et de ses varietés.
Hist. de l'Acad. de Berlin, 1754. p. 76—91.
Vermehrte abhandlung von dem vermeintlichen Apfelbaume sonder blüte. in seine Physic. Botan. Oeconom. Abhandl. 3 Theil, p. 17—45.

E. P. SWAGERMAN.
Over een soort van Appelboomen, welken vrugten voortbrengen zonder te bloeijen.
Verhandel. van de Maatsch. te Haarlem, 19 Deels 1 Stuk, p. 331—372.

HENNE.
Nachricht vom Sibirischen Eisapfel.
Berlin. Sammlung. 10 Band, p. 95—103.
(Malus quem describit, non est Malus fructu magno albido glaciato Du Hamelii, ut putat auctor, sed Pyrus baccata Milleri, a Pyro baccata Linnæi diversa.)

502. *Pyrus Cydonia.*

Laurentio HEISTERO
Præside, Dissertatio de Cydoniis. Resp. Jo. Ad. Bauer.
Pagg. 64. Helmstadii, 1744. 4.

503. *Mesembryanthemi genus.*

Adrian Hardy HAWORTH.
Observations on the genus Mesembryanthemum.
Pagg. 480. London, 1794. 8.

504. *Mesembryanthema varia.*

Karl Gottfried HAGEN.
Beschreibung der Hottentottenblumen, oder einer neuen art wieder auflebender pflanzen.
Berlin. Sammlung. 9 Band, p. 113—127.

505. *Polygynia.*

Rosæ genus.

Johannes HERRMANN.
Dissertatio inaug. de Rosa.
Pagg. 36. Argentorati, 1762. 4.

Franz von Paula SCHRANK.
Rosa, in ejus Baiersche flora, 2 Band. p. 35—42.

506. *Rosæ variæ.*

Johannes SYLVIUS.
Oratio de Rosis.
Plagg. 3½. Hafniæ, 1601. 4.

Joannes Carolus ROSENBERGIUS.
Rhodologia s. philosophico-medica Rosæ descriptio.
Pagg. 403. Francofurti ad Moen. 1631. 8.
Johann Christian BENEMANN.
Die Rose, zum ruhm ihres Schöpfers und vergnügen edler gemüther beschrieben.
Pagg. 223. Leipzig, 1742. 8.
REYNIER.
Description de quelques especes nouvelles ou peu connues de Rosiers.
Mem. de la Soc. de Lausanne 1783. p. 67—71.

507. *Rosa canina.*

Ehrenfried HAGENDORN.
Cynosbatologia.
Pagg. 191; cum tabb, æneis. Jenæ, 1681. 8.

508. *Rubus idæus.*

Rudolpho Jacobo CAMERARIO
Præside, Disputatio de Rubo Idæo Resp. Theoph. Henr. Sarwey.
Pagg. 20. Tubingæ, 1721. 4.
Joanne Henrico SCHULZE
Præside, Dissertatio de Rubo Idæo officinarum. Resp. Jo. Aug. Meyer.
Pagg. 26. Halæ, 1744. 4.

509. *Rubus arcticus.*

Olavo RUDBECK, *filio,*
Præside, Dissertatio: Rubus humilis, Fragariæ folio, fructu rubro. Resp. Dan. Kellander.
Pagg. 50. tabb. 2, ligno incisæ. Upsalis, 1716. 8.

510. *Fragariæ genus.*

Antoine Nicolas DUCHESNE.
Histoire naturelle des Fraisiers.
Pagg. 324 et 118. Paris, 1766. 12.
Friedrich EHRHART.
Kennzeichen der mir bekannten Erdbeerarten.
in seine Beiträge, 7 Band, p. 20—27.

511. *Fragaria vesca.*

Simone Friderico FRENZELIO
Præside, suavissimum Fragariæ fructum, Fraga, animo delibanda proponit Casp. Schoen.
Plagg. 2. Wittebergæ, 1662. 4.

Carolus A LINNE.
Dissertatio: Fraga vesca. Resp. Sv. And. Hedin.
Pagg. 13. Upsaliæ, 1772. 4.
——— Amoenit. Academ. Vol. 8. p. 169—181.

512. *Fragaria monophylla.*

Antoine Nicolas DUCHESNE.
Sur le Fraisier de Versailles.
Usteri's Annalen der Botanick, 14 Stück, p. 40—43.

513. *Polyandria.*

Monogynia.

Doliocarpi genus.

Daniel ROLANDER.
Doliocarpus, en ört af nytt genus från America.
Vetensk. Acad. Handling. 1756. p. 256—261.

514. *Capparis erythrocarpos* Isert.

Paul Erdmann ISERT.
Capernstrauch mit hochrother frucht. Beob. der Berlin. Ges. Naturf. Fr. 3 Band, p. 334, 335.

515. *Podophyllum diphyllum.*

Benjamin Smith BARTON.
A botanical description of the Podophyllum diphyllum.
Transact. of the Amer. Society, Vol. 3. p. 334—348.

516. *Chelidonii genus.*

Friedrich Casimir MEDICUS.
Ueber Linnes Chelidonium gattung.
Usteri's Annalen der Botanick, 3 Stück, p. 9—19.

517. *Papavera varia.*

Johannes Adamus HOFSTETER.
Epistola gratulatoria, in qua de Papavere et Opio esculentis agitur, insimulque virtus ipsorum medica expenditur.
Plag. 1¼. Halæ, 1704. 4.

518. *Nymphæa Lotus.*

Prosper ALPINUS.
Dissertatio de Loto Ægyptia.
in ejus Historia Nat. Ægypti, Parte 2. p. 75—84.

519. *Nymphæa Nelumbo.*

LERCHE.
Beschreibung der Nymphæa Nelumbo des Kaspischen meeres.
Schr. der Berlin. Ges. Naturf. Fr. 5 Band, p. 480—482.

520. *Decumaria barbara.*

Louis BOSC.
Decumaria sarmentosa. Actes de la Soc. d'Hist. Nat. de Paris, Tome 1. p. 76, 77.

521. *Lemnisciæ species.*

Jean Baptiste LAMARCK.
Sur une nouvelle espece de Vantane.
Journal d'Hist. Nat. Tome 1. p. 144—148.

522. *Lagerströmia indica.*

Friedrich Casimir MEDICUS.
Beschreibung der Lagerströmia indica.
Comment. Acad. Palat. Vol. 4. phys. p. 252—258.

523. *Cistus Fumana.*

Arnoldus Syen.
De herba Fumana.
Bartholini Act. Hafniens. Vol. 3. p. 103—105.

524. *Trigynia.*

Aconiti genus.

Joannes Ludovicus Christianus Koelle.
Spicilegium observationum de Aconito.
Pagg. 60. tab. ænea 1. Erlangæ, 1788. 8.

525. *Aconitum Napellus.*

Samuel Abraham Reinhold.
Dissertatio inaug. de Aconito Napello.
Pagg. 42. Argentorati, 1769. 4.

526. *Tetragynia.*

Wahlbomia indica Thunb.

Carl Peter Thunberg.
Wahlbomia indica beskrifven.
Vetensk. Acad. Handling. 1790. p. 215—217.

527. *Cimicifuga foetida.*

Carolus v. Linné.
Dissertatio: Planta Cimicifuga. Resp. Joh. Hornborg.
Pagg. 10. tab. ænea 1. Upsaliæ, 1774. 4.
——— Amoenitat. Academ. Vol. 8. p. 193—204.

528. *Hexagynia.*

Stratiotes Aloides.

Carolus Augustus DE BERGEN.
Dissertatio de Aloide. Francofurti ad Viadr. 1753. 4.
Pagg. 22. tab. ænea 1.
Rectificatio characteris Aloidis.
Nov. Act. Acad. Nat. Cur. Tom. 2. p. 150—153.

529. *Polygynia.*

Dilleniæ genus.

Charles Peter THUNBERG.
The botanical history of the genus Dillenia, with an addition of several nondescript species.
Transact. of the Linnean Soc. Vol. 1. p. 198—201.

530. *Illicium floridanum.*

John ELLIS.
A letter on a new species of Illicium, lately discovered in West Florida.
Philosoph. Transact. Vol. 60. p. 524—531.
——— Una cum ejus descriptione Gordoniæ, seorsim etiam adest, vide infra pag. 302.
———: Lettre sur une nouvelle espece d'Anis etoilé.
Journal de Physique, Introd. Tome 2. p. 62—66.
ANON.
L'Anis etoilé, ou la Badiane.
Journal de Physique, Tome 14. p. 249, 250.
———: Beschryving van de Badiana of Ster-anys.
Geneeskund. Jaarboeken, 5 Deel, p. 145—147.

531. *Anemones species variæ.*

Georgius Andreas HELWING.
Floræ campana, seu Pulsatilla, cum suis speciebus et varietatibus methodice considerata.
Pagg. 100. tabb. æneæ 12. Lipsiæ. 4.

532. *Clematis virginiana.*

Bernhard Sigfrid Albinus.
De Clematitide floridensi, flore albo, odoratissimo. in ejus Academ. Annotat. Lib. 1. p. 79—82.

533. *Clematis balearica* Lamarck.

Description de la Clematite des isles Baleares. Journal de Physique, Tome 13. p. 127.

534. *Ranunculi varii.*

Carolus Godofredus Hagen.
Commentatio de Ranunculis Prussicis.
Pagg. 41. Regiomonti, 1784. 4.
——— Ludwig. Delect. Opuscul. Vol. 1. p. 433—490.

535. *Ranunculus aquaticus.*

Reynier.
Histoire de la Renoncule aquatique. Mem. pour l'Hist. Natur. de la Suisse, Tome 1. p. 149—161.

536. *Didynamia.*

Gymnospermia.

Ajugæ et Teucrii genera.

Johann Christian Daniel Schreber.
Plantarum verticillatarum unilabiatarum genera et species.
Pagg. 75. tab. ænea 1. Lipsiæ, 1774. 4.

537. *Lavandulæ genus.*

Carolus a Linne', *filius.*
Dissertatio de Lavandula. Resp. Joh. Dan. Lundmark.
Pagg. 22. tabb æneæ 2. Upsaliæ, 1780. 4.
——— Amoenitat. Academ. Vol. 10. Append. p. 41—68.

538. *Elsholzia* Willden.

Iwan LEPECHIN.
Nova species Menthæ descripta.
Nov. Act. Acad. Petropol. 1783. p. 336—338.
Carolus Ludovicus WILLDENOW.
Novum vegetabile genus Elsholtzia nominatum.
Magazin für die Botanik, 11 Stück, p. 3—6.

539. *Lamium Orvala et garganicum.*

Danty D'ISNARD.
Description de deux nouvelles especes de Lamium, cultivés au Jardin du Roi.
Mem. de l'Acad. des Sc. de Paris, 1717. p. 268—275.

540. *Stachys quædam.*

Johann Gottlieb GLEDITSCH.
Sur le vrai caractere, naturel et generique, de la plante nommée Zietenia.
Hist. de l'Acad. de Berlin, 1766. p. 3—10.

541. *Angiospermia.*

Bartsia alpina.

Albertus HALLER.
De nova planta alpina, Stæhelinia montana flore flavo.
Commerc. litter. Norimberg. 1735. p. 92, 93.

542. *Pediculares variæ.*

Albertus HALLER.
Dissertatio de Pedicularibus, quæ specimen est historiæ stirpium in Helvetia sponte nascentium. Resp. Arn. Jul. Joh. Richers.
Pagg. 44. Gottingæ, 1737. 4.

543. *Pedicularis Sceptrum Carolinum.*

Laurentio ROBERGIO

Præside, Dissertatio de planta Sceptrum Carolinum dicta.
Resp. Joh. Ol. Rudbeck.
Pagg. 17. Upsaliæ, 1731. 4.

544. *Antirrhinum marginatum* Desfont.

René Louiche DESFONTAINES.

Antirrhinum marginatum.
Actes de la Soc. d'His. Nat. de Paris, Tome 1. p. 36.

545. *Martynia Proboscidea* Hort. Kew.

Samuel KRETZSCHMAR.

Beschreibung der Martyniæ annuæ villosæ.
Friedrichstadt, (1764.) 4.
Pagg. 26. tabb. æneæ 2; præter appendicem, de qua supra pag. 94.

546. *Thunbergia capensis* Linn. suppl.

Anders Jahan RETZIUS.

Thunbergia capensis, ett nytt växtslag från Africa.
Physiogr. Sälsk. Handling. 1 Del, p. 163—165.

547. *Tourrettia.* (*Dombeya* L'Heritieri.)

Auguste Denis FOUGEROUX *de Bondaroy.*

Memoire sur une plante du Perou, nouvellement connue en France.
Mem. de l'Acad. des Sc. de Paris, 1784. p. 200—206.

548. *Tetradynamia.*

Siliculosa.

Anastatica hierochuntica.

Joannes STURMIUS.

De Rosa hierochuntina liber unus.
Pagg. 96. Lovanii, 1608. 8.

Marco Mappo

Præside, Theses de Rosa de Jericho vulgo dicta. Resp. Aug. Frid. Mergiletus.
Pagg. 16. Argentorati, 1700. 4.

549. *Lepidium Cardamines.*

Carl Linnæus.

Spansk krasse beskrifven,
Vetensk. Acad. Handling. 1755. p. 273—275.
———— : Lepidium Cardamines descriptum.
Analect. Transalpin. Tom. 2. p. 460, 461.

550. *Lepidium oleraceum* Hort. Kew.

Laurentius Montin.

De Lepidio bidentato.
Nov. Act. Acad. Nat. Cur. Tom. 6. p. 324—327.

551. *Thlaspi saxatile.*

Johann Christian Hebenstreit.

Thlaspi siliculis ellipticis, foliis lanceolato-linearibus integerrimis.
Nov. Comm. Acad. Petropol. Tom. 5. p. 330—337.

552. *Siliquosa.*

Sisymbrium tenuifolium.

Johann Zauschner.

Charakter der Erucæ tenuifoliæ perennis, flore luteo J. Bauhini. Abhandl. einer Privatgesellsch. in Böhmen, 2 Band, p. 123—127.

553. *Sisymbrium supinum.*

Danty d'Isnard.

Description d'une nouvelle espece d'Eruca.
Mem. de l'Acad. des Sc. de Paris, 1724. p. 295—306.

554. *Erysimum quoddam.*

Paulus Gerardus Henricus MOEHRING.
Erysimum foliis radicalibus pinnato-dentatis, apice subrotundis: caulinis superioribus lineari-pinnatifidis acutis.
Act. Acad. Nat. Curios. Vol. 6. p. 403, 404.

555. *Heliophila incana.*

Nicolaus Laurentius BURMANNUS.
Heliophila descripta.
Nov. Act. Societ. Upsal. Vol. 1. p. 94—96.

556. *Turritis species duæ.*

REYNIER.
Description de deux especes de Tourretes. Mem. pour l'Hist. Nat. de la Suisse, Tome 1. p. 169—171.

557. *Brassica alpina.*

Joannes Fridericus Carolus GRIMM.
Turritis foliis radicalibus ovatis, caulinis cordato-oblongis, integerrimis nitidis.
Nov. Act. Acad. Nat. Cur. Tom. 3. p. 77—79.

558. *Raphanus sativus.*

Bengt BERGIUS.
Corinthiska Rättikan, Raphanus sativus gongylodes.
Vetensk. Acad. Handling. 1767. p. 124—134.

559. *Crambe tataria* Jacquini.

Alexander SEBE'OK *de Szent-Miklós.*
Dissertatio inaug. Crambe tataria.
Jacquin. Miscellan. Austr. Vol. 2. p. 274—291.

560. *Monadelphia.*

Triandria.

Tamarindus indica.

Joseph Pitton TOURNEFORT.
Histoire des Tamarins.
Mem. de l'Acad. des Sc. de Paris, 1699. p. 96—103.

561. *Sisyrinchium Bermudiana.*

Johann Christian Daniel SCHREBER.
Sisyrinchii verus character naturalis genericus.
Nov. Act. Acad. Nat. Cur. Tom. 3. p. 341—348.

562. *Ferraria undulata.*

Joannes BURMANNUS.
Ferrariæ character. ibid. Tom. 2. p. 198—202.

563. *Aphyteja Hydnora.*

Carl Peter THUNBERG.
Beskrifning på en svamp, Hydnora africana.
Vetensk. Acad. Handling. 1775. p. 69—75.
Anmärkningar vid Hydnora africana. ibid. 1777. p. 144—146.
———: Bemerkungen über die Hydnora africana.
Lichtenberg's Magaz. 2 Band. 1 Stück, p. 95, 96.
Carolus A LINNÉ.
Planta Aphyteja. Resp. Er. Acharius.
Pagg. 12. tab. ænea 1. Upsaliæ, 1776. 4.
——— Amoenitat. Academ. Vol. 8. p. 310—317.

564. *Pentandria.*

Waltheria americana.

Danty D'ISNARD.
Etablissement d'un nouveau genre de plante, que je nomme Monospermalthæa.
Mem. de l'Acad. des Sc. de Paris, 1721. p. 277—284.

565. *Hermanniæ genus.*

Carolus Petrus THUNBERG.
Dissertatio de Hermannia. Resp. Cl. Abr. Dandenelle.
Pagg. 19. tab. ænea 1. Upsaliæ, 1794. 4.

566. *Ochroma Lagopus.*

Olof SWARTZ.
Ochroma, nytt örteslägte, beskrifvet.
Vetensk. Acad. Handling. 1792. p. 144—152.

567. *Octandria.*

Aitonia capensis Linn. suppl.

Carl Peter THUNBERG.
Aitonia capensis.
Physiogr. Sälsk. Handling. 1 Del, p. 166, 167.

568. *Decandria.*

Brownæa-Rosa de monte Bergii.

Petrus Jonas BERGIUS.
A description of an American plant of the Brownææ kind.
Philosoph. Transact. Vol. 63. p. 173—176.
————: Description d'une plante du genre du Brownæa.
Journal de Physique, Tome 3. p. 447—449.

569. *Geranii genus.*

Nicolaus Laurentius BURMANNUS.
De Geraniis Specimen inaug. Lugduni Bat. 1759. 4.
Pagg. 52. tabb. æneæ 2; præter libellum Schmidelii annexum, de quo infra, Parte 2.
Carolus Ludovicus L'HERITIER.
Geraniologia, seu Erodii, Pelargonii, Geranii, Monsoniæ et Grieli historia iconibus illustrata.
Parisiis, 1787. 1788. fol.
Tabb. æneæ 44. Textus nondum prodiit.

Erodium. 8.
Est prima plagula Geraniologiæ brevioris, in qua continentur differentiæ specificæ, synonyma et loci natales 26 specierum Erodii, cum observationibus quibusdam.

570. *Gerania varia.*

Albrecht Wilhelm ROTH.
De Geraniorum nectariis.
in seine Beytr. zur Botanik, 2 Theil, p. 70—82.
REYNIER.
Description de quelques especes de Becs-de-Grues.
Mem. de la Soc. de Lausanne, 1783. p. 152—157.

571. *Polyandria.*

Bombax pentandrum.

Samuel FAHLBERG.
Anmärkningar om Silkes-Bomullen.
Vetensk. Acad. Handling. 1790. p. 220—222.

572. *Adansonia Bahobab.*

Michel ADANSON.
Description d'une arbre, appelé Baobab, observé au Senegal.
Mem. de l'Acad. des Sc. de Paris, 1761. p. 218—243.

573. *Malachra capitata.*

Carolus LINNÆUS.
Sida, florum capitulis pedunculatis triphyllis septemfloris, descripta.
Act. Societ. Upsal. 1743. p. 137—140.

574. *Gossypii genus.*

Olof SWARTZ.
Botaniske anmärkningar om Bomulls slagen.
Vetensk. Acad. Handling. 1790. p. 20—25.

575. *Gordonia Lasianthus.*

John Ellis.

The figure and characters of the Loblolly-Bay.
Philosoph. Transact. Vol. 60. p. 518—523.

——— Una cum ejus descriptione Illicii floridani seorsim etiam adest, præfixo titulo: Copies of two letters to Dr. Linnæus and to Mr. W. Aiton.
Pagg. 16. tabb. æneæ 2. London, 1771. 4.

———: Description d'une plante d'Amerique, connue par les jardiniers sous la denomination de Loblolly Bay.
Journal de Physique, Introd. Tome 2. p. 134—136.

576. *Symplocos genus.*

Charles Louis L'Heritier.

On the genus of Symplocos, comprehending Hopea, Alstonia, and Ciponima.
Transact. of the Linnean Soc. Vol. 1. p. 174—176.

577. *Diadelphia.*

Hexandria.

Fumaria Cucullaria.

Nicolas Marchant.

Etablissement d'un nouveau genre de plante, Bicucullata canadensis, radice tuberosa squammata.
Mem. de l'Acad. des Sc. de Paris, 1733. p. 280—284.

578. *Fumaria bulbosa.*

Paulus Henricus Gerardus Moehring.

De Fumariæ radice cava et non cava charactere specifico.
Commerc. litter. Norimb. 1740. p. 41—43.

579. *Fumaria capnoides.*

Willemet.

Fragment pour servir à l'histoire naturelle de la Neckeria capnoides de Scopoli.
impr. avec Willemetia (vide infra sect. 611.); p. 4—7.

580. *Fumaria corymbosa* Desfont.

René Louiche DESFONTAINES.
Fumaria corymbosa.
Actes de la Soc. d'Hist. Nat. de Paris, Tome 1. p. 26.

581. *Octandria.*

Polygalæ genus.

Carolus LINNÆUS.
In Dissertatione de Radice Senega, Resp. Jon. Kiernander, species Polygalæ enumerantur, p. 14—18.
Holmiæ, 1749. 4.
——— Amoenit. Acad. Vol. 2. ed. 1. p. 136—141.
ed. 2. p. 121—125.
ed. 3. p. 136—141.
——— Select. ex Am. Acad. Dissertat. p. 212—218.

582. *Decandria.*

Pterocarpus Ecastaphyllum.

Peter Jonas BERGIUS.
Pterocarpus Ecastaphyllum, en Americansk växt, beskrifven.
Vetensk. Acad. Handling. 1769. p. 116—119.

583. *Buteæ genus* Koenigii.

William ROXBURGH.
A description of the plant Butea.
Transact. of the Soc. of Bengal, Vol. 3. p. 469—474.

584. *Spartium scoparium.*

Pehr OSBECK et *Abraham* BÄCK.
Angående Svenska ärtebusken, Spartium scoparium.
Vetensk. Acad. Handling. 1765. p. 232—236.

585. *Spartium decumbens* Hort. Kew.

Reynier.
Notice sur le genet de Haller.
Mem. pour l'Hist. Nat. de la Suisse, Tome 1. p. 211.

586. *Ononis arvensis et hircina.*

Anders Jahan Retzius.
Anmärkningar vid Puktörnet.
Physiogr. Sälsk. Handling. 1 Del, p. 128—131.

587. *Arachis hypogæa.*

Nisolle.
Arachidnoides americana.
Mem. de l'Acad. des Sc. de Paris, 1723. p. 387—392.

588. *Ebenus pinnata* Hort. Kew.

René Louiche Desfontaines.
Ebenus pinnata.
Actes de la Soc. d'Hist. Nat. de Paris, Tome 1. p. 21.

589. *Phaseolus farinosus.*

Nisolle.
Phaseolus peregrinus, flore roseo, semine tomentoso.
Mem. de l'Acad. des Sc. de Paris, 1730. p. 577—579.

590. *Phaseolus radiatus.*

Carl Linnæus.
Beskrifning på et slag Ostindiska ärter.
Vetensk. Acad. Handling. 1742. p. 202—206.
———— : De Phaseolo Sinensi seu Zeylanico.
Analect. Transalpin. Tom. 1. p. 226—229.

591. *Dolichos Soja.*

Petrus Jonas Bergius.
Soja-bönan beskrifven.
Vetensk. Acad. Handling. 1764. p. 271—275.

592. *Orobus sylvaticus.*

Jean Baptiste CHOMEL.
Orobus sylvaticus nostras Raji syn.
Mem. de l'Acad. des Sc. de Paris, 1706. p. 87—90.

593. *Vicia Faba.*

Adamo Menson ISINK
Præside, Disputatio philologica de Fabis. Resp. Henr. Berghuis.
Plagg. 2½. Groningæ, 1712. 4.

594. *Viciæ species.*

DORTHES.
Notices sur une espece de Vesce qu'on a confondue avec le Lathyrus amphicarpos de Linné.
Journal de Physique, Tome 35. p. 131—136.

595. *Stylosanthis genus.*

Olof SWARTZ.
Stylosanthes, et nytt örteslägte, beskrifvet.
Vetensk. Acad. Handling. 1789. p. 295—303.

596. *Hedysarum obscurum.*

Albertus HALLER.
Astragalus alpinus spica erecta purpurea speciosa. Commerc. litter. Norimb. 1734. p. 26, 27. Figura ibid. 1736. tab. 1. fig. 4.

597. *Indigofera tinctoria.*

Nicolas MARCHANT.
Description de l'Indigotier.
Mem. de l'Acad. des Sc. de Paris, 1718. p. 92—97.

598. *Astragali genus.*

Joannes Antonius SCOPOLI.
Specimen botanicum de Astragalo. in ejus Deliciis Floræ Insubricæ, Parte 2. p. 103—114.
——— Magazin für die Botanik, 3 Stück, p. 19—41.

599. *Trifolia varia.*

REYNIER.
Description de deux especes de Trefles. Mem. pour l'Hist. Nat. de la Suisse, Tome 1. p. 162—168.
———: Beschreibung von zweyerley Kleearten. Höpfner's Magaz. für die Naturk. Helvet. 2 Band, p. 77—82.

Adam AFZELIUS.
The botanical history of Trifolium alpestre, medium, and pratense.
Transact. of the Linnean Soc. Vol. 1. p. 202—248.

600. *Trigonella platycarpos.*

Joannes AMMAN.
De Meliloto siliqua membranacea compressa.
Comment. Acad. Petropol. Tom. 8. p. 209, 210.

601. *Polyadelphia.*

Dodecandria.

Monsonia lobata Hort. Kew.

Lars MONTIN.
Monsonia lobata, en ny ört, beskrifven. Götheb. Wet. Samh. Handl. Wetensk. Afdeln. 2 Styck. p. 1—4.

602. *Icosandria.*

Citri species variæ.

Nicolaus MONARDUS.
De Citriis, Aurantiis, ac Limoniis:
impr. cum ejus de secanda vena in pleuriti; sign. k 3 —l 3. Antverpiæ, 1551. 16.
——— cum eodem; fol. 35 verso—40. ib. 1564. 8.
——— in Clusii exoticis, Part. 2. p. 50—52.

Petrus NATI.
Florentina phytologica observatio de Malo Limonia citrata aurantia Florentiæ vulgo la Bizzarria.
Pagg. 18. tab. ænea 1. Florentiæ, 1674. 4.
——— : A phytological observation concerning Oranges and Limons, both separately and in one piece produced on one and the same tree.
Philosoph. Transact. Vol. 10. n. 114. p. 313, 314.

Giovanni Domenico CIVININI.
Della storia degli Agrumi lezione accademica.
Pagg. 30. Firenze, 1734. 4.

603. *Citrus Medica.*

Georgio FRANCO
Præside, Dissertatio de Malo Citreo. Resp. Dan. Nebel.
Pagg. 54. Heidelbergæ, 1686. 4.
——— Valentini Historia simplicium, p. 625—647.

604. *Citrus Aurantium.*

Laurentio HEISTERO
Præside, Dissertatio de Aurantiis eorumque usu medico. Resp. Jo. Herm. Ant. Wilberding.
Pagg. 70. tab. ænea 1. Helmæstadii, 1741. 4.

605. *Polyandria.*

Hyperici genus, et præcipue *perforatum.*

Carolus A LINNE'.
Hypericum. Resp. Car. Nic. Hellenius.
Pagg. 14. tab. ænea 1. Upsaliæ, 1776. 4.
——— Amoenitat. Academ. Vol. 8. p. 318—332.

606. *Hyperica varia.*

Paulus Gerardus Henricus MOEHRING.
(Hyperica tria descripta)
Act. Acad. Nat. Curios. Vol. 7. p. 402—407.

Alexander GARDEN and *Miss Jenny* COLDEN.
The description of a new plant.
Essays by a Society in Edinburgh, Vol. 2. p. 1—7.

607. *Syngenesia.*

Polygamia Æqualis.

Sonchus alpinus et canadensis.

Josephus Aloysius FROELICH.
Differentia specifica Sonchi alpini australis, et S. canadensis L.
Usteri's Annalen der Botanik, 1 Stück, p. 24—32.

608. *Perdicii genus.*

Martin VAHL.
Om Perdicium, og dens arter.
Naturhist. Selsk. Skrivt. 1 Bind, 2 Heft. p. 7—14.
Tillæg. ibid. 2 Bind, 2 Heft. p. 32, & p. 38, 39.

609. *Perdicium lævigatum* Bergii.

Peter Jonas BERGIUS.
Beskrifning på en Americansk växt, Perdicium lævigatum.
Vetensk. Acad. Handling. 1772. p. 236—239.

610. *Leontodontis species variæ.*

REYNIER.
Histoire des Pissenlits qui croissent en Suisse. Mem. pour l'Hist. Nat. de la Suisse, Tome 1. p. 31—63.

611. *Hieracium stipitatum.*

Willemetia, nouveau genre de plantes, crée par M. de Necker.
Pagg. 3. tab. ænea 1; præter libellum de Fumaria capnoide, de quo supra pag. 302.

612. *Crepis virgata et coronopifolia* Desfont.

René Louiche DESFONTAINES.
Crepis virgata et coronopifolia. Actes de la Soc. d'Hist. Nat. de Paris, Tome 1. p. 37, 38.

613. *Hyoseris virginica.*

Jean Baptiste LAMARCK.
Sur l'Hyoseris Virginica.
Journal d'Hist. Nat. Tome 1. p. 222—224.

614. *Lapsana quædam.*

Paulus Henricus Gerardus MOEHRING.
Lapsana calycibus fructus angulatis, florum umbellulis subsessilibus, et aliis e pedunculis longis, rigidis, ramosissimis.
Commerc. litterar. Norimb. 1745. p. 247, 248.

615. *Cichorii genus*, et præcipue *Intybus*.

Carolo Nicolao HELLENIO
Præside, Dissertatio de Cichorio. Resp. Henr. Nellÿ.
Pagg. 18. Aboæ, 1792. 4.

616. *Atractylis gummifera.*

René Louiche DESFONTAINES.
Atractylis gummifera Linn.
Actes de la Soc. d'Hist. Nat. de Paris, Tome 1. p. 49.

617. *Spilanthus oleracea.*

Petrus Jonas BERGIUS.
Bidens acmelloides beskrifven.
Vetensk. Acad. Handling. 1768. p. 245—249.

618. *Cacalia Kleinia.*

Jacobus Theodorus KLEIN.
An Tithymaloides frutescens foliis Nerii, nec Cacalia nec Cacaliastrum.
Plag. 1. tab. ænea 1. Gedani, 1730. 4.

619. *Cacalia saracenica.*

Jean Baptiste CHOMEL.
Conyza montana foliis longioribus serratis flore e sulfureo alb cante.
Mem. de l'Acad. des Sc. de Paris, 1705. p. 387—392.

620. *Rothia* Lamarck.

Carolus Ludovicus L'HERITIER.
Hymenopappus.
Pl g. 1 tab. ænea 1. (Paris.) fol.
Jean Baptiste LAMARCK.
Rothia. Journal d'Hist. Nat. Tome 1. p. 16—19.

621. *Polygamia Superflua.*

Tanaceta varia.

Carolus Ludovicus WILLDENOW.
Supplementum generis Tanaceti. impr. cum ejus Tractatu de Achilleis; p. 47—53. Halæ, 1789. 8.
René Louiche DESFONTAINES.
Balsamita. Actes de la Soc. d'Hist. Nat. de Paris, Tome 1. p. 1—3.

622. *Artemisiæ genus.*

Joannes Paulus STECHMANN.
Dissertatio inaug. de Artemisiis.
Pagg. lix. Goettingæ, 1775. 4.

623. *Xeranthemum annuum β. inapertum.*

Albertus HALLER.
De Xeranthemo valesiaco flore clauso.
Commerc. litter. Norimberg. 1731. p. 395—397. Figura ibid. 1736. tab. 1. fig. 2.

624. *Conyza quædam.*

Description d'une Conyze, dont la semence a eté envoyée des Isles de France et de Bourbon.
Journal de Physique, Tome 1. p. 62, 63.

625. *Tussilaginis genus.*

Natalis Joseph de NECKER.
Histoire naturelle du Tussilage et du Petasite.
Comment. Acad. Palat. Vol. 4. Phys. p. 209—252.
VILLARS.
Nouvelle espece de Tussilage. Actes de la Soc. d'Hist. Nat. de Paris, Tome 1. p. 70—75.

626. *Tussilago Anandria.*

Carolus LINNÆUS.
Dissertatio: Anandria. Resp. Erl. Zach. Tursén.
Pagg. 15. tab. ligno incisa 1. Upsaliæ, 1745. 4.
———— Amoenitat. Academ. Vol. 1.
Edit. Holm. p. 243—259.
Edit. Lugd. Bat. p. 161—176.
Edit. Erlang. p. 243—259.

627. *Solidaginis genus.*

Johanne Christophoro LISCHWIZIO
Præside, Dissertatio de Ordinandis rectius Virgis aureis.
Resp. Jo. Gothofr. Tettelbachius.
Pagg. 80. Lipsiæ, 1731. 4.

628. *Helenia varia.*

Jaques Julien LABILLIARDIÈRE.
Hellenium quadridentatum. Actes de la Soc. d Hist. Nat. de Paris, Tome 1. p. 22, 23.
Jean Baptiste LAMARCK.
Sur une nouvelle espece d'Helenium.
Journal d'Hist. Nat. Tome 2. p. 210—215.

629. *Bellium minutum.*

Johann Christian Daniel SCHREBER.
Bellis cretica, fontana, omnium minima, Tourn. cor. 37. descripta.
Nov. Act. Societ. Upsal. Vol. 1. p. 81—85.

630. *Pectis pinnata* Lam.

Jean Baptiste LAMARCK.
Sur une nouvelle espece de Pectis.
Journal d'Hist. Nat. Tome 2. p. 148—154.

631. *Chrysanthemum indicum.*

DE RAMATUELLE.
Description de la Camomille à grandes fleurs.
Journal d'Hist. Nat. Tome 2. p. 233—250.

632. *Cotula coronopifolia.*

Paulus Gerardus Henricus MOEHRING.
De Cotula foliis lanceolato-linearibus pinnatifidis amplexicaulibus.
Act. Acad. Nat. Curios. Vol. 6. p. 298—301.

633. *Achilleæ genus.*

Carolus Ludovicus WILLDENOW.
Tractatus botanico-medicus de Achilleis.
Pagg. 59. tabb. æneæ 2. Halæ, 1789. 8.

634. *Sanvitalia* Lamarck.

Jean Baptiste LAMARCK.
Sur le nouveau genre Sanvitalia.
Journal d'Hist. Nat. Tom e 2. p. 176—179.

635. *Polygamia Frustranea.*

Galardia.

Auguste Denis FOUGEROUX *de Bondaroy.*
Description d'un nouveau genre de plante.
Mem. de l'Acad. des Sc. de Paris, 1786. p. 1—6.
——— Journal de Physique, Tome 29. p. 53—56.
Carolus Ludovicus L'HERITIER.
Virgilia.
Plag. 1. tabb. æneæ 2. (Paris.) fol.

636. *Osmites Asteriscoides.*

SONNERAT.
Observation sur le faux bois de camphre.
Journal de Physique, Tome 4. p. 77.

637. *Berckheyæ genus.*

Friedrich EHRHART.
Berkheya, eine pflanzengattung.
in seine Beiträge, 3 Band, p. 137—140.
Martin VAHL.
On en ny slægt, Rohria, henhörende til Compositas.
Naturhist. Selsk. Skrivt 1 Bind, 2 Heft. p. 14—17.
Tillæg. ibid. 2 Bind, 2 Heft. p. 32—41.
Carl Peter THUNBERG.
Beskrivelse over nogle tilforn ukiendte arter af Rohria.
ibid. 3 Bind, 1 Heft. p. 97—109.

638. *Centaureæ variæ.*

Danty D'ISNARD.
Description de deux nouvelles plantes.
Mem de l'Acad. des Sc. de Paris, 1719. p. 164—173.
James Edward SMITH.
Remarks on Centaurea solstitialis and C. melitensis.
Transact. of the Linnean Soc. Vol. 2. p. 236—238.

639. *Centaurea Cyanus.*

Friedrich Casimir MEDICUS.
Beschreibung der Kornblume.
Comment. Acad. Palat. Vol. 1. p. 491—505.

640. *Centaurea orientalis.*

Albertus HALLER.
Cyanus foliis radicalibus partim integris, partim pinnatis, bractea calycis ovali, flore sulphureo.
Philosoph. Transact. Vol. 43. n. 472. p. 94—96.

641. *Polygamia Necessaria.*

Calendula hybrida.

TRANT.
Etablissement d'un nouveau genre de plante, Cardispermon.
Mem. de l'Acad. des Sc. de Paris, 1724. p. 39—44.

642. *Monogamia.*

Lobelia inflata.

Carolus LINNÆUS.
Lobelia caule erecto, foliis ovatis subserratis pedunculo longioribus, capsulis inflatis, descripta.
Act. Societ. Upsal. 1741. p. 23—26.

643. *Violæ genus.*

Franciscus Antonius KESZLER
In Dissertatione medica de Viola, de genere hoc agit, pag. 1—18. Vindobonæ, 1763. 8.

644. *Gynandria.*

Diandria.

Orchideæ variæ.

Albertus HALLER.
De Orchide palmata alpina, spica densa albo-viridi.
Commerc. litterar. Norimb. 1733. p. 20.

Descriptio novæ Orchidis speciei: Orchis alpina palmata rosea, petalis macronatis.
Commerc. litterar. Norimb. 1735. p. 39.

Gustavo Christiano HANDTWIGIO
Præside, Dissertatio de Orchide. Resp. Paul. Theod. Carpow.
Pag . 29. Rostochii, 1747. 4.

Franz Wilibald SCHMID.
Die in Böhmen wildwachsenden pflanzen aus dem geschlecht der Orchis.
Mayer's Samml. Physikal. Aufsäze, 1 Band, p. 215—254.

645. *Orchis Morio.*

LÖWE.
Beschreibung einer spielart der Orchis Morio. Abhandl. der Hallischen Naturf. Gesellsch. 1 Band, p. 201, 202.

646. *Satyrium albidum.*

Jean Baptiste CHOMEL.
Limodorum montanum flore ex albo dilute virescente.
Mem. de l'Acad. des Sc. de Paris, 1705. p. 392—395.

647. *Ophrys corallorhiza.*

Joannes Jacobus CHATELAIN.
Specimen inaugurale de Corallorhiza.
Pagg. 15. Basileæ, 1760. 4.

648. *Ophrys cordata.*

Abraham GAGNEBIN.
Observàtion sur l'Ophris minima C. B.
Act. Helvet. Vol. 2. p. 61—75.

649. *Ophrys lilifolia.*

Georgius Dionysius EHRET.
An account of a species of Ophris.
Philosoph. Transact. Vol. 53. p. 81—83.

650. *Cypripedia varia.*

Richard Anthony SALISBURY.
Descriptions of four species of Cypripedium.
Transact. of the Linnean Soc. Vol. 1. p. 76—80.

651. *Gunnera perpensa.*

Carolus A LINNÉ.
Corollarium de Gunnera, ad Dissertationem: Rariora Norvegiæ, Resp. Henr. Tonning, p. 18, 19.
Upsaliæ, 1768. 4.
——— Amoenit. Academ. Vol. 7. p. 494—496.

652. *Polyandria.*

Ambrosinia Bassii.

Ferdinandus BASSI.
De Ambrosina novo plantæ genere.
Comm. Instit. Bonon. Tom. 5. Pars 1. p. 82—86.

653. *Callæ genus.*

Carolo Nicolao HELLENIO
Præside, Dissertatio de Calla. Resp. Joh. Frid. Sacklén.
Pagg. 14. Aboæ, 1782. 4.

654. *Zostera marina.*

Joannes Florentius MARTINET.
Verhandeling over het Wier der Zuider-Zee. Verhand. van de Maatsch. te Haarlem, 20 Deels 2 Stuk, p. 54—129.

655. *Zostera oceanica.*

Lucas SCHRÖCK.
De Pilis marinis.
Ephem. Ac. Nat. Cur. Dec. 2. Ann. 1. p. 32—35.
Johannes Matthæus FABER.
Pilæ marinæ anatome botanologica. ibid. Ann. 10. App. p. 197—214.

Jacobus Theodorus KLEIN.
Dissertatio epistolaris de Pilis marinis maris mediterranei.
impr. cum ejus Description. tubulorum marin. p. 19—26; cum tab. ænea. Gedani, 1731. 4.
Philippus CAULINUS.
Zosteræ oceanicæ Linnæi ανθησις.
Usteri's Annalen der Botanick, 9 Stück, p. 57—73.

656. *Monoecia.*

Monandria.

Artocarpi genus.

Carl Peter THUNBERG.
Beskrifning på et nytt örte-genus kalladt Rademachia.
Vetensk. Acad. Handling. 1776. p. 250—255.
Sitodium incisum et macrocarpon.
Philosoph. Transact. Vol. 69. p. 462—484.
Georg Wolffgang Franz PANZER.
Beytrag zur geschichte des ostindischen Brodbaums.
Pagg. 45. tab. ænea 1. Nürnberg, 1783. 8.
——— Linne's vollständiges Pflanzensystem, 10 Theil, p. 337—381.
Georg FORSTER.
Geschichte und beschreibung des Brodbaums.
Pagg. 48. tabb. æneæ 2. Cassel, 1784. 4.
——— Hessische Beyträge, 1 Band, p. 208—232, & p. 384—400.

657. *Cynomorium coccineum.*

Carolus LINNÆUS.
Dissertatio: Fungus melitensis. Resp. Joh. Pfeiffer.
Pagg. 16. tab. ænea 1. Upsaliæ, 1755. 4.
——— Amoenitat. Academ. Vol. 4. p. 351—367.
——— Continuat. select. ex Amoen. Acad. Dissert. p. 153—171.

658. *Diandria.*

Lemna minor.

Antonio VALLISNERI.
De arcano Lenticulæ palustris semine, ac admiranda vegetatione.
Ephem. Ac. Nat. Cur. Cent. 1 & 2. App. p. 166—185.
3 & 4. p. 80, 81.
——— in ejus Opere, Tomo 2. p. 81—89.

659. *Lemna gibba.*

Friedrich EHRHART.
Wied rgefundene blüthe der dicken Wasserlinse (Lemna gibba L.)
in seine Beiträge, 1 Band, p. 43—51.

660. *Triandria.*

Typha.

DUPONT.
Observation sur la masse d'eau', Typha palustris maxima.
Journal de Physique, Tome 8. p. 227, 228.

661. *Carices variæ.*

Samuel LILJEBLAD.
Beskrifning på en tilforene okänd och i Sverige funnen vaxt, Carex obtusata; jämte anmärkningar vid en del Svenska Starr-arter.
Vetensk. Acad. Handling, 1793. p. 68—75.
Anders Johan RETZIUS.
Ytterligare anmärkningar vid Svenska Starrarter. ib. p. 313—318.
Samuel GOODENOUGH.
Observations on the British species of Carex.
Transact. of the Linnean Soc. Vol. 2. p. 126—211.
3. p. 76—79.

662. *Scleriæ genus.*

Petrus Jonas BERGIUS.
Scleria et nytt örte-genus från America.
Vetensk. Acad. Handling. 1765. p. 142—148.

663. *Axyris ceratoides.*

Anton Johann GÜLDENSTÆDT.
Kraschenninikovia, novum plantarum genus.
Nov. Comm. Acad. Petropol. Tom. 16. p. 548—560.

664. *Tetrandria.*

Littorella lacustris.

Bernard DE JUSSIEU.
Observations sur les fleurs de Plantago palustris gramineo folio monanthos Parisiensis.
Mem. de l'Acad. des Sc. de Paris, 1742. p. 131—138.
Peter Jonas BERGIUS.
Littorella juncea, en svensk växt.
Vetensk. Acad. Handling. 1768. p. 337—344.

665. *Betula alba.*

Elia CAMERARIO
Præside, Dissertatio: Σημολογια, seu de Betula. Resp. Joh. Diet. Leopold.
Pagg. 26. Tubingæ, 1727. 4.

666. *Betula nana.*

Joannes AMMAN.
De Betula pumila folio subrotundo.
Comment. Acad. Petropol. Tom. 9. p. 314, 315.
Carolus LINNÆUS.
Dissertatio de Betula nana. Resp. Laur. Magn. Klase.
Pagg. 20. tab. ænea 1. Upsaliæ, 1743. 4.
——— Amoenit. Academ. Vol. 1.
Edit. Holm. p. 1—22.
Edit. Lugd. Bat. p. 333—351
Edit. Erlang. p. 1—22.
Abraham GAGNEBIN, *l'ainé.*
Description du Bouleau nain, ou petit Bouleau.
Act. Helvet. Vol. 1. p. 58—61.

667. *Betula incana.*

Friedrich Adam Julius von Wangenheim.
Bemerkungen über die nordische weisse Eller. Beob. der Berlin. Ges. Naturf. Fr. 3 Band, p. 323—327.

668. *Betulæ hybridæ.*

Carl M. Blom.
Betula hybrida, Ornäs-björken beskrifven. Vetensk. Acad. Handling. 1786. p. 186—192.

Johann Gottlieb Gleditsch.
Nachricht von der im thiergarten zu Berlin befindlichen eichenblättrigen Erle. Beob. der Berlin. Ges. Naturf. Fr. 1 Band, p. 411—416.

Johan Daniel Lundmark.
Beskrifning på et nytt svenskt träd, Betula pinnata. Vetensk. Acad. Handling. 1790. p. 130—132.
———— : Description d'un Bouleau hybride pinné. Journal de Physique, Tome 38. p. 55.

669. *Urticæ variæ.*

Joanne Hadriano Slevogt
Præside, Dissertatio de Urticis. Resp. Jo. Melch. Drechssler.
Pagg 30. tab. ænea 1. Jenæ, 1707. 4.

Olof Swartz.
Beskrifning på nio slags Nässlor, uptäke på Jamaica. Vetensk. Acad. Handling. 1785. p. 28—36.
Tolf nya slag af Urticæ slägte, från Vest-Indien. ibid. 1787. p. 58—72.

670. *Morus alba.*

Erico Gustavo Lidbeck
Præside, Dissertatio de Moro alba. Resp. Joh. Henr. Engelhart. Pagg. 16. Lundæ, 1777. 4.

671. *Morus rubra.*

Pehr Kalm.
Beskrifning på Norr-americanske Mulbärsträdet, Morus rubra kalladt.
Vetensk. Acad. Handling. 1776. p. 143—163.

672. *Dorsteniæ genus.*

William Houstoun.
An account of the Contrayerva.
Philosoph. Transact. Vol. 37. n. 421. p. 195—198.

673. *Pentandria.*

Amaranthi genus.

Carolus Ludovicus Willdenow.
Historia Amaranthorum.
Pagg. 38. tabb. æneæ color. 12. Turici, 1790. fol.

674. *Decandria.*

Ailanthus glandulosa.

René Louiche Desfontaines.
Memoire sur un nouveau genre d'arbre, Ailanthus glandulosa.
Mem. de l'Acad. des Sc. de Paris, 1786. p. 265—271.

675. *Polyandria.*

Begoniæ genus.

Jonas Dryander.
Observations on the genus of Begonia.
Transact. of the Linnean Soc. Vol. 1. p. 155—173.

676. *Quercus species variæ.*

Johannes du Choul.
De varia Quercus historia. Lugduni, 1555. 8.
Pagg. 71; cum figg. ligno incisis; præter montis Pilati descriptionem, de qua Tomo 1.

Rudolphus Eyssonius.
Silvæ Virgilianæ prodromus, de Arboribus glandiferis.
Pagg. 264. Groningæ, 1695. 12.

Johanne ENGESTRÖM

Præside, Dissertatio de Quercu, Hebræis אלון et אלה, איל.
Resp. Joh. Henr. Lange.
Pars prior. pagg. 34. Lond. Gothor. 1737. 4.
Pars post. pagg. 68. 1738.

677. *Quercus Robur.*

The Green Dale Oak near Welbeck. 1727.
Tabb. æneæ 5, long. 14 unc. lat. 9 unc.

William TODD.

The North-west prospect of Whinfield Forest, in the county of Westmorland, with an exact representation of that most wonderful and surprizing large Oak tree —known by the name of the Three brethren tree.
O Neale del. Pranker. sculp.
Tab. ænea long. 9 unc. lat. 12 unc. præter descriptionem typis impressam.

(*Thomas* MAUDE.)

An account of the Oak at Cowthorp, near Weatherby, Yorkshire.
Pagg. 11. 1774. 4.

DE SECONDAT.

Histoire naturelle du Chêne.
dans ses Memoires sur l'histoire naturelle, p. 1—31.
Paris, 1785. fol.

Hayman ROOKE.

Descriptions and sketches of some remarkable Oaks, in the park at Welbeck, with observations on the age and durability of that tree, and remarks on the annual growth of the Acorn.
Pagg. 23. tabb. æneæ 10. London, 1790. 4.

678. *Quercus Cerris.*

John Zephaniah HOLWEL.

Account of a new species of Oak. (Lucombe Oak.)
Philosoph. Transact. Vol. 62. p. 128—130.
————: Lettera su una nuova specie di Querce.
Scelta di Opusc. interess. Vol. 4. p. 115—119.

679. *Quercus Ballota* Desfont.

René Louiche DESFONTAINES.
Observations sur le Chêne Ballotte ou à glands doux du Mont-Athlas.
Journal de Physique, Tome 38. p. 375—377.

680. *Juglans regia.*

Paulus RENEAULME.
A description of a new kind of Walnut tree.
Philosoph. Transact. Vol. 22. n. 273. p. 908—911.
Andrea Elia BÜCHNER
Præside, Dissertatio de Nuce juglande, ejusque usu medico. Resp. Gottlob Frid. Spindler.
Pagg. 38. Erfordiæ, 1743. 4.

681. *Juglans alba.*

Pehr KALM.
Om egenskaperne och nyttan af det Americanska Valnöt-trädet, som kallas Hiccory.
Vetensk. Acad. Handling. 1778. p. 262—283.

682. *Juglans nigra.*

Pehr KALM.
Norr-Americanska svarta Valnöt-trädets egenskaper och nytta. ibid. 1767. p. 51—64.
——— latine in Plapparti Diss. inaug. de Juglande nigra, p. 8—27.
——— ——— Jacquini Miscellan. Austr. Vol. 2. p. 10—24.
Joachimus Fridericus PLAPPART.
Dissertatio inaug. de Juglande nigra.
Pagg. 27. tab. ænea color. 1. Vindobonæ, 1777. 8.
——— aucta Juglande cinerea.
Jacquini Miscell. Austr. Vol. 2. p. 3—24.

683. *Juglans cinerea.*

Pehr KALM.
Om hvita Valnötträdets egenskaper och nytta.
Vetensk. Acad. Handling. 1769. p. 119—127.

684. *Fagus Castanea.*

Rudolphus EYSSONIUS.
Disputatio de Castaneis. Resp. Joh. Henr. Ruthe.
Pagg. 89. Groningæ, 1703. 12.

685. *Fagus sylvatica.*

WALTHER.
Botanische bemerkung.
Voigt's Magaz. 7 Band. 4 Stück, p. 39—42.

686. *Monadelphia.*

Pinus species variæ.

Salomon REISELIUS.
Anatome Piceæ, Abietis Pinique sylvestris. Ephem. Ac. Nat. Cur. Dec. 3. Ann. 7 & 8. App. p. 1—14.
FOUGEROUX *de Blavau.*
Sur les especes de Pins qui sont à preferer pour reparer les parties de nos forêts degarnies de Chênes. Mem. de la Soc. R. d'Agricult. de Paris, 1785, Trim. d'Automne, p. 55—86.

687. *Pinus sylvestris.*

Ulrich RUDENSCHÖLD.
Om Furuträdens ålder uti Finnland.
Vetensk. Acad. Handling. 1746. p. 107—118.

688. *Pinus Cedrus.*

Christophorus Jacobus TREW.
Cedri montis Libani characteres cum illis Laricis, Abietis Pinique comparati.
Nov. Act. Ac. Nat. Cur. Tom. 1. p. 409—437.
Apologia et mantissa observationis de Cedro Libani. ibid. Tom. 3. Append. p. 445—495.

689. *Pinus Picea.*

Friedrich Adam Julius VON WANGENHEIM.
Bemerkungen über die graue Preussische Fichte mit kurzen nadeln. Beob. der Berlin. Ges. Naturf. Fr. 3 Band, p. 318—323.

690. *Pinus Abies.*

Clas ALSTRÖMER.
Beskrifning på Svenska Slok-granen, Pinus viminalis. Vetensk. Acad. Handling. 1777. p. 310—317.

691. *Cupressi genus.*

Auguste Denis FOUGEROUX *de Bondaroy.*
Memoire sur les Cyprès et les avantages qu'on peut retirer de leur culture. Mem. de la Soc. R. d'Agricult. de Paris, 1786. Trim. d'Eté, p. 59—88.

692. *Cupressus disticha.*

Auguste Denis FOUGEROUX *de Bondaroy.*
Sur quelques particularites du Cupressus disticha Linn. Mem. de l'Acad. des Sc. de Paris, 1785. p. 197—205.

693. *Croton tinctorium.*

NISSOLLE.
Description du Ricinoides, ex qua paratur Tournesol Gallorum.
Mem. de l'Acad. des Sc. de Paris, 1712. p. 336—341.

694. *Croton lucidum.*

Petrus Jonas BERGIUS.
Croton spicatum, nova plantæ species ex America. Philosoph. Transact. Vol. 58. p. 132—135.
————: Das Æhrentragende Croton, eine neue Americanische pflanze.
Naturforscher, 6 Stück, p. 238—242.

695. *Jatropha gossypifolia.*

Nicolas MARCHANT.
Etablissement d'un nouveau genre de plante, sous le nom de Ricinocarpos.
Mem. de l'Acad. des Sc. de Paris, 1723. p. 174—180.

696. *Sterculia platanifolia.*

Giovanni MARSILI.
Descrizione della Firmiana.
Saggi dell Accad. di Padova, Tomo 1. p. 106—116.

697. *Hippomane Mancinella.*

Samuel FAHLBERG.
Anmärkningar om Manchenille-trädet.
Vetensk. Acad. Handling. 1790. p. 222—225.

698. *Siphonia.*

RICHARD.
Caoutchouc. Journal de Physique, Tome 27. p. 138, 139.
———: Beschryving van de bloemen van de Caoutchouc.
Algem. geneeskund. Jaarboeken, 3 Deel, p. 239, 240.

699. *Syngenesia.*

Momordica Balsamina.

Joannes Hadrianus SLEVOGT.
Prolusio de Momordica.
Plag. 1½. Jenæ, 1719. 4.

700. *Cucurbita Pepo.*

Joannes Antonius SCOPOLI.
De Cucurbita Pepone observationes.
in ejus Anno 2do Historico-naturali, p. 97—106.

701. *Cucumis Melo.*

Hieronymus Rubeus.

Disputatio de Melonibus. Venetiis, 1607. 4.

Foll. 11; præter Vinc. Alsarii responsum medicinale, non hujus loci.

702. *Cucumis lineatus* Bosc.

Louis Bosc.

Sur une nouvelle espece de Cucumis.

Journal d'Hist. Nat. Tome 2. p. 251—253.

703. *Bryonia alba.*

Gustavo Christ. Handtwigio

Præside, Dissertatio de Bryonia. Resp. Joh. Wilh. Fried. Lieb.

Pagg. 32. Rostochii, 1758. 4.

704. *Dioecia.*

Monandria.

Pandanus quidam.

Nicolas Fontana.

On the fruit of the Mellori.

Transact. of the Soc. of Bengal, Vol. 3. p. 161—163.

705. *Dahlia* Thunbergii.

Carl Peter Thunberg.

Beskrivelse over en ny og tilforn ubekiendt plante-slægt, Dahlia crinita kaldet.

Naturhist. Selsk. Skrivt. 2 Bind. 1 Heft. p. 133—136.

706. *Phyllachne uliginosa.*

Jean Baptiste Lamarck.

Sur le Phyllachne.

Journal d'Hist. Nat. Tome 1. p. 190—192.

707. *Diandria.*

Salicis genus.

Georgius Franciscus HOFFMANN.
Historia Salicum iconibus illustrata.
Vol. 1. Fasc. 1. pagg. 32. tab æn. 5.
Lipsiæ, 1785. fol.
2. pag. 33—48. tab. 6—10.
3. pag. 49—66. tab. 11—16. 1786.
4. pag. 67—78. tab. 17—24. 1787.
Vol. 2. Fasc. 1. pagg. 12. tab. 25—31. 1791.

708. *Salices variæ.*

Johann Heinrich HAGEN.
Physikalisch-botanische betrachtungen über die Preussische nuzbare Weidenarten.
Berlin. Sammlung. 5 Band, p. 117—139.

Johann Gottlieb GLEDITSCH.
Von einem zwitterblüthigen gewächse an den Palmen von zwo unterschiedenen Werft-oder Saalweiden im thiergarten zu Berlin. Beob. der Berlin. Ges. Naturf. Fr. 1 Band, p. 403—410.

709. *Salix babylonica.*

Franciscus Ernestus BRÜCKMANN.
Salix orientalis Davidis.
in ejus Epist. Itiner. Cent. 1. Epist. 71. p. 8—12.

710. *Triandria.*

Restionis genus.

Carolus Petrus THUNBERG.
Dissertatio: Restio. Resp. Petr. Lundmark.
Pagg. 22. tab. ænea 1. Upsaliæ, 1788. 4.
——— Usteri Delect. Opusc. botan. Vol. 1. p. 35—58.

711. *Willdenovia* Thunbergii.

Carl Peter THUNBERG.
Beskrifning på Wildenovia, et nytt gräs-slag.
Vetensk. Acad. Handling. 1790. p. 26—32.

712. *Tetrandria.*

Viscum album.

Rudolphus Jacobus CAMERARIUS.
De Baccarum Visci germinatione.
Ephem. Ac. Nat. Cur. Dec. 3. Ann. 1. p. 173, 174.
ANON.
De vera Visci generatione et propagatione. ibid. Ann. 4. App. p. 49—53.
Rudolphus Jacobus CAMERARIUS.
De generatione Visci univoca. ib. Ann. 5 et 6. p. 264—266.
Edmund BARRELL.
A letter concerning the propagation of Misselto.
Philosoph. Transact. Vol. 34. n. 397 p. 215—221.
35. n. 399. p. 306.
Observations of a difference of sex in Misselto. ibid. n. 405. p. 547—551.
Henry Louis DU HAMEL *du Monceau.*
Observations sur le Guy.
Mem de l'Acad. des Sc. de Paris, 1740. p. 483—510.
Johann Gottfried ZINN.
Beschreibung des Mistels und dessen besondern wachsthum.
Hamburg. Magaz. 21 Band, p. 267—281.

713. *Montinia acris* Linn. suppl.

Carl Peter THUNBERG.
Montinia, ett nytt örtslag ifrån Goda Hopps udden.
Physiogr. Salskap. Handling. 1 Del, p. 107—109.

714. *Hippophaës genus.*

Carolo Nicolao HELLENIO
Præside, Dissertatio de Hippophaë. Resp. Petr. Stenberg.
Pagg. 11. Aboæ, 1789. 4.

715. *Sarcophyte* Sparrmanni.

Anders SPARRMAN.
Beskrifning på Sarcophyte sanguinea.
Vetensk. Acad. Handling. 1776. p. 300—302.

716. *Pentandria.*

Cannabis sativa.

MARCANDIER.
Abhandlung vom Hanfe.
Hamburg. Magaz. 22 Band, p. 563—637.

717. *Humulus Lupulus.*

Johannes EHINGER.
Dissertatio inaug. de Lupulo.
Pagg. 20. Altorfii, 1718. 4.

718. *Octandria.*

Populi species variæ.

Auguste Denis FOUGEROUX *de Bondaroy.*
Memoire sur les differentes especes de Peupliers, & sur les avantages qu'on peut attendre de leur culture. Mem. de la Soc. R. d'Agricult. de Paris, 1786. Trim. de Printemps, p. 75—106.

719. *Populus tremula.*

LÖWE.
Etwas zur geschichte der Aspe. Abhandl. der Hallischen Naturf. Ges. 1 Band, p. 199—201.

720. *Populus balsamifera.*

Anders Johan HAGSTRÖM.
Försök gjorde med den balsam, som finnes i knopparna på trädet Populus balsamifera.
Vetensk. Acad. Handling. 1775. p. 344—348.

———: Versuche mit dem balsam, welcher sich in den knospen der Balsampappel findet. Crell's Entdeck. in der Chemie, 3 Theil, p. 171—174.

721. *Decandria.*

Schinus Molle.

Laurentius HEISTERUS.

De Piperodendro. in Dissertatione de Pipere, (vide infra Parte 3.) p. 21—24; cum tab. ænea.

——— Act. Acad. Nat. Cur. Vol. 7. p. 272—275.

De Piperodendri arbore florente. ibid. p. 276—278.

———: De floribus Piperodendri appendix ad ejus Dissertationem de nominum plantarum mutatione. (vide supra pag. 50.) Pagg. 2. tab. ænea 1.

722. *Dodecandria.*

Triplaris americana.

Petrus Jonas BERGIUS.

Triplaris americana beschreeven en afgebeeld. Verhandel van de Maatsch. te Haarlem, 16 Deels 2 Stuk, p. 109—116.

723. *Polyandria.*

Pera Mutisii.

Joseph Celestino MUTIS.

Pera arborea, et nytt örte-slägte ifrån America, beskrifvet. Vetensk. Acad. Handling. 1784. p. 299—301.

724. *Hisingera* Hellenii.

Carl Niclas HELLENIUS.

Beskrifning på et nytt örteslägte ifrån West-Indien, kalladt Hisingera. ibid. 1792. p. 32—36.

725. *Monadelphia.*

Nepenthes destillatoria.

Paulus AMMANN.
De Bandura Zingalensium.
Ephem. Ac. Nat. Curios. Dec. 2. Ann. 1. p. 58.

Joannes Hadrianus SLEVOGT.
Prolusio de Bandura Ceylonensium.
Plag. 1. Jenæ, 1719. 4.

Carl Ludwig WILLDENOW.
Ueber die arten der pflanzengattung Nepenthes. Beob. der Berlin. Gesellsch. Naturf. Fr. 5 Band, p. 181—190.

726. *Cycas circinalis.*

Carolus LINNE'.
Cycas.
Mem. de l'Acad. des Sc. de Paris, 1775. p. 515—519.

727. *Cycadis* et *Zamiæ genera.*

Carl Peter THUNBERG.
Beschryving van twee nieuwe soorten van Palmboomachtige gewassen. Verhand. van de Maatsch. te Haarlem, 20 Deels 2 Stuk, p. 419—434.

728. *Zamia Cycadis* Linn. suppl.

Carolus Petrus THUNBERG.
Cycas caffra, nova Palmæ species descripta.
Nov. Act. Societat. Upsal. Vol. 2. p. 283—288.

729. *Dombeya.* (Lamarckii.)

Louis Jean Marie DAUBENTON.
Observations sur un grand arbre du Chili. Mem. de la Soc. R. d'Agricult. de Paris, 1787. Trim. d'Hiver, p. 191—201.

730. *Batschia* Thunbergii.

Josephus Celestinus MUTIS.
Batschia novum plantæ genus descriptum.
Nov. Act. Societ. Upsal. Vol. 5. p. 120—123.

——— Usteri's Annalen der Botanick, 10 Stück, p. 58—61.

731. *Myristica.*

Nicolaus SCHULTZE.
Disputatio inaug. de Nuce moschata.
Pagg. 30. tab. ænea 1. Trajecti, 1709. 4.
Carl Peter THUNBERG.
Botanisk beskrifning på tvänne species äkta Muskot ifrån öen Banda.
Vetensk. Acad. Handling. 1782. p. 46—50.
———: Botanische beschreibung zweyer arten ächter Muskaten von der insel Banda.
Lichtenberg's Magaz. 3 Band. 2 Stück, p. 63—67.
Jean Baptiste DE LAMARCK.
Memoire sur le genre du Muscadier, Myristica.
Mem. de l'Acad. des Sc. de Paris, 1788. p. 148—168.
ANON.
Myristica. Magaz. für die Botanik, 6 Stück. p. 22—24.
Carolus Ludovicus WILLDENOW
In Magaz. für die Botanik 9 Stück, p. 21—27, Myristicæ genus emendatius tradere tentavit.

732. *Polygamia.*

Monoecia.

Musa.

Laurent GARCIN.
Remarks on the family of plants named Musa.
Philosoph. Transact. Vol. 36. n. 415. p. 384—387.
ANON.
Musæ, quæ Javanensibus Pysang, descriptio et icon, ex horto Caspar-Bosiano, Lipsiensi.
Act. Eruditor. Lips. 1734. p. 171—181.
Carolus LINNÆUS.
Musa Cliffortiana florens Hartecampi, 1736.
Pagg. 46. tabb. æneæ 2. Lugduni Bat. 1736. 4.
Christophorus Jacobus TREW.
De flore fructuque Musæ.
Commerc. litter. Norimb. 1739. p. 42—45, p. 49—53, p. 106, 107, et p. 115—117. 1741. p. 385—388, et p. 393—396.

Johannes Philippus BREYNIUS.
Historia Musæ quæ floruit Gedani ann. 1745.
Act. Acad. Nat. Cur. Vol. 8. App. p. 179—186.
Bernhard Sigfrid ALBINUS.
De bulbo racemi Musæ.
in ejus Academ. Annotat. Lib. 6. p. 51, 52.
Johann Georg KRÜNIZ.
Abhandlung von der Musa.
Neu. Hamburg. Magaz. 40 Stück, p. 330—352.

733. *Holci varii.*

Achilles MIEG.
Observationes botanicæ. in Specimine 2do Observationum Botan. Anatom. atque Physiologicarum, p. 3—10. Resp. Melch. Mieg. Basileæ, 1776. 4.
————: Illustratio quarundam Holci specierum.
Act. Helvet. Vol. 8. p. 114—131.
Pietro ARDUINO.
Memoria del genere degli Olchi, o Sorghi.
Saggi dell' Accad. di Padova, Tomo 1. p. 117—140.

734. *Anthistiriæ genus.*

René Louiche DESFONTAINES.
Memoire sur le genre Anthistiria.
Journal de Physique, Tome 40. p. 292—295.

735. *Atriplex portulacoides.*

Hobius VAN DER VORM.
Atriplex salsum, vulgo dictum Soutenelle, essentiâ, viribus et operationibus suis primo descriptum.
Pagg. 94. Amsterdami, 1661. 12.

736. *Atriplex pedunculata.*

Paulus Gerardus Henricus MOEHRING.
Atriplex incana, caule annuo palmari, fructibus sessilibus et aliis longe pedunculatis
Commerc. litter. Norimberg. 1744. p. 31, 32.

737. *Aceris genus.*

Thomas LAUTH.
Dissertatio inaug. de Acere.
Pagg. 40. Argentorati, 1781. 4.
Auguste Denis FOUGEROUX *de Bondaroy.*
Memoire sur les differentes especes d'Erables. Mem. de la Soc. R. d'Agricult. de Paris, 1787. Trim. de Printemps, p. 14—60.
Carolo Petro THUNBERG
Præside, Dissertatio de Acere. Resp. Joh. Laur. Aschan.
Pagg. 12. Upsaliæ, 1793. 4.

738. *Aceris species variæ.*

REYNIER.
Description d'une nouvelle espece d'Erable.
Mem. de la Soc. de Lausanne, 1783. p. 71.
Johann Philipp DU ROI.
Beschreibung einer neuen Ahorngattung, Aceris laciniati. Schr. der Berlin. Ges. Naturf. Fr. 5 Band, p. 216—220.
Johann Gotlieb GLEDITSCH.
Vom Cappadocischen Ahorn. ibid. 6 Band, p. 116—121.

739. *Acer tataricum.*

Stephanus KRASCHENINNIKOW.
De Acere foliis oblonge cordatis inæqualiter serratis.
Nov. Comm. Acad. Petropol. Tom. 2. p. 285—288.

740. *Acer Pseudoplatanus.*

Petro HAHN
Præside, Dissertatio de Platano. Resp. Joh. Lönwall.
Pagg. 20. Aboæ, 1695. 8.

741. *Mimosa suaveolens* Smith.

Jean Baptiste LAMARCK.
Mimosa obliqua.
Journal d'Hist. Nat. Tome 1. p. 88—92.

742. *Mimosa heterophylla* Lam.

Jean Baptiste LAMARCK.
Sur le genre des Acacies, et particulierement sur l'Acacie heterophylle.
Journal d'Hist. Nat. Tome 1. p. 288—292.

743. *Mimosa Lebbeck.*

Fredric HASSELQUIST.
Mimosa africana descripta.
Act. Societat. Upsal. 1744-1750. p. 9, 10.

744. *Dioecia.*

Fraxinus Ornus.

Gaspard CARRAMONE.
Sur le Frêne qui produit la Manne en Calabre. Mem. de la Soc. R. d'Agricult. de Paris, 1788. Trim. d'Hiver, p. 58—63.

745. *Diospyros Ebenum* Linn. suppl.

Johann Gerhard KOENIG.
Diospyros Ebenum, eller äkta Ebenholz.
Physiogr. Sälskap. Handling. 1 Del, p. 176—180.

746. *Panax quinquefolium.*

Joseph François LAFITAU.
Memoire concernant la plante du Gin-seng de Tartarie, decouverte en Canada. Paris, 1718. 12.
Pagg. 88. tabula ænea 1, a Breynio in Iconibus plantarum rariorum, ad pag. 52. exscripta.

747. *Trioecia.*

Ceratonia Siliqua.

Von dem Johannisbrodte.
Neu. Hamb. Magaz. 115 Stück, p. 67—72.

748. *Ficus genus.*

Carolus LINNÆUS.
Disputatio: Ficus. Resp. Corn. Hegardt.
Pagg. 28. tab. ænea 1. Upsaliæ, 1744. 4.
————: Amoenitat. Academ. Vol. 1.
edit. Holm. p. 23—54.
edit. Lugd. Bat. p. 213—243.
edit. Erlang. p. 23—54.
Carolus Petrus THUNBERG.
Dissertatio: Ficus genus. Resp. El. Gedner.
Pagg. 16. tab. ænea 1. Upsaliæ, 1786. 4.
———— Usteri Delec. Opusc. botan. Vol. 1. p. 125—144.

749. *Ficus Carica.*

Jean Nicolas DE LA HIRE.
Observation sur les Figues.
Mem. de l'Acad. des Sc. de Paris, 1712. p. 278—281.
GODEHEU DE RIVILLE.
Sur la caprification. Mem. etrangers de l'Acad. des Sc. de Paris, Tome 2. p. 369—377.
————: Over 't ryp-maaken der Vygen in de Levant. Uitgezogte Verhandelingen, 6 Deel, p. 277—292.
Filippo CAVOLINI.
Memoria per servire alla storia compiuta del Fico, e della proficazione, relativamente al regno di Napoli.
Opuscoli scelti, Tomo 5. p. 219—249.
BERNARD.
Memoire pour servir à l'histoire naturelle du Figuier.
Journal de Physique, Tome 29. p. 45—53.
(Epitome sequentis libelli.)
Memoire sur l'histoire naturelle du Figuier. dans ses Mem. pour servir à l'hist. nat. de la Provence, Tome 1. p. 15—218.
DELLA ROCCA.
Methode de caprifier le Figuier, usitée à Syra et dans toute la Grece depuis les temps les plus recules.
dans son Traité sur les Abeilles, Tome 1. p. 231—267.
Paris, 1790. 8.

750. *Cryptogamia.*

Miscellaneæ.

Lycopodium nudum.

Carolus Ludovicus Willdenow.
Novum vegetabile genus Hoffmannia dictum.
Magazin für die Botanik, 6 Stück, p. 15—18.

751. *Salvinia.*

Jean Etienne Guettard.
Observations par lesquelles on determine le charactere generique de la plante appelée Marsilea, plus exactement qu'il ne l'a eté jusqu'à present.
Mem. de l'Acad. des Sc. de Paris, 1762. p. 543—556.

752. *Marsilea quadrifolia.*

Bernard de Jussieu.
Histoire du Lemma. ibid. 1740. p. 263—275.

753. *Pilularia globulifera.*

Bernard de Jussieu.
Histoire d'une plante, connue par les botanistes sous le nom de Pilularia. ibid. 1739. p. 240—256.

754. *Filices.*

Acrostichi genus.

Carolus Linnæus.
Dissertatio: Acrostichum. Resp. Joh. Benj. Heiligtag.
Pagg. 17. tab. ænea 1. Upsaliæ, 1745. 4.
——— Amoenit. Academ. Vol. 1.
edit. Holm. p. 260—276.
edit. Lugd. Bat. p. 144—160.
edit. Erlang. p. 260—276.

755. *Acrostichum alpinum* Bolton.

Samuel Liljeblad.
Acrostichum hyperboreum, en tilförene okänd Svensk växt, beskrifven.
Vetensk. Acad. Handling. 1793. p. 201—208.

756. *Pteris aquilina.*

Vide supra pag. 272. sect. 428.

757. *Lindsææ genus.*

Jonas Dryander.
Lindsæa, a new genus of Ferns.
Transact. of the Linnean Soc. Vol. 3. p. 39—43.

758. *Cænopteris* Bergii.

Petrus Jonas Bergius.
Cænopteris, novum e filicibus genus, descriptum.
Act. Acad. Petropol. 1782. Pars post. p. 248—250.
——— Magaz. für die Botanik, 5 Stück, p. 32—34.

759. *Polypodium vulgare.*

Anthony van Leeuwenhoek.
Observations on the seed-vessels and seeds of Polypodium.
Philosoph. Transact. Vol. 24. n. 297. p. 1868—1874.

760. *Polypodium Filix mas.*

Joannes Swammerdam.
De Filice mare Dodonæi Dissertatio epistolaris.
in ejus Bibliis naturæ, Tom. 2. p. 906—910.
———: On the Felix mas, or male Fern af Dodonæus.
in his Book of nature, p. 151—153.
Henry Miles.
A letter concerning the seed of Fern.
Philosoph. Transact. Vol. 41. n. 461. p. 770—775.
An addition to this letter is in Vol. 43. n. 472. pag. ult.

761. *Polypodium Oreopteris* Willdenow.

Johannes Andreas Vogler.
Dissertatio inaug. sistens Polypodii speciem nuperis auctoribus ignotam, Polypodium montanum vocatum.
Pagg. 16. Gissæ, 1781. 4.

James Dickson.
Observations on Polypodium Oreopteris.
Transact. of the Linnean Soc. Vol. 1. p. 181, 182.

762. *Musci.*

Buxbaumiæ genus.

Casimir Christophorus Schmidel.
Dissertatio de Buxbaumia. Resp. Joh. Ge. Hoelzel.
Pagg. 46. tab. ænea 1. Erlangæ, 1758. 4.
——— Schmidelii Dissertation. botanic. p. 29—62.

763. *Buxbaumia aphylla.*

Carolus Linnæus.
Dissertatio: Buxbaumia. Resp. Ant. Rolandi Martin.
Upsaliæ, 1757. 4.
Pagg. 16; cum tab. ænea titulo adglutinata.
——— Amoenit. Academ. Vol. 5. p. 78—91.

764. *Buxbaumia foliosa.*

Otto Fredric Müller.
Beskrifning på en mycket liten mossa.
Vetensk. Acad. Handling. 1764. p. 28—34.

765. *Phasci genus.*

Johann Christian Daniel Schreber.
De Phasco observationes.
Pagg. xxii. tabb. æneæ 2. Lipsiæ, 1770. 4.

766. *Splachnum rubrum et luteum.*

Carolus LINNÆUS.
Dissertatio sistens Splachnum. Resp. Laur. Montin.
Pagg. 15. tab. ænea color. 1. Upsaliæ, 1750. 4.
——— Amoenit. Acad. Vol. 2. edit. 1. p. 263—283.
edit. 2. p. 242—260.
edit. 3. p. 263—283.

767. *Hepaticæ.*

Jungermanniæ genus.

Casimir Christophorus SCHMIDEL.
Dissertatio de Jungermanniæ charactere. Resp. Chph. Andr. Pauer.
Pagg. 29. tab. ænea 1. Erlangæ, 1760. 4.
——— Schmidelii Dissertation. botanic. p. 89—114.

768. *Targionia hypophylla.*

Johann Christian Daniel SCHREBER.
Beobachtungen uber die befruchtungswerkzeuge der Targionia.
Naturforscher, 15 Stück, p. 236—256.

769. *Marchantia polymorpha.*

Jean MARCHANT.
Decouvertes des fleurs et des graines d'une plante rangée par les botanistes sous le genre de Lichen.
Mem. de l'Acad. des Sc. de Paris, 1713. p. 230—235.
REYNIER.
Memoire pour servir à l'histoire de la Marchant variable.
Journal de Physique, Tome 30. p. 171—174.
P * *
Lettre à M. De la Metherie. ibid. p. 352—355.
W . . F.
Lettre à M. De la Metherie. ibid. Tome 31. p. 34—38.
REYNIER.
Observations sur la lettre de M. l'Abbé P . . . ibid. p. 267, 268.

770. *Blasia pusilla.*

Casimir Christophorus SCHMIDEL.
Dissertatio de Blasia. Resp. Joh. Chph. Zimmerman.
Pagg. 32. tab. ænea 1. Erlangæ, 1759. 4.
——— Schmidelii Dissertation. botanic. p. 63—88.

771. *Algæ.*

Lichenes varii.

William WATSON.
An historical memoir concerning a genus of plants called Lichen.
Philosoph. Transact. Vol. 50. p. 652—688.
Carolus Godofredus HAGEN.
Tentamen historiæ Lichenum, et præsertim Prussicorum.
Pagg. cxlii. tabb. æn. color. 2. Regiomonti, 1782. 8.
Georg. Franc. HOFFMANN.
Enumeratio Lichenum iconibus et descriptionibus illustrata.
Fascic. 1. pagg. 46. tabb. æneæ 8. Erlangæ, 1784. 4.
De vario Lichenum usu commentatio.
Sect. 1. pagg. 35. ib. 1786. 4.
Plantæ Lichenosæ.
Fascic. 1. pagg. 32. tabb. æneæ color. 6.
2. pag. 33—64. tab. 7—12. Lipsiæ, 1789. fol.
Vol. II. Fascic. 1. pagg. 21. tab. 25—30. 1791.
Carl Ludewig WILLDENOW.
Beschreibung einer nuen Flechte.
Schr. der Berlin. Ges. Naturf. Fr. 6 Band, p. 156, 157.
James Edward SMITH.
Descriptions of ten species of Lichen, collected in the south of Europe.
Transact. of the Linnean Society, Vol. 1. p. 81—85.
Fredericus Alexander AB HUMBOLDT.
Synonymia Lichenum castigata. Tabula affinitatum phytologicarum. impr. cum ejus Specimine floræ Fribergensis, p. 183—185.
C. H. PERSOON.
Einige bemerkungen über die Flechten, nebst beschrei-

bungen einiger neuen arten aus dieser familie der Aftermoose.

Usteri's Annalen der Botanick, 7 Stück, p. 1—32, et p. 155—158.

—— Seorsim etiam adest, pagg. 36. tabb. æn. color. 3. 8.

Hugh DAVIES.

Descriptions of four new British Lichens.

Transact. of the Linnean Soc. Vol. 2. p. 283—285.

Erik ACHARIUS.

Nya och mindre kända Svenska Laf-arter, beskrifne.

Vetensk. Acad. Handling. 1794. p. 81—103, & p. 176—194.

1795. p. 3—21, p. 127—142, et p. 207—215.

Försök til en förbättrad Lafvarnes indelning. (Dianome Lichenum.) ib. 1794. p. 237—259.

772. *Tremella Nostoc.*

Claude Joseph GEOFFROY.

Observations sur le Nostoch, qui prouvent que c'est veritablement une plante.

Mem. de l'Acad. des Sc. de Paris, 1708. p. 228—230.

René Antoine Ferchault DE REAUMUR.

Observation sur la vegetation du Nostoch. ibid. 1722. p. 121—128.

POMEL.

Bemerkungen über den Nostoch. (e gallico, in Journal Encyclopedique).

Leipzig. Magaz. 1783. p. 473—476.

————: Waarneemingen wegens den Nostoch.

Nieuwe geneeskund. Jaarboeken, 2 Deel, p. 98—100.

VERNISY.

Memoire sur le Nostock. Nouv. Mem. de l'Acad. de Dijon, 1784. 2 Semestre, p. 13—28.

G. CARRADORI.

Memoria sopra il Nostoch.

Opuscoli scelti, Tomo 17. p. 36—43.

773. *Tremella difformis.*

LEVEILLE'.

Description de la Tremelle glanduleuse.

Magazin encyclopedique, Tome 3. p. 449—451.

774. *Fuci et Ulvæ genera.*

Samuel Gottlieb GMELIN.
Historia fucorum.
Pagg. 239. tabb. æneæ 33. Petropoli, 1768. 4.

775. *Fuci varii.*

René Antoine Ferchault DE REAUMUR.
Description des fleurs et des graines de divers Fucus, et quelques autres observations physiques sur ces memes plantes.
Mem. de l'Acad. des Sc. de Paris, 1711. p. 282—302.
1712. p. 21—44.
Joannes Hieronymus ZANNICHELLI.
Marina plantula anonyma. in ejus de Myriophyllo pelagico, p. 9, 10. Venetiis, 1714. 8.
Biarno PAULI.
Specimen observationum circa plantarum quarundam maris Islandici, et speciatim Algæ sacchariferæ dictæ originem, partes et usus. Resp. Biörno Marci filius.
Pagg. 28. Havniæ, 1749. 4.
Michael Christoph HANOW.
Nachrichten von der Seeeiche.
Hamburg. Magaz. 16 Band, p. 581—594.
John Andrew PEYSSONEL.
Observations on the Alga marina latifolia.
Philosoph. Transact. Vol. 50. p. 631—635.
Johannes Theophilus KOELREUTER.
Descriptio Fuci foliacei, frondibus fructificantibus papillatis.
Nov. Comm. Acad. Petropol. Tom. 11. p. 424—428.
Aug. Den. FOUGEROUX *de Bondaroy, et M.* TILLET.
Sur le Varech. Mem. de l'Acad. des Sc. de Paris, 1772. 2 Part. p. 55—76.
Iwan LEPECHIN.
Quatuor Fucorum species descriptæ.
Nov. Comm. Acad. Petropol. Tom. 19. p. 476—481.
Thomas Jenkinson WOODWARD.
The history and description of a new species of Fucus.
Transact. of the Linnean Soc. Vol. 1. p. 131—134.
Description of two new British Fuci. ibid. Vol. 2. p. 29—31, & p. 321—323.
Description of Fucus dasyphyllus. ibid. p. 239—241.

Samuel GOODENOUGH, and *T. J.* WOODWARD.
Observations on the British Fuci, with particular descriptions of each species.
Transact. of the Linnean Soc. Vol. 3. p. 84—235.

776. *Fucus palmatus.*

Olaus BORRICHIUS.
De Alga saccharifera.
Bartholini Act. Hafniens. Vol. 4. p. 159—161.

Mark VAN PHELSUM.
Beschryving van eene soort van zee-wier. impr. cum ejus Brief over de Gewelv-slekken; p. 67—87.
Rotterdam, 1774. 8.

777. *Fucus digitatus.*

David MEESE.
Beschryving van een zonderlinge Zee-plant. impr. cum ejus: Het xix Classe van de Genera plantarum van Linnæus opgeheldert; p. 135—152.
Leeuwarden, 1761. 8.

778. *Fucus saccharinus.*

Paulus Gerardus Henricus MOEHRING.
Fucus caule tereti, folio singulari oblongo, marginibus undulatis.
Act. Acad. Nat. Curios. Vol. 8. p. 450—452.

779. *Ulvæ genus.*

Thomas Jenkinson WOODWARD.
Observations upon the generic character of Ulva, with descriptions of some new species.
Transact. of the Linnean Soc. Vol. 3. p. 46—58.

780. *Ulvæ variæ.*

DE SECONDAT
Dans ses Observations de Physique et d'histoire naturelle, p. 12—17, decrit une espece d'Ulva, qui croit dans la fontaine bouillante de Daix.

SPRINGSFELD.
Observation sur une plante, qui croit aux environs des eaux chaudes de Carlsbad en Boheme, nommée Tremella thermalis, gelatinosa, reticulata, substantia vesiculosa.
Hist. de l'Acad. de Berlin, 1752. p. 102—108.

Johannes Andreas SCHERER.
Observationes et experimenta super materia viridi Thermarum Carolinarum et Toeplizensium Regni Bohemiæ.
Jacquini Collectanea, Vol. 1. p. 171—185.

Johann MAYER.
Beobachtungen über die befruchtungstheile einer besondern Ulva.
Naturforscher, 17 Stück, p. 165—170.

Giuseppe OLIVI.
Lamarckia, novum plantarum cryptogamarum genus.
in ejus Zoologia adriatica, p. 255—261.
——— Usteri's Annalen der Botanik, 7 Stück, p. 76—84.
Memoria sopra una nuova spezie di Ulva delle Lagune Venete.
Saggi dell' Acad. di Padova, Tomo 3. P. 1. p. 144—154.

781. *Ulva pruniformis.*

Johann Gottlieb GLEDITSCH.
Lucubratiuncula de Fuco subgloboso, sessili et molli.
Pagg. 28. Berolini, 1743. 4.
———: Von der Kugelpflanze, oder der so genannten Seepflaume in der Mark Brandenburg. in seine Physic. Botan. Oecon. Abhandl. 3 Theil, p. 1—16.

782. *Confervæ variæ.*

Johann Hieronymus KNIPHOF.
Physicalische untersuchung des Peltzes welchen die natur durch fäulniss auf einigen wiesen hervorgebracht 1752.
Pagg. 24. Erfurt, 1753. 4.

* * *
A letter from Prof. BOSE to Lord Macclesfield, with Observations thereupon by *William* WATSON.
Philosoph. Transact. Vol. 48. p. 358—360.

John ELLIS
in the Philosoph. Transactions, Vol. 57. p. 423—427, gives an account of some species of conferva.

——— germanice, in Neu. Hamburg Magaz. 44 Stück, p. 148—151.

Otto Friedrich MÜLLER.

Von einer sonderbaren pflanze.
Naturforscher, 7 Stück, p. 189—194.

Von unsichtbaren Wassermosen. Beschäft. der Berlin. Ges. Naturf. Fr. 4 Band, p. 42—54.

———: Sur la Mousse d'eau invisible.
Journal de Physique, Tome 24. p. 248—253.

Die Wasser-Erbse.
Naturforscher, 17 Stück, p. 153—164.

Strand-pärlebandet och Armbandet, twänne microscopiska strandväxter, beskrifne.
Vetensk. Acad. Handling. 1783. p. 80—85.

———: Nachricht von zwey mikroskopischen strandgewächsen.
Lichtenberg's Magaz. 3 Band. 4 Stück, p. 76—80.

De confervis palustribus oculo nudo invisibilibus.
Nov. Act. Acad. Petropol. 1785. Hist. p. 89—98.

Jean SENEBIER.

Sur la matiere verte, ou plutôt sur l'espece de Conferve qui croit dans les vaisseaux pleins d'eau, exposés à l'air.
Journal de Physique, Tome 17. p. 209—216.

Franz von Paula SCHRANK.

Beschreibung einer Wasserseide.
Von Moll's Oberdeutsche beyträge, p. 133—137.

783. *Conferva fontinalis.*

Johann Friedrich BLUMENBACH.

Ueber eine ungemein einfache fortpflanzungsart.
Götting. Magaz. 2 Jahrg. 1 Stück, p. 80—89.

784. *Conferva Ægagropila.*

William DIXON.

A letter concerning some vegetable balls; with remarks on them by *William* WATSON.
Philosoph. Transact. Vol. 47. p. 498, 499.

785. *Byssi varii.*

Balthasar HACQUET.

Beschreibung einer zweifelhaften pflanze, welche man gemeiniglich zu den Haraftermossen (Byssus botanicorum) rechnet. Beschäft. der Berlin. Ges. Naturf. Fr. 3 Band, p. 241—252.

Anmerkungen zu diesen aufsaz von *O. F.* MÜLLER, und *J. G.* GLEDITSCH.

Schrift. derselb. Gesellsch. 2 Band, p. 127—130.

Robert WILLAN.

In libro, cui titulus: Observations on the Sulphur-water at Croft near Darlington, p. 9 et 10, Byssi speciem, in his aquis obviam, sub nomine B. lanuginosæ describit.
London, 1782. 8.

——— ——— ib. 1786. 8.

786. *Byssus velutina.*

GIROD CHANTRANS.

Observations sar la nature du Bissus velutina Linn.
Magazin encyclopedique, Tome 3. p. 154—156.

787. *Byssus Jolithus.*

Franciscus Ernestus BRÜCKMANN.

De lapide violaceo sylvæ Hercyniæ.
Pagg. 15. Guelpherbyti, 1725. 4.

John HILL.

Of the Violet Stone. in his Account of a stone which on being watered produces Mushrooms (Vide infra) pag. 28—34.

788. *Fungi.*

Agarici genus.

Heinrich Julius TODE.

Versuch einer neuen methodischen eintheilung der Blätterschwämme.
Schr. der Berlin. Ges. der Naturf. Fr. 5 Band, p. 31—45, et p. 457—462.

Fortgesezte bemerkungen bey den Schwämmen. ibid. 6 Band, p. 271—281.

789. *Agarici varii.*

PAULET.

Sur une ordre particulier de Champignons, qu'on peut appeller coeffés, ou bulbeux.
Mem. de la Societé de Medecine, 1776. p. 431—460.

790. *Agaricus alliaceus* Buillard.

Antoine DE JUSSIEU.
Description d'une espece de Champignon, qui a une vraye odeur d'Ail.
Mem. de l'Acad. des Sc. de Paris, 1728. p. 382, 383.

791. *Agaricus procerus* Huds.

Philippus Jacobus SCHLOTTERBECCIUS.
De Fungo peculiari.
Act. Helvet. Vol. 4. p. 49—52.

792. *Boleti varii.*

Joseph Pitton TOURNEFORT.
Description d'un Champignon.
Mem. de l'Acad. des Sc. de Paris, 1692. p. 89—91.
——— ibid. 1666—1699. Tome 10. p. 101—103.
Georgius Fridericus FRANCUS DE FRANKENAU.
Fungus quernus insulæ Moenæ monstrosus.
Act. Acad. Nat. Curios. Vol. 1. p. 245.
Philippus Jacobus SCHLOTTERBECCIUS.
De fungo pediculato poroso.
Act. Helvet. Vol. 4. p. 53, 54.

793. *Boletus igniarius.*

Remi WILLEMET.
Reflexions botaniques et medicinales sur la nature et les proprietés de l'Agaric de Chêne.
Nouv. Mem. de l'Acad. de Dijon, 1784. 2 Semestre, p. 85—95.

794. *Boletus suaveolens.*

Joannes Christophorus ENSLIN.
De Boleto suaveolente Linn. Dissertatio inaug.
Pagg. 32. tab. ænea 1. Erlangæ, 1784. 4.

795. *Boletus bovinus.*

Joannes AMMAN.
De fungo insolitæ magnitudinis.
Comment. Acad. Petropol. Tom. 11. p. 304.
Otto Fridrich MULLER. vide supra pag. 223.

796. *Boletus, lapidis fungiferi.*

Marcus Aurelius SEVERINUS.
Epistola de lapide fungifero. impr. cum Fieræ Coena; p. 167—200. Patavii, 1649. 4.
——— iterum edidit F. E. Brückmann. Guelpherbyti, 1728. 4.
Pagg. 38; præter epistolam de Fungimappa, de qua infra sect. 826.
———: Lettre sur les pierres qui portent des Champignons.
Journal de Physique, Supplem. Tome 13. p. 1—22.
Johannes Georgius VOLCKAMER.
De fungis edulibus ex lapide lyncurio.
Ephem. Ac. Nat. Cur. Dec. 2. Ann. 3. p. 414—417.
John HILL.
An account of a stone, which on being watered produces Mushrooms.
Pagg. 38. tabb. æneæ 2. London, 1758. 8.
DE SECONDAT.
Observations sur des Champignons qui paroissent tirer leur origine d'une pierre.
dans ses Memoires sur l'histoire naturelle, p. 37—40. Paris, 1785. fol.

797. *Boletus rangiferinus* Bolton.

Georgius Dionysius EHRET.
Agaricus ramosus cornu Reniferi referens Miller.
G. D. Ehret. delin. et sculp.
Tab. ænea color. long. 21 unc. lat. 15 unc.
John MARTYN.
An account of a new species of Fungus.
Philosoph. Transact. Vol. 43. n. 475. p. 263, 264.

798. *Phallus impudicus.*

Hadrianus JUNIUS.
Phalli in Hollandiæ sabuletis passim crescentis descriptio.
Lugduni Bat. 1601. 4.
Plagg. 2; cum figuris ligno incisis.
Franciscus Ernestus BRÜCKMANN.
De terrestri Cole Epistola itineraria 10. Cent. 1.
Plag. 1. tab. ænea 1. Wolffenb. 1729. 4.
Johan ROTHMAN.
En sälsam Svamp funnen i Småland.
Vetensk. Acad. Handling. 1742. p. 19, 20.
——— : Phallus volvatus, pilei apice clauso.
Analect. Transalpin. Tom. 1. p. 193.
Jacob Christian SCHÆFFER.
Der Gichtschwamm mit grünschleimigem hute.
Pagg. 36. tabb. æneæ color. 5.
Regensburg, 1760. 4.
Heinrich Julius TODE.
Beytrag zur geschichte des Gichtschwammes.
Schr. der Berlin. Ges. Naturf. Fr. 3 Band, p. 242—246.
6 Band, p. 278—281.
Johann Gottlieb GLEDITSCH.
Erläuternder beytrag zur geschichte des Gichtschwammes.
ibid. 3 Band, p. 251—270.

799. *Phallus Mokusin* Linn. suppl.

CIBOT.
Fungus Sinensium Mo-ku-sin descriptus.
Nov. Comm. Acad. Petropol. Tom. 19. p. 373—378.

800. *Clathrus cancellatus.*

René Antoine Ferchault DE REAUMUR.
Boletus ramosus, coraloides foetidus.
Mem. de l'Acad. des Sc. de Paris, 1713. p. 71—76.

801. *Helvellæ genus.*

Adam AFZELIUS.
Svamp-slägtet Helvella beskrifvet.
Vetensk. Acad. Handling. 1783. p. 299—313.

802. *Pezizæ genus.*

Heinrich Julius TODE.
Bemerkungen die Saamendecke (Velum) der Schüsselschwämme betreffend.
Schr. der Berlin. Ges. Naturf. Fr. 4 Band, p. 266—273.

803. *Pezizæ variæ.*

Johannes Christianus BUXBAUM.
De Fungoidibus pediculo donatis.
Comment. Acad. Petropol. Tom. 4. p. 281—283.
Pehr OSBECK.
Flygsands svampen beskrefven.
Vetensk. Acad. Handling. 1762. p. 288—290.
Johann Jakob REICHARD.
Beschreibung zweener Becherschwämme. Beschäft. der Berlin. Ges. Naturf. Fr. 3 Band, p. 214—218.
Botanische bemerkungen fortgesezt.
Schr. der Berlin. Ges. Naturf. Fr. 3 Band, p. 172—176.
(*Benjamin M.* FORSTER.)
Peziza cuticulosa.
Fol. 1. cum tab. ænea color. (1792.) 16.

804. *Pezizæ lentiferæ.*

Günther Christophorus SCHELHAMMER.
Fungus exilis discifer.
Ephem. Act. Nat. Cur. Dec. 2. Ann. 6. p. 211, 212.
Rudolphus Jacobus CAMERARIUS.
De Fungo calyciformi seminifero. ibid. Ann. 7. p. 303—305.
Lucas SCHRÖCK.
De Fungulis minimis seminiferis. ibid. Ann. 10. p. 411—415.
Rudolphus Jacobus CAMERARIUS.
De Fungo credito seminifero; cum Scholio L. Schroeckii. ib. Dec. 3. Ann. 5 & 6. p. 624—626.

805. *Peziza polymorpha* Lightf.

Otto Fredric MÜLLER.
Beskrifning på Lim-svampen.
Vetensk. Acad. Handling. 1762. p. 105—115.

806. *Clavariæ genus.*

Otto Friedrich Müller.
Bemerkung einer sonderbaren ausstäubung bey einigen arten der Kaulenschwämme. Beschäft. der Berlin. Ges. Naturf. Fr. 1 Band, p. 152—170.
———: Observations sur une explosion particuliere qu'on remarque dans quelques especes de Clavaires et de Lycoperdon.
Journal de Physique, Tome 14. p. 467—473.
———: Beschouwing der Knodspaddestoelen en der Bovisten.
Geneeskundige Jaarboeken, 5 Deel, p. 85—94.

Henrich Julius Tode.
Versuch einer genauern eintheilung der Keulenschwämme. Schr. der Berlin. Ges. Naturf. Fr. 4 Band, p. 164—166.

Theodorus Holmskiold.
Beata ruris otia Fungis Danicis impensa. Coryphæi Clavarias Ramariasque complectentes, cum brevi structuræ interioris expositione. Latine et Danice.
Havniæ, 1790. fol.
Pagg. xxiv, 118, 38 & 4. tabb. æneæ 35, quæ etiam coloribus fucatæ adsunt.
——— textus latinus, absque figuris, in Usteri's Annalen der Botanick, 17 Stück, p. 30—149.

807. *Clavaria digitata.*

Nicolas Marchant.
Observations touchant la nature des plantes, et de quelques unes de leur parties cachées, ou inconnues.
Mem. de l'Acad. des Sc. de Paris, 1711. p. 100—109.

808. *Clavaria Hypoxylon.*

Franciscus Ernestus Brückmann.
Epistola de Fungo hypoxylo digitato.
Pagg. 11. tabb. æneæ 2. Helmstadii, 1725. 4.

809. *Clavaria cornuta* Retz. scand.

Johann Samuel Schroter.
Beschreibung einer neuen Spongie der süssen wasser.
Naturforscher, 23 Stück, p. 149—158.

810. *Clavaria brachyorhiza* Scopoli.

Otto Friedrich MÜLLER.
Von einem in der orangerie an einem Lorbeerbaum gewachsenen Schwamme. Beschäft. der Berlin. Ges. Naturf. Fr. 3 Band, p. 344—355.

811. *Clavariæ in Insectis mortuis enatæ.*

William WATSON.
An account of the insect called the Vegetable Fly. Philosoph. Transact. Vol. 53. p. 271—274.

Andreas Elias BÜCHNER.
Falso credita metamorphosis summe miraculosa Insecti cujusdam Americani.
Nov. Act. Acad. Nat. Cur. Tom. 3. p. 437—442.

Otto Fridericus MÜLLER.
De Musca vegetante europæa. ibid. Tom. 4. p. 215—219.
———— : Sur la Mouche vegetale de l'Europe.
Journal de Physique, Introd. Tome 1. p. 150—153.

Auguste Denis FOUGEROUX *de Bondaroy.*
Sur des Insectes sur lesquels on trouve des plantes.
Mem. de l'Acad. des Sc. de Paris, 1769. p. 467—476.

Johann Friedrich GMELIN.
Betrachtung der pflanzenartigen Fliegen.
Naturforscher, 4 Stück, p. 67—79.

Gottfried August GRÜNDLER.
Von einem aus einer todten Raupe aufgewachsenen Käulenschwamm. ibid. 5 Stück, p. 73—75.

RICHARD.
Refutation de l'opinion de la transmutation des animaux en vegetaux.
Journal de Physique, Tome 15. p. 400—402.

REYNIER.
Memoire relatif à la formation des corps, par la simple aggregation de la matiere organisée. ibid. Tome 31. p. 102—107.

Aubin Louis MILLIN *de Grandmaison.*
Lettre à M. de la Metherie, sur le Mémoire precedent. ibid. p. 252—254.

Martin VAHL.
Om en Clavaria, funden paa Carabus hortensis.
Naturhist. Selsk. Skrivt. 2 Bind, 2 Heft. p. 42—50.

812. *Lycoperda varia.*

Johann HEDWIG.
Von einem sehr kleinen bey Chemniz gefundenem Bovist.
Sammlungen zur Physik, 2 Band, p. 273—280.
———— : Lycoperdon pusillum.
Samml. seiner Abhandl. 1 Band, p. 35—43.
REYNIER.
Le Licoperdon des Tourbieres.
Journal de Physique, Tome 31. p. 107, 108.

813. *Lycoperdon Tuber.*

Marcus Aurelius SEVERINUS.
In Epistola de lapide fungifero, (vide supra pag. 350.) de Tuberibus agit pag. 171—187, editionis Patavinæ.
———— pag. 6—24, editionis Guelpherbytanæ.
———— Gallice in Journal de Physique, Supplem. Tome 13. p. 4—15.
Tancred ROBINSON.
An account of the Tubera terræ, or Truffles found at Rushton in Northamptonshire.
Philosoph. Transact. Vol. 17. n. 202. p. 824—826.
Claude Joseph GEÒFFROY.
Observations sur la vegetation de Truffes.
Mem. de l'Acad. des Sc. de Paris, 1711. p. 23—35.
Franciscus Ernestus BRÜCKMANN.
De Tuberibus terræ Epistola itineraria 20. Cent. 1.
Pagg. 8. tabb. æneæ 2. Wolffenb. 1730. 4.
Johannes Philippus WOLFFIUS.
De Tuberibus terræ esculentis.
Act. Acad. Nat. Curios. Vol. 8. p. 12—17.
Jean Etienne GUETTARD,
Sur une Trufiere abondante en Trufes, qui n'en produit plus.
dans ses Memoires, Tome 1. p. xcij—xcvij.
Comte DE BORCH.
Lettres sur les Truffes du Piemont.
Pagg. 51. tabb. æneæ color. 3. Milan, 1780. 8.

814. *Tuber parasaticum* Buillard.

Henry Louis Du Hamel *du Monceau.*
Explication physique d'une maladie qui fait perir plusieurs plantes dans le Gatinois, et particulierement le Safran.
Mem. de l'Acad. des Sc. de Paris, 1728. p. 100—112.

815. *Lycoperdon Bovista.*

Bengt Bergius.
Ett Lycoperdon af sällsam storlek.
Vetensk. Acad. Handling. 1762. p. 324—326.
Joannes Marsigli.
Fungi Carrariensis historia.
Pagg. xl. tab. ænea 1. Patavii, 1766. 4.

816. *Lycoperdon stellatum, et affines species.*

Christlob Mylius.
Beschreibung einer merkwürdigen art Schwämme.
Hamburg. Magaz. 5 Band, p. 403—412.
Charles Bryant.
An historical account of two species of Lycoperdon.
Pagg. 52. tab. ænea 1. London, (1782.) 8.
Thomas Jenkinson Woodward.
An essay towards an history of the British stellated Lycoperdons, being an account of such species as have been found in the neighbourhood of Bungay in Suffolk.
Transact. of the Linnean Soc. Vol. 2. p. 32—62, & p. 323, 324.

817. *Lycoperdon fornicatum* Hudson.

Carolus Raygerus.
De Fungis monstrosæ ac insolitæ formæ.
Ephem. Ac. Nat. Cur. Dec. 1. Ann. 4 & 5. p. 82, 83.
Elizabeth Blackwell.
Fungus pulverulentus Turriculam fornicatam referens.
Eliz. Blackwell delin. et sculp.
Tabula ænea, long. 3½ unc. lat. 2¼ unc.
Gulielmus Watson.
De planta minus cognita commentarius.
Philosoph. Transact. Vol. 43. n. 474. p. 234—238.

ANON.
This remarkable Fungus was found growing in Mr. Rookes Kitchen garden near Mansfield Woodhouse, Sept. 1792.
Tab. ænea, long. 6 unc. lat. 5 unc.

818. *Lycoperdon Carpobolus.*

Johann Gottlieb GLEDITSCH.
Sur le Carpobolus de Micheli.
Hist. de l'Acad. de Berlin, 1763. p. 77—86.

Albrecht Wilhelm ROTH.
Beobachtung über den Springschwamm.
Magazin für die Botanik, 10 Stück, p. 23—26.

819. *Lycoperdon Phalloides* Dickson.

Thomas WOODWARD.
An account of a new plant of the order of Fungi.
Philosoph. Transact. Vol. 74. p. 423—427.

820. *Lycoperdon axatum* Bosc.

Louis BOSC.
Lycoperdon axatum.
Actes de la Soc. d'Hist. Nat. de Paris, Tome 1. p. 47.

821. *Lycoperdon Anemones* Pult.

Richard PULTENEY.
The history and description of a minute epiphyllous Lycoperdon, growing on the leaves of the Anemone nemorosa.
Transact. of the Linnean Soc. Vol. 2. p. 305—312.

822. *Sphæria brassicæ* Dickson.

Rudolphus Jacobus CAMERARIUS.
De Semine Brassicæ.
Ephem. Ac. Nat. Cur. Dec. 3. Ann. 1. p. 171—173.

Bengt BERGIUS.
Hvitkåls-svampen beskrefven.
Vetensk. Acad. Handling. 1765. p. 208—213.

823. *Mucoris genus.*

Josephus MONTI.
De Mucore. Comm. Instit. Bonon. Tom. 3. p. 145—159.
————: Abhandlung vom Schimmel.
Hamburg. Magaz. 19 Band, p. 563—587.

Lazaro SPALLANZANI.
Osservazioni e sperienze intorno all' origine delle piantine delle Muffe.
in ejus Opuscoli di Fisica, Vol. 2. p. 255—277.
Modena, 1776. 8.
———: Observations et experiences sur l'origine des petites plantes des Moississures.
dans ses Opuscules de Physique, traduits par J. Senebier, Tome 2. p. 382—405. Geneve, 1777. 8.

824. *Mucores varii.*

Richard BRADLEY.
Microscopical observations on the vegetation, and exceeding quick propagation of Moldiness, on the substance of a Melon.
Philosoph. Transact. Vol. 29. n. 349. p. 490—492.
Otto Friedrich MULLER.
Von der entdeckung eines neuen geschlechts von Thierpflanzen.
Berlin. Sammlung 1 Band, p. 41—52.
———: Von einem Kristallschwämmchen. in seine kleine Schriften, 1 Band, p. 122—132.
Beskrifning på en klasad vaxt eller Frö planta.
Vetensk. Acad. Handling. 1769. p. 71—76.

825. *Mucor septicus.*

Nicolas MARCHANT.
Observation touchant une vegetation particuliere, qui nait sur l'ecorce du Chêne battuë, et mise en poudre, vulgairement appellée du Tan.
Mem. de l'Acad. des Sc. de Paris, 1727. p. 335—339.

826. *Cryptogamæ incerti generis.*

Marcus Aurelius SEVERINUS.
De lapide Fungimappa hypomnema. impr. cum Fieræ Coena; p. 202—208. Patavii, 1649. 4.
——— impr. cum ejus Epistola de lapide fungifero; p. 39—44; cum tab. ænea. Guelpherbyti, 1728. 4.
———: Sur la pierre qui porte des Champignons.
Journal de Physique, Supplem. Tome 13. p. 234—236.
Denis DODART.
Description d'une plante nouvelle. Mem. de l'Acad. des Sc. de Paris, 1666—1699. Tome 10. p. 557, 558.

Antoine DE JUSSIEU.
Description d'un champignon qui peut être nommé Champignon-Lichen.
Mem. de l'Acad. des Sc. de Paris, 1728. p. 268—272.

Jo. Ludovicus ALEFELD.
De fungis ex silice nascentibus observatio.
Act. Eruditor. Lips. 1739. p. 334—336.

Henry MILES.
A letter concerning the green Mould on firewood.
Philosoph. Transact. Vol. 46. n. 494. p. 334—336.

Henry BAKER.
Some observations on the abovementioned plants. ibid. p. 337, 338.

Fridericus ZVINGER.
Observatio de Fungo peculiari, autumni tempore reperto.
Act. Helvet. Vol. 1. p. 50, 51.

REYNIER.
Description d'une production vegetale analogue aux Conferves.
Journal de Physique, Tome 29. p. 333—337.
——— : Beschreibung eines vegetabilischen produkts aus der klasse der Grasleder.
Voigt's Magaz. 4 Band. 4 Stück, p. 18—25.

ANON.
Beschreibung eines chinesischen schwammes Lingtschi genannt; aus briefen eines Missionärs in Pekin.
Pallas neue Nord. Beyträge, 5 Band, p. 105—108.

827. *Palmæ.*

Borassus Sonnerati Giseke.

Augerius CLUTIUS.
Historia Cocci de Maldiva Lusitanis, seu nucis medicæ Maldivensium. Amsterodami, 1634. 4.
Pagg. 60. tab. ligno incisa 1; præter Opusculum de Hemerobio, de quo Tomo 2. p. 265.

SONNERAT.
Description du Cocos de l'Isle Praslin, vulgairement appelé Cocos de Mer. Mem. etrangers de l'Acad. des Sc. de Paris, Tome 7. p. 263—266.

Lorenz SPENGLER.
Von der grossen Maldivischen Cocus-Nuss. Beschäft. der Berlin. Ges. Naturf. Fr. 4 Band, p. 630—632.

828. *Licuala.*

Carl Peter THUNBERG.
Licuala, et nytt Palm-slägte.
Vetensk. Acad. Handling. 1782. p. 284—287.

829. *Phœnix dactylifera.*

Engelbertus KÆMPFER.
Relationes botanico-historicæ de Palma dactylifera.
Fasciculus 4tus Amoenitatum ejus exoticarum; p. 659 —764.
——— Valentini Historia simplicium, p. 545—575.

830. *Areca Cathecu.*

Andreas Jacobus KIRSTEN.
Dissertatio inaug. de Arecca Indorum.
Pagg. 38. tab. ænea 1. Altorfii, 1739. 4.

831. *Nipa.*

Carl Peter THUNBERG.
Nipa, et nytt genus ibland Palmträden.
Vetensk. Acad. Handling. 1782. p. 231—235.

832. *Sagus* Gærtneri.

Christophorus Jacobus TREW.
De Sago. Commerc. litter. Norimb. 1744. p. 241—248, & p. 253—256.
Paulus Gerardus Henricus MOEHRING.
De Sago. ibid. p. 390—392.
Urban Friedrich Benedickt BRÜCKMANN.
Abhandlung vom Sego.
Pagg. 16. Braunschweig, 1751. 4.
Abrahamus STECK.
Dissertatio inaug. de Sagu.
Pagg. 44. Argentorati, 1757. 4.
Christian Hinric BRAAD.
Anmärkningar om Sago-trädet, och den derutaf tilredda föda.
Vetensk. Acad. Handling. 1775. p. 142—147.

833. *Bache* Aublet guian. app. p. 103.

Observations on the Oheeroo, a Palm-tree.
Pagg. 32. tab. ænea 1. London, 1784. 4.

CATALOGUS

BIBLIOTHECÆ

HISTORICO-NATURALIS

JOSEPHI BANKS

BARONETI, BALNEI EQUITIS,

REGIÆ SOCIETATIS PRÆSIDIS, CÆT.

TOMI III. VOL. II.

PARS II.

PHYSICA.

1. *Anatome Plantarum.*

Hermanno GRUBE
Præside, Disputatio de vita et sanitate plantarum. Resp. Car. Schroterus.
Plagg. 2. Jenæ, 1664. 4.

Nehemiah GREW.
The anatomy of vegetables begun, with a general account of vegetation founded thereon.
Pagg. 186. tabb. æneæ 3. London, 1672. 8.
——— in ejus Anatomy of Plants (mox dicenda) p. 1—49.
———: Anatomiæ vegetabilium primordia, cum generali theoria vegetationis eidem superstructa.
Ephem. Ac. Nat. Cur. Dec. 1. Ann. 8. App. p. 287—379.
———: Anatomie des plantes. Leide, 1685. 12.
Pagg. 246. tab. ænea 1; præter Dedu de l'ame des plantes, et experimenta Grewii et Boylei.

An idea of a phytological history propounded, together with a continuation of the anatomy of vegetables, particularly prosecuted upon Roots.
Pagg. 144. tabb. æneæ 7. London, 1673. 8.
——— in ejus Anatomy of Plants, introductio, et p. 51—96.
———: Idea historia phytologicæ, cum continuatione anatomiæ vegetabilium, speciatim in Radicibus.
Ephem. Ac. Nat. Cur. Dec. 1. Ann. 9 & 10. App. p. 99—218.

The comparative anatomy of Trunks, together with an account of their vegetation grounded thereupon.
Pagg. 81. tabb. æneæ 18. London, 1675. 8.
——— in ejus Anatomy of Plants, p. 97—140.

———: Comparativa anatomia truncorum, una cum theoria vegetationis eorum eidem superstructa.
Ephem. Ac. Nat. Cur. Dec. 1. Ann. 9 & 10. App. p. 219—293.

The Anatomy of plants, with an idea of a philosophical history of plants. London, 1682. fol.
Pagg. 212. tabb. æneæ 82; præter Lectures read before the Royal Society.
Præter tres priores libellos adest etiam hic: The anatomy of Leaves, Flowers, Fruits, and Seeds.

Marcellus MALPIGHI.

Anatome plantarum. Londini, 1675. fol.
Pagg. 15, 82 et 20. tabb. æneæ 54 et 7.
——— in Tomo 1. Operum ejus. ib. 1686. fol.
Pagg. 15, 78, et 20. tabb. æneæ 54 et 7.
Anatomes plantarum pars altera.
Pagg. 93. tabb. æneæ 39. ib. 1679. fol.
——— in Tomo 2. Operum ejus.
Pagg. 72. tabb. æneæ 39. ib. 1686. fol.

Joannes Maria CIASSUS.

Meditationes de natura plantarum.
Editio secunda. Venetiis, 1677. 12.
Pagg. 45; præter Tractatum de æquilibrio, non hujus loci.

Severinus Johannis CAPPELLINUS.

Dissertationum physicarum de plantis prima. Resp. Joh. Wilh. Kaalund.
Plag. 1½. Hafniæ, 1684. 4.

DEDU.

De l'ame des plantes, de leur naissance, de leur nourriture, et de leurs progrez. impr. avec l'Anatomie des plantes par Grew; p. 249—310. Leide, 1685. 12.

Jacobo Friderico BELOW

Præside, Dissertatio de Vegetabilibus in genere. Resp. Ol. Rudberg.
Pagg. 25. Lond. Goth. 1700. 4.

Joannes Hieronymus SBARAGLI.

Critologia dendranatomica. in ejus Oculorum et mentis vigiliis; p. 155—201. Bononiæ, 1704. 4.

Julius PONTEDERA.

Dissertationes botanicæ 1 & 2, ex iis quas habuit in horto Patavino anno 1719. inter Dissertationes impr. cum ejus Anthologia; p. 1—39.

Johannes Adolphus JACOBÆUS.
De plantarum structura et vegetatione schedion.
Pagg. 27. Havniæ, 1727. 8.

Adrianus VAN ROYEN.
Dissertatio inaug. de Anatome et Oeconomia plantarum.
Pagg. 46. Lugduni Bat. 1728. 4.

Franciscus Josephus GRIENWALDT.
Dissertatio inaug. de vita plantarum.
Pagg. 16. Altorfii, 1732. 4.

BAZIN.
Observations sur les plantes et leur analogie avec les Insectes. Strasbourg, 1741. 8.
Pag. 53—134. Præfixi libelli duo ad physiologiam animalium spectantes, de quibus Tom. 1. p. 373 et 380.
———: Betrachtungen über die pflanzen, und ihre analogie mit den Insekten.
Hamburg. Magaz. 4 Band, p. 419—436, et p. 465—487. 9 Band, p. 597—609.

Joannes Ernestus STIEFF.
De vita nuptiisque plantarum.
Pagg. 24. Lipsiæ, 1741. 4.
——— Reichardi Sylloge Opuscul. botan. p. 40—69.

Joannes GESNERUS.
Dissertationes de partium Vegetationis et fructificationis structura, differentia et usu. impr. cum Linnæi Oratione de peregrinationibus intra patriam; App. p. 55—108. Lugduni Bat. 1743. 8.
——— impr. cum Linnæi fundamentis botanicis; p. 33—78. Halæ, 1747. 8.
——— Fundam. botan. edit. a Gilibert, Tom. 2. p. 551—600.

Henry Louis DU HAMEL *du Monceau.*
La physique des Arbres, où il est traité de l'anatomie des plantes et de l'economie vegetale.
1 Partie pagg. 306. tabb. æneæ 14 et 14.
2 Partie pagg. 432. tabb. æneæ 17 et 5.
Paris, 1758. 4.

Ch. Ernst Wilberg SCHULZE.
Tanker om planternes dyriske liighed.
Pagg. 81. Kiöbenhavn, 1772. 8.

C. G. FEUEREUSEN.
Pflanzen-organologie.
Pagg. 30. Hannover, 1780. 8.

George BELL.
A translation of his Thesis de physiologia plantarum.
Mem. of the Soc. of Manchester, Vol. 2. p. 394—419.
Andrea COMPARETTI.
Prodromo di fisica vegetabile.
Pagg. lxxii. Padova, 1791. 8.

2. *Observationes Physiologicæ miscellæ.*

Georg. Nicolaus LANGHEINRICH.
Dissertatio de Sensu plantarum. Resp. Mart. Haugke.
Plagg. 2. Lipsiæ, 1672. 4.
Thomas BROTHERTON.
Observations and experiments concerning the growth of Trees.
Philosoph. Transact. Vol. 16. n. 187. p. 307—313.
Johannes Jacobus FIKKE.
Dissertatio de plantarum extra terram vegetatione. Resp. Joh. Andr. Cramer.
Pagg. 28. Jenæ, 1688. 4.
Hans SLOANE.
Some observations concerning some wonderful contrivances of nature in a family of plants in Jamaica, to perfect the individuum, and propagate the species, with several instances analogous to them in European vegetables.
Philosoph. Transact. Vol. 21. n. 251. p. 113—120.
John Theophilus DESAGULIERS.
Some instances of the very great and speedy vegetation of Turnips. ibid. Vol. 30. n. 360. p. 974, 975.
Paul DUDLEY.
Observations on some of the plants in New-England, with remarkable instances of the nature and power of vegetation. ibid. Vol. 33. n. 385. p. 194—200.
Christiano WOLFF
Præside, Dissertatio: Phænomenon singulare de Malo pomifera absque floribus ad rationes physicas revocatum. Resp. Adam. Ixstatt.
Pagg. 20. Marburgi, 1727. 4.
De Pomo ex trunco arboris enato dissertatio, in qua varia traduntur ad theoriam vegetationis plantarum facientia.
Comment. Acad. Petropol. Tom. 8. p. 197—208.
Johannes Adamus LIMPRECHT.
Historia graminis abscissi, radice in loco natali relicta, filo in fasciculum colligati, in hypocausto calido, inverso

modo suspensi, omni aqua et terra destituti, media hyeme augmentum capientis.
Act. Acad. Nat. Curios. Vol. 1. p. 277—282.

Gottlieb Ephraim BERNER.
Germinatio vegetabilium in vegetabili. ibid. Vol. 2. p. 176, 177.

Laurentius HEISTERUS.
De plantis quibusdam perennibus, quæ vulgo pro annuis habentur. ibid. Vol. 5. p. 523, 524.

Carlo TAGLINI.
Se l'Aglio trapiantato al piè del Rosaio possa conferire alla Rosa una maggior fragranza.
in ejus Lettere scientifiche, p. 37—94.

C. G. S.
Betrachtungen über die 1750 im herbste blühenden Bäume.
Hamburg. Magaz. 6 Band, p. 631—647.

ANON.
Erläuterung über einen irrthum, so man dem Herrn de la Quintinie schuld gegeben.
Hamburg. Magaz. 7 Band, p. 604—613.

Gottlieb Renatus CAMPE.
Von einem natürlichen Thermometer.
Physikal. Belustigung. 2 Band, p. 637—647.

ANON.
Beschreibung der struktur und des wachsthums eines getreidekorns. (e gallico in Journal Oeconomique.)
Hamburg. Magaz. 15 Band, p. 339—353.

J. F. DRYFHOUT.
't vermogen der natuur, altoos werkzaam tot eigen behoudenis, bevestigd door de zonderlinge wortel-schietinge van eenen boom in zig zelven. Verhand. van de Maatsch. te Haarlem, 5 Deel, p. 112—157.

Salomon SCHINZ.
Beschreibung einiger a°. 1760. beobachteten seltenheiten aus dem pflanzenreich. Abhandl. der Naturf. Ges. in Zürich, 1 Band, p. 507—551.

Georgio Rudolpho BOEHMER
Præside, Dissertatio de virtute loci natalis in vegetabilia.
Resp. Gottlob Frid. Doeringius.
Pagg. 29. Vitebergæ, 1761. 4.
De plantarum superficie Exercitatio 1. 2. 3. 4.
(Programmata.)
Singulæ pagg. 8. ib. 1770. 4.

Elisabet Christina LINNÆA.
Om Indianska Krassens blickande; med anmärkningar af J. C. Wilcke.
Vetensk. Acad. Handling. 1762. p. 284—287.
———: Eclairs produits par la Capucine.
Journal de Physique, Tome 1. p. 137.

Lars Christopher HAGGREN.
Om blommors blickande.
Vetensk. Acad. Handling. 1788. p. 62—64.
———: Sur des fleurs donnant des eclairs.
Journal de Physique, Tome 33. p. 111.
———: Sui fiori lampeggianti.
Opuscoli scelti, Tomo 12. p. 141, 142.

Jean Etienne GUETTARD.
Coupe longitudinale et entiere du tronc d'un Oranger. dans ses Memoires, Tome 1. p. lxxxix—xcij.

MUSTEL.
New observations upon vegetation.
Philosoph. Transact. Vol. 63. p. 126—136.
———: Nuove osservazioni sulla vegetazione.
Scelta di Opuscoli interess. Vol. 4. p. 24—41.

Johann Gottlieb GLEDITSCH.
Considerations sur la chûte des jeunes branches qui, dans certaines années, tombent en abondance des Sapins de nos forêts.
Mem. de l'Acad. de Berlin, 1775. p. 118—138.
Considerations sur les caracteres physiques des herbes proprement ainsi dites, et des plantes qui en different, autant que les determinations de ces caracteres peuvent être deduites de l'ordre de la nature et de l'experience. ibid. 1782. p. 63—75.
Physikalisch-historische betrachtung über eine blutroth und glänzend gewordene pflanze, von der gemeinen Wiesen-Angelike, und deren bewürkten veränderung durch versuche.
Schr. der Berlin. Ges. Naturf. Fr. 4 Band, p. 183—229.

Francesco BARTOLOZZI.
Memoria sopra la qualità che hanno i fiori di Apocynum androsæmifolium di prender le mosche, con una osservazione nuova sulla fecondazione delle piante.
Opuscoli scelti, Tomo 2. p. 193—200.

Josephus Carolus DE FORTEMPS.
Vita plantarum illustrata. Vindobonæ, 1780. 8.
Pagg. 44; præter Assertiones physicas, non hujus loci.

DE MARCORELLE *Baron d'Escalles.*

Observations sur des vegetations extraordinaires.

Journal de Physique, Tome. 17. p. 128—134.

AMOREUX, *fils.*

Considerations sur les jointures ou les articulations des plantes.

Journal de Physique, Tome 24. p. 348—356.

————: Physisch botanische betrachtungen über die gelenke der pflanzen.

Lichtenberg's Magaz. 3 Band. 1 Stück, p. 66—70.

Physikalisch-botanische abhandlung zur beantwortung der Preissfrage: welche art der pflanzenkenntniss zu ökonomischen absichten aus der übrigen gewächskunde eigentlich diejenige sey, durch die wir in den stand gesezt werden, die natürliche beschaffenheit, trägheit und unart des grundes in den forsten, feldern, wiesen u. s. w. bey kunftiger würdigung der grundstücke hinreichend zu bestimmen?

Schr. der Berlin. Ges. Naturf. Fr. 6 Band, p. 1—71.

————: Beantwoording der prysvraag, welke zoort van plantenkennis, tot huishoudelyke oogmerken dienende, is eigentlyk die geene, door welke wy in staat gesteld worden de natuurlyke gesteldheid, traagheid en onbekwaamheid van den grond in bosschen, velden, enz. genoegzaam te bepaalen?

Algem. geneeskund. Jaarboeken, 6 Deel, p. 86—103.

Louis Jean Marie DAUBENTON.

Observations sur une Gelivure totale. Mem. de la Soc. R. d'Agricult. de Paris, 1786. Trim. d'Automne, p. 13—19.

DUCHESNE.

Recherches sur diverses sortes de sterilité dans les vegetaux, et sur les causes dont elles semblent dependre. ib. p. 40—62.

Thomas Carolus HOPE.

Tentamen inaug. quædam de plantarum motibus et vita complectens.

Pagg. 37. Edinburgi, 1787. 8.

Johann David SCHÖPF.

Ueber die temperatur der pflanzen.

Naturforscher, 23 Stück, p. 1—36.

E. O. DONOVAN.

Essay on the minute parts of plants in general.

No. 1—4. pagg. 22. tabb. æneæ color 12.

(London, 1789, 1790.) 4.

Friedrich Kasimir MEDICUS.
Ueber das saamenansezen an abgeschnittenen blüthenstengeln einiger zwiebeln und knollengewächse.
Magazin für die Botanik, 11 Stück, p. 6—15.

L. REYNIER.
De l'influence du climat sur la forme et la nature des vegetaux.
Journal d'Hist. Nat. Tome 2. p. 101—148.
——— Journal de Physique, Tome 43. p. 399—420.

3. *Partes Vegetabilium solidæ.*

John HILL.
The coustruction of Timber, explained by the microscope.
Pagg. 170. tabb. æneæ 43. London, 1770. 8.

ANON.
Gedanken von der struktur des holzes.
Neu. Hamb. Magaz. 104 Stück, p. 174—188.

4. *Cortex.*

Christopher MERRET.
Observations concerning the uniting of barks of trees cut, to the tree itself.
Philosoph. Transact. Vol. 2. n. 25. p. 453, 454.

Johann Leonhard FRISCH.
De cortice arborum circumcirca sine damno, de tota stipite detracto, et renascente.
Miscellan. Berolinens. Contin. 2. p. 26—28.

Jens KRAFT.
Anmærkninger over Træernes natur.
Kiöbenh. Selskab. Skrifter, 6 Deel, p. 233—240.

Georgius Rudolphus BOEHMER.
Programmata: Commoda quæ arbores a cortice accipiunt recenset.
Pagg. 8. Vitebergæ, 1773. 4.
Commoda quæ arbores a cortice accipiunt recensere pergit. Pagg. 8. ib. 1773. 4.

5. *Lignum.*

H. L. DU HAMEL *du Monceau, & G. L.* DE BUFFON.
Recherche de la cause de l'excentricité des couches ligneuses qu'on apperçoit quand on coupe horizontalement le tronc d'un arbre.
Mem. de l'Acad. des Sc. de Paris, 1737. p. 121—134.

H. L. DU HAMEL *du Monceau.*
Recherches sur la formation des couches ligneuses dans lès arbres. Mem. de l'Acad. des Sc. de Paris, 1751. p. 23—35.
C. G. SCHOBER.
Schreiben die Holzringe oder jahre in verschiedenen hölzern betreffend.
Hamburg. Magaz. 11 Band, p. 590—597.
Jonas Theodor FAGRÆUS.
Förslag til anställande af sådane försök, igenom hvilka med säkerhet kan utrönas, huruvida hvit-ved med konst kan förvandlas i kärn-träd, medan et skogsträd annu står på sin rot. Götheb. Wet. Samh. Handl. Wetensk. Afdeln. 2 Styck. p. 62—68.
Auguste Denis FOUGEROUX *de Bondaroy.*
Sur la formation des couches ligneuses.
Mem. de l'Acad. des Sc. de Paris, 1787. p. 110—118.
Jean SENEBIER.
Memoire pour etablir par des experiences quelques rapports entre quelques parties constituantes du bois.
Journal de Physique, Tome 38. p. 421—427.
Louis Jean Marie DAUBENTON.
Observations sur l'accroissement des bois, comparé à celui des os.
Journal de Fourcroy, Tome 3. p. 325—335.

6. *Vasa.*

Martin LISTER.
Account of veins in plants, analogous to human veins.
Philosoph. Transact. Vol. 6. n. 79. p. 3052—3055.
7. n. 90. p. 5132—5137.
Anthony VAN LEEUWENHOEK.
An abstract of a letter concerning the appearances of several woods, and their vessels.
Philosoph. Transact. Vol. 13. n. 148. p. 197—207.
Joseph Pitton TOURNEFORT.
Conjectures sur les usages des vaisseaux dans certaines plantes.
Mem. de l'Acad. des Sc. de Paris, 1692. p. 161—167.
——— ibid. 1666—1699. Tome 10. p. 191—197.
Observations physiques touchant les muscles de certaines plantes. ibid. 1693. p. 152—160.
——— ib. 1666—1699. Tome 10. p. 406—415.

Georgius Bernhardus BÜLFFINGER.
De Tracheis plantarum ex Melone observatio.
Comment. Acad. Petropol. Tom. 4. p. 182—187.
Augustus Fridericus WALTHER.
Programma de plantarum structura.
Pagg. 16. Lipsiæ, 1740. 4.
——— Reichardi Sylloge Opusc. botan. p. 69—81.
Georgius Rudolphus BOEHMER.
Dissertatio de vegetabilium celluloso contextu. Resp. Jo. Chr. Rüfferus.
Pagg. 34. Vitembergæ, 1753. 4.
——— impr. cum ejus Commentatione de plantarum semine; p. 409—458.
Wittebergæ & Servestæ, 1785. 8.
C. F. JAMPERT.
Specimen physiologiæ plantarum 1. quo dubia contra Vasorum in plantis probabilitatem proponuntur. Pagg. 24.
Specimen 2. Resp. F. C. Schwalbe. Pag. 27—44.
Halæ, 1755. 4.
George Christian REICHEL.
Dissertatio de Vasis plantarum spiralibus. Resp. Car. Chr. Wagner.
Pagg. 44. tab. ænea 1. Lipsiæ, 1758. 4.
A. YPEY.
Over de opslurpende Tepelen der plantgewassen. Verhand. van de Maatsch. te Haarlem, 14 Deel, p. 363—378.
Joannes Henricus Daniel MOLDENHAWER.
Dissertatio inaug. de Vasis plantarum speciatim radicem herbamque adeuntibus.
Pagg. 85. Trajecti ad Viadr. 1779. 4.
Everard Pieter SWAGERMAN.
Verhandeling over dat soort van Vaten in de planten, aan welk in 't algemeen den naam van Lugtvaten gegeeven word. Verhand. van de Maatsch. te Haarlem, 20 Deels 2 Stuk, p. 171—198. 21 Deel, p. 86—134.
Jean Etienne GUETTARD.
Sur les Vaisseaux des plantes.
dans ses Memoires, Tome 5. p. 50—94.
MAYER.
Memoire sur les Vaisseaux des plantes.
Mem. de l'Acad. de Berlin, 1788-9. p. 54—73.
Louis Jean Marie DAUBENTON.
Observation sur les Trachées des plantes.
Journal de Fourcroy, Tome 4. p. 142—145.

7. *Partes Vegetabilium fluidæ.*

Christopher MERRET.
An experiment on Aloe americana serratifolia weighed, seeming to import a circulation of the sappe in plants.
Philosoph. Transact. Vol. 2. n. 25. p. 455—457.

Fr. WILLOUGHBY, *J.* WRAY, and *Ezerel* TONGE.
Experiments concerning the motion of the sap in trees.
Philosoph. Transact. Vol. 4. n. 48. p. 963—965.
5. n. 57. p. 1165—1167.
58. p. 1196—1200.
68. p. 2069—2077.

Martin LISTER.
Letter on the bleeding of the Sycamore. ib. Vol. 5. n. 68. p. 2067—2069.
Letters touching some inquiries and experiments of the motion of sap in trees. ib. Vol. 6. n. 70. p. 2119—2128.
An account of the nature and differences of the juices, and more particularly of our English vegetables. ib. Vol. 19. n. 224. p. 365—383.

Philippe DE LA HIRE.
Experiences servant d'eclaircissement à l'elevation du suc nourricier dans les plantes.
Mem. de l'Acad. des Sc. de Paris, 1693. p. 73—75.
——— ibid. 1666—1699. Tome 10. p. 317—319.

Jo. Melchiore VERDRIES
Præside, Dissertatio de Succi nutritii in plantis circuitu. Resp. Joh. Chph. Franck.
Pagg. 33. tab. ænea 1. Giessæ, 1707. 4.

RENEAUME.
Observations sur le suc nourricier des plantes.
Mem. de l'Acad. des Sc. de Paris, 1707. p. 276—289.

Richard BRADLEY.
Observations and experiments relating to the motion of the sap in vegetables.
Philosoph. Transact. Vol. 29. n. 349. p. 486—490.

Thomas FAIRCHILD.
An account of some new experiments, relating to the different, and sometimes contrary motion of the sap in plants and trees. ibid. Vol. 33. n. 384. p. 127—129.

Stephen HALES.
Statical essays. Vol. 1. containing vegetable Staticks, or

an account of some statical experiments on the sap in vegetables. Third edition.
Pagg. 376. tabb. æneæ 19. London, 1738. 8.
———: La Statique des vegetaux, traduite par M. de Buffon.
Pagg. 408. tabb. æneæ 20. Paris, 1735. 4.

ANON.
Von dem aufsteigen des Saftes in den pflanzen.
Hamburg. Magaz. 4 Band, p. 667—670.

Christianus Gotthilff KIESLING.
Dissertatio de Succis plantarum. Resp. Ge. Chr. Reichel. Pagg. 40. Lipsiæ, 1752. 4.
———: Von den Säften der pflanzen.
Börners Samml. aus der Naturgesch. 1 Theil, p. 258—306.

Ernestus Gottlob BOSE.
Programma de secretione Humorum in plantis.
Pagg. xx. Lipsiæ, 1755. 4.

Christianus Erhardus KAPPIUS.
Motum Humorum in plantis cum motu humorum in animalibus comparat.
Pagg. 24. ibid. 1763. 4.

Adolphus Julianus BOSE.
De motu Humorum in plantis, vernali tempore vividiore.
Pagg. viii. ibid. 1764. 4.

ANON.
Anmerkungen uber die natur, die bewegung, und den nuzen des Saftes in den pflanzen.
Neu. Hamburg. Magaz. 7 Stück, p. 52—69.
(Aus den Schriften der Gesellschaft der Feldwirtschaft zu Rouen.)

Christianus Gottlieb LUDWIG.
Programmata de elaboratione Succorum plantarum in universum.
Pars 1. Radix, Caudex, Folium.
Pagg. xvi. Lipsiæ, 1768. 4.
Pars 2. Flos, Fructus, Germen.
Pagg. xix. 1771.
Pars 3. Medulla. Pagg. xvi. 1772.

Alexander HUNTER.
On Vegetation and the motion of the Sap.
in his Georgical Essays, Vol. 1. p. 121—184.

Martinus VAN MARUM.
Dissertatio inaug. de motu Fluidorum in plantis, experimentis et observationibus indagato.
Pagg. 56. Groningæ, 1773. 4.

Ernestus Benj. Gottl. HEBENSTREIT.
Caussas Humorum motum in plantis commutantes recenset. Pagg. xii. Lipsiæ, 1779. 4.

VASTEL.
Sur les feuilles seminales et sur la circulation de la Seve.
Journal de Physique, Tome 14. p. 173—182.

MAYER.
Du mouvement des Sucs dans les plantes, de ses causes, & de la croissance des plantes, qui en depend.
Mem. de l'Acad. de Berlin, 1788. 9. p. 74—89.

HALLÉ.
Versuche über die gewalt des Safts in den pflanzen. (e gallico, in Encyclopedie methodique.)
Voigt's Magaz. 8 Band. 2 Stück, p. 55—67.

John WALKER.
Experiments on the motion of the Sap in trees.
Transact. of the R. Soc. of Edinburgh, Vol. 1. p. 3—40.
———— Seorsim adest, pagg. 40. tab. ænea 1. 4.
————: Versuche über die bewegung des Saftes in bäumen.
Sammlungen zur Physik, 4 Band, p. 455—493.

8. *Circulatio Fluidorum.*

Bonaventura CORTI.
Saggio d'osservazioni sulla circolazione del fluido scoperta in una pianta acquajuola appellata Cara.
impr. cum ejus Osservazioni sulla Tremella; p. 125—200. Lucca, 1774. 8.
Sulla circolazione del fluido scoperta in varie piante.
Scelta di Opuscoli interess. Vol. 18. p. 3—55.
————: Sur la circulation d'un fluide, decouverte en diverses plantes.
Journal de Physique, Tome 8. p. 232—254.

Felice FONTANA.
Lettre à M * * *. ibid. Tome 7. p. 285—292.

9. *Transpiratio.*

Joannes Gottlob HERTELIUS.
Dissertatio de plantarum Transpiratione. Resp. Traugott Gerber.
Pagg. 24. Lipsiæ, 1735. 4.

Jean Etienne GUETTARD.
Sur la Transpiration insensible des plantes.
Mem. de l'Acad. des Sc. de Paris, 1748. p. 569—592.
1749. p. 265—317.

Carolo Friderico MENNANDER
Præside, Theses de Transpiratione plantarum. Resp. Is. Fortelius.
Pagg. 8. Aboæ, 1750. 4.

Gustavo HARMENS
Præside, Dissertatio de Transpiratione plantarum. Resp. Matth. Keventer.
Pagg. 22. Londini Gothor. 1756. 4.

Clas BJERKANDER.
Anmärkningar vid örternas Utdunstning, och dess olika sittande på deras blad.
Vetensk. Acad. Handling. 1773. p. 71—76.
———— : Osservazioni sulla Traspirazione delle piante, e sull' ordine con cui le gocce della rugiada su di esse stanno. Opuscoli scelti, Tomo 4. p. 89—92.

Johann HEDWIG.
Von den Ausdunstungswegen der pflanzen.
Leipzig. Magaz. 1783. p. 148—160.
———— Samml. seiner Abhandl. 1 B. p. 116—131.

10. *Plantarum Vegetatio; Nutrimentum, Incrementum.*

Sir Kenelme DIGBY.
A discourse concerning the vegetation of plants.
Pagg. 100. London, 1661. 12.
———— printed with his book on Bodies; p. 207—231.
ib. 1669. 4.
———— : Dissertatio de plantarum vegetatione.
Pagg. 85. Amstelodami, 1669. 12.
———— ———— Pagg. 78. ib. 1678. 12.

John BEALE and *Ezerel* TONGE.
Some communications relating to vegetation.
Philosoph. Transact. Vol. 3. n. 43. p. 853—862.
44. p. 877—881.
4. n. 46. p. 913—922.

Edmond MARIOTTE.
Premier essay de la vegetation des plantes.
Pagg. 179. Paris, 1679. 12.

John WOODWARD.
Some thoughts and experiments concerning vegetation.
Philosoph. Transact. Vol. 21. n. 253. p. 193—227.
———: Einige gedanken und erfahrungen das wachsthum der pflanzen betreffend.
Hamburg. Magaz. 3 Band, p. 30—72.
Excerpta latine, in Act. Eruditor. Lips. 1700. p. 87—90.
Wilhelmus Huldericus WALDTSCHMIEDT.
Programma quo ad publicas plantarum demonstrationes invitat. Plag. 1. Kiliæ, 1710. 4.
Jordan DUVE.
Dissertatio de acceleranda per artem plantarum vegetatione. Resp. Jo. Just. Crusius.
Pagg. 20. Lipsiæ, 1717. 4.
Elavo STEUCHIO
Præside, Dissertatio de nutritione arborum. Resp. Jac. Manquer.
Pagg. 19. Upsaliæ, 1722. 8.
Henry Louis DU HAMEL *du Monceau.*
Recherches physiques de la cause du prompt accroissement des plantes dans les temps de pluyes.
Mem. de l'Acad. des Sc. de Paris, 1729. p. 349—360.
Carolo Friderico MENNANDER
Præside, Dissertatio de nutrimento plantarum. Resp. Gabr. Arenius.
Pagg. 20. Aboæ, 1747. 4.
Johanne Gottschalko WALLERIO
Præside, Dissertatio de principiis vegetationis. Pars prior. Resp. Jac. Stenius.
Pagg. 21. Holmiæ, 1751. 4.
———: Von den ursachen, welche bey dem wachsthum der pflanzen bemerkt werden.
Physikal. Belustigung. 3 Band, p. 773—813.
ANON.
Abhandlung von der nahrung der pflanzen.
Nordische Beyträge, 1 Band, 1 Th. p. 1—18.
Robert MARSHAM.
Observations on the growth of trees.
Philosoph. Transact. Vol. 51. p. 7—12.
Claudio Blechert TROZELIO
Præside, Dissertatio de generatione ac nutritione arborum. Resp. Car. Revigin.
Pagg. 27. Lond. Gothor. 1768. 4.
Alexander HUNTER.
On the nourishment of vegetables.
in his Georgical Essays, Vol. 1. p. 21—57.

Abondius Hosang.
Vegetatio. (Dissertatio inauguralis.)
Pagg. 38. Argentorati, 1773. 4.

Ernestus Benjamin Gottlieb Hebenstreit.
Diatribe de vegetatione hiemali.
Pagg. xvi. Lipsiæ, 1777. 4.

Carl Fridrich Duttenhofer.
Von dem pflanzenleben, in beziehung auf den akerbau.
Pagg. 48. Stuttgart, 1779. 4.

Archibaldus Lindsay.
Dissertatio inaug. de plantarum incrementi causis.
Pagg. 43. Edinburgi, 1781. 8.

Benjamin Lincoln.
A letter relating to the engrafting of fruit trees, and the growth of vegetables.
Mem. of the Amer. Academy, Vol. 1. p. 388—395.

Giovambatista da S. Martino.
Lettera ove si ricerca, d'onde venga somministrata alle piante tutta quella quantità di acqua, ch'è rechiesta al loro nutrimento.
Opuscoli scelti, Tomo 14. p. 86—95.
————: Untersuchung woher den pflanzen das gesammte wasser zugefuhrt wird, welches zu ihrer nahrung erforderlich ist.
Voigt's Magaz. 7 Band. 2 Stück, p. 18—29.

J. H. Hassenfratz.
Sur la nutrition des vegetaux.
Annales de Chimie, Tome 13. p. 178—192, & p. 318—330.
14. p. 55—64.

Graf Joachim von Sternberg.
Versuche über das wachsthum der pflanzen.
Mayer's Samml. physikal. Aufsäze, 2 Band, p. 47—56.

Jean Senebier.
Memoire sur la grande probabilité qu'il y a que l'air fixe est decomposé par les plantes dans l'acte de la vegetation.
Usteri's Annalen der Botanick, 4 Stück, p. 43—47.

Christiano Samuel Ziegra
Præside, Disputatio de morte plantarum. Resp. Joh. Benj. Reising.
Plagg. 2. Wittebergæ, 1680. 4.

11. *Figuræ in substantia lignea Arborum repertæ.*

Salomon REISELIUS,
De literis intra ipsum Fagi fissæ truncum inventis.
Ephem. Ac. Nat. Cur. Dec. 1. Ann. 6 & 7. p. 9—15.

Lucas SCHRÖCK.
De ligno Fagino figurato. ibid. Dec. 3. Ann. 7 & 8. p. 189, 190.

Johann Melchior VERDRIES.
Figura in medio Fagi reperta. ibid. Cent. 3 & 4. p. 224, 225.

Joanne Adamo KULMO
Præside, Disputatio de literis in ligno Fagi repertis. Resp. Jo. Ern. Kulmus.
Pagg. 29. tab. ænea 1. Gedani, 1730. 4.

Christophorus Jacobus TREW.
De figuris in ligno Fagi repertis.
Commerc. litter. Norimberg. 1736. p. 145, 146.

Jacobus Theodorus KLEIN.
An account of letters found in the middle of a Beech.
Philosoph. Transact. Vol. 41. n. 454. p. 231—235.

Abraham Gotthelf KÆSTNER.
Von einer im holze entdeckten figur.
Hamburg. Magaz. 10 Band, p. 511—522.

Ernst Daniel ADAMI.
Gedanken über das seltne und betrachtungs würdige an einem zu Landeshutt 1755. gefällten Buchen-baum.
Pagg. 77. tab. ænea 1. Breslau, 1756. 8.

Eric Gustav LIDBECK.
Berättelse om en i ett träd invuxen inskärning.
Vetensk. Acad. Handling. 1771. p. 48—52.

Auguste Denis FOUGEROUX *de Bondaroy*.
Sur des dessins trouvés sur l'ecorce et dans l'interieur d'un gros Hêtre qu'on debitoit en fente.
Mem. de l'Acad. des Sc. de Paris, 1777. p. 491—504.

Sur des dessins trouvés dans des bûches de Chêne sciées transversalement, où ces dessins sont concentriques.
ibid. p. 527—540.

Observations sur la formation et la regeneration des couches ligneuses.
Mem. de la Soc. R. d'Agriculture de Paris, 1787. Trim. de Printemps, p. 207—212.

12. *Corpora aliena in ligno inventa.*

Georgius Fridericus RICHTER.
De Lapide in trunco Betulæ reperto.
Act. Acad. Nat. Curios. Vol. 3. p. 66—68.

Daniel KELLANDER.
Descriptio Saxi in Quercu inventi.
Act. Liter. & Scient. Sveciæ, 1739. p. 502, 503.

Sir John CLARK.
Part of a letter (relating to a Horn found in the heart of an Oak.)
Philosoph. Transact. Vol. 41. n. 454. p. 235, 236.

Hermannus Fridericus TEICHMEYER.
De Cornu Cervino Ulmo arbori innato. Commerc. litter. Norimberg. 1738. p. 89—91, & p. 105—110. confer literas Albrechti, ibidem p. 417.

Abrahamus VATER.
Anatome trunci Ulmi, cui Cornu Cervinum inolitum. Programma. (Fraudem detexit.)
Pagg. 8. Vitembergæ, 1741. 4.
Cornu Cervi monstrosum a trunco arboris Fagi, cui adhæsit, resectum. Programma.
Pagg. 8. ib. 1744. 4.

Joannes Carolus Vilelmus MOEHSEN.
De Cervi capite una cum cornibus, quod trunco Quercus insertum et coalitum conspicitur.
Act. Acad. Nat. Curios. Vol. 8. p. 255—259.

DE VANDERESSE.
Sur un corps etranger trouvé dans l'interieur d'un arbre.
Journal de Physique, Tome 11. p. 35.

13. *Partes Plantarum organicæ.*

Antonius Guilielmus PLAZ.
Organicarum in plantis partium historia physiologica, antehac seorsim succincte exposita, nunc curatius revisa et aucta.
Pagg. 119. Lipsiæ, 1751. 4.

14. *Radix.*

Antonius Guilielmus PLAZ.
Historia radicum. Programma.
Pagg. 20. Lipsiæ, 1733. 4.

——— in ejus Historia organicarum in plantis partium, p. 5—21.

Carolo Friderico MENNANDER

Præside, Dissertatio de radicibus plantarum. Resp. Abr. Falander.

Pagg. 15. Aboæ, 1748. 4.

Ernestus Gottlob BOSE.

Dissertatio de radicum in plantis ortu et directione. Resp. Christoph Gottlieb Trautmann.

Pagg. 35. Lipsiæ, 1754. 4.

Johann HEDWIG.

Was ist eigentlich wurzel an der pflanze?

Leipzig. Magaz. 1782. p. 319—340.

——— Samml. seiner Abhandl. 1 Band, p. 69—95.

ANON.

Verhandeling over den wortel der planten.

Nieuwe geneeskund. Jaarboeken, 5 Deel, p. 81—95.

MAUDUYT.

Observations sur un oignon de Tulipe.

Journal de Fourcroy, Tome 2. p. 139—141.

15. *Caulis.*

Antonius Guilielmus PLAZ.

Dissertatio: Caulis plantarum explicatus. Resp. Henr. Otto Bosseck.

Pagg. 42. Lipsiæ, 1745. 4.

——— in ejus Historia organicarum in plantis partium, p. 67—90.

Denis DODART.

Sur l'affectation de la perpendiculaire, remarquable dans toutes les tiges, dans plusieurs racines, et autant qu'il est possible dans toutes les branches des plantes.

Mem. de l'Acad. des Sc. de Paris, 1700. p. 47—63.

Philippe DE LA HIRE.

Explication physique de la direction verticale et naturelle des tiges des plantes et des branches des arbres, et de leur racines. ibid. 1708. p. 231—235.

ASTRUC.

Conjecture sur le redressement des plantes inclinées à l'horizon. ibid. p. 463—470.

——— Mem. de la Soc. de Montpellier, Tome 1. p. 373—380.

——: Muthmassung über das aufrichten der nach dem horizonte gebogenen pflanzen.
Neu. Hamburg. Magaz. 106 Stück, p. 304—314.

Johann Gottlieb GLEDITSCH.
Experiences sur l'accroissement et la diminution du mouvement exterieur par lequel les plantes s'ecartent de leur direction perpendiculaire, suivant la diverse temperature de l'air.
Hist. de l'Acad. de Berlin, 1765. p. 52—90.

——: Neue physicalische erfahrungen über die äusserliche bewegung der gewächse, und deren abweichung von ihrer senkrechten richtung gegen den horizont.
in seine Vermischte Bemerkungen, 1 Theil, p. 1—44.

16. *Nodi.*

Ernestus Gottlob BOSE.
Dissertatio de Nodis plantarum. Resp. Henr. Otto Bosseck.
Pagg. 24. Lipsiæ, 1747. 4.

17. *Gemmæ.*

Georg Friederich MÖLLER.
Versuch den ursprung der Augen in den gewächsen zu erklären.
Hamburg. Magaz. 3 Band, p. 107bis—144.

Carolus LINNÆUS.
Dissertatio: Gemmæ arborum. Resp. Petr. Löfling.
Pagg. 32. Upsaliæ, 1749. 4.

—— Amoenit. Academ. Vol. 2. ed. 1. p. 182—224.
ed. 2. p. 163—202.
ed. 3. p. 182—224.

—— Fundam. botan. edit. a Gilibert, Tom. 1. p. 363—398.

DE RAMATUELLE.
Memoire sur l'utilité des Bourgeons.
Journal de Physique, Tome 42. p. 62—71.

Jean SENEBIER.
Memoire sur les causes de l'evolution des Boutons au printems. ib: Tome 43. p. 60—64.

——: Theorie de l'evolution des Boutons à feuilles et à fleurs.
Usteri's Annalen der Botanick, 6 Stück, p. 56—59.
(Contractior est hæc editio.)

——— ——— Magazin encycloped. Tome 2. p. 199 —203.

18. *Folia.*

Ludovicus Philippus THUMMIGIUS.
Observationes et experimenta nova de anatomia Foliorum. Act. Eruditor. Lips 1722. p. 24—31.

Antonius Guilielmus PLAZ.
Dissertatio: Foliorum in plantis historia. Resp. Jo. And. Ungebauer.
Pagg. 50. Lipsiæ, 1740. 4.
——— in ejus Historia organicarum in plantis partium, p. 36—67.

Carolo Friderico MENNANDER
Præside, Dissertatio de Foliis plantarum. Resp. Is. Fortelius.
Pagg. 19. Aboæ, 1747. 4.

Grefve Gustaf BONDE.
Anmärkningar om Löfven på träden.
Vetensk. Acad. Handling. 1748. p. 270—277.
———: De Frondibus arborum observationes.
Analect. Transalpin. Tom. 2. p. 121—124.

Charles BONNET.
Recherches sur l'usage des Feuilles dans les plantes.
Gottingue et Leide, 1754. 4.
Pagg. 343. tabb. æneæ 31.
——— dans ses Oeuvres, Tome 2. p. 179—459.
Supplement au livre sur l'usage des Feuilles dans les plantes. Mem. etrangers de l'Acad. des Sc. de Paris, Tome 4. p. 617—620.
——— dans ses Oeuvres, Tome 2. p. 460—464.
———: Onderzoek van het gebruik der Bladen in de plantgewassen, zynde een vervolg van 't werk daar over uitgegeven.
Uitgezogte Verhandelingen, 10 Deel, p. 345—353.
Second supplement.
dans ses Oeuvres, Tome 2. p. 465—505.

Samuel Christianus HOLLMANN.
De Foliorum in plantis perfectioribus mechanismo et usu. in ejus Sylloge Commentationum, p. 109—137.

Joannes Andreas MURRAY.
Natura Foliorum de arboribus cadentium.
Nov. Comm. Societ. Gotting. Tom. 2. p. 27—53.
——— in ejus Opusculis, Vol. 1. p. 103—140.

Johannes Ehrenfried POHL.
Dissertatio: Animadversiones in structuram ac figuram Foliorum in plantis. Resp. Nath. Godofr. Leske. Pagg. 32. Lipsiæ, 1771. 4.
——— Usteri Delect. Opusc. botan. Vol. 1. p. 145—194.

Jean SENEBIER.
Observations sur les playes faites aux Feuilles. Journal de Physique, Tome 39. p. 422—425.
———: Beobachtungen uber die wunden an den blättern.
Voigt's Magaz. 8 Band. 3 Stück, p. 36—42.

Johann HEDWIG.
Die wahre bestimmung und nuzen der Blätter von den pflanzen, und ihrer blattartigen theile.
Usteri's Annalen der Botanick, 4 Stuck, p. 30—38.

L. D. RAMATUELLE.
Dissertation physico-vegetale sur la nature des pretendues Feuilles floriferes et de celles qui sont accompagnées à leur base d'une bractée sous-axillaire.
Nouv. Journal de Physique, Tome 1. p. 86—94.

19. *Foliorum Epidermis.*

Horace Benoit DE SAUSSURE.
Observations sur l'Ecorce des Feuilles et des Petales.
Pagg. 102. Geneve, 1762. 12.

20. *Foliorum Sceleta.*

Frank NICHOLLS.
An account of the veins and arteries of Leaves.
Philosoph. Transact. Vol. 36. n. 414. p. 371, 372.

Albertus SEBA.
The anatomical preparation of vegetables. ibid. n. 416. p. 441—444.
———: Preparazione anatomica de' vegetabili.
Scelta di Opusc. interess. Vol. 9. p. 79—83.

Christophorus Jacobus TREW.
Anatome vegetabilium methodo Ruyschiana.
Commerc. litter. Norimberg. 1732. p. 73—77.

Paulus Henricus Gerhardus MOEHRING.
Continuatio quædam anatomes vegetabilium. ibid. 1733. p. 37, 38.

Samuel Christianus Hollmann.

Observationes de Sceletis foliorum quorumcumque duplicatis. ibid. 1735. p. 353—356.

——— Philosoph. Transact. Vol. 41. n. 461. p. 789—795. (Paulo diversa est hæc editio.)

De duplicaturæ fibrarum, in foliis quibuscunque conspicuæ usu conjecturæ. ibid. p. 796—804.

Johann Beckmann.

Blätter-scelete. in seine Beyträge zur Geschichte der Erfindungen, 4 Band, p. 212—233.

21. *Pubes.*

Johannes Georgius Volckamer.

De folio Salviæ glandifero.

Ephem. Ac. Nat. Cur. Dec. 2. Ann. 7. p. 468, 469.

Jean Etienne Guettard.

Memoires sur les corps glanduleux des plantes, leurs filets ou poils, et les matieres qui suintent des uns ou des autres.

Mem. de l'Acad. des Sc. de Paris, 1745. p. 261—308.
1747. p. 515—559, & p. 604—643.
1748. p. 441—499.
1749. p. 322—377, & p. 392—443.
1750. p. 179—235, & p. 345—384.
1751. p. 334—397.
1756. p. 307—352.

22. *Arma.*

Georgius Gottlob Küchelbecker.

Dissertatio de Spinis plantarum. Resp. Jo. Lud. Seeber. Pagg. 36. Lipsiæ, 1756. 4.

Antonius Guilielmus Plaz.

Programma de natura plantas muniente. Pagg. xvi. ibid. 1761. 4.

Christianus Fridericus Ludwig.

De plantarum munimentis. Pagg. 20. ib. 1776. 4.

23. *Partes fructificationis.*

Sebastien VAILLANT.
Discours sur la structure des fleurs, leur differences et l'usage de leurs parties. en François et en Latin.
Leide, 1718. 4.
Pagg. 39; præter nova plantarum genera, de quibus supra pag. 34.
Julius PONTEDERA.
Anthologia, sive de floris natura libri 3.
Patavii, 1720. 4.
Pagg. 303. et tabb. æneæ 12; præter Dissertationes botanicas, de quibus aliis locis.
Lars LILIEMARK.
Berettelse om blomman och des åtskilliga delars verkan och gagn, försvenskat til prof utur Pitton Tournefort.
Pagg. 4; cum figg. ligno incisis. 1735. 4.
Antonius Guilielmus PLAZ.
Dissertatio de flore plantarum. Resp. Henr. Otto Bosseck.
Pagg. 55. Lipsiæ, 1749. 4.
——— in ejus Historia organicarum in plantis partium, p. 90—119.
Casimir Christophorus SCHMIDEL.
De medulla radicis ad florem pertingente epistola.
impr. cum N. L. Burmanni Dissertatione de Geraniis.
Foll. 5. tab. ænea 1. Lugduni Bat. 1759. 4.
——— Schmidelii Dissertation. botan. p. 115—130.
Carolus LINNÆUS.
Dissertatio: Prolepsis plantarum. Resp. Hinr. Ullmark.
Pagg. 22. Upsaliæ, 1760. 4.
——— Amoenit. Academ. Vol. 6. p. 324—341.
——— Continuat. alt. select. ex Am. Acad. Dissert. p. 146—166.
——— Fundam. botan. edit. a Gilibert, Tom. 1. p. 311—326.
Disquisitio de prolepsi plantarum. Resp. Joh. Jac. Ferber.
Pagg. 18. Upsaliæ, 1763. 4.
——— Amoenit. Academ. Vol. 6. p. 365—383.
——— Continuat. alt. select. ex Am. Acad. Dissert. p. 194—216.
——— Fundam. botan. edit. a Gilibert, Tom. 1. p. 327—344.

Arthur Conrad ERNSTING.
Historische und physikalische beschreibung der geschlechter der pflanzen.
1 Theil. pagg. 424. tabb. æneæ 5.
2 Theil. pag. 425—748. tab. 6—10.
Lemgo, 1762. 4.

Augustus Joannes Georgius Carolus BATSCH.
Analyses florum e diversis plantarum generibus. latine et germanice.
Vol. 1. Fascic. 1. pagg. 98. tabb. æneæ color. 10.
2. pagg. 120. tab. 11—20.
Halæ Magdeburgicæ, 1790. 4.

24. *Calyx.*

Caspar BOSE.
Programma Calycem Tournefortii explicans.
Pagg. 32. Lipsiæ, 1733. 4.

VENTENAT.
Sur les meilleurs moyens de distinguer le Calyce de la Corolle.
Magazin encyclopedique, Tome 3. p. 303—313.

25. *Nectaria.*

Georgius Rudolphus BOEHMER.
Dissertatio de Nectariis florum. Resp. Jo. Frid. Meisner.
Pagg. xlvii. Vitembergæ, 1758. 4.
Dissertationis de Nectariis florum additamenta. Programma. Pagg. viii. ib. 1762. 4.
Programma de Ornamentis quæ præter Nectaria in floribus reperiuntur. Pagg. xvi. ib. 1758. 4.

Carolus LINNÆUS.
Dissertatio sistens Nectaria florum. Resp. Birg. Mart. Hall.
Pagg. 16. Upsaliæ, 1762. 4.
——— Amoenitat. Academ. Vol. 6. p. 263—278.
——— Fundam. botan. edit. a Gilibert, Tom. 1. p. 268—283.

Johan Lorens ODHELIUS.
Om naturligt cristalliseradt socker. (in nectario Impatientis Balsaminæ.)
Vetensk. Acad. Handling. 1774. p. 359, 360.

Johannes Fridericus ESCHENBACH.
Diatribe epistolaris Nectariorum usum exhibens.
Pagg. xi. Lipsiæ, 1776. 4.

Johannes Christianus Gottlob KLIPSTEIN.
Dissertatio inaug. de Nectariis plantarum.
Pagg. 18. Jenæ, 1784. 4.

Albert Wilhelm ROTH.
Einige anmerkungen über den honigartigen saft in denen blumen.
Magaz. für die Botanik, 2 Stück, p. 31—39.

Franz von Paula SCHRANK.
Ueber die Nectarien.
Molls Oberdeutsche Beyträge, p. 73—132.
De Nectariorum munere.
Magaz. für die Botanik, 12 Stück, p. 27, 28.

26. *Antheræ.*

Jo. Melchior VERDRIES.
Excerpta ex literis ad Cl. Wolfium, de pulvere staminum apicibus in floribus adhærente.
Act. Eruditor. Lips. 1724. p. 409—412.

Richard BADCOCK.
Microscopical observations on the farina foecundans of the Hollyhock, the Passion-flower, and the Yew tree.
Philosoph. Transact. Vol. 44. n. 479. p. 150—158, & p. 166—169.
480. p. 189—191.

George Friedrich MÖLLER.
Muthmassliche gedanken von dem staube der pflanzen während der blüthe.
Hamburg. Magaz. 2 Band, p. 454—476.

Abraham Gotthelf KASTNER.
Anmerkungen uber die muthmasslichen gedanken von dem staube der pflanzen. ibid. 3 Band, p. 11—24.

George Friedrich MÖLLER.
Fortsezung der muthmasslichen gedanken vom bluhmenstaube, auf veranlassung einiger dagegen gemachten anmerkungen. ibid. p. 410—455.

Abraham Gotthelf KÄSTNER.
Gegenerinnerungen wegen Herr Möllers fortgesezter gedanken vom blumenstaube. ibid. 6 Band, p. 529—556.

George Friedrich MÖLLER.
Erklärung auf die gegenerinnerungen Herrn Prof. Kästners, wegen der fortgesezten gedanken vom bluhmenstaube. ibid. 7 Band, p. 428—440.

Henricus Otto BOSSECK.
Dissertatio de Antheris florum. Resp. Ge. Gottlob Küchelbecker.
Pagg. 48. Lipsiæ, 1750. 4.
Christianus Fridericus LUDWIG.
Dissertatio de pulvere Antherarum. Resp. Pet. Gniditsch.
Pagg. 33. ibid. 1778. 4.
Johann HEDWIG.
Vom waren ursprunge der mänlichen begattungswerkzeuge der pflanzen.
Leipzig. Magaz. 1781. p. 297—319.
——— Samml. seiner Abhandl. 1 Band, p. 44—68.
J. S. NAUMBURG.
Ehescheidung oder auswanderung der männer von ihren weibern im pflanzenreiche (in Orchide bifolia.)
Usteri's Annalen der Botanick, 9 Stück, p. 12—32.

27. *Stylus.*

Alexander Bernhard KÖLPIN.
Commentatio de Stylo ejusque differentiis externis.
Pagg. 51. Gryphiswaldiæ, 1764. 4.

28. *Sexus et Generatio Plantarum.*

Joannes Baptista TRIUMFETTI.
Observationes de ortu ac vegetatione plantarum.
Romæ, 1685. 4.
Pagg. 63; præter Novarum stirpium historiam, de qua supra pag. 74.
Vindiciæ veritatis a castigationibus quarundam propositionum, quæ habentur in Opusculo de ortu ac vegetatione plantarum.
Pagg. 205. tabb. æneæ 4. ib. 1703. 4.
Rudolphus Jacobus CAMERARIUS.
Semina Mori subventanea.
Ephem. Ac. Nat. Cur. Dec. 2. Ann. 9. p. 212, 213.
De Sexu plantarum epistola.
Pagg. 110. Tubingæ, 1694. 8.
——— Valentini Polychrest. exotic. p. 225—271.
——— impr. cum J. G. Gmelin de novorum vegetabilium post creationem divinam exortu; p. 83—148.
Tubingæ, 1749. 8.

De Spinachia et Urtica androgynis.
Ephem. Ac. Nat. Cur. Dec. 3. Ann. 5 & 6. p. 484—486.
Joseph Pitton TOURNEFORT.
Reflexions physiques sur la production d'un Champignon.
Mem. de l'Acad. des Sc. de Paris, 1692. p. 105—111.
——— ibid. 1666—1699. Tome 10. p. 119—126.
Denis DODART.
Sur la multiplication des corps vivants, considerée dans la fecondité des plantes. ibid. 1700 p. 136—160.
1701. p. 239—255.
Samuel MORLAND.
Some new observations upon the parts and use of the flower in plants.
Philosoph. Transact. Vol. 23. n. 287. p. 1474—1479.
———: Observationes quædam novæ circa partes et usum florum in plantis.
Act. Eruditor. Lips. 1705. p. 275—278.
Wilhelmus Huldericus WALDSCHMIEDT.
Dissertatio de Sexu ejusdem plantæ gemino. Resp. Jac. Prenzler.
Pagg. 23. Kiliæ, 1705. 4.
Claude Joseph GEOFFROY.
Observations sur la structure et l'usage des principales parties des fleurs.
Mem. de l'Acad. des Sc. de Paris, 1711. p. 210—234.
Patrick BLAIR.
Observations upon the generation of plants.
Philosoph. Transact. Vol. 31. n. 369. p. 216—221.
Georgius WALLIN.
Dissertatio: Γαμος φυτων sive nuptiæ arborum. Resp. Petr. Ugla. Upsaliæ, 1729. 4.
Pag. 243—290; cum figuris ligno incisis.
James LOGAN.
Experiments concerning the impregnation of the seeds of plants.
Philosoph. Transact. Vol. 39. n. 440. p. 192—195.
———: Versuche die befruchtung der pflanzensaamen betreffend.
Hamburg. Magaz. 4 Band, p. 488—492.
Experimenta et meletemata de plantarum generatione. latine et anglice.
Pagg. 39. London, 1747. 8.
———: Versuche und gedanken von der erzeugung der pflanzen.
Physikal. Belustigung. 3 Band, p. 1088—1102.

Christian Gottlieb LUDWIG.
Dissertatio de sexu plantarum. Resp. Chph. Frid. Haase.
Pagg. 36. Lipsiæ, 1737. 4.
——— Reichardi Sylloge Opusc. botan. p. 1—30.

Laurentio ROBERG.
Præside, Dissertatio: Plantarum generatio. Resp. Bened. Lossberg.
Pagg. 8. tab. ligno incisa 1. Upsaliæ, 1738. 4.

Henry BAKER.
The discovery of a perfect plant in semine.
Philosoph. Transact. Vol. 41. n. 457. p. 448—455.

Johanne BROVALLIO
Præside, Dissertatio de harmonia fructificationis plantarum cum generatione animalium. Resp. Sal. Hannelius.
Pagg. 25. Aboæ, 1744. 4.

Carolus LINNÆUS.
Dissertatio: Sponsalia plantarum. Resp. Joh. Gust. Wahlbom.
Pagg. 60. tab. ænea 1. Stockholmiæ, 1746. 4.
——— Amoenit. Academ. Vol. 1.
edit. Holm. p. 327—380.
edit. Lugd. Bat. p. 61—109.
edit. Erlang. p. 328—380.
——— Memorie di diversi valentuomini, Tomo 4. p. 259—341.
——— in Operibus ejus variis, p. 63—145.
Lucæ, 1758. 8.
——— Fundam. botan. edit. a Gilibert, Tom. 1. p. 215—267.

Disquisitio de quæstione ab Academia Imp. Scientiarum Petropol. proposita; sexum plantarum argumentis et experimentis novis, præter adhuc jam cognita, vel corroborare, vel impugnare, ab eadem Academia præmio ornata.
Pagg. 30. Petropoli, 1760. 4.
——— Fundam. botan. edit. a Gilibert, Tom. 1. p. 193—214.
——— Amoenitat. Academ. Vol. 10. p. 100—131.
———: A Dissertation on the Sexes of plants, translated by James Edward Smith.
Pagg. 62. London, 1786. 8.
———: Dissertation sur les sexes des plantes, mise en François par M. Broussonet.
Journal de Physique, Tome 32. p. 440—462.

Joannes Ernestus HEBENSTREIT.
Programma de foetu vegetabili.
Pagg. xxiv. Lipsiæ, 1747. 4.

Johann Gottlieb GLEDITSCH.
Essai d'une fecondation artificielle, fait sur l'espece de Palmier qu'on nomme, Palma dactylifera folio flabelliformi.
Hist. de l'Acad. de Berlin, 1749. p. 103—108.
———: Von einer künstlichen wohlgelungenen befruchtung eines Palmbaumes, im königlichen kräutergarten zu Berlin. in seine Physic. Botan. Oecon. Abhandl. 1 Theil, p. 94—104.
Relation de la fecondation artificielle d'un Palmier femelle, reiterée pour la troisieme fois, et avec un plein succès, dans le jardin botanique à Berlin.
Hist. de l'Acad. de Berlin, 1767. p. 3—19.
Excerpta germanice, in Berlin. Sammlung. 2 Band, p. 367—383.
Meditationes de quibusdam differentiis sexus, cum in animalibus, tum in vegetabilibus, et de variis admodum notabilibus, quæ in posterioribus vario tempore contingunt, mutationibus, sexum spectantibus.
Nov. Act. Acad. Nat. Cur. Tom. 6. p. 90—105.
———: Gedanken über etliche unterschiede des geschlechts bey thieren und pflanzen, und verschiedene sehr merkliche, bey den leztern von zeit zu zeit vorfallende veränderungen, die das geschlecht betreffen. gedr. mit seine biographie von C. L. Willdenow; p. 81—111. Zürich, 1790. 8.

Christlob MYLIUS.
Von Datteln, welche auf eine merkwürdige art reif geworden.
Physikal. Belustigung. 1 Band, p. 81—96.

Francesco GRISELINI.
Schreiben zu vertheidigung des geschlechts der pflanzen.
ibid. 2 Band, p. 11—26.
(ex italico, in Novelle letterarie.)

William WATSON.
Some observations upon the Sex of flowers.
Philosoph. Transact. Vol. 47. p. 169—183.

Charles ALSTON.
A dissertation on the Sexes of plants.
Essays by a Society in Edinburgh, Vol. 1. p. 205—283.

Christophorus Jacobus TREW.
De femellæ per marem foecundatione in plantis, Napææ exemplo confirmata.
Nov. Act. Acad. Nat. Cur. Tom. 1. p. 437—445.
John HILL.
Outlines of a system of vegetable generation
Pagg. 46. tabb æneæ 6. London, 1758. 8.
Christianus Carolus KRÖYER.
Dissertatio de Sexualitate plantarum ante Linnæum cognita. Resp. Abel Lafont.
Pagg. 12. Hafniæ, 1761. 4.
Joseph Gottlieb KÖLREUTER.
Vorläufige nachricht von einigen das Geschlecht der pflanzen betreffenden versuchen und beobachtungen.
Pagg 50. Leipzig, 1761. 8.
Fortsezung der Vorläufigen nachricht von einigen das geschlecht der pflanzen————
Pagg. 72. ib. 1763. 8.
Zweyte fortsezung der vorläufigen nachricht————
Pagg. 128. ib. 1764. 8.
Dritte fortsezung der vorläufigen nachricht————
Pagg. 156. ib. 1766. 8.
Historie der versuche, welche von dem jahr 1691 an, bis auf das jahr 1752, über das Geschlecht der pflanzen angestellt worden sind.
Comment. Acad. Palatin. Vol. 3. phys. p. 21—40.
Benedictus Christianus VOGEL.
Programma de generatione plantarum.
Plagg. 2½. Altorphii, 1768. 4.
ANON.
Von der befruchtung der blumen und dem blumenstaube.
Berlin. Sammlung. 1 Band, p. 241—248.
Künstliche befruchtung des Palmbaumes Chamærops. ibid. 2 Band, p. 319, 320.
R. PEIRSON.
On the Sexes of plants.
Hunter's Georgical Essays, Vol. 4. p. 119—142.
Tobias Conrad HOPPE.
Abhandlung von der begattung der pflanzen.
Pagg. 62. Altenburg, 1773. 8.
Nathanaelis Godofredus LESKE.
Dissertatio de generatione vegetabilium. Resp. Ern. Sam. Reiniger.
Pagg. 32. Lipsiæ, 1773. 4.

Charles BONNET.
Idées sur la fecondation des plantes.
Journal de Physique, Tome 4. p. 261—283.
——— dans ses Oeuvres, Tome 5. Part. 1. p. 24—59.
Friedrich Casimir MEDICUS.
Von der neigung der pflanzen sich zu begatten.
Comment. Acad. Palatin. Vol. 3. phys. p. 116—192, & p. 266—270.
F. DE B.
Memoire sur la fecondation des plantes.
Journal de Physique, Tome 5. p. 23—30.
———: Memoria sulla fecondazione delle piante.
Scelta di Opusc. interess. Vol. 15. p. 66—86.
Johann Gottfried BERWALD.
Abhandlung vom Geschlecht der pflanzen und der befruchtung.
Pagg. 48. Hamburg, 1778. 8.
Lazaro SPALLANZANI.
Della generazione di diverse piante. in ejus Fisica animale e vegetabile, Tomo 3. p. 305—464.
Venezia, 1782. 12.
———: A dissertation concerning the generation of certain plants. in his Dissertations relative to the natural history of animals and vegetables, Vol. 2. p. 249—347.
(*Nicolaus Christophorus* KALL. Brünnich biblioth. pag. 236.)
De duplici plantarum Sexu Arabibus cognito Programma 1.
Plag. 1. Hafniæ, 1782. fol.
REYNIER.
Resultat de quelques experiences relatives à la generation des plantes.
Journal de Physique, Tome 31. p. 321—328.
Quelques observations sur la lettre de M. Brugnatelli. ibid. Tome 33. p. 311, 312.
Michael Franciscus BUNIVA.
De generatione plantarum. in ejus Disputatione publica, p. 3—54. Aug. Taurin. 1788. 8.
Antonio DE MARTI.
Experimentos y observaciones sobre los sexos y fecundacion de las plantas.
Pagg. 86. Barcelona, (1791.) 8.

Josua Baumann.
De Pollinis energia atque Sexu plantarum. in ejus Miscellaneis medico-botanicis, p. 17—32.
Marpurgi, 1791. 8.

David Heinrich Hoppe.
Ueber die geschlechtstheile der pflanzen, und der mittelst derselben bewürkten befruchtung.
Schr. der Regensb. botan. Ges. 1 Band, p. 65—96.

Christian Konrad Sprengel.
Das entdeckte geheimniss der natur im bau und in der befruchtung der blumen.
Coll. 444. tabb. æneæ 25. Berlin, 1793. 4.

Pietro Rossi.
Istoria di ciò che è stato pensato intorno alla fecondazione delle piante, dalla scoperta del doppio sesso fino a questo tempo, coll' aggiunta di nuove sperienze.
Mem. della Soc. Italiana, Tomo 7. p. 369—430.

29. *Plantæ hybridæ.*

Carolus Linnæus.
Dissertatio de Peloria. Resp. Dan. Rudberg.
Pagg. 18. tab. ænea 1. Upsaliæ, 1744. 4.
——— Amoenitat. Academ. Vol. 1.
edit. Holm. p. 55—73.
edit. Lugd. Bat. p. 280—298.
edit. Erlang. p. 55—73.
Dissertatio: Plantæ hybridæ. Resp. Joh. Haartman.
Pagg. 30. tab. ænea 1. Upsaliæ, 1751. 4.
——— Amoenit. Academ. Vol. 3. p. 28—62.
——— Fundam. botan. edit. a Gilibert, Tom. 1. p. 459—492.

Benjamin Cooke.
Extract of a letter concerning the effect which the farina of the blossoms of different sorts of Apple-trees had on the fruit of a neighbouring tree.
Philosoph. Transact. Vol. 43. n. 477. p. 525—527.
———: Auszug aus einem briefe, die wirckung des bluhmenmehls aus den blüten verschiedener arten von Aepfelbäumen, auf die frucht eines benachbarten baumes betreffend.
Hamburg. Magaz. 2 Band, p. 120—122.
A letter concerning a mixed breed of Apples from the mixture of the farina.
Philosoph. Transact. Vol. 45. n. 490. p. 602.

A letter concerning the effects of the mixture of the farina of Apple-trees, and of the Mayze or Indian Corn.
Philosoph. Transact. Vol. 46. n. 493. p. 205, 206.

Johannes GESNERUS.
Dissertatio de Ranunculo bellidifloro et plantis degeneribus.
Pagg. 24. tab. ænea color 1. Tiguri, 1753. 4.

* * *
Tabula ænea long. 12 unc. lat. 8 unc. exhibens similem Ranunculum bellidiflorum, etiam ex Helvetia, qui, aquæ calidæ immissus, florem Bellidis, pedunculo Ranunculi affixum, cito dimisit. Subjuncta sunt nomina Botanicorum, qui experimenti, fraudi detegendæ inservientis, testes fuerunt.

Johannes Rodolphus STEHELIN.
De floribus Peloriæ nascentibus in Elatine foliis subrotundis C. B.
Act. Helvet. Vol. 2. p. 25—33.

Joannes Philippus NONNE.
Quædam de plantis nothis, occasione spicæ Tritici, cui Avenæ fatuæ aliquot semina innata erant.
Usteri Delect. Opusc. botan. Vol. 1. p. 245—256.

Johann Gottlieb KÖLREUTER.
Vorläufige nachrichten, vide supra pag. 393.
Lychni-Cucubalus, novum plantæ hybridæ genus.
Nov. Comm. Acad. Petropol. Tom. 20. p. 431—448.
Digitales hybridæ.
Act. Acad. Petropol. 1777. Pars pr. p. 215—233.
———: Digitales hybrides.
Journal de Physique, Tome 21. p. 285—299.
Digitales aliæ hybridæ.
Act. Acad. Petropol. 1778. Pars post. p. 261—274.
———: Suite des experiences sur les Digitales hybrides.
Journal de Physique, Tome 21. p. 299—306.
Lobeliæ hybridæ.
Act. Acad. Petropol. 1777. Pars post. p. 185—192.
———: Lobelies hybrides.
Journal de Physique, Tome 23. p. 100—105.
———: Tweeslagtige Lobelia's.
Geneeskundige Jaarboeken, 6 Deel, p. 124—130.
Lycia hybrida.
Act. Acad. Petropol. 1778. Pars pr. p. 219—224.
Verbasca nova hybrida. ibid. 1781. Pars pr. p. 249—270.

Daturæ novæ hybridæ.
Act. Acad. Petropol. 1781. Pars post. p. 303—313.
Malvacei ordinis plantæ novæ hybridæ. ibid. 1782. Pars post. p. 251—288.
——— Magaz. für die Botanick, 6 Stück, p. 25—57.
Lina hybrida.
Nov. Act. Acad. Petropol. Tom. 1. p. 339—346.
Dianthi novi hybridi. ibid. Tom. 3. p. 277—284.

J. Ch. E.
Erfahrung von der wirkung des blumenstaubes der pflanzen. Beschäft. der Berlin. Ges. Naturf. Fr. 1 Band, p. 380—386.
——— : Experiences sur la poussiere seminale des plantes. Journal de Physique, Tome 14. p. 343—345.
——— : Cimento su l'efficacia della polvere fecondatrice de' fiori delle piante.
Scelta di opusc. interess. Vol. 31. p. 31—36.

Reynier.
Description de quelques individus monstrueux de la Pediculaire des bois.
Journal de Physique, Tome 27. p. 381—383.

Johann Henrich Stein.
Geschichte einer künstlichen befruchtung der Levkojen, nebst einer anweisung wie dadurch gefüllte blumen zu erhalten. Pagg. 45. Minden, 1787. 8.

30. *Semina.*

Josephus de Aromatariis.
Epistola de generatione plantarum ex Seminibus.
Plag. 1. Venetiis, 1625. 4.
——— Philosoph. Transact. Vol. 18. n. 211. p. 150—152.
——— impr. cum Joach. Jungii Opusculis; p. 179—183. Coburgi, 1747. 4.

John Ray.
A discourse on the Seeds of plants. (read at the Royal Society in 1674.)
Birch's History of the Royal Society, Vol. 3. p. 162—169.

Antonius Guilielmus Plaz.
Programma de plantarum Seminibus.
Plagg. 2. Lipsiæ, 1736. 4.
——— in ejus Historia organicarum in plantis partium, p. 21—35.

Franciscus Ernestus BRÜCKMANN.
De rarioribus quibusdam Fructibus exoticis.
Act. Acad. Nat. Curios. Vol. 7. p. 181, 182.
James PARSONS.
Observations relating to vegetable Seeds.
Philosoph. Transact. Vol. 43. n. 474. p. 184—188.
The microscopical theatre of Seeds. Vol. 1.
Pagg. 348. tabb. æneæ 8. London, 1745. 4.
Adsunt etiam Archetypa iconum, ab auctore delineata, cum figuris tabulæ 9næ, ineditæ.
Henry BAKER.
Some observations upon the minuteness of the Seeds of some plants.
Philosoph. Transact. Vol. 46. n. 494. p. 337, 338.
Carolo Friderico MENNANDER
Præside, Dissertatio de Seminibus plantarum. Resp. Petr. Solitander.
Pagg. 22. Aboæ, 1752. 4.
Joannes Fridericus ESCHENBACH.
Diatribe de physiologia Seminum.
Pagg. xii. Lipsiæ, 1777. 4.
Georgius Rudolphus BOEHMER.
Dissertationes: Spermatologiæ vegetabilis
Pars 1. de Seminum existentia, differentia et usu. Resp. Mich. Traug. Græfe.
Pagg. 36. Vitembergæ, 1777. 4.
Pars 2. de Seminum ortu, foecundatione et incremento. Resp. Jo. Seizius. Pagg. 34. 1778.
Pars 3. de Seminum collectione, duratione et conservatione. Resp. Ern. Godofr. Füssel.
Pagg. 27. 1780.
Pars 4. de Seminum ad sementem præparatione. Resp. Jo. Gottlieb Tiemann. Pagg. 47. 1781.
Pars 5. de Seminum satione. Resp. Car. Aug. Besserus. Pagg. 34. 1781.
Pars 6. de Germinationis adminiculis. Resp. Rud. Ern. Uhlich. Pagg. 26. 1783.
Pars 7. de Germinatione. Resp. Chr. Gottlieb Uhlich.
Pagg. 22. 1784.
Hæ Dissertationes conjunctim editæ sub titulo sequenti:
Commentatio physico-botanica de plantarum Semine.
Wittebergæ et Servestæ, 1785. 8.
Pagg. 408; præter Dissertationem de contextu celluloso vegetabilium, de qua supra pag. 372.

Josephus GÆRTNER.
De fructibus et Seminibus plantarum, accedunt seminum centuriæ v. priores. Stutgardiæ, 1788. 4.
Pagg. clxxxij et 384. tabb. æneæ 79.
Volumen alterum continens seminum centurias quinque posteriores.
Pagg. lij et 520. tab. 80—180. Tubingæ, 1791. 4.
Friedrich Kasimir MEDICUS.
Kurzer umriss einer systematischen beschreibung der mannigfaltigen umhüllungen der Saamen. Vorles. der Churpfalz. Phys. Ökon. Gesellsch. 4 Band. 1 Theil, p. 167—382.

31. *Plantarum Germinatio.*

Güntherus Christophorus SCHELHAMMER.
Pistaciæ germinatio.
Ephem. Ac. Nat. Cur. Dec. 2. Ann. 7. p. 371—373.
Amygdalorum germinatio. ibid. Ann. 8. p. 89—91.
Palmæ ex semine ortus. ibid. p. 91—95.
Johannes Georgius VOLCKAMER.
De germinatione nucis Coccos. ibid. Ann. 7. p. 467, 468.
Guillaume HOMBERG.
Experiences sur la germination des plantes.
Mem. de l'Acad. des Sc. de Paris, 1693. p. 101—107.
——— ibid. 1666—1699. Tome 10. p. 348—354.
Abraham DE LA PRYME.
An account of some observations concerning vegetation.
Philosoph. Transact. Vol. 23. n. 281. p. 1214—1216.
DES LANDES.
Sur la prompte vegetation des plantes. dans son Recueil de traitez de physique et d'histoire naturelle, Tome 1. p. 151—161.
Joannes Sebastianus ALBRECHT.
De germinantibus in fructu Melopeponis seminibus.
Act. Acad. Nat. Curios. Vol. 5. p. 94—97.
Martin TRIEWALD.
A letter concerning the vegetation of Melon seeds 42 years old.
Philosoph. Transact. Vol. 42. n. 464. p. 115, 116.
Roger GALE.
A letter concerning the vegetation of Melon Seeds 33 years old. ibid. Vol. 43. n. 475. p. 265.

G. W. KRAFFT.
De vegetatione plantarum experimenta et consectaria.
Nov. Comm. Acad. Petropol. Tom. 2. p. 231—256.
ELLER.
Nouvelles experiences et observations sur la vegetation des graines des plantes et des arbres.
Hist. de l'Acad. de Berlin, 1752. p. 17—28.
———— : Neue versuche und anmerkungen vom wachsthume der körner der pflanzen und baume.
Hamburg. Magaz. 14 Band, p. 173—190.
——— ——— Neu. Hamburg. Magaz. 104 Stück, p. 144—161.
M. NORBERG.
Om några örte-fröns uthärdande i jorden flera års tid, utan at förlora deras förmögenhet at gro.
Vetensk. Acad. Handling. 1757. p. 56—60.
Johanne Gottschalk WALLERIO
Præside, Dissertatio de vegetatione seminum vegetabilium per mortem. Resp. Mich. Henr. Ottin.
Pagg. 8. Upsaliæ, 1761. 4.
J. P NONNE.
De plantulis frumenti seminalibus observationes quædam.
Act. Acad. Mogunt. Tom. 2. p. 337—354.
Alexander HUNTER.
On the roots of Wheat.
in his Georgical Essays, Vol. 1. p. 111—119.
VASTEL.
Lettre sur la germination.
Journal de Physique, Tome 15. p. 51—58.
Clas BJERKANDER.
Anmärkningar gjorda år 1782, huru länge säd, som ifrån och med 1, til och med 6 tum djupt utsåddes, låg i jorden, förr an den begynte upkomma.
Vetensk. Acad. Handling. 1782. p. 299—305.
Johann HEDWIG.
Beobachtung von den Saamenlappen.
Sammlungen zur Physik, 2 Band, p. 3—13.
———— Samml. seiner Abhandl. 1 Band. p. 25—34.
Carl Ludwig WILLDENOW.
Ueber das keimen der pflanzen.
Usteri's Annalen der Botanick, 17 Stück, p. 1—19.
John GOUGH.
Experiments and observations on the vegetation of seeds.
Mem. of the Soc. of Manchester, Vol. 4. p. 310—324, et p. 488—506.

32. *Plantarum Foecunditas.*

Christian WOLFF.

Entdeckung der wahren ursache von der wunderbahren vermehrung des getreydes.
Pagg 140. Halle, 1725. 4.

Erläuterung der entdeckung der wahren ursach von der wunderbahren vermehrung des getreydes, darinnen auf die erinnerungen, welche darüber heraus kommen, geantwortet wird.
Pagg. 44. Franckf. u. Leibz. 1730. 4.

Joseph HOBSON.

A letter concerning the wonderful increase of the seeds of plants, e. g. of the upright Mallow.
Philosoph. Transact. Vol. 42. n. 468. p. 320—322.

Petro KALM

Præside, Dissertatio de foecunditate plantarum. Resp. Laur. Settermark.
Pagg. 12. Aboæ, 1757. 4.

William WATSON.

An account of some experiments, by Mr. Charles Miller, on the sowing of Wheat.
Philosoph. Transact. Vol. 58. p. 203—206.

———— : Metodo per trarre da un sol grano un maraviglioso prodotto.
Scelta di Opusc. interess. Vol. 2. p. 112—116.

Job BASTER.

Brief over den mislukten uitslag der Tarw-teeld, volgens het voorschrift van den Heer Miller. Verhand. van het Genootsch. te Vlissingen, 3 Deel, p. 597—616.

Johann HELFENZRIEDER.

Ein sonderbares zusezen an Roggenähren, und die ursache desselben. Abhandl. einer Privatgesellsch. in Oberdeutschland, 1 Band, p. 32—36.

33. *Plantarum Propagatio alia quam per semina.*

Johanne SPERLING

Præside, Excercitatio de traductione formarum in plantis. Resp. Chr. Büttner.
Plagg. 2. Wittebergæ, 1648. 4.

Georgius Rudolphus BOEHMER.
Dissertatio: Plantæ caule bulbifero. Resp. Chr. Gotthilf Kiesling.
Pagg. 30. Lipsiæ, 1749. 4.

Jean Etienne GUETTARD.
Sur l'oignon de Scille.
dans ses Memoires, Tome 1. p. xcix—cj.

Johann HEDWIG.
Etwas über die lebendigen geburten der pflanzen.
Leipzig. Magaz. 1783. p. 25—40.
——— Samml. seiner Abhandl. 1 B. p. 96—115.

Ludovicus Philippus THÜMMIGIUS.
Dissertatio: Experimentum singulare de arboribus ex folio educatis ad rationes physicas revocatum. Resp. Joh. Mayer.
Pagg. 56. Halæ, 1721. 4.
———: Von den bäumen, welche aus blattern auferzogen werden. in seine Erläuterung der merkwurdigsten begebenheiten in der natur, 2 Stück, p. 110—173.

Georgius Bernhardus BÜLFFINGER.
De radicibus et foliis Cichorii.
Comment. Acad. Petropol. Tom. 5. p. 198—212.
———: Von den wurzeln und blattern der Cichorien.
Hamburg. Magaz. 1 Band. 6 Stuck, p. 115—132.

Fridericus Augustus CARTHEUSER.
Observatio botanica de radicibus Taraxaci.
Act. Acad. Mogunt. 1776. p. 96, 97.

34. *Plantarum Monstra.*

Ovidius MONTALBANUS.
Monstrosarum aliquot observationum indicatio, de quibus in Aldrovandæa Dendrologia mox edenda suis locis diffusa dabitur historia.
impr. cum ejus Horto botanographico; p. 100—110; cum figg. ligno incisis. Bononiæ, 1660. 8.

Thomas BARTHOLINUS.
Monstra varia plantarum.
in ejus Act. Hafniens. 1671. p. 55, 56.

Olaus BORRICHIUS.
(Monstra varia plantarum.) ibid. 1673. p. 162—164.

Georgius Wolffgangus WEDEL.
De ramo Pini monstroso.
Ephem. Ac. Nat. Cur. Dec. 1. Ann. 3. p. 224, 225.

De ramulo Salicis et Acaciæ germanicæ monstroso.
Ephem. Ac. Nat. Cur. Dec. 1. Ann. 3. p. 226.
Johannes Michael FEHR.
De Chrysanthemo monstroso et Citrio manuformi. ibid, Ann. 9 & 10. p. 30—32.
Simon Aloysius TUDECIUS.
De Echio monstroso. ibid. p. 295—297.
Johannes Mauritius HOFFMANN.
De Chrysanthemo foliis Matricariæ petalis fistulosis. ibid. Dec. 2. Ann. 10. p. 360.
Nicolas MARCHANT.
Description d'une production extraordinaire de la plante appellée Fraxinelle.
Mem. de l'Acad. de Sc. de Paris, 1693. p. 29—32.
———— ibid. 1666—1699. Tome 10. p. 266—271.
Observations sur quelques vegetations irregulieres de differentes parties des plantes. ibid. 1709. p. 64—69.
Jacobus Augustinus HÜNERWOLFF.
De Lilio cruento polyphyllo et Bellide monstrosa.
Ephem. Ac. Nat. Cur. Dec. 3. Ann. 1. p. 186.
Johannes Georgius VOLCKAMER.
De Thlaspi incano Mechlinensi flore pleno. ibid. Ann. 2. p. 353.
Sigismundus SCHMIEDER.
Pyra florentia, et Rosæ duplices triplicesque. ibid. Cent. 3 & 4. p. 351—354.
Joannes Sebastianus ALBRECHT.
De Raphano majori, cortice nigricante C. B. radice oblonga, foliis luxuriose in cavitatem radicis deorsum natis.
Act. Acad. Nat. Curios. Vol. 8. p. 59—61.
Philippus Jacobus SCHLOTTERBECCIUS.
Schediasma botanicum de monstris plantarum, quo analogiam, regno vegetabili cum animali intercedentem, in producendis iisdem, adstruit.
Act. Helvet. Vol. 2. p. 1—14.
————: Observations botaniques sur les monstres des plantes.
Journal de Physique, Introd. Tome 1. p. 213—220.
Johann Gottlieb GLEDITSCH.
Relation concernant une excrescence monstrueuse qui a eté trouvée sur un Sapin.
Hist. de l'Acad. de Berlin, 1755. p. 86—103.

Georgius Bernhardus BÜLFFINGER.
Observationes botanicæ.
Nov. Comm. Acad. Petropol. Tom. 6. p. 407—420.

ANON.
Verzeichniss von den bisher bemerkten gewächsen mit versilberten oder verguldeten blättern.
Titius Gemeinnüzige abhandl. 1 Theil, p. 160—166.
——— Neu. Hamburg. Magaz. 88 Stück, p. 345—352.

COTTE.
Lettre sur une monstruosité vegetale.
Journal de Physique, Tome 5. p. 356.

Henry Louis DU HAMEL *du Monceau.*
Sur une production monstrueuse du Pommier.
Mem. de l'Acad. des Sc. de Paris, 1775. p. 559, 560.

Nicolaus Josephus JACQUIN.
Sempervivum sediforme monstrosum.
in ejus Miscellaneis Austriacis, Vol. 1. p. 133.

Auguste Denis FOUGEROUX *de Bondaroy.*
Sur une excroissance de l'Epine blanche.
Mem. de l'Acad. des Sc. de Paris, 1782. p. 205, 206.

Jean Etienne GUETTARD.
Memoire sur differentes monstruosités de plantes et d'animaux.
dans ses Memoires, Tome 5. p. 1—49.

Louis Jean Marie DAUBENTON.
Observations sur l'organisation des Tumeurs, des Excroissances, des Broussins, et des Loupes du tronc et des branches des arbres. Mem. de la Soc. R. d'Agricult. de Paris, 1786. Trim. de Printemps, p. 64—74.

ANON.
Von einigen monstrosen pflanzen.
Magaz. für die Botanik, 1 Stuck, p. 55—60.

de REYNIER.
Sur la nature des Galles.
Journal de Physique, Tome 34. p. 296—298.

35. *Plantæ fasciatæ.*

Johannes Daniel MAJOR.
Dissertatio de planta monstrosa Gottorpiensi, ubi quædam de coalescentia stirpium, et circulatione succi nutritii per easdem, proferuntur.
Plagg. 4. tabb. æneæ 2. Schleswigæ, 1665. 4.

Johannes JÆNISCH.
De Buglosso silvestri monstroso.
Ephem. Ac. Nat. Cur. Dec. 1. Ann. 1. p. 204—207.
Thomas BARTHOLINUS.
Malva monstrosa. in ejus Act. Hafniens. Vol. 5. p. 325.
Gustavus Casimir GAHRLIEP.
De Conyza monstrosa, laticauli, cristata.
Ephem. Ac. Nat. Cur. Dec. 2. Ann. 8. p. 65—68.
Georgius HANNÆUS.
Corona imperialis rarissima. ibid. p. 238—240.
Johannes Jacobus WAGNERUS.
Narcissus albidus medioluteus polyanthos et laticaulis. ibid. Ann. 9. p. 60, 61.
Mauritius HOFFMANN.
De Chrysanthemo arvensi monstroso. ibid. Dec. 3. Ann. 3. p. 81, 82.
De Asparago monstroso. ibid. Cent. 9 & 10. p. 459.
Georgius Fridericus FRANCUS DE FRANKENAU.
De Bellide majore tergemina monstrosa. ibid. Dec. 3. Ann. 5 & 6. p. 412—415.
De Viola Lunaria majori siliqua rotunda C. B. P. sive Lunaria græca monstrosa. ibid. Cent. 1 & 2. p. 95—97.
Georgius DETHARDING.
De Asparago laticauli. ibid. Dec. 3. Ann. 7 & 8. p. 31, 32.
Kilian STOBÆUS.
Observatio botanica circa Hesperidem hortensem monstrosam.
Act. Literar. Sveciæ, 1723. p. 413—415.
Johannes Fridericus HENCKEL.
De Chamæmelo monstroso.
Act. Acad. Nat. Curios. Vol. 2. p. 407, 408.
Georgius Rudolphus BOEHMER.
Programma de plantis fasciatis.
Pagg. xvi. Wittebergæ, 1752. 4.
Tobias Conrad HOPPE.
Von einem blumenreichen Martagon.
Physikal. Belustigung. 3 Band, p. 911—919.

36. *Flores proliferi.*

Güntherus Christophorus SCHELHAMMER.
Flores præter morem proliferi.
Ephem. Ac. Nat. Cur. Dec. 2. Ann. 6. p. 209—211.

Johannes Henricus HOTTINGER.
De Rosis proliferis. Ephem. Ac. Nat. Cur. Dec. 3. Ann. 9 & 10. p. 249, 250.
Nicolas MARCHANT.
Dissertation sur une Rose monstrueuse.
Mem. de l'Acad. des Sc. de Paris, 1707. p. 488—491.
Godofredus Benjamin PREUSSIUS.
Partus matri Rosæ proliferæ fatalis.
Ephem. Ac. Nat. Cur. Cent. 7 & 8. App. p. 83—117.
Gottwald SCHUSTER.
De Rosa monstrosa.
Act. Acad. Nat. Curios. Vol. 6. p. 185—187.
Johannes Carolus ACOLUTHUS.
Flores Calendulæ proliferi. ibid. Vol. 10. p. 208.
Johann Gottlieb GLEDITSCH.
Sur une espece de prolification très rare, arrivée au centre du pistille, dans une Iris monstrueuse, et sur un autre singuliere dans un Lis blanc.
Hist. de l'Acad. de Berlin, 1761. p. 50—58.
Joh. Christ. Polykarp ERXLEBEN.
Lactuca sativa prolifera. in seine physikalisch-chemische Abhandlungen, p. 348, 349.
Paolo SPADONI.
Lettera relativa a due Rose prolifiche.
Mem. della Società Italiana, Tomo 5. p. 488—500.
Friedrich Alexander VON HUMBOLDT.
Ueber eine zweifache prolification der Cardamine pratensis.
Usteri's Annalen der Botanick, 3 Stück, p. 5—7.

37. *Fructus monstrosi.*

Claude PERRAULT.
Observations sur des fruits, dont la forme et la production avoient quelque chose de fort extraordinaire.
Mem. de l'Acad. des Sc. de Paris, 1666—1699. Tome 10. p. 552—554.
Lucas SCHRÖCK.
De Pomis Citriis monstrosis.
Ephem. Ac. Nat. Cur. Dec. 2. Ann. 2. p. 33—35.
Johannes Christophorus BAUTZMANN.
De Pyris monstrosis. ibid. Ann. 8. p. 134.
ANON.
Aurantium hermaphroditum Lubecense.
Nov. Literar. Mar. Balth. 1698. p. 100.

ANON.
Account of a double pear.
Philosoph. Transact. Vol. 22. n. 260. p. 470.
Nicolas MARCHANT.
Observation sur un nouveau phenomene concernant la structure du fruit d'une espece de Prunier.
Mem. de l'Acad. des Sc. de Paris, 1735. p. 373—378.
Joannes AMMAN.
De Ficubus e trunco arboris enatis.
Comment. Acad. Petropol. Tom. 8. p. 193—196.
J. Ch. HELCK.
Von bluthen auf den baumfrüchten.
Hamburg. Magaz. 8 Band, p. 207—209.
DE CHANGEUX.
Observations sur un raisin monstrueux.
Journal de Physique, Tome 7. p. 293, 294.
Observation sur les differences essentielles qui se trouvent entre les Raisins panachés, et le Raisin monstrueux. ibid. p. 469, 470.
ANON.
Nachrict von blühenden Birnen.
Berlin. Sammlung. 9 Band, p. 69—75.
REYGNIER.
Observation sur des fruits proliferes de Meleze.
Journal de Physique, Tome 26. p. 254—256.

38. *Fructus in fructu.*

Johannes Ludovicus APINUS.
De Citro in citro.
Ephem. Act. Acad. Nat. Cur. Dec 3. Ann. 4. p. 66, 67.
Carl LINNÆUS.
Pomerantz med et inneslutit foster.
Vetensk. Acad. Handling. 1745. p. 281—285.
———: Malum Aurantium alterum alteri inclusum.
Analect. Transalpin. Tom. 1. p. 414—416.
Freyherr VON MEIDINGER.
Auszug aus einem schreiben an den D. Martini. Beschäft. der Berlin. Ges. Natutf. Fr. 3 Band, p. 432, 433.
Leendert BOMME.
Natuurkundige waarneeming van een bevrugten Oranje-appel. Verhandel. van het Genootsch. te Vlissingen, 7 Deel, p. 208—212.

39. *Monstra Cerealium.*

Philippus Jacobus SACHS A LEWENHEIMB.
Singularis spica Hordei.
Ephem. Ac. Nat. Cur. Dec. 1. Ann. 2. p. 184—187.
Gottofredus Christianus WINCLER.
De spica Secalis mirabili. ibid. Ann. 6 & 7. p. 153, 154.
Johannes Godofredus BÜCHNER.
De frumenti spicis proliferis, seu multoties auctis et multiplicatis.
Act. Acad. Nat. Curios. Vol. 7. p. 291—293.
Michel ADANSON.
Remarques sur les Blés appelés Blés de miracle, et decouverte d'un Orge de miracle.
Mem. de l'Acad. des Sc. de Paris, 1765. p. 613—619.

40. *Rosæ salicinæ.*

L. Sigismundus GRASSIUS.
De excrescentiis floriformibus in Salicibus luxuriantibus.
Ephem. Ac. Nat. Cur. Dec. 1. Ann. 3. p. 410—412.
Gottofredus Christianus WINCLER.
De Rosis salignis. ibid. Ann. 6 & 7. p. 155.
Joannes Sebastianus ALBRECHT.
De Salicum rosis fictis, neque bonorum, neque malorum nunciis.
Act. Acad. Nat. Curios. Vol. 9. p. 187—197.
————: Sur les fausses roses des Saules.
Journal de Physique, Introd. Tome 1. p. 489—492.
Johann Samuel SCHRÖTER.
Eine besondere ausartung junger Weidenzweige auf alten Weidenköpfen.
Berlin. Sammlung. 2 Band, p. 407—422.

41. *Plantarum Anomaliæ.*

Rudolphus Guilielmus CRAUSIUS.
Propempticum de naturæ, in regno vegetabili lusibus.
Plag. 1. Jenæ, 1706. 4.
Johannes Christophorus LISCHWIZ.
Programma de variis naturæ lusibus ac anomaliis circa plantas.
Plag. $1\frac{1}{2}$. Kiliæ, 1733. 4.

Georgio Rudolpho BOEHMER
Præside, Dissertatio: Planta res varia. Resp. Joh. Frid. Gottlieb Friederici.
Pagg. 30. Wittebergæ, 1765. 4.

42. *Plantarum Metamorphosis.*

Carolus LINNÆUS.
Dissertatio Metamorphoses plantarum sistens. Resp. Nic. Dahlberg.
Pagg. 26. Holmiæ, 1755. 4.
——— Amoenitat. Acad. Vol. 4. p. 368—386.
——— Continuat. select. ex Am. Acad. Dissertat. p. 208—228.
——— Fundam. botan. edit. a Gilibert, Tom. 1. p. 345—361.
Johann Wolfgang VON GÖTHE.
Versuch die metamorphose der pflanzen zu erklären.
Pagg. 86. Gotha, 1790. 8.

43. *Plantarum Ortus.*

Nicolas MARCHANT.
Observations sur la nature des plantes.
Mem. de l'Acad. des Sc. de Paris, 1719. p. 59—66.
Henry Louis DU HAMEL *du Monceau.*
Recherches sur les causes de la multiplication des especes de fruit. ibid. 1728. p. 338—354.
Joannes Georgius GMELIN.
Sermo academicus de novorum vegetabilium post creationem divinam exortu. Tubingæ, (1749) 8.
Pag. 1—39. Programma continens vitam Gmelini; pag. 40—82. sermo ipse; dein Camerarii de sexu plantarum epistola, de qua supra pag. 389.
Johann Gottfried ZINN.
Von dem ursprunge der pflanzen.
Hamburg. Magaz. 16 Band, p. 339—355.
Carolus LINNÆUS.
Dissertatio: Fundamentum fructificationis. Resp. Joh. Mart. Gråberg.
Pagg. 24. Upsaliæ, 1762. 4.
——— Amoenitat. Academ. Vol. 6. p. 279—304.
——— Fundam. botan. edit. a Gilibert, Tom. 1. p. 169—192.

Michel ADANSON.
Examen de la question si les especes changent parmi les plantes.
Mem. de l'Acad. des Sc. de Paris, 1769. p. 31—48.

44. *Transmutatio specierum in plantis.*

Johanne BROWALLIO
Præside, Specimen de transmutatione specierum in regno vegetabili. Resp. Joh. Justander.
Pars Prior. pagg. 23. Pars Post. pag. 25—58.
Aboæ, 1745. 4.

Rudolphus Jacobus CAMERARIUS.
De Lolio temulento.
Ephem. Ac. Nat. Cur. Dec. 3. Ann. 3. p. 238—243.

Gio. Domenico OLMI.
Discorso nel quale si esamina, se il Loglio, secondó la volgare opinione, sia prodotto in alcune occasioni dalla semenza del grano.
Atti dell' Accad. di Siena, Tomo 4. p. 297—320.

Johan Bernhard VERGIN.
Rön och försök om en underbar sädesartenes förwandling ifrån sämre til bättre slag.
Pagg. 38. Stockholm, 1757. 8.

Carolus LINNÆUS.
Dissertatio de Transmutatione frumentorum. Resp. Bogisl. Hornborg.
Pagg. 16. Upsaliæ, 1757. 4.
——— Amoenitat. Academ. Vol. 5. p. 106—119.
——— Continuat. alt. select. ex Am. Acad. Dissert. p. 22—37.
——— Fundam. botan. edit. a Gilibert, Tom. 2. p. 487—499.

Cornelius NOZEMAN.
Uitreksel uit het omstandiger verhaal van zekere proefneeming, omtrent eene wonderbaare verbetering van de Haver, door J. B. Vergin.
Uitgezogte Verhandelingen, 3 Deel, p. 405—412.
Aanmerkingen omtrent de proefneeming tot verandering van Haver in Rogge. ibid. p. 481—494.
Nadere aanwyzing van het weezenlyk verschil tussen Haver en Rogge, dienende tot een vervolg op de aanmer-

kingen nopens het veranderen van de eene soorte deezer graan-gewassen in de andere.
Uitgezogte Verhandelingen, 4 Deel, p. 49—66.

Carl LINNÆUS.

Brief aan C. Nozeman over de verandering van Haver in Rogge. ibid. p. 67—71.

45. *Plantarum irritabilitas.*

Jean Nicolas DE LA HIRE.
Observation d'un phenomene qui arrive à la fleur de Dracocephalon americanum, lequel a du rapport avec le signe pathognomonique des cataleptiques.
Mem. de l'Acad. des Sc. de Paris, 1712. p. 212—215.

Alexander CAMERARIUS.
Flos Cyani.
Ephem. Acad. Nat. Curios. Cent. 9 & 10. p. 194—197.

Caspar BOSE.
Dissertatio de motu plantarum sensus æmulo. Resp. Ge. Matth. Bose.
Pagg. 56. Lipsiæ, 1728. 4.

Conte Giovambatista DAL COVOLO.
Discorso della irritabilita d'alcuni fiori.
Pagg. xxv. tab. ænea 1. Firenze, 1764. 8.
———— : A discourse concerning the irritability of some flowers.
Pagg. xliii. tab. ænea 1. London, (1767.) 8.
———— : Rede über die reizbarkeit einiger blumen.
Naturforscher, 6 Stück, p. 216—237.

Johann August UNZER.
Vom gefühle der pflanzen.
in seine physikal. Schriften, 1 Samml. p. 242—255.

Ferdinando Christophoro OETINGER
Præside, Dissertatio: Irritabilitas vegetabilium, in singulis plantarum partibus explorata, ulterioribusque experimentis confirmata. Resp. Jo. Frid. Gmelin.
Pagg. 30. Tubingæ, 1768. 4.
———— Ludwig delect. Opuscul. Vol. 1. p. 272—309.

Karl Joseph OEHME.
Ueber die reizbarkeit im pflanzenreich. Beschäft. der Berlin. Ges. Naturf. Fr. 2 Band, p. 79—90.
Zwote abhandlung: Mikroskopische beobachtungen an der Mimosa sensitiva Linn. ibid. 3 Band, p. 138—148.

E. P. SWAGERMAN.
Waarneeming omtrent eene byzondere eigenschap van de Apocynum, in het dooden van sommige soorten van vliegen. Verhandel. van de Genootsch. te Vlissingen,
5 Deel, p. 281—306.
9 Deel, p. 1—32.

Francesco BARTOLOZZI.

Memoria sopra la qualità che hanno i fiori d'Apocynum androsæmifolium di prender le mosche.

Opuscoli scelti, Tomo 2. p. 193—198.

Albrecht Wilhelm ROTH.

Von der reizbarkeit der blätter des sogenannten Sonnenthaues (Drosera rotundifolia, longifolia.) in seine Beiträge zur Botanik, 1 Theil, p. 60—76.

Einige versuche von der reizbarkeit der blätter des Sonnenthaues.

Magazin für die Botanik, 2 Stück, p. 27—30.

Robert BRUCE.

An account of the sensitive quality of the tree Averrhoa Carambola.

Philosoph. Transact. Vol. 75. p. 356—360.

———: Sulla qualità sensitiva dell'Averrhoa Carambola.

Opuscoli scelti, Tomo 11. p. 21—25.

———: Nachricht von der empfindlichkeit des baumes Averrhoa Carambola.

Magazin für die Botanik, 1 Stück, p. 96—103.

———: Nachricht von der empfindungsähnlichen eigenschaft des baums Averrhoa Carambola.

Sammlungen zur Physik, 3 Band, p. 659—665.

———: U ber die empfindliche eigenschaft des baums Averrhoa Carambola.

Voigt's Magaz. 4 Band. 2 Stück, p. 58—61.

———: Over de eigenschap van gevoelig te zyn in den boom, Averrhoa Carambola genaamd.

Algem. geneeskund. Jaarboeken, 4 Deel, p. 286—288.

Thomas PERCIVAL.

Speculations on the perceptive power of vegetables.

Memoirs of the Society of Manchester, Vol. 2. p. 114—130.

———: Betrachtungen uber das empfindungsvermögen der pflanzen.

Sammlung. zur Physik, 3 Band, p. 666—678.

Robert TOWNSON.

Objections against the perceptivity of plants, so far as is evinced by their external motions, in answer to Dr. Percival's memoir.

Transact. of the Linnean Society, Vol. 2. p. 267—272.

René Louiche DESFONTAINES.

Observations sur l'irritabilité des organes sexuels d'un grand nombre de plantes.

Mem. de l'Acad. des Sc. de Paris, 1787. p. 468—480.

——— Journal de Physique, Tome 31. p. 447—456.
———: Sull' irritabilità degli organi sessuali di molte piante.
Opuscoli scelti, Tomo 10. p. 417—422.
———: Ueber die reizbarkeit der geschlechtstheile bey den pflanzen.
Lichtenberg's Magaz. 3 Band. 4 Stück, p. 37—44.
———: Waarneemingen over de prikkelbaarheid der werktuigen van de voortteeling in de planten.
Algem. geneeskund. Jaarboeken, 4 Deel, p. 276—279.

James Edward SMITH.
Some observations on the irritability of vegetables.
Philosoph. Transact. Vol. 78. p. 158—165.
——— Seorsim etiam adest, pagg. 10. 4.
———: Observations sur l'irritabilité des vegetaux.
Journal de Physique, Tome 33. p. 48—52.
———: Osservazioni sopra l'irritabilità de' vegetabili.
Opuscoli scelti, Tomo 11. p. 379—384.
———: Einige bemerkungen über die reizbarkeit der pflanzen.
Magazin für die Botanik, 7 Stück, p. 78—88.
———: Bemerkungen über die reizbarkeit der vegetabilien.
Voigt's Magaz. 6 Band. 2 Stück, p. 34—46.

Josephus Theophilus KOELREUTER.
Nouvelles observations et experiences sur l'irritabilité des etamines de l'Epine-vinette (Berberis vulgaris L.)
Nov. Act. Acad. Petropol. Tom. 6. p. 207—216.

André COMPARETTI.
Nouvelles recherches sur la structure organique relativement à la cause des mouvemens de la sensitive commune.
Mem. de l'Acad. de Turin, Vol. 5. present. p. 209—244.

Friedr. Alb. Ant. MEYER.
Ueber die empfindung der pflanzen.
Voigt's Magaz. 8 Band. 2 Stück, p. 99—115.

Friedrich Alexander VON HUMBOLDT.
Beobachtungen über die Staubfäden der Parnassia palustris.
Usteri's Annalen der Botanick, 3 Stück, p. 7—9.

46. *Plantarum Motus.*

Michel ADANSON.
Sur une mouvement particulier decouvert dans une plante appelée Tremella.
Mem. de l'Acad. des Sc. de Paris, 1767. p. 564—572.

Bonaventura CORTI.
Osservazioni microspiche sulla Tremella.
Lucca, 1774. 8.
Pagg. 207. tabb. æneæ 3. Pars posterior hujus libelli de circulatione fluidi in Chara agit, de qua supra pag. 375.
Felix FONTANA.
Sur le Tremella. Journal de Physique, Tome 7. p. 47—52. confer pag. 328.
Otto Friedrich MULLER.
Von sich bewegenden Wassermoosen.
Schr. der Berlin. Ges. Naturf. Fr. 4 Band, p. 171—177.
Johann Andreas SCHERER.
Beobachtungen und versuche über das pflanzenähnliche wesen in den warmen Carlsbader und Töplizer wässern in Böhmen.
Abhandl. der Böhm. Gesellsch. 1786. p. 254—271.
Horace Benoit DE SAUSSURE.
De deux nouvelles especes de Tremelles douées d'un mouvement spontanée.
Journal de Physique, Tome 37. p. 401—409.
COLLOMB.
Observations sur quelques phenomenes particuliers à une matiere verte. ibid. Tome 39. p. 169—184.
Giuseppe OLIVI.
Delle Conferve irritabili, e del loro movimento di progressione verso la luce, esame fisico-chimico, specialmente diretto a stabilire la vegetabilità della loro natura.
Mem. della Società Italiana, Tomo 6. p. 161—204.
Scoperta e spiegazione del fenomeno del movimento progressivo d'una Conferva infusoria (Materia verde di Priestley) verso la luce. italice et germanice.
Usteri's Annalen der Botanick, 6 Stück, p. 30—56.
Franz von Paula SCHRANK.
Ueber die grüne materie der aufgüsse. ibid. 9 Stück, p. 1—12.

47. *Gyratio foliorum Hedysari.*

Johann Ehrenfried POHL.
Vorläufige nachricht von einer bis jezt noch unbekannten sich bewegenden pflanze.
Sammlungen zur Physik, 1 Band, p. 502—507.
Johann Simon KERNER.
Beobachtung über die bewegliche blätter des Hedysarum

gyrans. Vorles. der Churpfälz. Phys. Okon. Gesellch, 1 Band, p. 391—402.

P. M. Auguste BROUSSONET.

Description d'une espece de Sainfoin, dont les feuilles sont dans un mouvement continuel.

Mem. de l'Acad. des Sc. de Paris, 1784. p. 616—621.

——— Journal de Physique, Tome 30 p. 364—368.

———: Beschreibung einer art von Schildklee, dessen blätter in einer bestandigen bewegung sind.

Voigt's Magaz. 6 Band. 3 Stück, p. 54—62.

ANON.

Ueber die bewegungen des Hedysarum gyrans, und die wirkung der elektrizitat auf dasselbe. ibid. p. 5—27.

48. *Somnus Plantarum.*

Carolus LINNÆUS.

Dissertatio: Somnus plantarum. Resp. Pet. Bremer.

Pagg. 22. tab. ænea 1. Upsaliæ, 1755. 4.

——— Amoenitat. Academ. Vol. 4. p. 333—350.

——— Continuat. select. ex Amoen. Acad. Dissert. p. 133—152.

——— Fundament. botan. edit. a Gilibert, Tom. 1. p. 413—430.

John HILL.

The sleep of plants, and cause of motion in the sensitive plant, explained.

Pagg. 57. London, 1757. 12.

——— 2d edition. Pagg. 35. ib. 1762. 8.

———: Le sommeil des plantes.

Journal de Physique, Tome 1. p. 377—394.

———: Il sonno delle piante.

Scelta di Opusc. interess. Vol. 24. p. 17—47.

Richard PULTNEY.

Observations upon the sleep of plants, and an account of that faculty, which Linnæus calls Vigiliæ florum.

Philosoph. Transact. Vol. 50. p. 506—517.

———: Waarneemingen omtrent den slaap der planten. Uitgezogte Verhandelingen, 5 Deel, p. 1—17.

Rudolfus Augustinus VOGEL.

De statu plantarum quo noctu dormire dicuntur, Programma.

Pagg. 16. Gottingæ, 1759. 4.

Johann Gottfried ZINN.
Von dem schlafe der pflanzen.
Hamburg. Magaz. 22 Band, p. 40—50.

49. *Horologium et Hygrometrum Floræ.*

David DE GORTER.
Beschryving van een Bloem-Horologie.
Verhandel. van het Genootsch. te Rotterdam, 1 Deel, p. 477—492.
Clas BJERKANDER.
Försök til et Hygrometrum Floræ.
Vetensk. Acad. Handling. 1782. p. 85, 86.

50. *Calendaria Floræ.*

Benjamin STILLINGFLEET.
The Calendar of Flora, made at *Stratton in Norfolk*, anno 1755. printed with his translation of Linné's Calendar of Flora; p. 19—38.
——— in his Miscellaneous tracts, 2d edition, p. 287 316.
Gilbert WHITE.
A naturalists Calendar (*Selborne, Hampshire.*)
London, 1795. 8.
Pagg. 53; præter observationes historiæ naturalis, de quibus Tomo 1.
ANON.
Blumencalender für das gemässigtere Europa, mit vorzüglicher rucksicht auf die in der *Schweiz* einheimischen, oder einheimisch gemachten pflanzen.
Magazin für die Botanik, 11 Stuck, p. 41—117.
Thaddæus HÆNKE.
Blumenkalender für *Böhmen*, im jahre 1786.
Abhandl. der Böhm. Gesellsch. 1787. p. 94—135.
Johann JIRASEK.
Bluthenkalender vom jahre 1786, derer gegenden um Zbirow, Tocznjk, Königshof und Beraun. ib. p. 322—336.
Franz Willibald SCHMIDT.
Blüthenkalender von Plan. ib. 1788. p. 48—80.
Conrad MOENCH.
Calendarium plantarum *Hassiæ Inferioris* anni 1776. impr. cum ejus Enumeratione plantarum Hassiæ.
Pagg. 5. Cassellis, 1777. 8.

Johan Jacob Ferber.

Blomster-almanach för *Carlscronas* climat.

Vetensk. Acad. Handling. 1771. p. 75—88.

Clas Bjerkander.

Blomster-almanach i *Westergöthland*, för år 1779. ibid. 1780. p. 130—137.

ifrån 1757 til och med 1785. ib. 1786. p. 51—57.

Förtekning på de örter, som blommade i November 1789 uti Grefbacks församling. ib. 1789. p. 303—310.

Anmärkningar vid den ovanliga blida vaderleken under förliden Vinter. ib. 1790. p. 136—143.

Thermometriska anmärkningar, huru mycket varm jorden var år 1790. ibid. 1791. p. 281—293.

1792. p. 18—28.

Ytterligare försök med Svenska Thermometern insatt i lefvande träd. ibid. p. 69—78.

Anmärkningar öfver de örter, som til stor myckenhet följande år florerat, och öfver de Insecter, som varit mäst synlige, samt mer och mindre gjordt skada. ib. p. 194 —228.

Anmärkningar, huru tidigt trän, buskar och örter blommade, Foglar och Insecter framkommo uti Mart. Apr. och Maj innevarande år. ib. 1794. p. 197—206.

Anmärkningar vid hvilken tid tran och örter fingo mogen frugt och frön innevarande år. ib. p. 207—222.

Carolus Linnæus.

Calendarium Floræ (*Upsaliæ*). Dissertatio. Resp. Alex. Mal. Berger.

Plagg. 3½. Upsaliæ, 1756. 4.

——— Amoenitat. Academ. Vol. 4. p. 387—414.

——— Fundament. botan. edit. a Gilibert, Tom. 1. p. 431—458.

———: The Calendar of Flora, translated by B. Stillingfleet. London, 1761. 8.

Pagg. 17; præter Calendaria floræ Stratton. et Athen.

——— ——— Stillingfleet's Miscellaneous tracts, 2d edit. p. 249—286.

Johan Leche.

Utdrag af 12 års meterologiska observationer gjorda i *Åbo*: Några träds blomnings-tid.

Vetensk. Acad. Handling. 1763. p. 259 & 263.

Carolo Nicolao Hellenio

Præside, Specimen Calendarii Floræ et Faunæ Aboënsis. Resp. Joh. Gust. Justander.

Pagg. 20. Aboæ, 1786. 4.

——— Usteri Delect. Opusc. botan. Vol. 1. p. 105—124.

Nils Enckel.

Observationer gjorde i *Sådankylä* Lappmark år 1789. Vetensk. Acad. Handling. 1790. p. 78, 79.

Benjamin Stillingfleet.

The Calendar of Flora by Theophrastus at *Athens*. print- with his translation of Linné's Calendar of Flora; p. 39—45.

——— in his Miscellaneous tracts, 2d edit. p. 319—327.

Joannes Gottlieb Buhle.

Calendarium *Palæstinæ* oeconomicum.
Pagg. 56. Gottingæ, 1785. 4.

Georgius Friedericus Walch.

Calendarium Palæstinæ Oeconomicum.
Pagg. 48. ib. (1785.) 4.

Carolus Henricus Christophorus Nordmeyer.

Commentatio Calendarium *Ægypti* oeconomicum sistens.
Pagg. 119. ib. 1792. 4.

51. *Thermometrum Floræ.*

Clas Bjerkander.

Försök til et Thermometrum Floræ för år 1777. Vetensk. Acad. Handling. 1778. p. 166—174.

Gottfried Erich Rosenthal.

Versuche die zum wachsthum der pflanzen benöthigte wärme zu bestimmen. Pagg. 24.
Act. Acad. Moguntin. 1782, 83.

52. *Vernatio Arborum.*

Carolus Linnæus.

Dissertatio: Vernatio arborum. Resp. Har. Barck.
Pagg. 20. Upsaliæ, 1753. 4.

——— Amoenitat. Academ. Vol. 3. p. 363—376.

——— Fundam. botan. edit. a Gilibert, Tom. 1. p. 399—412.

———: On the foliation of trees, or the time when they put out their leaves; translated by B. Stillingfleet. in his Miscellaneous tracts, 1st edit. p. 109—127.
2d edit. p. 131—158.

Friedrich August Ludwig von Burgsdorf.

Aufmunterung zu sorgfältiger miterforschung der ver-

hältnisse, welche bey ihrer vegetation die gewächsarten gegen einander beobachten.
Schr. der Berlin. Ges. Naturf. Fr. 6 Band, p. 236—246

Robert MARSHAM.
Indications of Spring at Stratton in Norfolk.
Philosoph. Transact. Vol. 79. p. 154—156.

53. *Stationes plantarum.*

Philippus Conradus LEONHARD.
In Dissertatione de novo aquæ salsæ fonte detecto, p. 11—16, de plantis prope Salinas crescentibus agit.
Gottingæ, 1753. 4.

Carolus LINNÆUS.
Dissertatio sistens Stationes plantarum. Resp. Andr. Hedenberg.
Pagg. 23. Upsaliæ, 1754. 4.
——— Amoenitat. Academ. Vol 4. p. 64—87.
——— Fundam. botan. edit. a Gilibert, Tom. 1. p. 284—309.

Johann Gottfried ZINN.
Von einigen pflanzen, nach welchen die beschaffenheit des Erdbodens zu erkennen ist.
Hamburg. Magaz. 22 Band, p. 8—17.

Clas BJERKANDER.
Anmarkningar vid träds och örters vaxande på Kinnakulle, i anseende til olika hogder och afsattningar.
Vetensk. Acad. Handling. 1776. p 77—88.

Henricus Fridericus LINK.
Floræ Goettingensis specimen, sistens vegetabilia saxo calcareo propria. vide supra pag. 159.
Einige bemerkungen über den standort (loca natalia) der pflanzen.
Usteri's Annalen der Botanik, 14 Stuck, p. 1—17.

Joannes Maria LANCISIUS.
De herbis et fruticibus in recens aggesto litore (circa ostia Tiberis) suborientibus. impr. cum Marsilio de generatione Fungorum ; p xxxvii—xlii.
Romæ, 1714. fol.

Otto Fridericus MÜLLER.
Enumeratio plantarum, terram vegetabilibus destitutam intra anni spatium occupantium.
Nov. Act. Acad. Nat. Cur. Vol. 4. p. 198—203.

Ueber die ersten gewächse unsers erdkörpers, und den vom Schöpfer eingeschrankten plaz ihres aufenthalts. Magaz. fur die Botanik, 5 Stück, p. 177—181.

54. *Frigoris effectus in Plantas.*

John EVELYN.

An abstract of a letter concerning the damage done to his gardens by the preceeding winter (1683.)
Philosoph. Transact. Vol. 14. n. 158. p. 559—563.

Robert PLOT.

A discourse concerning the effects of the great frost, on trees and other plants anno 1683. ibid. n. 165. p. 766—789.

William DERHAM.

The history of the great frost in 1708 & 1708-9. ib. Vol. 26. n. 324. p. 454—478.

H. L. DU HAMEL & *G. L.* DE BUFFON.

Observations des differents effets, que produisent sur les vegetaux, les grands gelées d'hiver et les petites gelées du printemps.
Mem. de l'Acad. des Sc. de Paris, 1737. p. 273—298.

Mårten STRÖMER.

Om orsaken, hvarföre trän uti stark winter frysa bort, hvarjämte vises huru sådant må kunna görligen förekommas.
Vetensk. Acad. Handling. 1739. p 94—98.

———: Examen caussæ, ob quam arbores frigore hyemis acriori emoriuntur, easque præservandi possibilitatis demonstratio.
Analect. Transalpin. Tom. 1. p. 21—24.

———: Gedanken über die ursache, warum die bäume bey starker winterszeit erfrieren, wobey die möglichkeit, diesem vorzubeugen, erwiesen wird.
Berlin. Sammlung. 3 Band, p. 376—384.

Pehr HÖGSTRÖM.

Tal om orsakerna, hvarföre säden mera skadas af köld på somliga orter i Norrland, än på andra.
Pagg. 16. Stockholm, 1755. 8.

Pehr KALM.

Rön om köldens värkan sistledne vinter, på åtskilliga slags träd och buskar uti och näst omkring Åbo.
Vetensk. Acad. Handling. 1761. p. 19—41, & p. 129—143.

Johann August UNZER.
Untersuchung wie die bäume vor dem erfrieren zu bewahren sind.
in seine physical. Schriften, 1 Samml. p. 140—150.
——— Neu. Hamburg. Magaz. 86 Stück, p. 120—132.

Jean Etienne GUETTARD.
Sur l'action du froid sur les plantes.
dans ses Memoires, Tome 1. p. cj—ciij.

MOURGUE.
Observation faite dans les environs de Montpellier, sur l'effet des gelées du mois de Janvier 1776, sur les Oliviers.
Journal de Physique, Tome 7. p. 385—388.

Clas BJERKANDER.
Anmärkningar öfver några träd och örter, som vid mindre och större grad af köld, antingen blifvit skadade eller aldeles dödt.
Vetensk. Acad. Handling. 1778. p. 59—64.

Mathew WILSON.
Observations on the severity of the winter 1779, 1780.
Transact. of the Amer. Society, Vol. 3. p. 326—328.

DE BORDA.
Extrait d'une lettre addressée à M. Broussonet. Mem. de de la Soc. R. d'Agricult. de Paris, 1786. Trim. d'Automne, p. 20—31.

Friedrich EHRHART.
Wirkung der kälte des lezten winters (1788. 9.) auf die bäume und sträuche der hiesigen gegend (Herrenhausen.)
in seine Beiträge, 5 Band, p. 136—150.

J. M. ROLAND (*la Platière.*)
Observations relatives à l'effet des intemperies de cette année (1789), particulierement sur les pays de Vignobles du haut-Beaujolois, ceux du Lyonnois et du Maconnois, qui les avoisinent.
Journal de Physique, Tome 35. p. 392—398.
39. p. 46—48.

PASSINGE.
Observations relatives aux effets de la gelée de l'hiver de 1788 à 1789, sur les arbres et arbustes exotiques de pleine terre. ibid. Tome 36. p. 161—170.

ANON.
Ueber die wirkung des heftigen frostes im winter 1788 und 89 auf die gewächse und thiere. (e gallico in Journal de Physique.)
Voigt's Magaz. 7 Band. 3 Stück, p. 41—45.

Baron DE POEDERLE.
Observations sur l'effet qu'a produit le froid rigoureux de 1788 à 1789, sur les vegetaux en general, et specialement sur les arbres indigenes et exotiques.
Mem. de la Soc. R. d'Agricult. de Paris, 1791. Trim. d'Hiver, p. 28—37.

Jean SENEBIER.
Memoire sur cette question: Les vegetaux ont-ils une chaleur qui leur soit propre, et comment supportent-ils dans nos climats les froids de l'Hiver?
Journal de Physique, Tome 40. p. 173—180.

ON HINÜBER.
Bemerkungen über die würkungen des winters 1791—1792, auf exotische, jedoch in unserm clima meistens ausdauernde lustgebüschpflanzen. Römer's Neu. Magaz. für die Botan. 1 Band, p. 57—60.

Pehr Adrian GADD.
Om hostkälens olika verkan i åkerbruk och plantager.
Vetensk. Acad. Handling. 1795. p. 274—283.

Charles Louis L'HERITIER.
Effets du froid de ventose dernier (fevrier et mars 1796) sur divers vegetaux, et particulierement sur le Poirier.
Magasin encyclopedique, Tome 6. p. 453—460.

55. *Nebularum effectus in Plantas.*

Sebald Justinus BRUGMANS.
Natuurkundige verhandeling over een zwavelagtigen nevel den 24 Juni 1783 in de provintie van stad en lande en naburige landen waargenomen.
Pagg. 58. Groningen, (1783.) 8.

56. *Lucis effectus in Plantas.*

Bernard Christoffle MEESE.
Experiences sur l'influence de la lumiere sur les plantes.
Journal de Physique, Tome 6. p. 445—459. Tome 7. p. 112—130, & p. 193—207.

TESSIER.

Experiences propres à developper les effets de la lumiere sur certaines plantes.

Mem. de l'Acad. des Sc. de Paris, 1783. p. 133—156.

Frederic Alexandre de HUMBOLDT.

Lettre sur la couleur verte des vegetaux qui ne sont pas exposés à la lumiere.

Journal de Physique, Tome 40. p. 154, 155.

57. *Morbi Plantarum.*

Joseph Pitton TOURNEFORT.
Observations sur les maladies des plantes.
Mem. de l'Acad. des Sc. de Paris, 1705. p. 332—345.
Johannes Jacobus ZVINGERUS.
Dissertatio de valetudine plantarum secunda et adversa.
in Theod. Zvingeri Fasciculo Dissertationum medicarum selectiorum, p. 309—358.
Christianus Sigismundus EYSFARTH.
Dissertatio de morbis plantarum. Resp. Paul. Chr. Müller.
Pagg. 48. Lipsiæ, 1723. 4.
Nicolao HASSELBOM
Præside, Aphorismi de morbis plantarum. Resp. Petr. Adr. Gadd.
Pagg. 8. Aboæ, 1748. 4.
Ebbe BRING.
Dissertatio de morbis plantarum. Resp. Carl Magn. Petræus.
Pagg. 29. Londini Gothor. 1758. 4.
AIMEN.
Recherches sur les progrès et la cause de la Nielle. Mem. etrangers de l'Ac. des Sc. de Paris, Tome 3. p. 68—85.
——— : Onderzoek naar den voortgang en de oorzaak van de kanker in het koorn.
Uitgezogte Verhandelingen, 7 Deel, p. 220—254.
Second memoire sur les maladies des Blés. Mem. etrangers de l'Acad. des Sc. de Paris, Tome 4. p. 358—398.
Johan Christian FABRICIUS.
Forsög til en afhandling om planternes sygdomme.
Norske Vidensk. Selsk. Skrift. 5 Deel, p. 431—492.
Francesco BARTOLOZZI.
Ricerche fisiologiche sulle malattie e deperimento d'alcune piante nellé serre.
Opuscoli scelti, Tomo 4. p. 73—88.
Ulricus Jasper SEETZEN.
Systematum generaliorum de morbis plantarum dijudicatio. Tentamen inaug.
Pagg. 62. Gottingæ, 1789. 8.
Frantz Wilhelm TROYEL.
Om en Svamp, som undertiden findes paa Soelsikken (Helianthus annuus), og dens liighed med adskillige plan-

ters, især Rugens misfostere, Moderkorn eller Meeldröjer kaldede, samt nogle betragtninger om Brand hos planterne i almindelighed i denne anledning.
Naturhist. Selsk. Skrivt. 1 Bind, 2 Heft. p. 39—51.

P. C. ABILDGAARD.
Anmærkninger ved forrige afhandling. ib. p. 52—67.

58. *Morbi Arborum.*

DE LA TOUR-D'AIGUES.
Essai sur les epidendries, ou maladies contagieuses des arbres. Mem. de la Soc. R. d'Agricult. de Paris, 1787. Trim. de Printemps, p. 91—98.

PICOT DE LA PEIROUSE.
Memoire sur la mortalité des Ormes dans les environs de Toulouse. Mem. de l'Acad. de Toulouse, Tome 3. p. 197—218.
Excerpta italice, in Opuscoli scelti, Tomo 10. p. 361—363.

Jean Florimond DE SAINT-AMANS.
Recherches sur la cause et les remedes de la maladie qui detruit les arbres des promenades d'Agen.
Pagg. 27. Agen, 1789. 8.

J. D. PASTEUR.
Lettre sur les Marronniers du Palais-Egalité. Magasin encyclopedique, 2 Année, Tome 3. p. 152—156.

Nicolas VAUQUELIN.
Observations sur une maladie des arbres, qui attaque specialement l'Orme, et qui est analogue à un ulcere. Annales de Chimie, Tome 21. p. 39—47.
Excerpta in Magasin encyclopedique, 2 Année, Tome 4. p. 304—308.

59. *Morbi Cerealium.*

Mathieu TILLET.
Dissertation sur la cause qui corrompt et noircit les grains de bled dans les epis, et sur les moyens de prevenir ces accidens. Pagg. 150. Bordeaux, 1755. 4.

Conte Francesco GINANNI.
Delle malattie del grano in erba. Pesaro, 1759. 4.
Pagg. 426. tabb. æneæ 7; præter mappam geographicam territorii Ravennatis.

Pehr Adrian GADD.
Acad. Afhandling om sädesarternas sjukdomar och deras botemedel. Resp. Jac. Gummerus.
Pagg. 26. Åbo, 1766. 4.

Maurizio ROFFREDI.
Sur l'origine des petits vers ou anguilles du bled rachitique.
Journal de Physique, Tome 5. p. 1—19.
——— : Su l'origine de' vermicelli, o anguillette del grano rachitico, o grano-galla.
Scelta di Opusc. interess. Vol. 10. p. 21—60.
Suite d'observations sur le rachitisme du bled, sur les anguilles de la colle de farine, et sur le grain charbonné.
Journal de Physique, Tome 5. p. 197—225.
——— : Su l'origine dei vermicelli del grano rachitico, e sul gran golpato.
Scelta di Opusc. interess. Vol. 12. p. 33—72.
Memoire pour servir de supplement et d'eclaircissement aux deux memoires sur les anguilles du bled avorté et de la colle de farine.
Journal de Physique, Tome 7. p. 369—385.

Felix FONTANA.
Lettre sur l'Ergot. Journal de Physique, Tome 7. p. 42—47. confer pag. 328.

P. D. M.
Exposition des principales maladies des grains. ib. p. 435—437.

TESSIER.
Traité des maladies des grains.
Pagg. 351. tabb. æneæ 7. Paris, 1783. 8.

60. *Plethora.*

Antonius Guilielmus PLAZ.
Programma de plantarum plethora.
Pagg. xxiii. Lipsiæ, 1754. 4.

61. *Rubigo.*

Johann Gottlieb GLEDITSCH.
Nouvelles observations pour servir de supplement à l'histoire de la Nielle des bleds.
Hist. de l'Acad. de Berlin, 1756. p. 66—104.

———— : Neuer beytrag zur geschichte des Brandes im getreide. in seine Physical. Botan. Oeconom. Abhandl. 1 Theil, p. 105—156.

ANON.

Von der beschaffenheit des Brandes im geträide.
Nordische Beyträge, 1 Bandes 3 Th. p. 115—128.

Josephus BENVENUTI.

De Rubiginis, frumentum corrumpentis, caussa et medela.
Nov. Act. Acad. Nat. Cur. Tom. 3. p. 407—412.

———— : Von den ursachen des Brandes im getreide, und den mitteln dagegen.
Hamburg. Magaz. 26 Band, p. 553—569.

Felice FONTANA.

Osservazioni sopra la Ruggine del grano.
Pagg. 114. tab. ænea 1. Lucca, 1767. 8.

Giambatista DA *S.* MARTINO.

Memoria sopra la Nebbia dei vegetabili.
Pagg. 86. Vicenza, 1785. 8.
Excerpta hujus libelli, in Opuscoli scelti, Tomo 8. p. 383—393.

Conte Gio. Battista CORNIANI.

Lettera contenente alcune osservazioni sopra la Nebbia de' vegetabili.
Opuscoli scelti, Tomo 11. p. 95—98.

62. *Ustilago.*

Rudolpho Jacobo CAMERARIO

Præside, Disputatio de Ustilagine frumenti. Resp. Joh. Andr. Planer.
Pagg. 16. Tubingæ, 1709. 4.

PLUCHE.

A letter concerning the Smut of corn.
Philosoph. Transact. Vol. 41. n. 456. p. 357, 358.

Peter WÄSSTRÖM.

Ett i flere år med påsyftad verkan försökt sätt, at förekomma och utrota Sot-ax (Ustilago) i Hvete.
Vetensk. Acad. Handling. 1771. p. 171—173.

Daniel MELANDER.

Anmärkningar vid Kol-eller Sot-ax i Hvetet. ibid. 1772. p. 285—287.

Frederic RAINVILLE.

Memoire sur une maladie des grains appellée Nielle.
Journal de Physique, Tome 6. p. 380—398.

Clas BJERKANDER.
Anmärkningar vid Kol-eller Sot-ax i Hvetet.
Vetensk. Acad. Handling. 1775. p. 317—329.
Christian Ferdinand SPITTLER.
Bemerkungen über das Brandkorn. Bemerk. der Kurpfälz. Phys. Ökonom. Gesellsch. 1777. p. 117—160.
Johann KIRCH.
Bewährte methode den geschlossenen Brand im Waizen abzuhalten. ibid. 1783. p. 269—302.
Henry BRYANT.
A particular enquiry into the causes of that disease in wheat, commonly called Brand.
Pagg. 58. Norwich, (1784.) 8.
Conte Giulio DI VIANO.
Riflessi e conghietture sopra il grano carbonato.
Opuscoli scelti, Tomo 11. p. 249—252.
Signora C. M. D. C.
Memoria sul grano carbone. ibid. Tomo 12. p. 95—98.

63. *Clavus.*

Denis DODART.
Lettre contenant des choses fort remarquables touchant quelques grains. Mem. de l'Acad. des Sc. de Paris, 1666—1699. Tome 10. p. 561—566.
Johannes Conradus BRUNNERUS.
De granis Secalis degeneribus venenatis.
Ephem. Ac. Nat. Cur. Dec. 3. Ann 2. p. 348—352.
SALERNE.
Sur les maladies que cause le Seigle ergote.
Mem. etrangers de l'Acad. des Sc. de Paris, Tome 2. p. 155—163.
TISSOT.
An account of the disease called Ergot in french, from its supposed cause, viz. vitiated Rye:
Philosoph. Transact. Vol. 55. p. 106—126.
Theodor August SCHLEGER.
Versuche mit dem Mutterkorn.
Pagg. 32. Cassel, 1770. 4.
Ernestus Godofredus BALDINGER.
Programma: Secale cornutum perperam a nonnullis ab infamia liberari.
Pagg. 8. Jenæ, 1771. 4.

Christophorus Ludovicus NEBEL.
Dissertatio de Secali cornuto ejusque noxis.
Pagg. 40. Giessæ, 1771. 4.
Dissertationem suam de Secali cornuto a temerariis et contumeliosis objectionibus D. D. Schlegeri vindicat. Programma.
Pagg. 16. ib. 1772. 4.

ANON.
Precis des differens sentimens des principaux auteurs qui ont ecrit sur l'Ergot.
Journal de Physique, Tome 4. p. 41—52.

PARMENTIER.
Lettre sur l'Ergot. ibid. p. 144, 145.

TESSIER.
Sur la maladie du Seigle appellée Ergot.
Mem. de la Soc. R. de Medecine, 1776. p. 417—430.
Sur les effets du Seigle Ergoté. ibid. 1777 & 1778. p. 587—615.

Auguste Denis FOUGEROUX *de Bondaroy.*
Observation sur le Seigle Ergoté.
Mem. de l'Acad. des Sc. de Paris, 1783. p. 101—103.

G. M. HERMES.
Beobachtungen, die entstehung des Mutterkorns in dem Roggen betreffend. Neu. Schrift. der Berlin. Ges. Naturf. Fr. 1 Band, p. 244—248.

64. *Oleæ europææ.*

Domingos VANDELLI.
Memoria sobre a ferrugem das Oliveiras. Mem. econom. da Acad. R. das Sciencias de Lisboa, Tomo 1. p. 8, 9.

Giuseppe Maria GIOVENE.
Memoria sulla rogna degli Ulivi.
Opuscoli scelti, Tomo 13. p. 106—123.

65. *Oryzæ sativæ.*

Conte Guglielmo BEVILACQUA.
Dissertazione sopra il quesito quali siano le cagioni della malattia del Riso in erba, la quale volgarmente si denomina Carolo, e quali i mezzi di prevenirla, o curarla.
Opuscoli scelti, Tomo 1. p. 281—287.

66. *Phaseoli vulgaris.*

Guillaume Antoine OLIVIER.
Observations sur une maladie particuliere aux Haricots que l'on cultive en Provence. Mem. de la Soc. R. d'Agricult. de Paris, 1787. Trim. d'Eté, p. 50—58.

67. *Zeæ Maydis.*

Mathieu TILLET.
Observation sur la maladie du Maïs.
Mem. de l'Acad. des Sc. de Paris, 1760. p. 254—261.
———: Anmerkung über die krankheit des Mais.
Neu. Hamburg. Magaz. 106 Stück, p. 291—303.
Franciscus Jacobus IMHOF.
Zeæ Maydis morbus ad ustilaginem vulgo relatus; Specimen inaugurale.
Pagg. 35. tab. ænea 1. Argentorati, 1784. 4.

68. *Mori albæ.*

Joannes Antonius SCOPOLI.
De lue epidemica Mori albæ.
in ejus Anno 4to Historico-naturali, p. 115—120.
Giambatista PALLETTA.
Memoria sui Gelsi.
Atti della Soc. Patriot. di Milano, Vol. 1. p. 39—63.
Pietro MORO.
Della malattia de' Gelsi, volgarmente detta male del Falchetto.
Opuscoli scelti, Tomo 17. p. 276—288.

69. *Colores Plantarum.*

Henry Cane.
An account of two observations in gardening, upon the change of colour in Grapes and Jessamine.
Philosoph. Transact. Vol. 31. n. 366. p. 102—104.

Franciscus Ernestus Brückmann.
De Ocymastro flore viridi pleno, et modo flores viridi colore tingendi, Epistola itiner. 33. Cent. 1.
Pagg. 8. tab. ænea 1. Woffenbuttelæ, 1734. 4.

Joannes Sebastianus Albrecht.
Color florum Thlaspios cretici utriusque, Tabaci fumo mutatus.
Act. Acad. Nat. Curios. Vol. 6. p. 407, 408.

Christianus Gottlieb Ludwig.
Programma de colore plantarum.
Pagg. xvi. Lipsiæ, 1756. 4.
Programma de colore florum mutabili.
Pagg. xvi. ib. 1758. 4.

C. F. G. Westfeld.
Versuch über die natürlichen farben der pflanzen.
Neu. Hamburg. Magaz. 9 Stück, p. 234—248.

Conte Mouroux. (Morozzo.)
Esame fisico-chimico sul colore de' fiori.
Scelta di Opusc. interess. Vol. 22. p. 3—40.
23. p. 50—84.

Changeux.
Lettre contenant 1°. la preuve de la monstruosité du raisin decrit dans le Journal de Physique (vide supra pag. 407.) 2°. Des remarques sur la cause prochaine de la coloration des fruits. 3°. Un procedé pour colorer les fruits à volonté par la greffe.
Journal de Physique, Tome 15. p. 206—211.

François Charles Achard.
Memoire sur les couleurs des vegetaux.
Hist. de l'Acad. de Berlin, 1778. p. 62—69.
——— Journal de Physique, Tome 20. p. 100—106.
———: Ueber die farben der pflanzen.
Lichtenberg's Magaz. 2 Band. 1 Stück, p. 42—49.

Comte Morozzo.
Lettre sur les experiences de M. Achard, sur la couleur des vegetaux.
Journal de Physique, Tome 20. p. 385—389.

Marquis DE GOUFFIER.
Sur la coloration et la decoloration des fleurs.
Mem. de la Soc. R. d'Agricult. de Paris, 1787. Trim. d'Eté, p. 90—98.
Franciscus de Paula SCHRANK.
De colore, plantarum charactere.
Magazin für die Botanik, 12 Stück, p. 29—33.

70. *Plantarum examen chemicum.*

Guillaume HOMBERG.
Essais pour examiner le Sels des plantes.
Mem. de l'Acad. des Sc. de Paris, 1699. p. 69—74.
Observations sur les Huiles des plantes. ibid. 1700. p. 206—211.
Observations sur les analyses des plantes. ibid. 1701. p. 113—117.
Observations sur le les Sels volatiles des plantes. ibid. p. 219—223.
Louis LEMERY.
Que les plantes contiennent reellement du Fer, et que ce metal entre necessairement dans leur composition naturelle. ibid. 1706. p. 411—418.
Johann Friedrich HENCKEL.
Flora Saturnizans, die verwandschafft des Pflanzen mit dem Mineralreich. Leipzig, 1722. 8.
Pagg. 618; cum tabb. æneis; præter appendicem de Kali, infra Parte 4. dicendam.
Joannes Fridericus CARTHEUSER.
De genericis quibusdam plantarum principiis hactenus plerumque neglectis.
Pagg. 78. Francofurti ad Viadr. 1754. 8.
Joannes David HAHN.
Sermo academicus de chemiæ cum botanica conjunctione utili et pulchra.
Pagg. 34. Trajecti ad Rhenum, 1759. 4.
Georgio Friderico SIGWART
Præside, Dissertatio de vegetabilium ulteriori indagine, ejusdemque necessitate et utilitate. Resp. Car. Chph. Hiller.
Pagg. 22. Tubingæ, 1769. 4.
Joh. Chr. Conr. DEHNE.
Versuche über einige körper des pflanzenreichs, das in einer

bestimmten menge in ihnen enthaltene destillirte Öl zu bestimmen.
Crell's chemisches Journal, 3 Theil, p. 5—32.
Versuche über die menge des aus einigen saamen des pflanzenreichs herausgepressten öls. ibid. p. 32—45.

Josephus Eustachius DEMEL.
Dissertatio inaug. sistens analysin plantarum.
Pagg. 59. Viennæ, 1782. 8.

Jean Antoine SCOPOLI.
Examen de quelques especes de Bois de Pins, de la Terebinthine, de l'huile ou larme de Sapin, de la Poix noire ou navale, de la Resine de Pin.
Mem. de l'Acad. de Turin, Vol. 3. p. 465—477.
———— : Untersuchung einiger holzarten aus der gattung der Fichte, des Terpentins, des Kienöhls, des schwarzen oder Schiffpechs, des Harzes.
Crell's chemische Annalen, 1788. 2 Band, p. 99—111.

BONVOISIN.
Essai d'experiences propres à decouvrir dans les vegetaux la nature de quelques substances, qui ne sont pas encore assez connues.
Mem. de l'Acad. de Turin, Vol. 5. p. 395—400.

Fredericus Alexander AB HUMBOLDT.
Aphorismi ex doctrina physiologiæ chemicæ plantarum. impr. cum ejus Specimine floræ Fribergensis; p. 133—182.

Francesco MARABELLI.
Compendio di alcune analisi fatte sopra diverse piante.
Opuscoli scelti, Tomo 16. p. 61—63.
Osservazioni sulla Zostera marittima, e sulla radice del Rheo palmato. ib. Tomo 18. p. 142—144.

71. *Specierum singularum examen chemicum.*

G. THOREY.
Chymische untersuchung des *Stinkholzes*, Ligni foetidi. (Olax zeylanica L.)
Crell's chemisches Journal, 5 Theil, p. 43—50.

Nicolas VAUQUELIN.
Analyse du *Salsola Soda* de Linnæus.
Journal de Physique, Tome 43. p. 464—466.
———— Annales de Chimie, Tome 18. p. 65—81.

Wilhelm Bernhard TROMMSDORFF.
Vom *Sumach* oder Gerberbaum.
Act. Acad. Mogunt. 1778 & 1779. p. 25—28.

Lorenz CRELL.
Chemische untersuchung des *Reises.*
in seine Entdeck. in der Chemie, 3 Theil, p. 67—74.
BOUILLON DE LA GRANGE.
Analyse chimique du *Colchique* d'automne.
Journal de Physique, Tome 37. p. 360, 361.
ANON.
Persicariæ specierum analysis chemica.
Commerc. litterar. Norimberg. 1739. p. 129—132, & p. 137—140.
Johann Gottlieb GLEDITSCH.
Nachricht von einem aus der grundmischung der *Haselwurzel* (Asarum) geschiedenen unreinen mit reinem ætherischen öl vermischten Kampfer.
Schr. der Berlin. Ges. Naturf. Fr. 5 Band, p. 482—489.
Andreas MARGGRAF.
Experiences chymiques sur diverses parties du *Tilleul.*
Mem. de l'Acad. de Berlin, 1772. p. 3—8.
——— Journal de Physique, Tome 13. p. 245—249.
———: Chymische versuche mit verschiedenen theilen der Linde.
Neu. Hamburg. Magaz. 95 Stück, p. 452—461.
———: Chemische versuche uber einige theile der Linde.
Crell's chemisches Journal 1 Theil, p. 238—240.
C. F. TILEBEIN.
Bemerkungen über den *Ranunculus sceleratus* Linn.
Crell's chemische Annalen, 1785. 2 Band, p. 313—321.
Johann Friedrich WESTRUMB.
Einige chemische versuche mit grünem klee. (*Trifolium pratense* Linnæi.)
Leipzig. Magaz. 1786 p. 278—305.
——— Crell's chemische Annalen, 1787. 1 Band, p. 215—230, & p. 319—331.
BOUILLON DE LA GRANGE.
Analyse chimique de la *Laitue.*
Journal de Physique, Tome 37. p. 358—360.
Fridericus Augustus CARTHEUSER.
Examen chymicum *Visci* Betulini.
Act. Acad. Mogunt. Tom. 2. p. 361—368.
Andreas MARGGRAF.
Examen chymique du *Bois de Cedre.* (Juniperus.)
Hist. de l'Acad. der Berlin, 1753. p. 73—78.

Urban HJÄRNE.
Om Hedegräset (*Lichen islandicus.*)
Vetensk. Acad. Handling. 1744. p. 170—180.
———: De Musco Islandico.
Analect. Transalpin. Tom. 1. p. 324—329.
Johann Gottl. GEORGI.
De *Conferva* natura disquisitio chemica.
Act. Acad. Petropol. 1778. Pars pr. p. 225—233.
———: Chemische untersuchung der Conferve.
Crell's chemische Annalen, 1785. 1 Band, p. 277—280.
Analysis chemica *Agarici fugitivi* et *Boletorum bovini* et *igniarii.*
Act. Acad. Petropol. 1778. Pars post. p. 207—216.
———: Chemische untersuchung des Agarici fugitivi etc.
Crell's chemische Annalen, 1785. 1 Band, p. 280—284.
Scrutamen chemicum *Lichenum* parasiticorum.
Act. Acad. Petropol. 1779 Pars post. p. 282—292.

72. *Succi plantarum concreti.*

MARCORELLE.
Lettre a M. de Fouchy. (De Manna quadam in Salicibus reperta.) Mem. etrangers de l'Acad. des Sc. de Paris, Tome 3. p. 501—503.
TESSIER.
Observation sur une substance ramassée aux pieds de jeunes Peupliers d'Italie.
Mem. de l'Acad. des Sc. de Paris, 1784. p. 293—295.
———: Ueber einen saft, am fusse junger italienischer Pappeln gesammlet.
Crell's chemische Annalen, 1790. 1 Band, p. 516—518.
SAGE.
Examen d'une substance gelatineuse ramassée par M. Dombey, sur une espece d'Opuntia de la province de Huanuco au Perou.
Journal de Physique, Tome 34. p. 108, 109.

73. *Camphora.*

Caspar NEUMANN.
De Camphora (in genere, et in specie ex Thymo.)
Philosoph. Transact. Vol. 33. n. 389. p. 321—332.
——— Miscellan. Berolinens. Contin. 2. p. 70—79.

Johannes BROWN.

De Camphora. (negat Camphoram esse, quæ ex Thymo,) Philosoph. Transact. Vol. 33. n. 390. p. 361—366.

Caspar NEUMANN.

De Camphora Thymi. ibid. Vol. 38. n. 431. p. 202—231.

Joh. Christ. Conr. DEHNE.

Von einem aus der Petersilie erhaltenen ätherischen öhle, das im wasser untersank, und in der folge sich crystallisirte.

Crell's chemisches Journal, 1 Theil, p. 40—44.

HEYER.

Etwas vom kampfer aus der Küchenschelle. ibid. 2 Theil, p. 102—107.

Versuche mit der gemeinen Küchenschelle (Anemone Pulsatilla L.)

Versuch mit der Gartenkresse.

Versuch mit dem Amberkraute.

Crell's Entdeck. in der Chemie, 4 Th. p. 42—58.

Dav. Aug. Josua Frid. KOSEGARTEN.

De Camphora, et partibus quæ eam constituunt, Dissertatio inaug.

Pagg. 69. Goettingæ, 1785. 4.

Excerpta germanice, in Sammlungen zur Physik, 3 Band, p. 433—467.

GLENDENBERG.

Kampher aus der Pfeffermünze.

Crell's chemische Annalen, 1785. 2 Band, p. 427—431.

PROUST.

Resultat d'experiences sur le Camphre de Murcie. (Extrait.)

Journal de Physique, Tome 36. p. 123—132.

Il y a un autre extrait dans les Annales de Chimie, Tome 4. p. 179—209.

74. *Resina elastica.*

Charles Marie DE LA CONDAMINE.

Sur une resine elastique, nouvellement decouverte à Cayenne par M. Fresneau; et sur l'usage de divers sucs laiteux d'arbres de la Guiane.

Mem. de l'Acad. des Sc. de Paris, 1751. p. 319—333.

ANON.
Von einer art leder aus dem milchigten safte der gewächse. Titius Gemeinnüzige Abhandl. 1 Theil, p. 148—159.
——— Neu. Hamburg. Magaz. 79 Stück, p. 28—39.

Pierre Joseph MACQUER.
Sur un moyen de dissoudre la resine Caoutchouc, et de la faire reparoitre avec toutes ses qualités. Mem. de l'Acad des Sc. de Paris, 1768. p. 209—217.

BERNIARD.
Sur le Caoutchouc, connu sous le nom de Gomme elastique. Journal de Physique, Tome 17. p. 265—283.

Franz Karl ACHARD.
Versuche über das elastische harz. Beschäft. der Berlin. Ges. Naturf. Fr. 3 Band, p. 356—374.

Arnoldus JULIAANS.
Dissertatio inaug. de Resina elastica Cajennensi.
Pagg. 74. Trajecti ad Rhenum, 1780. 4.
Excerpta germanice, in Sammlungen zur Physik, 2 Band, p. 680—733.

Antoine François FOURCROY.
Notice sur le suc qui fournit la gomme elastique. dans son Journal, Tome 3. p. 37—45.
——— Annales de Chimie, Tome 11. p. 225—236.

Don Vicente DE CERVANTES.
Discurso pronunciado en el Real Jardin botanico (de Mexico. De resina elastica generatim, et de arbore Novæ Hispaniæ resinam hujusmodi producente, speciatim.)
Suplemento a la Gazeta de literatura. Mexico 2 de Julio 1794. Pagg. 35. tab. ænea 1. 4.

75. *Palingenesia Plantarum.*

Thomas BARTHOLINUS.
An ex salibus plantarum imago resuscitetur? in ejus Act. Hafniens. 1671. p. 78, 79.

Johannes Daniel MAJOR.
Lavendulæ sylvula ex salibus suis resuscitatæ.
Ephem. Ac. Nat. Cur. Dec. 1. Ann. 8. p. 11—14.

Johannes Ludovicus HANNEMANN.
Phoenix botanicus, ceu diatriba physica curiosa, de plantarum ex suis cineribus resuscitatione.
Plagg. 4. (Kiliæ, 1679.) 4.

Georgius FRANCUS.

Programma ad herbationes anni 1680.

Pagg. 23. Heidelbergæ, 1680. 4.

——— inter Programmata impr. cum ejus Lexico plantarum; editionis 1685. p. 23—62.

editionis 1698. p. 33—78.

editionis 1705. p. 25—60.

Johanne Ludovico MÖGLING

Præside, Dissertatio: Palingenesia, sive resurrectio plantarum, ejusque ad resurrectionem corporum nost. futuram applicatio. Resp. Joh. Ad. Dassdorff.

Pagg. 20. Tubingæ, 1683. 4.

Bernhardus BARNSTORFF.

Programma de resuscitatione plantarum.

Plag. 1. Rostochii, 1703. 4.

Johannes Fridericus BAUER.

Regeneratio Rosarum rubrarum spontanea in aceto rosarum.

Act. Acad. Nat. Cur. Vol. 1. p. 484—490.

76. *De Plantis Cryptogamis Scriptores Physici.*

Joannes Jacobus Dillenius.
De plantarum propagatione, maxime Capillarium et Muscorum.
Ephem. Ac. Nat. Cur. Cent. 5 & 6. App. p. 45—95.

Johann Gottlieb Gleditsch.
Ueber den luftstaub, in absicht auf die darunter befindlichen saamen von einigen arten der Schwämme und Erdflechten. in seine Physic. Botan. Oecon. Abhandl. 2 Theil, p. 323—349.

Joannes Hedwig.
— Theoria generationis et fructificationis plantarum Cryptogamicarum.
Petropoli, 1784. 4.
Pagg. 164. tabb. æneæ color. 37.

Joseph Gottlieb Kölreuter.
Das entdeckte geheimniss der Cryptogamie.
Pagg. 155. Carlsruhe, 1787. 8.

de Reynier.
Lettre sur la cristallisation des etres organisés.
Journal de Physique, Tome 33. p. 215—217.
————: Ueber die krystallisation der organischen geschöpfe.
Voigt's Magaz. 7 Band. 1 Stück, p. 49—52.

77. *De Filicibus Scriptores Physici.*

Joannes Franciscus Maratti.
Descriptio de vera florum existentia, vegetatione et forma in plantis Dorsiferis, sive epiphyllospermis, vulgo capillaribus.
Pagg. xiii. tab. ænea 1. Romæ, 1760. 8.

Ernesto Godofr. Baldinger
Præside, Dissertatio de Filicum seminibus. Resp. Jo. Phil. Wolff.
Pagg. 28. Jenæ, 1770. 4.
———— Ludwig Delect. Opuscul. Vol. 1. p. 310—339.

Natalis Josephus de Necker.
Eclaircissemens sur la propagation des Filicées en general.
Comment. Acad. Palat. Vol. 3. phys. p. 275—318.

Joannes Antonius LAMMERSDORFF.
Dissertatio inaug. de Filicum fructificatione.
Pagg. 35. Gottingæ, 1781. 8.

John LINDSAY.
Account of the germination and raising of Ferns from the seed.
Transact. of the Linnean Soc. Vol. 2. p. 93—100.
Extract of a letter to Sir Joseph Banks; with additional remarks by J. E. Smith. ibid. p. 313—315.

78. *De Muscis et Algis Scriptores Physici.*

John HILL.
A letter concerning the manner of the seeding of Mosses.
Philosoph. Transact. Vol. 44. n. 478. p. 60—66.

Carolus LINNÆUS.
Dissertatio: Semina Muscorum detecta. Resp. Petr. Jon. Bergius. Pagg. 18. Upsaliæ, 1750. 4.
——— Amoenit. Acad. Vol. 2. ed. 1. p. 284—306.
ed. 2. p. 261—280.
ed. 3. p. 284—306.
——— Fundam. botan. edit. a Gilibert, Tom. 2. Suppl. p. 13—31.

David MEESE.
Eenige nasporingen aangaande de Mosplanten, of ze zonder zaadlob of lobben, dan of ze met een of twee voortkomen. Verhand. van de Maatsch. te Haarlem, 10 Deels 2 Stuk, p. 171—189.

Natalis Josephus DE NECKER.
De Muscorum et Algarum generatione.
Comment. Acad. Palat. Vol. 2. p. 423—446.
Physiologia Muscorum.
Pagg. 343. tab. ænea 1. Manhemii, 1774. 8.

Christianus Fridericus LUDWIG.
Epistola de sexu Muscorum detecto.
Plag. dimidia. Lipsiæ, 1777. 8.
——— in ejus Delect. Opuscul. Vol. 1. p. 382—388.

Antonio BARBA.
Osservazioni sopra la generazione de' Muschi.
Opuscoli scelti, Tomo 5. p. 128—136.

Johann HEDWIG.
Vorläufige anzeige seiner beobachtungen von den wahren geschlechtstheilen der Moose, und ihrer fortpflanzung durch saamen.
Sammlungen zur Physik, 1 Band, p. 259—281.

——— Samml. seiner Abhandl. 1 Band, p. 1—24.
– Fundamentum historiæ naturalis Muscorum frondosorum.
Lipsiæ, 1782. 4.
Pars 1. pagg. 112. tabb. æneæ color. 10.
Pars 2. pagg. 107. tabb. æneæ color. 10.
Vom bemoosen der Bäume, und in wie weit es ihnen schädlich ist.
Schrift. der Leipzig. Ökon. Soc. 6 Theil, p. 70—84.
——— Samml. seiner Abhandl. 1 B. p. 172—188.

VENTENAT.
Dissertation sur les parties des Mousses, qui ont été regardées comme fleurs males ou fleurs femelles.
Journal d'Hist. Nat. Tome 1. p. 269—288.

DE BEAUVOIS.
First memoir of observations on the plants denominated Cryptogamick.
Transact. of the Amer. Soc. Vol. 3. p. 202—213.

J. W. L. LUCE.
Vorläufige bemerkungen über den Fucus vesiculosus L.
Usteri's Annalen der Botanick, 15 Stück, p. 39—43.

Joseph CORRÊA DE SERRA.
On the fructification of the submersed Algæ.
Philosoph. Transact. 1796. p. 494—505.
——— Seorsim etiam adest, pagg. 12. 4.

79. *De Fungis Scriptores Physici.*

Martin LISTER.
Of the Flower and seed of Mushroms.
Philosoph. Transact. Vol. 9. n. 110. p. 225.

Ludovicus Ferdinandus MARSILIUS.
Dissertatio de generatione Fungorum.
Pagg. 40. tabb. æneæ 28. (31.) præter sequentem:

Joannes Maria LANCISIUS.
De ortu, vegetatione ac textura Fungorum Dissertatio.
Pagg. xviii; præter animadversiones in Plinianam villam, de quibus alio loco. Romæ, 1714. fol.

Johannes Christianus BUXBAUM.
De propagatione Fungorum per radices.
Comment. Acad. Petropol. Tom. 3. p. 264—267.
———: Von fortpflanzung der Schwämme durch die wurzeln.
Hamburg. Magaz. 3 Band, p. 192—196.

Roger PICKERING.
A letter concerning the seeds of Mushrooms.
Philosoph. Transact. Vol. 42. n. 471. p. 593—598.
William WATSON.
Some remarks occasioned by the preceding paper. ibid. p. 599—601.
Roger PICKERING.
A letter concerning the propagation and culture of Mushrooms. ibid. Vol. 43. n. 472. p. 96—101.
William WATSON.
Further remarks concerning Mushrooms. ibid. n. 473. p. 51—57.
Franciscus Maria MAZZUOLI.
Dissertazione sopra l'origine de' Funghi.
Mem. di diversi Valentuomini, Tomo 1. p. 159—174.
Johann Gottlieb GLEDITSCH.
Conjecture sur l'usage des corps diaphanes de Michelius dans les Champignons à lames.
Hist. de l'Acad. de Berlin, 1748. p. 60—66.
———: Muthmassung von dem nuzen der durchsichtigen körperchen des Michelius in den blätterichten Schwämmen.
Hamburg. Magaz. 9 Band, p. 470—480.
Experience concernant la generation des Champignons.
Hist. de l'Acad. de Berlin, 1749. p. 26—32.
———: Erfahrung wegen der erzeugung der Pfifferlinge.
Hamburg. Magaz. 8 Band, p. 409—418.
Erico Gustavo LIDBECK
Præside, Dissertatio Fungos regno vegetabili vindicans.
Resp. Jonas Dryander.
Pagg. 16. Lond. Gothor. 1776. 4.
Filippo CAVOLINI.
Riflessioni sulla generazione dei Funghi.
Opuscoli scelti, Tomo 1. p. 380—384.
Remi VILLEMET.
Essai sur l'histoire naturelle du Champignon vulgaire.
Nouv. Mem. de l'Acad. de Dijon, 1783. 2 Sem. p. 195—211.
(Fungos non vegetabilia, sed pseudo-zoo-lithophyta! esse credit.)
G. F. MARKLIN *der jüngere.*
Sind Schwamme pflanzen? oder sind sie insekten-wohnungen, und entstehen sie von insekten?
Magazin für die Botanik, 3 Stück, p. 137—155.

Friedrich Casimir MEDICUS.
Ueber den ursprung und die bildungsart der Schwämme. Vorles. der Churpfälz. Phys. Ökon. Gesellsch. 3 Band, p. 331—386.
———: Traité sur l'origine et la formation des Champignons, extrait par M. de Reynier.
Journal de Physique, Tome 34. p. 241—247.

Baron DE BEAUVOIS.
Lettre au sujet du Traité sur l'origine et la formation des Champignons, inseré dans le Journal de Physique du mois d'Avril, 1789. ibid. Tome 36. p. 81—93.

REYNIER.
Lettre en reponse à la lettre de M. le Baron de Beauvois, sur les Champignons. ibid. p. 360—363.

Friedrich Casimir MEDICUS.
Brief zur beantwortung jener wiederlegung über den ursprung der Champignons die der Hr. B. v. Beauvois in den Febr. monat des Journal de Physique hat einrücken lassen.
Magaz. für die Botanik, 11 Stück, p. 159—163.

Victorius PICUS.
De Fungorum generatione. inter ejus Melethemata inauguralia, p. 1—103. Aug. Taurin. 1788. 8.

Franciscus de Paula SCHRANK.
De natura Fungorum vegetabili, eorumque incremento.
Magaz. für die Botanik, 12 Stück, p. 21—27.

Carl Ludwig WILLDENOW.
Etwas über die entstehung der Pilze.
Usteri's Annalen der Botanick, 3 Stück, p. 58—65.

C. H. PERSOON.
Was sind eigentlich die Schwämme?
Voigt's Magaz. 8 Band. 4 Stück, p. 76—85.

PARS III.

M E D I C A.

1. *Collectio Simplicium.*

Conradus GESNERUS.

De stirpium collectione tabulæ tum generales tum per 12 menses. impr. cum Kyberi Lexico rei herbariæ; p. 467—548. Argentinæ, 1553. 8.

——— authoris opera locupletatas edidit Casp. Wolphius. Tiguri, 1587. 8.

Foll. 146, quorum 40 priora tabulas stirpium continent, de quibus supra pag. 15.

Theophilus KENTMANN.

Tabula locum et tempus, quibus uberius plantæ, potissimum spontaneæ, vigent ac proveniunt, exprimens, aucta a C. B. Valentini. impr. cum hujus Tornefortio contracto.

Plag. 1. Francofurti ad Moen. 1715. fol.

Laurentio HEISTERO

Præside, Dissertatio de collectione simplicium. Resp. Chr. Fred. Rabe.

Pagg. 24. Helmstadii, 1722. 4.

Christianus Gottlieb LUDWIG.

Programmata: Specimen 1. quo Radicum officinalium bonitatem ex vegetationis historia dijudicandam esse generatim demonstrat.

Specimen 2. quo Radicum ——— speciatim demonstrat.

Singula pagg. xvi. Lipsiæ, 1743. 4.

Barbeu DUBOURG.

Avis sur la recolte, la dessication et la conservation des simples.

dans son Botaniste François, Tome 1. p. 221—244.

Johann Gottlieb GLEDITSCH.

Vorerinnerung wegen verbesserung der anstalten, die

überhaupt beym einsammlen der inländischen arzneygewächse, zum allgemeinen besten zu machen sind. in seine Vermischte bemerkungen, 1 Theil, p. 201—230.

2. *Vires Plantarum medicæ.*

Wilhelmus Huldericus WALDTSCHMIEDT.
Programma de vegetabilium usu eximio in medicina. Plag. 1. Kiliæ, 1707. 4.

Joanne Friderico DE PRE'
Præside, Dissertatio de regno vegetabili, morborum curandorum principe. Resp. Joh. Chph. Foerster. Pagg. 23. Erfordiæ, 1717. 4.

Carolus Fridericus HILLE.
Dissertatio inaug. de actione plantarum in partes solidas corporis humani. Pagg. 31. Gottingæ, 1755. 4.

3. *Vires Plantarum medicas investigandi methodi.*

Quintus Septimius Florens RIVINUS.
Quæstio phytologica an plantarum vires ex figura et colore cognosci possint? Resp. Aug. Quir. Rivinus. Plagg. 2. Lipsiæ, 1670. 4.

Julius PONTEDERA.
Dissertatio botanica 4ta ex iis quas habuit in horto Patavino 1719. inter Dissertationes impr. cum ejus Anthologia; p. 59—78.

Fridericus HOFFMANN.
De methodo compendiosa plantarum vires in medendo indagandi, Præfatio ad Buxbaumii enumerationem plantarum Halensium. Plagg. 3½. Halæ, 1721. 8.

Joanne Ernesto HEBENSTREIT
Præside, Dissertatio de sensu externo facultatum in plantis judice. Resp. Chr. Gottlieb Ludwig. Pagg. 44. Lipsiæ, 1730. 4.

Philippus Fridericus GMELIN.
Dissertatio: Botanica et Chemia ad Medicam applicata praxin per illustria quædam exempla. Resp. Chr. Lud. Bilfinger. Pagg. 30. Tubingæ, 1755. 4.
§. 4. 5. 6. p. 10—16. huc faciunt, reliqua de medicamentis chemicis, nostri non sunt scopi.

Barbeu DUBOURG.

Lettres sur l'application de la Botanique à la Medecine. dans son Botaniste François, Tome 1. p. 155—220.

Ernestus Antonius NICOLAI.

Programma 2. de viribus medicamentorum explorandis. Pagg. 8. Jenæ, 1770. 4.

Joannes Jacobus RITTER.

Infusa plantarum. Nov. Act. Ac. Nat. Cur. Tom. 7. App. p. 1—102.

4. *Virium Plantarum investigatio per Affinitates Botanicas.*

Rudolpho Jacobo CAMERARIO

Præside, Dissertatio de convenientia plantarum in fructificatione et viribus. Resp. Ge. Frid. Gmelin. Pagg. 16. Tubingæ, 1699. 4.

James PETIVER.

Some attempts to prove that herbs of the same make or class for the generallity, have the like vertue and tendency to work the same effects. Philosoph. Transact. Vol. 21. n. 255. p. 289—294.

Patrick BLAIR.

Some botanical improvements communicated to Mr. Petiver. in Blair's Miscellaneous observations, p. 53—56.

James PETIVER.

Answer to the foregoing letter. ibid. p. 57—60.

Patrick BLAIR.

A continuation of the botanical improvements in answer to Mr. Petiver's letter. ibid. p. 68—83.

A discourse concerning a method of discovering the virtues of plants by their external structure. Philosoph. Transact. Vol. 31. n. 364. p. 30—38.

Johannes Gottlieb GLEDITSCH.

Dissertatio inaug. de methodo botanica, dubio et fallaci virtutum in plantis indice. Pagg. 48. Francof. ad Viadr. 1742. 4.

——— Editio secunda. Pagg. totidem. Lipsiæ, 1742. 4.

Carolus LINNÆUS.

Dissertatio: Vires plantarum. Resp. Frid. Hasselquist. Pagg. 37. Upsaliæ, 1747. 4.

——— Amoenit. Academ. Vol. 1.
edit. Holm. p. 418—453.
edit. Lugd. Bat. p. 389—428.
edit. Erlang. p. 418—453.

——— Fundam. botan. edit. a Gilibert, Tom. 2. pag. 1—34.

——— cum additamento editoris.
Select. ex Amoenit. Acad. Dissert. p. 50—94.

Jacobus Fridericus ISENFLAMM.
Dissertatio: Methodus plantarum medicinæ clinicæ adminiculum. Resp. Jo. Chr. Ehrenf. Gebauer.
Pagg. 42. Erlangæ, 1764. 4.

Henricus Christianus Daniel WILCKE.
Dissertatio de usu systematis sexualis in Medicina. Resp. Henr. Alex. Rosenthal.
Pagg. 20. Gryphiswaldiæ, 1764. 4.

Samuel Gottlieb GMELIN.
De proprietatibus plantarum ex charactere botanico cognoscendis.
Nov. Comm. Acad. Petropol. Tom. 12. p. 522—548.

——— : Sur les moyens de connoitre les vertus medicinales des plantes par leur caractere botanique.
Journal de Physique, Tome 1. p. 48—62.

ANON.
A short attempt to recommend the study of botanical analogy, in investigating the properties of medicines from the vegetable kingdom.
Pagg. 101. London, 1784. 8.

5. *Methodus chemica investigandi Vires Medicamentorum.*

Christianus VATER.
Programma ad solennes plantarum lustrationes.
Plag. 1. Wittebergæ, 1692. 4.

Carolo LINNÆO
Præside, Dissertatio de methodo investigandi vires medicamentorum chemica. Resp. Laur. Hiortzberg.
Pagg. 16. Upsaliæ, 1754. 4.

——— Amoenit. Academ. Vol. 9. p. 23—34.

Joannes Antonius DE MONTE PIGATI.
Nova ad praxim medicam præcipue utilissima, universæ botanices rudimenta.
Pagg. l. Patavii, 1757. 4.

6. *Sapores Medicamentorum.*

David ABERCROMBIUS.

Nova medicinæ clavis s. ars explorandi medicas plantarum facultates ex solo sapore.

Pagg. 36. Londini, 1685. 8.

——— in Museo di piante rare di Bocconi, p. 95—105, & p. 135, 136.

Carolus LINNÆUS.

Dissertatio sistens Saporem medicamentorum. Resp. Jac. Rudberg.

Pagg. 20. Holmiæ, 1751. 4.

——— Amoenit. Acad. Vol. 2. ed. 1. p. 365—387.
ed. 2. p. 335—355.
ed. 3. p. 365—387.

——— Fundam. botan. edit. a Gilibert, Tom. 2. p. 225—244.

Sir John FLOYER.

Observations on the class of Sweet tastes.

Philosoph. Transact. Vol. 23. n. 279. p. 1160—1172.

Joanne Andrea MURRAY

Præside, Dissertatio Dulcium naturam et vires expendens. Resp. Jo. Frid. Berens.

Pagg. 39. Gottingæ, 1779. 4.

——— in ejus Opusculis, Vol. 2. p. 139—190.

7. *Odores Medicamentorum.*

Carolus LINNÆUS.

Dissertatio Odores medicamentorum exhibens. Resp. Andr. Wåhlin.

Pagg. 16. Stockholmiæ, 1752. 4.

——— Amoenit. Academ. Vol. 3. p. 183—201.

——— Continuat. select. ex Am. Ac. Dissert. p. 44—64.

——— Fundam. botan. edit. a Gilibert, Tom. 2. p. 207—224.

———: Dissertation sur l'odeur des medicamens.

Journal de Physique, Introd. Tome 2. p. 481—495.

Dissertatio sistens medicamenta graveolentia. Resp. Jon. Theod. Fagræus.

Pagg. 24. Upsaliæ, 1758. 4.

——— Amoenit. Academ. Vol. 5. p. 148—173.

——— Fundam. botan. edit. a Gilibert, Tom. 2. p. 181—205.

8. *Classes Medicamentorum.*

Joachimus Diedericus BRANDIS.
Commentatio de *Oleorum* unguinosorum natura.
Pagg. l. Gottingæ, 1785. 4.
Justus ARNEMANN.
Commentatio de Oleis unguinosis.
Pagg. 83. ib. 1785. 4.

Theodoro ZVINGERO
Præside, Examen plantarum *Nasturcinarum*, Resp. Joh. Rod. Mieg.
Pagg. 92. Basileæ, 1714. 4.
Johanne Christophoro LISCHWIZIO
Præside, Dissertatio de plantis *Diaphoreticis* et sudoriferis, cum habitu externo, cum quoque charactere botanico diversis, charactere autem pharmaceutico ac usu fere congeneribus. Resp. Barth. Lud. Hill.
Pagg. 63. Kiliæ, 1734. 4.
Dissertatio sistens plantas *Anthelminticas*, et habitu externo, et toto genere botanico diversas, charactere autem pharmaceutico usuque medicinali congeneres. Resp. Jo. Chr. Frid. Tzscheppius.
Pagg. 108. ib. 1742. 4.
Johannes SCHÆFFER.
Dissertatio inaug. sistens Anthelmintica regni vegetabilis.
Pagg. 98. Altdorfii, 1784. 8.

Guernerus ROLFINCIUS.
Liber de *Purgantibus* vegetabilibus.
Pagg. 454. Jenæ, 1667. 4.
Carolus A LINNE.
Dissertatio: Medicamenta Purgantia. Resp. Joh. Rotheram.
Pagg. 24. Upsaliæ, 1775. 4.
——— Amoenit. Academ. Vol. 9. p. 245—267.
——— Fundam. botan. edit. a Gilibert, Tom. 2. Supplem. p. 33—52.
Dissertatio: Purgantia indigena. Resp. Pet. Strandman.
Pagg. 17. Upsaliæ, 1766. 4.
——— Amoenit. Academ. Vol. 7. p. 293—310.

——— Fundam. botan. edit. a Gilibert, Tom. 2. p. 245—260.

DURANDE.
Memoire sur les plantes *Astringentes* indigenes.
Mem. de l'Acad. de Dijon, 1783. 1 Sem. p. 87—120.
———: Ueber die einheimischen zusammenziehenden gewächse.
Crell's chemische Annalen, 1789. 1 Band, p. 142—146.

Joannes Fridericus Ernestus HEINE.
Dissertatio inaug. de medicamentis vegetabilibus Adstringentibus.
Pagg. 33. Gottingæ, 1785. 4.

9. *Materia Medica e Regno Vegetabili.*

Lucius APULEJUS.
De Herbarum virtutibus. impr. cum Galeno de plenitudine; fol. 15—34. Parisiis, 1528. fol.
———: De medicaminibus herbarum lib. 1. cum commentario G. Humelbergii.
Pagg. 303. (Tiguri, 1537.) 4.
———: De viribus herbarum; adscripta est nomenclatura, qua officinæ, herbarii et vulgus gallicum efferre solent.
Plagg. dimidiæ 8. Parisiis, 1543. 8.
———: De medicaminibus herbarum. impr. cum Sexto Placito de medicamentis ex animalibus, ex recensione et cum notis Jo. Chr. Gottlieb Ackermann; p. 125—350. Norimbergæ et Altorfii, 1788. 8.

Æmilius MACER.
Macer floridus de viribus herbarum famosissimus medicus et medicorum speculum. sine loco et anno. 4.
Plagg. geminæ 6½; cum figg. ligno incisis. Ad calcem, folio ultimo recto, legitur: Herbarum varias qui vis cognoscere vires Macer adest disce: quo duce doctus eris. Vidi aliam editionem, in qua hoc distichum folio ultimo verso adest, et infra habet figuram ligno incisam eandem ac titulus nostræ editionis. In hac etiam sunt litteræ initiales, quæ in nostra omnino desunt.
———: Macer floridus de viribus herbarum.
s. l. et a. 4.

Plagg. gem. 6, et foll. 3; cum figg. ligno incisis. Ad calcem folii ultimi versi idem distichum, ac in priori. In hac adsunt litteræ initiales.

——— : Macri philosophi de virtutibus herbarum noviter inventus ac impressus.

Plagg. 12. Venetiis, 1506. 4.

——— : Macri philosophi de virtutibus herbarum et qualitatibus speciebus noviter inventus ac impressus.

Plagg. 12. Venetiis, 1508. 4.

Diversa editio a priori, licet maxime similis.

——— : Herbarum varias qui vis cognoscere vires: Huc Macer adest: quo duce doctus eris. (cum interpretatiunculis Guillermi Gueroaldi.)

Plagg. 20; cum figg. ligno incisis. Parisiis, 1522. 8.

——— : adest etiam exemplum ejusdem omnino editionis, præter ultimam plagulam, ubi nulla loci aut anni impressionis mentio. In utriusque exempli pagina ultima idem colophon, qualem Boerner pag. 11. n. II. describit, sed in prioris pagina penultima legitur: " Macer floridus deo duce hic suam capit periodum Pa- " risius quidem exaratus pro Magistro Petro Baquelier " Gratianopolitano anno Christi 1522."

——— : Æmilius Macer de herbarum virtutibus, cum Scholiis Jo. Atrociani. Basileæ, 1527. 8.

Foll. 73, quorum pars continet Hortulum Strabonis, de quo supra pag. 191.

——— ——— Friburgi, 1530. 8.

Foll. 99; præter Strabonis Hortulum.

——— : Macri de materia medica libri 5, per Janum Cornarium emendati ac annotati.

Foll. 132. Francofurti, 1540. 8.

Lib. 1. 2. & 3. sunt Macri libellus, lib. 4. alius auctoris ignoti, 5tus vero est Marbodæus de gemmis, de quo Tomo 4.

——— : De herbarum virtutibus Æmilii Macri Veronensis elegantissima poesis, cum Georgii Pictorii Villingani expositione.

Pagg. 199. Basileæ, 1559. 8.

Fridericus BOERNER.

De Æmilio Macro, ejusque rariore hodie opuscolo de virtutibus herbarum, diatribe.

Pagg. 20. Lipsiæ, (1754.) 4.

ANON.
(Aggregator practicus de simplicibus.)
sine titulo, loco et anno. 4.
Foll. 174; cum figg. ligno incisis. Nomina habet Germanica latinis addita, et in plurimis congruit cum editionibus a Trewio in §. 3tia Catalogi alteri librorum botanicorum descriptis, maxime vero cum quarta, præter titulum, annum et locum impressionis, quibus nostra omnino caret.

——— sine titulo, loco et anno. 4.
Plagg. geminæ 21; cum figuris ligno incisis. Nomina habet gallica latinis addita; differt etiam a priori quod index partis posterioris heic sit 3 paginarum, et quod numeri capitulorum non sint præfixi in parte priori.

——— sine titulo, loco et anno. 4.
Foll. 170. sed desunt præfatio et elenchus capitum; nomina belgica adduntur; in parte posteriori index etiam est 3 paginarum. Figuræ in hac parum differunt a priori, sed paulo melius incisæ.

——— Adest etiam exemplar mancum alius editionis, nominibus belgicis, cum iisdem figuris.

———: Incipit Tractatus de virtutibus herbarum.
Venetiis, 1509. 4.
Plagg. geminæ 21; cum figuris ligno incisis, a prioribus diversis.

——— adest exemplum alius editionis, huic valde similis, sed cui deest folium ultimum, hinc de anno impressionis non constat.

———: Herbolario volgare. Venetia, 1522. 4.
Plagulæ geminæ 21, et simplices 2; cum figuris iisdem ac in proxime præcedenti.

——— ——— Venetia, 1539. 8.
Plagg. 22; cum figuris ligno incisis, iterum diversis.

Hieronymus BRUNSCHWYGK.
The vertuose boke of distyllacyon of the waters of all maner of herbes, translate out of Duyche.
London, 1527. fol.
Duerniones vel trierniones 27; cum figuris plantarum rudibus ligno incisis.

ANON.
A boke of the propreties of herbes called an herball, drawen out of an auncyent booke of phisyck by W. C.
Plagg. 10. London by Wyllyam Copland. 8.

Conradus GESNERUS.
Historia plantarum et vires ex Dioscoride, Paulo Ægineta, Theophrasto, Plinio et recentioribus Græcis.
Pagg. 281. Basileæ, 1541. 8.

Remaclus FUSCUS.
De herbarum notitia, natura atque viribus dialogus.
De Simplicium medicamentorum electione tabella.
Foll. xlviii. Antverpiæ, 1544. 8.

Henrick SMITH.
Een skön loestig ny urtegaardt.
Foll. ccxiii. Malmö, 1546. 8.

Bartholomeus MARANTA.
Methodi cognoscendorum simplicium libri 3.
Pagg. 296. Venetiis, 1559. 4.

Marcus NEVIANUS.
De plantarum viribus poematium.
Foll. 106. Lovanii, 1563. 8.

Antonius MIZALDUS.
Alexikepus, seu auxiliaris hortus, extemporanea morborum remedia ex singulorum viridariis facile comparanda paucis proponens.
Pagg. 267. Lutetiæ, 1565. 8.
——— Foll. 107. ib. 1574. 8.

Bartholomeus CARRICHTER.
Krautterbuch. Strassburg, 1597. 8.
Pagg. 223; præter Practicam, non hujus loci.
——— : Kräuter-und Arzney-buch. 3 Theile.
Tubingen, 1739. 8.
Pars 1. pag. 1—157. est herbarius idem ac prioris editionis; pag. 158—240. Figuli Clavis mox dicenda; reliqua partis 1æ, et pars 2da medico-practici argumenti; pars 3tia Materia alimentaria, de qua Tomo 1.

Benedictus FIGULUS.
Tractat, so ein gründlicher bericht, clavis oder schlüssel ist über B. Carrichters kräuter und arzneybüchlein. impr. cum priori.

ANON.
Les figures et pourtraicts des plantes et herbes dont on use coustumierement, soit au menger, ou en medecine, avec leur proprieté et vertu. Paris, 1576. 12.
Pagg. 155; cum figuris ligno incisis.

Jacobus HORSTIUS.
Herbarium Horstianum, seu de selectis plantis et radicibus libri 2, in compendium redacti et aucti a Greg. Horstio. Marpurgi, 1630. 8.

Pagg. 282; præter Opusculum de Vite vinifera, de quo infra, Parte 4.

William LANGHAM.

The garden of health, conteyning the vertues and properties of all kinds of simples and plants.

Pagg. 702. London, 1579. 4.

——— Pagg. 702. ib. 1633. 4.

Gasparo COLOMBINA.

Il bomprovifaccia, per sani, et amalati.

Padoua, 1621. 8.

Pagg. 335; cum figg. ligno incisis, maxime rudibus.

Fray Estevan DE VILLA.

Ramillete de plantas.

Foll. 148. Burgos, 1637. 4.

Simon PAULLI.

Quadripartitum de simplicium medicamentorum facultatibus.

Pagg. 80, 184 et 19. Rostochii, 1639. 4.

——— Argentorati, 1667. 4.

Pagg. 567; præter Opuscula medica, non hujus loci, et Laurenbergii Botanothecam, de qua supra pag. 13.

——— curante J. Jac. Fickio.

Francof. ad Moen. 1708. 4.

Pagg. 628; præter Opuscula medica, Laurenbergii Botanothecam, et Paulli commentarium de Thea et Tabaco.

Arwidh Månsson RYDAHOLM.

En nyttigh örta-book. Stockholm, 1642. 8.

Pagg. 268; præter Horticulturam, infra dicendam.

——— Pagg. 298. Upsala, 1643. 8.

Nicholas CULPEPER.

The English Physitian enlarged.

Pagg. 398. London, 1653. 8.

John ARCHER.

A compendious herbal. printed with Every man his own Doctor, by the same author.

Pagg. 143. London, 1673. 8.

Johannes PALMBERG.

Serta florea Svecana eller Svenske örtekrantz.

Strengnääs, 1684. 8.

Pagg. 416; cum figuris ligno incisis.

Johann Andreas SCHLEGEL.

Tractatus medicus, von natürlichen, unnatürlichen und wider die natur-lauffenden dingen — — — darbey die

signatur etzlicher gewächse, und zu welchen krankheiten dieselben zu gebrauchen, angezeiget worden.
Pagg. 431. Nürnberg, 1686. 8.

Samuel MÜLLER.
Vade-mecum botanicum, darinnen der vornehmsten und in der arzneykunst gebräuchlichsten kräuter und gewächse abbildungen und beschreibung.
Franckfurt und Leipzig, 1687. 8.
Pagg. 869; cum figuris ligno incisis.

John PECHEY.
The compleat herbal of physical plants.
Pagg. 349. London, 1694. 8.

Jean Baptiste CHOMEL.
Abregé de l'histoire des plantes usuelles.
Pagg. 640. Paris, 1712. 12.
——— Tome 1. pagg. 350. Tome 2. pag. 347—830.
Tome 3. pagg. 214. ib. 1730. 12.
Catalogus plantarum officinalium, secundum earum facultates dispositus. Pagg. 116. Parisiis, 1730. 12.

Bartholomæus ZORN.
Botanologia medica, oder anweisung, wie diejenigen kräuter und gewächse, welche in der arzney gebräuchlich, und in den apothecken befindlich, zu des menschen nuzen und erhaltung guter gesundheit können angewendet werden.
Pagg. 741. tabb. æneæ 6. Berlin, 1714. 4.

Johannes DE BUCHWALD.
Specimen medico-practico-botanicum.
Pagg. 320. Hafniæ, 1720. 4.
———: ins teutsche übersezet von Balth. Joh. de Buchwald.
Pagg. 544. Copenhagen, 1721. 8.
In utraque editione loco figurarum specimina sicca plantarum adglutinata sunt.

Joseph MILLER.
Botanicum officinale, or a compendious herbal, giving an account of all such plants as are now used in the practice of physick, with their description and virtues.
Pagg. 466. London, 1722. 8.

G. KNOWLES.
Materia medica botanica, in qua symptomata variorum morborum describuntur, herbæque iisdem depellendis aptissimæ apponuntur. (carmine heroico.)
Pagg. 256. Londini, 1723. 4.

Patrick BLAIR.

Pharmaco-botanologia, or an alphabetical and classical dissertation on all the British indigenous and garden plants of the new London Dispensatory.
Pagg. 48. tab. ænea 1. London, 1723. 4.
Decad 2. pag. 49—96. 1724.
Decad 3. pag. 97—144. 1725.
Decad 4. pag. 145—188. 1727.
Decad 5. pag. 189—236.
Decad 6. pag. 237—296.
Decad 7. pag. 297—343. 1728.
Desinit in Hedera.

Josephus MONTI.

Index plantarum, quæ in medicum usum recipi solent.

Plantarum elenchi, in classes dispartiti, juxta facultates, quibus in re medica pollent. in ejus plantarum indicibus, Bonon. 1724. p. 32—78.
1753. p. 77—128.

Joannes MARTYN.

Tabulæ synopticæ plantarum officinalium, ad methodum Rajanam dispositæ.
Pagg. 20. Londini, 1726. fol.

Michaele ALBERTI

Præside, Dissertatio de erroribus in Pharmacopoliis ex neglecto studio botanico. Resp. Joh. Frid. Koronzæy.
Pagg 24. Halæ, 1733. 4.

John K'EOGH.

Botanologia universalis hibernica, or a general Irish herbal.
Pagg. 145. Corke, 1735. 4.

Elizabeth BLACKWELL.

A curious herbal containing 500 cuts of the most useful plants, which are now used in the practice of physick, to which is added a short description of the plants and their common uses in physick. London, 1737. fol.
Vol. 1. tabb. æneæ color. 252; descriptiones in tabb. æneis 63. Vol. 2. tab. 253—500, descriptionum tab. 64—125.

Don Francisco SUAREZ *de Rivera.*

Clave botanica, o medicina botanica, nueva y novissima. Madrid, 1738. 4.
Pagg. 280. tabb. æneæ 5, pessimæ,

Vincenzo LAGUSI.

Erbuario Italo-Siciliano, in cui si contiene una raccolta di moltissime piante col nome italiano, latino e siciliano, il

tempo di coglierle, dove sogliono nascere, e le loro specifiche virtù.
Pagg. 302. Palermo, 1743. 4.

Joannes Baptista MORANDI.
Historia botanica practica, seu plantarum, quæ ad usum medicinæ pertinent, nomenclatura, descriptio et virtutes. Mediolani, 1744. fol.
Pagg. 164. tabb. æneæ color. 68.

Thomas SHORT.
Medicina Britannica, or a treatise on such physical plants as are generally to be found in the fields or gardens in Great-Britain.
Pagg. 352 et 39. London, 1747. 8.

Carolus LINNÆUS.
Materia Medica. Liber 1. de plantis.
Amstelædami (Holmiæ), 1749. 8.
Pagg. 252. tab. ænea 1.
——— curante J. C. D. Schrebero.
Vindobonæ, 1773. 8.
Pag. 31—236, cum tab. ænea 1, regnum vegetabile; reliqua duo regna vide suis locis.
——— editio quarta auctior, curante J. C. D. Schrebero. Lipsiæ et Erlangæ, 1782. 8.
Pag. 33—272. regnum vegetabile.
Mantissa editioni quartæ Materiæ Medicæ B. Equ. a Linné adjecta a J. C. D. Schreber.
Pagg. 16. Erlangæ, 1782. 8.
Dissertatio exhibens Plantas officinales. Resp. Nic. Gahn.
Pagg. 31. Upsaliæ, 1753. 4.
——— Amoenit. Academ. Vol. 4. p. 1—25.
——— Fundam. botan. edit. a Gilibert, Tom. 2. p. 155—180.
Dissertatio: Censura medicamentorum simplicium vegetabilium. Resp. Gust. Jac. Carlbohm.
Pagg. 24. Upsaliæ, 1753. 4.
——— Amoenit. Academ. Vol. 4. p. 26—42.
——— Continuat. select. ex Am. Acad. Dissert. p. 95—113.
——— Fundam. botan. edit. a Gilibert, Tom. 2. p. 137—153.
Dissertatio: Observationes in materiam medicam. Resp. Joh. Lindwall.
Pagg. 8. Upsaliæ, 1772. 4.
——— Amoenit. Academ. Vol. 8. p. 182—192.

ANON.

Catalogue des plantes usuelles. Amiens, 1754. 12.

Pagg. 56; præter elementa botanica, de quibus supra pag. 20.

John HILL.

The useful family herbal. London, 1755. 8.

Pagg. 404. tabb. æneæ 8; in singulis figg. 6.

BANAL.

Catalogue des plantes usuelles, suivant l'ordre de leurs vertus. Pagg. 56. (Montpellier, 1755.) 8.

Timothy SHELDRAKE.

Botanicum medicinale, an herbal of medicinal plants on the College of Physicians list. London. fol.

Tabb. æneæ color. 117, cum descriptionibus sculptis in iisdem tabulis.

* * *

Ectypa vegetabilium usibus medicis præcipue destinatorum et in pharmacopoliis obviorum, accedit eorumdem culturæ proprietatum viriumque brevis descriptio, moderante Christiano Gottlieb Ludwig. latine et germanice. Pagg. 96. ectypa color. 200. Halle, 1760. fol.

GAUTHIER.

Introduction à la connoissance des plantes, ou catalogue des plantes usuelles de la France.

Pagg. 268. Avignon, 1760. 12.

C. F. ARENSTORFF.

Comparatio nominum plantarum officinalium cum nominibus botanicis Linnæi et Tournefortii.

Pagg. 104. Berlin, 1762. 8.

Mart. Wilh. SCHWENCKE.

Kruidkundige beschryving der in-en uit-landsche gewassen, welke heedendaagsch meest in gebruik zyn.

Gravenhage, 1766. 8.

Pagg. 327; præter descriptionem Schwenckiæ, de qua supra pag. 232.

LATOURRETTE et ROZIER.

Demonstrations elementaires de botanique à l'usage de l'Ecole Royale Veterinaire. Tome 2. contenant la description des plantes usuelles. Lyon, 1766. 8.

Pagg. viii, 652 et xl. Tomum 1. vide supra pag. 20.

Johann Gottlieb GLEDITSCH.

Verzeichniss der gewöhnlichsten arzeney gewächse, ihrer theile und rohen produkte, welche in den grössten Deutschen apothecken gefunden werden.

Pagg. 480. Berlin, 1769. 8.

Fulgentius VITMAN.
De medicatis herbarum facultatibus liber.
Pars 1. pagg. 371. Pars 2. pagg. 364.
Faventiæ, 1770. 8.

Joseph Anton CARL.
Botanisch-medicinischer garten.
Pagg. 469. München und Leipzig, 1770. 8.

Sr. et De. REGNAULT.
La botanique mise à la portée de tout le monde, ou collection des plantes d'usage dans la medicine, dans les alimens, et dans les arts. Paris, 1774. fol.
Tabb. æneæ color. 467, cum descriptionibus impressis in totidem foliis, præter tabb. 3. explicationi partium plantarum inservientes.

Joannes JASKIEWICZ.
Dissertatio inaug. sistens pharmaca regni vegetabilis.
Pagg. 254. Vindobonæ, 1775. 8.

Friedrich Heinrich VON GERSTENBERG.
Bemerkungen über den wahren ursprung einiger fremden zum pflanzenreich gehörigen einfachen arzneymittel und materialien.
Act. Acad. Mogunt. 1777. p. 57—102.

Petrus Jonas BERGIUS.
Materia medica e regno vegetabili, sistens simplicia officinalia, pariter atque culinaria.
Stockholmiæ, 1778. 8.
Tom. 1. pagg. 448. Tom. 2. pag. 449—908.

(*Johann* ZORN.)
Icones plantarum medicinalium. (Textus latinus et germanicus.)
Centuria 1. pagg. 60. tabb. æneæ color. 100.
Nürnberg, 1779. 8.
Cent. 2. pag. 65—132. tab. 101—200. 1780.
Cent. 3. pag. 133—204. tab. 201—300. 1781.
Cent. 4. pag. 205—274. tab. 301—400. 1782.
Cent. 5. pag. 275—336. tab. 401—500. 1784.

BANAL *fils ainé*.
Catalogue des plantes usuelles, rangées suivant la methode de M. Linneus.
Pagg. 96. Montpellier, 1780. 8.
———— Pagg. 110. ib. 1786. 8.

William MEYRICK.
The new family herbal, or domestic physician.
Pagg. 498. tabb. æneæ 14. Birmingham, 1790. 8.

William WOODVILLE.
Medical botany, containing descriptions, with plates, of all the medicinal plants, comprehended in the catalogues of the materia medica, as published by the Royal College of Physicians of London and Edinburgh.
Vol. 1. pagg. 182. tabb. æneæ 65.
London, 1790. 4.
Vol. 2. pag. 183—368. tab. 66—135. 1792.
Vol. 3. pag. 369—578. tab. 136—210. 1793.

10. *Materiæ Medicæ Scriptores Topographici.*

Magnæ Britanniæ.

Robert TURNER.
Βοτανολογια, the British physician, or the nature and vertues of English plants.
Pagg. 363. London, 1664. 8.
———— Pagg. 363. ib. 1687. 8.

ANON.
An English herbal, or a discovery of the physical vertues of all herbs in this kingdom.
Pagg. 72. ib. 12.

John HILL.
Virtues of British herbs, with their history and figures.
ib. 1772. 8.
Numb. 1. pagg. 55. tabb. æneæ 9. Numb. 2. pag. 59—106. tab. 10—20. Numb. 3. pagg. 50. tab. 21—31.
Tabulæ æneæ eædem ac in ejus Herbario Britannico, sed heic tantum adsunt Classes 1, 2, et pars 3tiæ Systematis ejus.

11. *Sveciæ.*

Petrus HAMNERIN.
Dissertatio gradualis, vires medicas plantarum quarundam indigenarum sistens.
Pagg. 16. Upsaliæ, 1737. 4.

Carl LINNÆUS.
Upsats på de medicinal växter, som i apothequen bevaras, och hos oss i fädernes-landet växa.
Vetensk. Acad. Handling. 1741. p. 81—96.

——— : Catalogus vegetabilium, quæ in usum medicum veniunt, et sub coelo Sveciæ nascuntur.
Analect. Transalpin. Tom. 1. p. 129—140.
——— ——— Fundam. botan. edit. a Gilibert, Tom. 2. p. 529—542.

ANON.
En liten örte-bok, hvarutinnan mästadelen af våre inhemske trä och gräs til sine dygder emot åtskillige sjukdomar warda beskrefne. å nyo uplagd.
Pagg. 48. Wästerås, 1772. 8.

Carl Niclas HELLENIUS.
Förtekning på Finska medicinal-växter; Dissertatio Resp. Gust. Levin.
Pagg. 22. Åbo, 1773. 4.

12. *Imperii Russici.*

Iwan LEPECHIN.
Reflexions sur la necessité d'etudier la vertu des plantes indigenes.
Nov. Act. Acad. Petropol. Tom. 1. Hist. p. 83—110.

Joannes Fridericus GRAHL.
Dissertatio inaug. sistens quædam medicamenta Rossorum domestica.
Pagg. 18. Jenæ, 1790. 4.

13. *Indiæ Orientalis.*

Gulielmus PISO.
Mantissa aromatica, sive de aromatum cardinalibus quatuor, et plantis aliquot Indicis in medicinam receptis, relatio nova. in ejus de Indiæ utriusque re naturali et medica, append. p. 161—226.

ANON.
Declaraçaõ das aruores, arbustos, plantas, trapadeiras, e eruas virtuozas, que seachao pintadas no outro liuro, cujas raizes, cascas, folhas, flores, frutas, çementes e inhames seruem para se aplicar a varias doenças declaradas pellos fizicos deste Anjenga. Hoje 11. de Julho 1750. Mscr.
Icones color. 228, rudes. Textus lusitanicus pagg. fere totidem. fol.

14. *Chinæ.*

Pierre Joseph BUCHOZ.
Herbier ou collection des plantes medicinales de la Chine, d'après un manuscrit peint qui se trouve dans la bibliotheque de l'Empereur de la Chine.
Tabb. æneæ color. 100. Paris, 1781. fol.

15. *Africæ.*

A catalogue of some *Guinea*-plants, with their native names and virtues, sent by John Smyth to James Petiver, with his remarks on them.
Philosoph. Transact. Vol. 19. n. 232. p. 677—686.
Carolus Petrus THUNBERG.
Dissertatio de medicina *Africanorum*. Resp. Petr. Ulr. Berg.
Pagg. 8. Upsaliæ, 1785. 4.
——— Magazin für die Botanik, 5 Stück, p. 59—66.

16. *Americæ Septentrionalis.*

Carolus LINNÆUS.
Dissertatio sistens Specifica Canadensium. Resp. Joh. von Coelln.
Pagg. 28. Scaræ, 1756. 4.
——— Amoenit. Academ. Vol. 4. p. 507—535.

17. *Americæ Meridionalis.*

William WRIGHT.
An account of the medicinal plants growing in *Jamaica*.
London Medical Journal, Vol. 8. p. 217—295.
———: Essai sur les plantes usuelles de la Jamaique.
Journal de Physique, Tome 32. p. 347—361, & p. 401—419.
———: Ueber die auf Jamaika wachsenden, in der arzneykunst gebräuchlichen pflanzen.
Magazin für die Botanik, 4 Stück, p. 111—155.
7 Stück, p. 19—41.
Jean Baptiste-René Pouppé DESPORTES.
Abregé des plantes usuelles de *S. Domingue*. dans son Histoire des maladies de S. Domingue, Tome 3. p. 3—56. Paris, 1770. 12.

Louis Feuillée.
Histoire des plantes medicinales, qui sont le plus en usage aux Royaumes du *Perou* et du *Chily*.
dans son Journal, Tome 2. p. 703—767; cum tabb. æneis 50. Paris, 1714. 4.
dans son Journal d'un autre voyage.
Pagg. 71. tabb. æneæ 50. ib. 1725. 4.

James Petiver.
Hortus *Peruvianus* medicinalis, or the South-Sea herbal, containing the names, figures, use, &c. of divers medicinal plants, lately discovered by Pere L. Feuillée, to which are added the figures of divers American gum-trees, dying woods, drugs.
Pagg. 3. tabb. æneæ 5. London, 1715. fol.
in Operum ejus Vol. 2do.

18. *Medicamenta varia.*

Charles l'Escluse.
Description d'aucunes gommes et liqueurs, ensemble de quelques bois, fruicts, et racines aromatiques, desquelles on se sert és boutiques. impr. avec sa traduction de l'Histoire des plantes de Dodoens; p. 549—584.
Anvers, 1557. fol.

Raimundus Mindererus.
Aloedarium marocostinum.
Pagg. 235. Augustæ Vindel. 1616. 8.

Antonius Deusingius.
Dissertationes de Manna et Saccharo.
Pagg. 170. Groningæ, 1659. 12.
——— in ejus Dissertation. selectis, p. 383—564.

Thomas Bartholinus.
Experimenta de Balsamo, ejusque succedaneis in Theriaca.
in ejus Act. Hafniens. 1671. p. 1—6.

Tomas de Murillo *y Velarde*.
Tratado de raras, y peregrinas yervas, y la diferencia que ay entre el antiguo Abrotano, y la natural, y legitima planta Buphthalmo; y unas anotaciones a las yerbas Mandragoras, Macho y Hembra.
Foll. 50. Madrid, 1674. 4.

Rudolpho Jacobo Camerario
Præside, Dissertatio: Biga botanica sc. Cervaria nigra et Pini coni. (Linum etiam catharticum.) Resp. Ge. Alb. Camerarius.
Pagg. 16. Tubingæ, 1712. 4.

Johannes Fridericus OCHS.
Dissertatio inaug. de Sanguine Draconis.
Pagg. 24. Altdorfii, 1712. 4.
——— Valentini Historia simplicium, p. 609—617.
Jacobus PETIVER.
Aromata Indiæ, Radices et Gummi.
Tab. ænea figuris 9.
——— in Operum ejus Vol. 2do hæc tabula nomine 6tæ addita est ejus horto Peruviano medicinali, vide pag. anteced.
Albertus SEBA.
Historia exoticorum quorundam medicamentorum simplicium.
Act. Acad. Nat. Curios. Vol. 4. p. 226—232.
Wilhelmo Bernhardo NEBEL
Præside, Dissertatio de Acmella Palatina. Resp. Jo. Blanckenhorn. Heidelbergæ, 1739. fol.
Pagg. 24. tab. ænea, in nostro exemplo coloribus fucata, 1.
Christophorus Jacobus TREW.
Animadversiones in Helleborum (et nigrum et album.)
Commerc. litterar. Norimberg. 1742. p. 406—408.
1743. p. 65—77.
Josephus MONTI.
De Gummatis quibusdam.
Comment. Instit. Bonon. Tom. 2. Pars 2. p. 180—185.
Johanne Friderico CARTHEUSER
Præside, Dissertationes: de Ligno nephritico, colubrino et Semine Santonico. Resp. Sal. Beer Wolff.
Pagg. 24. Francofurti ad Viadr. 1749. 4.
De præcipuis Balsamis nativis. Resp. Dav. Gottlob Zebuhle.
Pagg. 40. Francofurti ad Viadr. 1755. 4.
Carolus Fridericus HARSLEBEN.
Dissertatio inaug. de Cortice Winterano (et Canella alba.)
Pagg. 36. Francofurti ad Viadr. 1760. 4.
Antonius STÖRCK.
Libellus, quo demonstratur Stramonium, Hyosciamum, Aconitum tuto posse exhiberi usu interno hominibus.
Pagg. 55. Vindobonæ, 1762. 8.
———: Experiences et observations sur l'usage interne de la Pomme epineuse, de la Jusquiame, et de l'Aconit.
Pagg. 139. tabb. æneæ 3. Paris, 1763. 12.

Andrea Elia BÜCHNERO

Præside, Dissertatio de gummi-resinis Kikekunemalo, Look et Galda. Resp. Rud. Seelmatter.

Pagg. 20. Halæ, 1764. 4.

John CHANNING.

Description of three substances, mentioned by the Arabian physicians, in a paper sent from Aleppo, and translated from the Arabic.

Philosoph. Transact. Vol. 57. p. 21—27.

John HILL.

The family practice of physic.

Pagg. 96. tabb. æneæ 9. London, 1769. 8.

Alexander MONRO.

An attempt to determine by experiments, how far some of the most powerful medicines, viz. Opium, ardent spirits, and essential oils affect animals.

Essays by a Society in Edinburgh, Vol. 3. p. 292—365.

Joachimus SPALOWSKY.

Dissertatio inaug. de Cicuta, Flammula Jovis, Aconito, Pulsatilla, Gratiola, Dictamno, Stramonio, Hyoscyamo et Colchico.

Pagg. 44. tabb. æneæ 9. Vindobonæ, 1777. 8.

Ignazio MONTI.

Saggio di sperimenti fisici, analitici e microscopici intorno la radice del legno Quassio, ed altre sostanze in qualche modo analoghe ad essa.

Opuscoli scelti, Tomo 2. p. 102—107.

Martinus HOUTTUYN.

De echte Benzöin-boom en Kamfer-boom van Sumatra beschreeven. Verhand. van te Maatsch. te Haarlem, 21 Deel, p. 257—274.

19. *Materiæ Medicæ Monographiæ.*

Monandria.

Monogynia.

Amomum Zingiber.

Johannes Albertus GESNERUS.

Dissertatio inaug. de Zingibere.

Pagg. 32. Altorfii, 1723. 4.

Johann Beckmann.
Ingber. in sein. Waarenkunde, 1 Theil, p. 224—241.

20. *Amomum Cardamomum.*

Rudolffo Guilielmo Crausio
Præside, Dissertatio de Cardamomis. Resp. Jo. Casp. Rhein.
Pagg. 44. tab. ænea 1. Jenæ, 1704. 4.

21. *Diandria.*

Monogynia.

Veronica officinalis.

Joannes Francus.
Polycresta herba Veronica.
Pagg. 272. Ulmæ, 1690. 12.
Veronica theezans, id est collatio Veronicæ Europææ cum Thée chinitico.
Pagg. 172. tabb. æneæ 2. Lipsiæ. 12.
Friderico Hoffmanno
Præside, Excercitatio de infusi Veronicæ efficacia præferenda herbæ Thée. Resp. Chph. Wilh. Sattler.
Pagg. 24. Halæ, 1694. 4.
Joanne Philippo Eyselio
Præside, Disputatio de Veronica, Grundtheil, Ehrenpreiss. Resp. Joh. Dan. Curtius.
Pagg. 24. Erfordiæ, 1717. 4.

22. *Gratiola officinalis.*

Simon Bouldouc.
Observations sur la Gratiole.
Mem. de l'Acad. des Sc. de Paris, 1705. p. 186—194.

23. *Verbena officinalis.*

Johanne Adolpho Wedelio
Præside, Dissertatio de Verbena. Resp. Sam. Arnold.
Pagg. 18. Jenæ, 1721. 4.

24. *Rosmarinus officinalis.*

Michaele Alberti
Præside, Dissertatio de Roremarino. Resp. Joh. Wilh. Sparmann.
Pagg. 32. Halæ, 1718. 4.

Johanne Jacobo Fickio
Præside, Dissertatio Roremmarinum exhibens. Resp. Nic. Boernerus.
Pagg. 23. Jenæ, 1725. 4.

25. *Salvia officinalis.*

Christianus Franciscus Paullini.
Sacra herba s. nobilis Salvia descripta.
Pagg. 414. Augustæ Vindel. 1688. 8.

Georgio Wolffgango Wedelio
Præside, Dissertatio de Salvia. Resp. Benj. Weissheit.
Pagg. 40. Jenæ, 1715. 4.

Christianus Godofredus Stentzelius.
Dissertatio de Salvia, in infuso adhibenda, hujusque præ Thea Chinensi præstantia. Resp. Melch. Theoph. Feyerabend.
Pagg. 40. Vitembergæ, 1723. 4.

26. *Trigynia.*

Piper nigrum.

Laurentio Heistero
Præside, Dissertatio de Pipere. Resp. Ge. Conr. Pfeffer.
Pagg. 48. tab. ænea 1. Helmæstadii, 1740. 4.

27. *Piper Cubeba* Linn. suppl.

Georgio Wolffgango Wedelio
Præside, Dissertatio de Cubebis. Resp. Herm. Frid. Teichmeyer.
Pagg. 40. Jenæ, 1705. 4.

28. *Triandria.*

Monogynia.

Valeriana officinalis et *Phu.*

Michaele ALBERTI
Præside, Dissertatio de Valerianis officinalibus. Resp. Joh. Frid. Stantcke.
Pagg. 20. Halæ, 1732. 4.

29. *Valeriana officinalis.*

Johanne Carolo SPIES
Præside, Disputatio de Valeriana. Resp. Joh. Frid. Bismarck.
Pagg. 34. Helmstadii, 1724. 4.

John HILL.
The virtues of wild Valerian in nervous disorders, with directions for gathering and preserving the root, and for chusing the right kind when it is bought dry.
Pagg. 24. tabb. æneæ 2. London, 1758. 8.
——— The third edition.
Pagg. 24. tabb. æneæ 2. ib. 1758. 8.

30. *Crocus sativus officinalis.*

Joannes Ferdinandus HERTODT.
Crocologia, seu Croci enucleatio.
Pagg. 283. tab. ænea 1. Jenæ, 1671. 8.

31. *Iridis species officinales.*

Albertus HEERING.
Dissertatio inaug. de Iride.
Pagg. 20. Altorfii, 1710. 4.

MONTET.
Memoire dans lequel on demontre que la racine de l'Iris nostras, qui croit aux environs de Montpellier, peut être employée pour les usages de la medecine et pour les parfums avec le meme avantage que l'Iris de Florence. Mem. de l'Acad. des Sc. de Paris, 1772. 1 Part. p. 657—666.

32. *Digynia.*

Triticum repens.

Joannes PFAUTZ.
Descriptio Graminis medici plenior. Ulmæ, 1656. 4.
Pagg. 16; præter appendicem de Ampelopraso prolifero, de quo supra pag. 260.

Johanne Hieronymo KNIPHOF
Præside, Dissertatio de Gramine levidensi at præcellentissimo. Resp. Joh. Jac. Berth.
Pagg. 20. Erfordiæ, 1747. 4.

33. *Tetrandria.*

Monogynia.

Plantago major.

Georgio Wolffgango WEDELIO
Præside, Dissertatio de Plantagine. Resp. Nic. Chiliani.
Pagg. 36. Jenæ, 1712. 4.

34. *Pentandria.*

Monogynia.

Cynoglossum officinale.

Christophorus Jacobus SCHRECK.
Dissertatio inaug. de Cynoglosso.
Pagg. 32. Altdorfii, 1753. 4.

35. *Symphytum officinale.*

Johannes Rodolphus HESS.
In Thesibus anatomico-botanicis, p. 2—4. de Symphyto agit. Basileæ, 1751. 4.

36. *Menyanthes trifoliata.*

Matthias TILINGIUS.
De Trifolio fibrino.
Ephem. Ac. Nat. Cur. Dec. 2. Ann. 2, p. 170—179.

Joannes FRANCUS.
Trifolii fibrini historia.
Pagg. 64. Francofurti, 1701. 8.

Joanne Philippo EYSELIO
Præside, Disputatio proponens Trifolium fibrinum. Resp. Chr. Fried. Friese.
Pagg. 20. Erfordiæ, 1716. 4.

Johannes Fredericus BOKELMANN.
Disputatio inaug. de Trifolio paludoso seu fibrino.
Pagg. 13. Lugduni Bat. 1718. 4.

Petro ELFWING
Præside, Dissertatio de Trifolio aquatico. Resp. Laur. Brodin.
Pagg. 29. Aboæ, 1724. 8.

37. *Anagallis arvensis.*

Carolus Ludovicus BRUCH.
Dissertatio inaug. de Anagallide.
Pagg. 49. Argentorati, 1758. 4.

Gottlieb Nathanael SCHRADER.
Dissertatio inaug. de Anagallide.
Pagg. 28. Halæ, 1760. 4.

Theodorus HOLM.
Afhandling om Anagallis og dens kraft mod vandskræk.
Kiöbenhavn, 1761. 8.
Pagg. 30. tab. ænea color. 1.

Joannes LEMKE.
Specimen inaug. de Anagallidis viribus, inprimis contra Hydrophobiam
Pagg. 50. Rostochii, 1790. 4.

38. *Spigelia Anthelmia.*

Carolus LINNÆUS.
Dissertatio de Spigelia Anthelmia. Resp. Joh. Ge. Colliander.
Pagg. 16. tab. æn. 1. Upsaliæ, 1758. 4.
——— Amoenit. Academ. Vol. 5. p. 133—147.

39. *Spigelia marilandica.*

Alexander GARDEN.
An account of the Indian Pink.
Essays by a Society in Edinburgh, Vol. 3. p. 145—153.

40. *Ophiorhiza Mungos.*

Engelbertus KÆMPFER.
Radix Mungo.
in ejus Amoenitat. exoticis, p. 573—578.
Michael Fridericus LOCHNER.
Mungos animalculum et radix descripta.
Pagg. 32. Noribergæ, 1715. 4.
——— Ephem. Acad. Nat. Curios. Cent. 3. et 4. App. p. 57—88.
——— Valentini Historia simplicium, p. 534—544.
Johannes Fridericus CARTHEUSER.
Dissertatio de radice Mungo. Resp. Ge. Car. Aschenborn. in ejus Dissert. Phys. Chym. Med. p. 1—50.
Francofurti ad Viadr. 1774. 8.

41. *Convolvulus Scammonia.*

Simon BOULDOUC.
Observations sur la Scammonée.
Mem. de l'Acad. des Sc. de Paris, 1702. p. 187—192.
Alexander RUSSELL.
A letter describing the Scammony plant.
Medical Observations and Inquiries by a Society of Physicians in London, Vol. 1. p. 13—25.

42. *Convolvulus Mechoacanna.*

Simon BOULDOUC.
Observations sur la racine de Mechoacan.
Mem. de l'Acad. des Sc. de Paris, 1711. p. 81—86.

43. *Cinchonæ species variæ.*

Richard KENTISH.
Experiments and observations on a new species of Bark, also a comparative view of the powers of the red and

quilled bark, being an attempt towards a general analysis and compendious history of the genus of Cinchona. Pagg. 123. London, 1784. 8.

Johannes Andreas Christophorus GRAVENHORST.
Dissertatio inaug. de Cinchonæ corticibus.
Pagg. xlii. Goettingæ, 1791. 4.

ANON.
Reflexions sur deux especes de Quinquina decouvertes nouvellement aux environs de Santa-Fé, dans l'Amerique meridionale.
Hist. de la Soc. R. de Medecine, 1779. p. 252—263.

Felice ASTI.
Lettera intorno alla nuova China-china del Regno di Santa Fé.
Opuscoli scelti, Tomo 8. p. 276—280.

MALLET.
Sur le Quinquina de la Martinique, connu sous le nom de Quinquina-Piton.
Journal de Physique, Tome 17. p. 169—179.

DE BADIER.
Memoire sur le Quinquina-Piton ou des Montagnes. ibid. Tome 34. p. 129—132.
————: Abhandlung über die Chinchina-Piton.
Magazin für die Botanik, 6 Stück, p. 96—102.

William SAUNDERS.
Observations on the superior efficacy of the red Peruvian Bark. Pagg. 176. London, 1782. 8.

COTHENIUS.
Chemische untersuchung der rothen Chinarinde, wie auch derjenigen, welche bisher im gebrauch gewesen, nebst beygefügten vergleichenden anmerkungen und angehängter kurzen geschichte der Chinarinde überhaupt; übersezt von Joh. Theod. Pyl.
Pagg. 42. Berlin und Stralsund, 1783. 8.

George DAVIDSON.
An account of a new species of the Bark-tree, found in the Island of St. Lucia.
Philosoph. Transact. Vol. 74. p. 452—456.

DOLLFUSS.
Ueber eine neue China-rinde.
Crell's chemische Annalen, 1787. 2 Band, p. 147—156.

LE VAVASSEUR.
Memoire contenant la description et l'analyse de deux

especes de Quinquina, naturels à l'Ile de Saint-Domingue.
Journal de Physique, Tome 37. p. 241—255.
Antoine François FOURCROY.
Analyse du Quinquina de Saint-Domingue,
Annales de Chimie, Tome 8. p. 113—183, & Tome 9. p. 7—29.
Il y en a un extrait dans son Journal, Tome 2. p. 5—12, et p. 82—89.
Johan Lorens ODHELIUS.
Rön om beskaffenheten och värkan af et slags Cinchona, hemsändt under namn af caribæa.
Vetensk. Acad. Handling. 1792. p. 304—308.
John LINDSAY.
An account of the Cinchona Brachycarpa, a new species of Jesuits Bark, growing in Jamaica.
Of the Red Peruvian Bark.
Transact. of the R. Soc. of Edinburgh, Vol. 3. p. 211—214.
——— Seorsim etiam adest, impr. cum ejus descriptione Quassiæ polygamæ; p. 7—10. tab. æn. 1. 4.
——— Medical Facts, Vol. 5. p. 151—157.
John RELPH.
An inquiry into the medical efficacy of a new species of Peruvian Bark, lately imported into this country under the name of yellow bark.
Pagg. 177. London, 1794. 8.

44. *Cinchona officinalis.*

Gaudentius BRUNACIUS.
De Cina-Cina, seu pulvere ad febres.
Pagg. 150. Venetiis, 1661. 8.
Paulo AMMANN
Præside, Dissertatio: Anti-quartii Peruviani historia.
Resp. Chph. Rothmann.
Plagg. 2½. Lipsiæ, 1663. 4.
Christianus Johannes HORBIUS.
Disputatio inaug. de febrifuga Chinæ-Chinæ virtute.
Pagg. 24. Altdorfii, 1693. 4.
Michaël Bernhardus VALENTINI.
Discursus academicus de China Chinæ. Ephem. Ac. Nat. Cur. Dec. 3. Ann. 3. App. p. 41—60.
——— Valentini Polycrest. exotic. p. 45—67.

William OLIVER.
A letter concerning the Jesuits Bark.
Philosoph. Transact. Vol. 24. n. 290. p. 1596.

Joanne Gothofredo BERGERO
Præside, Dissertatio de Chinchina ab iniquis judiciis vindicata. Resp. Henr. Dav. Stieler.
Pagg. 44. Vitembergæ, 1711. 4.

Friderico HOFFMANN
Præside, Dissertatio de recto Corticis Chinæ usu in febribus. Resp. Gottfr. Wilh. Bornemann.
Pagg. 36. Halæ, 1728. 4.

Petrus VAN BAALEN.
Dissertatio inaug. de Cortice Peruviano, ejusque in febribus intermittentibus usu.
Pagg. 38. Lugduni Bat. 1735. 4.

John GRAY.
An account of the Peruvian or Jesuits Bark, extracted from some papers given him by Mr. W. Arrot, who had gathered it at the place where it grows in Peru.
Philosoph. Transact. Vol. 40. n. 446. p. 81—86.

Charles Marie DE LA CONDAMINE.
Sur l'arbre du Quinquina.
Mem. de l'Acad. des Sc. de Paris, 1738. p. 226—243.

Eberhardus ROSÉN.
Dissertatio de Cortice peruviano. Resp. Nic. Joh. Lönquist. Londini Gothorum, 1744. 4.
Pagg. 60. tab. ænea 1. (e figura Condamini exscripta.)

Philippus Silvester LURSENIUS.
Dissertatio inaug. de Cortice Peruviano.
Lugd. Bat. 1751. 4.
Pagg. 53. tab. ænea 1. (e figura Condamini exscripta.)

Jacob DE CASTRO SARMENTO.
Arvore da Quina quina. tab. ænea, longit. 14 unc. lat. 16 unc. ad calcem libri, cui titulus: Do uso, e abuso das minhas agoas de Inglaterra. Londres, 1756. 8.
Exscripta e tabula ænea, (nobis desiderata,) in qua hæc leguntur: Johannes Hawkins Philobotan. ad vivum (siccum) delin. 1739. Published according to act of parliament 1741. J. Mynde sc.

Carolo LINNÆO
Præside, Dissertatio de Cortice Peruviano. Pars prior. Resp. Joh. Christ. Pet. Petersen.
Pagg. 38. Upsaliæ, 1758. 4.
——— Amoenitat. Academ. Vol. 9. p. 64—105.

Ricardus PULTENEY.
Dissertatio inaug. de Cinchona officinali Linnæi, sive Cortice Peruviano. Edinburgi, 1764. 8.
Pagg. 60. tab. ænea 1. (e figura Hawkinsii exscripta.)
Thomas PERCIVAL.
Experiments on the Peruvian Bark.
Philosoph. Transact. Vol. 57. p. 221—233.
Georgius BROWN.
Tentamen inaug. de usu Corticis Peruviani in febribus intermittentibus. Pagg. 45. Edinburgi, 1779. 8.
J. H. RAHN.
Natuurlyke historie der Kina.
Algem. geneeskund. Jaarboeken, 6 Deel, p. 140—162.

45. *Cinchona caribæa.*

William WRIGHT.
Description of the Jesuits Bark Tree of Jamaica and the Caribbees.
Philosoph. Transact. Vol. 67. p. 504—506.
Fridericus Wilhelmus AUFMKOLK.
Dissertatio inaug. de Cortice caribæo cortici peruviano substituendo.
Pagg. 39. Gottingæ, 1793. 8.

46. *Hyoscyamus niger.*

Georgio Wolffgango WEDELIO
Præside, Dissertatio de Hyoscyamo. Resp. Joh. Guil. Eckhardus.
Pagg. 64. Jenæ, 1715. 4.

47. *Nicotiana Tabacum.*

Johannes NEANDER.
Tabacologia, hoc est Tabaci, seu Nicotianæ descriptio medico-cheirurgico-pharmaceutica.
Lugduni Bat. 1626. 4.
Pagg. 256; cum tabb. æneis.
——— impr. cum Everarto de herba Panacea; p. 59—197.
(In hac editione omissa sunt quæ de virtutibus Tabaci scripsit a pag. 74 ad pag. 203, in editione priori, nec adsunt tabulæ.)

——— : Traicté du Tabac, mis en François par J. V.
Pagg. 342. tabb. æneæ 9. Lyon, 1625. 8.

Ægidius EVERARTUS.
De Herba Panacea, quam alii Tabacum, alii Petum, aut Nicotianam vocant, commentariolus.
Ultrajecti, 1644. 12.
Pagg. 58; præter Neandr. et opuscula mox dicenda.

JACOBUS I. *Magnæ Britanniæ Rex.*
Misocapnus, sive de abusu Tobacci lusus Regius. impr. cum Everarto; p. 199—223.

Raphael THORIUS.
Hymnus Tabaci. impr. cum Everarto; p. 225—305.

Johannes Chrysostomus MAGNENUS.
Exercitationes de Tabaco.
Pagg. 192. Ticini, 1648. 4.
——— Pagg. 264. Hagæ Comitis, 1658. 12.

Jacobus TAPPIUS.
Oratio de Tabaco, ejusque hodierno abusu.
Plagg. 5. Helmestadii, 1660. 4.

Johanne Daniele DORSTENIO
Præside, Disputatio de Tabaco. Resp. Conr. Reinhard. Milchsack.
Pagg. 18. Marburgi, 1682. 4.

BAILLARD.
Discours du Tabac, avec des raisonnemens physiques sur les vertus et sur les effets de cette plante, et de ses divers usages dans la Medecine.
Pagg. 125. Paris, 1693. 12.

Henricus HEIDECKE.
Disputatio inaug. de usu Pethi in catarrhis.
Pagg. 18. Duisburgi, 1693. 4.

Bernhardo ALBINO
Præside, Dissertatio de Tabaco. Resp. Joh. Theoph. Letschius.
Pagg. 32. Francofurti ad Viadr. 1695. 4.

Henricus LÖCHSTÖR.
Dissertatio de Nicotiana vera, ejusque præparatione et usu medico.
Pagg. 12. Hafniæ, 1738. 4.

Christophorus Carolus REICHEL.
Disputatio inaug. de Tabaco, ejusque usu medico.
Pagg. xxxiv. Vitembergæ, 1750. 4.

Sigismundus PETITMAITRE.
Dissertatio inaug. de usu et abusu Nicotianæ.
Pagg. 18. Basileæ, 1756. 4.

ANON.
Memoire sur le Tabac.
Journal de Physique, Tome 39. p. 188—193.

48. *Atropa Mandragora.*

Olao RUDBECKIO
Præside, Disputatio de Mandragora. Resp. Andr. Holtzbom.
Pagg. 28. Upsaliæ, 1702. 8.
Andreas HOLTZBOM.
Disputatio inaug. de Mandragora.
Trajecti ad Rhenum, 1704. 4.
Pagg. 15. Eadem omnino dissertatio cum priori.

49. *Atropa Belladonna, Solanum Dulcamara* et *nigrum.*

William BROMFEILD.
An account of the English Nightshades, and their effects.
Pagg. 94. tab. ænea color. 1. London, 1757. 12.
——: Observations sur les vertus des differentes especes de Solanum, qui croissent en Angleterre, traduits par M. Bromfeild le fils.
Pagg. 127. Paris, 1761. 12.

50. *Atropa Belladonna.*

Michaële ALBERTI
Præside, Dissertatio de Belladonna, tanquam specifico in cancro, imprimis occulto. Resp. Ferd. Chph. Oetinger.
Pagg. 35. Halæ, 1739. 4.

51. *Solanum Dulcamara.*

Carolo Eugenio Luchini DE SPIESSENHOFF
Præside, Dissertatio: Solanum caule inermi, flexuoso, foliis superioribus hastatis, vulgo Dulcamara dictum, chemice et medice discussum. Resp. Barth. Schobinger.
Pagg. 28. Heidelbergæ, 1742. 4.

Carolus a LINNÉ.
Dissertatio de Dulcamara. Resp. Ge. Hallenberg.
Pagg. 14. Upsaliæ, 1771. 4.
——— Amoenitat. Academ. Vol. 8. p. 63—74.

52. *Strychnos Nux Vomica.*

Jeremia LOSSIO
Præside, Disputatio de Nuce Vomica. Resp. And. Casp. Georgii.
Plagg. 2½. Wittenbergæ, 1682. 4.
Matthæus SEUTTER.
Disputatio inaug. de Nuce Vomica.
Plagg. 3. tabb. æneæ 2. Lugduni Bat. 1691. 4.
Ernesto Antonio NICOLAI
Præside, Dissertatio de Nucis Vomicæ viribus et usu. Resp. Ant. Frid. Cappel.
Pagg. 35. Jenæ, 1784. 4.

53. *Ignatia amara* Linn. suppl.

Georgius Josephus KAMEL.
De Igasur, seu nuce vomica legitima Serapionis.
Philosoph. Transact. Vol. 21. n. 250. p. 88—94.
Excerpta in Act. Eruditor. Lips. 1700. p. 552—554.
Michaël Bernhardus VALENTINI.
Dissertatio de Fabis S. Ignatii.
in ejus Polychrestis exoticis, p. 1—14.

54. *Ribes nigrum.*

Rudolphus Jacobus CAMERARIUS.
Cassis, Ribes nigrum.
Ephem. Ac. Nat. Cur. Cent. 7 & 8. p. 272—275.

55. *Digynia.*

Asclepias Vincetoxicum.

Joanne Adolpho WEDELIO
Præside, Dissertatio de Vincetoxico. Resp. Ge. Chph. Wolffius.
Pagg. 20. Jenæ, 1720. 4.

56. *Chenopodium Bonus Henricus.*

Joanne Philippo EYSELIO
Præside, Disputatio de Bono Henrico. Resp. Gottlieb Chr. Jentsch.
Pagg. 24. Erfordiæ, 1714. 4.

57. *Chenopodium Botrys.*

Johanne Friderico CARTHEUSER
Præside, Dissertatio de Chenopodio ambrosioide. Resp. Frider. Henr. Wilh. Martini.
Pagg. 42. Francofurti ad Viadr. 1757. 4.

58. *Gentiana lutea.*

Jo. Hadriano SLEVOGTIO
Præside, Dissertatio de Gentiana. Resp. Jo. Andr. Weber.
Pagg. 22; sed deest finis. Jenæ, 1720. 4.

59. *Gentiana Centaurium.*

Samuel LEDELIUS.
Centaurium minus, auro tamen majus.
Pagg. 308. Francofurti ad Moen. 1694. 8.

Georgio Wolffgango WEDELIO
Præside, Dissertatio de Centaurio minori. Resp. Nic. Chiliani.
Pagg. 40. Jenæ, 1713. 4.

Joannes Hadrianus SLEVOGT.
Invitatio ad hanc dissertationem, cui commendatio ejusdem herbæ per exempla præmittitur.
Plag. 1. Jenæ, 1713. 4.

60. *Conium maculatum.*

William WATSON.
An account of the Cicuta, recommended by Dr. Storke.
Philosoph. Transact. Vol. 52. p. 89—93.

Antonius STÖRCK.
Libellus, quo demonstratur, Cicutam non solum usu interno tutissime exhiberi, sed et esse remedium valde utile.
Pagg. 63. Vindobonæ, 1761. 8.

Libellus secundus, quo confirmatur, Cicutam non solum usu interno tutissime exhiberi, sed et esse remedium valde utile.
Pagg. 147. Londini, 1761. 8.
Supplementum necessarium de Cicuta.
Vindobonæ, 1761. 8.
Pagg. 38; cum tab. ænea, exhibente iconem plantæ.
Appendix de Cicuta. impr. cum ejus libello de Colchico autumnali; p. 75—96. ib. 1763. 8.
———: Appendix to the Cicuta, or Hemlock, printed with his Essay on the Cochicum autumnale; p. 37—47.
London, 1764. 8.

Josephus QUARIN.
Tentamina de Cicuta.
Pagg. 40. Vindobonæ, 1761. 8.

Projectus Josephus EHRHART.
Dissertatio inaug. de Cicuta.
Pagg. 72. tab. ænea 1. Argentorati, 1763. 4.

Casimir Gomez ORTEGA.
De Cicuta Commentarius.
Pagg. 45. tab. ænea 1. Matriti, 1763. 4.
———: Tratado de la naturaleza, y virtudes de la Cicuta, llamada vulgarmente Cañaeja. ib. 1763. 4.
Pagg. 52. tab. ænea, eadem ac in editione latina.

Joseph QUER.
Dissertacion physico-botanica sobre el uso de la Cicuta.
Pagg. 43. tabb. æneæ 2. ib. 1764. 4.

Carolus Fridericus KALTSCHMIED.
Programma de Cicuta.
Pagg. 12. Jenæ, 1768. 4.

61. *Peucedanum officinale.*

Henrico Friderico DELIO
Præside, Dissertatio de Peucedano Germanico. Resp. Paul. Chr. Ludov. Wagner.
Pagg. xxxvii. Erlangæ, 1753. 4.

62. *Asa foetida.*

Engelbertus KÆMPFER.
Historia Asæ foetidæ Disgunensis.
in ejus Amoenitat. Exoticis, p. 535—552.

Johannes PUNDT.
Dissertatio inaug. de Asa foetida.
Pagg. 22. Gottingæ, 1778. 4.

John HOPE.
Description of a plant yielding Asa foetida.
Philosoph. Transact. Vol. 75. p. 36—39.
——— London Medical Journal, Vol. 7. p. 68—72.
———: Beschreibung der pflanze, von der man die Asa foetida erhält.
Magazin für die Botanik, 1 Stück, p. 61—65.

Johann Bartholomæus TROMMSDORF.
Chemische zergliederung des stinkenden Asands.
Act. Acad. Mogunt. 1788 et 89. Pagg. 12.

63. *Heracleum Sphondylium.*

Johanne Friderico CARTHEUSER
Præside, Dissertatio de Branca ursina Germanica. Resp. Joh. Ge. Kunst.
Pagg. 20. Francofurti cis Viadr. 1761. 4.

64. *Cuminum Cyminum.*

Johannes Christianus EHRMANN.
Dissertatio inaug. de Cumino.
Pagg. 36. Argentorati, 1733. 4.

65. *Phellandrium aquaticum.*

Arthur Conrad ERNSTING.
Phellandrologia physico-medica.
Pagg. 39. tab. ænea 1. Brunsvigæ, 1739. 4.

Elias Fridericus HEISTERUS.
De Phellandrio, foeniculo equino, seu aquatico vulgo dicto.
Act. Acad. Nat. Curios. Vol. 5. p. 460—462.

Johann Heinrich LANGE.
Wirkungen des Wasserfenchels, oder der so genannten Peer-Saat. Neue verbesserte auflage.
Pagg. 48. Frankfurt und Leipzig. 1775. 8.

Bernhardo Christiano OTTO
Præside, Dissertatio de Phellandrii aquatici charactere botanico, et usu medico. Resp. Jo. Phil. Schwan.
Pagg. 28. Trajecti ad Viadr. 1793. 4.

66. *Scandix Cerefolium.*

Christophoro HELVIGIO
Præside, Dissertatio de Chærephyllo. Resp. Ferd. Ge. Narcissus.
Pagg. 33. Gryphiswaldiæ, 1711. 4.

Peter Jonas BERGIUS.
Anmerkninger over Kiörvel (Scandix Cerefolium.) Norske Vidensk. Selsk. Skrift. Nye Saml. 2 Bind, p. 493—504.

67. *Anethum graveolens.*

Johannes Baptista KARCHER.
Dissertatio inaug. de Anetho.
Pagg. 22. Argentorati, 1734. 4.

68. *Anethum Foeniculum.*

Johanne Theodoro SCHENCKIO
Præside, Μαραθρολογια sive de Foeniculo Dissertatio. Resp. Fried. Kaltschmied.
Pagg. 88. Jenæ, 1665. 4.

Johanne BOECLERO
Præside, Dissertatio de Foeniculo. Resp. Joh. Chr. Ehrmann.
Pagg. 40. Argentorati, 1732. 4.

69. *Carum Carvi.*

Johannes Ludovicus MILHAU.
Dissertatio inaug. de Carvi.
Pagg. 26. Argentorati, 1740. 4.

70. *Pimpinella Saxifraga.*

Ernestus Fridericus Justinus HEIMREICH.
Dissertatio inaug. de Pimpinella alba.
Pagg. 20. Altorfii, 1723. 4.

Joanne Casimiro HERTIO
Præside, Dissertatio de Pimpinella Saxifraga. Resp. Lud. Henr. Leo Hilchen.
Pagg. 32. Giessæ, 1726. 4.

71. *Pimpinella magna.*

Johannes Andreas HARNISCH.
Meditationes botanico-medicæ de Pimpinella nigra.
Pagg. 40. Lipsiæ, 1758. 4.

72. *Pimpinella Anisum.*

Johanne Sigismundo HENNINGER
Præside, Dissertatio de Aniso. Resp. Joh. Boeclerus.
Pagg. 57. Argentorati, 1704. 4.

73. *Trigynia.*

Rhus radicans.

DU FRESNOY.
Des proprietés de la plante appellée Rhus radicans.
Pagg. 48. Paris, 1788. 8.

74. *Sambucus nigra.*

Martinus BLOCHWITIUS.
Anatomia Sambuci.
Pagg. 281. Londini, 1650. 12.
——— or the anatomie of the Elder.
Pagg. 230. ib. 1655. 12.
Georgio Wolffgango WEDELIO
Præside, Dissertatio de Sambuco. Resp. Frid. Aug. Treise.
Pagg. 40. Jenæ, 1720. 4.
Georgio Rudolpho BOEHMERO
Præside, Dissertatio de Sambuco in totum medicinali. Resp. Gottfr. Chr. Sigism. Georgius.
Pagg. 36. Wittebergæ, 1771. 4.

75. *Pentagynia.*

Linum catharticum.

Joannes Hadrianus SLEVOGT.
Prolusio de Lino sylvestri catharctico Anglorum.
Pagg. 8. Jenæ, 1715. 4.

76. *Hexandria.*

Monogynia.

Narcissus pseudonarcissus.

DU FRESNOY.
Effets operés par le Narcisse des prés, contre les convulsions. dans son Traité des proprietés de Rhus radicans; p. 36—40, et 47, 48. Paris, 1788. 8.

77. *Allium sativum.*

Georgio Wolffgango WEDELIO
Præside, Dissertatio de Allio. Resp. Sam. Emhardus.
Pagg. 27. Jenæ, 1718. 4.

78. *Scilla maritima.*

Georgius Ludovicus CORVINUS.
Dissertatio inaug. de Scilla.
Pagg. 24. Altorfii, 1715. 4.

Michaele ALBERTI
Præside, Dissertatio de Squilla. Resp. Joh. Godofr. Richter.
Pagg. 37. Halæ, 1722. 4.

Philippus Henricus CASPARI.
De Scilla dissertatio inaug.
Pagg. 40. Goettingæ, 1785. 4.

79. *Convallaria majalis.*

Joannes Georgius Zaccharias DOEDERLINUS.
Dissertatio inaug. de Lilio Convallium.
Pagg. 18. Altorfii, 1718. 4.

Johannes Christianus SENCKENBERG.
Dissertatio inaug. de Lilii Convallium ejusque inprimis baccæ viribus.
Pagg. 40. Gottingæ, 1737. 4.

Joanne Henrico SCHULZE
Præside, Dissertatio de Lilio Convallium. Resp. Godof. Chph. Mossdorf.
Pagg. 28. Halæ, 1742. 4.

80. *Aloë officinarum.*

Johanne Henrico SCHULZE
Præside, Dissertatio de Aloë. Resp. Chr. Jacobi.
Pagg. 20. Altorfii, 1723. 4.
Carl Peter THUNBERG.
Beskrifning på hvad sätt som Aloes kåda uti Africa tilredes.
Physiogr. Sälskap. Handling. 1 Del, p. 112—114.
Joannes Andreas MURRAY.
Programma: Succi Aloes amari initia.
Pagg. 24. Gottingæ, 1785. 4.
——— in ejus Opusculis, Vol. 2. p. 471—500.
Leonard MILLINGTON.
An account of the cultivation and preparation of Aloes, in the Island of Barbadoes.
London Medical Journal, Vol. 8. p. 422—426.

81. *Xanthorrhoea Hastile* Smith.

Charles KITE.
An account of the medicinal effects of the resin of Acoroides resinifera, or yellow resin, from Botany bay.
in his Essays and observations, physiological and medical, pag. 141—210. London, 1795. 8.

82. *Acorus Calamus.*

Johanne Adolpho WEDELIO
Præside, Dissertatio de Calamo aromatico. Resp. Laur. Betiken.
Pagg. 24. Jenæ, 1718. 4.

83. *Calamus Rotang.*

Engelbertus KÆMPFER.
Djerenang i. e. Sanguis Draconis, ex fructibus Palmæ coniferæ spinosæ elicitus.
in ejus Amoenitatibus exoticis, p. 552—57.
ANON.
Nachricht von dem Drachenblute.
Hamburg. Magaz. 23 Band, p. 222—224.

84. *Bambos arundinacea* Retzii.

Patrick RUSSELL.
An account of the Tabasheer.
Philosoph. Transact. Vol. 80. p. 273—283.
——— Medical Facts, Vol. 1. p. 141—152.

James Louis MACIE.
An account of some chemical experiments on Tabasheer.
Philosoph. Transact. Vol. 81. p. 368—388.
——— Seorsim adest, pagg. 22. 4.
——— Medical Facts, Vol. 4. p. 193—200.
———: Memoire contenant quelques experiences chimiques sur le Tabasheer.
Journal de Physique, Tome 40. p. 122—135.

Maxim. Stanisl. Joseph. LÜDGERS.
Dissertatio inaug. de medicamento nov-antiquo Tebaschir dicto.
Pagg. 46. Gottingæ, 1791. 8.

Antoine François FOURCROY.
Analyse du Tabashir, ou d'une matiere concrete et dure, trouvée dans le Bambou.
dans son Journal, Tome 4. p. 225—228.

85. *Trigynia.*

Rumex aquaticus.

John HILL.
The power of Water-dock against the scurvy.
Pagg. 46. tab. ænea 1. London, 1777. 8.

86. *Colchicum autumnale.*

Georgius Wolffgangus WEDEL.
Experimentum curiosum de Colchico veneno et alexipharmaco, simplici et composito.
Pagg. 20. Jenæ, 1718. 4.

Antonius STÖRCK.
Libellus, quo demonstratur, Colchici autumnalis radicem non solum tuto posse exhiberi hominibus, sed et ejus usu interno curari quandoque morbos difficillimos.
Vindobonæ, 1763. 8.
Pagg. 74. tab. ænea 1; præter appendicem de Cicuta, de qua supra pag. 481.

———: An essay on the use and effects of the root of the Colchicum autumnale or Meadow-Saffron.
London, 1764. 8.
Pagg. 35. tab. ænea 1; præter appendicem de Cicutâ.

Joh. Christ. EHRMANN.
Dissertatio inaug. de Colchico autumnali.
Pagg. 21. Basileæ, 1772. 4.

87. *Heptandria.*

Monogynia.

Æsculus Hippocastanum.

Giovanni Jacopo ZANNICHELLI.
Lettera intorna alle facoltà dell' Ippocastano.
Pagg. 15. tab. ænea 1. Venezia, 1733. 4.

Antonio TURRA.
Della febrifuga facoltà dell' Ippocastano.
Opuscoli scelti, Tomo 3. p. 99—106.

CUSSON.
Observations sur les proprietés febrifuges de l'ecorce du Marronier d'Inde, et sur les avantages que peut retirer de son emploi la medecine, dans le traitement des fievres intermittentes. Assemblée publ. de la Societé de Montpellier, 1788. p. 49—81.

88. *Octandria.*

Monogynia.

Tropæolum majus.

Johanne Friderico CARTHEUSER
Præside, Dissertatio de Cardamindo. Resp. Gottlieb Klopsch.
Pagg. 24. Francofurti ad Viadr. 1755. 4.

89. *Opobalsamum.*

Prosper ALPINUS.
De Balsamo dialogus. impr. cum ejus de plantis Ægypti libro; fol. 58—80. Venetiis, 1592. 4.
——— Patavii, 1639. 4.
Pagg. 54; junctus libri de plantis Ægypti editioni anni 1640.
———: Histoire du Baulme, version Françoise par A. Colin. Lyon, 1619. 8.
Pagg. 102; juncta versioni Garciæ ab Horto, et rel. per Colinum.

Matthias DE L'OBEL.
Balsami, Opobalsami, Carpobalsami, et Xylobalsami, cum suo cortice explanatio.
Pagg. 40. Londini, 1598. 4.
——— in ejus Adversariorum altera parte, p. 516—529. ib. 1605. fol.

Giovanni PONA.
Del vero Balsamo de gli antichi commentario.
Pagg. 54. Venetia, 1623. 4.

ANON.
Parere dell' almo Collegio de' Spetiali di Napoli sopra l'Opobalsamo mandatoli dalli Sign. Consoli del Collegio de' Spetiali di Roma. Napoli, 1640. 4.
Plag. 1; præter opusculum Donzelli, mox dicendum.
———: Literæ Romani Collegii Aromatariorum Neapolim datæ, et responsio Aromatariorum Collegii Neapolitani.
in J. G. Volcameri Examine Opobalsami orientalis, p. 11—18.

Josephus DONZELLUS.
Synopsis de Opobalsamo orientali.
Plagg. 2¼. Neapoli, 1640. 4.
Additio apologetica ad suam de Opobalsamo orientali synopsim. Pagg. 28. ib. 1640. 4.

Petrus CASTELLUS.
Opobalsamum. Pagg. 163. Venetiis, 1640. 4.
Opobalsamum triumphans. Pagg. 51. 4.

Baldus BALDUS.
Opobalsami orientalis in conficienda Theriaca Romæ adhibiti medicæ propugnationes.
Pagg. 69. Romæ, 1640. 4.

——— in J. G. Volcameri Examine Opobalsami orientalis, p. 64—224.

Baldassar e *Michele* CAMPI.

Al Sign. A. Manfredi in risposta ad alcune obiettioni fatte nel lib. nostro del Balsamo Sig. Stef. de' Gaspari.
Pagg. 18. Lucca, 1640. 4.

Indilucidotione di alcune cose state da noi dette nella risposta al Sig. Gaspari.
Pagg. 12. Pisa, 1641. 4.

Triultio Giaquinti da San Basilio.

Ragguaglio primo venuto di Parnaso l'anno 1640 sopra il Balsamo d'Arabia, con il quale A. Manfredi e V. Panutio hanno composto in Roma la lor Theriaca l'anno 1639.
Plag. 1. Trento, 1640. 4

Granchio Lalli Aiutante di Cucina.

Lettera piacevole a Mastro Marforio.
Plag. 1. Fiorenza, 1640. 4.

Franciscus PERLA.

De orientali Opobalsamo nuper in Theriacæ confectione adhibito, et inter Romanos medicos controverso, dissertatio.
Pagg. 214. Romæ, 1641. 12.

Peregrinus PITORIUS.

Opobalsami Romani censura.
Pagg. 86. Venetiis, 1642. 8.

Joannes VESLINGIUS.

Opobalsami veteribus cogniti vindiciæ.
Patavii, 1644. 4.
Pagg. 59; præter Paræneses ad rem herbariam, de quibus supra pag. 1.

——— in Pr. Alpini Historia naturali Ægypti, Parte 2. p. 217—306.

Johannes Georgius VOLCAMERUS.

Opobalsami orientalis in Theriaces confectionem Romæ revocati examen, doctiorumque calculis approbati sinceritas.
Pagg. 224. Norimbergæ, 1644. 12.

Georg-Fridericus WAGNERUS.

Discursus de Balsamo. Resp. Chph. Woschkio.
Plagg. 2. Regiomonti, 1683. 4.

Joanne Hadriano SLEVOGT

Præside, Dissertationes: Balsamum verum quod vulgo Opobalsamum dicitur. Resp. Jo. Frid. Weissmann.
Pagg. 31. Jenæ, 1705. 4.

De Opobalsamo. Resp. Jo. Sam. Heinsius.
Pagg. 32. Jenæ, 1717. 4.

Abrahamus VATER.
Programma: Balsami de Mecca natura et usus.
Plag. 1. Wittenbergæ, 1720. 4.

Martino Gottbelff LOESCHERO
Præside, Dissertatio: Balsamum de Mecca. Resp. Joh. Godofr. Nicolai.
Pagg. 24. Vitembergæ, 1726. 4.

Rudolphus Augustinus VOGEL.
De verioribus Balsami Meccani notis Programma.
Pagg. xv. Gottingæ, 1763. 4.

Carolo VON LINNE'
Præside, Dissertatio: Opobalsamum declaratum. Resp. Wilh. Le Moine.
Pagg. 18. Upsaliæ, 1764. 4.
——— Amoenitat. Academ. Vol. 7. p. 55—73.

Johanne Friderico CARTHEUSER
Præside, Dissertatio de Opobalsamo. Resp. Pinas Ely. in Dissertationibus ejus physico-chymico-medicis, p. 51—79. Francof. ad Viadr. 1774. 8.

Johann Gottlieb GLEDITSCH.
Bemerkung über das geschlecht und die art der ächten Balsampflanze von Mecca.
Schr. der Berlin. Ges. Naturf. Fr. 3 Band, p. 103—131.

90. *Vaccinium Oxycoccos.*

Friedrich Christian JETZE.
Von einer art wilder beeren, deren heilungskraft man zufälliger weise entdecket hat. gedr. mit sein. Betracht. über die weissen Hasen; p. 55—64.
Lübek, 1749. 8.

91. *Daphne Gnidium* et *Mezereum.*

Ludovicus Fridericus Eusebius RUMPEL.
De Daphnes Mezerei viribus.
Act. Acad. Mogunt. 1778 et 1779. p. 198—205.

92. *Trigynia.*

Polygonum amphibium.

Joanne Henrico SCHULZE
Præside, Dissertatio de Persicaria acida Jungermanni. Resp. Jo. Henr. Mücke.
Pagg. 26. Halæ, 1735. 4.
Christophorus Jacobus TREW.
Animadversiones in hanc dissertationem. Commerc. litterar. Norimb. 1737. p. 395—397, p. 402—406, et p. 409—413.

93. *Enneandria.*

Monogynia.

Cinnamomum et *Cassia.*

Matthias DE L'OBEL.
Cinnamomum ejusque genera. in ejus Adversariorum altera parte, p. 529—534.
Johanne Theodoro SCHENCKIO
Præside, Dissertatio de Cinnamomo. Resp. Joh. Phil. Hoechstetterus.
Pagg. 53. Jenæ, 1670. 4.
Theodorus CAROLI et *Lucas* SCHRÖCK
De arbore Cinnamomi.
Ephem. Ac. Nat. Cur. Dec. 2. Ann. 8. p. 149—152.
Joannes Georgius DEXBACH.
Dissertatio inaug. de Cassia cinnamomea et Malabathro. in Valentini Historia simplicium, p. 597—609.
Georgio Wolffgango WEDELIO
Præside, Dissertatio de Cinnamomo. Resp. Ge. Chr. Titius.
Pagg. 36. tab. ænea 1. Jenæ, 1707. 4.
Christophorus Ludovicus GÖLLER.
Disputatio inaug. de Cinnamomo.
Pagg. 32. Trajecti ad Rhenum, 1709. 4.
ANON.
Canellæ sive Cinamomi, arborumque hoc cortice obductarum historia.
Act. Acad. Nat. Cur. Vol. 1. Append. p. 1—14.

———: An account of the Cinnamon-treein Ceylon, and its several sorts.
Philosoph. Transact. Vol. 36. n. 409. p. 97—109.

William WATSON.
An account of the Cinnamon tree. Ibid. Vol. 47. p. 301—304.

Taylor WHITE.
A discourse on the Cinnamon, Cassia, or Canella. Ib. Vol. 50. p. 860—876.

Im. Will. FALCK.
Bericht wegens de Kaneel. Verhandel. van de Maatsch. te Haarlem, 15 Deel, p. 278—286.

Carl Peter THUNBERG.
Anmärkningar vid Canelen, gjorde på Ceylon. Vetensk. Acad. Handling. 1780. p. 55—66.
———: Anmerkungen uber den Zimmet, auf Ceylon. Crell's Entdeck. in der Chemie, 8 Theil, p. 137—144.
———: Aanmerkingen over de Canneel op Ceylon. Nieuwe geneeskund. Jaarboeken, 5 Deel, p. 173—181.

94. *Flores Cassiæ.*

Johanne Friderico CARTHEUSER
Præside, Dissertatio de Calycibus aromaticis florum Cassiæ zeylanicæ. Resp. Chr. Gottl. Hirsekorn. in ejus Dissert. Phys. Chym. Med. p. 109—135.
Francofurti ad Viadr. 1774. 8.

Wilhelm Bernhard TROMSDORF.
De calycibus aromaticis vulgo flores Cassiæ dictis. Act. Acad. Mogunt. 1776. p. 27—30.

95. *Camphora.*

Gothofredus MOEBIUS.
Anatomia Camphoræ.
Pagg. 104. Jenæ, 1660. 4.

Georgio Wolffgango WEDELIO
Præside, Dissertatio de Camphora. Resp. Joh. Ad. Wedelius.
Pagg. 36. Jenæ, 1697. 4.

Nicolas LEMERY.
Du Camphre.
Mem. de l'Acad. des Sc. de Paris, 1705. p. 38—49.

Friderico HOFFMANNO
Præside, Dissertatio de usu interno Camphoræ securissimo et præstantissimo. Resp. Chph. Henr. Keil.
Halæ, 1714. 4.
Exemplar incompletum, desinens in pag. 32.

Johannes Fredericus GRONOVIUS.
Disputatio inaug. Camphoræ historiam exhibens.
Pagg. 38. Lugduni Bat. 1715. 4.

Michaele ALBERTI
Præside, Dissertatio de Camphoræ circumspecto usu medico. Resp. Car. Wilh. Pott.
Pagg. 31. Halæ, 1722. 4.

Caspar NEUMANN.
Lectio chymica von Camphora. impr. cum ejus Lectione chymica de Salibus alcalino-fixis; p. 95—164.
Berlin, 1727. 4.

Christianus Henricus HÆNEL.
Dissertatio inaug. de Camphora.
Pagg. 32. Lugduni Bat. 1739. 4.
————: A medical Dissertation on Camphire.
Acta germanica, p. 289—306.

Georgius Samuel KECHELEN.
Dissertatio inaug. de Genesi Camphoræ ejusque raffinatione.
Pagg. 30. Argentorati, 1748. 4.

Petro GERIKE
Præside, Dissertatio de usu medico Camphoræ. Resp. Jo. Jönckers.
Pagg. 17. Helmstadii, 1748. 4.

Vincentius MENGHINUS.
De Camphora.
Comment. Instituti Bonon. Tom. 3. p. 312—322.
De Camphora in curationibus adhibenda. Ibid. Tom. 4. p. 199—207.
———— uterque commentarius belgice versus:
Proefneemingen met de Kamfer op veelerley dieren.
Uitgezogte Verhandelingen, 8 Deel, p. 1—42.
———— uterque commentarius germanice versus:
Von verschiedenen mit dem Campher bey allerley thieren angestellten versuchen.
Hamburg. Magaz. 25 Band, p. 276—320.

SCHULZE.
Von den in Dresden befindlichen Campherbäumen, und dem aus selbigen zubereiteten Campher. Ibid. 18 Band. p. 89—98.

ALEXANDER.
Experiments with Camphire.
Philosoph. Transact. Vol. 57. p. 65—71.
ANON.
Over de eigenschappen en gebruik der Kamfer.
Algem. geneeskund. Jaarboeken, 5 Deel, p. 111—120.
KUNSEMÜLLER.
Bemerkungen über die flüchtigkeit des Kampfers an freyer luft.
Crell's Chem. Annalen, 1789. 1 Band, p. 417—420.
————: Observations sur la volatilité du Camphre à l'air libre.
Journal de Physique, Tome 35. p. 291—293.

96. *Laurus Culilaban.*

Johanne Friderico CARTHEUSER
Præside, Dissertatio de Cortice caryophylloide Amboinensi vulgo Culilawan dicto. Resp. Frid. Aug. Cartheuser.
Pagg. xxxiv. Francofurti ad Viadr. 1753. 4.

97. *Trigynia.*

Rhabarbarum.

Matthias TILINGIUS.
Rhabarbarologia, seu curiosa Rhabarbari disquisitio.
Pagg. 782. tabb. æneæ 2.
Francof. ad Moen. 1679. 4.
Georgius Wolffgangus WEDELIUS.
Propempticon de Rhabarbari origine.
Pagg. 8. Jenæ, 1708. 4.
Propempticon de Rhabarbari genere, differentiis et virtute.
Pagg. 8. ib. 1708. 4.
Simon BOULDOUC.
Observations sur la Rhubarbe.
Mem. de l'Acad. des Sc. de Paris, 1710. p. 163—169.
Christianus Heinricus HOLLSTEIN.
Dissertatio inaug. Rhabarbari historiam exhibens.
Pagg. 21. tab. ænea 1. Lugduni Bat. 1718. 4.

Joanne Georgio GMELIN
Præside, Dissertatio: Rhabarbarum officinarum. Resp. Vict. Bengel.
Pagg. 32. Tubingæ, 1752. 4.
Joannes Bernhardus DE FISCHER.
De Rhabarbaro.
Act. Acad. Nat. Curios. Vol. 10. p. 64—68.

98. *Rheum Ribes.*

Gulielmus CHAMBERS.
Dissertatio de Ribes Arabum. in ejus Dissert. inaug. de Ribes Arabum et ligno Rhodio, p. 24—33.
Lugduni Bat. 1724. 4.

99. *Decandria.*

Monogynia.

Cassia Fistula.

Nicolas VAUQUELIN.
Analyse de la Casse.
Annales de Chimie, Tome 6. p. 275—293.

100. *Cassia Senna.*

Joannes Conradus SENNERUS.
Dissertatio inaug. de Senna.
Pagg. 24. Altorfii, 1733. 4.
Salvador SOLIVA.
Dissertacion sobre el Sen de España.
Pagg. 44. tab. ænea 1. Madrid, 1774. 8.

101. *Lignum Brasiliense.*

Christophoro HELVIGIO
Præside, Dissertatio de Ligno Brasiliensi. Resp. Joh. Lembke.
Pagg. 32. Gryphiswaldiæ, 1709. 4.

102. *Myrospermum* (vide Juss. gen. 366.)

John HAWKINS.

Quina-quina prima. J. Hawkeens delin. et sculp. 1742.
Tab. ænea, long. 14 unc. lat. 7 unc.

Account of a species of Bark, the original Quina-quina of Peru.
Transact. of the Linnean Soc. Vol. 3. p. 59—61.

103. *Moringa aptera* Gærtn.

Laurentio HEISTERO

Præside, Dissertatio de Nuce Been. Resp. Urb. Fried. Bened. Bruckmann.
Pagg. 28. Helmstadii, 1750. 4.

104. *Guajacum officinale.*

Ulrich HUTTEN.

Of the wood called Guajacum, that healeth the french pockes, translated by Thomas Paynel.
Foll. 58. Londini, 1540. 4.

Demetrius CANEVARIUS.

De Ligno Sancto commentarium.
Pagg. 141. Romæ, 1602. 8.

Johanne Arnoldo FRIDERICI

Præside, Dissertatio: Guajacan. Resp. Joh. Ge. Keyser.
Plagg. 4. Jenæ, 1665. 4.

105. *Swietenia febrifuga* Roxb.

William ROXBURGH.

A botanical description of a new species of Swietenia, with experiments and observations on the bark thereof, in order to determine and compare its powers with those of Peruvian bark, for which it is proposed as a substitute.
Pagg. 24. (London, 1793.) 4.
Excerpta in Medical Facts, Vol. 6. p. 127—155.

Andreas DUNCAN.

Tentamen inaugurale de Swietenia Soymida.
Pagg. 55. Edinburgi, 1794. 8.

106. *Dictamnus albus.*

Johannes Daniel GEJER.
Δικταμνογραφια, sive brevis Dictamni descriptio.
Francofurti et Lipsiæ, 1687. 4.
Pagg. 38. tab. ænea huic communis cum tractatu de Cantharidibus.

107. *Ruta graveolens.*

Jo. Hadriano SLEVOGTIO
Præside, Dissertatio de Ruta. Resp. Jes. Curtius.
Pagg. 40. Jenæ, 1715. 4.
Abrahamo VATERO
Præside, Dissertatio de Ruta ejusdemque virtutibus. Resp. Joh. Adolph. Kettnerus.
Pagg. 21. Vitembergæ, 1735. 4.
Christiano Godofredo STENTZELIO
Præside, Dissertatio de Ruta medicamento ac veneno. Resp. Jo. Chph. Sternberg.
Pagg. 48. Vitembergæ, 1735. 4.

108. *Lignum Quassiæ.*

Carolus v. LINNE.
Dissertatio: Lignum Quassiæ. Resp. Car. M. Blom.
Pagg. 13. tab. ænea 1. Upsaliæ, 1763. 4.
——— Amoenitat. Academ. Vol. 6. p. 416—429.
———: Het Quassie-hout uit Suriname.
Uitgezogte Verhandelingen, 9 Deel, p. 394—414.
SCHLEGER.
Von der Quassia.
Berlin. Sammlung. 2 Band, p. 144—163.
SCHRADER.
Nachricht von der Quassia. ibid. p. 164—177.
Christiano Gottlieb KRATZENSTEIN
Præside, Dissertatio de Ligni Quassiæ usu medico. Resp. Petr. Thorstensen.
Pagg. 52. Hafniæ, 1775. 8.
J. B. PATRIS.
Essai sur l'histoire naturelle et medicale du Cassie.
Journal de Physique, Tome 9. p. 140—144.

N. Tönder LUND.

Om den rette Quassia amara, og om den falske, efter Herr von Rohr.

Naturhist. Selsk. Skrivt. 1 Bind, 2 Heft. p. 68—72.

109. *Quassia Simaruba* Linn. suppl.

Antoine DE JUSSIEU.

Recherches d'un specifique contre la dysenterie, indiqué par les anciens auteurs sous le nom de Macer, auquel l'ecorce d'un arbre de Cayenne, appellé Simarouba, peut etre comparé et substitué.

Mem. de l'Acad. des Sc. de Paris, 1729. p. 32—40.

Joanne Friderico CRELLIO

Præside, Dissertatio de Cortice Simarouba. Resp. Jo. Sigism. Leincker.

Pagg. 36. Helmstadii, 1746. 4.

William WRIGHT.

A botanical and medical account of the Quassia Simaruba, or tree which produces the cortex Simaruba.

Transact. of the R. Soc. of Edinburgh, Vol. 2. p. 73—81.

——— Seorsim etiam adest, pagg. 9. tabb. æn. 2. 4.

——— London Medical Journal, Vol. 11. p. 91—102.

110. *Copaifera officinalis.*

Fridericus Wilhelmus HOPPE.

De Balsamo Copayba Dissertatio.

Valentini Historia simplicium, p. 617—624.

111. *Rhododendron chrysanthum* Linn. suppl.

Alexander Bernhard KÖLPIN.

Practische bemerkungen über den gebrauch der Sibirischen Schneerose in gichtkrankheiten.

Berlin und Stettin, 1779. 8.

Pagg. 115. tab. ænea 1.

Joannes Henricus ZAHN.

Dissertatio inaug. de Rhododendro Chrysantho.

Pagg. 24. Jenæ, 1783. 4.

112. *Arbutus Uva ursi.*

Joseph QUER.
Dissertacion physico-botanica sobre la passion nephritica, y su verdadero especifico la Uva-ursi, ò Gayubas.
Pagg. 56. tab. ænea 1. Madrid, 1763. 4.

Michael GIRARDI.
De Uva ursina, ejusque et aquæ calcis vi lithontryptica novæ animadversiones, experimenta, observationes.
Pagg. 173. tabb. æneæ 2. Patavii, 1764. 8.

113. *Styrax officinale.*

Joanne Jacobo KIRSTENIO
Præside, Excercitatio de Styrace. Resp. Ge. Phil. Will.
Pagg. 32. Altorfii, 1736. 4.

114. *Styrax Benzoë.*

Carolo Petro THUNBERG
Præside, Dissertatio de Benzoe. Resp. Jon. Nic. Ahl.
Pagg. 7. Upsaliæ, 1793. 4.

115. *Agallochum.*

Joanne Philippo EYSELIO
Præside, Disputatio de Agallocho, Paradiess-holtz. Resp. Jo. Ehrenfr. Reinboth.
Plagg. 3. Erfurti, 1712. 4.
——— Valentini Historia simplicium, p. 591—597.

116. *Digynia.*

Saponaria officinalis.

Johanne Friderico CARTHEUSER
Præside, Dissertatio de Radice Saponariæ. Resp. Ern. Rud. Schlincke.
Pagg. 24. Francofurti cis Viadr. 1760. 4.

117. *Pentagynia.*

Oxalis Acetosella.

Joannes FRANCUS.
Herba Alleluja botanice considerata.
Pagg. 390. tab. ligno incisa 1. Ulmæ, 1709. 12.
————: De vera herba antiquorum Acetosella—ακροαμα historico-medicum. Augustæ Vindel. 1717. 12.
Est eadem editio, novo titulo et plagula prima denuo impressa.

118. *Dodecandria.*

Monogynia.

Asarum europæum.

Jacobus Christophorus SCHEFFLER.
Disputatio inaug. de Asaro.
Pagg. 20. Altdorfii, 1721. 4.
Joanne Henrico SCHULZE
Præside, Dissertatio de Asaro. Resp. Jo. Christ. Heinz.
Pagg. 22. Halæ, 1739. 4.

119. *Canella alba.*

Hans SLOANE.
Wild Cinamon-tree, commonly but falsly called Cortex Winteranus.
Philosoph. Transact. Vol. 17. n. 192. p. 465—468.

120. *Lythrum Salicaria.*

Michael SAGAR.
Dissertatio inaug. de Salicaria.
Pagg. 15. (Vindobonæ,) 1762. 4.
Joannes SCHERBIUS.
Dissertatio inaug. de Lysimachiæ purpureæ sive Lythri Salicariæ Linn. virtute medicinali non dubia.
Pagg. 34. tab. ænea 1. Jenæ, 1790. 4.

121. *Icosandria.*

Monogynia.

Myrtus Pimenta.

Hans SLOANE.
Pimienta, Jamaica-Pepper or All-Spice-tree.
Philosoph. Transact. Vol. 17. n. 192. p. 462—465.

122. *Amygdalus communis.*

Theodoro ZVINGERO
Præside, Dissertatio de Amygdalarum fructu. Resp. Joh. Ulr. Hegner.
in Zwingeri Fasciculo Dissertat. medic. select. p. 112 —162.

123. *Amygdalus Persica.*

Christian Samuel UNGNAD.
Dissertatio inaug. de Malo Persica.
Pagg. 34. Francofurti ad Viadr. 1757. 4.

124. *Prunus spinosa.*

Jacobo Reinboldo SPIELMANN
Præside, Dissertatio: Acaciæ officinalis historia. Resp. Ign. Xaver. Emer. Paul. Lachausse.
Pagg. 16. Argentorati, 1768. 4.

125. *Pentagynia.*

Pyrus Cydonia.

Georgius Sebastian JUNG.
Κρυσομηλον, seu Malum aureum, h. e. Cydonii collectio, decorticatio, enucleatio et præparatio physico-medica.
Pagg. 268. Vindobonæ, 1673. 8.

126. *Mesembryanthemum crystallinum.*

Johann Wilhelm Friedrich LIEB.
Die Eispflanze als ein fast specifisches arzneymittel empfohlen. Pagg. 16. Hof, 1785. 8.
FUCHS.
Einige versuche über die Eispflanze zu bestimmung ihrer bestandtheile.
Crell's chemische Annalen, 1787. 1 Band. p. 503—509.

127. *Polygynia.*

Rosæ species variæ.

Nicolaus MONARDES.
De Rosa et partibus ejus.
De succi Rosarum temperatura.
De Rosis Persicis seu Alexandrinis.
impr. cum ejus de Secanda vena in pleuriti; sign. e 7—i 8. Antverpiæ, 1551. 16.
——— cum eodem; fol. 22—35. ib. 1564. 8.
——— in Clusii Exoticis, Part. 2. p. 43—50.
OPOIX.
Essai sur les Roses rouges de Provins.
Journal de Physique, Tome 6. p. 169—175.

128. *Fagaria vesca.*

Vom diætetischen und medicinischen gebrauche des Erdbeerstrauches und der Erdbeeren. (e gallico in Gazette salutaire.)
Hamburg. Magaz. 26 Band, p. 401—407.

129. *Geum urbanum.*

Rudolphus BUCHHAVE.
Observationes circa Gei urbani sive Caryophyllatæ vires. Pagg. 144. tab. ænea 1. Hafniæ, 1781. 8.
Fridericus ANJOU.
Dissertatio inaug. de radice Caryophyllatæ vulgaris offic. sive Geo urbano Linn.
Pagg. 36. Goettingæ, 1783. 4.

130. *Geum rivale.*

Peter Jonas BERGIUS.
Rön gjorde med örten Geum rivale.
Vetensk. Acad. Handling. 1757. p. 118—139.

131. *Polyandria.*

Monogynia.

Chelidonium majus.

Josephus Antonius GLUMM.
Dissertatio inaug. de Chelidonio majori.
Pagg. 18. Duisburgi, 1786. 4.

132. *Papaver Rhoeas.*

Johanne Andrea FISCHER
Præside, Dissertatio de Papavere erratico. Resp. Chr. Thomæ.
Pagg. 28. Erfordiæ, 1718. 4.

133. *Opium.*

Johannes HARTMANN.
Tractatus physico-medicus de Opio, editus a Joh. Ge. Pelshofero.
Pagg. 173. Wittenbergæ, 1635. 8.

Georgius Wolffgangus WEDEL.
Opiologia. Pagg. 170. Jenæ, 1674. 4.
——— Jenæ, 1682. 4.
Numerus paginarum idem, sed in hac editione index additus.

Michael ETTMÜLLER.
De virtute Opii diaphoretica dissertatio.
Pagg. 48. Lipsiæ et Jenæ. 4.

Ambrosius HEIGEL.
Disputatio inaug. Opium qua naturam et usum ejus exhibens. Pagg. 43. Altdorffii, 1681. 4.

Samuel SCHRŒER.
Brevis in naturam Opii inquisitio.
Pagg. 80. Lipsiæ, 1696. 8.

Michael LUBEEX.
Dissertatio inaug. de Opio.
Plagg. 5. Lugduni Bat. 1699. 4.
Georgius Fridericus REICHNAU.
Disputatio inaug. de Opio. Pagg. 18. ib. 1704. 4.
Johannes BIRCH.
Dissertatio inaug. de Opio. Pagg. 17. ib. 1716. 4.
Johannes MEDLEY.
Disputatio inaug. de natura et viribus Opii.
Pagg. 8. ib. 1716. 4.
Johannes Jacobus DILLENIUS.
Lacrimam Papaveris in Germania etiam bonam obtineri.
Ephem. Acad. Nat. Cur. Cent. 9 & 10. p. 114, 115.
Salomon DE MONCHY.
Dissertatio inaug. de Opio.
Pagg. 52. Lugduni Bat. 1739. 4.
Georgio Erhardo HAMBERGERO
Præside, Dissertatio de Opio. Resp. Joh. Chr. Burghardi.
Pagg. 32. Jenæ, 1749. 4.
Robert WHYTT.
An account of some experiments made with Opium on living and dying animals.
Essays by a Soc. in Edinburgh, Vol. 2. p. 280—316.
Carolus a LINNE'.
Dissertatio: Opium. Resp. Ge. Eberh. Georgii.
Pagg. 17. Upsaliæ, 1775. 4.
——— Amoenitat. Academ. Vol. 8. p. 289—302.
James KERR.
The culture of the white Poppy, and preparation of Opium, in the province of Bahar.
Medical Observations and Inquiries by a Society of Physicians in London, Vol. 5. p. 317—322.
———: Verslag wegens den teelt der witte Slaapbollen, en de bereiding van Opium, in de provincie van Bahar.
Geneeskundige Jaarboeken, 1 Deel, p. 192—195.
Alexander Philip WILSON.
An experimental essay, on the manner in which Opium acts on the living animal body.
Pagg. 162. Edinburgh, 1795. 8.

134. *Digynia.*

Pæonia officinalis.

Johanne Arnoldo FRIDERICI
Præside, Dissertatio de Pæonia. Resp. Joh. Geinitz.
Plagg. $3\frac{1}{2}$. Jenæ, 1670. 4.

Jacobus Augustinus HÜNERWOLFFIUS.
Anatomia Pæoniæ.
Pagg. 110. Arnsteti, 1680. 8.

135. *Pentagynia.*

Aquilegia officinalis.

Joanne Philippo EYSELIO
Præside, Disputatio de Aquilegia scorbuticorum asylo.
Resp. Joh. Adam. Schubart.
Pagg. 27. Erfordiæ, 1716. 4

136. *Polygynia.*

Wintera aromatica.

Hans SLOANE.
An account of the true Cortex Winteranus, and the tree that bears it.
Philosoph. Transact. Vol. 17. n. 204. p. 922—924.

Johannes Rudolphus SILTEMANN.
Dissertatio inaug. de Cortice Winterano.
Plagg. $2\frac{1}{2}$. Erfordiæ, 1711. 4.

John FOTHERGILL.
Some account of the Cortex Winteranus, or Magellanicus, with a botanical description by Dr. Solander.
Medical Observations and Inquiries by a Society of Physicians in London, Vol. 5. p. 41—55.

137. *Anemone pratensis.*

Antonius STÖRCK.
Libellus de usu medico Pulsatillæ nigricantis.
Pagg. 61. tab. ænea 1. Vindobonæ, 1771. 8.

138. *Helleborus niger.*

Henricus MARTINIUS.
De Hellebori nigri exhibitione cuidam ægro facta judicium.
Epistola utrum Helleborus niger pueris, gravidis et debilibus dari possit?
Antonius DEUSINGIUS.
Literæ in quibus de Hellebori nigri natura et viribus, usu, dosi, ejusque in præsenti casu exhibitione disseritur.
Plagg. 5; præter præfationem, plag. 1½. 1665. 4.
Georg-Balthasare MEZGERO
Præside, Dissertatio: Helleborus niger medice delineatus. Resp. Rud. Jac. Camerarius.
Pagg. 28. Tubingæ, 1684. 4.
Simon BOULDOUC.
Analyse de l'Ellebore.
Mem. de l'Acad. des Sc. de Paris, 1701. p. 192—196.
Gottlob Carolus BACHOVIUS.
Dissertatio inaug. de Helleboro nigro.
Pagg. 16. Altorfii, 1733. 4.
Christophorus Fridericus SIGEL.
Recensio binorum casuum tragicorum, qui ex usu radicis cujusdam, falso pro radice Hellebori nigri venditatæ orti sunt: accedunt notæ radicum Hellebori nigri veri et supposititiarum, cum Scholio H. F. Delii.
Nov. Act. Acad. Nat. Cur. Vol. 6. p. 129—150.

139. *Didynamia.*

Gymnospermia.

Teucrium Marum.

Georgio Wolffgango WEDELIO
Præside, Disertatio de Maro. Resp. Joh. Hermann.
Pagg. 44. Jenæ, 1703. 4.

Carolus v. LINNE'.
Dissertatio de Maro. Resp. Joh. Adolph. Dahlgren.
Pagg. 18. Upsaliæ, 1774. 4.
——— Amoenitat. Academ. Vol. 8. p. 221—237.

140. *Teucrium Scordium.*

Rudolpho Jacobo CAMERARIO
Præside, Disputatio de Scordio. Resp. Vitus Eberh. Rothius.
Pagg. 24. Tubingæ, 1706. 4.
Joanne Adolpho WEDELIO
Præside, Dissertatio de Scordio. Resp. Wolr. Wigandus.
Pagg. 32. Jenæ, 1716. 4.
Jo. Hadrianus SLEVOGT.
Prolusio ad hanc Dissertationem, nonnulla ad natalem locum, characterem, et vires hujus herbæ pertinentia, exhibens.
Plag. 1. ib. 1716. 4.
Johannes Jacobus KLEINKNECHT.
De Scordio herba schediasma posthumum, editum a Jo. Franco. impr. cum hujus Momordicæ descriptione; p. 41—76. Ulmæ, 1720. 8.

141. *Menthæ species officinales.*

Carolus VON LINNE'.
Dissertatio de Menthæ usu. Resp. Car. Gust. Laurin.
Pagg. 11. Upsaliæ, 1767. 4.
——— Amoenitat. Academ. Vol. 7. p. 282—292.
——— Fundam. botan. edit. a Gilibert, Tom. 2. p. 261—271.

142. *Mentha piperita.*

Thomas KNIGGE.
De Mentha piperitide commentatio.
Pagg. xl. tab. ænea 1. Erlangæ, 1780. 4.

143. *Glecoma hederacea.*

Christophorus Andreas HEDER.
Dissertatio inaug. Hedera terrestris.
Pagg. 24. Altorfii, 1736. 4.

Christophorus Bernhardus Bender.
Glecoma hederacea Linn. egregium in Atrophia medicamentum. Dissertatio inaug.
Pagg. xxxii. Erlangæ, 1787. 4.

144. *Betonica officinalis.*

Antonio Musæ
Falso adscriptus liber de herba Vetonica, est caput primum Lucii Apuleji de medicaminibus herbarum libri, in cujus editionibus omnibus adest.
——— in Sim. Paulli Qudripartito botanico,
edit. 1639. class. 3. p. 33—37.
edit. 1667. p. 219—222.
edit. 1708. p. 241—244.

Joanne Philippo Eyselio
Præside, Disputatio de Betonica. Resp. Jo. Bleeck.
Pagg. 19. Erfordiæ, 1716. 4.

145. *Origanum Majorana.*

Georgius Grav.
Panacæa vegetabilis calida, sive Majorana nostra.
Pagg. 204. Jenæ, 1688. 12.

146. *Melissa officinalis.*

Joanne Henrico Schulze
Præside, Dissertatio de Melissa. Resp. Ge. Dan. Reuss.
Pagg. 20. Halæ, 1739. 4.

147. *Angiospermia.*

Euphrasia officinalis.

Joannes Francus.
Spicilegium de Euphragia herba.
Pagg. 80. Francofurti et Lipsiæ, 1717. 8.

148. *Antirrhinum Cymbalaria.*

Theodoro Zvingero
Præside, Dissertatio de Cymbalaria. Resp. Jo. Henr.

Hermannus. impr. cum Wepferi Historia Cicutæ aquaticæ; p. 459—481. Lugduni Bat. 1733. 8.

149. *Scrophularia nodosa.*

Joanne Hadriano SLEVOGT
Præside, Dissertatio de Scrophularia. Resp. Henr. Chr. Ehrlich.
Pagg. 27. Jenæ, 1720. 4.

150. *Scrophularia quædam.*

Nicolas MARCHANT.
Dissertation sur une plante nommée dans le Bresil, Yquetaya, la quelle sert de correctif au Sené.
Mem. de l'Acad. des Sc. de Paris, 1701. p. 209—214.

151. *Digitalis purpurea.*

William WITHERING.
An account of the Foxglove, and some of its medical uses.
Birmingham, 1785. 8.
Pagg. 207. tab. ænea color. 1. (e Curtisii Flora Londinensi.)
Carolus Christianus SCHIEMANN.
Dissertatio inaug. de Digitali purpurea.
Pagg. 63. Goettingæ, 1786. 4.
Joannes Jacobus MERZ.
Dissertatio inaug. de Digitali purpurea, ejusque usu in scrofulis medico.
Pagg. 16. Jenæ, 1790. 4.

152. *Tetradynamia.*

Siliculosa.

Cochlearia officinalis.

Valentinus Andreas MOELLENBROCCIUS.
Cochlearia curiosa.
Pagg. 140. tabb. æneæ 4. Lipsiæ, 1674. 8.
——— or the curiosities of Scurvygrass, english'd by Tho. Sherley. London, 1676. 8.
Pagg. 195. in exemplari nostro tabula tantum 4ta adest.

153. *Siliquosa.*

Cardamine pratensis.

George BAKER.
Flos cardamines recommended to the trial of physicians, as an antispasmodic remedy.
Transact. of the Coll. of Physicians in London, Vol. 1. p. 442—459.

Carolo Godofredo HAGEN
Præside, Dissertatio de Cardamine pratensi. Resp. Henr. Car. Ern. Grohnert.
Pagg. 16. Regiomonti, 1785. 4.

154. *Sinapis nigra.*

Gottl. Conr. Christ. STORR
Præside, Dissertatio de semine Sinapis. Resp. Joh. Ge. Zahn.
Pagg. 28. Tubingæ, 1780. 4.

155. *Monadelphia.*

Triandria.

Tamarindus indica.

Nicolas VAUQUELIN.
Analyse du Tamarin, et reflexions sur quelques-unes de ses preparations medicinales.
Annales de Chimie, Tome 5. p. 92—106.

156. *Decandria.*

Geranium robertianum.

Georgius Conradus HINDERER.
Dissertatio inaug. de Geranio robertiano.
Pagg. 20. Gissæ, 1774. 4.

157. *Diadelphia.*

Hexandria.

Fumaria officinalis.

Rudolpho Jacobo CAMERARIO
Præside, Dissertatio de Fumaria. Resp. Joh. Chph. Rieckius.
Pagg. 20. Tubingæ, 1718. 4.
Johannes Antonius UMMIUS.
Dissertatio inaug. de herba Fumaria.
Pagg. 14. Groningæ, 1723. 4.
Josephus Ludovicus ROUSSY.
Dissertatio inaug. de Fumaria vulgari.
Pagg. 20. Argentorati, 1749. 4.

158. *Octandria.*

Polygala Senega.

Christophorus Jacobus TREW.
De Senega. Commerc. litterar. Norimb. 1741. p. 369—372.
Carolus LINNÆUS.
Dissertatio : Radix Senega. Resp. Jonas Kiernander.
Pagg. 32. tab. ænea 1. Holmiæ, 1749. 4.
——— Amoenitat. Acad. Vol. 2. ed. 1. p. 126—153.
ed. 2. p. 112—136.
ed. 3. p. 126—153.
——— cum additamento editoris.
Select. ex Am. Acad. Dissertation. p. 203—232.
Georgio Christophoro DETHARDING
Præside, Disputatio de Seneca. Resp. Chr. Siemerling.
Pagg. 30. Rostochii, 1749. 4.
Johannes Jacobus BURCKARD.
Dissertatio inaug. de radice Senecka.
Pagg. 20. Argentorati, 1750. 4.

Georgius Simon KEILHORN.
Dissertatio inaug. de radicibus Senega et Salab.
Francofurti ad Viadrum, 1765. 4.
Pagg. 34; tractatus vero de Senega desinit in p. 30.
Leonhardus Christophorus HELLMUTH.
Dissertatio inaug. de radice Senega.
Pagg. xlii. Erlangæ, 1782. 4.

159. *Decandria.*

Dolichos pruriens.

William CHAMBERLAINE.
A practical treatise on the efficacy of Stizolobium, or Cowhage, internally administered, in diseases occasioned by worms. 5th edition.
Pagg. 76. London, 1792. 8.

160. *Geoffræa inermis.*

William WRIGHT.
Description and use of the Cabbage-bark tree of Jamaica.
Philosoph. Transact. Vol. 67. p. 507—512.
Johannes Georgius Guilielmus KLINGSOHR.
De Geoffroea inermi ejusque cortice medicamento anthelmintico Dissertatio inaug.
Pagg. 30. Erlangæ, 1788. 4.

161. *Geoffræa surinamensis* Bondt.

Nicolaus BONDT.
Dissertatio de cortice Geoffræ surinamensis.
Pagg. 106. tab. ænea 1. Lugd. Bat. 1788. 8.
Augustus Jacobus SCHWARTZE.
Observationes de virtute corticis Geoffræ surinamensis contra Tæniam.
Pagg. 16. Gottingæ, 1792. 4.

162. *Glycyrrhiza glabra.*

Johannes Christianus GOEZ.
Dissertatio inaug. de Glycyrrhiza.
Pagg. 35. Altorfii, (1711 Hallero, 1717 Seguiero) 4.

Georgio Wolffgango WEDELIO
Præside, Dissertatio de Glycyrrhiza. Resp. Joh. Andr. Schmidius.
Pagg. 34. tab. ænea 1. Jenæ, 1717. 4.

Johann BECKMANN.
Süssholz. in sein. Waarenkunde, 1 Theil, p. 392—410.

163. *Hedysarum Alhagi.*

John FOTHERGILL.
Observations on the Manna Persicum.
Philosoph. Transact. Vol. 43. n. 472. p. 86—94.

164. *Astragalus exscapus.*

Henr. Christ. Gottl. ENDTER.
Dissertatio inaug. de Astragalo excapo Linn.
Pagg. 25. Gottingæ, 1789. 8.

165. *Astragalus gummifera* Labillard.

Jaques Julien DE LA BILLARDIÈRE.
Memoire sur l'arbre qui donne la Gomme adragant.
Journal de Physique, Tome 36. p. 46—53.

166. *Psoralea pentaphylla.*

Joseph DE JUSSIEU.
Description d'une plante de Mexique, à la racine de la quelle les Espagnols ont donné le nom de Contrayerva.
Mem. de l'Acad. des Sc. de Paris, 1744. p. 377—383.

167. *Polyadelphia.*

Pentandria.

Theobroma Cacao.

Burcardo Davide MAUCHARTO
Præside, Dissertatio: Butyrum Cacao. Resp. Theoph. Hoffmann.
Pagg. 24. Tubingæ, 1735. 4.

Lorenz CRELL.
Zerlegung der Cacaobutter.
in sein. chemisch. Journal, 2 Theil, p. 152—158.

168. *Icosandria.*

Citrus Medica.

Hermannus GRUBE.
Analysis Mali Citrei.
Pagg. 72. Hafniæ, 1668. 8.
Josephus LANZONUS.
Citrologia, seu curiosa Citri descriptio.
Pagg. 107. Ferrariæ, 1690. 12.

169. *Citrus Medica β. Limon.*

EBENBITAR, EBEMBITAR, s. EMBITAR.
De Limonibus, per Andr. Belluneusem in Latinum translatus. Pagg. 24. Venetiis, 1583. 8.
——— Foll. 12. Parisiis, 1602. 4.
——— Pagg. 32. Cremonæ, 1757. 4.
——— in sequenti commentario.
Paulus VALCARENGHI.
In Ebenbitar tractatum de Malis Limoniis commentaria.
Pagg. 232. Cremonæ, 1758. 4.

170. *Citrus Aurantium.*

Johannes Philippus BURGGRAFIUS.
De Malo Sinensi aureo Dissertatio.
Valentini Historia simplicium, p. 647—652.

171. *Polygynia.*

Melaleuca Leucadendra.

Johannes Christianus GÖTZ.
Observatio ad Olei Caieput historiam ac vires.
Commerc. litterar. Norimberg. 1731. p. 3—6.
M. C. (MARTINI. Comment. Med. Lips. Vol. 1. p. 728.)
Dissertatio epistolaris de Oleo Wittnebiano seu Kajuput.
Pagg. 31. (Wolffenbüttel.) 1751. 4.

Johanne Friderico CARTHEUSER
Præside, Dissertatio de Oleo Kaiuput. Resp. Car. Wilh. Cartheuser. in ejus Dissertationibus selectioribus, p. 87—112. Francof. ad Viadr. 1775. 8.

Johannes Antonius ADAMI.
Dissertatio inaug de Oleo Cajeput.
Pagg. 32. Goettingæ, 1783. 4.

172. *Hypericum perforatum.*

Joanne Philippo EYSELIO
Præside, Dissertatio de Fuga Dæmonum. Resp. Sam. Lange.
Pagg. 24. Erfordiæ, 1714. 4.

Georgio Wolffgango WEDELIO
Præside, Dissertatio de Hyperico (aliis Fuga dæmonum.) Resp. Frid. Houck.
Pagg. 56. Jenæ, 1716. 4.

173. *Syngenesia.*

Polygamia Æqualis.

Scorzonera humilis.

Nicolaus CLAVENA.
Historia Scorsoneræ italicæ. impr. cum ejus Historia Absinthii umbelliferi.
Plagg. 2. Venetiis, 1610. 4.

174. *Scorzonera hispanica.*

Johannes Michael FEHR.
Anchora sacra, vel Scorzonera. Jenæ, 1666. 8.
Pagg. 167. tabb. æneæ 4; præter Bauschii Schediasma de Unicornu fossili, de quo Tomo 4.

175. *Prenanthes chondrilloides.*

Johann Gottl. GEORGI.
Analyse chymique d'une espece de Gomme-resine qui se produit autour de la racine du Prenanthes chondrilloides. Act. Acad. Petropol. 1779. Pars pr. Hist. p. 68—71.

176. *Leontodon Taraxacum.*

Henrico Friderico DELIO
Præside, Dissertatio de Taraxaco, præsertim aquæ ejusdem per fermentationem paratæ eximio usu. Resp. Frid. Jos. Wilh. Schroeder.
Pagg. xxviii. Erlangæ, 1754. 4.

177. *Cichorium Intybus.*

Elia Rudolpho CAMERARIO
Præside, Dissertatio prior de Cichorio. Resp. Wilh. Frid. Hölderlin. Pagg. 14. Tubingæ, 1690. 4.

178. *Spilanthus Acmella.*

Johannes Philippus BREYNIUS.
De radice Gin-sem seu Nisi, et Chrysanthemo Bidente zeylanico Acmella dicto, Dissertatio, Præside Friderico Dekker. Lugduni Bat. 1700. 4.
Pagg. 19. tab. ænea 1. Caput posterius de Acmella incipit in p. 12.
——— cum additamentis. impr. cum Breynii iconibus rariorum plantarum ; p. 35—54, ubi caput de Acmella a pag. 42 ad 47, et additamentum in p. 53, 54.
Petrus HOTTON.
De Acemella et ejus facultate lithontriptica.
Philosoph. Transact. Vol. 22. n. 268. p. 760—762.
——— Ephemer. Acad. Nat. Curios. Dec. 3. Ann. 7 et 8. p. 356—358.
——— in W. B. Nebelii Dissertatione de Acmella palatina, p. 2—4.
Excerpta in Act. Erudit. Lips. 1702. p. 138—140.
Johannes Hadrianus SLEVOGT.
Prolusio de Acmella ceylanica, novo fluoris albi remedio.
Plag. 1. Jenæ, 1703. 4.

179. *Polygamia Superflua.*

Artemisia Absinthium.

Johannes Michael FEHR.
Hiera picra, vel de Absinthio analecta. Lipsiæ, 1668. 8.
Pagg. 175. tabb. æneæ 3, et ligno incisa 1.

180. *Artemisia vulgaris.*

Joanne Jacobo BAJERO
Præside, Dissertatio de Artemisia. Resp. Gottlob Ephr. Hermann.
Pagg. 24. Altorfii, 1720. 4.

181. *Moxa.*

Bernhard Wilhelm GEILFUSIUS.
Disputatio inaug. de Moxa.
Pagg. 28. Marpurgi, 1676. 4.
Thomas BARTHOLINUS.
De Moxa. in ejus Act. Hafniens. Vol. 5. p. 7—11.
Georgius Wolffgangus WEDELIUS.
De Moxa Germanica.
Ephem. Acad. Nat. Cur. Dec. 2. Ann. 1. p. 14—19.
———: Of the German Moxa.
Acta germanica, p. 242—244.
Carolo Petro THUNBERG
Præside, Dissertatio de Moxæ atque ignis in medicina rationali usu. Resp. Joh. Gust. Hallman.
Pagg. 15. Upsaliæ, 1788. 4.

182. *Tussilago Farfara.*

Joanne Philippo EYSELIO
Præside, Disputatio proponens Filium ante Patrem, phthisicorum asylum. Resp. Chph. Otto.
Pagg. 24. Erfordiæ, 1714. 4.

183. *Tussilago Petasites.*

Carolo Augusto DE BERGEN
Præside, Dissertatio de Petasitide. Resp. Benj. Const. Malsch.
Pagg. 34. Francofurti ad Viadr. 1759. 4.

184. *Inula Helenium.*

Joanne Adolpho WEDELIO
Præside, Dissertatio de Helenio. Resp. Jo. Frid. Beckius.
Pagg. 16. Jenæ, 1719. 4.

185. *Arnica montana.*

Johannes Michael FEHR.
De Arnica lapsorum panacea.
Ephem. Ac. Nat. Cur. Dec. 1. Ann. 9 et 10. p. 22—30.

Andrea Elia BÜCHNER
Præside, Dissertatio de genuinis principiis et effectibus Arnicæ. Resp. Val. Mich. Hornschuch.
Pagg. 36. recusa Halæ, 1749. 4.

Petrus Andreas SCHÜTT.
Specimen inaug. de viribus Arnicæ.
Pagg. 34. Gottingæ, 1774. 4.

Alexander CRICHTON.
Some observations on the medicinal effects of Arnica montana.
London Medical Journal, Vol. 10. p. 236—242.

186. *Bellis perennis.*

Joanne Philippo EYSELIO
Præside, Dissertatio: Bellidographia, sive Bellidis descriptio. Resp. Gotthard. Otto Erasmi.
Pagg. 28. Erfordiæ, 1714. 4.

187. *Chamomilla.*

Johannes Daniel SCHEFERUS.
Disputatio inaug. de Chamomilla.
Pagg. 30. Argentorati, 1700. 4.

Joanne Henrico SCHULZE
Præside, Dissertatio de Chamæmelo. Resp. Sam. Herzog.
Pagg. 34. Halæ, 1739. 4.

Ernesto Godofredo BALDINGER
Præside, Dissertatio: Vires Chamomillæ. Resp. Joh. Dan. Carl.
Pagg. xlii. Goettingæ, 1775. 4.

188. *Achillea Millefolium.*

Georgius Jacobus LANGIUS.
Dissertatio inauguralis: Millefolium.
Pagg. 22. Altorfii, 1714. 4.

Friderico HOFFMANNO
Præside, Dissertatio de Millefolio, Germ. Schaaff-Garben.
Resp. Chph. Henr. Petzschius.
Pagg. 29. Halæ, 1719. 4.

189. *Achillea Clavennæ.*

Nicolaus CLAVENA.
Historia Absinthii umbelliferi.
Plagg. 2. tab. ligno incisa 1. Venetiis, 1610. 4.
Pompejus SPRECCHIS.
Antabsinthium Clavenæ.
Pagg. 120. Venetiis, 1611. 4.

190. *Polygamia Frustranea.*

Centaurea benedicta.

Georgius Christophorus PETRI.
Asylum languentium, s. Carduus sanctus, vulgo benedictus. Pagg. 252. Jenæ, 1669. 8.
Georgius Christianus OTTO.
Dissertatio inaug. de Carduo benedicto.
Pagg. 24. Argentorati, 1738. 4.

191. *Monogamia.*

Lobelia siphilitica.

Pehr KALM.
Lobelia såsom en säker läkedom emot veneriska sjukan.
Vetensk. Acad. Handling. 1750. p. 280—290.
————: Lobelia ut efficax remedium contra luem veneream. in Linnæi Dissertatione, Specifica Canadensium, p. 17—25.
———— ———— Linnæi Amoenitat. Academ. Vol. 4. p. 524—532.
————: Lobelia, medio certissimo pro morbo Gallico veniens.
Analect. Transalpin. Tom. 2. p. 271—277.

192. *Viola odorata.*

Georgio Wolffgango WEDELIO
Præside, Dissertatio de Viola martia purpurea. Resp. Joh. Andr. Bened. Grauel.
Pagg. 40. Jenæ, 1716. 4.

Johanne Sigismundo HENNINGERO
Præside, Dissertatio de Viola martia purpurea. Resp. Joh. Balth. Wustenfeld.
Pagg. 36. Argentorati, 1718. 4.

Franciscus Antonius KESZLER.
Dissertatio inaug. de Viola.
Pagg. 55. Vindobonæ, 1763. 8.

193. *Viola canina.*

Johannes Henricus Andreas NIEMEYER.
De Violæ caninæ in medicina usu. Dissertatio inaug.
Pagg. 27. Goettingæ, 1785. 4.

194. *Viola tricolor.*

Augustinus HAASE.
Viola tricolor; Specimen inaugurale.
Pagg. xxxiv. Erlangæ, 1782. 4.

195. *Gynandria.*

Diandria.

Salep.

Thomas DALE.
De Serapia off. impr. cum ejus Dissertatione de Pareira brava; p. 18, 19. Lugduni Bat. 1723. 4.

Georgius Simon KEILHORN.
Dissertatio inaug. de radicibus Senega et Saleb, vide supra pag. 513.
De Saleb a pag. 30 ad 34 agit.

Anders Jahan RETZIUS.
Försök med Svensk Salep.
Vetensk. Acad. Handling. 1764. p. 245, 246.

J. MOULT.
A letter containing a new manner of preparing Salep.
Philosoph. Transact. Vol. 59. p. 1—3.
———: Lettre sur une nouvelle maniere de preparer le Salep.
Journal de Physique, Introd. Tome 1. p. 46—49.

Gabriel LUND.
Försök med Orchis Morio, eller Svensk Salep.
Vetensk. Acad. Handling. 1771. p. 310—319.

Peter Jonas BERGIUS.
Ytterligare anmärkningar om den Österländska och Svenska Salep. ibid. p. 319—333.

Thomas PERCIVAL.
On the Orchis root.
Hunter's Georgical Essays, Vol. 4. p. 163—181.

196. *Epidendrum Vanilla.*

Johannes Carolus SPIES.
Programma de Siliquis Convolvuli americani, vulgo Vanigliis. Plag. $1\frac{1}{2}$. Helmstadii, 1721. 4.

197. *Hexandria.*

Aristolochiæ officinales (præter Serpentariam.)

Guilielmus Emanuel FORSTER.
Dissertatio inaug. de Aristolochia.
Pagg. 20. Altorfii, 1719. 4.

198. *Aristolochia trilobata.*

Peter Jonas BERGIUS.
Aristolochia trilobata såsom nyttig i medicinen.
Vetensk. Acad. Handling. 1764. p. 239—244.

199. *Aristolochia Serpentaria.*

Georgio Wolffgango WEDELIO
Præside, Dissertatio de Serpentaria Virginiana. Resp. Chph. Lud. Göckelius.
Pagg. 39. Jenæ, 1710. 4.
——— Valentini Historia simplicium, p. 579—591.

200. *Polygynia.*

Arum maculatum.

Georgio Wolffgango WEDELIO
Præside, Dissertatio de Aro. Resp. Chph. El. Schelhass.
Pagg. 36. Jenæ, 1701. 4.

201. *Monoecia.*

Triandria.

Carices Sarsaparillæ succedaneæ.

Carolus Gottlob MEJER.
Dissertatio inaug. de Carice arenaria.
Francofurti ad Viadr. 1772. 4.
Pagg. 40. Tabula ænea deest in nostro exemplari.
Christophorus Fridericus MERZ.
Dissertatio inaug. de Caricibus quibusdam medicinalibus Sarsaparillæ succedaneis.
Pagg. 30. Erlangæ, 1784. fol.

202. *Tetrandria.*

Dorstenia Contrajerva.

Georgio Wolffgango WEDELIO
Præside, Dissertatio de Contrayerva. Resp. Joh. Petr. Doellinus.
Pagg. 40. Jenæ, 1712. 4.

203. *Monadelphia.*

Pinus sylvestris.

Andrea Elia BÜCHNERO
Præside, Dissertatio de Pinastro sive Pino sylvestri. Resp. Gottlieb Engelb. Fuchs.
Pagg. 29. Halæ, 1754. 4.

204. *Pinus Abies* et *sylvestris.*

Laurentio ROBERG
Præside, Dissertatio de Piceæ Pinique sylvestris resina. Resp. Joh. Hesselius.
Pagg. 24. Upsalis, 1714. 4.

205. *Pinus Cembra.*

Johannes Philippus BREYNIUS.
De Balsamo Carpathico.
Ephem. Acad. Nat. Curios. Cent. 7 et 8. p. 4—8.
——— Brückmann. Epist. itiner. 89. Cent. 1. p. 9—13.
Franciscus Ernestus BRÜCKMANN.
Specimen prius botanico-medicum exhibens fruticem Koszodrewina, ejusque Balsamum Koszodrewinowy Oley.
Pagg. 28. Brunsvigæ, 1727. 4.
Specimen posterius botanico-medicum exhibens arborem Limbowe drewo, ejusque oleum Limbowi Oley.
ib. 1727. 4.
Pagg. 20. tab. ænea 1, utrique communis.

206. *Ricinus communis.*

Johanne Andrea FISCHER
Præside, Disputatio de Ricino americano. Resp. Joh. Phil. Schmid.
Pagg. 24. Erfordiæ, 1719. 4.
Thomas FRASER.
An account of the Oleum Ricini, commonly called Castor Oil, and its effects as a medicine.
Medical Observations and Inquiries by a Society of Physicians in London, Vol. 2. p. 235—240.
Peter CANVANE.
A dissertation on the Oleum Palmæ Christi, sive Oleum Ricini, or (as it is commonly called) Castor Oil.
Pagg. 88. tab. ænea 1. Bath, (1766.) 8.
DE MACHY.
Observation sur l'huile de Palma-christi.
Journal de Physique, Tome 7. p. 479—482.
HUNCERBYHLER.
De Oleo Ricini.
Pagg. 45. tab. ænea 1. Friburgi Brisgoviæ, 1780. 8.

207. *Syngenesia.*

Momordica Balsamina.

Joannes FRANCUS.
Thappuah Jeruschalmi, seu Momordicæ descriptio.
Ulmæ, 1720. 8.
Pagg. 39; præter Kleinknecht de Scordio, de quo supra pag. 508.

208. *Momordica Elaterium.*

Joannes Wilhelmus EVERHARD.
Dissertatio inaug. Elaterium magnis mortalium usibus parari.
Pagg. 32. Altorfii, 1722. 4.

209. *Cucumis Colocynthis.*

Simon BOULDOUC.
Observations analitiques de la Coloquinthe.
Mem. de l'Acad. des Sc. de Paris, 1701. p. 12—17.
Joanne Henrico SCHULZE
Præside, Dissertatio de Colocynthide. Resp. Jo. Frid. Walther.
Pagg. 34. Halæ, 1734. 4.
Johann BECKMANN.
Coloquinthen. in sein. Waarenkunde, 1 Theil, p. 138—144.

210. *Dioecia.*

Diandria.

Salix pentandra.

Petro Immanuele HARTMANNO
Præside, Dissertatio de Salice laurea odorata, Linnæi pentandra. Resp. Chr. Henr. Speckbuck.
Pagg. 40. Trajecti ad Viadr. 1769. 4.

211. *Tetrandria.*

Viscum album.

Johanne Jacobo BAJERO
Præside, Dissertatio de Visco. Resp. Leonh. Frid. Hornung.
Pagg. 36. Altdorfii, 1706. 4.

Balthasar Joanne DE BUCHWALD
Præside, Disputatio continens analysin Visci, ejusque usum in diversis morbis. Resp. Marcus Mackeprang.
Pagg. 22. Hafniæ, 1753. 4.

Benjamin Christ. Theoph. STURM.
Visci quercini descriptio botanica, analisis chemica, et usus medicus. Specimen inaug.
Pagg. 38. Jenæ, 1796. 8.

212. *Pentandria.*

Pistacia Lentiscus α.

Johannes Baptista DE WENCKH.
De Ligno Lentiscino.
Ephem. Ac. Nat. Cur. Dec. 3. Ann. 9 et 10. p. 252—258.

213. *Pistacia Lentiscus β.*

Johannes Stephanus STROBELBERGER.
Mastichologia, seu de universa Mastiches natura dissertatio.
Pagg. 109. Lipsiæ, 1628. 8.

Johann BECKMANN.
Mastix. in sein. Waarenkunde, 1 Theil, p. 573—591.

214. *Hexandria.*

Smilax China.

Andreas VESALIUS.
Radicis Chynæ usus.
Pagg. 290. Lugduni, 1547. 12.

Christianus Georgius SCHWALBE.
Disputatio inaug. de China officinarum.
Pagg. 21. Lugduni Bat. 1715. 4.

Hermanno Paulo JUCH
Præside, Dissertatio de Radice Chinæ, ejusque limitandis laudibus. Resp. Jo. Frid. Ermel.
Pagg. 30. Erfordiæ, 1753. 4.

215. *Octandria.*

Populus alba.

Joannes Fridericus WEISSMANN.
De Populi arboris multiplici usu.
Act. Acad. Nat. Curios. Vol. 3. p. 301—303.

216. *Dodecandria.*

Datisca cannabina.

Pietro RUBINI.
Sull' attività della Datisca cannabina di Linneo contro le febbri intermittenti.
Mem. della Soc. Italiana, Tomo 7. p. 431—443.

217. *Monadelphia.*

Juniperus communis.

Benjamin SCHARFFIUS.
Ἀκρευθολογια, s. Juniperi descriptio.
Francofurti et Lipsiæ, 1679. 8.
Pagg. 380. tabb. æneæ 4.

Johann Georg WILHELM.
Dissertatio inaug. tradens Juniperum.
Pagg. 42. Argentorati, 1718. 4.

Joannes Conradus KLEIN.
Disputatio inaug. de Junipero.
Pagg. 24. Altorfii, 1719. 4.

218. *Juniperus Sabina.*

Georgio Wolffgango WEDELIO
Præside, Dissertatio de Sabina. Resp. Joh. Frid. Krausold.
Pagg. 36. Jenæ, 1707. 4.

219. *Cissampelos Pareira.*

Michael Fridericus LOCHNERUS.
Schediasma de Parreira brava. Ephemer. Acad. Nat. Curios. Cent. 1 et 2. Append. p. 241—304.
——— Valentini Historia simplicium, p. 509—530.
Mantissa ad Schediasma de Parreira brava.
Ephem. Ac. Nat. Cur. Cent. 3 et 4. App. p. 161—168.
——— Valentini Historia simplicium, p. 530—534.
Schediasma de Parreira brava. editio secunda auctior.
Pagg. 86. tabb. æneæ 6. Norimbergæ, 1719. 4.
Thomas DALE.
Dissertatio inaug. de Pareira brava.
Pagg. 19. Lugduni Bat. 1723. 4.
Hermannus Fridericus TEICHMEYER.
Programma 2. de Caapeba, sive Parreira brava.
Plag. 1. Jenæ, 1730. 4.

220. *Myristica.*

Johannes Heinricus DIETZIUS.
Μοσχοκαρυολογια, id est de Nuce Moschata dissertatio inaug. Pagg. 63. tab. ænea 1. Giessæ, 1681. 4.
Christianus Franciscus PAULLINI.
Μοσχοκαρυογραφια, s. Nucis Moschatæ descriptio.
Francofurti et Lipsiæ, 1704. 8.
Pagg. 876. tab. ænea 1, e Dietzii exscripta.
Carolo Petro THUNBERG
Præside, Dissertatio inaug. de Myristica. Resp. Frid. Vilh. Radloff.
Pagg. 10. Upsaliæ, 1788. 4.

221. *Syngenesia.*

Ruscus aculeatus.

Joannes Hieronymus ZANNICHELLI.
De Rusco ejusque medicamentosa præparatione.
Pagg. 15. tab. ænea 1. Venetiis, 1727. 8.

222. *Gynandria.*

Clutia Eluteria.

Friderico HOFFMANNO
Præside, Dissertatio de Cortice Cascarillæ, ejusque insignibus in medicina viribus. Resp. Phil. Adolph. Boehmer. Pagg. 60. Halæ, 1738. 4.

223. *Polygamia.*

Monoecia.

Veratrum album.

Petrus CASTELLUS.
Epistola in qua agitur, nomine Hellebori simpliciter prolato, tum apud Hippocratem, tum alios auctores, intelligendum album.
Pagg. 28. Romæ, 1622. 4.
Epistola secunda de Helleboro.
Pagg. 48. ib. 1622. 4

224. *Stalagmitis Cambogioides* Murray.

Simon BOULDOUC.
Sur la nature de la Gomme Gutte et ses differentes analyses.
Mem. de l'Acad. des Sc. de Paris, 1701. p. 131—135.
Christiano Friderico JÆGER
Præside, Dissertatio de Cambogiæ Guttæ succo, sive Gummi Guttæ officinali. Resp. Car. Engelh. Gaupp.
Pagg. 32. Tubingæ, 1777. 4.

Johannes Andreas MURRAY.
Commentatio de arboribus Gummi Guttæ fundentibus, nominatim ea, quæ verum erogat.
Commentat. Societ. Gotting. Vol. 9. p. 169—186.

225. *Mimosæ variæ.*

Michel ADANSON.
Sur l'Acacia des anciens, et sur quelques autres arbres du Senegal, qui portent la gomme rougeatre, appelée communement Gomme arabique.
Mem. de l'Acad. des Sc. de Paris, 1773. p. 1—17.
Sur le Gommier blanc appelé Uerek au Senegal, sur la maniere dont on fait la recolte de sa gomme et de celle des Acacias, et sur un autre arbre du meme genre. ibid. 1778. p. 20—35.
Johann BECKMANN.
Gummi. in sein. Waarenkunde, 1 Theil, p. 145—180.

226. *Terra Catechu.*

Lucas SCHRÖCK.
De Catechu.
Ephem. Acad. Nat. Cur. Dec. 1. Ann. 8. p. 88—92.
Ehrenfridus HAGENDORN.
Tractatus physico-medicus de Catechu, s. terra japonica.
Pagg. 81. Jenæ, 1679. 8.
Simon BOULDOUC.
Observations et analyses du Cachou.
Mem. de l'Acad. des Sc. de Paris, 1709. p. 227—232.
Antoine DE JUSSIEU.
Histoire du Cachou. ibid. 1720. p. 340—346.
James KERR.
An account of the tree producing Terra japonica.
Medical Observations and Inquiries by a Society of Physicians in London, Vol. 5. p. 148—159.
Carolus Henricus WERTMÜLLER.
Dissertatio inaug. de Catechu.
Pagg. 52. Goettingæ, 1779. 4.
——— J. A. Murray Opuscul. Vol. 2. p. 77—138.

227. *Dioecia.*

Fraxinus excelsior.

Christophoro HELVIGIO
Præside, Dissertatio de Quinquina Europæorum. Resp. Car. Helvigius.
Pagg. 48. Gryphiswaldiæ, 1712. 4.

228. *Manna.*

Joannes Chrysostomus MAGNENUS.
De Manna.
Pagg. 100. 1658. 12.
——— Pagg. 116. Hagæ Comit. 1658. 12.
Petro HOFFWENIO
Præside, Disputatio de Manna. Resp. Nic. Clevbergius.
Pagg. 56. Upsaliæ, 1681. 8.
Claudius SALMASIUS.
De Manna. impr. cum ejus Exercitation. de homonymis; p. 245—254. Trajecti ad Rhen. 1689. fol.
Friderico HOFFMANN
Præside, Dissertatio de Manna ejusque præstantissimo in medicina usu. Resp. Gottlob Isr. Volcmann.
Pagg. 34. Halæ, 1725. 4.
Laurentio HEISTERO
Præside, Dissertatio de Manna, et speciatim ejus usu in variolis confluentibus. Resp. Jul. Bielitz.
Pagg. 44. Helmstadii, 1725. 4.
Paulus Franciscus DE SAILLY.
Dissertatio inaug. de Manna.
Pagg. 38. Lugduni Bat. 1740. 4.
Robert MORE.
Letter concerning the method of gathering Manna near Naples.
Philosoph. Transact. Vol. 46. n. 495. p. 470, 471.
——— : Von der weise, wie das Manna unweit Neapel gesammlet wird.
Hamburg. Magaz. 9 Band, p. 71—73.
Dominico CIRILLO.
Some account of the Manna tree.
Philosoph. Transact. Vol. 60. p. 233—236.

229. *Panax quinquefolium.*

Thomas BARTHOLINUS.
De radice Indorum Nisi.
in ejus Act. Hafniens. Vol. 5. p. 26—28.
Christianus MENTZELIUS.
De radice Chinensium Gin-Sen.
Ephem. Acad. Nat. Cur. Dec. 2. Ann. 5. p. 73—79.
Joannes Philippus BREYNIUS, vide supra pag. 517.
JARTOUX.
The description of a Tartarian plant, call'd Gin-seng. (from Lettres edifiantes, Tome 10.)
Philosoph. Transact. Vol. 28. n. 337. p. 237—247.
Christophorus Jacobus TREW.
De Ginseng.
Commerc. litterar. Norimb. 1742. p. 388—392.
William HEBERDEN.
The method of preparing the Ginseng root in China.
Transact. of the Coll. of Physicians in London, Vol. 3. p. 34—36.

230. *Cryptogamia.*

Friderico Christiano STRUVE
Præside, Dissertatio sistens vires plantarum cryptogamicarum medicas. Resp. Ge. Henr. Weber.
Pagg. xxxii. Kiliæ, 1773. 4.

231. *Miscellaneæ.*

Lycopodium clavatum.

Georgio Wolffgango WEDELIO
Præside, Dissertatio de Musco terrestri clavato. Resp. Meno Nic. Hanneken.
Pagg. 44. Jenæ, 1702. 4.

232. *Filices.*

Osmunda regalis.

Jean FONTANA.
Experiences analytiques sur l'Osmonda regalis.
Mem. de l'Acad. de Turin, Vol. 5. p. 93—99.

233. *Radix Calaguala.*

Aloysius GELMETTIUS.
De radice Calaguala; latine reddidit Dom. Nocca.
Usteri's Annalen der Botanick, 6 Stück, p. 65—82.

234. *Polypodium vulgare.*

Joannes Hadrianus SLEVOGT.
Prolusio de Polypodio.
Plag. 1. Jenæ, 1699. 4.
Georgio Wolffgango WEDELIO
Præside, Dissertatio de Polypodio. Resp. Car. Frid. Löv.
Pagg. 32. Jenæ, 1721. 4.

235. *Adiantum Capillus veneris.*

Pierre FORMI.
Traité de l'Adianton ou cheveu de Venus. in Traités très rares concernant l'histoire naturelle, (publiés par Buchoz,) p. 93—157. Paris, 1780. 12.

236. *Algæ.*

Lichen islandicus.

Joannes Antonius SCOPOLI.
Lichenis Islandici vires medicæ.
in ejus Anno 2do Historico-naturali, p. 107—118.
Guilielmus Christianus Philippus CRAMER.
Dissertatio inaug. de Lichene islandico.
Pagg. lxiii. Erlangæ, 1780. 4.
FUCHS.
Einige versuche über das Isländische Moos.
Crell's chemische Annalen, 1787. 1 Band, p. 143—145.
Alexander CRICHTON.
Some observations on the medicinal effects of the Lichen islandiscus.
London Medical Journal, Vol. 10. p. 229—236.

237. *Lichen caninus.*

Johanne Friderico CARTHEUSER
Præside, Dissertatio de Lichene cinereo terrestri. Resp. Godofr. Lud. Sixius.
Pagg. 16. Francofurti ad Viadr. 1762. 4.

238. *Lichen cocciferus, et affines.*

Don Manuel DE AZCONOVIETA.
Observaciones sobre el muscus pyxoides terrestris ò Lichen cocciferus de Lineo en la pertusis ò tos convulsiva de ninos.
Extractos de las juntas generales celebradas por la R. Socied. Bascongada, 1781. p. 43—56.
Johannes Baptista Josephus DILLENIUS.
Dissertatio inaug. de Lichene pyxidato (fimbriato et coccifero.)
Pagg. 48. tab. ænea 1. Moguntiæ, 1785. 8.

239. *Fucus Helminthochortos.*

Petrus Josephus SCHWENDIMANN.
Dissertatio inaug. Helminthochorti historia, natura atque vires. Pagg. 40. Argentorati, 1780. 4.
Antoine Louis DE LA TOURRETTE.
Dissertation botanique sur le Fucus helminthochorton, ou vermifuge de Corse.
Journal de Physique, Tome 20. p. 166—184.
BOUVIER.
Analyse de la Coralline de Corse, Fucus helminthocorton.
Annales de Chimie, Tome 9. p. 83—95.
David Albertus HÆMMERLEN.
De Fuco Helminthochorto Dissertatio inaug.
Pagg. 53. tab. ænea 1. Erlangæ, 1792. 8.

240. *Fungi.*

Johannes Philippus BREYNIUS.
Dissertatio inaug. de Fungis officinalibus.
Pagg. 41. Lugduni Bat. 1702. 4.
Victorius PICUS.
Ex materia medica, de Fungis. inter ejus Melethemata inauguralia, p. 105—167. Aug. Taurin. 1788. 8.

241. *Agaricus muscarius.*

Christ. Godofredo GRUNERO
Præside, Dissertatio de virtutibus Agarici muscarii, vulgo Fliegen-schwamm. Resp. Christ. Godofr. Whistling.
Pagg. 22. Jenæ, 1778. 4.

242. *Boletus igniarius.*

William WATSON.
Observations upon the Agaric, lately applied after amputations, with regard to the determining its species.
Philosoph. Transact. Vol. 48. p. 811, 812.
———: Waarneemingen om te bepaalen welk een soort van plant de zwam zy, die tot bloedstemping is in gebruik gekomen.
Uitgezogte Verhandelingen, 1 Deel, p. 174—176.
An account of the species of plant, from which the Agaric, used as a styptic, is prepared.
Philosoph. Transact. Vol. 49. p. 28, 29.
———: Nader berigt, welk een soort van plant het zy, daar de zwam, die men tot bloedstemping thans gebruikt, van bereid wordt.
Uitgezogte Verhandelingen, 1 Deel, p. 488—490.

243. *Boletus Laricis.*

Franciscus RUBEL.
Dissertatio inaug. de Agarico officinali.
Pagg. 42. tab. ænea 1. Vindobonæ, 1778. 8.
——— Jacquini Miscell. Austr. Vol. 1. p. 164—203.

244. *Obscuræ originis.*

Cortex Angusturæ.

J. EWER.
Some account of the medicinal properties of a Bark, lately procured from South America.
London Medical Journal, Vol. 10. p. 154—157.
Alexander WILLIAMS.
Farther account of this bark. ibid. p. 158—161.
Frid. Albert. Ant. MEYER.
Dissertatio inaug. de cortice Angusturæ.
Pagg. 53. Gottingæ, 1790. 8.

Augustus Everard BRANDE.
Observations on the Angustura bark.
London Medical Journal, Vol. 11. p. 38—46.
Experiments and Observations on the Angustura bark.
Pagg. 86. London, 1791. 8.
——— 2d edition. pagg. 133. ib. 1793. 8.

Lorenz CRELL.
Ueber eine neue fieberrinde.
in seine chemische Annalen 1790. 1 Band, p. 247—253.

George WILKINSON.
Observations on the Angustura bark.
London Medical Journal, Vol. 11. p. 331—339.
Some remarks on the Angustura Bark.
Medical Facts, Vol. 2. p. 52—72.

Franciscus Ernestus FILTER.
Dissertatio inaug. de cortice Angusturæ ejusque usu medico.
Pagg. 27. Jenæ, 1791. 4.

Anders Johan HAGSTRÖM.
Angustura barken beskrifven, och försökt mot Frossan.
Vetensk. Acad. Handling. 1792. p. 299—304.

Johan Lorens ODHELIUS.
Rön om Angusturabarken. ib. p. 304—308.

Carolo Petro THUNBERG
Præside, Dissertatio de Cortice Angusturæ. Resp. Car. Fr. Blumenberg.
Pagg. 7. Upsaliæ, 1793. 4.

245. *Camphora Sumatrensis.*

John MACDONALD.
On the Camphor of Sumatra.
Transact. of the Soc. of Bengal, Vol. 4. p. 19—22.

246. *Cassena.*

Vom Thee de Paragay.
Physikal. Belustigung. 3 Band. p. 1537—1542.

247. *Radix Colomba.*

Johanne Friderico CARTHEUSER
Præside, Dissertatio de radice Colomba.. Resp. Eberh. Phil. Becker. in ejus Dissert. Phys. Chym. med. p. 136—168. Francofurti ad Viadr. 1774. 8.

248. *Lignum Colubrinum.*

Carolus LINNÆUS.
Dissertatio: Lignum Colubrinum leviter delineatum.
Resp. Joh. Andr. Darelius.
Pagg. 22. Upsaliæ, 1749. 4.
——— Amoenit. Acad. Vol. 2. ed. 1. p. 100—125.
ed. 2. p. 89—111.
ed. 3. p. 100—125.

249. *Gummi Copal.*

Johan Gottlob LEHMANN.
Recherches historiques et chymiques sur le Côpal.
Hist. de l'Acad. de Berlin, 1758. p. 34—57.
Marcus Elieser BLOCH.
Beytrag zur naturgeschichte des Kopals. Beschäft. der Berlin. Ges. Naturf. Fr. 2 Band, p. 91—196.

250. *Jalapa.*

Georgio Wolffgango WEDELIO
Præside, Dissertatio de Gialapa. Resp. Joh. Ulr. Schmid.
Pagg. 40. Jenæ, 1678. 4.
Christianus Franciscus PAULLINI.
De Jalapa liber singularis.
Pagg. 417. Francofurti ad Moen. 1700. 8.
Simon BOULDOUC.
Observations analitiques du Jalap.
Mem. de l'Acad. des Sc. de Paris, 1701. p. 106—109.
Johannes Philippus Bonaventura SCHALLER.
Dissertatio inaug. de Jalappa.
Pagg. 27. Argentorati, 1761. 4.

251. *Ipecacuanha.*

Michael Bernhard VALENTINI.
Dissertatio de Ipecacuanha. Resp. Chph. Frid. Kneussel.
Valentini polychrest. exotic. p. 15—29.
Simon BOULDOUC.
Analyse de l'Ypecacuanha.
Mem. de l'Acad. des Sc. de Paris, 1700. p. 1—5, & p. 76—78.

Observations sur les effets de l'Ypecacuanha. ibid. 1701. p. 190—192.

Etienne François GEOFFROY.

Confrontation des racines de Caa-apia et d'Ipecacuanha, par laquelle ou voit la difference du Caapia à l'Ipecacuanha. ibid. 1700. p. 134—136.

Georgio Wolffgango WEDELIO

Præside, Dissertatio de Ipecacuanha americana et germanica. Resp. Joh. Laur. Leincker.
Pagg. 44. Jenæ, 1705. 4.

James DOUGLAS.

Account of the different kinds of Ipecacuanha.
Philosoph. Transact. Vol. 36. n. 410. p. 152—158.

Joanne Henrico SCHULZE

Præside, Dissertatio de Ipecacuanha americana. Resp. Jo. Sam. Huber. Pagg. 27. Halæ, 1744. 4.

Andrea Elia BÜCHNER

Præside, Dissertatio de radice Ipecacuanhæ. Resp. Chr. Theoph. Helcherus.
Pagg. 43. Erfordiæ, 1745. 4.

Carolus V. LINNE.

Dissertatio de Viola Ipecacuanha. Resp. Dan. Wickman.
Pagg. 12. Upsaliæ, 1774. 4.
——— Amoenitat. Academ. Vol. 8. p. 238—248.

D'ANDRADA.

Lettre sur les diverses especes de plantes nommées Ipecacuan, ou Ipecacuanha, au Bresil.
Journal de Fourcroy, Tome 1. p. 238—243.

252. *Kino.*

John FOTHERGILL.

A letter concerning an astringent gum brought from Africa.
Medical Observations and Inquiries by a Society of Physicians in London, Vol. 1. p. 358—364.

FOURCROY.

Sur le Kino, seu gummi rubrum astringens Gambiense. dans son Journal, Tome 2. p. 359—361.

253. *Myrrha.*

Augustino Henrico FASCHIO

Præside, Dissertatio de Myrrha. Resp. Sim. Andr. Beckerus. Plagg. 4½. Jenæ, 1676. 4.

Gothofredus Samuel Polisius.
Myrrhologia. impr. cum Anno 6to Dec. 2dæ Ephemeridum Acad. Nat. Curios. Norimbergæ, 1688. 4. Pagg. 339. Conf. Büchneri Historiam Acad. Nat. Curios. p. 288. not. 351.

Johanne Friderico Cartheuser
Præside, Dissertatio de eximia Myrrhæ genuinæ virtute. Resp. Jo. Gottl. Fülleborn. in ejus Dissertationibus selectior. p. 28—55.
Francofurti ad Viadr. 1775. 8.

James Bruce.
Some observations upon Myrrh, made in Abyssinia.
Philosoph. Transact. Vol. 65. p. 408—417.
———: Observations sur la Myrrhe.
Journal de Physique, Supplem. Tome 13. p. 102—107.
———: Osservazioni sulla Mirra, fatte in Abissinia.
Opuscoli scelti, Tomo 2. p. 348—353.

254. *Balsamum Peruvianum.*

Friderico Hoffmanno
Præside, Dissertatio de Balsamo Peruviano, ejusque viribus et usu. Resp. Imman. Lehmann.
Pagg. 28. Halæ, 1703. 4.
——— Pagg. 31. ib. 1706. 4.

Johannes Christianus Lehmann.
Dissertatio de Balsamo Peruviano nigro. Resp. Sigism. Schmiderus.
Pagg. 40. Lipsiæ, 1707. 4.

255. *Pichurim.*

Abraham Bäck.
Om Fava Pichurim ifrån Brasilien.
Vetensk. Acad. Handling. 1759. p. 74—77.

Johann Mayer.
Abhandlung von der Pichurim-rinde.
Abhandl. einer privatges. in Böhmen, 5 Band, p. 66—77.

Sam. Adolph. Fridr. Hartmann.
Dissertatio inaug. de Pechuri.
Pagg. 28. Francof. cis Viadr. 1792. 8.

256. *Lignum Rhodium.*

Gulielmus Chambers.
Dissertatio de Ligno Rhodio. in ejus Dissertatione de Ribes Arabum et Ligno Rhodio, p. 34—41.
Lugduni Bat. 1724. 4.

257. *Semina Sabadillæ.*

Johann Gottlieb Gleditsch.
Vorläufige bemerkungen über den Sabatillen-Saamen und dessen gemische.
Schr. der Berlin. Ges. Naturf. Fr. 2 Band, p. 77—97.
Remi Willemet.
Memoire pour servir à l'histoire naturelle et botanique de la Cevadille.
Nouv. Mem. de l'Acad. de Dijon, 1782. 2 Semest. p. 197—205.

258. *Radix Zedcariæ.*

Samuel Gottbilff Manitius.
De ætatibus Zedoariæ relatio.
Pagg. 168. Dresdæ, 1691. 12.

259. *Plantæ venenatæ.*

J. E. Ferdinand. SCHULZE.
Toxicologia veterum plantas venenatas exhibens, Theophrasti, Galeni, Dioscoridis, Plinii aliorumque auctoritate ad deleteria venena relatas.
Pagg. lxxviii. Halæ, 1788. 4.
Adest etiam titulus Dissertationis inauguralis.

Franciscus VAN STERBEECK.
Eenighe quaede ende hinderlycke kruyden, door de welcke vele ongheweten swarigheden voortscomen. impr. cum ejus Theatro fungorum; p. 333—396. tabb. æneæ 34—36. Antwerpen, 1675. 4.

Johannes Jacobus HARDERUS.
Radicis Lupariæ et Olei Nicotianæ effectus in variis animalibus.
in ejus Apiario Observat. medic. p. 1—16.

Johannes Benedictus GRUNDELIUS.
De Napello, Bella donna Clusii, et Ranunculo hortensi.
Ephem. Ac. Nat. Cur. Dec. 3. Ann. 9 et 10. p. 168—171.

SAUVAGES DE LA CROIX.
Observations sur quelques plantes venimeuses.
Mem. de l'Acad. des Sc. de Paris, 1739. p. 469—475.

Richard BROCKLESBY.
Account of the poisonous root lately found mixed among the Gentian.
Philosoph. Transact. Vol. 45. n. 486. p. 240—243.

VACHER.
Sur une plante venimeuse de l'Isle de Corse.
Act. Helvetic. Vol. 4. p. 69—81.

Petrus ROSSI.
De nonnullis plantis quæ pro venenatis habentur observationes et experimenta.
Pagg. lxvi. Pisis, 1762. 4.

Philippo Friderico GMELIN
Præside, Dissertatio de materia toxicorum hominis vegetabilium simplicium in medicamentum convertenda. Resp. Joh. Melch. Eppli.
Pagg. 32. Tubingæ, 1765. 4.

Daniel Wilhelmus TRILLERUS.
Programma de planta quadam venenata, ejusque furioso effectu λιθοτρόφῳ, copiis Antonianis olim exitiali.
Pagg. xvi. Wittebergæ, 1765. 4.

Georgius Augustus LANGGUTH.
Programma de plantarum venenatarum arcendo scelere.
Pagg. 12. Wittebergæ, 1770. 4.

Fridericus Augustus Gottl. KNOLLE.
Plantas venenatas umbelliferas indicat.
Pagg. xix. Lipsiæ, 1771. 4.

Pehr Adrian GADD.
Anmärkningar om förgiftiga växter i gemen. Resp. Carl Gust. Wallenius.
Pagg. 26. Åbo, 1773. 4.

Joannes Georgius PUIHN.
Materia venenaria regni vegetabilis.
Pagg. 196. Lipsiæ, 1785. 8.

Carolus Petrus THUNBERG.
Dissertatio inaug. Arbor toxicaria Macassariensis. Resp. Chr. Æjmelæus.
Pagg. 11. Upsaliæ, 1788. 4.
——— Usteri Delect. Opusc. botan. Vol. 1. p. 23—34.

Georgius Rudolphus BOEHMER.
Commentatio de plantis auctoritate publica exstirpandis, custodiendis, et e foro proscribendis. impr. cum ejus Comment. de plantis segeti infestis; p. 101—128.
Vitebergæ et Servestæ, 1792. 4.

James GREENWAY.
An account of a poisonous plant growing spontaneously in the southern part of Virginia.
Transact. of the Amer. Society, Vol. 3. p. 234—239.

260. *De Plantis venenatis Scriptores Topographici.*

Galliæ.

BULLIARD.
Histoire des plantes veneneuses et suspectes de la France, vide supra pag. 141.

Theodorus Petrus CAELS.
De *Belgii* plantis qualitate quadam hominibus cæterisve animalibus nociva seu venenata præditis, symptomatibus ab earum usu productis, nec non antidotis adhibendis Dissertatio, cui Cæs. ac R. Scient. Academia Bruxell. palmam detulit.
Pagg. 66. Bruxellis, 1774. 4.

Jacobo Reinboldo SPIELMANN
Præside, Dissertatio de vegetabilibus venenatis *Alsatiæ.*
Resp. Franc. Ant. Guerin.
Pagg. 76. Argentorati, 1766. 4.

261. *Helvetiæ.*

P. R. VICAT.
Histoire des plantes veneneuses de la Suisse.
Pagg. 392 et 112. tabb. æneæ 3. Yverdon, 1776. 8.

262. *Germaniæ.*

Johann Samuel HALLE.
Die Deutsche Giftplanzen.
Pagg. 119. tabb. æneæ color. 16. Berlin, 1784. 8.
2 Theil. pagg. 126. tabb. 8. 1795.
Jo. Fridericus GMELIN.
Historia venenorum vegetabilium *Sveviæ* indigenorum.
Nov. Act. Ac. Nat. Cur. Tom. 6. Append. p. 201—328.

263. *Americæ Meridionalis.*

Richard BROCKLESBY.
A letter concerning the Indian poison, sent over by M. de la Condamine.
Philosoph. Transact. Vol. 44. n. 482. p. 408—412.
François David HERISSANT.
Experiments made on a great number of living animals, with the poison of Lamas, and of Ticunas. ibid. Vol. 47. p. 75—92.
Felice FONTANA.
Memoria sopra il veleno americano detto Ticunas. ibid. Vol. 70. p. 163—220.
——— Versio anglica. ib. append. p. ix—xlv.
——— : Memoire sur le poison Americain appellé Ticunas. dans son Traité sur le venin de la Vipere, Tome 2. p. 83—121.
Johann Christian Daniel SCHREBER.
Ueber das Pfeilgift der Amerikaner in Guiana, und die gewächse aus denen es bereitet wird.
Naturforscher, 19 Stück, p. 129—158.
——— : Over het Pylvergift der Americaanen in Guiana, en de gewassen, uit welke het bereid word.
Algem. Geneeskund. Jaarboeken, 1 Deel, p. 87—104.

264. *Plantarum venenatarum Monographiæ.*

Lolium temulentum.

Paulus CRASSUS.
De Lolio tractatus.
Pagg. 64. Bononiæ, 1600. 4.

Johannes Jacobus WAGNER.
Lolii perniciosi effectus.
Ephem. Ac. Nat. Cur. Dec. 2. Ann. 3. p. 365—367.

Rudolphus Jacobus CAMERARIUS.
De Lolio temulento. ibid. Ann. 8. p. 430—433.
Dec. 3. Ann. 3. p. 242, 243.

Gottlob SCHOBER.
Epitome Dissertationis medicæ, de Seminibus Loliaceis et Secalis nigris corruptis, cum farina commixtis, et alimenti loco assumptis, varios morbos epidemicos producentibus.
Act. Eruditor. Lips. 1723. p. 446—451.

RIVIERE.
Memoire sur l'Ivraie.
Mem. de la Soc. de Montpellier, Tome 1. p. 309—317.

265. *Secale cornutum*, vide supra pag. 429.

266. *Datura Stramonium.*

Auszug aus einem berichte des Herrn Hein an das Königl. Ober-Collegium Sanitatis zu Berlin.
Schr. der Berlin. Ges. Naturf. Fr. 3 Band, p. 464—466.

James JOHNSON.
An account of the poisonous effects of the seeds of the Datura Stramonium Linn.
Medical Facts, Vol. 5. p. 78—87.

267. *Hyoscyamus niger* et *albus.*

Georgius Wolffgangus WEDEL.
De Hyoscyami noxis et virtutibus.
Ephem. Ac. Nat. Cur. Dec. 1. Ann. 3. p. 33, 34.

Simon SCHULTZIUS.

De radicibus Hyoscyami per errorem coctis, infeliciter comestis, truculentaque symptomata producentibus.

Ephem. Ac. Nat. Cur. Dec. 1. Ann. 4 et 5. p. 134, 135.

Sir Hans SLOANE.

An account of symptoms arising from eating the seeds of Henbane.

Philosoph. Transact. Vol. 38. n. 429. p. 99—101.

PATOUILLAT.

A letter concerning the poison of Henbane Roots. ibid. Vol. 40. n. 451. p. 446—448.

John STEDMAN.

The effects of the Hyoscyamus albus. ibid. Vol. 47. p. 194—197.

Carl M. BLOM.

Om en art grangrænösa fläckar och sår, förorsakade af rå Bolmrötters ätande.

Vetensk. Acad. Handling. 1774. p. 52—57.

268. *Atropa Belladonna.*

Johannes Matth. FABER.

Strychnomania, explicans Strychni manici antiquorum, vel Solani furiosi recentiorum, historiæ monumentum, indolis nocumentum, antidoti documentum.

Augustæ Vindelic. 1677. 4.

Pagg. 107. tabb. æneæ 12.

Johannes Jacobus WAGNER.

Solani melanocerasi seu sylvatici vis soporifera ac deleteria.

Ephem. Ac. Nat. Cur. Dec. 2. Ann. 10. p. 197—200.

Michael Bernhardus VALENTINI.

Mania ab esu Belladonæ pro myrtillis. ibid. p. 213.

Christophorus Conradus SICELIUS.

Diatribe de Belladonna sive Solano furioso.

Pagg. 48. Jenæ, 1724. 8.

Jo. Seb. ALBRECHT.

De noxio effectu Solani furiosi.

Commerc. litterar. Norimb. 1731. p. 332, 333.

Experimenta facta cum succo Belladonnæ. ibid. 1732. p. 121—123.

Joannes Georgius HASENEST.

De baccarum Solani furiosi, seu Belladonnæ effectu, vehementi quidem, ast fere ridiculo.

Act. Acad. Nat. Curios. Vol. 3. p. 282—284.

Gottwald SCHUSTER.
De lethali baccarum Solani furiosi effectu.
Act. Acad. Nat. Curios. Vol. 6. p. 165—167.

Wolffgang Thomas RAU.
De effectu pernicioso a baccis Solani furiosi improvide comestis. ibid. Vol. 10. p. 90, 91.

DE SAINT MARTIN.
De kwaade gevolgen van het eeten der besien van 't kruid genaamd Belladona, in plaats van zwarte Aalbessen. (e gallico in Journal de Medecine.)
Uitgezogte Verhandelingen, 8 Deel, p. 565—572.

BOUCHER.
Von fünf durch den genuss der Tollbeeren vergifteten kindern. (e gallico in Gazette salutaire.)
Neu. Hamburg. Magaz. 13 Stück, p. 25—55.

Joannes Adamus POLLICH.
De Belladonæ radicis decocto aquoso, sensorium commune afficiente, furores producente, &c.
Nov. Act. Acad. Nat. Curios. Tom. 7. p. 38—48.

William BRUMWELL & *John* HOFFMAN.
Dangerous effects from eating a quantity of ripe berries of Belladonna.
Medical Observations and Inquiries by a Society of Physicians in London, Vol. 6. p. 222—230.

269. *Solanum nigrum.*

Joannes Daniel RUCKER.
De effectibus herbæ Solani officinarum, acinis nigricantibus, in cibum incaute adsumtæ.
Commerc. litterar. Norimberg. 1731. p. 372—375.

270. *Conium maculatum* et *Cicuta virosa.*

Johannes Jacobus HARDER.
De noxis Cicutæ terrestris.
Ephem. Ac. Nat. Cur. Dec. 2. Ann. 3. p. 230—239.
——— in ejus Apiario, p. 106—114.

Johannes Jacobus WEPFERUS.
Cicutæ aquaticæ noxa.
Ephem. Ac. Nat. Cur. Dec. 2. Ann. 6. p. 221—241.
Cicutæ aquaticæ historiam vide inter libros de venenis in genere, Tomo 1.

Vitus RIEDLINUS.
Cicuta aquatica loco Petroselini comesta.
Ephem. Acad. Nat. Cur. Cent. 9 et 10. p. 355—357.

Johannes Matthias MÜLLER.
De totius familiæ delirio, ab esu cicutæ, curato. ibid. p. 369—371.
Johannes Adamus LIMPRECHT.
De diversissimis devoratæ radicis Cicutæ operationibus. Act. Acad. Nat. Curios. Vol. 1. p. 97—100.
Sigismundo Friderico DRESIGIO
Præside, Dissertatio de Cicuta Atheniensium poena publica. Resp. Adrian. Deodatus Stegerus.
Pagg. 38. Lipsiæ, 1734. 4.
Christophorus Jacobus TREW.
Cicutarum historia. Commerc. litterar. Norimb. 1740. p. 369—374, p. 377—380, p. 385—391, & p. 394—396.
William WATSON.
A letter concerning some persons being poisoned by eating boiled Hemlock.
Philosoph. Transact. Vol. 43. n. 473. p. 18—22.
Severinus HEE.
De Cicuta solo lacte curata, deque ejus pariter natura, effectu atque antidotis meditatio.
Act. Acad. Nat. Curios. Vol. 10. p. 327—337.
M. W. SCHWENCKE.
Verhandeling over de waare gedaante, aart, en uytwerking der Cicuta aquatica Gesneri, of groote-waterscheerling.
Pagg. 54. tabb. æneæ 4. 'sGravenhage, 1756. 8.
Johannes Jacobus HUBER.
Programma de Cicuta.
Pagg. 47. Cassellis, 1764. 8.

271. *Sium latifolium.*

Johan Georg BEYERSTEN.
Om roten af Sium aquaticum och dess skadeliga verkan på Fä-boskap.
Vetensk. Acad. Handling. 1750. p. 295—298.
———— : De radice Sii aquatici, effectibusque ejus sinistris in animalibus.
Analect. Transalpin. Tom. 2. p. 250, 251.

272. *Oenanthe crocata.*

Cornelius STALPART VAN DER WIEL.
De herbæ radicisque Oenanthes veneno. est Obs. 43. Cent. prioris ejus Observationum rariorum, p. 182—195.

William WATSON.

Critical observations concerning the Oenanthe aquatica, succo viroso crocante of Lobel, occasioned by a letter from Mr. G. Howell, giving an account of the poisonous effects of this plant to some French prisoners at Pembroke.

Philosoph. Transact. Vol. 44. n. 480. p. 227—242.

A further account of the poisonous effects of the Oenanthe aquatica succo viroso crocante. ibid. Vol. 50. p. 856—859.

Thomas HOULSTON.

Case of a boy poisoned by the root of Hemlock-dropwort. London Medical Journal, Vol. 2. p. 40—46.

Richard PULTENEY.

An account of the poisonous effects of the Oenanthe crocata, or Hemlock Dropwort.

London Medical Journal, Vol. 5. p. 192—199.

Robert GRAVES.

A fatal instance of the poisonous effects of the Oenanthe crocata Linn. or Hemlock Dropwort.

Medical Facts, Vol. 7. p. 308—312.

273. *Rhus Toxicodendrum.*

Paul DUDLEY.

An account of the Poison wood tree in New England.

Philosoph. Transact. Vol. 31. n. 367. p. 145, 146.

William SHERARD.

A farther account of the same tree. ibid. p. 147, 148.

Josephus MONTI.

De plantis venenatis.

Comment. Instituti Bonon. Tom. 3. p. 160—168.

Johann Gottlieb GLEDITSCH.

Nouvelles experiences concernant les dangereux effets que les exhalaisons d'une plante de l'Amerique Septentrionale produisent sur le corps humain.

Mem. de l'Acad. de Berlin, 1777. p. 61—80.

——— Journal de Physique, Tome 21. p. 161—175.

———: Verhandeling over de schadelyke gevolgen van een Nord-Americaansche Vergiftboom.

Algem. geneeskund. Jaarboeken, 5 Deel, p. 244—256.
6 Deel, p. 104—110.

Neu vermehrte erläuterung über die schädlichen wirkungsfolgen des Nordamericanischen Giftrebenstrauchs. Beschäft. der Berlin. Ges. Naturf. Fr. 4 Band, p. 263 —313.

Franz Carl ACHARD.

Nachricht von versuchen, die über den Giftbaum (Rhus Toxicodendron Linn.) angestellt worden, um seine bestandtheile zu kennen, und die art und weise, wie sein gift auf verschiedene thiere würkt, zu bestimmen. Crell's chemische Annalen, 1787. 1. Band, p. 387—395, & p. 494—503.

274. *Anthericum ossifragum.*

Simon PAULLI et *Thomas* BARTHOLINUS.

De gramine ossifrago.
Bartholin. Act. Hafniens. Vol. 2. p. 126—135.
4. p. 98—101.

Johannes Fridericus MARSCHALCH.

De gramine ossifrago appendix. ibid. Vol. 2. p. 232.

275. *Anacardium occidentale.*

Beytrag zur geschichte der schädlichkeit des saftes der äussern harten schale der frischen Acajoukerne.
Schr. der Berlin. Ges. Naturf. Fr. 5 Band. p. 478—480.

276. *Amygdala amara.*

De Amygdala amara, quibusdam animalibus nociva ac lethali.
Ephem. Ac. Nat. Cur. Dec. 1. Ann. 8. p. 183—187.

Georgius Tobias DÜRRIUS.

De morte subitanea in Volucribus Canariensibus ex esu Amygdalorum amarorum, cum Scholio L. Schröck. ibid. Dec. 3. Ann. 1. p. 284, 285.

277. *Prunus Laurocerasus.*

T. MADDEN.

An account of two women being poisoned by the simple distilled water of Laurel-leaves, and of several experiments upon dogs.
Philosoph. Transact. Vol. 37. n. 418. p. 84—99.

Cromwell MORTIMER.
Experiments concerning the poisonous quality of the simple water distilled from the Lauro-Cerasus, made upon dogs.
Philosoph. Transact. Vol. 37. n. 420. p. 163—173.
John RUTTY.
A letter concerning the poison of Laurel-water. ibid. Vol. 41. n. 452. p. 63, 64.

278. *Chelidonium majus.*

James NEWTON.
An account of some effects of Papaver Corniculatum luteum.
Philosoph. Transact. Vol. 20. n. 242. p. 263, 264.

279. *Aconitum Napellus.*

Martinus Bernhardus A BERNIZ.
Napellus in Polonia non venenosus.
Ephem. Ac. Nat. Cur. Dec. 1. Ann. 2. p. 79—82.
Johannes Patersonius HAIN.
De Napello. ibid. Ann. 3. p. 345, 346.
Vincent BACON.
The case of a man who was poisoned by eating Monkshood or Napellus.
Philosoph. Transact. Vol. 38. n. 432. p. 287—291.
Johan MORÆUS *Fadren.*
En händelse igenom en giftig ört, blå Stormhatten kallad.
Vetensk. Acad. Handling. 1739. p. 41—44.
———: Aconitum foliorum laciniis linearibus, superne latioribus linea exaratis.
Analect. Transalpin. Tom. 1. p. 18—20.
Johan MORÆUS *Sonen.*
Rön om en giftig ört, blå Stormhatten kallad.
Vetensk. Acad. Handling. 1745. p. 217—221.
———: Aconitum foliorum laciniis linearibus, superne latioribus linea exaratis.
Analect. Transalpin. Tom. 1. p. 390—392.
THIELISCH.
Botanisch-ökonomische beobachtung. Abhandl. der Hallischen Naturf. Ges. 1 Band, p. 379, 380.

280. *Ranunculi varii.*

Carolus KRAPF.
Experimenta de nonnullorum Ranunculorum venenata qualitate, horum externo et interno usu.
Pagg. 107. Viennæ, 1766. 8.

281. *Ranunculus sceleratus.*

Benjamin SCHARFFIUS.
De risu sardonio a comesta Ranunculi palustris radice excitato.
Ephem. Ac. Nat. Cur. Dec. 3. Ann. 2. p. 106—109.

282. *Ranunculus arvensis.*

BRUGNON.
Observations et experiences sur la qualité veneneuse et même meurtriere de la Renoncule des champs.
Mem. de l'Acad. de Turin, Vol. 4. p. 108—117.
———: Osservazioni e sperienze sulla qualità velenosa, e mortifera del Ranuncolo arvense.
Opuscoli scelti, Tomo 13. p. 421—426.

283. *Raphanns Raphanistrum.*

Carolus v. LINNE'.
Dissertatio de Raphania. Resp. Ge. Rothman.
Pagg. 21. tab. ænea 1. Upsaliæ, 1763. 4.
——— Amoenitat. Academ. Vol. 6. p. 430—451.

284. *Lathyrus quidam.*

Georgius David DUVERNOY.
Dissertatio inaug. de Lathyri quadam venenata specie in Comitatu Montbelgardensi culta.
Pagg. 19. Basileæ, 1770. 4.

285. *Jatropha Manihot.*

Henricus Nicolaus HERBERT.
Dissertatio inaug. de Cassavæ amaræ Surinamensis radice.
Pagg. 24. Marburgi, 1753. 4.

James CLARK.

An account of the poisonous quality of the juice of the root of Jatropha Manihot, or bitter Cassada, and of the use of Cayenne pepper in the counteracting the effects of this and some other poisonous substances.
Medical Facts, Vol. 7. p. 289—297.

286. *Hippomane Mancinella.*

John Andrew PEYSSONEL.

Singular observations upon the Manchenille apple.
Philosoph. Transact. Vol. 50. p. 772, 773.

287. *Mercurialis perennis.*

A letter concerning the strange effects from the eating Dog-Mercury, with remarks thereon by Hans Sloane.
Philosoph. Transact. Vol. 17. n. 203. p. 875—877.

288. *Fungi varii.*

Cornelius STALPART VAN DER WIEL.

Fungi comesi repentinæ mortis causa.
in ejus Observation. rariorum Cent. pr. p. 162—172.

Guillaume LE MONNIER.

Sur les pernicieux effets de Fungus mediæ magnitudinis totus albus, Vaillant n. 17. p. 63.
Mem. de l'Acad. des Sc. de Paris, 1749. p. 210—223.

William HEBERDEN.

An account of the noxious effects of some Fungi.
Transact. of the Coll. of Physicians in London, Vol. 2. p. 216—221.

PAULET.

Memoire sur les effets de Fungus phalloides annulatus, sordide virescens et patulus, Vaill. botan. Paris. 74.
Journal de Physique, Tome 5. p. 477—498.

———: Von den würkungen eines blätterschwamms.
Crell's Beyträge, 2 Band. 1 Stück, p. 124—127.

Giovanni MAIRONI DA PONTE.

Sul funesto effetto d'alcuni Funghi.
Opuscoli scelti, Tomo 5. p. 417—419.

Giovanni Verardo ZEVIANI.

Sopra il veleno dei Funghi.
Mem. della Società Italiana, Tomo 3. p. 465—497.
Excerpta in Opuscoli scelti, Tomo 10. p. 186—201.

Victorius PICUS.

De symptomatibus quæ Fungorum venenatorum esum consequi solent. inter ejus Meletemata inauguralia, p. 237—264. Aug. Taurin. 1788. 8.

Josephus Antonius DARDANA.

In Agaricum campestrem veneno in patria infamen acta. impr. cum priori libro. pagg. 32.

Zenone BONGIOVANNI.

Storia di sette donne risanate dal veleno dei Funghi in Verona.

Opuscoli scelti, Tomo 13. p. 43—61.

289. *Usus Plantarum medicus et oeconomicus.*

Julius Bernhard von Rohr.
Von dem nuzen der gewächse in beförderung der glückseligkeit und bequemlichkeit des menschlichen lebens.
Coburg, 1736. 8.
Pagg. 156; præter partem posteriorem, de nominibus plantarum, de qua supra pag. 50.

Petro Kalm
Præside, Dissertationes: Om nyttan och nödvändigheten af våra inhemska växter kännande. Resp. Henr. Enckell.
Pagg. 15. Åbo, 1760. 4.
Præstantia plantarum indigenarum præ exoticis. Resp. Joh. Henr. Aspegren.
Pagg. 43. ib. 1762. 4.

Antoine Nicolas Duchesne.
Manuel de Botanique.
Pagg. xxiv, 44, 76, 92, 94 et 75. Paris, 1764. 12.

Johannes Baptista de Beunie.
Antwood op de vraege, welk zyn de profytelykste planten van dit land, ende welk is hun gebruyk zoo in de Medicynen als in andere konsten.
Pagg. 70. Brussel, 1772. 4.

Du Rondeau.
Memoire sur la question : quelles sont les plantes les plus utiles des Pays-bas, et quel est leur usage dans la Medecine et dans les Arts?
Pagg. 18. Bruxelles, 1772. 4.

Johann Gottlieb Gleditsch.
Vollständige theoretisch-praktische geschichte aller in der arzeney, haushaltung und ihrer verschiedenen nahrungszweigen nüzlich befundenen pflanzen. 1 Band.
Berlin und Leipzig, 1777. 8.
Pagg. 623. Plantas tantum 15 continet hoc volumen.

Josephus Balog.
Specimen inaugurale sistens præcipuas plantas, in M. Transsilvaniæ principatu sponte et sine cultura provenientes, ac ibidem usu receptas.
Pagg. 37. Lugduni Bat. 1779. 4.
——— Usteri Delect. Opusc. botan. Vol. 1. p. 257—298.

Biörn Halldórsson.
Gras-nytiar, eda gagn þat, sem hvörr buandi madr getr haft af þeim ósánum villijurtum, sem vaxa i land-eign hanns. (Islandice.)
Pagg. 238. Kaupmannahöfn, 1783. 8.

PARS IV.

ŒCONOMICA.

1. *Usus Plantarum oeconomicus.*

Gustaf WESTBECK.

Underrättelse om tvänne slags Svensk bomull. Andra uplagan. Pagg. 20. Stockholm, 1744. 4.

——— : Ytterligare underrättelse om en påfunnen tvänne slags bomull, samt om laf-och träde-måssa, och dess nytta. Pagg. 44. ib. 1745. 4.

Tobias Conrad HOPPE.

Von hier zu lande wachsenden geringen gewächsen, welche doch gleichwol in der haushaltung brauchbar sind. gedr. mit sein. Bericht von Erdäpfeln; p. 26—32. Wolffenbüttel, 1747. 4.

Pehr KALM.

Om några örters nytta til förkofring af landt-hushållningen.
Vetensk. Acad. Handling. 1747. p. 57—67.

Korta frågor angående nyttan af våra inländska växter. Resp. Carl Fr. Leopold.
Pagg. 10. Åbo, 1753. 4.

Carolus LINNÆUS.

Dissertatio: Flora Oeconomica. Resp. El. Aspelin. Pagg. 30. Upsaliæ, 1748. 4.

——— Amoenit. Academ. Vol. 1.
edit. Holm. p. 509—539.
edit. Lugd. Bat. p. 352—388.
edit. Erlang. p. 509—540.

——— Fundam. botan. edit. a Gilibert, Tom. 2. p. 35—61.

——— cum additamento editoris.
Select. ex Amoen. Acad. Dissertat. p. 95—153.

——— eller hushållsnyttan af de i Sverige vildt växande örter, nu på modersmålet utgifven af E. Aspelin. Pagg. 83. Stockholm, 1749. 8.

———: pars hujus libelli, sub titulo: Huishoudelyke flora, adest in Uitgezogte Verhandelingen, 3 Deel, p. 396—404.

Tankar om nyttiga växters planterande på de Lappska Fjällen.
Vetensk. Acad. Handling, 1754. p. 182—189.

Johan PAULLI.
Dansk Oeconomisk urte-bog.
Pagg. 510. Kiöbenhavn, 1761. 8.

Jacob Christian SCHÄFER.
Erfolg der versuche die saamenwolle der Schwarzpappel und des Wollengrases wirthschaftsnüzlich zu gebrauchen. Abhandl. der Churbajer. Akad. 2 Band. 2 Theil, p. 261—298.

Pietro ARDUINO.
Memorie di osservazioni, e di sperienze sopra la coltura, e gli usi di varie piante, che servono, o che servir possono utilmente alla tintura, all' economia, &c. Tomo 1.
Pagg. 105. tabb. æneæ 19. Padova, 1766. 4.

P. S. PALLAS (e schedis Stelleri.)
Nachricht von dem gebrauch des wilden Bärenklaues (Sphondylium) und einiger andern kräuter und gewächse bey den Kamtschadalen.
Stralsund. Magaz. 1 Band, p. 411—434.

Petrus HOLMBERGER.
Några vildt-växande Svenska örters hushålls-nytta.
Vetensk. Acad. Handling. 1774. p. 250—258.

M. KLEIN.
Erfahrungen vom Siberischen Erbsen-baum, Siberischen immerdaurenden Flachs, und tatarischen Buchweizen. Beschäft. der Berlin. Ges. Naturf. Fr. 2 Band, p. 299—306.

Georg Adolph SUCKOW.
Oeconomische botanik.
Pagg. 436. Mannheim und Lautern, 1777. 8.

Job BASTER.
Antwoord op de vraage, welke boomen, graanen, wortels, peulvruchten en planten, ons noch by aankweeking onbekend, zoude men met vrucht in ons land kunnen invoeren? En welken van dezelven, en van de geenen, die wy bezitten, kunnen naar de gestelheid der lucht en der gronden, met het meeste voordeel tot voedsel van menschen en dieren in onze gewesten geteeld worden? Verhandel. van de Maatsch. te Haarlem, 19 Deels 1 Stuk, p. 159—232.

Willem VAN HAZEN.
Antwoord op dezelfde vraage. ibid. p. 233—278.

Johann MAYER.
Ökonomisch-botanische beobachtungen. Bemerk. der Kuhrpfalz. Phys. Ökonom. Gesellsch. 1779. p. 346—352.

Remi WILLEMET.
Phytographie economique de la Lorraine.
Pagg. 142. Nancy, 1780. 8.

Franz Joseph MARTER.
Vorstellung eines ökonomischen gartens nach den grundsäzen der angewandten botanik.
Pagg. 114. Wien, 1782. 8.

YVARD.
Memoire sur les vegetaux qui croissent sans culture dans la Generalité de Paris, et qui fournissent des parties utiles à l'art du Cordier et à celui du Tisserand; suivi d'une enumeration de plusieurs Vegetaux dont les Aigrettes peuvent être employées à divers usages economiques. Mem. de la Soc. d'Agricult. de Paris, 1788, Trim. d'Eté, p. 85—194.

Steven Jan VAN GEUNS.
Verhandeling over de inlandsche plantgewassen, omtrent welker nuttige eigenschappen men met grond verwagten kan, dat, ten nutte van het vaderland, verdere nasporingen kunnen worden gedaan.
Pagg. 86. Haarlem, 1789. 8.

Thomas MARTYN.
Flora rustica, exhibiting accurate figures of such plants as are either useful or injurious in husbandry, with scientific characters, popular descriptions, and useful observations.
Vol. 1. foll. 36. tabb. æneæ color. 36.
London, 1792. 8.
2. fol. et tab. 37—72.
3. fol. et tab. 73—108.
4. fol. et tab. 109—144. 1794.

George Rudolph BÖHMER.
Technische geschichte der pflanzen, welche bey handwerken, künsten und manufacturen bereits im gebrauche sind, oder noch gebrauchet werden können.
Leipzig, 1794. 8.
1 Theil. pagg. 780. 2 Theil. pagg. 670.

2. *Plantæ Esculentæ.*

Giacomo CASTELVETRI.

Brieve racconto di tutte le radici, di tutte l'herbe, et di tutti i frutti, che crudi, o cotti in Italia si mangiano. London, 1614. 4.

Mscr. forte Autogr. foll. 84; præter indicem.

Carolus LINNÆUS.

Dissertatio: Plantæ esculentæ patriæ. Resp. Joh. Hiorth. Pagg. 29. Upsaliæ, 1752. 4.

——— Amoenitat. Academ. Vol. 3. p. 74—99.

——— Continuat. select. ex Am. Acad. Dissert. p. 15—43.

——— Fundam. botan. edit. a Gilibert, Tome 2. p. 431—454.

Petro KALM

Præside, Dissertatio de prærogativis Finlandiæ præcipue quoad plantas spontaneas in *Bellariis* adhibitas. Resp. Henr. Stierna.

Pagg. 22. Aboæ, 1756. 4.

Pierre Joseph BUC'HOZ.

Manuel alimentaire des plantes, tant indigenes qu'exotiques, qui peuvent servir de nourriture et de boisson aux differens peuples de la terre.

Pagg. 663. Paris, 1771. 8.

Niels Dorph GUNNERUS.

Samlinger til Huusholdnings videnskaberne. 1 Bind. 1 Hefte, om Dannemarks og Norges naturlige fordeele til föde for mennesket af planteriget.

Pagg. 128. Kiöbenhavn, 1774. 8.

Johann KESSELMAYER.

Dissertazione sul principio nutritivo di alcuni vegetabili. Opuscoli scelti, Tomo 2. p. 315—331.

Jean PARMENTIER.

Recherches sur les vegetaux nourrissans, qui, dans les temps de disette, peuvent remplacer les alimens ordinaires.

Pagg. 599. tab. ænea 1. Paris, 1781. 8.

Charles BRYANT.

Flora diætetica, or history of esculent plants, both domestic and foreign.

Pagg. 379. London, 1783. 8.

Georgius FORSTER.
De plantis esculentis Insularum Oceani australis. vide supra pag. 184.

VON FRIEDERICI.
Auszug eines schreibens aus Surinam. (de plantis esculentis ibi cultis.) Beobacht. der Berlin. Ges. Naturf. Fr. 4 Band, p. 252—258.

Rudolphus Jacobus CAMERARIUS.
Onagra, Tetragonolobus.
Ephem. Ac. Nat. Curios. Cent. 7 & 8. p. 275—277.

P. DE LA COUDRENIÈRE.
Observations sur le Sassafras.
Journal de Physique, Tome 24. p. 63, 64.

(*Hans* STRÖM.)
Underretning om den Islandske moss, Marie-græsset og Gietna-skoven, deres tilberedelse til mad.
Pagg. 22. tab. ænea 1. Kiöbenhavn, 1785. 8.

3. *Fructus.*

Johannes SPERLING.
Carpologia physica posthuma, e museo Ge. Casp. Kirchmajeri.
Pagg. 230. Wittebergæ, 1661. 8.

Joanne Henrico SCHULZE
Præside, Dissertatio de fructibus horæis. Resp. Ern. Frid. Redtel.
Pagg. 28. Halæ, 1737. 4.

Carolus VON LINNE.
Dissertatio: Fructus esculenti. Resp. Joh. Salberg.
Pagg. 22. Upsaliæ, 1763. 4.
——— Amoenitat. Academ. Vol. 6. p. 342—364.
——— Continuat. alt. select. ex Am. Ac. Dissert. p. 167—193.
——— Fundam. botan. edit. a Gilibert, Tom. 2. p. 465—486.

4. *Olera.*

Carolus LINNÆUS.
Dissertatio: Macellum olitorium. Resp. Petr. Jerlin.
Pagg. 23. Holmiæ, 1760. 4.
——— Amoenit. Academ. Vol. 6. p. 116—131.

——— Fundam. botan. edit. a Gilibert, Tom. 2. p. 317—330.

Johannes Jacobus SPIELMANN.

Olerum Argentoratensium fasciculus, Dissertatio, Præside Jac Reinb. Spielmann.

Pagg 62. Argentorati, 1769. 4.

Fasciculus alter, Dissertatio Inauguralis.

Pagg. 40. ib. 1770. 4.

Stephanus AQUÆUS.

Encomium *Brassicarum* sive caulium.

Pagg. 70. Parisiis, 1531. 8.

Johann BECKMANN.

Artischoken. in seine Beytr. zur Gesch. der Erfindungen, 2 Band, p 195—223.

Carolo Nicolao HELLENIO

Præside, Dissertatio de *Asparago*, et quibusdam hujus succedaneis. Resp. Ulr. Pryss.

Pagg. 22. Aboæ, 1788. 4.

5. *Radices.*

Johanne Friderico CARTHEUSER

Præside, Dissertatio de Radicibus esculentis in genere. Resp. Joh. Henr. Kraut.

Pagg. 26. Francofurti ad Viadr. 1765. 4.

ANON.

Aanmerkingen over de vraage: welke zyn de beste en spoedigst voortkomende Wortelen, om het behoeftig gemeen, by misgewas van graanen te spyzigen? Verhandel. van het Bataviaasch Genootsch. 3 Deel, p. 280—298.

Thomas BARTHOLINUS.

De *Napo* Gotlandico. in ejus Act. Hafniens. Vol. 4. p. 125—128.

Peter Jonas BERGIUS.

Rön om spannemåls-bristens ärsättjande medelst *Quickrot.*

Pagg. 11. Stockholm, 1757. 4.

6. *Acetaria.*

Salvatore MASSONIO.

Archidipno, overo dell' insalata, e dell' uso di essa.

Pagg. 426. Venetia, 1627. 4.

John EVELYN.
Acetaria. A discourse of Sallets.
Second edition. London, 1706. 8.
Pagg. 192; præter appendicem et indicem.
——— printed with his Silva; app. p. 111—181.
London, 1729. fol.
Carolus LINNÆUS.
Dissertatio de Acetariis. Resp. Hieron. von der Burg.
Pagg. 16. Upsaliæ, 1756. 4.
——— Amoenitat. Academ. Vol. 4. p. 536—552.
——— Continuat. select. ex Am. Acad. Dissertat. p. 114—132.
——— Fundam. botan. edit. a Gilibert, Tom. 2. p. 415—429.

Johann BECKMANN.
Kappern. in sein. Waarenkunde, 1 Theil, p. 110—121.

7. *Plantæ Farinaceæ.*

Petrus CASTELLUS.
Relatio de qualitatibus Frumenti cujusdam Messanam delati anno 1637.
Pagg. 16. Neapoli, 1637. 4.
Ivone Joanne STAHL
Præside, Dissertatio de Pane speciatim triticeo, juxta principia, differentias, usum, atque abusum spectato. Resp. Jo. Frid. Tenzel.
Pagg. 44. Erfordiæ, 1727. 4.
Carolus LINNÆUS.
Dissertatio de Pane diætetico. Resp. Is. Svensson.
Pagg. 20. Upsaliæ, 1757. 4.
——— Amoenit. Academ. Vol. 5. p. 50—67.
——— Continuat. alt. select. ex Am. Acad. Dissert. p. 1—21.
Johannes SCHEUCHZER.
Dissertatio inaug. de alimentis farinaceis.
Lugduni Bat. 1760. 4.
Pagg. 38. tab. ænea 1, quæ tabula iterum occurrit in Schrebers Beschreibung der Graser, estque ibi 29na.
Pehr Adrian GADD.
Försök och anmärkningar om utländske Sädesarter i Finska climatet. 1 Delen. Resp. Isr. Indreen.
Pagg. 18. Åbo, 1770. 4.

Peter Jonas Bergius.
Anmärkningar om Bröd-bakning, jämte undersökning, huruvida säden i dyr tid gagneligast of de fattiga dertil nyttjas.
Vetensk. Acad. Handling. 1773. p. 27—29.

F. H. W. Martini.
Gesammlete nachrichten von unterschiedenen brodarten.
Berlin. Sammlung. 8 Band, p. 362—383, p. 480—490, & p. 634—645.

Carolo Nicolao Hellenio
Præside, Dissertatio: Om Finska allmogens nödbröd.
Resp. Joh. Fredr. Wallenius.
Pagg. 38. Åbo, 1782. 4.

Anon.
List of the different sorts of Grain, &c. cultivated in the Tanjore country. 8.
Fol. 1; cum figuris pictis 15, et cistula in 20 areolas divisa, totidem continentes varietates vel species seminum cerealium et leguminosarum.

Carl Fredric Lund.
Berättelse om *Spälts* plantering och nytta.
Vetensk. Acad. Handling. 1762. p. 293—296.

Johann Philipp Vogler.
Abhandlung vom Sommerspeltz oder Emmer.
Pagg. 12. Wetzlar, 1777. 4.

Erik Viborg.
Botanisk-oekonomisk afhandling om *Bygget.*
Pagg. 62. tabb. æneæ 4. Kiöbenhavn, 1788. 4.

P. de la Coudreniere.
Observations sur le *Maïs.*
Journal de Physique, Tome 23. p. 447—452.

Attilio Zuccagni.
Dissertazione concernente l'istoria di una pianta panizzabile dell' Abissinia conosciuta da quei popoli sotto il nome di *Tef.*
Pagg. 45. tab. ænea 1. Firenze, 1775. 8.

Johann Beckmann.
Buchweizen. in seine Beytr. zur Gesch. der Erfindungen, 2 Band, p. 533—547.
4 Band, p. 310—313.

8. *Plantæ Saccharifera.*

Friderico HOFFMANNO
Præside, Dissertatio sistens Sacchari historiam naturalem et medicam. Resp. Joh. El. Mæderjan.
Pagg. 32. Halæ, 1701. 4.

Frederick SLARE.
A vindication of Sugars against the charge of Dr. Willis, other physicians, and common prejudices. printed with his Observations upon Bezoar-stones.
Pagg. 64. London, 1715. 8.

DE QUELUS.
Histoire naturelle du Sucre. impr. avec son Hist. nat. du Cacao; edition de Paris, 1719. p. 147—227.
edition d'Amsterdam, 1720. p. 147—228.

Etienne GEOFFROY & *Pouppé* DESPORTES.
Memoire sur le Sucre. dans l'Histoire des maladies de S. Domingue par Desportes; Tome 3. p. 335—453.
A pag. 335—390, e Materia Medica Geoffræi versa, reliqua a Desportes addita.

Johanne Friderico CARTHEUSER
Præside? Dissertatio de Sacharo. Resp. Phil. Mendel.
Pagg. 24. Francofurti ad Viadr. 1761. 4.

Antonius Guilielmus PLAZ.
Programma de Saccharo.
Pagg. xvi. Lipsiæ, 1763. 4.

Johannes BECKMANN.
Commentatio de historia Sacchari.
Commentat. Societ. Gotting. Vol. 5. p. 56—73.

F. LE BRETON.
Traité sur les proprietés et les effets du Sucre.
Pagg. 192. tab. ænea 1. Paris, 1789. 12.

William FALCONER.
Sketch of the history of Sugar, in the early times, and through the middle ages.
Mem. of the Soc. of Manchester, Vol. 4. p. 291—301.

André Sigismund MARGGRAF.
Experiences chymiques faites dans le dessein de tirer un veritable Sucre de diverses plantes, qui croissent dans nos contrées.
Hist. de l'Acad. de Berlin, 1747. p. 79—90.

———: Chymische versuche, einen wahren Zucker

aus verschiedenen pflanzen, die in unsern ländern wachsen, zu ziehen.
Hamburg. Magaz. 7 Band, p. 563—578.

Pehr KALM.
Beskrifning huru Socker göres uti Norra America af åtskilliga slags trän.
Vetensk. Acad. Handling. 1751. p. 143—159.

Clas Bl. TROZELIUS.
Tankar om Såcker och Sirup af inhemska växter. Resp. Petr. Giers.
Pagg. 16. Lund, 1771. 4.

ANON.
An account of a sort of Sugar made of the juice of the *Maple*, in Canada.
Philosoph. Transact. Vol. 15. n. 171. p. 988.

Paul DUDLEY.
An account of the method of making Sugar from the juice of the Maple tree in New England. ibid. Vol. 31. n. 364. p. 27, 28.

GAUTIER.
Histoire du Sucre d'Erable. Mem. etrangers de l'Acad. des Sc. de Paris, Tome 2. p. 378—392.

Peyroux DE LA COUDRENIERE.
Observations sur la recolte du Sucre d'Erable dans l'Amerique septentrionale. Mem. de la Soc. R. d'Agricult. de Paris, 1787, Trim. de Printemps, p. 49—55.

ANON.
Remarks on the manufacturing of Maple Sugar.
Pagg. 24. Philadelphia, 1790. 12.

Benjamin RUSH.
An account of the Sugar Maple tree of the United States, and of the methods of obtaining Sugar from it.
Transact. of the Amer. Society, Vol. 3. p. 64—81.
————: Notice sur l'Erable à Sucre des Etats-Unis, et sur les moyens d'en extraire le Sucre.
Journal de Physique, Tome 41. p. 9—20.
————: Dell' Acero zuccherifero dell' America Settentrionale, e del modo di cavarne lo Zucchero.
Opuscoli scelti, Tomo 16. p. 407—411.

Paul DUDLEY.
An account of a new sort of Molosses, made of *Apples*.
Philosoph. Transact. Vol. 32. n. 374. p. 231, 232.

Carl Leonard Stålhammar.
Försök at af *Lönn*-och *Björk-lake* koka sirup.
Vetensk. Acad. Handling. 1773. p. 359, 360.

Anon.
Von bereitung eines süssen saftes aus *Mohren.*
Hamburg. Magaz. 8 Band, p. 610—612.

9. *Potus genera.*

Joannes Henricus Meibomius.
De Cervisiis potibusque et ebriaminibus extra vinum aliis commentarius. Helmestadii, 1671. 4.
Una cum Turnebi libello de Vino, de quo pagina sequenti, est alphab. 1.

Georgio Casparo Kirchmajer
Præside, Dissertatio: De Veterum Celtarum Celia, Œlia, et Zytho. Resp. Steph. And. Mizler.
Plagg. 2. Wittenbergæ, 1695. 4.

Franciscus Ernestus Brückmann.
Catalogus exhibens appellationes et denominationes omnium potus generum.
Pagg. 112. Helmstadii, 1722. 4.

Anon.
The natural history of Coffee, Thee, Chocolate, Tobacco, with a tract of Elder- and Juniper-berries, and also the way of making Mum, with some remarks upon that liquor.
Pagg. 36. London, 1682. 4.
———: Natur-gemässige beschreibung der Coffee, Thee, Chocolate, Tabacks, mit einem tractätlein von Hollunder-und Wacholder-beeren, wie auch der weg die Mumme zu bereiten.
Pagg. 71. Hamburg, 1684. 12.
Haller in Bibl. bot. 1. p. 564. libellum hunc perperam inter versiones libri Dufour de Coffea, &c. habet.

Caspar Neumann.
Lectiones publicæ von vier subjectis diæteticis, nehmlich von viererley geträncken, vom Thee, Caffee, Bier und Wein. Pagg. 468. Leipzig, 1735. 4.

10. *Vinum.*

Joannes Baptista Confalonerius.
De Vini natura, ejusque alendi ac medendi facultate disquisitio. Foll. 59. Basileæ, 1535. 8.

Jacobus PRÆFECTUS.
De diversorum Vini generum natura liber.
Foll. 56. Venetiis, 1559. 8.

William TURNER.
A new boke of the natures and properties of all Wines that are commonlye used here in England.
London, 1568. 8.
Plagg. $4\frac{1}{2}$; præter libellum de Theriaca.

Rembertus DODONÆUS.
Historia Vitis Vinique. Coloniæ, 1580. 8.
Pagg. 46; præter stirpium historias, de quibus supra pag. 55; et observationes medicinales, non hujus loci.

Andreas BACCIUS.
De naturali Vinorum historia, de Vinis Italiæ et de conviviis antiquorum libb. 7.
Pagg. 370. Romæ, 1596. fol.

Paolo MINI.
Discorso della natura del Vino, delle sue differenze, e del suo uso retto. Pagg. 111. Firenze, 1596. 8.

Jacobus HORSTIUS.
Opusculum de Vite vinifera ejusque partibus. impr. cum Herbario Horstiano; p. 283—384.
Marpurgi, 1630. 8.

Mauritius TIRELLUS.
De historia Vini et febrium libb. 2.
Pagg. 395. Venetiis, 1630. 4.

Philippus Jacobus SACHS A LEWENHAIMB.
Αμπελογραφια, sive Vitis viniferæ ejusque partium consideratio physico-philologico-historico-medico-chymica.
Pagg. 670 et 70. Lipsiæ, 1661. 8.

Johanne Ernesto HERING
Præside, Disputatio de Uva. Resp. Hieron. Sigism. Gerlach.
Plagg. 3. Wittebergæ, 1666. 4.

Adrianus TURNEBUS.
De Vino libellus. impr. cum Meibomio de Cervisiis.
Plagg. 4. Helmestadii, 1671. 4.

Christophoro CALDENBACHIO
Præside, Disputatio de Vite. Resp. Achill. Aug. Lersner.
Pagg. 20. Tubingæ, 1683. 4.

ANON.
Historie der Weinrebe. (e gallico in Journal helvetique.)
Hamburg. Magaz. 5 Band, p. 639—654.
——— Neu. Hamburg. Magaz. 44 Stück, p. 175—192.

Fortsezung der historie vom Weinstock.
Hamburg. Magaz. 7 Band, p. 613—639.

Johanne Gottschalk WALLERIO
Præside, Dissertatio de prima Vinorum origine casuali.
Resp. Ol. Nordeholm Westman.
Pagg. 12. Holmiæ, 1760. 4.

Joann. Mich. SCHOSULAN.
Dissertatio inaug. de Vinis.
Pagg. 56. Viennæ, 1767. 8.

ANON.
Von der güte des Weins.
Neu. Hamburg. Magaz. 83 Stück, p. 414—427.

Sir Edward BARRY, *Baronet.*
Observations historical, critical, and medical, on the Wines of the ancients, and the analogy between them and modern Wines.
Pagg. 479. London, 1775. 4.

Adamo FABBRONI.
Dell' arte di fare i Vino.
Pagg. 264. tab. ænea 1. Firenze, 1787. 8.

John CROFT.
A treatise on the Wines of Portugal, also a dissertation on the nature and use of Wines in general, imported into Great Britain.
Pagg. 27. York, 1787. 8.

11. *Vina Gallica.*

ROZIER.
Memoire sur la meilleure maniere de faire et de gouverner les Vins de *Provence.*
Pagg. 350. tabb. æneæ 3. Lausanne, 1772. 8.

ANON.
Nachricht von den Weinbergen und Weinstöcken in den provinzen *Lyonnois, Forez* und *Beaujolois.*
Neu Hamburg. Magaz. 107 Stück, p. 404—423.

Fridericus Guilielmus FAUDEL.
Specimen inaug. de Viticultura *Richovillana.*
Pagg. 30. Argentorati, 1780. 4.

DE SECONDAT.
Memoire sur la culture des vignes de la *Guienne,* et sur les Vins de cette province.
dans ses Memoires sur l'histoire naturelle, p. 63—89.
Paris, 1785. fol.

12. *Vina Lusitanica.*

José Verissimo ALVARES DA SILVA.
Memoria sobre a cultura das Vinhas, e sobre os Vinhos. Mem. de Agricult. premiadas pela Acad. R. das Sciencias de Lisboa, Tomo 1. p. 1—99.

Francisco PEREIRA REBELLO DA FONSECCA.
Memoria sobre o assumpto proposto pela Acad. R. das Sciencias, qual he o methodo mais conveniente, e cautellas necessarias para a cultura das Vinhas em Portugal; para a vindima; extracçaõ, e fermentaçaõ do mosto; conservaçaõ, e bondade do vinho. ibid. Tomo 2. p. 1—273.

Vicente COELHO SEABRA SILVA E TELLES.
Memoria sobre a cultura das Videiras, e a manufactura dos Vinhos. ibid. p. 275—471.

Constantino BOTELHO DE LACERDA LOBO.
Memoria sobre a cultura das Vinhas de Portugal. Mem. econom. da Acad. R. das Sciencias de Lisboa, Tomo 2. p. 16—134, et p. 198—284.

13. *Vina Italica.*

Gioambatista DA S. MARTINO.
Memoria intorno ai metodi migliori di fare e di conservare i Vini della *Lombardia* Austriaca. Atti della Soc. Patriot. di Milano, Vol. 3. p. 158—239.

14. *Vina Germanica.*

Johannes Henricus SCHÜTTE.
De Vino *Jenensi* epistola. impr. cum ejus Ορυκτογραφια Jenensi; p. 101—109. Lipsiæ et Susati, 1720. 8.

Christiano Friderico JÆGER
Præside, Dissertatio: Musta et Vina *Neccarina*. Resp. Joh. Jos. Reuss.
Pagg. 54. Tubingæ, 1773. 4.

Georg Sebastian HELBLING.
Beschreibung der in der *Wiener* gegend gemeinen Weintrauben-arten. Abhandl. einer Privatgesellsch. in Böhmen, 3 Band, pag. 350—390.
Nachlese zu der beschreibung der um Wien befindlichen Weintrauben. ibid. 4 Band, p. 83—101.

Heinrich SANDER.
Vom rothen Wein in Teutschland. Schreiben aus Thod, einem wichtigen ort für den weinbau. Vom gefrieren des weins.
in seine kleine Schriften, 1 Band, p. 273—291.

Friedrich Peter WUND.
Von dem vortrefflichen Weinbaue und weinwachs in dem Oberamte *Bacharach*. Vorles. der Churpfälz. Phys. ökonom. Gesellsch. 3 Band, p. 536—560.

15. *Vina Hungarica.*

Franciscus Ernestus BRÜCKMANN.
Vina Hungarica. Epistola itineraria 97. Cent. 1.
Pagg. 12. Wolffenbuttelæ, 1740. 4.

Sylvester DOUGLASS.
An account of the *Tokay* and other wines of Hungary.
Philosoph. Transact. Vol. 63. p. 292—302.
———: Del Vino di Tokai.
Scelta di Opuscoli interess. Vol. 11. p. 67—79.

16. *Vinum Persicum.*

Engelbertus KÆMPFER.
Oenopoeia Sjirasensis.
in ejus Amoenitat. exoticis, p. 373—381.

17. *Vinum et Pomaceum.*

Julianus PALMARIUS s. DE PAULMIER.
De Vino et Pomaceo libri 2.
Foll. 75. Parisiis, 1588. 8.
———: Traité du Vin et du Sidre.
Foll. 87. Caen, 1589. 8.

18. *Pomaceum.*

John EVELYN.
Pomona, concerning fruit-trees, in relation to Cider; with discourses of Cider by Mr. Beale, Sir Paul Neile, John Newburgh, Esq. Dr. Smith, and Capt. Taylor. printed with Evelyn's Silva.
Pagg. 52. London, 1664. fol.
——— with the same; append. p. 47—110.
ib. 1729. fol.

Richard REED.
Concerning Cyder, and the season of transplanting.
Philosoph. Transact. Vol. 6. n. 70. p. 2128—2132.
John BEAL.
Some considerations upon Mr. Reed's letter. ibid. n. 71. p. 2144—2149.

19. *Cerevisia.*

Heinrich HAGEN.
Vom Biere und von dessen bestandtheilen.
Hamburg. Magaz. 25 Band, p. 98—111.
Carl VON LINNE.
Anmärkningar om Öl.
Vetensk. Acad. Handling. 1763. p. 52—59.
————: Anmerkungen über das Bier.
Berlin. Sammlung. 6 Band, p. 177—184.
Franciscus Ernestus BRÜCKMANN.
Relatio historico-physico-medica de Cerevisia Regio-Lothariensi, vulgo Duckstein dicta.
Pagg. 56. Helmstadii, 1722. 4.
————: Beschreibung und untersuchung des fürtrefflichen weizen-biers, Duckstein genannt, welches zu Königs-Lutter im Herzogthum Braunschweig gebrauet wird.
Pagg. 43. Braunschweig, 1723. 4.
De Cerevisia Goslariensi Epistola itineraria 38. Cent. 1.
Plagg. 2. Wolffenbuttelæ, 1735. 4.
De Mumia Brunsvicensium Epistola itineraria 52. Cent. 1.
Pagg. 32. tab. ænea 1. ib. 1736. 4.
Johanne Philippo EYSELIO
Præside, Disputatio de Cerevisia Erfurtensi. Resp. Chr. Helbigk. Pagg. 16. Erfordiæ, 1727. 4.
Conrado Philippo LIMMERO
Præside, Dissertatio de Cerevisia Servestana. Resp. Melch. Ern. Wagnitius. (1693.)
Pagg. 54. recusa Servestæ, 1745. 4.

Pehr KALM.
Beskrifning på hvad sätt dricka göres i Norra America af et slags Gran.
Vetensk. Acad. Handling. 1751. p. 190—196.
Clas Bl. TROZELIUS.
Förslag til nya Brygg-och Drickes ämnen. Resp. Petr. Joh. Lindström.
Pagg. 18. Lund, 1772. 4.

Arvid FAXE.
Beskrifning på dricka, som tilredes af Tall-quistar.
Vetensk. Acad. Handling. 1780. p. 125—130.
———: Beschreibung eines Bieres, so aus Föhrenästen bereitet wird.
Crell's Entdeck. in der Chemie, 8 Theil, p. 155—161.

20. *Coffea, Thea, Chocolata, Tabacum.*

Simon PAULLI.
Commentarius de abusu Tabaci et herbæ Thee.
Foll. 56. tabb. æneæ 2. Argentorati, 1665. 4.
——— impr. cum ejus Quadripartito botanico; p. 691—778. Francof. ad Moen. 1708. 4.
———: A treatise on Tobacco, Tea, Coffee, and Chocolate, translated by Dr. James.
Pagg. 171. tabb. æneæ 2. London, 1746. 8.

Philippe Sylvestre DUFOUR.
De l'usage du Caphé, du Thé, et du Chocolate.
Pagg. 188. Lyon, 1671. 12.
———: The manner of making Coffee, Tea, and Chocolate, (translated by John Chamberlayn.)
Pagg. 116. London, 1685. 12.
Traitez du Café, du The, et du Chocolate.
Pagg. 403. tabb. æneæ 4. la Haye, 1685. 12.
——— Pagg. 404. tabb. æneæ 4. ib. 1693. 12.
———: Novi tractatus de potu Caphé, de Chinensium Thé, et de Chocolata, a D. M. notis illustrati.
Pagg. 188. tabb. æneæ 4. Genevæ, 1699. 12.
——— Libellus primus sub titulo: Jacobi Sponii Bevanda asiatica, hoc est physiologia potus Café, a D. D. Manget notis, et a Constantinopli plantæ iconismis recens illustrata. 1705. 4.
Pagg. 56. tabb. æneæ 5, eædem ac in Marsilii libello, de quo supra pag. 248.

Nicolas DE BLEGNY.
Le bon usage du Thé, du Caffé, et du Chocolat pour la preservation et pour la guerison des maladies.
Pagg. 358; cum tabb. æneis. Paris, 1687. 12.

Marcus MAPPUS.
Dissertationes medicæ tres, de receptis hodie etiam in Europa potus calidi generibus Thée, Café, Chocolata.
Argentorati, 1695. 4.
Est titulus generalis præfixus sequentibus Dissertationibus:

De potu Thée. Resp. Joh. Heckheler.
Pagg. 52. 1691.
De potu Café. Resp. Dan. Wencker.
Pagg. 66. 1693.
De potu Chocolatæ. Resp. Joh. Chph. Huth.
Pagg. 62. 1695.

ANON.
Virtù del Caffé, con un breve trattato della Cioccolata, dell' erba Thé, e del Ribes Sorbetto Arabico.
Pagg. 68. Venezia, 1716. 12.

Leonhardus Ferdinandus MEISNER.
De Caffe, Chocolatæ, herbæ Thee ac Nicotianæ natura, usu et abusu anacrisis medico-historico diætetica.
Pagg. 124. tabb. æneæ 4. Norimbergæ, 1721. 8.

Johann Gottlob KRÜGER.
Gedancken vom Caffee, Thee, und Toback.
Pagg. 60. Halle, 1743. 8.
———: Traité du Caffé, du Thé, et du Tabac.
Pagg. 48. Halle, 1743. 8.

* * *
Kongl. Collegii Medici kundgörelse om thet missbruk, som Thé och Caffé drickande ar underkastadt, samt anvisning på Svenska örter at bruka i stalle för The.
Plagg. 2. Stockholm, 1746. 4.

21. *Potus Coffeæ.*

F. P.
De Potu Coffi. Francofurti, 1666. 4.
Plagg. 2½; cum figg. ligno incisis. Eadem sine dubio est Dissertatio Præside Laurentio Strauss, Resp. Franc. Peters, quam recenset Heffter in Mus. Disput. Vol. 1. n. 7571.
———: Laurentius Straussius vom Coffi. in Koschwitz vollständige apotheke, p. 949—952.
——— en François, dans Dufour de l'usage du Caphé, du Thé, et du Chocolate, p. 1—30. Lyon, 1671. 12.
——— in English, in the manner of making of Coffee, Tea, and Chocolate, p. 1—14. London, 1685. 12.

Faustus NAIRONUS.
De saluberrima potione Cahve, seu Cafe nuncupata discursus. Pagg. 57. Romæ, 1671. 12.

Angelo RAMBALDI.
Ambrosia arabica, overo della salutare bevanda Café.
Pagg. 69. Bologna, 1691. 12.

John HOUGHTON.
A discourse of Coffee.
Philosoph. Transact. Vol. 21. n. 256. p. 311—317.
Johannes Jacobus DILLENIUS.
De Cahve arabico et germano europæo.
Ephem. Ac. Nat. Cur. Cent. 3 et 4. p. 344—346.
LA ROQUE.
Memoire concernant l'arbre et le fruit du Café.
Traité historique de l'origine et du progrés du Café.
impr. avec le voyage de l'Arabie heureuse; p. 234—343. Amsterdam, 1716. 12.
———: An account of the Coffee-tree and its fruit.
An historical treatise of the first use of Coffee.
printed with a voyage to Arabia the happy; p. 217—306. London, 1726. 12.
———: Nachricht vom Cafee und Cafee-baum.
Pagg. 69. tabb. æneæ 3. Leipzig, 1717. 4.
———: Libellus posterior sub titulo: Abhandlung vom Caffe, übersezt und mit anmerkungen erläutert von Fried. Gerh. Constantini. Hannover, 1771. 8.
Pagg. 138; præter libellum de radice Cichorii, mox infra dicendum.
Richard BRADLEY.
The virtue and use of Coffee, with regard to the plague, and other infectious distempers.
Pagg. 34. tab. ænea 1. London, 1721. 8.
Hieronymo LUDOLFF
Præside, Dissertatio de fabis Coffee. Resp. Dav. Gottlob Herold.
Pagg. 20. Erfordiæ, 1724. 4.
ANON.
A supplement to the description of the Coffee-tree lately published by Dr. Douglas (vide supra pag. 249.)
Pagg. 54. London, 1727. fol.
Giovanni Domenico CIVININI.
Della storia e natura del Caffé.
Pagg. 46. tab. ænea 1. Firenze, 1731. 4.
Giovanni DALLA BONA.
L'uso e l'abuso del Caffé.
Pagg. 70. Verona, 1751. 8.
——— Pagg. 99. ib. 1760. 4.
Joanne Georgio GMELIN
Præside, Dissertatio de Coffee. Resp. Jo. Chph. Sams. Georgii.
Pagg. 16. Tubingæ, 1752. 4.

ANON.

Nachricht vom Coffebaum, und vom Coffe.

Nordische Beyträge, 2 Bandes, 1 Theil, p. 187—192.

Carolus LINNÆUS.

Dissertatio in qua potus Coffeæ leviter adumbratur. Resp. Hinr. Sparschuch.

Pagg. 18. tab. ænea 1. Upsaliæ, 1761. 4.

——— Amoenitat. Academ. Vol. 6. p. 160—179.

——— Fundam. botan. edit. a Gilibert, Tom. 2. p. 371—388.

Johannes Henricus RYHINERUS.

Analysis chemica seminum Coffeæ.

Act. Helvetic. Vol. 5. p. 383—402.

———: Chymische zergliederung der Caffeebohnen, übersezt und mit anmerkungen erläutert von J. G. Krünitz.

Neu. Hamburg. Magaz. 5 Stück, p. 433—465.

E. M. ROSTAN.

Examen si la methode de tirer la teinture du Caffé sans le rôtir est preferable à l'ancienne methode de le bruler.

Act. Helvetic. Vol. 5. p. 403—406.

——— Journal de Physique, Introduction, Tome 1. p. 131—133.

———: Untersuchung, ob die methode der zubereitung des Caffeetrankes, ohne den Caffee vorher zu brennen, vorzüglicher sey, als die alte methode ihn zu brennen?

Neu. Hamburg. Magaz. 7 Stück, p. 70—75.

———: Ist die art den Caffée zu machen, ohne ihn zu rösten, der gewöhnlichen vorzuziehen?

Crell's chemisch. Journal, 6 Theil, p. 188—191.

John ELLIS.

An historical account of Coffee, with an engraving, and botanical description of the tree, to which are added sundry papers relative to its culture and use, as an article of diet and commerce. London, 1774. 4.

Pagg. 71. tab. ænea 1, eademque coloribus fucata.

Pars hujus opusculi italice adest in Scelta di Opusc. interess. Vol. 17. p. 3—30.

Franz Joseph HOFER.

Abhandlung vom Kaffee.

Pagg. 150. Frankfurt und Leipz. 1781. 8.

GENTIL.

Dissertation sur le Caffé.

Pagg. 177. tab. ænea 1. Paris, 1787. 8.

Rudolph BUCHHAVE.
Afhandling om Caffe. Danske Landhuush. Selsk. Skrift. 2 Deel, p. 477—624.

22. *Succedanea Coffeæ.*

Pehr KALM.
Om Caffé och de inhemska växter, som pläga brukas i des ställe. Resp. El. Granroth.
Pagg. 18. Åbo, 1755. 4.

ANON.
Vorschlag zu einem tranke von Nussen, welcher anstatt des theuren Kaffees zu gebrauchen.
Hamburg. Magaz. 16 Band, p. 84—91.
Von den vorzügen des warmen Rockentrankes.
Berlin. Sammlung. 1 Band, p. 152—161.
Die bestandtheile des Kaffe verglichen mit den bestandtheilen des Rockens. ibid. p. 626—630.
Allerley nachahmungen des Kaffe. ibid. 4 Band, p. 592—599.

Friderich Gerhard CONSTANTINI.
Nachricht von der Cichorienwurzel. impr. cum ejus versione la Roquii de Caffea (vide supra pag. 574.) p. 139—164.

Christian Gottlieb FÖRSTER.
Geschichte von der erfindung und einführung des Cichorien-Caffee.
Pagg. 81. Bremen, 1773. 8.

23. *Potus Theæ.*

Nicolaus TULPIUS.
Herba Thée. in ejus Observat. medicis, p. 400—403.
——— impr. cum Petiti Thea (vide mox infra) sign. E 3, E 4.

Andreas CLYERS.
De herba Thée Asiaticorum.
Bartholini Act. Hafniens. Vol. 4. p. 1—4.

Wilhelmus TEN RHYNE.
Excerpta ex observationibus ejus Japonicis de frutice Thée. impr. cum J. Breynii Centuria exotic. append. p. ix—xvii. Gedani, 1678. fol.

Bernhardo ALBINO
Præside, Dissertatio de Thee. Resp. Joh. Melch. Genge.
Pagg. 31. Francof. ad Oderam, 1684. 4.

Johannes Nicolaus PECHLIN.
Theophilus bibaculus, sive de Potu Theæ dialogus.
Pagg. 103. Francofurti, 1684. 4.
Petrus PETIT.
Thea, sive de Sinensi herba Thee carmen, cui adjectæ J. N. Pechlini de eadem herba epigraphæ, (ex antecedenti libro,) et descriptiones aliæ.
Plagg. 6. tab. ænea 1. Lipsiæ, 1685. 4.
Petrus FRANCIUS.
In laudem Thiæ Sinensis anacreontica duo. (Græce.)
Plag. 1. Amstelodami, 1685. 4.
Johannes Gothofredus HERRICHEN.
De Thea herba doricum melydrion. (Græce.)
Plag. 1. (Impressum, ni fallor, cum præcedenti.) 4.
——— in Tollii Epistolis itinerariis, p. 79—84.
Engelbertus KÆMPFER.
Theæ Japonensis historia.
in ejus Amoenitat. exoticis, p. 605—631.
———: The natural history of the Japanese Tea.
printed with his History of Japan, Append. p. 1—20.
———: Geschichte des Japanischen Thees. in seine Geschichte von Japan, 2 Band, p. 442—464.
Ivone Joanne STAHLIO
Præside, Dissertatio de veris herbæ Thee proprietatibus.
Resp. Abr. G. Reichel. Pagg. 24. Erfordiæ, 1734. 4.
Christiernus NÖRAGER.
Observationes de potu Thee. Resp. Petr. Schow.
Pagg. 16. Hafniæ, 1740. 4.
ANON.
Die natürliche historie des Thees. (ex Anglico, in Universal Magazine.)
Physikal. Belustigung. 3 Band, p. 814—830.
Thomas SHORT.
A dissertation upon Tea. A discourse on the virtues of Sage and Water. Pagg. 96. London, 1753. 4.
Joannes Bernhardus DE FISCHER.
De Thea. Act. Ac. Nat. Cur. Vol. 10. p. 68—71.
ANON.
Geschichte der einführung des Thees in Engelland. (ex Anglico, in London Magazine.)
Hamburg. Magaz. 19 Band, p. 230—232.
Carolus VON LINNE'.
Dissertatio: Potus Theæ, Resp. Petr. Tillæus.
Pagg. 16. tab. ænea 1. Upsaliæ, 1765. 4.
——— Amoenitat. Academ. Vol. 7. p. 236—253.

——— Fundam. botan. edit. a Gilibert, Tom. 2. pag. 355—370.

——— Verhandeling over de Thee.
Geneeskund. Jaarboeken, 2 Deel, p. 324—338.

John Coakley LETTSOM.
The natural history of the Tea-tree.
Pagg. 64. tab. ænea color. 1. London, 1772. 4.

Auguste Denis FOUGEROUX *de Bondaroy.*
Memoire sur le Thé.
Journal de Physique, Tome 1. p. 326—338.

24. *Succedanea Theæ.*

Vide supra pag. 467 et 468.

Godefridus THOMASIUS.
Thea rosea.
Ephem. Acad. Nat. Curios. Cent. 3 et 4. p. 473—479.

Michaël Fridericus LOCHNER.
De novis et exoticis Thee et Cafe succedaneis. ibid. Cent. 5 et 6. App. p. 145—160.
——— Seorsim etiam adest, pagg. 16; cum tab. ænea 1. 4.

Johannes Adam GÖRITZIUS.
Thee Romanum.
Ephem. Acad. Nat. Curios. Cent. 7 et 8. p. 39—42.

Joannes Hadrianus SLEVOGT.
Prolusio de Thea Romana et Hungarica sive Silesiaca, allisque ejus succedaneis. Pagg. 8. Jenæ, 1721. 4.

Theodorus ZWINGERUS.
Dissertatio de Thee Helvetico. impr. cum J. J. Wepferi Historia cicutæ; p. 423—458. Lugduni Bat. 1733. 8.

ANON.
Von einem inländischen pflanzengewächse, dessen blätter anstatt des Chinesischen Thees, könnten genuzet werden. Berlin. Sammlung. 2 Band, p. 623—626.

25. *Potus Chocolatæ.*

Antonius COLMENERO *de Ledesma.*
Chocolata Inda, opusculum de qualitate et natura Chocolatæ, curante M. A. Severino in latinum translatum. Norimbergæ, 1644. 12.
Pagg. 64; præter Ideam Chirurgiæ Severini, et seriem operum ejus.

——: Du Chocolate discours curieux, traduit d'Espagnol par René Moreau; in libro Dufourii: De l'usage du Caphé, du Thé, et du Chocolate, p. 73—164. Lyon, 1671. 12.

——: A treatise of the nature and quality of Chocolate, done into English by J. Chamberlaine. printed in the manner of making Coffee, Tea, and Chocolate, p. 53—116. London, 1685. 12.

——: Della Cioccolata.
Pagg. 72. Bologna, 1694. 12.

Barthelemy MARRADON.
Du Chocolate dialogue, traduit de l'Espagnol; in libro Dufourii: De l'usage du Caphé, du Thé, et du Chocolate, p. 165—188. Lyon, 1671. 12.

Henry STUBBE.
The Indian nectar, or a discourse concerning Chocolata.
Pagg. 184. London, 1662. 8.

William HUGHES.
A discourse of the Cacao-nut-tree, and the use of its fruit, with all the ways of making Chocolate. printed with his American physician; p. 102—155.
London, 1672. 12.

(DE QUELUS. Haller bibl. bot. 2. p. 158.)
Histoire naturelle du Cacao et du Sucre.
Paris, 1719. 12.
Pagg. 227. tabb. æneæ 6; quarum pagg. 142 priores et tab. 1, ad historiam Chocolatæ pertinent.

—— Amsterdam, 1720. 8.
Pagg. 228, (quarum 146 de Chocolata.) tabb. æneæ 6.

——: The natural history of Chocolate, translated by R. Brookes. (omissa historia sacchari.)
2d edition. Pagg. 95. London, 1730. 8.

Franciscus Ernestus BRÜCKMANN.
Dissertatio inauguralis, Præside Joanne Carolo Spies, de Avellana Mexicana.
Pagg. 48. tabb. æneæ 2. Helmstadii, 1721. 4.

——: Relatio historico-botanico-medica de Avellana mexicana, vulgo Cacao dicta.
Pagg. 29. tabb. æneæ 2. Brunsvigæ, 1728. 4.

MILHAU.
Dissertation sur le Cacaoyer.
Pagg. 32. Montpellier, 1746. 8.

Carolus VON LINNE'.
Dissertatio de Potu Chocolatæ. Resp. Ant. Hoffmann.
Pagg. 10. Holmiæ, 1765. 4.

——— Amoenitat. Academ. Vol. 7. p. 254—263.
——— Fundam. botan. edit. a Gilibert, Tom. 2. p. 389—398.
———: Verhandeling over de Chocolaad.
Geneeskundige Jaarboeken, 2 Deel, p. 412—420.

ANON.
Vom Kakao und der Chokolade.
Berlin. Sammlung. 5 Band, p. 74—80.

26. *Inebriantia.*

Carolus LINNÆUS.
Dissertatio sistens Inebriantia. Resp. Ol. Henr. Alander. Pagg. 26. Upsaliæ, 1762. 4.
——— Amoenit. Academ. Vol. 6. p. 180—196.
——— Fundam. botan. edit. a Gilibert, Tom. 2. p. 399—414.
Dissertatio: Spiritus Frumenti. Resp. Pet. Bergius. Pagg. 20. Upsaliæ, 1764. 4.
——— Amoenit. Academ. Vol. 7. p. 264—281.
———: Verhandeling over den Geneverdrank.
Geneeskundige Jaarboeken, 2 Deel, p. 489—502.

Peter Jonas BERGIUS.
Svenska Bränvins-ämnen, utom spanmål.
Vetensk. Acad. Handling. 1776. p. 257—274.
———: Schwedische materiale zum Brànntwein, ausser dem getraide.
Crell's Entdeck. in der Chemie, 3 Theil, p. 216—225.

Rudolph BUCHHAVE.
Afhandling om Brændeviin.
Danske Landhuush. Selsk. Skrift. 4 Deel, p. 321—523.

27. *Plantæ Oleiferæ.*

Christian Friedrich REUSS.
Aufmunterung zu mehrerem anbau oeltragender pflanzen in Deutschland. Beschäft. der Berlin. Gesellsch. Naturf. Fr. 3 Band, p. 157—172.
———: Aanmoediging om uit de Oliedraagende planten in Duitschland een Provence-olie te maaken.
Algem. geneeskund. Jaarboeken, 6 Deel, p. 214—219.

28. *Raphanus sativus γ.*

Carl Gustaf EKEBERG.
Berättelse om Chinesiska Olje-fröet och dess trefnad i Sverige.
Vetensk. Acad. Handling. 1764. p. 327—330.

29. *Arachis hypogæa.*

William WATSON.
Some account of an oil, transmitted by Mr. Ge. Brownrigg.
Philosoph. Transact. Vol. 59. p. 379—383.
———— : Observation sur une huile, que M. Brownrigg lui a envoyé du Nord de la Caroline.
Journal de Physique, Introd. Tome 1. p. 49—51.

30. *Onopordum Acanthium.*

DURANDE.
Huile d'Onopordon, ou de Pedane.
Journal de Physique, Tome 17. p. 138—140.

31. *Fagus sylvatica.*

DE FRANCHEVILLE.
Sur une huile du regne vegetal, propre à remplacer l'huile d'Olive dans les pays trop froids pour l'Olivier.
Hist. de l'Acad. de Berlin, 1766. p. 11—21.

32. *Plantæ Tinctoriæ.*

Carl LINNÆUS.
Förtekning af de färgegräs, som brukas på Gotland och Öland.
Vetensk. Acad. Handling. 1742. p. 20—28.
———— : Herbæ tinctoriæ, quibus Gothiam atque Œlandiam tenentes utuntur.
Analect. Transalpin. Tom. 1. p. 194—199.
———— ———— Fundam. botan. edit. a Gilibert, Tom. 2. p. 543—549.
Dissertatio: Plantæ tinctoriæ. Resp. Engelb. Jörlin.
Pagg. 30. Upsaliæ, 1759. 4.
———— Amoenit. Academ. Vol. 5. p. 314—342.

——— Fundam. botan. edit. a Gilibert, Tom. 2. p. 273—299.

Pehr KALM.

Förtekning på några inhemska färgegräs.
Vetensk. Acad. Handling. 1745. p. 243—253.

——— : Herbæ tinctoriæ indigenæ.
Analect. Transalpin. Tom. 1. p. 397—402.

Norra Americanska färge-örter, Dissertatio Resp. Es. Hollberg.
Pagg. 8. Åbo, 1763. 4.

Nicolaus Dorph GUNNERUS.

De usu plantarum indigenarum in arte tinctoria.
Pagg. 47. Hafniæ, 1773. 8.

Johannes SVENONIUS.

Specimen du usu plantarum in Islandia indigenarum in arte tinctoria. Resp. Enarus Biarnesen Thorlacius.
Pagg. 32. Hafniæ, 1776. 8.

(*Christian Friedrich* REUSS. Comm. Med. Lips. 22. p. 643.)

Kenntniss dererjenigen pflanzen die mahlern und färbern zum nuzen gereichen können.
Pagg. 812. Leipzig, 1776. 8.

L. A. DAMBOURNEY.

Recueil de procedés et d'experiences sur les teintures solides que nos vegetaux indigenes communiquent aux laines et aux lainages.
Pagg. 407. Paris, 1786. 8.

Georg Adolph SUCKOW.

Versuche über die brauchbarkeit verschiedener einheimischer und ausländischer gewächse fur färbereien. Vorles. der Churpfälz. Phys. Ökon. Gesellsch. 3 Band, p. 37—140.

Hugh MARTIN.

An account of some of the principal dies employed by the North-american Indians.
Transact. of the Amer. Society, Vol. 3. p. 222—225.

Georgius Wolffgangus WEDEL.

Programma de Anil, Indico, Glasto.
Pagg. 8. Jenæ, 1689. 4.
Indicum et Glastum ejusdem esse originis perperam credit.

Pehr Adrian GADD.

Försök med färge-stofter, som vid manufacturer nyttjas til gul färg, och i synnerhet om Solidago canadensis.
Vetensk. Acad. Handling. 1767. p. 134—145.

John Reinhold FORSTER.

Accounts of the roots (of Galium tinctorium et Helleborus trifolius) used by the Indians, in the neighbourhood of Hudson's-bay, to dye Porcupine quills.
Philosoph. Transact. Vol. 62. p. 54—59.

———: Observations sur quelques racines dont se servent les Indiens du voisinage de la baie d'Hudson, pour la teinture des peaux.
Journal de Physique, Tome 3. p. 382—384.

Johannes BECKMANN.

De laccis Rubiæ tinctoriæ et Phytolaccæ decandræ.
Commentation. Societ. Gotting. Vol. 2. p. 65—78.

Gelbholz. in sein. Waarenkunde, 1 Theil, p. 122—127.

SUCCOW.

Versuche mit der Canadischen Goldruthe, und der Sammtblume, in rücksicht ihrer benuzung fur färbereyen.
Crell's chemische Annalen, 1787. 2 Band, p. 3—6.

33. *Curcuma.*

Johann BECKMANN.

Curcuma. in sein. Waarenkunde, 1 Theil, p. 291—298.

34. *Rubia tinctoria.*

Johann BECKMANN.

Färberröthe. in sein. Beytr. zur Geschichte der Erfindungen, 4 Band, p. 41—55.

35. *Morinda citrifolia.*

William HUNTER.

On the plant Morinda, and its uses.
Transact. of the Soc. of Bengal, Vol. 4. p. 35—44.

36. *Solanum nigrum δ. guineense.*

Giovanni Pier-Maria DANA.

Su una specie di Solatro, detto Melanoceraso, e suo uso per la tintura.
Scelta di Opusc. interess. Vol. 19. p. 49—71.

Luigi ARDUINO.

Dissertazione concernente la proprietà e gli usi del Solanum guinense.
Opuscoli scelti, Tomo 15. p. 53—57.

Transunto dell' istruzione della coltura ed uso del Solano guineense per la tintura. ibid. Tomo 17. p. 355—358.

37. *Nerium tinctorium* Roxb.

William ROXBURGH.
Description of a new species of Nerium, with the process for extracting, from its leaves, a very beautiful Indigo. Dalrymple's Oriental repertory, Vol. I. p. 39—44.

38. *Daucus Carota.*

Johann Philipp VOGLER.
Versuche uber die farbe von den dunkelrothen blumchen, im schirme der wilden Möhre.
Crell's chemische annalen, 1788. 2 Band, p. 387—390.

39. *Rhois species variæ.*

Guillaume MAZEAS et *Philip* MILLER.
Letters concerning Toxicodendron.
Philosoph. Transact. Vol. 49. p. 157—166.
————: Berigten angaande den Vernisboom.
Uitgezogte Verhandelingen, 3 Deel, p. 371—380.

John ELLIS.
An attempt to ascertain the tree that yields the common Varnish used in China and Japan.
Philosoph. Transact. Vol. 49. p. 866—875.

Philip MILLER.
Remarks upon the above letter of John Ellis, Esq. ibid. Vol. 50. p. 430—440.

John ELLIS.
An answer to the preceding remarks. ibid. p. 441—456.

D'INCARVILLE.
Memoire sur le Vernis de la Chine. Mem. etrangers de l'Acad. des Sc. de Paris, Tome 3. p. 117—142.

40. *Vaccinium Myrtillus.*

PAJOT DESCHARMES.
Description du Mouretier, suivie de quelques experiences relatives à la coleur bleue que l'on pourroit obtenir de ses baies. Journal de Physique, Tome 26. p. 192—197. conf. p. 380.

41. *Poinciana coriaria.*

Johann BECKMANN.
Dividivi. in sein. Waarenkunde, 1 Theil, p. 385—391.

42. *Potentilla argentea.*

Johann Philipp VOGLER.
Vom gebrauch der silberfarbenen Potentille in der färberey.
Crell's chemische Annalen, 1785. 1 Band, p. 108—111.

43. *Bixa Orellana.*

Johann BECKMANN.
Orlean, Ruku. in sein. Waarenkunde, 1 Theil, p. 205—223.

44. *Melampyrum arvense* et *nemorosum.*

Axel Fredric CRONSTEDT.
Om en blå färg utur Pukhvets-gräset eller Melampyro.
Vetensk. Acad. Handling. 1757. p. 203—208.

45. *Isatis tinctoria.*

Andrea Elia BÜCHNERO
Præside, Dissertatio de Indo Germanico, sive colore cæruleo solido ex Glasto. Resp. Jo. Chrph. Ebel.
Pagg. 46. Halæ, 1756. 4.
Andreas Sigismund MARGGRAF.
Observation concernant un Insecte, qu'on trouve sur les feuilles de la Guede, lorsqu' après avoir eté froissées, elles viennent à se pourrir.
Hist. de l'Acad. de Berlin, 1764. p. 18—24.

46. *Trifolium pratense.*

Johann Philipp VOGLER.
Versuche über den nuzen des Kleesamens in der färbekunst.
Crell's chemische Annalen, 1788. 2 Band, p. 291—296.

———: Experiences sur les avantages que la teinture pourroit retirer de la semence du Treffle.
Journal de Physique, Tome 35. p. 49—52.

———: Sperienze sui vantaggi, che la tintura cavar potrebbe dai semi del Trifoglio.
Opuscoli scelti, Tomo 13. p. 329—332.

DIZE.

Examen comparatif des couleurs jaunes de la semence du Trefle et de la Gaude.
Journal de Physique, Tome 35. p. 308—310.

———: Esame comparativo dei colori gialli del seme di Trifoglio, e del Guado.
Opuscoli scelti, Tomo 13. p. 333—335.

47. *Hypericum perforatum* et *quadrangulare.*

Pehr Adrian GADD.

Om beskaffenheten och nyttan af den röda färg, som finnes i Hypericum.
Vetensk. Acad. Handling. 1762. p. 115—122.

48. *Solidago canadensis.*

Pehr Adrian GADD. vide supra pag. 582.

Disputation om Solidago canadensis, dess ans och nytta i fargerier. Resp. Gabr. Avellan.
Pagg. 8. Åbo, 1772. 4.

49. *Chrysanthemum segetum.*

Antoine DE JUSSIEU.

Experiences faites sur la decoction de la fleur d'une espece de Chrysanthemum, de la quelle on peut tirer plusieurs teintures de differentes couleurs.
Mem. de l'Acad. des Sc. de Paris, 1724. p. 353—359.

50. *Mercurialis perennis.*

Johann Philipp VOGLER.

Eine blaue tinktur aus den wurzeln des Waldbingelkrautes.
Crell's chemische Annalen, 1789. 1 Band, p. 399—401.

———: Remarques sur une teinture bleue retirée de la racine de la Mercuriale des montagnes.
Journal de Physique, Tome 35. p. 293, 294.

——— : Osservazioni sopra una tintura azzurra. Opuscoli scelti, Tomo 12. p. 339, 340.

51. *Lichenes.*

Johan P. WESTRING.

Försök at af de fleste Laf-arter, (Lichenes) bereda färgstofter, som sätta höga och vackra färgor på ylle och silke.

1 Afdelningen. Lichenes Leprosi.
Vetensk. Acad. Handling. 1791. p. 113—138.
2 Afdeln. Lichenes imbricati. ib. p. 293—307.
3 Afdeln. Lichenes umbilicati. ib. 1793. p. 35—54.
4 Afdeln. Lichenes foliacei. ib. 1794. p. 3—32.
5 Afdeln. Lichenes coriacei. ib. 1795. p. 41—58.

——— : Essais sur la proprieté tinctoriale de plusieurs especes de Lichens, qui croissent naturellement en Suede, et sur les couleurs qu'il communique aux lainages et à la soie. Lichenes leprosi.
Annales de Chimie, Tome 15. p. 267—297.
Lichenes imbricati. ib. Tome 17. p. 67—84.

52. *Lichen pustulatus.*

Sacharias WESTBECK.

Beskrifning på en violett färg af Sten-måssa.
Vetensk. Acad. Handling. 1754. p. 69, 70.

53. *Lichen Roccella* et *Parellus.*

Johann BECKMANN.

Orseille, Lackmus. in sein. Beytr. zur Geschichte der Erfindungen, 1 Band, p. 334—353.

54. *Lignum Fernambuci.*

Johannes Georgius GMELIN.

De colore coccineo ex ligno Fernambuci elicito.
Act. Acad. Nat. Curios. Vol. 3. p. 274—279.

55. *Plantæ Coriariæ.*

Johann Gottlieb GLEDITSCH.

Instructions necessaires pour la connoissance de diverses plantes du païs, dont l'usage peut servir à epargner les

chenes et l'emploi des matieres etrangeres dans la Tannerie des cuirs.
Hist. de l'Acad. de Berlin, 1754. p. 17—30.

Liste des plantes employées à des essais de Tannerie. ib. p. 124—128.

——— ———: Physikalisch oeconomischer beytrag zur erkentniss der inländischen pflanzen, welche um die eichen zn schonen, und fremde materialien zu ersparen, bey denen Lohgerbereyen gebraucht werden können. in seine Physic. Botan. Oecon. Abhandl. 1 Theil, p. 1—38.

————: Onderrigting, hoe verscheide inlandsche planten tot Leertouwen gebruikt kunnen worden, om de bast van't eiken-hout te bespaaren.
Uitgezogte Verhandelingen, 4 Deel, p. 423—446.

K. O. Frh. v. IT.
Beantwortungsschreiben auf etliche, den gebrauch der Eichenborke und verschiedener bey den Lohgärbereyen eben so tauglichen als gewöhnlichen rohen materialien betreffenden fragen.
Schr. der Berlin. Ges. Naturf. Fr. 3 Band, p. 183—189.

Auguste Denis FOUGEROUX *de Bondaroy.*
Sur l'emploi de l'ecorce du Platane pour tanner les cuirs.
Mem. de l'Acad. des Sc. de Paris, 1785. p. 24—29.

56. *Cera.*

ANON.
Nachricht von den Wachsbäumen.
Hamburg. Magaz. 23 Band, p. 210—222.

57. *Amylum.*

Johannes Fridericus CARTHEUSER.
Dissertatio de Amylo. Resp. Car. Frid. Allardt.
in ejus Dissertationibus selectior. p. 187—205.
Francofurti ad Viadr. 1775. 8.

Johann Gottlieb GLEDITSCH.
Vorläufige betrachtungen über die in der schleimigen grundmischung vieler gewachse, als ein besonderer bestandtheil, befindliche mehlige erde, die nach ihrer absonderung das Ammel-kraft-oder stärkmehl ausmachet.
Beschäft. der Berlin. Ges. Naturf. Fr. 1 Band, p. 181—229.

Thomas RYDER.

Some account of the Maranta, or Indian Arrow root, in which it is considered and recommended as a substitute for starch prepared from corn.
Pagg. 32. London, 1796. 8.

James CLARK.

An account of some experiments made with a view to ascertain the comparative quantities of amylaceous matter, yielded by the different vegetables most commonly in use in the West India Islands.
Medical Facts, Vol. 7. p. 300—308.

58. *Sapo.*

Ambrosius Michael SIEFFERT.

Versuche mit einigen Schwämmen, um sie zur Seiffe anzuwenden.
Act. Acad. Mogunt. 1778 et 1779. p. 28—33.

59. *Sal Sodæ.*

Antoine DE JUSSIEU.

Histoire du Kali d'Alicante.
Mem. de l'Acad. des Sc. de Paris, 1717. p. 73—78.

Johann Friedrich HENCKEL.

Historisch-chymische beschreibung des Salz-krauts oder Kali geniculati. impr. cum ejus Flora Saturnizante ; p. 619—671. Leipzig, 1722. 8.

Philippus Jacobus IMLIN.

Dissertatio inaug. de Soda, et inde obtinendo peculiari sale.
Pagg. 36. Argentorati, 1760. 4.

Ferdinandus DEJEAN.

Dissertatio inaug. qua exponitur historia, analysis chemica, origo, et usus oeconomicus Sodæ hispanicæ.
Pagg. 42. Lugduni Bat. 1773. 4.

60. *Funes.*

THOME.

Sul gambo de' Lupini.
Scelta di Opusc. interess. Vol. 20. p. 113—116.

Jozé HENRIQUES FERREIRA.

Memoria sobre a Guaxima. Mem. econom. da Acad. das Sciencias de Lisboa, Tomo 1. p. 1—7.

Joaquim DE AMORIM CASTRO.
Memoria sobre o Malvaisco do destricto da villa da Cachoeria no Brasil. ibid. Tomo 3. p. 392—399.

61. *Telæ.*

Joannes Chrysostomus TROMBELLI.
De tela ex Genistarum corticibus confecta.
Comment. Instituti Bonon. Tom. 4. p. 349—352.
Epistola ad F. M. Zanottum, qua respondetur quærenti, an in multis Italiæ locis filum ex Genista ad telas contexendas conficiatur. ibid. Tom. 6. p. 118.

Johann Gottlieb GLEDITSCH.
Ueber die untersuchung und anwendung der einheimischen gewächse überhaupt, nebst einer nachricht von der Binsen-seide (Eriophorum fl. lapp. 22.) und einigen damit gemachten versuchen. in sein. Physic. Botan. Oecon. Abhandl. 1 Theil, p. 233—258.

Floriano MALVEZZI.
Di una pianta esotica (Urtica nivea) che dà un filo eccellente per tele preziose.
Opuscoli scelti, Tomo 5. p. 54—57.

LE BRETON.
Observations sur quelques usages economiques de la Massette-d'eau, et du grand Chardon. Mem. de la Soc. R. d'Agricult. de Paris, 1786. Trim. d'Automne, p. 123—128.

62. *Pilei.*

Domingos VANDELLI.
Memoria sobre varias misturas de materias vegetaes na factura dos Chapéos.
Mem. econ. da Acad. R. das Sciencias de Lisboa, Tomo 2. p. 431—433.

63. *Charta Scriptoria.*

Engelbertus KÆMPFER.
Chartopoeia Japonica.
in ejus Amoenitat. exoticis, p. 466—478.
———— : Of the Paper manufactures of the Japanese. printed with his History of Japan; Append. p. 21—28.

———: Von einigen arten Maulbeerbaume, aus welchen die Japaner Papier verfertigen.
Neu. Hamburg. Magaz. 104 Stück, p. 111—126.

———: Ueber die verfertigung des Papiers in Japan.
in sein. Geschichte von Japan, 2 Band, p. 385—393.

Sigismundus Andreas FLACHS.
Excercitatio pro loco sistens Vestitum e Papyro in Gallia nuper introductum, e scriniis antiquitatis erutum.
Plagg. 3½. Lipsiæ, 1718. 4.

Giovanni STRANGE.
Lettera sopra l'origine della Carta naturale di Cortona, corredata di varie altre osservazioni relative agli usi, e prerogative della Conferva Plinii, e di altre piante congeneri.
Pagg. 107. Pisa, 1764. 4.

——— Seconda editione. Pagg. lxxvi. 12.
Hujus libelli excerpta per auctorem, cum ulterioribus observationibus, adsunt in Philosoph. Transact. Vol. 59. p. 50—56; itemque gallice versa in Journal de Physique, Introd. Tome 1. p. 43—46.

Jean Etienne GUETTARD.
Recherches sur les matieres qui peuvent servir à faire du Papier.
dans ses Memoires, Tome 1. p. 227—253.

———: Von den materien, welche zum Papiermachen gebraucht werden können.
Hamburg. Magaz. 18 Band, p. 339—377.

IRONSIDE.
Of the culture and uses of the Son or Sun-plant of Hindostan, with an account of the manner of manufacturing the Hindostan paper.
Philosoph. Transact. Vol. 64. p. 99—104.

Conte Andrea DE' CARLI.
Sul vantaggio che può ricavarsi dalla tiglia del gambo de' Lupini facendone Carta.
Atti della Soc. Patriot. di Milano, Vol. 2. p. 252—256.

64. *Ligna.*

George Louis le Clerc Comte DE BUFFON.
Experiences sur la force du Bois.
Mem. de l'Acad. des Sc. de Paris, 1740. p. 453—467.
1741. p. 292—334.

———: Erfahrungen von der stärke des Holzes.
Hamburg. Magaz. 5 Band, p. 179—201, & p. 506—566.

Henry Louis du Hamel *du Monceau.*
Reflexions et experiences sur la force des Bois.
Mem. de l'Acad. des Sc. de Paris, 1742. p. 335—346.
1768. p. 534—537.
Experiences sur l'imbibition de differentes qualités de Bois de Chêne plongé dans l'eau, et sur leur dessechement dans l'air libre. ibid. 1744. p. 475—506.
Du transport, de la conservation et de la force des Bois.
Pagg. 556. tabb. æneæ 27. Paris, 1767. 4.

Anon.
Anmerkungen über ein unverbrennliches Holz aus Andalusien. (e gallico, in Bibliotheque choisie par le Clerc.)
Hamburg. Magaz. 18 Band, p. 278—303.

De Goyon de la Plombanie.
Abhandlung vom zimmerholze.
Hamburg. Magaz: 20 Band, p. 435—464.

Cornelius Nozeman.
Bericht van het onlangks waargenoomen Steden-of Landschap-hout.
Uitgezogte Verhandelingen, 2 Deel, p. 636—640.
3 Deel, p. 121—123.

Carl Fredric Nordenschöld.
Om kärnträdet och ytan i Tall-och Furu-trän.
Vetensk. Acad. Handling. 1758. p. 90—96.

J. C. Palier.
Bericht van eenig Steede-hout. Verhandel. van de Maatsch. te Haarlem, 8 Deels 2 Stuk, p. 223—225.

Johann Beckmann.
Beyträge zur genauern bestimmung einiger ausländischen Holzarten, welche im handel vorkommen.
Naturforscher, 9 Stück, p. 225—240.

Auguste Denis Fougeroux *de Bondaroy.*
Memoire sur le bois de Châtaigner et sur celui de Chêne.
Mem. de l'Acad. des Sc. de Paris, 1781. p. 49—64.

Louis Jean Marie Daubenton.
Observations sur les bois du Chêne et du Châtaigner. ibid. p. 295, 296.

Georg Ludwig Hartig.
Physikalische versuche über die wirkungen der meisten deutschen wald-baum-hölzer im verbrennen, zur bestimmung ihres werths gegeneinander; imgleichen uber das gewichtverhältniss derselben im grunen und im trocknen zustande. Beobacht. der Berlin. Gesellsch. Naturf. Fr. 5 Band, p. 202—237.

65. *Baculi.*

Johann BECKMANN.
Handstöcke. in sein. Waarenkunde, 1 Theil, p. 83—103.

66. *Plantæ Pabulares.*

Carl LINNÆUS.
Svenskt höfrö (Medicago falcata.)
Vetensk. Acad. Handling. 1742. p. 191—198.
————: Medica sylvestris, flavo flore.
Analect. Transalpin. Tom. 1. p. 221—226.
Pehr KALM.
Rön vid ängs-skötseln.
Vetensk. Acad. Handling. 1745. p. 206—217.
Fridericus Augustus CARTHEUSER.
Annotationes botanico-oeconomicæ de Glauce Rivini.
Act. Acad. Mogunt. Tom. 2. p. 355—360.
Johann Gottlieb GLEDITSCH.
Vom grossen wilden Spergel in der Mark Brandenburg. in sein. Physic. Botan. Oecon. Abhandl. 2 Theil, p. 283—304.
Beytrag zur geschichte der futterkräuter in der Mark Brandenburg überhaupt, und inbesondere des grossen deutschen sand-und feldspergels.
Schr. der Berlin. Ges. Naturf. Fr. 3 Band, p. 42—83.
ANON.
Gedanken über die hier zu lande gewöhnliche futterkräuter.
Berlin. Sammlung. 1 Band, p. 405—412.
Bengt BERGIUS.
Tal om Svenska äng-skötseln, och dess främjande genom lönande gräs-slag.
Pagg. 98. Stockholm, 1769. 8.
Engelbertus JÖRLIN.
Specimen de usu quarundam plantarum indigenarum præ exoticis. Resp. Joh. Utterbom.
Pagg. 12. Londini Goth. 1769. 4.
Oeconomisk och botanisk beskrifning om höslaget Alopecurus pratensis. Götheb. Wetensk. Samh. Handl. Wetensk. Afdeln. 1 Styck. p. 57—67.
Dissertatio: Trifolium hybridum. Resp. Chr. Fr. Hardtman. Pagg. 14. Lundæ, 1780. 4.

Avena elatior, Knyl-hafre eller Fromental. Resp. Carl Bruzelius.
Pagg. 24. Lund, 1781. 4.

Albertus DE HALLER.
Commentatio de plantis pabularibus nuperorum.
Nov. Comment. Soc. Gotting. Tom. 1. p. 1—29.

Louis CLOUËT.
Memoire sur diverses especes de plantes propres à servir de fourrage aux bestiaux.
Act. Acad. Mogunt. 1778, 79. p. 219—278.
——— Journal de Physique, Tome 21. p. 332—358, & p. 416—435.

Carl HABLIZL.
Sur la culture des prairies en Boucharie.
Act. Acad. Petropol. 1782. Pars pr. Hist. p. 67, 68.
——— Magaz. für die Botanik, 5 Stück, p. 35, 36.

Sebaldus Justinus BRUGMANS.
Dissertatio ad quæstionem ab Academia Divionensi propositam, quænam sunt plantæ inutiles et venenatæ, quæ prata inficiunt, horumque diminuunt fertilitatem; quænam porro sunt media aptissima illis substituendi plantas salubres ac utiles, nutrimentum sanum ac abundans pecori præbituras? præmio condecorata.
Pagg. 90. Groningæ, 1783. 8.

Giosuè SCANNAGATTI.
Catalogo delle erbe, che naturalmente nascono o coltivansi ne' prati irrigatorj della Lombardia Austriaca.
Atti della Soc. Patriot. di Milano, Vol. 2. p. 68—159.

Giuseppe LOTERI.
Transunto d'una memoria in supplemento alla collezione delle erbe de' prati irrigatorj. ib. Vol. 3. p. 329—359.

Giosuè SCANNAGATTI e *Francesco* MADERNA.
Transunto di due Memorie per concorrere alla soluzione del quesito relativo ai prati asciutti artificiali. ib. p. 264—328.

John FRASER.
A short history of the Agrostis Cornucopiæ, or the new American grass.
Pagg. 8. tab. ænea color. 1. London, 1789. fol.

William CURTIS.
Practical observations on the British grasses best adapted to the laying down, or improving of meadows and pastures. Second edition.
Pagg. 67. tabb. æneæ 6. London, 1790. 8.

Johan Otto HAGSTRÖM et *Baron Sten Carl* BJELKE.
Om de örter, som, då de ätas af kreaturen, lemna en vedervärdig smak på deras kött och mjölk.
Vetensk. Acad. Handling. 1750. p. 100—106.
O. C. HOLCH.
Planternes inflydelse paa melkens, smörrets og ostens beskaffenhed.
Norske Vidensk. Selsk. Skrifter, 5 Deel, p. 525—538.

67. *Plantæ Sepiariæ.*

Pehr KALM.
Trän til häckar eller lefvande gärdes-gårdar beskrefne. Resp. Dav. Er. Högman.
Pagg. 21. Åbo, 1756. 4.
Om den americanska så kallade Tuppsporre Hagtorns nytta til lefvande häckar.
Vetensk. Acad. Handling. 1773. p. 343—349.
(Disputation) om trän tjenliga til lefvande häckar uti kryddgårdar i Finland. Resp. Abr. Paulin.
Pagg. 10. Åbo, 1775. 4.
Johann Gottlieb GLEDITSCH.
Ueber die anwendung der selbst wachsenden hecken und zäune, zum nuzen und vergnügen, nach ihren unterschieden. in sein. Physic. Botan. Oecon. Abhandl. 2 Theil, p. 395—440.
ANON.
Vom ökonomischen gebrauch der stachlichten Gensts oder der Genista spinosa major Bauhini. (Ulex europæus.)
Berlin. Magaz. 1 Band, p. 459—464.
(Usum ejus ad sepes in Germania negat.)

68. *Usus oeconomicus specierum singularum.*

Festuca fluitans.

Pehr KALM.
Academisk afhandling om Oeconomiska nyttan af Manna-gräs. Resp. Joh. Blomberg.
Pagg. 8. Åbo, 1772. 4.

69. *Convolvulus Batatas.*

MOREAU DE SAINT-MERY.
Memoire sur la Patate. Mem. de la Soc. R. d'Agricult. de Paris, 1789. Trim. d'Hiver, p. 43—57.

70. *Solanum tuberosum.*

Carl SKYTTE.
Rön at utaf Potatoes bränna brännevin.
Vetensk. Acad. Handling. 1747. p. 231, 232.
Grefvinnan Eva DE LA GARDIE.
Försök at tilverka bröd, brännvin, stärkelse och puder af potatos. ibid. 1748. p. 277, 278.
———: Waarneemingen omtrent het bereiden van brood, jenever, styfzel en hairpoeijer, uit aardappeln.
Uitgezogte Verhandelingen, 5 Deel, p. 579, 580.
Detlof HEIJKE.
Anmärkning om Jordpârons nytta.
Vetensk. Acad. Handling. 1754. p. 77, 78.
Balthasar SPRENGER.
Vom bau der Erdtoffeln in Schwaben, und dem brod, welches daselbst daraus gebacken wird.
Neu. Hamburg. Magaz. 75 Stück, p. 225—228.
C. B. SKYTTE.
Ytterligare anmärkningar om Jord-nötter, jämte påminnelser om Jord-pärons nytta i matredning.
Vetensk. Acad. Handling. 1773. p. 151—154.
Försök at af Potater tilreda godt mjöl. ibid. 1774. p. 323—326.
Bernhard BERNDTSON.
Om Jordpärons frysning, at därigenom erhålla mjöl och gryn. ibid, p. 326—359.
LESTIBOUDOIS.
Observations sur les Pommes de terre.
Journal de Physique, Tome 3. p. 336—345.

71. *Ribes nigrum.*

Pehr KALM.
Beskrifning öfver Swarta Winbärsbuskars nytta i hushållningen. Resp. Carl Meurling.
Pagg. 10. Åbo, 1772. 4.

72. *Ribes Grossularia.*

Pehr KALM.
Beskrifning om Stickel-eller Krusbärs-buskars ans och nytta. Resp. Er. Widenius.
Pagg. 15. Åbo, 1757. 4.

73. *Asclepias syriaca.*

Clarus MAYR.
Von einer neuen gattung pflanzenseide. Abhandl. der Chur-Bajer. Akad. 3 Band. 2 Theil, p. 199—212.

ANON.
Von der Seidenpflanze.
Berlin. Sammlung. 2 Band, p. 634—643.
———: Van de Zydeplant, deszelfs aanbouw, en aanwending der vrugt.
Geneeskundige Jaarboeken, 4 Deel, p. 266—270.

Pehr Adrian GADD.
(Academisk) Afhandling om Asclepias syriaca. Resp. Joh. Chph. Frenckell.
Pagg. 16. Åbo, 1778. 4.

74. *Chenopodium quoddam.*

LE BLOND.
Memoire sur la culture et les usages d'une plante des contrées temperées de l'Amerique Meridionale, connue sous le nom de Quinoa. Mem. de la Soc. R. d'Agricult. de Paris, 1786. Trim. d'Eté, p. 98—104.

75. *Sambucus nigra.*

Christopher GULLETT.
On the effects of Elder, in preserving growing plants from Insects and Flies.
Philosoph. Transact. Vol. 62. p. 348—352.
———: Su gli effetti del Sambuco nel preservare le piante crescenti dai Bruchi e dalle Mosche.
Scelta di Opusc. interess. Vol. 2. p. 53—60.

76. *Æsculus Hippocastanum.*

BON.
Moyens de rendre utiles les Marons d'Inde, en leurs ôtant leur amertume.
Mem. de l'Acad. des Sc. de Paris, 1720. p. 460—463.

ANON.
Nachricht von den wilden kastanien und ihrem nuzen zur fütterung und mastung des hornviehes und der schaafe.
Neu. Hamburg. Magaz. 105 Stück, p. 286—288.

A. G. SUCKOW.
Versuche über einige benuzungen der Rosskastanie. Bemerk. der Kuhrpfalz. Phys. Ökon. Gesellsch. 1780. p. 177—193.

Marquis DE GOUFFIER.
Observations sur le Marronnier d'Inde. Mem. de la Soc. R. d'Agricult. de Paris, 1787. Trim. d'Automne, p. 1—6.

S. S.
Lettera su gli usi de' Marroni d'India.
Opuscoli scelti, Tomo 17. p. 358—360.

77. *Polygoni species variæ.*

Baron Sten Carl BJELKE.
Om Bohvete, huru det i Finland idkas och nyttjas.
Vetensk. Acad. Handling. 1746. p. 25—47.
Om åtskillige Bohvete slag, besynnerligen det Siberiska. ibid. 1750. p. 109—122.
————: Fagopyri species variæ.
Analect. Transalpin. Tom. 2. p. 261—268.

78. *Cassia Chamæcrista.*

James GREENWAY.
An account of the beneficial effects of the Cassia chamæcrista, in recruiting worn-out lands, and in enriching such as are naturally poor.
Transact. of the Amer. Society, Vol. 3. p. 226—230.

79. *Tetragonia herbacea.*

AMOREUX, *fils*.
Memoire sur le Tetragonia ou Epinard d'Ethiopie, ou l'on indique sa culture et ses usages.
Journal de Physique, Tome 35. p. 285—290.

80. *Rubus idæus.*

Pehr KALM.
Academisk Afhandling om nyttan af Hallon i hushållningen. Resp. Is. Wargelin.
Pagg. 13. Åbo, 1778. 4.

81. *Malvaceæ.*

Ant. Jos. CAVANILLES.
Memoire sur la culture de certaines Malvacées et l'usage economique qu'on pourra retirer de leurs fibres.
Journal de Physique, Tome 28. p. 334—341.
————: Tentamina de Abutilonis atque Malvarum fibris in usus oeconomicos præparandis.
in ejus Secunda Dissertatione botanica, p. 49—54.
——— ——— Magaz. für die Botanik, 8 Stuck, p. 65—74.

82. *Gossypium.*

Johann BECKMANN.
Baumwolle. in sein. Waarenkunde, 1 Theil, p. 1—67.

83. *Spartium junceum.*

P. M. Auguste BROUSSONET.
Observations sur la culture et les usages economiques du Genêt d'Espagne.
Journal de Physique, Tome 30. p. 294—298.
———— Mem. de la Soc. R. d'Agricult. de Paris, 1785. Trim. d'Automne, p. 127—136.

84. *Dolichos Soja.*

Johann BECKMANN.
Soya. in sein. Waarenkunde, 1 Theil, p. 104—109.

85. *Robinia Pseudacacia.*

Nouveau traité sur l'arbre nommé Acacia.
Pagg. 45. Bordeaux, 1762. 12.

———: Neue abhandlung von dem baume Acacia, übersezet von Maxim. Wilh. Reinhard.
Pagg. 70. Carlsruhe, 1766. 8.

SAINT-JEAN DE CREVE-COEUR.
Sur la culture et les usages du Faux Acacia dans les Etats-Unis de l'Amerique septentrionale. Mem. de la Soc. R. d'Agricult. de Paris, 1786, Trim. d'Hiver, p. 122—143.

86. *Robinia Caragana.*

Baron Sten Carl BJELKE.
Om det siberiska ärte-trädet.
Vetensk. Acad. Handling. 1750. p. 122—127.

———: Caragana siberica.
Analect. Transalpin. Tom. 2. p. 268—270.

87. *Citrorum genus.*

Johann BECKMANN.
Citronen, Orangen, Pomeranzen, Apfelsina, Limonien. in sein. Waarenkunde, 1 Theil, p. 527—572.

88. *Zea Mays.*

John WINTHORP.
The description, culture, and use of Maiz.
Philosoph. Transact. Vol. 12. n. 142. p. 1065—1069.

Pehr KALM.
Beskrifning om Mays, huru den planteras och skötes i Norra America, samt om denna sädes-artens mångfaldiga nytta.
Vetensk. Acad. Handling. 1751. p. 305—318.
1752. p. 24—43.

89. *Carices variæ.*

Johann Gottlieb GLEDITSCH.
Von der nüzlichen anwendung etlicher grossen arten des Riedgrases bey errichtung mittelmässiger oder kleiner

dammwege über die moräste. in seine Physic. Botan. Oecon. Abhandl. 3 Theil, p. 364—397.

———: Sur la maniere utile, dont on peut employer quelques unes des grandes especes de Carex en particulier pour faire de mediocres ou de petites chaussées sur des lieux marecageux.
Hist. de l'Acad. de Berlin, 1768. p. 12—41.

90. *Betula alba.*

Pehr KALM.

Oeconomisk beskrifning öfver Björckens egenskaper och nytta i den allmänna hushålningen. Resp. Joh Grundberg. Pagg. 33. Åbo, 1759. 4.

91. *Urtica urens.*

Von der eigenschaften der Nessel, in ansehung der Landwirthschaft. (e gallico, in Journal Oeconomique.) Neu. Hamburg. Magaz. 37 Stück, p. 86—95.

92. *Morus alba.*

Olivier DE SERRES.

La seconde richesse du Meurier blanc, qui se treuve en son escorce pour en faire des toiles de toutes sortes. impr. avec les Opuscules de Belleval, publiés par Broussonet. Pagg. 18. Paris, 1785. 8.

———: The preparation of the barke of the white Mulberrie, for to make linnen cloath on, and other workes. printèd with his Perfect use of Silk-wormes; p. 86—93. London, 1607. 4.

93. *Quercus Suber.*

Johann BECKMANN.

Kork. in seine Beytr. zur Geschichte der Erfindungen, 2 Band, p. 472—489.

94. *Corylus Avellana.*

Pehr KALM.

Oeconomisk beskrifning öfver vår Svenska Hassel. (Dissertatio Acad.) Resp. Carl Didr. Rahse. Pagg. 20. Åbo, 1759. 4.

95. *Jatropha Manihot.*

Joannes BRUNELLI.
De præcipuis apud Brasiliæ populos Manniocæ usibus. Comm. Instit. Bonon. Tom. 5. Pars 2. p. 334—344.
———— : Observations sur la culture du Manioque. Journal de Physique, Introd. Tome 2. p. 630—638.

96. *Populus tremula.*

Pehr KALM.
Om Aspens egenskaper och nytta i den allmänna hushållningen. (Dissertatio Acad.) Resp. Arv. Mennander. Pagg. 18. Åbo, 1759. 4.

97. *Juniperus communis.*

Pehr KALM.
Beskrifning öfver Eenens egenskaper och nytta. (Dissertationes Acad.) Resp. Mich. Forslin. Åbo, 1770. 4. Förra Delen. pagg. 16. Senare delen. pag. 17—34.

98. *Fraxinus excelsior.*

Grefve Gustaf BONDE.
Tal om Aske-trädets nytta. Pagg. 20. Stockholm, 1756. 8.

99. *Osmunda Struthiopteris.*

Jacob VON ENGESTRÖM.
Hushålls-nyttan af Osmunda Strutiopteris. Physiograph. Sälsk. Handling. 1 Del, p. 115—119.

100. *Conferva rivularis.*

David MEESE.
Van het nut der kruidkunde. Verhandel. van de Maatsch. te Haarlem, 10 Deels 2 Stuk, p. 154—170.

101. *Cocos nucifera.*

Johann BECKMANN.
Kokosnüsse. in sein. Waarenkunde, 1 Theil, p. 411—434.

102. *Phoenix dactylifera.*

René Louiche DESFONTAINES.

Observations sur la culture et les usages economiques du Dattier.

Journal de Physique, Tome 33. p. 351—354.

103. *Plantarum cultura, et speciatim Horticultura.*

Carolus STEPHANUS.

De re hortensi libellus, vulgaria herbarum, florum, ac fruticum, qui in hortis conseri solent, nomina Latinis vocibus efferre docens.
Pagg. 88. Lugduni, 1536. 8.

——— additus est libellus de cultu et satione hortorum, ex antiquorum sententia.
Pagg. 141. Lutetiæ, 1545. 8.

Seminarium, et plantarium fructiferarum præsertim arborum, quæ post hortos conseri solent.
Pagg. 193. ib. 1540. 8.

——— Pagg. 180. ib. 1548. 8.

Pratum, Lacus, Arundinetum.
Foll. 36. ib. 1543. 8.

Arbustum, Fonticulus, Spinetum.
Pagg. 37. ib. 1538. 8.

——— Pagg. 42. ib. 1542. 8.

Sylva, Frutetum, Collis.
Foll. 56. ib. 1538. 8.

Libelli hi quinque, una cum Vineto et Agro, junctim prodierunt sequenti titulo:

Prædium rusticum. Pagg. 648. ib. 1554. 8.

——— Pagg. 599. ib. 1629. 8.

———: gallice in l'Agriculture et maison rustique, vide Tom. 1.

Antonius MIZALDUS.

Secretorum agri enchiridion primum, hortorum curam complectens.
Foll. 180. Lutetiæ, 1560. 8.

Thomas HILL.

The profitable arte of gardening, now the thirde time set forth.
Pagg. 134 et 87. London, 1574. 4.

——— Pagg. 152 et 92. ib. 1579. 4.

Dydymus MOUNTAINE.

The gardeners labyrinth, containing a discourse of the gardeners life, in the yearly travels to be bestowed on his plot of earth, for the use of a garden.
London, 1577. 4.
Pagg. 79 et 180; cum figuris ligno incisis.

John PARKINSON.

Paradisi in sole paradisus terrestris, or a garden of flowers,

—with a kitchen garden—and an Orchard—with the right orderinge, planting and preserving of them and their uses and vertues. London, 1629. fol.
Pagg. 612; cum figuris ligno incisis.

ANON.
Een nyy träägårdz book. tryckt med Arv. Månssons Örtabook. Pagg. 36. Stockholm, 1643. 8.

Johann ROYER.
Unterricht wie ein feiner lust-obst-und küchen-garte anzulegen, allerley schöne gewächse darein zu zeugen, zu verpflanzen, zu warten. impr. cum ejus Beschreibung des gartens zu Hessem; p. 45—96.

Petrus LAUREMBERGIUS.
Horticultura, libris 2 comprehensa.
Francofurti ad Moen. 4.
Pagg. 196. tabb. æneæ 23.
———— ib. 1654. 4.
Pagg. 165 et 43; cum tabb. æneis.

Sir Hugh PLAT, *Knt.*
The garden of Eden, or a description of all flowers and fruits now growing in England, with rules how to advance their nature and growth.
5th edition. Pagg. 175. London, 1660. 8.
The second part of the garden of Eden, never before printed. Pagg. 159. ib. 1660. 8.

William LAWSON.
A new Orchard and garden. printed with Markham's way to get wealth. London, 1660. 4.
Pagg. 112; cum figg. ligno incisis.

Robert SHARROCK.
The history of the propagation and improvement of vegetables, by the concurrence of art and nature.
Pagg. 150. tab. ænea 1. Oxford, 1660. 8.
————: An improvement to the art of gardening, or an exact history of plants.
3d edition. Pagg. 255. London, 1694. 8.

Olao RUDBECK
Præside, Dissertatio: Horticultura nova Upsaliensis. Resp. Gust. Lohrman.
Plagg. $2\frac{1}{4}$. Upsaliæ, 1664. 4.

Renatus RAPINUS.
De universa culturæ hortensis disciplina disputatio. impr. cum ejus Hortorum libris.
Pagg. 69. Ultrajecti, 1672. 8.

Abrahamus MUNTING.
Waare oeffening der planten.
Pagg. 652. tabb. æneæ 40. Amsterdam, 1672. 4.
———: Den tweeden druk.
Pagg. 656. tabb. æneæ 40. ib. 1682. 4.
Textus parum differt ab ejus historia plantarum, vide supra pag. 61, nisi quod in illa etiam usus plantarum medicus consideretur.

John REA.
Flora, or a complete florilege. Ceres. Pomona. 2d impression.
Pagg. 231. tabb. æneæ 8. London, 1676. fol.
——— 3d impression. ib. 1702. fol.
Eadem omnino editio, novo titulo.

D. H. CAUSE.
De Koninglycke hovenier. Amsterdam, (1676.) fol.
Pagg. 224; cum tabb. æneis.

Joannes Sigismundus ELSSHOLZ.
Vom garten-baw, oder unterricht von der gärtnerey auff das clima der Chur-Marck Brandenburg, wie auch der benachbarten Teutschen länder gerichtet. 3ter druck.
Pagg. 395; cum tabb. æneis. Berlin, 1684. 4.

Olaus RUDBECK, *filius.*
Propagatio plantarum botanico-physica.
Upsalæ, 1686. 8.
Pagg. 142; cum figuris ligno incisis, et tabulis æneis. Adest etiam titulus Dissertationis Academicæ, Præside Andrea Drossandro.

Stephanus Ludovicus PACKBUSCH.
Dissertatio de varia plantarum propagatione. Resp. Joh. Jac. Woyt.
Plagg. 2½. Lipsiæ, 1695. 4.

Jean DE LA QUINTINYE.
Instruction pour les jardins fruitiers et potagers.
Troisieme edition. Amsterdam, 1697. 4.
Tome 1. pagg. 276. Tome 2. pagg. 344 et 140; cum tabb. æneis.

Johann Andress STISSER.
Botanica curiosa oder anmerckungen, wie einige frembde kräuter in seinem garten bisshero cultiviret.
Pagg. 223. tabb. æneæ 12. Helmstedt, 1697. 8.
——— Pagg. 224. tabb. 12. ib. (1708.) 8.

ANON.
Ein neues garten-baum-und-pelz-büchlein.
Pagg. 112. Zum erstenmal also gedruckt. 8.

Eines Chur-Fürstlichen kunst-gärtners garten-memorial, sambt einem catalogo der gewächsen.
Pagg. 78. Leipzig, 1703. 8.
——— impr. cum H. Hessens neue gartenlust; sign. C c c 3—F f f 3. ib. 1714. 4.

Henry VAN OOSTEN.
The Dutch gardener, translated from the Dutch.
2d edition. Pagg. 249. tabb. æn. 2. London, 1711. 8.
———: Der Niederländische garten.
Pagg. 79, 30, 44, 84 & 68. tabb. æneæ 5.
Hannover und Wolffenb. 1706. 8.
———: Le jardin de Hollande.
Pagg. 392. tabb. æneæ 5. Leide, 1714. 8.

Wilhelmus Huldericus WALDTSCHMIEDT.
Programma de industria ævi hodierni, qua propagatio plantarum, veterum circa res hortenses occupationes post se relinquit.
Plag. 1. Kiliæ, 1712. 4.

ANON.
De nieuwe naauwkeurige Neederlandse hovenier.
Pagg. 286; cum tabb. æneis. Leyden, 1713. 4.

Heinrich HESSE.
Neue garten-lust. Leipzig, 1714. 4.
Pagg. 389 (præter libellum supra recensitum); cum tabb. æneis.

ANON.
Historischer und verständiger blumen-gärtner, und von anlegung, wartung und pflegung eines baum-und küchen-gartens.
Pagg. 783. tabb. æneæ 21. Leipzig, 1715. 4.

John LAURENCE.
The Clergy-man's recreation, shewing the pleasure and profit of the art of gardening.
4th edition. Pagg. 84. London, 1716. 8.
The Gentleman's recreation, or the second part of the art of gardening improved.
Pagg. 115. tabb. æneæ 3. ib. 1716. 8.

Charles EVELYN.
The Lady's recreation, or the third and last part of the art of gardening improved.
Pagg. 200. ib. 1717. 8.

* * *

The retir'd gardener in 6 parts; the two first being dialogues between a gentleman and a gardener, translated from the second edition printed at Paris, the 4 last

parts translated from the French of *Louis* LIGER; heretofore published in 2 volumes, with alterations and additions by George London and Henry Wise. 2d edition, published in 1 Volume by Jos. Carpenter.
Pagg. 432; cum tabb. æneis. London, 1717. 8.

Samuel COLLINS.
Paradise retrieved, demonstrating the most beneficial method of managing Fruit-trees, with a treatise on Mellons and Cucumbers.
Pagg. 106. tabb. æneæ 2. London, 1717. 8.

Richard BRADLEY.
New improvements of planting and gardening, both philosophical and practical.
Third edition. London, 1719. 8.
Pagg. 71. tab. ænea 1.
Part. 2. pagg. 136. tabb. æneæ 3. 1720.
Part. 3. pagg. 290. tabb. æneæ 2.
——— Sixth edition.
Pagg. 608; cum tabb. æneis. ib. 1731. 8.
Ten practical discourses concerning the four elements, as they relate to the growth of plants.
2d edition. Pagg. 195. ib. 1733. 8.

Thomas FAIRCHILD.
The city gardener, containing the method of cultivating such plants as will be ornamental, and thrive best in the London gardens.
Pagg. 70 London, 1722. 8.

Paolo Bartolomeo CLARICI.
Istoria e coltura delle piante che sono pe'l fiore più ragguardevoli, e più distinte per ornare un giardino in tutto il tempo dell' anno; con un trattato degli Agrumi.
Venezia, 1726. 4.
Pagg. 761; cum icnographia horti Gerardi Sagredo, æri incisa.

G. T. DAHLMAN.
Den färdige trädgårdmästaren.
Pagg. 230. Stockholm, 1728. 8.

John COWELL.
The curious and profitable gardener.
Pagg. 126 & 67. tab. ænea 1. London, 1730. 8.
———: The curious fruit and flower gardener.
2d edition. ib. 1732. 8.
Est eadem editio, novo titulo, et reimpresso ultimo folio.

DE VALLEMONT.

Curiositez de la nature et de l'art sur la vegetation, ou l'agriculture et le jardinage dans leurs perfection.

Paris, 1734. 12.

1 Partie. pagg. 393. 2 Partie. pagg. 293; cum tabb. æneis.

(LA COURT.)

Aenmerkingen over het aenleggen van landhuizen, lusthoven, plantagien enz enz.

Pagg. 412. tabb. æneæ 15. Leiden, 1737. 4.

J. P. B.

En trägårdsbok. Pagg. 212. Stockholm, 1738. 8.

Carl LINNÆUS.

Rön om växters plantering, grundat på naturen.

Vetensk. Acad. Handling. 1739. p. 1—24.

——— : De cultura vegetabilium naturæ convenienter instituenda.

Analect. Transalpin. Tom. 1. p. 1—15.

——— ——— Fundam. botan. edit. a Gilibert, Tom. 2. p. 501—516.

Dissertatio de Horticultura academica. Resp. Joh. Gust. Wollrath. Pagg. 21. Upsaliæ, 1754. 4.

——— Amoenitat. Academ. Vol. 4. p. 210—229.

Dissertatio: Hortus culinaris. Resp. Jon. Tengborg. Pagg. 26. Holmiæ, 1764. 4.

——— Amoenitat. Academ. Vol. 7. p. 18—41.

——— Fundam. botan. edit. a Gilibert, Tom. 2. p. 331—353.

Joannes Andreas UNGEBAUER.

Dissertatio de cultura plantarum. Resp. Jo. Chr. Hebenstreit. Pagg. 28. Lipsiæ, 1741. 4.

Pehr KALM.

Allmänna anmärkningar wid en krydd-och trä-gårds anläggande. Resp. Ol. Westzynthius.

Pagg. 8. Åbo, 1754. 4.

Om möjeligheten och nyttan af krydd-och trä-gårdars anläggande i Finland. Resp. Henr. Lindsteen.

Pagg. 12. ib. 1754. 4.

Dissertatio possibilitatem varia vegetabilia exotica fabricis nostris utilia in Finlandia colendi. Resp. Car. Leopold.

Pagg. 11. ib. 1754. 4.

Johannes GESNERUS.

Theses physicæ miscellaneæ, speciatim de Thermoscopio botanico.

Pagg. 9. Tiguri, 1755. 4.

———— : Vom gebrauche des Thermoscops bey wartung der pflanzen.
Hamburg. Magaz. 16 Band, p. 288—303.

John HILL.
Eden, or a compleat body of gardening.
London, 1757. fol.
Pagg. 712. tabb. æneæ color. 60.
The practice of gardening by T. Perfect, a pupil of Dr. Hill. Pagg. 54. London, 1759. 8.

Antonius Guilielmus PLAZ.
Programma de plantarum sub diverso coelo nascentium cultura. Pagg. xii. Lipsiæ, 1764. 4.

James JUSTICE.
The British gardener's director.
Pagg. 443. Edinburgh, 1764. 8.

Pehr Adrian GADD.
Upmuntran och underrättelse til nyttiga plantagers vidtagande i Finland.
Tredje Stycket. pagg. 16. Åbo, 1765. 4.
Sjette Stycket. pagg. 18. 1768.

Anders LISSANDER.
Anmärkningar vid Svenska trägårds-skötslen.
Pagg. 351. tabb. æneæ 4. Stockholm, 1768. 8.

H. STEVENSON.
The gentleman gardener.
8th edition. Pagg. 293. London, 1769. 12.

Olaf OLAFSYN.
Islendsk urtagards bok. (Islandice.)
Kaupmannahöfn, 1770. 8.
Pagg. 88. tabb. ligno incisæ 5.

Johann Gottlieb GLEDITSCH.
Pflanzenverzeichniss zum nuzen und vergnügen der lust- und baumgärtner, nebst anmerkungen, die deren pflege, vermehrung, pflanz-und blützeit betreffen.
Pagg. 370. Berlin, 1773. 8.

Robert Xavier MALLET.
Beauté de la nature, ou fleurimanie raisonnée, concernant l'art de cultiver les Oeillets, ainsi que les fleurs du premier et second ordre, servant d'ornemens pour les parterres, avec une dissertation sur les arbrisseaux.
Pagg. 274. Paris, 1775. 12.

N. SWINDEN.
The beauties of flora displayed, or Gentleman and Lady's pocket companion to the flower and kitchen garden.
Pagg. 86. tabb. æneæ 4. London, 1778. 8.

Friedrich Kasimir MEDIKUS.
Beiträge zur schönen gartenkunst.
Pagg. 378. Mannheim, 1782. 8.

Friedrich EHRHART.
Gartenanmerkungen.
Hannover. Magaz. 1782. p. 529—544.
——— in seine Beiträge, 2 Band, p. 54—66.
3 Band, p. 1—19.
4 Band, p. 66—76.

TESSIER.
Memoire sur la maniere de parvenir à la connoissance de tous les objets cultivés en grand dans l'Europe, et particulierement dans la France.
Mem. de l'Acad. des Sc. de Paris, 1786. p. 574—589.

André THOUIN.
Memoire sur l'usage du terreau de Bruyère dans la culture des arbrisseaux et arbustes etrangers, regardés jusqu'à present comme delicats dans nos jardins,
Mem. de l'Acad. des Sc. de Paris, 1787. p. 481—495.

John ABERCROMBIE.
The garden vade mecum, or compendium of general gardening. Pagg. 585. London, 1789. 12.
The complete kitchen gardener and hot-bed forcer.
Pagg. 509. ib. 1789. 12.

Christian SOMMERFELDT.
Afhandling om nyttige have-vexters dyrkning for Norge.
Danske Landhuush. Selsk. Skrift. 2 Deel, p. 125—244.

104. *Calendaria Hortensia.*

John EVELYN.
Calendarium hortense, or the gardener's almanac. printed with his Silva; app. p. 53—83. London, 1664. fol.
——— printed with the same; app. p. 183—234.
ib. 1729. fol.
——— seorsim editum. 8th edition.
Pagg. 175 ib. 1691. 8.
——— 10th edition. Pagg. 170. ib. 1706. 8.

Samuel GILBERT.
The gardeners almanack for five years, 1683—1687. printed with his Florist's Vademecum.
Plagg. 1½. ib. 1683. 12.

Richard BRADLEY.
The gentleman and gardener's kalendar.
Third edition. Pagg. 111. ib. 1720. 8.

Philip MILLER.
The gardeners kalendar.
15th edition. Pagg. 382. London, 1769. 8.
John HILL.
The gardener's new kalendar.
Pagg. 428; cum tabb. æneis. ib. 1758. 8.
John ABERCROMBIE.
The universal gardener's kalendar.
Pagg. 496. ib. 1789. 12.

105. *Seminum conservatio, eorumque ac Plantarum deportatio.*

Outger CLUYT.
Memorie der vreemder blom-bollen, wortelen, kruyden, planten, struycken, zaden ende vruchten, hoe men die sal wel gheconditioneert bewaren ende over seynden.
Plag. dimidia. Amsterdam, 1631. 8.
John ELLIS.
Experiments relating to the preservation of Seeds.
Philosoph. Transact. Vol. 51. p. 206—215.
A letter on the success of his experiments for preserving Acorns a whole year without planting them, so as to be in a state fit for vegetation. ibid. Vol. 58. p. 75—79.
Directions for bringing over seeds and plants, from the East-Indies and other distant countries, in a state of vegetation. London, 1770. 4.
Pagg. 33. tab. ænea 1; præter descriptionem Dionææ, de qua supra pag. 277.
Maxima pars hujus libelli redit in Transact. of the Amer. Society, Vol. 1. p. 255—271. Hinc autem excerpta gallice, in Journal de Physique, Tome 2. p. 56—60.
——— London, 1771. 4.
Pagg. 17; præter observationes de collectione insectorum, de quibus Tomo 2. p. 202. Hæc editio parum differt a priori, præcipue vero quod in hac non adsit catalogus plantarum, quas ex India Orientali deportandas suadet.
Some additional observations on the method of preserving Seeds from foreign parts, for the benefit of our American colonies.
Pagg. 15. London, 1773. 4.

Directions for bringing over vegetable productions, which would be beneficial to the inhabitants of the West India islands. printed with his Description of the Mangostan; p. 20—47. London, 1775. 4.

ANON.

Directions for taking up plants and shrubs, and conveying them by sea.
Pag. 1; cum figg. æri incisis. fol.

———: Anweisung wie die pflanzen und gesträuche am besten können ausgehoben und zu see verschickt werden.
Magazin für die Botanik, 2 Stück, p. 72—75.

A list of plants and seeds, wanted from China and Japan, to which is added, Directions for bringing them to Europe. London, 1789 8.
Pagg. 22. tab. ænea 1, exscripta e tabula, Ellisii libello, 1770 edito, præfixa.

NECTOUX.

Observations sur la preparation des envois de plantes et arbres des Indes Orientales pour l'Amerique, et leur traitement pendant la traversée. Mem. de la Soc. R. d'Agricult. de Paris, 1791. Trim. d'Hiver, p. 110—123.

106. *Seminum satio.*

Carolus CLUSIUS.

Catalogi seminum, cum regulis circa eorum sationem. impr. cum Herbario Horstiano; p. 385—414.
Marpurgi, 1630. 8.

Philip MILLER.

A method of raising some exotick seeds, which have been judged almost impossible to be raised in England.
Philosoph. Transact. Vol. 35. n. 403. p. 485—488.

Johanne Gotschalk WALLERIO

Præside, Dissertatio de artificiosa foecundatione immersiva seminum vegetabilium. Resp. Joh. Pihlman.
Pagg. 24. Holmiæ, 1752. 4.

Georgius Rudolphus BOEHMER.

Programmata 2: De serendis vegetabilium seminibus monita.
Singula pagg. viii. Wittebergæ, 1761. 4.

107. *Floristæ, seu de cultura Plantarum Coronariarum Scriptores.*

Joannes Baptista FERRARIUS.
De florum cultura libri 4.
Pagg. 522; cum tabb. æneis. Romæ, 1633. 4.
——— Editio nova, accurante Bernh. Rottendorffio. Amstelodami, 1646. 4.
Pagg. 522; cum tabb. æneis.
———: Flora, overo cultura di fiori, trasportata dalla lingua latina nell' Italiana da Lod. Aureli.
Pagg. 520; cum tabb. æneis. Roma, 1638. 4.

ANON.
Nouveau traité pour la culture des fleurs.
Pagg. 160. Paris, 1682. 12.

Samuel GILBERT.
The florists vade mecum. London, 1683. 12.
Pagg. 252; præter calendarium hortense, de quo supra p. 611.

ANON.
Nouvelle instruction pour la culture des fleurs. impr. avec l'Instruction pour les jardins par de la Quintinye.
Pagg. 140. Amsterdam, 1697. 4.
———: Neue unterweisung zu dem blumen-bau.
Pagg. 317. Leipzig, 1734. 4.
The flower-garden display'd in above 400 representations of the most beautiful flowers, with the description and history of each plant, and the method of their culture.
Pagg. 108. tabb. æneæ color. 13. London, 1732. 4.
——— 2d edition. ib. 1734. 4.
Est eadem editio, novo titulo, et addito libello Thomæ More, de quo infra.

Johann Christian LEHMANN.
Vollkommner blumen garten im Winter.
Pagg. 71. tab. ænea 1. Leipzig, 1750. 4.

Johann August GROTJAN.
Physikalische winterbelustigung mit Hyacinthen, Jonquillen, Tazzetten, Tulipanen, Nelken und Leucojen.
Pagg. 120. Nordhausen, 1750. 8.

John HILL.
A method of producing double flowers from single, by a regular course of culture. 2d edition.
Pagg. 40. tabb. æneæ 7. London, 1759. 8.

——— : Manier, om uit enkele bloemen dubbele voort te brengen, door een regelmatig beloop van kweeking. Uitgezogte Verhandelingen, 7 Deel, p. 67—100.

The origin and production of proliferous flowers, with the culture at large for raising double from single, and proliferous from the double.
Pagg. 38. tabb. æneæ 7. London, 1759. 8.

Pehr KALM.

Utkast til en blomstergård af inhemska växter. Resp. Joh. Lindwall.
Pagg. 15. Åbo, 1766. 4.

Heinrich Christian VON BROCKE.

Beobachtungen von einigen blumen, deren bau, und zubereitung der erde.
Pagg. 264. Leipzig, 1771. 8.

ANON.

Trattato de' fiori, che provengono da cipolla, in cui si contiene tutto ciò, ch'é necessario per ben coltivarli.
Pagg. 108. Cremona, 1773. 12.

The complete florist. the 2d edition.
Pagg. 147. London. 12.

Johann BECKMANN.

Gartenblumen. in seine Beytr. zur Geschichte der Erfindungen, 3 Band, p. 296—308.

108. *Arborum Cultura.*

Pierre BELLON.

Les remonstrances sur le default du labour et culture des plantes, et de la cognoissance d'icelles, contenant la maniere d'affranchir et apprivoiser les arbres sauvages.
Foll. 80. Paris, 1558. 8.

——— : De neglecta stirpium cultura atque earum cognitione libellus, edocens qua ratione silvestres arbores cicurari et mitescere queunt ; latine per C. Clusium. impr. cum hujus versione latina observationum Bellonii.
Pagg. 87. Antverpiæ, 1589. 8.

——— ——— in Exoticis Clusii, Parte 2. p. 209—242.

Franciscus VAN STERBEECK.

Citricultura, oft regeringhe der uythemsche boomen.
Pagg. 296. tabb. æneæ 14. Antwerpen, 1682. 4.

——— Den tweeden druck verbetert. ib. 1712. 4.
Est eadem editio, novo tantum titulo.

Agostino SACCONI.

Ristretto delle piante, con sui nomi antichi e moderni, della terra, aria, e sito, ch' amano. (edidit frater Franc. Persius Sacconi.)

Pagg. 127. Vienna d'Austria, 1697. 4.

Mårten TRIEWALD.

Anmärkningar vid utländska frukt-och andra träds planterande i Sverige.

Vetensk. Acad. Handling. 1740. p. 204—207.

Thomas BARNES.

A new method of propagating Fruit-trees, and flowering shrubs, from their parts. 3d edition.

Pagg. 40. tabb. æneæ 2. London, 1762. 8.

Excerpta germanice, in Berlin. Magaz. 1 Band, p. 199—208.

Friedrich Kasimir MEDICUS. vide supra pag. 207.

Anmerkung über die versuche, ausländische bäume und sträuche an unsern himmelsstrich auszugewöhnen. Bemerk. der Kuhrpfälz. Phys. Ökon. Gesellsch. 1778. p. 29—61.

Versuche über die beste art der anpflanzung, um ausländische bäume an unsern himmelsstrich anzugewöhnen. ibid. 1780. p. 131—177.

Von dem einflusse der strengen winter der drei jahre von 1782 bis 1785 auf die kultur fremder an unsern himmelsstrich angewöhnter, oder anzugewöhnender bäume und sträucher. Betrachtungen über die drei monate, März, April, und Mai der viehr jahre 1782—1785, als des ersten wachsthumes-zeitpunktes. Versuch zu genauerer bestimmung des wachsthumes einiger bäume und stauden. Vorles. derselb. Ges. 1 Band, p. 39—176.

Christian Johann Friederich VON DIESKAU.

Das regelmässige versezen der bäume in wäldern und gärten. Pagg. 167. Meiningen, 1776. 8.

DURANDE.

Nouveau moyen de multiplier les arbres etrangers. Nouv. Mem. de l'Acad. de Dijon, 1784. 2 Sem. p. 7—9.

LESCALLIER.

Memoire sur les Epiceries de l'Inde naturalisées dans la Guiane. Mem. de la Soc. R. d'Agricult. de Paris, 1788. Trim. d'Automne, p. 28—36.

Guillaume Antoine OLIVIER.

Observations sur la culture de l'arbre-à-Pain et des Epiceries, à la Guyane Française.

Journal d'Hist. Nat. Tome 2. p. 72—80.

William FORSYTH.
Observations on the diseases, defects, and injuries in all kinds of fruit and forest trees, with an account of a particular method of cure.
Pagg. 71. London, 1791. 8.

109. *Arborum Sylvestrium cultura.*

John EVELYN.
Sylva, or a discourse of Forest-trees.
London, 1664. fol.
Pagg. 120; præter Pomonam et Kalendarium hortense, de quibus supra.
——— 5th edition. ib. 1729. fol.
Pagg. 329; præter Terram, Pomonam, Acetaria, et Kalendarium hortense.
——— with notes by Alexander Hunter.
Pagg. 649. tabb. æneæ 39. York, 1776. 4.
Moses COOK.
The manner of raising, ordering, and improving Forest trees. 3d edition.
Pagg. 273. tabb. æneæ 4. London, 1724. 8.
Batty LANGLEY.
A sure method of improving estates by plantations of Oak, Elm, Ash, Beech, and other timber trees.
Pagg. 274. tab. ænea 1. London, 1728. 8.
George Louis le Clerc Comte DE BUFFON.
Memoire sur la conservation et le retablissement des Forests.
Mem. de l'Acad. des Sc. de Paris, 1739. p. 140—156.
Memoire sur la culture des Forests. ibid. 1742. p. 233—246.
Baron Carl Wilhelm CEDERHJELM.
Tal om wilda träns plantering i Sverige.
Plag. 1½. Upsala, 1740. 8.
Carl LINNÆUS.
Handling om Skogars plantering.
Vetensk. Acad. Handling, 1748. p. 264—269.
Pehr KALM.
Anmärkningar om våra Furu-och Gran-skogars ömmare wård, tagne af deras ålder. Resp. Ingevald Nordling.
Pagg. 12. Åbo, 1757. 4.
Anmärkningar rörande nödvändigheten af Ek-skogarnas bättre vård och ans i Finland. Resp. Nicl. Crusell.
Pagg. 12. ib. 1757. 4.

Henry Louis Du Hamel *du Monceau.*

Des Semis et plantations des Arbres, et de leur culture. Paris, 1760. 4.

Pagg. 383. tabb. æneæ 16; præter additiones ad librum de Arboribus, de quibus supra pag. 206.

De l'exploitation des Bois. ib. 1764. 4.

1 Partie. pagg. 430. tabb. æneæ 13.

2 Partie. pag. 431—708. tab. 14—36.

Johann Andreas Cramer.

Anleitung zum Forst-wesen.

Pagg. 200. tabb. æneæ 60. Braunschweig, 1766. fol.

Johann Gottlieb Gleditsch.

Ueber die ursachen einer unsichern verpflanzung der bereits erwachsenen Fichten und Wachholdern, aus ihren natürlichen standpläzen, in unsern heyden. in sein. Phys. Botan. Oecon. Abhandl. 1 Theil, p. 39—57.

Gedanken über die fragen: durch was für wege geschiehet die hauptvermehrung des wilden holzes in unsern forsten am besten? und: welches ist die vorzüglichste art, die Eichen zum nuzen des forstwesens zu säen? ibid. p. 69—93.

Systematische einleitung in die neuere Forstwissenschaft. Berlin, 1775. 8.

1 Band. pagg. 544. 2 Band. pagg. 677.

Anon.

Anleitung für die landleute in absicht auf die pflanzung der wälder. Abhandl. der Naturf. Gesellsch. in Zürich, 3 Band, p. 205—266.

Heinrich Christian von Brocke.

Wahre gründe der physicalischen und experimental allgemeinen Forst-wissenschaft.

1 Theil. pagg. 424.

2 Theil. pag. 425—734. Leipzig, 1768. 8.

3 Theil. pagg. 654. tabb. æneæ 4. 1772.

4 Theil. pagg. 688. tabb. æneæ 2. 1775.

Friedrich Wilhelm Weiss.

Entwurf einer Forstbotanik. 1 Band.

Pagg. 358. tabb. æneæ 8. Göttingen, 1775. 8.

F. A. M.

Gedanken über diejenigen unterhaltungsanstalten, die durch die holzsaat, und das anpflanzen in unsern waldungen, nach der natur derselben, unserer kameralverfassung und dem holzhandel geschehen können. Beschäft. der Berlin. Ges. Naturf. Fr. 2 Band, p. 307—325.

Robert MARSHAM.

On the usefulness of washing and rubbing the stem of trees, to promote their annual increase.
Philosoph. Transact. Vol. 67. p. 12—14.

———— : Dell' utilità di lavare, e strofinare i tronchi delle piante per promovere il loro annuo ingrossamento.
Opuscoli scelti, Tomo 2. p. 122.

A further account of the usefulness of washing the stems of trees.
Philosoph. Transact. Vol. 71. p. 449—453.

William BOUTCHER.

A treatise on Forest-trees.
2d edition. Pagg. 259. Edinburgh, 1778. 4.

Friedrich August Ludwig VON BURGSDORF.

Von den eigentlichen theilen und grenzen der systematischen Forstwissenschaft.
Schr. der Berlin. Ges. Naturf. Fr. 4. Band, p. 99—127.

Versuch einer vollständigen geschichte vorzüglicher holzarten.
1 Theil. die Büche. Berlin, 1783. 4.
Pagg. 492. tabb. æneæ 24.
2 Theil. die einheimischen und fremden Eichenarten.
1 Band. Pagg. 234. tabb. æn. color. 9. 1787.

Johann Christoph HEPPE.

Von der forstkenntnis.
in ejus Jagdlust, 3 Theil, p. 351—754.

André THOUIN.

Sur les avantages de la culture des Arbres etrangers pour l'emploi de plusieurs terrains de differente nature abandonnés comme steriles. Mem. de la Soc. R. d'Agricult. de Paris, 1786, Trim. d'Hiver, p. 43—59.

A. EMMERICH.

The culture of Forests.
Pagg. 122 & 21. London, 1789. 8.

Christian Frands SCHMIDT.

Kort anvisning til vilde träers opelskning og skoves rette anläg, behandling og vedligeholdelse i Dannemark.
Danske Landhuush. Selsk. Skrift. 3 Deel, p. 1—170.

Pehr Adrian GADD.

Academisk Afhandling om medel at underhålla och öka skogsväxten i Finland. Resp. Fredr. Sjöstedt.
Pagg. 26. Åbo, 1792. 4.

110. *Cultura Arborum, quæ vulgo Fructiferæ audiunt.*

A booke of the arte and maner, howe to plant and graffe all sortes of trees, howe to set stones, and sowe pepines to make wylde trees to graffe on, by one of the abbey of Saint Vincent in Fraunce, practised with his owne handes; with an addition in the ende of this booke, of certaine Dutch practises, set forth and englished by Leonard Mascall.
Pagg. 90. tab. ligno incisa 1. London (1572.) 4.

Ra. AUSTEN.
A treatise of Fruit-trees. 2d edition.
Pagg. 140 & 208. Oxford, 1657. 4.

N. F. D. (*Nicolas* FACIO DE DUILLIER.)
Fruit-walls improved, by inclining them to the horizon. By a member of the Royal Society.
Pagg. 128. tabb. æneæ 2. London, 1699. 4.

T. LANGFORD.
Instructions to raise all sorts of Fruit-trees that prosper in England.
Pagg 220. tabb. æneæ 2. London, 1699. 8.

ANON.
Gründliche anweisung zu woleingerichteten baum-schule.
Pagg. 120. tabb. æneæ 12. Hamburg, 1702. 8.

F. C. WEBER.
Gründliche einleitung zum garten-bau, und insonderheit zur baum-zucht, aus den fransösischen schrifften des Hrn. Quintinye und des Jardinier solitaire, wie auch aus dem mündlichen unterricht geschickter gärtner.
Pagg. 199; cum tabb. æneis. Hamburg, 1725. 4.

Batty LANGLEY.
Pomona, or the fruit-garden illustrated.
Pagg. 150. tabb. æneæ 79. London, 1729. fol.

DE LA RIVIERE *et* DU MOULIN.
Methode pour bien cultiver les arbres à fruit, et pour elever des treilles.
Pagg. 232. Utrecht, 1739. 8.

Joan Daniel DENSO.
Von anlegung und vermerung wilder obstbäume. in ejus Beiträge zur Naturkunde, 7 Stük, p. 620—627.
Von der zamen baumzucht. ibid. 11 Stück, p. 919—973.

Pehr KALM.

Anmärkningar vid frukt-träns planterande i Finnland. Resp. El. Nibling.
Pagg. 12. Åbo, 1757. 4.

Keane FITZGERALD.

Experiments on checking the too luxuriant growth of Fruit-trees, tending to dispose them to produce fruit.
Philosoph. Transact. Vol. 52. p. 71—75.

Clas Blechert TROZELIUS.

Landtmanna genväg til frukt-trän. Resp. Rich. Arr. Åkerman.
Pagg. 16. Lund, 1780. 4.

Philip LE BROCQ.

A description of certain methods of planting, training, and managing all kinds of fruit-trees, vines, &c.
Pagg. 43. London, 1786. 8.

Carl Niclas HELLENIUS.

Strödde anmärkningar rörande fruktträns skötsel i Finland. Resp. Er. Joh. von Pfaler.
Pagg. 13. Åbo, 1789. 4.

Anmärkningar vid fruktbärande buskars skötsel. Resp. Joh. Forsbom.
Pagg. 10. ib. 1789. 4.

111. *Arborum Insitio, &c.*

Jean Baptiste des Chiens DE RESSONS.

Maniere de greffer les arbres de fruits à noyeaux sans perdre aucun temps.
Mem. de l'Acad. des Sc. de Paris, 1716. p. 195—199.

Henry Louis DU HAMEL *du Monceau.*

De l'importance de l'analogie, et des rapports que les arbres doivent avoir entre eux pour la reüssite et la durée des greffes. ibid. 1730. p. 102—116.
1731. p. 357—369.

Recherche d'une methode pour faire reussir les boutures et les marcottes, principalement à l'egard des arbres. ibid. 1744. p. 1—36.

ANON.

Eine neue und sinnreiche art orangerie bäume zu propfen. (ex anglico, in Gentleman's Magazine.)
Physikal. Belustigung. 3 Band, p. 989—991.

Thomas Andrew KNIGHT.

Observations on the grafting of trees.
Philosoph. Transact. 1795. p. 290—295.

112. *Arborum Putatio.*

L'art ou la maniere de tailler les arbres fruitiers.
Amsterdam, 1699. 4.
Pagg. 19; cum figg. ligno incisis.

Georg LIEGELSTEINER.
Wohl fundirter zwerg-baum, oder unterricht wie die zwerg-bäume beschnitten werden.
Franckf. am Mayn, 1702. 8.
Pagg. 124; cum tabb. æneis.

ANON.
Essay concerning the best methods of pruning fruit-trees, also the method of pruning timber-trees.
London, 1732. 8.
Pagg. 22; præter libellum de Solano tuberoso, de quo infra pag. 627.

Elias Friedrich SCHMERSAHL.
Abhandlung von dem baumschnitte.
Hamburg. Magaz. 10 Band, p. 42—66.

Jonas Theodor FAGRÆUS.
Konsten at skära frukt träd. Götheb. Wetensk. Samh. Handl. Wetensk. Afdeln. 2 Styck. p. 45—62.]

113. *Cultura variarum Plantarum.*

Johan Laurent. HUSS.
Försök med Bokhvete och Turkisk Tobak.
Vetensk. Acad. Handling. 1749. p. 204—209.

Baron Nils PALMSTJERNA.
Beskrifning huru Treffle, Saint-Foin och Luzerne sås uti Flandern, jämte sättet at plantera hvit Ahl. ibid. 1764. p. 212—221.

VAN BERCHEM, *pere.*
Sur une methode particuliere de cultiver les Pommes de terre et les Raves.
Mem. de la Soc. de Lausanne, 1783. p. 211—217.

Jean PARMENTIER.
Traité sur la culture et les usages des Pommes de terre, de la Patate et du Topinambour.
Pagg. 386. Paris, 1789. 8.

114. *Cultura specierum singularum.*

Canna indica.

Friedrich Kasimir MEDICUS.
Ueber das ausdaurungsvermögen des Cannacorus in freyer luft. Usteri's Annalen der Botanick, 13 Stück, p. 39—43.

115. *Olea Europæa.*

Piero VETTORI.
Delle lodi e della coltivatione de gl' Ulivi.
Pagg. 89. Firenze, 1569. 4.
———: di nuovo ristampato colle annotazioni del Dott. Gius. Bianchini. Pagg. 80. ib. 1718. 4.

SIEUVE.
Memoire et journal d'observations et d'experiences sur les moyens de garantir les Olives de la piquure des Insectes. Nouvelle methode pour en extraire une huile plus abondante et plus fine.
Pagg. 126. tabb. æneæ 3. Paris, 1769. 8.

Joaõ Antonio DALLA BELLA.
Memorias e observações sobre o modo de aperfeiçoar a manufactura do Azeite de Oliveira em Portugal.
Pagg. 137. tab. ænea 1. Lisboa, 1784. 4.
Memoria sobre a cultura das Oliveiras em Portugal.
Pagg. 190. Coimbra, 1786. 4.

COUTURE.
Traité de l'Olivier. Aix, 1786. 8.
Livre 1. pagg. 344. tabb. æneæ 5. Livre 2. pagg. 436. tab. 6 & 7.
Reponse aux observations sur le traité de l'Olivier, publiées par M. Bernard dans le Journal de Provence.
Pagg. xxvi. 8.

Jean Antoine PENCHIENATI.
Moyens d'augmenter la recolte des Olives par la destruction du Chiron ou Cairon.
Mem. de l'Acad. de Turin, Vol. 3. p. 591—608.

BERNARD.
Memoire pour servir à l'histoire naturelle de l'Olivier.
Tome 2. de ses Memoires pour servir à l'hist. nat. de la Provence, vide supra pag. 92.

DE LA BROUSSE.
Traité sur l'Olivier. dans ses Melanges d'Agriculture, Tome 2. p. 55—143.

Guillaume Antoine OLIVIER.
Memoire sur la cause des recoltes alternes de l'Olivier. Du tort que les Olives eprouvent l'annee de la mauvaise recolte. Moyens de se procurer des recoltes annuelles, et de diminuer le nombre des Insectes rongeurs des Olives.
Journal d'Hist. Nat. Tome 1. p. 386—402.

116. *Piper nigrum.*

Account of the cultivation of Pepper. Dalrymple's Oriental repertory, Vol. 1. p. 1.—38, et p. 451—466.

117. *Crocus sativus.*

Charles HOWARD.
An account of the culture, or planting and ordering of Saffron.
Philosoph. Transact. Vol. 12. n. 138. p. 945—949.

James DOUGLASS.
An account of the culture and management of Saffron in England.
Philosoph. Transact. Vol. 35. n. 405. p. 566—574.

de la Taille DES ESSARTS.
Memoire sur le Safran.
Pagg. 100. Orleans, 1766. 8.

Pehr Adrian GADD.
(Academisk) Afhandling om äkta Saffran, och dess plantering. Resp. Carl Björkström.
Pagg. 10. Åbo, 1769. 4.

118. *Scirpus lacustris.*

Pehr HÖGSTRÖM.
Om Säfs plantering i sjöar, til foder för boskap.
Vetensk. Acad. Handling. 1752. p. 203—205.

119. *Saccharum officinarum.*

William BELGROVE.
A treatise upon husbandry and planting.
Pagg. 86. Boston, New England, 1755. 4.

Charles DE CASAUX.
Systeme de la petite culture des Cannes à sucre.
Philosoph. Transact. Vol. 69. p. 207—278.

——— Seorsim adest pagg. 74. tab. ænea 1. London, 1779. 4.
——— dans le Traité du Sucre de M. Le Breton, p. 25—82. Paris, 1789. 12.
Essai sur l'art de cultiver la Canne, et d'en extraire le Sucre. Pagg. 512. tab. ænea 1. Paris, 1781. 8.

DUTRÔNE LA COUTURE.
Precis sur la Canne, et sur les moyens d'en extraire le sel essentiel.
Pagg. 382. tabb. æneæ 6. Paris, 1790. 8.

William ROXBURGH.
An account of the Hindoo method of cultivating the Sugar cane, and manufacturing the Sugar and Jagary in the Rajahmundry Circar; also the process observed, by the natives of the Ganjam district, in making the Sugars of Barrampore.
Dalrymple's Oriental repertory, Vol. 2. p. 497—514.

120. *Poa aquatica.*

Pehr OSBECK.
Om Kassevie-gräsets plantering.
Vetensk. Acad. Handling. 1757. p. 53—56.

121. *Hordeum distichon β. nudum.*

Tiburtius TIBURTIUS et *Samuel* SCHULTZE.
Om Himmels-kornet. ibid. 1749. p. 50—60.

122. *Triticum repens.*

Carl Magnus BLOM.
Om Hvit-rotens förmonliga fortplantande på ängar, utan gödsel. ibid. 1782. p. 244—247.

123. *Dipsacus fullonum β.*

Eric Gustaf LIDBECK.
Beskrifning om Strå-kardors plantering. ibid. 1756. p. 123—126.

124. *Rubia tinctorum.*

Eric Gustaf LIDBECK.
Beskrifning på rätta planter-och tilrednings-sättet af Krapp. ibid. 1755. p. 117—129.

Henry Louis DU HAMEL *du Monceau.*
Memoires sur la Garance et sa culture.
Pagg. 80. tabb. æneæ 8. Paris, 1757. 4.
———: Memorias sobre la Granza, o Rubia, y su cultivo.
Pagg. 126. tabb. æneæ 5. Madrid, 1763. 4.
Philip MILLER.
The method of cultivating Madder. London, 1758. 4.
Pagg. 38. tabb. æneæ 7; quarum 1 coloribus fucata.
——— in the 7th and 8th editions of his Dictionary, under Rubia.
Johann Gottlieb GLEDITSCH.
Ueber den anbau der Röthe in der Mark Brandenburg, und denen nächst gränzenden antheilen des Sächsischen Churkreises und der Niederlausiz. in sein. Phys. Botan. Oecon. Abhandl. 2 Theil, p. 305—322.
ALTHEN.
Memoire sur la culture de la Garance.
Journal de Physique, Introd. Tome 2. p. 152—162.
Giovanni MARITI.
Della Robbia, sua coltivazione, e suoi usi.
Pagg. 294. tabb. æneæ 5. Firenze, 1776. 8.
Antonio MONDAINI.
Memoria sopra la coltivazione della Robbia, secondo il metodo che si pratica in Cipro. in libro præcedenti; p. 59—99.
Stephan GUGENMUS.
Beobachtungen über den Krappbau. Bemerk. der Kuhrpfälz. Phys. Ökonom. Gesellsch. 1777. p. 81—116.
Andrea ZUCCHINI.
Memoria per servire alla coltivazione della Robbia in Toscana.
Opuscoli scelti, Tomo 5. p. 340—347.
Auguste Denis FOUGEROUX *de Bondaroy.*
Memoire sur la Garance. Mem. de la Soc. R. d'Agricult. de Paris, 1787. Trim. d'Hiver, p. 84—97.

125. *Convolvulus Batatas.*

Jean PARMENTIER.
Memoire sur la culture et les usages de la Patate.
Mem. de l'Acad. de Toulouse, Tome 3. p. 183—196.

126. *Coffea arabica.*

MILHAU.
Dissertation sur le Caffeyer.
Pagg. 29. Montpellier, 1746. 8.
Johan SILANDER.
Beskrifning på Caffé-trädet i Suriname.
Vetensk. Acad. Handling. 1757. p. 236—243.
Christian Hinrich BRAAD.
Berättelse om Coffé-planteringen och handelen i Yemen. ibid. 1761. p. 252—258.
——— : Berigt wegens het teelen van de Koffy, en den handel, die daar mede gedreeven wordt in Gelukkig Arabie.
Uitgezogte Verhandelingen, 10 Deel, p. 335—344.
Elie MONNEREAU.
Traité sur la culture du Café. impr. avec son parfait Indigotier; p. 123—202.

127. *Solanum tuberosum.*

A discourse concerning the improvement of the Potatoe. printed with an essay concerning Pruning; p. 23—64.
London, 1732. 8.
Tobias Conrad HOPPE.
Bericht von denen Erd-äpfeln.
Pagg. 32. Wolfenbüttel, 1747. 4.
Patrick ALSTRÖM.
Angående Potatoes plantering och nyttjande.
Vetensk. Acad. Handling. 1747. p. 185—191.
Baron Jacob Albert LANTINGSHAUSEN.
Underättelse huru Jordpäron planteras och nyttjas i Elsas, Lotthringen, Phalz &c. ibid. p. 192—206.
——— : Berigt, hoe de Aard-appelen in den Elsaz, Lotharingen en de Palz geteeld en gebruikt worden.
Uitgezogte Verhandelingen, 5 Deel, p. 566—578.
Axel Fredric CRONSTEDT.
Berättelse om Jord-pärons plantering i Dalarne och Bergslagen.
Vetensk. Acad. Handling. 1764. p. 275—289.
Johann Gottlieb GLEDITSCH.
Ueber die vermehrungsarten der Tartuffelstaude. in sein. Phys. Botan. Oecon. Abhandl. 1 Theil, p. 157—198,

Alexander HUNTER.
On Potatoes. in his Georgical Essays, Vol. 2. p. 101—115.
Richard TOWNLEY.
On the culture of Potatoes. ib. Vol. 4. p. 23—53.
Johan ALSTRÖMER.
Potaters plantering, grundad på rön och försök.
Vetensk. Acad. Handling. 1777. p. 246—265.
Heinrich SANDER.
Nachricht wegen der Ertoffeln.
in seine kleine Schriften, 1 Band, p. 292—294.

128. *Nicotiana Tabacum.*

Commercie Collegii underrättelse på hvad sätt Tobaksplanteringen uti Sverige inrättas bör.
Plag. dimidia. (Stockholm, 1724.) 4.
Ytterligare undervisning om Tobakets plantering (utgifven af Commercie Collegium.)
Plag. dimidia. ib. 1728. 4.
Undervisning om Tobaks plantering efter det Holländska sättet.
Plag. dimidia. 4.
Samuel HESSELIUS.
Beskrifning om Tobaks-plantering och skiötsel uti America.
Plag. 1. Stockholm, 1733. 4.
Niccolo GAVELLI.
Storia distinta, e curiosa del Tabacco, concernente la sua scoperta, la introduzione in Europa, e la maniera di coltivarlo, consevarlo, e prepararlo.
Pagg. 84. Pesaro, 1758. 8.
ANON.
Berigt wegens het Tabak-planten, zo als het in verscheide streeken der Nederlanden geoefend worden.
Uitgezogte Verhandelingen, 7 Deel, p. 1—27.
Jonathan CARVER.
A treatise on the culture of the Tobacco plant.
Pagg. 54. tabb. æneæ color. 2. London, 1779. 8.
LEFEBURE et TESSIER.
Avis aux cultivateurs, sur la culture du Tabac en France, publié par la Societé Royale d'Agriculture.
Pagg. 16. Paris, 1791. 8.

129. *Vitis vinifera.*

Conf. sect. 10—16. pag. 566 seqq.

William HUGHES.

The compleat vineyard, or an excellent way for the planting of Vines.

Pagg. 92. tab. ænea 1. London, 1670. 8.

Francesco FOLLI.

Dialogo intorno alla cultura della Vite.

Pagg. 79. Firenze, 1670. 8.

William SPEECHLY.

A treatise on the culture of the Vine.

Pagg. 224. tabb. æneæ 5. York, 1790. 4.

J. M. ROLAND.

De l'Ente et de l'Enture de la Vigne, ou de la Greffe et de la maniere de la greffer.

Journal de Physique, Tome 39. p. 48—53.

Conte Pietro DE' CARONELLI.

Transunto di una memoria sulla coltivazione delle Viti.

Atti della Soc. Patriot. di Milano, Vol. 3. p. 3—83.

Don Giulio BRAMIERI.

Transunto delle risposte al quesiti della Società Patriotica di Milano, intorno alla coltivazione delle Viti. ib. p. 84—157.

130. *Beta Cicla.*

DE COMMERELL.

Memoire et instruction sur la culture, l'usage et les avantages de la Racine de disette, ou Betterave champetre.

Pagg. 47. tabb. æneæ 2. Paris, 1788. 8.

———: Bericht wegens de aankweeking en het gebruik van den Schaarsheid-of Mangel-wortel. Verhand. door de Maatsch. ter bevord. van den Landbouw te Amsterdam, 7 Deels, 1 Stuk, p. 1—80.

131. *Carum Carvi.*

Anders ROSENSTEN.

Om Kummins aflande och tilväxande.

Vetensk. Acad. Handling. 1744. p. 233—243.

Johann Gottlieb GLEDITSCH.

Ueber den anbau des Kümmels in der Mark. in sein. Physic. Botan. Oecon. Abhandl. 2 Theil, p. 376—394.

132. *Linum usitatissimum.*

Stephen Bennet.
Berättelse om Lins planterande och tilberedning.
Plagg. 10. Stockholm, 1738. 4.
Carl von Ehrenclou.
Försök vid Linfrös såning.
Vetensk. Acad. Handling. 1746. p. 187—193.
Haquin Huss.
Om Linsädet och dess handtering i Ångermanland. ibid. 1747. p. 97—103.
Anders Berch.
Nätra Sokns Lin-säde i Ångermanland. Resp. Ol. Törnsten.
Pagg. 33. tab. ænea 1. Upsala, 1753. 8.
Pehr Kalm.
Om det så kallade gröna Linets plantering och skötsel i Orihvesi Sokn. Resp. Sam. Salovius.
Pagg. 23. Åbo, 1757. 4.
Petrus Nygren.
Rön om Lin-åkrars risning.
Vetensk. Acad. Handling. 1762. p. 235—240.
Georg Henrich Stork.
Methode, wie man den Flachs auf dem Hunnsrick pflanzet und zurichtet. Bemerk. der Kuhrpfälz. Phys. Ökonom. Gesellsch. 1774. p. 50—83.
C. L. Fliesen.
Beobachtungen über den Flachsbau. ibid. 1775. p. 65—86.
Pehr Adrian Gadd.
Chemiske och botaniske anmärkningar om Lin-och Hampe-växterne, samt deras beredning. Resp. Joh. Gust. Justander.
Pagg. 18. Åbo, 1786. 4.

133. *Bromelia Ananas.*

William Bastard.
On the culture of Pine-Apples.
Philosoph. Transact. Vol. 67. p. 649—652.
———— : Sulla coltivazione degli Ananassi.
Opuscoli scelti, Tomo 2. p. 240, 241.

ANON.
Die beste art und weise Ananas zu pflanzen, aus einer französischen handschrift übersezt.
Pagg. 26. tabb. æneæ 2. Stuttgart, 1778. 8.
William SPEECHLY.
A treatise on the culture of the Pine Apple.
York, 1779. 8.
Pagg. 100. tab. ænea 1; præter libellum de Insectis viridariis infestis, de quo Tomo 2. p. 545.
——— : Verhandeling over het kweeken der Ananassen. Geneeskund. Jaarboeken, 5 Deel, p. 188—210, & p. 273—293.
Giuseppe PICCIUOLI.
Memoria sulla coltivazione degli Ananassi. impr. cum ejus Horto Panciatico; p. 24—32.
Conte FRAYLINO DI BUTTIGLIERA.
Sulla maniera di riscaldare economicamente le serre degli Ananassi.
Opuscoli scelti, Tomo 11. p. 15—17.

134. *Amaryllis Belladonna.*

C. L. KRAUSE.
Eine besondere art die fleischfarbene Amaryllis zur flor zu bringen.
Physikal. Belustigung. 2 Band, p. 676—678.

135. *Allium Cepa.*

Von der cultur der Zwiebeln.
Hamburg. Magaz. 24 Band, p. 161—172.

136. *Tulipa gesneriana.*

(D'ARDENE.)
Traité des Tulipes.
Pagg. 252. tabb. æneæ 2. Avignon, 1760. 12.

137. *Polianthes Tuberosa.*

Elias Friedrich SCHMERSAHL.
Abhandlung von der Tuberose.
Hamburg. Magaz. 13 Band, p. 46—56.
——— Neu. Hamburg. Magaz. 114 Stück, p. 530—541.

138. *Hyacinthus orientalis.*

(D'ARDENE.)
Trattato sulla cognizione, e cultura de Giacinti, tradotto dal francese.
Pagg. 112. tabb. æneæ 2. Viterbo, 1763. 8.

(*Marquis* DE SAINT-SIMON.)
Des Jacintes, de leur anatomie, reproduction et culture. Amsterdam, 1768. 4.
Pagg. 164. tabb. æneæ 10; præter catalogos Hyacinthorum, pagg. 15.

Marquis DE GOUFFIER.
Memoire sur la Jacinthe.
Journal de Physique, Tome 32. p. 343—347.

139. *Asparagus officinalis.*

J. E. L. EHRENREICH.
Om Sparris-plantering.
Vetensk. Acad. Handling. 1765. p. 214—220.

140. *Dracæna Draco.*

Johann Gottlieb GLEDITSCH.
Von der gewönlichen pflege des Drachenbaumes, in den lustgärten des nordlichen Deutschlandes. in sein. Vermischte Bemerkung. 1 Theil, p. 180—200.

141. *Oryza sativa.*

The Rice manufacture in China, from the originals brought from China. London. fol. obl.
Tabb. æneæ 24, lat. 10 unc. long. 8 unc.

DE GOUFFIER.
Memoire sur la culture du Riz. Mem. de la Soc. R. d'Agricult. de Paris, 1789. Trim. de Printemps, p. 137—170.

142. *Dianthus Caryophyllus.*

D'ARDENE.
Traité des Oeillets.
Pagg. 403. tabb. æneæ 2. Avignon, 1762. 12.

143. *Reseda Luteola.*

Eric Gustaf LIDBECK.
Beskrifning om Gaudes eller Vaus plantering.
Vetensk. Acad. Handling. 1755. p. 311—314.

144. *Caryophyllus aromaticus.*

Antoine François FOURCROY.
Memoire sur la culture du Giroflier dans les îles de Bourbon et de Cayenne, sur la preparation du Girofle dans ces îles, et sur sa qualité comparée à celles du girofle des Moluques. Annales de Chimie, Tome 7. p. 1—24.

ANON.
Bemerkungen über die erziehung und wartung des Gewürz-nägelein-baumes. Beobacht. der Berlin. Gesellsch. Naturf. Fr. 5 Band, p. 238—248.

145. *Cratægus Oxyacantha.*

Gustaf Fredric HJORTBERG.
Rön at på sakraste sattet, och i kortaste tid anlägga Hagtorns häckar. Götheborgska Wetensk. Samh. Handling. Wetensk. Afdeln. 1 Styck. p. 55, 56.

146. *Pyrus Malus.*

Pehr KALM.
Apple-träns ans och skötsel i Finland. Resp. Joh. Calonius. Åbo, 1769. 4.
Förra delen. pagg. 10. Andre delen. pagg. 14.

147. *Rubus arcticus.*

Carl LINNÆUS.
Åkerbärs plantering.
Vetensk. Acad. Handling. 1762. p. 192—197.

148. *Fragaria vesca.*

Roger CHABOT.
Von wartung der Erdbeeren. (e gallico, in Nouvelliste Oeconomique.
Hamburg. Magaz. 26 Band, p. 376—400.

Elias Friedrich SCHMERSAHL.
Von wartung der Erdbeeren.
Neu. Hamburg. Magaz. 34 Stück, p. 310—319.

149. *Capparis spinosa.*

BERAUD.
Memoire sur la culture du Caprier. dans les Memoires pour servir à l'hist. nat. de la Provence par Bernard, Tome 1. p. 301—362.

150. *Sesamum orientale.*

Carl HABLIZL.
Nachricht über einen versuch, welcher in ansehung der cultur des Kunschuts zu Astracan angestellt worden.
Pallas neue Nord. Beyträge, 1 Band, p. 190—200.

151. *Brassica Napus.*

Eric Gustaf LIDBECK.
Beskrifning om Rapsatens plantering och tilredande.
Vetensk. Acad. Handling. 1756. p. 27—34.

152. *Brassica Rapa.*

P. M. Auguste BROUSSONET.
Memoire sur la culture des Turneps ou gros navets. Mem. de la Soc. R. d'Agricult. de Paris, 1785. Trim. d'Eté, p. 64—85.

153. *Brassicæ oleraceæ varietates.*

Clas Bl. TROZELIUS.
Anmärkningar vid Hvit-och Rot-kåhls planteringen. Resp. Magn. Lund. Pagg. 26. Lund, 1762. 4.

ANON.
Vom Winterblumenkohl. Berlin. Sammlung. 7 Band, p. 290—320, & p. 363—382.

SONNINI DE MANONCOURT.
Memoire sur la culture et les avantages du Chou-navet de Laponie. Pagg. 52. Paris, 1788. 8.

DE COMMERELL.
Memoire sur la culture, l'usage et les avantages du Chou-à-faucher. Pagg. 23. ib. (1789.) 8.

154. *Gossypium.*

DE BADIER.
Observations sur differentes especes de Cotonniers cultivées à la Guadeloupe. Mem. de la Soc. R. d'Agricult. de Paris, 1788. Trim. d'Automne, p. 118—131.

MOREAU DE SAINT-MERY.
Sur une espece de Coton nommé à Saint-Domingue, Coton de soie, ou Coton de Sainte-Marthe. ib. p. 132—150.

Joaõ DE LOUREIRO.
Memoria sobre o Algodaõ, sua cultura, e fabrica. Mem. econom. da Acad. R. das Sciencias de Lisboa, Tomo 1. p. 32—40.

Samuel FAHLBERG.
Anmärkningar öfver Bomullens planterande på Americanska öarne, och i synnerhet på St. Barthelemi. Vetensk. Acad. Handling. 1790. p. 3—20.

Giuseppe GIOVENE.
Istruzione su la coltura del Cotone a color di camoscio. Opuscoli scelti, Tomo 15. p. 65—69.

155. *Lathyrus tuberosus.*

Mårten TRIEWALD.
Rön angående Aard Ackeren.
Vetensk. Acad. Handling. 1744. p. 243—245.

Gustaf Hindric SKOGE.
Om Jord-nötters plantering och nytta. ibid. 1773. p. 146—151.

C. B. SKYTTE. vide supra pag. 596.

156. *Glycyrrhiza glabra.*

Mårten TRIEWALD.
Rön att Glycyrrhiza kan växa i Sverige, och uthärda våra vintrar. ibid. 1744. p. 224—229.

157. *Indigofera tinctoria.*

Herbertus DE JÆGER.
De herbæ, Indigo dictæ, satione, cultu et extractione co-

loris Indigo dicti, circa Tsinsiam, in regionibus orientalibus.
Ephem. Ac. Nat. Cur. Dec. 2. Ann. 2. p. 5—7.

Elie MONNEREAU.
Le parfait Indigotier, ou description de l'Indigo.
Amsterdam, 1765. 12.
Pagg. 238; quarum pars de cultura Coffeæ, vide supra pag. 627.

DE COSSIGNY DE PALMA.
Memoir, containing an abridged treatise, on the cultivation and manufacture of Indigo (with several Memoirs on the process observed in different parts of India.)
Calcutta, 1789. 4.
Pagg. 172. In nostro exemplari additæ sunt icones pictæ diversarum varietatum Indigoferæ, nec non delineationes instrumentorum in fæcularum extractione usitatorum.

158. *Theobroma Cacao.*

An accurate description of the Cacao-tree, and the way of it's curing and husbandry.
Philosoph. Transact. Vol. 8. n. 93. p. 6007—6009.

159. *Citri genus.*

Joannes Baptista FERRARIUS.
Hesperides, sive de Malorum Aureorum cultura et usu libri 4.
Pagg. 480; cum figg. æri incisis. Romæ, 1646. fol.

Johan COMMELYN.
Nederlandtze Hesperides, dat is, oeffening en gebruik van de Limoen-en Oranje-boomen, gestelt na den aardt, en climaat der Nederlanden. Amsterdam, 1676. fol.
Pagg. 47; cum tabb. æneis pluribus.
———: The Belgick or Netherlandish Hesperides, made English by G. V. N.
Pagg. 194. London, 1683. 8.

Johann Christoph VOLKAMER.
Nurnbergische Hesperides, oder beschreibung der edlen Citronat-Citronen-und Pomeranzen-früchte.
Nürnberg, 1708. fol.
Pagg. 208; præter Floram Norimbergensem, de qua supra pag. 115, et Appendicem, p. 245—255, non hujus loci. Tabb. æneæ plurimæ.

——— : Hesperidum Norimbergensium sive de Malorum Citreorum, Limonum, Aurantiorumque cultura et usu libri 4. Norimbergæ, (1713.) fol.
Pagg. 207; præter Floram Norimbergensem, et Appendicem, p. 245—271. Tabb. æneæ eædem ac in germanica editione.
Continuation der Nürnbergischen Hesperidum.
Pagg. 239. tabb. æneæ plurimæ. ib. 1714. fol.

160. *Citrus Aurantium β. sinensis.*

Friedrich Casimir Medicus.
Von dem baue der süsen Pomeranzenstaude. Bemerk. der Kuhrpfälz. Phys. Ökonom. Gesellsch. 1776. p. 199—256.

161. *Cynara Scolymus.*

de Goyon de la Plombanie.
Abhandlung von der cultur der Artischocken.
Neu. Hamburg. Magaz. 112 Stück, p. 291—306.

162. *Carthamus tinctorius.*

Eric Gustaf Lidbeck.
Sätt, att plantera Safflor.
Vetensk. Acad. Handling. 1755. p. 210—213.

163. *Buxus sempervirens.*

Pehr Osbeck.
Försök at plantera Buxbom af frön.
Vetensk. Acad. Handling. 1764. p. 75, 76.

164. *Urtica urens.*

Sur la plantation et recolte des Orties.
Journal de Physique, Tome 17. p. 465—469.
Baron de Servieres.
Sur la culture de l'Ortie. ibid. Tome 19. p. 104—108.

165. *Morus alba.*

Confer Scriptores de Bombyce, Tomo 2. p. 529. seqq.

Friherre Carl Fredric SCHEFFER.
Berättelse om Mulbärs-träds planteringen i Frankrike. Vetensk. Acad. Handling. 1753. p. 281—287.

Eric Gustaf LIDBECK.
Anmärkningar vid Mullbärs-träns uppdragande af frön. ibid. 1754. p. 217—229.

C. H. KRAUSE.
Von der pflanzung der weissen Maulbeer-bäume. Physikal. Belustigung. 3 Band, p. 1251—1255, & p. 1295—1299.

Joannes Antonius SCOPOLI.
De cultura Mori albæ in comitatus Tyrolensis, ea parte, quæ Italiæ finitima.
in ejus Anno 4to Historico-naturali, p. 120—124.

Jacopo ALBERTI.
Dell' epidemica mortalità de' Gelsi, e della cura e coltivazione loro. Pagg. cxci. Salò, 1773. 4.

Wilhelm Hendrik VAN HASSELT.
Proeven omtrent het planten van Moerbezieboomen in Gelderland genomen. Verhandel. van de Maatsch. te Haarlem, 17 Deels 2 Stuk, p. 1—33.

Gerolamo BRUNI.
Dissertazione sulla potatura de' Gelsi.
Pagg. 31. Milano, 1784. 4.
——— Atti della Soc. Patriot. di Milano, Vol. 2. p. 13—43.
——— Opuscoli scelti, Tomo 7. p. 238—266.

Francesco BARTOLOZZI.
Osservazioni sopra la cultura dei Gelsi o Mori fatte in alcune parti della Lombardia.
Opuscoli scelti, Tomo 7. p. 3—24.

Peter DELABIGARRE.
On white Mulberry hedges. Transact. of the Soc. of New-York, Part. 2. p. 162—167.

166. *Quercus species variæ.*

Joaquim Pedro FRAGOSO DE SEQUEIRA.
Memoria sobre as Azinheiras, Sovereiras, e Carvalhos da

Provincia do Além-Téjo, onde se trata de sua cultura, e usos, e dos milhoramentos, que no estado actual podem ter. Mem. econom. da Acad. R. das Sciencias de Lisboa, Tomo 2. p. 355—382.

167. *Quercus Robur.*

Berendt Jochim BOHNSACH.
Om Ek-ållons såning, samt om sättet at plantera Eketrän. Vetensk. Acad. Handling. 1749. p. 76—183.
Erland TURSEN.
Sätt at lättast plantera Ekar. ibid. 1750. p. 107—109.
Elias Friedrich SCHMERSAHL.
Vorzüglichste art der Eichenzucht.
Hamburg. Magaz. 15 Band, p. 66—100.
ANON.
Von der cultur der Eichen im kalten erdreiche, das nur wenig heide trägt. ib. 23 Band, p. 281—292.

168. *Juglans regia.*

Jean Marie ROLAND DE LA PLATIERE.
Essai sur la culture du Noyer et la fabrication de l'huile de Noix. Journal de Physique, Tome 36. p. 342—353.

169. *Fagus Castanea.*

Joaquim Pedro FRAGOSO DE SEQUEIRA.
Memoria acerca da cultura, e utilidade dos Castanheiros na Comarca de Portalegre. Mem. econom. da Acad. R. das Sciencias de Lisboa, Tomo 2. p. 295—354.

170. *Pinus sylvestris.*

Anmärkningar om Tall-eller Furu-skogen.
Vetensk. Acad. Handling. 1769. p. 257—272.

171. *Ricinus communis.*

Vicente COELHO DE SEABRA SILVA E TELLES.
Memoria sobre a cultura do Ricino em Portugal, e manufactura do seu oleo. Mem. econom. da Acad. R. das Sciencias de Lisboa, Tomo 3. p. 329—343.

172. *Cucumis Melo.*

Nouveau traité de la culture des Melons. impr. avec l'instruction pour les jardins par de la Quintinye.
Pagg. 8. Amsterdam, 1697. 4.
——— : Neuer tractat von dem Melonen-bau. impr. cum Neue unterweisung zu dem blumen bau; p. 309—317. Leipzig, 1734. 4.

173. *Humulus Lupulus.*

Reynolde SCOT.
A perfite platforme of a Hoppe garden, and necessarie instructions for the making and mayntenaunce thereof.
London, 1574. 4.
Pagg. 56; cum figg. ligno incisis.
——— ib. 1578. 4.
Pagg. 63; cum figg. ligno incisis.

Olaus BROMELIUS.
Lupulogia, eller en liten tractat om Humle-gårdar (1687.) Andra gången uplagd.
Pagg. 78. Stockholm, 1740. 8.

Richard BRADLEY.
The riches of a Hop-garden explain'd.
Pagg. 104. London, 1729. 8.

Mårten TRIEWALD.
Om Humle-gårdars skötsel här i Sveriget.
Vetensk. Acad. Handling. 1739. p. 164—174.

Nils KYRONIUS.
Rön vid Humle-gårds skötsel. ibid. 1744. p. 99—102.

Magnus STRIDSBERG.
Nytt sätt att anlägga Humle-gårdar. ibid. 1754. p. 32—38.

Johann Gottlieb GLEDITSCH.
Ueber den Hopfenbau, in der Mark Brandenburg. in seine Phys. Botan. Oecon. Abhandl. 2 Theil, p. 350—375.

174. *Cannabis sativa.* conf. Linum, pag. 630.

ROZIER.
Transunto della memoria sulla cultura, e la macerazione del Canape.
Opuscoli scelti, Tomo 11. p. 302—315.

BRULLES.
The mode of cultivating and dressing Hemp.
Pagg. 15. (London), 1790. 4.

175. *Ficus Carica.*

DE LA BROUSSE.
Traité sur le Figuier. dans ses Melanges d'Agriculture,
Tome 2. p. 1—53. Nismes, 1789. 8.

176. *Agaricus campestris.*

Joseph Pitton TOURNEFORT.
Observations sur la naissance et la culture des Champignons.
Mem. de l'Acad. des Sc. de Paris, 1707. p. 58—66.

177. *Vegetatio Plantarum in aqua sola.*

Martin TRIEWALD.
An account of Tulips and such bulbous plants flowering much sooner when their bulbs are placed upon bottles filled with water, than when planted in the ground.
Philosoph. Transact. Vol. 37. n. 418. p. 80, 81.

Philip MILLER.
Experiments relating to the flowering of Tulips, Narcissus's, &c. in winter, by placing their bulbs upon glasses of water. ibid. p. 81—84.

William CURTEIS.
Experiments and observations on bulbous roots, plants, and seeds growing in water. ib. Vol. 38. n. 432. p. 267—278.

Sir Thomas MORE, *Bart.*
A flower-garden for Gentlemen and Ladies, or the art of raising flowers to blow in the depth of winter, also the method of raising salleting, cucumbers, &c. at any time in the year. impr. cum Anonymi Flowergarden display'd; p. 125—139. London, 1734. 4.

Henry Louis DU HAMEL *du Monceau.*
Sur les plantes qu'on peut elever dans l'eau.
Mem. de l'Acad. des Sc. de Paris, 1748. p. 272—301.

Carl August von Bergen.

Beschreibung eines gefässes, Kresse im blossen wasser wachsend zu machen.
Hamburg. Magaz. 9 Band, p. 594—596.

178. *Vegetatio Plantarum absque terra.*

Johannes Marianus Ghiareschi.

Observationes de vegetabilibus absque terræ adminiculo producendis. Act. Eruditor. Lips. 1688. p. 483—487.

Charles Bonnet.

The substance of some experiments of planting seeds in moss.
Philosoph. Transact. Vol. 45. n. 486. p. 156, 157.

————: Nachricht von versuchen, saamen in moos zu pflanzen.
Hamburg. Magaz. 5 Band, p. 663, 664.

Experiences sur la vegetation des plantes dans d'autres matieres que la terre, et principalement dans la mousse.
Mem. etrangers de l'Ac. des Sc. de Paris, Tome 1. p. 420—446.

———— dans ses Oeuvres, Tome 2. p. 135—178.

————: Proefneemingen over het groeijen der planten in andere stoffen dan de aarde.
Uitgezogte Verhandelingen, 3 Deel, p. 36—70.

Utdrag af ett bref til Hr. Carl De Geer.
Vetensk. Acad. Handling. 1756. p. 146—150.

————: Uittrekzel nit een brief aan den Heer van Geer.
Uitgezogte Verhandelingen, 3 Deel, p. 70—75.

Johann Gottlieb Gleditsch.

Memoire pour servir à l'histoire naturelle da la Mousse; (vide supra pag. 221.) ubi de vegetatione plantarum in muscis etiam agit.

179. *Cultura Arenæ volatilis.*

Eric Gustaf Lidbeck.

Anmärkningar wid Skånska flyg-sands-tracterne, och deras hjälpande genom plantering.
Vetensk. Acad. Handling. 1759. p. 133—139.

Dissertatio de Arena volatili Scanensi, ejusque cohibitione.
Resp. Olof Bring. (1760.) impr. cum Olavii Beskrivelse over Schagen; p. 407—434.
København, 1787. 8.

Johann Gottlieb GLEDITSCH.

Betrachtung der sandschollen in der Mark Brandenburg. Verzeichniss der gemeinsten gewächse, die in der Mark im flugsande gefunden werden. in seine Physical. Botan. Oeconom. Abhandl. 3 Theil, p. 45—143.

Physikalisch-ökonomische betrachtung über den heideboden in der Mark Brandenburg, dessen erzeugung, zerstörung, und entblössung des darunter stehenden flugsandes, nebst einigen darauf gegründeten gedanken einen dergleichen flugsand durch wiederherstellung seiner natürlichen erd-und rasendecke feste oder stehend zu machen.

Pagg. 78. Berlin und Leipzig, 1782. 8.

Lars MONTIN.

Anmärkningar vid flyg-sandens cultiverande. Vetensk. Acad. Handling. 1768. p. 265—272.

Joannes le Francq VAN BERKHEY.

Antwoord op de vrage, welke boomen, heesters en planten zyn'er, behalven den Helm en de Sleedoorn, de welke op de zandduinen ter weeringe der zandverstuiwinge kunnen geplant worden? kan men ook eenige andere planten aan onze zee-stranden met voordeel gebruiken? zyn daar mede hier te lande al eenige proeven gedaan? en welke is de uitkomst daar van geweest? Verhandel. van de Maatsch. te Haarlem, 19 Deels 2 Stuk, p. 1—42.

Memorie ter ophelderinge op dezelfde vraage. ibid. p. 43—74.

Brief ter ophelderinge van het antwoord, en deszelven aanhangsel. ibid. p. 75—80.

DAUBENTON.

Brief tot antwoord op dezelve vraage. ibid. 3 Stuk, p. 3—7.

M. DENTAN.

Antwoord op dezelfde vraage. ibid. p. 8—33.

Byvoegsel tot de voorgaande verhandeling. ibid. p, 34—42.

Nicolaas MEERBURG.

Antwoord op dezelfde vraage. ibid. p. 43—60.

Erik VIBORG.

Efterretning om Sandvexterne og deres anvendelse til at dæmpe sandflugten paa vesterkanten af Jyland.

Pagg. 71. tabb. æneæ 7. Kiöbenhavn, 1788. 4.

180. *Plantæ Agris nocentes.*

(*Petrus Antonius* MICHELI. Hall. bibl. bot. 2. p..186.)
Relazione dell' erba detta da' botanici Orobanche, e volgarmente Succiamele, Fiamma, e Mal d'occhio, che da molti anni in qua si è soprammodo propagata quasi per tutta la Toscana; nella quale si dimostra qual sia la vera origine di detta erba, perchè danneggi i legumi, e il modo di estirparla.
Pagg. 47. Firenze, 1723. 8.

Jacob SJÖSTEEN.
Försök at fördrifva Land-eller Flyg-hafra ur åker-jorden. Vetensk. Acad. Handling. 1749. p. 187—190.

Tiburtius TIBURTIUS.
Försök at utrota Landhafren utur åkern. ibid. 1750. p. 311—319.

BARON.
Memoire sur la Folle-Avoine. Nouv. Mem. de l'Acad. de Dijon, 1785. 1 Semestre, p. 147—161.

GERARD.
Recherches sur la nature de la Folle Avoine. dans les Memoires pour servir à l'hist. nat. de la Provence, par Bernard, Tome 1. p. 219—299.

Petro KALM
Præside, Dissertatio: Om ogräsens hvarjehanda nytta. Resp. Is. Algeen.
Pagg. 8. Åbo, 1757. 4.

Conte Francesco GINANNI.
Osservazioni ed esperienze particolari d'intorno al pullular dell' erbe eterogenee. in ejus libro delle malattie del grano in erba, p. 208—242. Pesaro, 1759. 4.

Johann Friedrich GMELIN.
Abhandlungen von den arten des unkrauts auf den äckern in Schwaben, und von dessen benuzung.
Naturforscher, 2 Stück, p. 90—125.
3 Stück, p. 103—126.
4 Stück, p. 80—110.
5 Stück, p. 76—101.
6 Stück, p. 132—164.

——— nebst einer zugabe von der ausrottung desselben, und von einigen werkzeugen zur reinigung des Saatkorhs, von J. J. W. A. D. Lübeck. 1779. 8.
Libellus Gmelini pagg. 160. appendix p. 161—408.

Anders Johan RETZIUS.
Utkast til en afhandling om ogräs i Skånska åkrar. Physiogr. Sälskap. Handling. 1 Del, p. 188—218.

David DE GORTER.
Bericht nopens het Vogel-gras. Verhand. van te Maatsch. te Haarlem, 22 Deel, p. 471—473.

Carl Niclas HELLENIUS.
Anmärkningar rörande ogräsen uti Orihvesi Socken af Tavastland. Resp. And. Salovius.
Pagg. 18. Åbo, 1789. 4.

Georgius Rudolphus BOEHMER.
Commentatio de plantis segeti infestis.
Vitebergæ et Servestæ, 1792. 4.
Pagg. 100; præter commentationem supra pag. 542. dictam.

ADDENDA.

Pag. 10. lin. 23 et 24. lege:
Vol. 1. (A—I.) Alphab. 16. plagg. $3\frac{1}{2}$.
London, 1797. fol.

Pag. 48. ante lin. 13 a fine.
Bernhardo Christiano OTTO
Præside, Theses aliquot botanicæ medicæque. Resp. Chr. Andr. Cothenius.
Pagg. 8. Trajecti ad Viadr. 1789. 4.

ibid. ad calcem.
Samuel LILJEBLAD.
Ratio plantas in sedecim classes disponendi. Dissertatio Resp. Er. Gust. Lönberg.
Pagg. 8. Upsaliæ, 1796. 4.

Pag. 66. post lin. 15.
Ultima hæc exscripta est in Ephem. Acad. Nat. Cur. Dec. 1. Ann. 4 et 5. pag. 46. obs. 55. fig. 2.

Pag. 81. post lin. 28.
Supplem. p. 1—158.

Pag. 85. post lin. 20.
Botanische abhandlungen und beobachtungen.
Pagg. 68. tabb. æneæ color. 12. Nürnberg, 1787. 4.

Pag. 87. post lin. 3.
Vol. 10. tab. et fol. 325—360. 1796.

Pag. 90. ante sect. 24.
Franz Wilibald SCHMIDT.
Bemerkungen über verschiedne in dem Systema naturæ cura Gmelin angeführte pflanzen. in sein. Samml. physikal. aufsäze, 1 Band, p. 185—201.
Botanische beobachtungen. ibid. p. 224—250.
Johann Jakob RÖMER.
Auszüge aus briefen an F. W. Schmidt. ibid. p. 367, 368.
Leopold TRATTINICK.
Auszüge aus briefen an F. W. Schmidt. ib. p. 368, 369.

Pag. 95. lin. 17. lege:
No. 1 et 2. tabb. æneæ color. 20.

Pag. 98. ad calcem sect. 32.
For the year 1796. Pagg. 38. 8.

Pag. 99. ad calcem.

Hortus R. A. Salisbury Armig. in Chapel Allerton.

Ricardus Antonius SALISBURY.
Prodromus stirpium in horto ad Chapel Allerton vigentium.
Pagg. 422. Londini, 1796. 8.

Pag. 116. ante sect. 89.

Hortus Electoralis Manhemiensis.

Fridericus Casimirus MEDICUS.
Index plantarum horti electoralis Manhemiensis.
Pagg. 70. tab. ænea 1. Manhemii, 1771. 24.

Pag. 119. ad calcem.

Johann Christoph WENDLAND.
Verzeichniss der glas-und treibhauspflanzen, welche sich auf dem Königl. Berggarten zu Herrenhausen bei Hannover befinden. Hannover, 1797. 8.
Pagg. 79. Perennirende pflanzen. pagg. 38.

Pag. 122. post sect. 108.

Hortus F. C. Achard, Berolini.

Franz Carl ACHARD.
Verzeichniss einer sammlung treib-gewächs-orangeriehaus-pflanzen, wie auch im freyen ausdaurender bäume, sträucher, perennirender zwey-und einjähriger gewächse, welche in meinem garten cultivirt, und den liebhabern der botanik, zum tausch gegen andere, in diesem verzeichnisse nicht benannte entweder als pflanzen oder im saamen angeboten werden.
Pagg. 64. Berlin, 1796. 8.

Pag. 126. ante sect. 123.

ANON.
Catalogus plantarum horti Imperialis medici botanici Petropolitani, in insula apothecaria.
Pagg. 142. Petropoli, 1796. 12.

Pag. 133. ad calcem.
Vol. 5. pag. et tab. 289—360. 1796.

Pag. 139. post lin. 3.
Gualterus WADE.
Catalogus systematicus plantarum indigenarum in Comitatu *Dublinensi* inventarum.
Pars 1. pagg. 275. Dublini, 1794. 8.
Pag. 143. ad calcem.
Carolus ALLIONI.
Stirpium præcipuarum littoris et agri *Nicæensis* enumeratio methodica. Parisiis, 1757. 8.
Pagg. 237; præter animalia aliquot ejusdem littoris.
Pag. 153. post lin. 23.
Nicolaus Thomas HOST.
Synopsis plantarum in Austria provinciisque adjacentibus sponte crescentium.
Pagg. 666. Vindobonæ, 1797. 8.
Leopold TRATTINICK.
Alpenreisen. Schmidt's Samml. physikal. aufsäze, 1 Band, p. 370—373.
Pag. 170. ad calcem.
Johan JULIN.
Inom Brunns-negderna (*Uhleåborg*) äro följande örter anmärkte.
Vetensk. Acad. Handling. 1795. p. 175, 176.
Pag. 172. post lin. 8.
——— Act. Eruditor. Lips. 1739. p. 665—672.
Pag. 173. post lin. 26.
Fridericus STEPHAN.
Enumeratio stirpium agri *Mosqvensis*.
Pagg. 63. Mosqvæ, 1792. 8.
Pag. 178. post lin. 3 a fine.
A catalogue of Indian plants, comprehending their Sanscrit and as many of their Linnæan generic names as could with any degree of precision be ascertained. ibid. Vol. 4. p. 229—236.
Botanical observations on select Indian plants. ib. p. 237—312.
Pag. 181. post lin. 25.
ANON.
A discription of the Clove, Nuttmeg and Sageweer trees with their fruit, &c. (Nepenthes.) From a picture made in the East-Indies according to the life and sent thence to the Royal Society. London. H. Hunt fecit.
Tab. ænea, long. 16 unc. lat. 24 unc. ante a. 1690 sculpta, utpote D. Colwall, hoc anno mortuo, inscripta.

Pag. 188. post lin. 17 a fine.
Martinus VAHL.
Eclogæ Americanæ, seu descriptiones plantarum, præsertim Americæ meridionalis, nondum cognitarum. Fasciculus 1. pagg. 52. tabb. æneæ 10.
Havniæ, 1796. fol.
Pag. 192. post titulum sectionis 165.
(*Johann Christian* BENEMANN.)
Gedancken über das reich derer blumen.
Pagg. 480. Dressden und Leipzig, 1740. 8.
Pag. 198. post lin. 10 a fine.
Johannes MULE.
De *Ficu* arefacta meditationes. Resp. Nic. Zeuthen.
Plag. 1. Havniæ, 1739. 4.
Pag. 202. post lin. 10.
——— Medical Facts, Vol. 1. p. 153—164.
ibid. post lin. 13.
——— Medical Facts, Vol. 4. p. 180—192.
Additional remarks on the Spikenard of the ancients.
Transact. of the Soc. of Bengal, Vol. 4. p. 109—118.
William ROXBURGH.
Botanical observations on the Spikenard of the ancients. ib. p. 433—436.
Pag. 203. ante lin. 1.
John LAURENCE.
A particular account of the Silphium of the antients. in his New system of agriculture, p. 384—400.
ibid. post lin. 13 a fine.
(*Michael Fridericus* LOCHNER.)
Μηκωνοπαίγνιον, sive Papaver ex omni antiquitate erutum, gemmis, nummis, statuis et marmoribus æri incisis illustratum. Noribergæ, 1713. 4.
Pagg. 182; cum figg. æri incisis.
Pag. 211. ante sect. 178.
Matthias RÖSSLER.
Pomona Bohemica, oder tabellarisches verzeichnis aller in der baumschule zu Jaromirz kultivirten Obstsorten. Schmidt's Samml. physikal. aufsäze, 1 Band, p. 105—172.

Pag. 215. ante sect. 188.

Hesperideæ.

James Edward SMITH.
Botanical characters of some plants of the natural order of Myrti.
Transact. of the Linnean Soc. Vol. 3. p. 255—288.
Pag. 218. ad calcem sect. 199.
Franz Wilibald SCHMIDT.
Linnées neunzehnte klasse, erste ordnung. Syngenesia, Polygamia æqualis, semiflosculosi.
Schmidt's Samml. physikal. aufsäze, 1 Band, p. 251—286.
Pag. 222. ante lin. 14 a fine.
Systematisk upställning af Svenska Löfmossorna. (Musci.)
Vetensk. Acad. Handling. 1795. p. 223—273.
ibid. ante sect. 207.
James DICKSON.
Observations on the genus of Porella, and the Phascum caulescens of Linnæus.
Transact. of the Linnean Soc. Vol. 3. p. 238, 239.
Pag. 225. lin. 13 a fine, lege:
No. 1—11. tab. æn. color. 1—100. textus foll. 20.
Pagg. 233. ante sect. 238.

Monardæ genus.

Petro Immanuele HARTMANNO
Præside, Dissertatio de Monarda. Resp. Car. Homann.
Pagg. 19. Trajecti ad Viadr. 1791. 4.
Pag. 237. ad calcem sect. 256.
Comte DE CAYLUS (et *Bernard* DE JUSSIEU.)
Dissertation sur le Papyrus.
Mem. de l'Acad. des Inscriptions et Belles Lettres, Tome 26. p. 267—320.
Pag. 240. ante sect. 271.

Triticum junceum.

Anders LIDBECK.
Beskrifning på Triticum junceum L.
Vetensk. Acad. Handling. 1795. p. 197—201.

Pag. 241. ante sect. 280.

Opercularia paleata Young.

Thomas Young.
Description of a new species of Opercularia.
Transact. of the Linnean Soc. Vol. 3. p. 30—32.
Pag. 247. post lin. 17.
——— anglice in sequenti libro, p. 1—18, et 21—29.
Aylmer Bourke Lambert
A description of the genus Cinchona.
Pagg. 54. tabb. æneæ 13. London, 1797. 4.
Pag. 252. ante sect. 339.

Ribes spicatum Robson.

Edward Robson.
Description of the Ribes spicatum.
Transact. of the Linnean Soc. Vol. 3. p. 240, 241.
Pag. 252. ad calcem sect. 341.
Ventenat.
Sur le Strelitzia Reginæ.
Magasin encyclopedique, 2 Année, Tome 5. p. 47—51.
Pag. 253. lin. 10 a fine, lege:
Pag. 1—16. tab. æn. color. 1—20.
Pag. 254. ad calcem sect. 349.
Antoine Nicolas Duchesne.
Lettre sur la varieté de l'Orme appelé Ipréau.
Magasin encyclopedique, 2 Année, Tome 3. p. 157—159.
Pag. 272. lin. 11 a fine, lege:
Number 1—8.
Pag. 273. ad calcem.

Tetragynia.

Forskolea tenacissima.

Carolus von Linne'.
De Forsskâlea corollarium ad Dissertationem de Opobalsamo, p. 17, 18. Upsaliæ, 1764. 4.
——— Amoenitat. Academ. Vol. 7. p. 71—73.

Pag. 274. ante sect. 436.

Laurus Camphora.

Johann Gottlieb GLEDITSCH.
Notices relatives à l'histoire naturelle du Camphrier hors de sa patrie, et particulierement dans le Nord de l'Allemagne.
Mem. de l'Acad. de Berlin, 1784. p. 80—94.

Pag. 276. ante sect. 448.

Prosopis spicigera.

William ROXBURGH.
Prosopis aculeata Koenig. Tshamie of the Hindus in the Northern Circars.
Transact. of the Soc. of Bengal, Vol. 4. p. 405, 406.

Pagg. 277. ad calcem sect. 451.
——— Medical Facts, Vol. 5. p. 140—151.

Pag. 294. ad calcem.

Mentha exigua.

James Edward SMITH.
The botanical history of Mentha exigua.
Transact. of the Linnean Soc. Vol. 3. p. 18—22.

Pag. 298. lin. ult. et penult. lege:
Dissertatio inaug. de Tataria Hungarica.
Pagg. 29. tab. ænea 1. Viennæ, 1779. 8.
——— Jacquin. Miscellan. Austr. Vol. 2. p. 274—291.

Pag. 300. ante sect. 569.

Brownææ species.

William ROXBURGH.
A description of the Jonesia.
Transact. of the Soc. of Bengal, Vol. 4. p. 355—357.

Pag. 302. post lin. 18.

Fumariæ genus.

Bernhardo Christiano OTTO
Præside, Dissertatio de Fumaria. Resp. Dan. Godofr. Hiller. Pagg. 23. Trajecti ad Viadr. 1789. 4.

Pag. 309. ante lin. 4 a fine.
Jo. Frid. SCHREIBER.
Frutex ad verum suum genus relatus.
Act. Eruditor. Lips. 1730. p. 172, 173.
Pag. 316. ante sect. 653.
——— seorsim etiam adest, pagg. viii. tab. ænea 1.
Bononiæ, 1763. 4.
Pag. 323. ante sect. 680.

Salisburia Smithii.

James Edward SMITH.
Characters of a new genus of plants, named Salisburia.
Transact. of the Linnean Soc. Vol. 3. p. 330—332.
Pag. 324. ante sect. 686.
Alois Anton Edler VON VIGNET.
Anzeige einer neuentdekten Buchenabart.
Schmidt's Samml. physikal. aufsäze, 1 Band, p. 173 —184.
Pag. 333. ante sect. 732.

Hyænanche globosa Lambert.

Aylmer Bourke LAMBERT.
Description of a new genus named Hyænanche, or Hyæna poison. print. with his Description of the genus Cinchona; p. 52—54.
Pagg. 338. post lin. 2.

Equiseti genus.

Cornelis NOZEMAN.
Antwoord op de vraeg, welke zyn de eigenschappen van de verschillende soorten van het Equisetum? waarin bestaat de aart en hoedanigheid van deszelfs vruchtdeelen en voortplanting? welk nadeel wordt door hetzelve aan het wei-en bouw-land toegebragt? en welk is het door de ondervinding beproefde beste middel, om hetzelve op de minstkostbaare wyze uitteroeijen? Verhand. door de Maatsch. ter bevordering van den Landbouw, te Amsterdam, 2 Deels 3 Stuk, p. 1—80.
Pag. 342. post lin. 14 a fine.
Vol, III. Fascic. 1. pagg. 14. tab. 49—54. 1796.

Pag. 343. ante sect. 773.
Ulrich Jasper SEETZEN.
Gedanken über den ursprung der Tremella Nostoch, oder über die sogenannten Sternschnupfen.
Voigt's Magazin, 11 Band, p. 158—164.
Pag. 346. ante sect. 781.
John STACKHOUSE.
Description of Ulva punctata.
Transact. of the Linnean Soc. Vol. 3. p. 236, 237.
Pag. 355. ad calcem.
Johann BECKMANN.
Trüffeln. in sein. Waarenkunde, 2 Band, p. 54—80.
Pag. 360. ante sect. 833.
Johann BECKMANN.
Sagu, Sago, Sego.
in sein. Waarenkunde, 2 Band, p. 1—21.
Pag. 377. post lin. 8 a fine.
A supplement to the measures of trees, printed in the Philosophical Transactions for 1759. ibid. 1797. p. 128—132.
Pag. 401. ad calcem sect. 32.
Claud RUSSELL.
Number of grains counted on 105 different stalks of Paddy (Oryza), at Vizagapatam, in 1787.
Dalrymple's Oriental repertory, Vol. 1. p. 96.
Pag. 404. ante sect. 35.
Leopold TRATTINICK.
Seltnere beispiele aus dem pflanzenreiche. Schmidt's Samml. physikal. aufsäze, 1 Band, p. 202—222.
Pag. 410. post lin. 23.
————: Proefneeminge, aangaande eene wonderlyke verbetering van Graan. Haarlem, 1758. 8.
Holland's Magazyn, 3 Deels No. 2. pagg. 18.
Pag. 430. post lin. 10 a fine.
Antonio SOARES BARBOSA.
Memoria sobre a causa da doença, chamada Ferrugem, que vai grassando nos Olivaes de Portugal. ibid. Tomo 3. p. 154—204.
Pag. 451. post lin. 14.
Incipit herbarium Apulei Platonici ad Marcum Agrippam. (Romæ,) Jo. Ph. de Lignamine. 4.
Foll. 101 ; cum figg. ligno incisis. Epistolâ nuncupatoriâ ad Julianum de Ruvere Cardinalem, differt ab exemplo Bibliothecæ Casanatensis, descripto ab Audiffredo, in Catalogo Romanarum editionum sæculi xv, p.

381. Editio non est posterior anno 1471, quo Cardinalis de Ruvere Pontifex electus fuit Maximus.

———: De herbarum virtutibus. impr. cum Galeno etc.

Pag. 453. post lin. 21.

———: Herbarius Patavie impressus Anno domi et cetera. lxxxv. (1485.) 4.

Folia adsunt 154; sed desideratur pagina tertia indicis partis primæ, et pars secunda, cujus nihil nisi index adest.

ibid. post lin. 4. a fine.

Hereafter foloweth the knowledge, properties, and the vertues of herbes.

Plagg. dimidiæ 15. London, by Robert Wyer. 8.

———: A boke of the propreties etc.

Pag. 467. post lin. 5 a fine.

Jacobus KOSTRZEWSKI.

Dissertatio inaug. de Gratiola.

Pagg. 64. tab. ænea 1. Viennæ, 1775. 8.

Pag. 473. lin. 17 a fine, lege:

Christian Andreas COTHENIUS.

Examen du Quinquina rouge comparé avec celui dont on s'est servi jusqu' à present.

Mem. de l'Acad. de Berlin, 1783. p. 70—83.

———: Chemische untersuchung etc.

Pagg. 481. ad calcem.

———; The history of the Asa foetida of Disguun.

J. Laurence's new system of agriculture, p. 387—396.

Pag. 519. post lin. 11.

Joannes Nepomucenus DE MARTINI.

Dissertatio inaug. de Arnica.

Pagg. 63. tab. ænea 1. Viennæ, 1779. 8.

Pag. 578. ante sect. 24.

Frederick PIGOU.

Of Tea. Dalrymple's Oriental repertory, Vol. 2. p. 285—300.

Pag. 585. post sect. 41.

Cæsalpinia Sappan.

Johann BECKMANN.

Sapanholz. in sein. Waarenkunde, 2 Band, p. 143—155.

Pag. 592. ad calcem.

Johann BECKMANN.

Sandelholz. in sein. Waarenkunde, 2 Band, p. 112—142.

Pag. 593. post lin. 5.

St. Foine improved, a discourse shewing the utility and benefit which England hath and may receive by the grasse called St. Foine.

Pagg. 20. London, 1671. 4.

INDEX.

Index.

Index.

Index.

Index.

Index.

Index.

Index.

Index.

Index.

Index.

Printed in the United States
By Bookmasters